北方水稻遗传改良

许 雷 编著

中国农业科学技术出版社

图书在版编目（CIP）数据

北方水稻遗传改良 / 许雷编著 . —北京：中国农业科学技术出版社，2015. 2

ISBN 978 - 7 - 5116 - 2000 - 2

Ⅰ. ①北… Ⅱ. ①许… Ⅲ. ①水稻 - 遗传改良 Ⅳ. ①S511. 032

中国版本图书馆 CIP 数据核字（2015）第 036103 号

责任编辑 姚 欢
责任校对 贾晓红

出 版 者 中国农业科学技术出版社
北京市中关村南大街 12 号 邮编：100081
电 话 (010)82106636(编辑室)(010)82109704(发行部)
(010)82109709(读者服务部)
传 真 (010)82106631
网 址 http://www.castp.cn
经 销 者 各地新华书店
印 刷 者 北京富泰印刷有限责任公司
开 本 787 mm × 1 092 mm 1/16
印 张 28 彩插 0.5
字 数 600 千字
版 次 2015 年 2 月第 1 版 2015 年 2 月第 1 次印刷
定 价 160.00 元

《北方水稻遗传改良》
编著委员会

主 任 委 员： 许　雷

副主任委员： 许华勇　许华胜　徐春和

委　　　员（以姓氏笔画为序）：

于　凯　王立宁　王希林　王洪山　刘国刚

刘继东　刘喜友　孙东尧　杨　融　李　静

吴贺满　宋晓光　张　弘　张晓东　张　彪

郑　丽　郑国伟　胡良岐　闻　科　姜　红

洛汉兵　徐茂祥　栾　勇　郭　明　韩益民

主要编著者： 许　雷　许华勇　许华胜　徐春和

中国著名水稻育种专家许雷简介

许雷，男，中国民主同盟盟员。1948 年 10 月出生。1966 年毕业于辽宁省熊岳农业高等专科学校。1966 年 9 月至 1984 年先后在乡农科站、县农业大学、县农科所及县农业中心从事水稻育种及栽培研究、农业教学及技术推广工作。历任站长、教师及主任等职，职称由技术员晋升到农艺师；1985—1995 年在辽宁省盐碱地利用研究所任水稻育种室主任，职称由助理研究员晋升到研究员，主要从事水稻育种及栽培研究；1995 年至今，在辽宁盘锦北方农业技术开发有限公司（原北方农业技术开发总公司）任董事长、研究员，主要从事水稻育种及栽培研究。曾兼任辽宁省盘锦市政协常委及经委副主任25 年；中国民主同盟辽宁省盘锦市委副主委；中共辽宁省盘锦市纪委、市监察局党风党纪监督员和特邀监察员；中国农垦北方稻作协会秘书长；中国北方水稻良种推广协作网网长；垦殖与稻作编委会副主任；中国稻米编委会委员；沈阳军区稻作生产顾问等职。现兼任辽宁省盘锦市种子协会会长；中共辽宁省盘锦市委、市政府决策咨询委员会委员；辽宁省民营科技企业协会副会长；辽宁绿色经济研究会副会长；辽宁省市场经济学会副会长；辽宁省科技家企业家法学家联合会副会长；辽宁省社会公益事业指导委

员会副主任，辽宁省企业发展战略研究会副会长。曾任全国人大代表、全国政协委员，现任辽宁省政协常委。

主要成就：他从事水、旱稻育种研究40余年。“七五”至“十二五”期间，主持国家水稻重点项目17项，省、部级水、旱稻重点项目22项。经过多年辛勤努力，总结并创造出具有高价值的快速育种法——“人工选择理论”及“性状相关选择法”、“性状跟踪鉴定法”和“耐盐选择法”。应用此法，先后主持选育出生产应用的水稻、旱稻、特种稻新品种（系）95个，其中19个水、旱稻新品种经省级审定，8个国家审定。获奖成果：有1项获国际最高金奖；2项获优质米水稻品种国际名牌产品奖；1项获国家优质米水稻品种金奖，3项获银奖；2项获国家重大科技发明三等奖；6项获省、部级科技二等奖；6项获省政府科技进步三等奖，2项获省政府重大科技成果转化奖；13项获市（厅、局）级科技进步一等奖。是中国农业领域，做为第一完成人，选育北方粳稻品种最多、获奖最多、推广面积最大、取得社会经济效益最高的专家。他选育的辽盐系列水稻品种被国家列为“九五”重中之重推广项目。他主持选育的“辽盐、雨田、田丰、锦丰、辽旱、锦稻”等系列水、旱稻新品种，已在中国北方适宜稻区累计推广1.9亿多亩，增产稻谷约110多亿千克，增收人民币280多亿元。

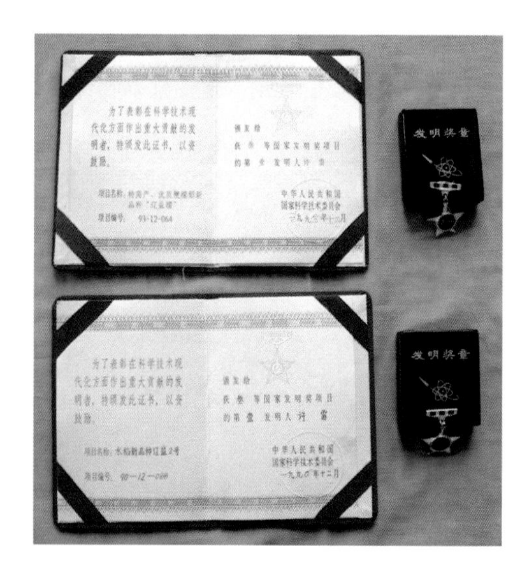

（2项获国家重大发明奖证书、奖牌）

已发表论文40余篇，主编著作1部《北方水稻遗传改良》；《水稻栽培》《水稻生产技术问答》《农作物医生手册》《北方农垦稻作》系主要编写者之一。《中国北方粳稻品种志》《农垦北方稻作新技术》为第一副主编。

由于工作积极、政绩突出、成果显著，自1989年以来连续20年被评为辽宁省盘锦市的先进政协委员。多次被评为省、市优秀科技工作者、践行社会主义核心价值观先进个人、自然科学学科带头人及优秀盟员。先后获得国家级专家、全国农业科技推广先进个人、民盟全国先进个人、中国当代科技之星、建国六十周年百名优秀发明家、全国农垦系统科研先进个人、全国政协、省政协优秀提案奖先进个人、时代楷模第十届爱心中国十大突出贡献奖、辽宁省劳动模范、辽宁省民主党派为经济建设做出突出贡献先进个人、辽宁省优秀企业家、辽宁省优秀专家等荣誉称号，被国际名人交流中心授予创造世界的中国人荣誉称号。1991 年享受国务院政府特殊津贴。

辽盐系列水稻品种获国际最高金奖奖牌

辽盐 9、辽盐 12 水稻新品种获 99 年中国国际农业博览会优质米水稻品种国际名牌产品奖证书、奖牌

6 项获省、部级科技进步二等奖证书

内容简介

《北方水稻遗传改良》全书共15章，叙述了水稻生产的经济意义，水稻遗传改良成就，水稻起源、演进和分类，水稻遗传资源，水稻遗传改良的遗传学基础，水稻遗传改良技术，粳稻杂种优势的利用，水稻高产性、品质性状、抗病性、抗虫性、耐冷性、耐盐碱性等主要性状的遗传改良及其展望。

本书编著资料取材丰富，吸收了作者和北方水稻遗传改良的成果，论述新颖，系统性强，重点突出，理论与实践紧密结合，是一部具有较高学术水平和实用价值的著作，可供农业科技工作者、农业大、中专院校师生参考。

序　言

水稻是我国最重要的粮食作物之一，其产量位居世界水稻总产量的首位，在我国人口中约有50%以稻米为主食。水稻在我国长期的栽培生产中，形成了南籼北粳的基本格局，也是亚洲栽培稻两大亚种在我国的基本分布。我国北方粳稻是全国水稻生产的重要组成部分，栽培面积占全国稻作总面积的10%左右，产量占全国稻谷总产量的约13%。优质粳米备受消费者喜爱和青睐，且在国际市场上有一定的竞争力，因此北方粳稻生产对提高人们的生活质量、保证粮食安全、出口创汇具有重大意义。

然而，我国北方粳稻生产处在高纬度生态条件下，水稻生育期间常遭遇干旱、低温的危害，而且北方稻区许多沿海滩涂开发的和内陆次生盐渍化的稻田，还要遭受盐碱的危害。许雷研究员就是在这种干旱、冷凉、盐碱等不良环境条件下的辽宁盘锦等稻区从事水稻研究40余年。他在长期粳稻品种遗传改良实践中坚持理论联系实际，总结出“人工选择规律”作为快速育种的指导方针，采取“性状相关选择法”、“性状跟踪鉴定法”和“耐盐选择法”三法集成育种技术，提高了育种选择效率，加快了品种选育进度。例如，采取盐碱胁迫下定向培育和选择的技术路线，研制出耐盐、高产的粳型水稻新品种辽盐2号，取得耐盐选择技术突破。他在优质米水稻品种选育中，采取筛选优质米水稻遗传种质资源，优质与高产亲本杂交，后代优质米性状跟踪选择和非优质“一票”淘汰等技术路线，先后育成辽盐、雨田、锦丰、田丰、辽旱、锦稻等六个系列优质米粳型水稻新品种，多次获得省部级和国家级奖项。这些成功的水稻育种技术和方法，及其选育的新品种均收录和编撰在《北方水稻遗传改良》一书中。

如今，《北方水稻遗传改良》就要出版了。在此对编著者的辛劳和付出表示祝贺，并将此书推荐给广大读者，是为序。

张宝文*

2014年11月2日

---

* 张宝文，全国人大常委会副委员长、民盟中央主席、原农业部副部长

前　　言

我一生从事水稻育种与高产栽培研究，在粳型水稻育种栽培科研及其产业这个平台上拼搏、奋斗了40余年。在北方粳型水稻品种的遗传改良中经过多年辛勤努力，总结并创造出具有高价值的快速育种法——“人工选择理论”及“性状相关选择法”、“性状跟踪鉴定法”和“耐盐选择法”。应用此法，先后主持选育出生产应用的水稻、旱稻、特种稻新品种（系）95个，其中，19个水稻新品种通过省级审定，8个通过国家审定（旱稻品种1个）。2项获国家重大科技发明三等奖；6项获省、部级科技进步二等奖；6项获省政府科技进步三等奖，2项获省政府重大科技成果转化奖；13项获市（厅、局）级科技进步一等奖。在优质米水稻品种选育中，1项获国际最高金奖，2项获优质米水稻品种国际名牌产品奖，1项获国家优质米水稻品种金奖，3项获银奖。本人选育的辽盐系列水稻品种被国家列为“九五”重中之重推广品种。本人主持选育的辽盐系列、雨田系列、田丰系列、锦丰系列、辽旱系列、锦稻系列等水、旱稻新品种，已在中国北方适宜稻区累计推广1.9亿多亩（约合1 266.7万 hm^2），增产稻谷110多亿kg，增收人民币280多亿元。

在长期的水稻科学研究中，我努力学习前人和同行的知识与智慧，结合自己水稻品种遗传改良的实践，总结、吸收、领会和感悟水稻品种选育的内在机理和外在环境，寻找成功的经验，总结失败的教训，不断积累了对水稻遗传改良的一些想法、看法和做法。例如，我创立了为加快水稻育种进度和提高育种效率的“快速三法”集成育种技术，即“性状相关选择法”、“性状跟踪鉴定法”和“耐盐选择法”。

北方水稻，即粳稻，与南方的籼稻是水稻的两个亚种，粳稻与籼稻既有共性，又有个性。我在从事粳稻品种遗传改良中体会到，许多改良技术完全可以借鉴籼稻的改良技术，但是粳稻在基因组成和遗传上与籼稻又存在一定的差别，而且籼、粳稻所处的科研、生产环境又大相径庭。在我国幅员辽阔的大地上，呈现出“北粳南籼”的生态格局，为了总结北方粳稻品种遗传改良的成果、经验和做法，编撰了《北方水稻遗传改良》一书。

全书共15章，叙述了水稻生产的经济意义，水稻遗传改良成就，水稻起源、演进和分类，水稻遗传资源，水稻遗传改良的遗传学基础，水稻遗传改良技术，水稻杂种优势利用，水稻高产性、品质性状、抗病性、抗虫性、耐冷性、耐盐碱性等主要性状遗传改良及其展望。

本书内容试图反映我国北方水稻研究、生产发展的最新成果，体现其先进性、科学性和实用性的统一。但由于编著者的水平所限，加之时间仓促，书中错谬在所难免，敬请读者不吝赐教。

许　雷

2014年6月于辽宁盘锦

目　录

第一章　绪论 …………………………………………………… (1)
一、水稻生产的经济意义 …………………………………… (1)
二、水稻生产概述 …………………………………………… (2)
三、我国粳稻生产及其种植区域 …………………………… (6)
第二章　水稻遗传改良成就 …………………………………… (9)
第一节　水稻遗传改良回顾 ………………………………… (9)
一、国际水稻遗传改良回顾 ………………………………… (9)
二、我国水稻遗传改良回顾 ………………………………… (17)
第二节　水稻遗传改良成就 ………………………………… (23)
一、国际水稻遗传改良成就 ………………………………… (23)
二、我国水稻遗传改良成就 ………………………………… (37)
第三章　水稻起源、演进和分类 ……………………………… (42)
第一节　水稻起源 …………………………………………… (42)
一、栽培稻起源的野生稻祖先 ……………………………… (42)
二、亚洲栽培稻起源 ………………………………………… (45)
三、非洲栽培稻起源 ………………………………………… (48)
第二节　水稻栽培种演进、分化和传播 …………………… (55)
一、亚洲栽培稻的演进、分化和传播 ……………………… (55)
二、非洲栽培稻的演进 ……………………………………… (60)
第三节　水稻分类 …………………………………………… (61)
一、水稻分类研究概述 ……………………………………… (61)
二、稻属植物种检索表 ……………………………………… (63)
三、稻属植物种的分类 ……………………………………… (65)
四、亚洲栽培稻的分类 ……………………………………… (68)
第四章　水稻遗传资源 ………………………………………… (75)
第一节　水稻遗传资源概述 ………………………………… (75)
一、水稻遗传资源的概念 …………………………………… (75)
二、野生稻遗传资源 ………………………………………… (76)
三、栽培稻遗传资源 ………………………………………… (78)
第二节　水稻遗传资源的收集和保存 ……………………… (79)
一、水稻遗传资源收集概况 ………………………………… (79)

二、世界水稻遗传资源的收集 …………………………………………（79）
三、水稻遗传资源的保存 ……………………………………………（87）
第三节　水稻遗传资源的鉴定和评价 …………………………………（92）
一、水稻遗传资源的鉴定 ……………………………………………（92）
二、水稻遗传资源的评价 ……………………………………………（98）
第四节　水稻遗传资源的创新与利用 ………………………………（101）
一、栽培稻遗传资源的创新和利用 ………………………………（101）
二、国际间水稻遗传资源的相互利用 ……………………………（103）
三、野生稻遗传资源的利用 ………………………………………（108）
第五章　水稻遗传改良的遗传学基础 …………………………………（111）
第一节　水稻染色体组 ………………………………………………（111）
一、水稻染色体形态 ………………………………………………（111）
二、水稻染色体组 …………………………………………………（113）
第二节　水稻性状遗传 ………………………………………………（117）
一、产量性状 ………………………………………………………（117）
二、品质性状 ………………………………………………………（119）
三、株型性状 ………………………………………………………（122）
四、生育期 …………………………………………………………（123）
五、抗病虫性 ………………………………………………………（124）
六、抗逆性 …………………………………………………………（128）
第三节　水稻染色体倍性遗传 ………………………………………（130）
一、单倍体 …………………………………………………………（130）
二、三倍体 …………………………………………………………（131）
三、四倍体 …………………………………………………………（133）
第四节　水稻连锁遗传 ………………………………………………（137）
一、水稻连锁遗传研究回顾 ………………………………………（137）
二、水稻基因连锁图 ………………………………………………（138）
三、粳稻基因连锁图 ………………………………………………（151）
第六章　水稻遗传改良目标和技术 ……………………………………（156）
第一节　水稻遗传改良目标 …………………………………………（156）
一、确定育种目标的原则 …………………………………………（156）
二、水稻遗传改良目标 ……………………………………………（157）
第二节　系统选择法 …………………………………………………（159）
一、系统选择法的效应和作用 ……………………………………（159）
二、自然变异的产生与利用 ………………………………………（161）
三、系统选择法的选择原则和程序 ………………………………（163）
四、混合选择法 ……………………………………………………（165）
第三节　杂交选择法 …………………………………………………（166）

一、杂交选择法的简要回顾 …… (167)
二、水稻杂交生物学 …… (171)
三、亲本选择 …… (172)
四、遗传杂交设计 …… (174)
五、杂种后代的培育和选择 …… (177)
六、选择方法 …… (178)
七、类型间杂交 …… (183)
第四节　花培选择法 …… (186)
一、花药（粉）培养发展的回顾和成果 …… (186)
二、花药（粉）培养技术 …… (187)
三、提高花培成功率的举措 …… (189)
四、花培在水稻品种改良上的应用 …… (189)
第七章　诱变选择技术 …… (191)
第一节　水稻诱变育种概述 …… (191)
一、诱变育种发展历程和取得的成果 …… (191)
二、诱变育种的特点和缺点 …… (192)
第二节　诱变育种的原理和诱变源 …… (192)
一、诱变育种的基本原理 …… (192)
二、物理诱变源 …… (193)
三、化学诱变剂 …… (194)
四、太空诱变源 …… (196)
第三节　诱变源处理方法 …… (196)
一、物理诱变源处理方法 …… (196)
二、化学诱变剂处理方法 …… (199)
第四节　诱变选择方法 …… (201)
一、诱变亲本和剂量选择 …… (201)
二、诱变选育程序 …… (202)
三、主要性状诱变改良效果 …… (205)
四、诱变育种成功做法总结 …… (211)
第八章　粳稻杂种优势利用 …… (213)
第一节　杂交稻育种概述 …… (213)
一、杂交稻研究简要回顾 …… (213)
二、杂交稻杂种优势表现 …… (216)
第二节　杂种优势利用途径 …… (218)
一、利用核质互作型雄性不育性配制三系杂交种 …… (218)
二、利用光（温）敏细胞核雄性不育性配制两系杂交种 …… (220)
三、化学杀雄配制两系杂交种 …… (223)
第三节　雄性不育系及其保持系选育技术 …… (225)

一、雄性不育系及其保持系 …… (225)
二、雄性不育系及其保持系选育 …… (226)
三、光（温）敏雄性不育系选育 …… (230)
第四节　雄性不育恢复系选育 …… (235)
一、恢复系选育标准及恢复基因来源 …… (235)
二、雄性不育恢复系选育方法 …… (236)
三、粳稻恢复系选育 …… (239)
第五节　水稻杂交组合选配 …… (243)
一、三系杂交稻的统一命名法 …… (243)
二、杂交稻组合亲本选配原则 …… (243)
三、粳稻杂交组合选育 …… (244)
第九章　水稻高产遗传改良 …… (249)
第一节　水稻高产品种性状分析 …… (249)
一、水稻产量潜力分析 …… (249)
二、水稻品种的遗传增益 …… (251)
三、水稻产量性状遗传 …… (251)
第二节　水稻高产株型遗传改良 …… (253)
一、矮化株型的改良 …… (253)
二、理想株型的改良 …… (256)
第三节　水稻高光效遗传改良 …… (260)
一、高光效育种概述 …… (260)
二、光合效率及其相关性状的改良 …… (261)
第四节　水稻超高产遗传改良 …… (262)
一、水稻超高产的提出及其进展 …… (262)
二、超高产育种的理论体系及模式 …… (265)
三、北方超高产杂交稻育种技术 …… (269)
四、北方超高产粳稻品种选育进展 …… (273)
第十章　水稻品质遗传改良 …… (275)
第一节　水稻品质遗传改良概述 …… (275)
一、水稻品质育种简要回顾 …… (275)
二、粳稻优质米品种简介 …… (279)
第二节　稻米品质性状及其遗传 …… (294)
一、籽粒性状 …… (294)
二、籽粒化学成分 …… (297)
三、糊化温度 …… (302)
四、胶稠度 …… (303)
五、透明度 …… (304)
六、稻米品质性状的相关性 …… (304)

第三节　水稻品质改良技术 …………………………………………………… (305)
一、优质源的收集和鉴评 …………………………………………………… (305)
二、常规改良技术 …………………………………………………………… (307)
三、品质改良的生物技术 …………………………………………………… (312)
第十一章　水稻抗病性遗传改良 ………………………………………… (316)
第一节　水稻抗病育种概述 ………………………………………………… (316)
一、我国水稻主要病害……………………………………………………… (316)
二、抗病育种的原理 ………………………………………………………… (316)
第二节　抗稻瘟病遗传改良 ………………………………………………… (319)
一、水稻抗稻瘟病遗传 ……………………………………………………… (319)
二、抗病种质资源收集、鉴定和选择 ……………………………………… (321)
三、抗稻瘟病育种技术 ……………………………………………………… (326)
第三节　抗白叶枯病遗传改良 ……………………………………………… (327)
一、水稻抗白叶枯病遗传 …………………………………………………… (327)
二、抗病种质资源的鉴定和筛选 …………………………………………… (331)
三、抗白叶枯病育种技术 …………………………………………………… (332)
四、抗白叶枯病选育品种举例 ……………………………………………… (334)
第四节　抗纹枯病遗传改良 ………………………………………………… (335)
一、抗纹枯病遗传 …………………………………………………………… (335)
二、抗纹枯病种质筛选 ……………………………………………………… (336)
三、抗纹枯病育种技术 ……………………………………………………… (338)
第五节　稻曲病研究概述 …………………………………………………… (340)
一、稻曲病的发生和危害 …………………………………………………… (340)
二、稻曲病接种菌源培养和接种方法 ……………………………………… (340)
三、稻曲病抗性种质鉴定筛选 ……………………………………………… (342)
四、抗稻曲病品种选育举例 ………………………………………………… (344)
第十二章　水稻抗虫性遗传改良 ………………………………………… (345)
第一节　抗虫性遗传改良回顾 ……………………………………………… (345)
一、水稻害虫种类及其为害 ………………………………………………… (345)
二、抗虫性遗传改良进展 …………………………………………………… (346)
第二节　抗虫性状及其遗传和机制 ………………………………………… (349)
一、水稻抗虫性状 …………………………………………………………… (349)
二、水稻抗虫性状遗传 ……………………………………………………… (350)
三、水稻抗虫性机制 ………………………………………………………… (356)
四、水稻抗虫性评价 ………………………………………………………… (358)
第三节　抗虫性育种技术 …………………………………………………… (360)
一、抗虫种质资源鉴定 ……………………………………………………… (360)
二、抗虫性品种选育技术 …………………………………………………… (361)

第十三章　水稻耐冷性遗传改良 ………………………………………………………… (368)
第一节　水稻低温冷害概述 ………………………………………………………… (368)
一、水稻低温冷害的概念和危害 ………………………………………………… (368)
二、水稻低温冷害研究进展 ……………………………………………………… (369)
三、低温冷害的类型 ……………………………………………………………… (371)
第二节　水稻对低温冷害的生理反应 ……………………………………………… (373)
一、低温对水稻一般生理过程的影响 …………………………………………… (373)
二、低温引起水稻的生理失调 …………………………………………………… (376)
三、低温对水稻营养生长的影响 ………………………………………………… (377)
四、低温对水稻生殖生长的影响 ………………………………………………… (378)
五、低温对水稻产量的影响 ……………………………………………………… (380)
六、水稻低温冷害的生物膜机制 ………………………………………………… (381)
第三节　水稻耐冷性鉴定方法和指标 ……………………………………………… (382)
一、自然条件的耐冷性鉴定方法和指标 ………………………………………… (382)
二、人工条件的耐冷性鉴定方法和指标 ………………………………………… (383)
三、生物化学的耐冷性鉴定法 …………………………………………………… (385)
第四节　水稻耐冷性育种 …………………………………………………………… (385)
一、水稻耐冷性遗传 ……………………………………………………………… (385)
二、水稻耐冷性种质资源鉴定筛选 ……………………………………………… (387)
三、水稻耐冷性品种选育 ………………………………………………………… (389)
第十四章　水稻耐盐碱性遗传改良 ………………………………………………… (392)
第一节　水稻耐盐碱性概述 ………………………………………………………… (392)
一、盐碱土的概念及其稻田分布 ………………………………………………… (392)
二、水稻对盐碱的生理反应 ……………………………………………………… (394)
第二节　水稻耐盐碱性种质资源 …………………………………………………… (395)
一、水稻耐盐碱性鉴定与评价 …………………………………………………… (395)
二、水稻耐盐碱性种质筛选 ……………………………………………………… (396)
第三节　水稻耐盐碱性品种改良 …………………………………………………… (397)
一、水稻耐盐碱性遗传 …………………………………………………………… (397)
二、水稻耐盐碱性品种选育 ……………………………………………………… (401)
三、水稻主要耐盐碱品种简介 …………………………………………………… (404)
第十五章　水稻遗传改良展望 ……………………………………………………… (411)
第一节　水稻品种选育目标的调整 ………………………………………………… (411)
一、北方粳稻育种存在的主要问题 ……………………………………………… (411)
二、北方粳稻品种选育的主攻目标 ……………………………………………… (413)
第二节　水稻遗传改良技术展望 …………………………………………………… (415)
一、各学科协同攻关 ……………………………………………………………… (415)
二、常规技术与生物技术的有效结合 …………………………………………… (416)

第三节 水稻超高产育种 …………………………………………………………(417)
一、水稻超高产育种的进步和制约因素 ……………………………………(417)
二、水稻超高产育种展望 ………………………………………………………(420)
主要参考文献 ……………………………………………………………………(422)

第一章　绪　论

一、水稻生产的经济意义

（一）稻米在粮食中的地位

稻米、面粉（小麦粉）、玉米是地球上3种主要口粮，全人类生存中摄入的能量有一半以上是由这3种作物生产提供的粮食。在这3种作物中，小麦栽培面积最大，现已达到2.15亿hm^2；水稻排第二位，为1.55亿hm^2；玉米居第三位，大约1.41亿hm^2。水稻、小麦、玉米生产的口粮用于人类直接消费的比例分别是水稻85%、小麦72%、玉米19%。

进入21世纪以来，全球大约有120个国家生产稻谷，其中，年产量超过10万t的国家占一半以上，有15个国家年种植面积超过100万hm^2。

水稻历来是亚洲生产和稻米消费最多的一个洲。20世纪末，全球稻谷年产量大约6亿t，亚洲生产的占90%以上。在亚洲国家中，印度是水稻生产第一大国，种植面积4 460万hm^2，约占世界水稻生产面积的29%，稻谷总产量1.34亿t，约占全世界稻谷总产量的22.4%；其次是中国，年种植面积为3 050万hm^2，约占全世界水稻面积的20%，稻谷总产量1.9亿t，约占世界稻谷总产量的31.8%。第三到第五位的亚洲国家是印度尼西亚、孟加拉国和泰国，其播种面积均在1 000万hm^2以上，上述5个亚洲国家也是全球水稻播种面积排在前五位的国家。

亚洲是全球人口最多的一个洲，有35.13亿之多，约占世界总人口的60.5%。亚洲人口的绝大多数以稻米为主食，因此，有百分之百的理由认为，水稻的生产和稻米的供应不仅关系到亚洲各国的粮食安全，有着重大的经济意义，而且还关系到社会的安定，还有着巨大的政治意义。

（二）水稻在我国粮食生产中的地位

我国主要粮食作物有水稻、玉米和小麦，其中，水稻种植面积最大，总产和单产也最高。2006—2010年，水稻、玉米和小麦3种粮食作物平均年种植面积分别为2 913.1万hm^2、2 864.6万hm^2和2 371.9万hm^2，其分别占全国粮食总种植面积10 732.0万hm^2的27.1%、26.7%和22.1%，平均总产量分别为19 010.2万t、16 220.7万t和11 277.1万t，分别占全国粮食平均总产52 113.0万t的36.4%、31.1%和21.6%；平均单位面积产量分别为6 525.9kg/hm^2、5 659.5kg/hm^2和4 753.8kg/hm^2，水稻单产比玉米和小麦分别高15.3%和37.3%。

进入21世纪，我国玉米生产发展迅猛，种植面积不断扩大，水稻在粮食生产中的比重稍有下降。从播种面积看，1986年水稻占粮食的比重为29.09%。2005年下降为

27.66%。2010年下降为27.1%。从总产看，1986年稻谷总产量占全国粮食总产量的比重为43.99%，2005年为37.31%，下降了6.68个百分点，2010年为36.4%。从单位面积产量看，1986年水稻单产较粮食、玉米和小麦平均单产分别高51.23%、44.06%和75.57%，2005年则分别高34.87%、18.40%和46.43%，2010年分别高34.4%、15.3%和37.3%。全国65%左右的人口以稻米为主食，稻米产量的85%直接食用，10%作饲料用和工业加工用，我国加入WTO后，优质稻米出口有广阔前景。

二、水稻生产概述

（一）世界水稻生产

全球水稻生产不同时期有不同的特点。自20世纪50年代以来，世界水稻种植面积快速增加，因而水稻总产量也在逐步提高。1948年，全球水稻种植面积为8 670万 hm^2，总产1.45亿t，平均单产1.68t/hm^2，到1998年，全球水稻种植面积达到1.52亿 hm^2，总产量为5.79亿t，单产达到3.81t/hm^2。50年间，全球水稻面积增加了1.75倍，总产量增加了74.9%，单产提高了55.9%（表1-1）。这一时期，水稻总产的增加是由于水稻种植面积的扩大和单位面积产量的提升两个因素所致。

表1-1　全球水稻种植面积和产量

年度	种植面积（万 hm^2）	总产量（万t）	单产（t/hm^2）
1948	8 670	14 540	1.68
1958	11 701	22 409	1.92
1968	12 945	28 871	2.23
1978	14 364	38 511	2.68
1988	14 625	48 829	3.34
1998	15 200	57 879	3.81
平均	12 918	35 173	2.61

（引自FAOSTAT数据库）

进入21世纪，水稻种植面积开始缓慢下降或上升，但由于水稻单产仍在稳步提高，因此，水稻总产量并未明显下降。截至2008年，全球水稻种植面积达到1.586亿 hm^2，由于单产达到4 249.7kg/hm^2，而总产量仍保持在6.74亿t。

从水稻在全球各大洲的地理分布来看，亚洲种植面积最大，为13 684.2万 hm^2；其次是非洲，为778.3万 hm^2。其他依次是南美洲、北美洲、欧洲和澳洲（表1-2）。亚洲占全球水稻种植面积的89.6%，稻谷总产量占91.0%，由此可以这样说，全球水稻生产绝大部分集中在亚洲。水稻单产量高的是澳洲，达到9 100kg/hm^2，是全球平均单产3 858kg/hm^2 的235.9%；其次是亚洲，为3 920kg/hm^2，稍高于世界平均单产；稻谷单产最低的是非洲，为2 208kg/hm^2，仅是世界平均单产的57.2%。

表 1－2 水稻在全球各洲的分布

洲	种植面积（万 hm^2）	总产（万 t）	单产（kg/hm^2）	占全球的比例（%）		
				面积	总产	单产
全球	15 275.0	58 923.3	3 858			
亚洲	13 684.2	53 641.2	3 920	89.6	91.0	101.6
非洲	778.3	1 719.7	2 208	5.1	2.9	57.2
南美洲	540.6	1 988.7	3 687	3.5	3.4	95.6
北美洲	196.3	1 123.4	5 727	1.3	1.9	148.4
欧洲	61.0	316.3	2 673	0.4	0.5	69.3
澳洲	14.8	134.2	9 100	0.1	0.2	235.9

（以 FAO 公布的 2000 年和 2001 年两年的均值为计）

全球水稻主产国家绝大多数集中在亚洲，第一位是印度，种植面积达到 4 460 万 hm^2，第二位是中国 3 050万 hm^2（表 1－3）。在年种植面积超过 100 万 hm^2 的 14 个国家中，其中，11 个国家在亚洲；南美洲 1 个国家，为巴西，种植面积 367 万 hm^2；非洲 1 个国家，为尼日利亚，种植面积 206 万 hm^2；北美洲 1 个国家，为美国，种植面种 123 万 hm^2。

表 1－3 世界水稻主产国分布情况

国家	种植面积（万 hm^2）			总产量（万 t）			单产（kg/hm^2）		
	2000 年	2002 年	2004 年	2000 年	2002 年	2004 年	2000 年	2002 年	2004 年
印度	4 460	4 000	4 230	13 415	12 300	12 900	3 010	3 080	3 050
中国	3 050	2 836	2 833	19 017	17 759	17 743	6 230	6 260	6 260
印度尼西亚	1 152	1 150	1 191	5 100	4 865	5 406	4 430	4 230	4 540
孟加拉国	1 070	1 090	1 100	3 582	3 900	3 791	3 350	3 590	3 450
泰国	1 005	992	980	2 340	2 700	2 695	2 330	2 720	2 750
越南	765	754	—	3 255	3 132	—	4 250	4 150	—
缅甸	621	620	600	2 012	2 120	2 200	3 240	3 420	3 670
菲律宾	404	403	413	1 241	1 269	1 449	3 080	3 140	3 510
巴西	367	318	373	1 117	1 049	1 325	3 040	3 300	3 550
巴基斯坦	231	204	250	700	578	749	3 030	2 830	2 990
尼日利亚	206	225	370	327	337	354	1 590	1 500	960
日本	177	170	170	1 186	1 126	1 091	6 070	6 630	6 420
美国	123	130	135	867	962	1 050	7 040	7 410	7 780
韩国	107	105	100	707	743	680	6 590	7 070	6 790

［引自 Rice Almanac（3rd edition）］

（二）中国水稻生产

中国是世界上稻谷总产第一位、水稻种植面积第二位的国家。1949 年以来，中国水稻生产走上了正常发展的道路。到 20 世纪末，中国水稻种植面积已过 3 050万 hm^2，占全球水稻总面积的 20%，位于印度之后，居第二位。稻谷总产量 9 017万 t，占世界稻谷总产量的 31.8%，远高于印度而居首位。水稻平均单产达 6 230kg/hm^2，比世界平均单产高 37.6%，比印度高 51.7%，在全球 14 个主产稻国家中，仅低于美国和韩国，居第三位。

1949 年以来，中国水稻生产总的发展趋势是，栽培面积先升后降，1976 年达到最多的 3 621.7万 hm^2，之后逐步下降，2005 年下降到 2 881.7万 hm^2；而单位面积产量则稳步上升，2005 年达到 6 260.3kg/hm^2，比 1949 年 1 892.1kg/hm^2 提高了 2.31 倍，总产呈不规则上升态势，从 1949 年的 4 864.5万 t 上升到 2005 年的 18 059万 t，增加了 2.71 倍（图 1－1）（表 1－4）。

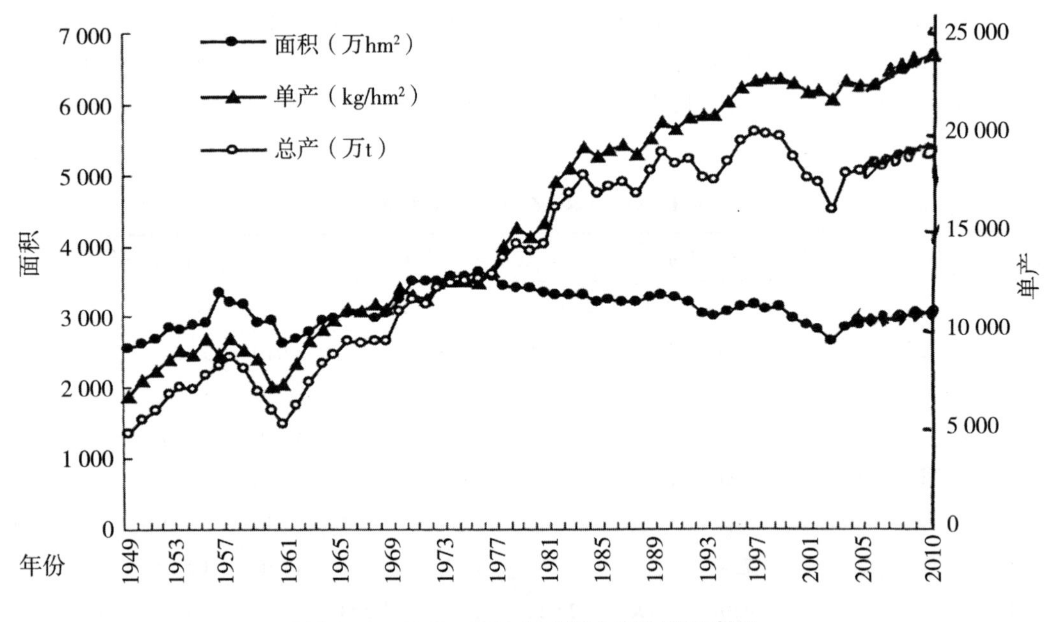

图 1－1　1949—2010 年全国水稻生产示意图

1986—2010 年，全国水稻种植面积最多的是 1990 年的 3 306.5万 hm^2，最少的是 2003 年的 2 650.8万 hm^2，年均种植面积 3 039.5万 hm^2。2010 年较 1986 年种植面积减少 302.6 万 hm^2，减幅 9.4%，年均减少 0.38%。水稻总产量最高是 1997 年的 20 073.6万 t，最低是 2003 年的 16 065.5万 t，年均总产 18 392.8万 t，2010 年比 1986 年的总产量提高了 2 353.7万 t，增长 13.7%，年均增加 0.55%。单位面积产量最高的是 1998 年的 6 366.2kg/hm^2，最低的是 1988 年的 5 286.8kg/hm^2，年均单产为 6 273.4kg/hm^2，2010 年比 1986 年单产增加了 1 357.1kg/hm^2，增加了 25.4%，年均增加了 1.0%。

表 1-4　1949—2010 年全国水稻面积、单产和总产

年份	面积（万 hm^2）	单产（kg/hm^2）	总产（万 t）	年份	面积（万 hm^2）	单产（kg/hm^2）	总产（万 t）
1949	2 570.9	1 892.1	4 864.5	1980	3 387.8	4 129.7	13 990.5
1950	2 614.9	2 107.2	5 510.0	1981	3 329.5	4 323.6	14 395.5
1951	2 693.3	2 248.2	6 055.3	1982	3 307.1	4 866.3	16 159.5
1952	2 838.2	2 411.0	6 842.7	1983	3 313.6	5 096.1	16 886.5
1953	2 832.1	2 516.6	7 127.2	1984	3 317.8	5 372.6	17 825.5
1954	2 872.2	2 466.9	7 085.2	1985	3 207.0	5 256.3	16 856.9
1955	2 917.3	2 674.5	7 802.5	1986	3 226.6	5 337.6	17 222.4
1956	3 331.2	2 476.1	8 248.0	1987	3 219.3	5 417.9	17 441.6
1957	3 224.1	2 691.5	8 677.3	1988	3 198.8	5 286.8	16 910.8
1958	3 191.5	2 533.2	8 084.8	1989	3 270.0	5 508.5	18 013.0
1959	2 903.4	2 389.1	6 936.4	1990	3 306.5	5 726.1	18 933.1
1960	2 960.7	2 017.4	5 972.9	1991	3 259.1	5 640.2	18 381.3
1961	2 627.6	2 041.5	5 364.2	1992	3 208.9	5 803.1	18 622.2
1962	2 693.5	2 338.5	6 298.6	1993	3 035.6	5 847.8	17 751.1
1963	2 771.5	2 661.6	7 376.5	1994	3 017.0	5 831.1	17 593.3
1964	2 960.6	2 803.5	8 300.0	1995	3 074.4	6 024.8	18 522.7
1965	2 982.5	2 941.2	8 772.0	1996	3 140.7	6 212.3	19 510.2
1966	3 052.9	3 124.7	9 539.0	1997	3 176.4	6 319.5	20 073.6
1967	3 043.0	3 078.8	9 368.5	1998	3 121.5	6 366.2	19 871.2
1968	2 989.4	3 162.2	9 453.0	1999	3 128.5	6 344.7	19 848.9
1969	3 043.2	3 123.9	9 506.5	2000	2 966.6	6 271.5	18 790.8
1970	3 235.8	3 399.2	10 999.0	2001	2 881.2	6 163.4	17 758.1
1971	3 491.8	3 299.3	11 520.5	2002	2 820.2	6 189.2	17 454.0
1972	3 514.2	3 225.6	11 335.5	2003	2 650.8	6 060.6	16 065.5
1973	3 509.0	3 469.2	12 173.5	2004	2 837.9	6 310.7	17 908.9
1974	3 551.2	3 489.2	12 390.5	2005	2 881.7	6 260.3	18 059.0
1975	3 572.8	3 514.4	12 556.0	2006	2 929.3	6 230.0	18 210.0
1976	3 621.7	3 473.6	12 580.5	2007	2 891.9	6 432.9	18 603.4
1977	3 552.6	3 618.9	12 856.5	2008	2 900.0	6 617.1	19 189.6
1978	3 442.1	3 978.2	13 693.0	2009	2 920.0	6 681.6	19 516.3
1979	3 387.3	4 243.8	14 375.0	2010	2 924.1	6 694.7	19 576.1

1949 年以来，中国水稻生产与世界水稻生产发展趋势相似，在 20 世纪后半叶的变化较大，1950 年全国水稻面积只有 2 693万 hm^2，10 年后的 1960 年发展到 3 227万 hm^2，增加了 16.5%，1976 年达到了最多的 3 621.7万 hm^2，之后到 20 世纪末的 1999 年，全

国水稻种植面积仍保持在 3 100 万 ~ 3 500 万 hm^2。进入 21 世纪之后，由于国家对种植业结构进行了战略性调整和优化，加之，全国稻米出现了相对结构性过剩，以及水资源的日渐紧张，水稻种植面积开始缓慢下降，到 2003 年已减少到 2 650.8 万 hm^2，相当于 1951 年的生产面积 2 693.3 万 hm^2，但由于单产大幅度提高，水稻总产量达到 16 065.5 万 t，而 1951 年只有 6 055.3 万 t。

三、我国粳稻生产及其种植区域

我国水稻生产主要有两大类型：籼稻和粳稻。籼稻生产面积约占全国水稻面积的 74%，粳稻生产面积约占 25%，其余 1% 为糯稻。从全国范围看，有 27 个省、直辖市、自治区种植粳稻，其中，北方稻区 15 个，南方稻区 12 个。年种植粳稻面积在 50 万 hm^2 以上的有辽宁、吉林、黑龙江、江苏 4 省，10 万 ~ 50 万 hm^2 的有上海、浙江、安徽、河南、山东、云南 6 省（直辖市）。我国粳稻主要种植区域集中在北方稻区。

从粳稻种植区域在全国的分布来看，董玉琛、郑殿升（2006）按稻米品质区划，把我国稻米品质区划为 4 个大区和 10 个亚区，其中，第 4 个大区为北方食用粳稻区，下分成 4 个亚区：鲁、豫、京、津、冀单季中、迟熟粳稻亚区，晋、陕、宁、甘单季早、中熟粳稻亚区，辽、吉单季中熟粳稻亚区，黑、内蒙古自治区（以下称内蒙古）、新疆维吾尔自治区（以下称新疆）高纬度早熟粳稻亚区。

万建民（2010）根据地域不同、自然条件差异、稻作种植制度和品种类型分布状况，把常规早粳种植区域分为华北半湿润单季粳稻区、东北半湿润早熟单季粳稻区和西北干燥单季早粳稻区。

（一）华北半湿润单季粳稻区

1. 地理区域

本区位于秦岭、淮河以北，长城以南，包括辽东半岛、内蒙古东南和南部地区，天津、北京两市，河北省张家口至多伦以南，山西全省，陕西秦岭以北的东南部，宁夏自治区（以下称宁夏）固原以南的黄土高原，甘肃兰州以东，山东省全部，河南省北部，江苏、安徽两省淮河以北地区。

本区域地势西高东低，西部是高原和山区，平均海拔 1 000m 左右，大多属黄土高原；中部是辽阔的华北平原，由黄、淮、海、滦河等水系的泥沙冲积而成，海拔一般在 100m 以下；东部是丘陵区，大部分海拔 500m 以下，其中，胶东半岛只有 200m 左右。

2. 气候条件

本区属暖温带半湿润季风气候。粳稻生育期间平均气温为 19 ~ 23℃，东西部有较大差异，西部为 19 ~ 21℃，东部为 21 ~ 23℃，辽东半岛稍低些。气温日较差较大，西北部为 12 ~ 14℃，东南部为 10 ~ 13℃。粳稻生长季节 ≥10℃ 的积温通常在 3 500 ~ 4 500℃，自南向北、由东转西积温逐渐减少，西部高原和山地少于 4 000℃，辽东半岛只有 3 500℃ 左右。

本区粳稻生育期间日照时数为 1 200 ~ 1 600h，华北平原中北部较多，为 1 550 ~ 1 600h，日照百分率为 55% ~ 60%；辽东半岛和西部高原山地较少，为 1 200 ~ 1 400h，日照百分率为 46% ~ 60%。

本区粳稻生育季节光合辐射总量为35～42kcal/cm^2，比东北和西北粳稻区均高。自西向东逐渐增多，海河天津一带为我国北方稻区的高值区，达42kcal/cm^2。本区粳稻生产最主要的不利气象因素是春季干旱和后期低温，春季育秧和插秧用水严重不足。生育季节一般降水量为400～800mm，比南方稻区明显偏少，西部的兰州总降水量只有288mm，通常依靠地下水、湖泊、水库、河流水的灌溉解决。

3. 种植制度

本区粳稻种植制度较单一，只种一季稻。部分地区有绿肥—稻、麦—稻、休闲—稻水直播、旱直播稻等种植形式。近年，东部的一些地区逐渐发展成麦、稻两熟制。山东、河北、河南及京津地区有一年一熟的春稻及旱、水直播稻与麦茬稻的种植方式。

本区光照条件好，气温日较差大，有利于粳稻高产，但水资源短缺，限制了粳稻生产。另外，稻瘟病、白叶枯病、纹枯病、稻曲病以及京、津地区的条纹叶枯病，沿海地区的盐、碱、风灾等，也是粳稻生产的不利因素。

（二）东北半湿润单季粳稻区

1. 地理区域

东北半湿润早熟、中熟及中晚熟单季粳稻区位于辽东半岛及长城以北、大兴安岭以东地区，包括黑龙江省大兴安岭以东地区、吉林全省，辽宁省全部，是我国北方粳稻的主要产区，常年种植面积在460万hm^{2}左右。

本区周环大、小兴安岭，长白山山脉，中部是我国第二大平原——松辽平原，并有黑龙江、松花江、辽河、鸭绿江等水系，水资源较丰富，有利于发展粳稻生产。海拔在50～2 000m，平原一般在50～200m，山地在500～2 000m。

2. 气候条件

本区属季风中温带和寒温带湿润、半湿润气候。热量较少，粳稻生育季节平均气温为17～21℃，自南向北逐渐降低。辽宁省的沈阳、丹东等地为19～21℃，气温日较差在12℃左右，月平均气温在10℃以上的时间有6个月左右。北部黑龙江省的齐齐哈尔到黑河地区，粳稻生长季平均气温为17～19℃，日较差12～14℃，月平均气温10℃以上的时间只有4～5个月。本区粳稻生长季节≥10℃的积温不足3 500℃，北部特早熟稻区的积温不到2 500℃，黑龙江省北部更少，只有2 000℃左右。南部的沈阳为3 200℃，自沈阳向南逐渐增加。

本区粳稻生长季总日照时数为1 000～1 250h，吉林省的延吉不足1 000h；南部较多，为1 200～1 250h，东部为1 000～1 200h。而日照百分率较高，可达55%～60%，吉林省的延吉仅有47%。光合辐射总量为24～35kcal/cm^2，北部特早熟稻区为24～30kcal/cm^2，自北向南逐渐增加。

本区粳稻生长季节降水总量在300～600mm，西部在450mm以下，东部降水多一些，灌溉用水多一些。

3. 种植制度

本区为单季稻，栽培以插秧为主，北部有少量的直播栽培。多采用保温育秧技术，近年发展成大棚工厂化育秧，以保证粳稻后期安全成熟。

本区光照条件较好，土壤较肥沃，水资源也较丰富，有利于发展粳稻生产。但是，有的年份受西伯利亚低气压的影响，夏、秋季节常出现低温冷害天气，水稻易遭受延迟型冷害和障碍型冷害，使水稻生育延迟，贪青晚熟，授粉受精受阻，影响籽粒灌浆，造成瘪粒而减产。另外，有的年份夏季阴雨湿度大，易发生稻瘟病、纹枯病、稻曲病等。因此，低温冷害和水稻病害是制约本稻区粳稻产量的两个主要因素。

（三）西北干燥单季早粳稻区

1. 地理区域

西北干燥单季早粳稻区位于大兴安岭以西，长城、祁连山与青藏高原以北地区，包括大兴安岭以西的部分，内蒙古全境，甘肃西北部，宁夏北半部，陕西省的西北部，河北省的北部，新疆全部。本区遍布高原、山地、丘陵和沙漠，地势较高，一般海拔在1 000m以上。山地之间分布着地势平坦的平原和盆地，如新疆的准葛尔盆地、塔里木盆地，甘肃省的河西走廊、均有零星粳稻分布。宁夏的银川平原，内蒙古的河套平原，套内渠道成网，遍布农田，是本区主要粳稻种植区。

2. 气候条件

本稻区属于中温带干旱、半干旱大陆性气候，气温变化剧烈，日照充足，降水稀少。粳稻生长季节日平均气温为18～22℃，南疆塔里木盆地较高，为21～22℃；月气温在10℃以上的时间一般为6个月，北疆及其他地区温度稍低，月平均气温在10℃以上的时间一般为5个月。粳稻生育期间≥10℃的积温为2 200～4 000℃。气温日较差为全国最大的区域，为11～16℃，银川平原和河套平原气温日较差为13～14℃。7月日平均气温通常都在21～26℃。

本区日照充足，粳稻生长季节总日照时数为1 200～1 600h，大多数地区在1 200～1 400h，仅次于华南稻作区，日照百分率除南疆的于田、和田分别为58%和59%外，其余均在65%～70%，为全国最高值区域。生育季节光合辐射总量为30～40kcal/cm^2，日光合辐射在全国最高，为220～280kcal/cm^2，北部比南部更强。优越的光能条件非常有利于粳稻光合物质的生产。

本稻区粳稻生长季降水量最少，总降水量在30～350mm，南疆只有20～50mm，北疆地区、河西走廊及银川平原稻区在100～200mm，新疆中部的新源和乌鲁木齐为260mm和270mm，新疆东部的哈密和若羌不足30mm，只有东南部高原雨量较多，为200～350mm。因此，南、北疆粳稻主要靠高山雪水与泉水灌溉，河套平原、银川平原主要靠黄河水灌溉。由于本区属大陆性气候，秋季降温早且快，霜期也早，粳稻易遭遇低温冷害。

3. 种植制度

本区为单季稻区，一年一熟。品种类型以早熟中早粳或中熟中早粳为主，以育苗插秧为主要栽培形式，南疆和宁夏有较多面积的水直播栽培。本区春季回暖比东北稻区早，一般安全播种期为4月15日至5月5日，河西走廊和银川平原在4月25日至4月末，与东北稻区播种期大体相当。本区粳稻安全齐穗期各地差异较大，北疆为7月中旬至8月上旬，南疆可延至8月中下旬，河西走廊和银川平原在7月下旬至8月上旬。整个粳稻生长季为120～180d，介于华北与东北稻区之间。北疆只有120～140d，河西走廊和银川平原为130～140d，南疆长一些，为160～180d。

第二章　水稻遗传改良成就

第一节　水稻遗传改良回顾

一、国际水稻遗传改良回顾

从世界水稻遗传改良的历史看，真正有目的、有计划地进行品种改良开始于19世纪末20世纪初，但进展较慢。最初的品种选育是在农家品种中进行系统选择，通常是除掉农家品种中的异型株（穗），使农家品种纯化，再进行品种产量比较试验，从中选出优良品种。

20世纪20年代前后，世界上只有少数国家开展杂交育种。从整体看，20世纪30～50年代育成的水稻品种，产量水平虽有一定提高，但幅度不大。到20世纪50年代之后，水稻品种的遗传改良才有了突破性的进展，中国和国际水稻所（IRRI）的矮化品种改良取得了成功，尤其是70年代中国杂交水稻的选育和生产应用，使水稻单位面积产量大幅提升，将世界水稻平均单产由1950年的1 580kg/hm^{2}提高到2000年的3 890kg/hm^2，增加了59.4%。

（一）日本

日本是开展水稻遗传改良工作比较早的国家之一。1893年，日本就开始进行水稻品种比较试验，以鉴定品种的优劣和产量的高低。1906年报道了通过杂交方式选育出水稻品种“Omini Shika”，这是有关水稻杂交育种选育品种最早的报道。到1913年，日本已经选育出20余个水稻品种，并在生产上推广应用。

之后的一段时期，日本在粳稻品种遗传改良上做了大量研究，尤其在粳稻品质改良上成果突出，先后选育出一批米质优良的粳稻品种，如屉锦、秋光、丰锦、越光、一目惚等。越光的选育开始较早，遗传改良年限长达12年，其过程也比较复杂。1944年，在日本新泻县农业试验场以农林22号为母本，农林1号为父本首次进行杂交，并对后代进行选择。1948年，其杂交后代被转移到福井县农业试验场继续进行后代选择，于1953年选育成一个地方品种，命名为越光17号。1956年，越光17号在新泻县表现优异，首次被确定为奖励品种，命名为越光（Koshihikari），品种登记番号为农林100号。越光育成后从1979年开始取代了品种日本晴（Niponbare），至2006年已连续28年种植面积居全国首位，其中，连续7年生产面积超过35%。均比第二位的水稻品种一目惚高出25%以上。因此，可以毫不夸张地说，越光创造了日本水稻品种遗传改良的奇迹。越光的最大优点是米质食味优异（特A或A级），耐寒性强，育成后已半个世纪过去了，仍长盛不衰。越光的主要缺点是抗稻瘟病性弱，秆弱易倒伏。

20世纪80年代，日本提出水稻超高产育种（Rice Breeding for Super High Yield）。1981年，日本农林水产省开始实施“超高产水稻开发及栽培技术确立”的大型合作研究项目，即所谓的“逆753计划”。计划目标是利用15年时间，选育出每公顷能产10 000kg糙米或者比对照品种秋光增产50%的超高产品种。

该计划分三阶段进行，第一阶段1981—1983年，从各地收集正在选育中的高产稳产、比对照品种秋光增产10%以上的品种。第二阶段1984—1988年，以现有日本高产水稻品种，韩国和其他外国高产品种及大粒型品种为选育材料，以早熟、抗寒和抗倒伏等为主要改良目标，育成比对照品种增产30%的新水稻品种，具体指标是低产地区每公顷为6 500kg（以糙米计），高产地区达8 500kg。第三阶段1989—1995年，以第二阶段选育出的品种（或品系）为育种试材，利用7年时间继续进行遗传改良，进一步强化早熟、抗寒和抗倒伏等品种特性，改良株型。最终达到在中、低产田地区实现7 500～9 800kg/hm^{2}的绝对产量，高产地区达到10 000kg以上的目标。

日本水稻超高产育种计划的实施，到20世纪80年代末期，育成了“晨星”、“奥羽326”、“北陆130”等品种，小面积产量接近10 000kg/hm^2，但由于结实率、米质和适应性不理想、不适应日本国情等原因，没有推广应用。1989年以后，将该计划调整为“扩大需要的新性状水田作物开发”。

在日本，由于粳稻品种间亲缘关系较近，杂交亲本遗传差异小，其杂交后代的遗传变异也小，因此，很难育成优良的超高产粳稻品种。为解决这一问题，日本从世界各地收集优良的水稻种质资源，再与日本粳稻进行杂交，对杂种后代做产量潜力、抗病性、抗虫性、抗倒伏、适应性等方面的鉴定和筛选，培育适合不同地区栽培的超高产品种。

在遗传改良技术方面，日本研究与高产有关性状的遗传表现，探索籼、粳稻亚种间远缘杂交杂种不育机制及其克服途径。通过诱变技术改良外国引进水稻高产品种的不良性状。在杂种优势利用上，通过遗传分析和线粒体DNA分析对雄性不育细胞质进行分类，将雄性不育细胞质转入日本水稻品种，育成雄性不育系，并通过侧交选择优良杂交组合。同时，还研究有利于提高异交率的花器结构和特征、特性，筛选适于杂种一代制种的亲本。在超高产选育方面，选择半矮秆籼稻高产品种为亲本进行杂交，从后代中选择高产的株系，同时鉴定其耐寒性、抗病虫性、抗逆性等。

进入20世纪90年代以后，日本启动优质专用和功能性水稻育种计划，选育成高直链淀粉含量、低直链淀粉含量、粉质、高蛋白、巨大胚、富铁化等特性的水稻品种，以及满足高血压、肾脏病人、糖尿病人需要的专用水稻品种，深受消费者欢迎。

近年来，日本大力研究耐直播、抗倒伏、优质、抗病虫等的新水稻品种，以适应机械化栽培的需要。

（二）国际水稻研究所

国际水稻研究所（International Rice Research Institute，简称IRRI）是国际科研机构，于1962年在菲律宾成立。建所的宗旨是帮助发展中国家解决水稻生产中存在的问题，搜集、保存、管理品种资源，目前，已保存了11万份水稻品种资源，包括全世界主要的野生种和主要的农家品种。

该所在水稻品种遗传改良上，20世纪60年代主要目标是提高水稻的产量潜力，取得了明显成效。60 年代中期，IRRI 选育出第一个半矮秆水稻品种 IR8，它在南亚和东南亚稻区大面积种植引发了亚洲水稻生产的绿色革命。IR8 是将我国台湾省的“低脚乌尖”品种所具有的矮秆基因导入高产的印度尼西亚品种“皮泰”中，选育出的半矮秆、高产、耐肥、抗倒伏、穗大、粒多的奇迹稻。

20 世纪 70～80 年代，该所水稻品种的遗传改良目标是稳产和提升品种的增产潜力。先后又选育出 IR26、IR36、IR72 等一系列 IR 编号的水稻品种，但其产量潜力仍停留在 IR8 的水平上。该所的育种专家认为，要突破现有高产品种的单产水平，必须在水稻株型上有所突破。他们参考其他禾谷类作物理想株型的特点，通过分析、比较、研究，提出了新株型（New Plant Type，NPT）超级稻育种理论，并对新株型进行了量化设计，植株矮分蘖低，直播时每株 3～4 个穗，每穗 200～250 粒，没有无效分蘖；株高 90～100cm，茎秆粗壮，根系活力强；生育期 110～130d，收获指数 0.6，产量潜力 13 000～15 000kg/hm^2；对病虫害综合抗性好（Peng，1994）。

国际水稻所设计的新株型超级水稻育种方案的突出特点是大穗少蘖和高经济系数。根据 Donald（1968）对小麦理想株型的认识，即独秆无分蘖株型在单一作物群体中的竞争力最小，IRRI 专家认为，少蘖株型可减少或没有无效分蘖，避免叶面积指数过大造成群体冠层恶化和营养生长过剩导致的生物量浪费，同时，可缩短生育期，提高日产量和经济指数，实现超高产。

1989 年，IRRI 正式启动 NPT 超级稻育种计划。该计划还充分考虑了水稻用水的限制，以及工业化发展带来的劳动力短缺和化学污染等问题，使其符合利用更少的水资源、劳动力和生产资料，获得更高稻谷产量的目标。IRRI 在实施 NPT 计划的 1994 年向世界宣布，NPT 超级稻育种计划已获得成功，育成的新株型超级稻在小区比较试验中的产量潜力已经超过现有品种 20% 以上。但同时也承认，这些新株型超级稻结实率较低、饱满度差、不抗褐飞虱，还不能大面积推广应用。之后，该所曾经努力改良超级稻的不足和缺点，希望将新株型超级稻在生产上应用，但直到目前为止，仍未能取得实质性的进展。

在 IRRI 育成新株型水稻之后，媒体用“超级稻”（Super rice）一词来大力宣传这一水稻科学前沿领域的科研成果。从此之后，“超级稻”作为新株型稻或水稻超高产育种的代名词，广泛出现在各种新闻报道中。

进入 21 世纪后，世界面临人口、能源、环境的巨大挑战，国际水稻研究所确定其研究方向和目标。稻米是全球 25 亿人口赖以生存的主要口粮，91% 消费在亚洲。到 2025 年，以稻米为主食的人口将增加 50%，总数超过 35 亿。为此，IRRI 正执行以理想株型为基础的超级稻育种计划，合理利用自然资源，实施水稻“二次绿色革命”。其基本目标是，到 2025 年，灌溉稻单位面积产量从目前的每公顷 5 000kg 增加到 8 000kg；雨水稻从目前的每公顷 1 900kg 增加到 3 800kg；稻米总产量增加 6.5%，以满足全球日益增长的人口对稻米的需要。为此，IRRI 确定的 21 世纪研究方向是，稻属种质资源的遗传评价；突破性高产水稻品种的选育；利用生物技术促进品种遗传改良，拓宽遗传背景。

国际水稻研究所的水稻品种选育和科研成果，对亚洲乃至世界水稻研究起到重大作用，产生巨大影响，作出了贡献。其水稻育种致力于选育高产、稳产、适于不同类型生态环境的品种，强调品种的耐旱性、耐淹性；选育灌溉田的高产品种，强调进一步改良株型，提高光能利用效率和收获指数，抗当地主要病害和虫害，耐盐碱和胁迫土壤环境。

（三）南亚、东南亚各国

南亚、东南亚是世界水稻主要种植区域和稻谷产区。这一区域包括印度、巴基斯坦、孟加拉国、斯里兰卡、泰国、缅甸、越南、老挝、柬埔寨、马来西亚、菲律宾、印度尼西亚等 14 个国家。水稻种植面积 8 000万 hm^2，约占世界水稻总面积的 61.1%。

南亚、东南亚地区种植的水稻以籼型为主，只有印度尼西亚的“布鲁”（Bulu）稻，因为具有短粒、不易脱落、分蘖少、不倒伏等与粳稻相似的特点，因此，有人称其为亚粳型或籼粳中间型。这一地区固有的地方品种，大多数具有感光性强、营养生长旺盛、植株高大、茎叶繁茂、不耐肥易倒伏、谷草比小等特性。这些特性是该地区长期利用季风气候带来的雨水进行生长发育所形成的一种适应性结果。

从气候条件看，这一地区水稻可以全年生长，进行三季生产，但因雨水的季节分布和稻田水利设施缺乏等原因，多数地区一年只种植一季稻。在灌溉水源充足或雨季后有存水的地方，一年种植二季稻。在有更好人工灌溉设施的地方，一年才种植三季稻。

20 世纪 20 年代后，该地区各国陆续建立了农业试验场等试验研究单位，但育种工作做的不多，品种改良、选育发展缓慢，因此，该地区水稻生产落后，单产很低。

1945 年以后，该地区各国相继独立，包括水稻品种改良在内的一些农业生产技术受到政府的重视。在联合国粮农组织（FAO）设立的国际水稻委员会（IRC）的组织指导下，在这一地区开展水稻品种遗传改良工作。该委员会认为，如果将粳稻的早熟性、耐肥性、抗倒伏和不易落粒等特性转入籼稻品种，可以提高产量。为此，IRC 启动了籼粳杂交计划，该杂交计划的杂交工作和杂种一代的栽培均在印度中央水稻研究所进行，杂种第二代种子则分配给各国做进一步的选育。

该计划采用的杂交亲本早熟粳稻品种，从移栽到抽穗为 58 ~ 70d，籼稻品种为 95 ~ 100d。这一研究进行了数年，虽解决了一些问题，并选育出一些品种。但总的来说，这一计划的成效不是很大，未达到预期的目标。然而，在此期间，各国以当地品种为亲本的常规育种工作，却选育出较多的推广品种，如斯里兰卡选育出 H_4 系列品种；菲律宾育成了 BP－76、C_4－63 新品种；印度尼西亚选育成皮泰、本格旺、西格迪斯、辛萨等品种；印度育成了 MTV1、MTV15、HR19、GEB24、CO2、CO25、T141、SR26B 等品种；缅甸育成了 C28－16、XQ_4、D17－18、D25－4、A29－20 等品种。这些品种的选育和推广，对各国水稻生产起到了一定的增产作用，也奠定了水稻遗传改良的初步基础，但还不能说这一时期水稻育种研究取得了较大进展。

1962 年，国际水稻研究所（IRRI）在菲律宾成立，开启了南亚、东南亚地区水稻遗传改良新的纪元。该所研究的重点之一是水稻育种。鉴于这一地区固有的水稻品种弱点和缺点，如秆高、叶大、生育期长、不耐肥、易倒伏、感光性强、谷草比低、易感染病虫害等，因而产量不高不稳的问题，要提高品种的产量，首先应从收集水稻品种着手，大力开展品种选育。

IRRI 从该地区和世界其他国家征集了 10 000余份水稻品种。通过调查、分析、研究这些品种的各种性状后，选择育种的亲本。选择的标准是：①茎秆矮、坚硬，抗倒伏；②生育后期受光效率高，即前期生长快，后期不旺长，分蘖力中等，为叶片小、色浓绿、直立的株型；③生育期较短，在 100 ~ 120d，感光性较弱或者无；④增施肥料不实率不会增加、谷草比不下降；⑤抗稻瘟病等主要病害；⑥稻米品质适中。

1966 年，IRRI 育成了 IR8，1967 年育成了 IR5。IR8 是一个无感光性、分蘖力强、耐肥、抗倒伏的高产品种，在适当的肥培管理下，增产潜力较大，每公顷产量 7 500 ~ 9 000kg，是这一地区各国水稻平均公顷产量 2 475kg 的 3 ~ 4 倍。IR5 是以印度尼西亚的水稻品种皮泰为母本、马来西亚的坦凯罗丹（Jang Kai Rotan）为父本杂交选育而成，其感光性弱，分蘖力强，叶直立型，生长旺盛，增产潜力比 IR8 差一些，但稻米品质较好。后来又相继选育出 IR20、IR22、IR24 等品种。

国际水稻研究所选育的 IR 系列水稻新品种，对长期停滞在低产水平上的南亚、东南亚各国水稻生产产生了较大的影响。许多国家制定了以这些品种为核心品种的增产计划，拟在农民中推广应用。但是，这些品种在推广应用中证明，如要发挥这些品种的增产作用，水田需要具备一定的增产条件，如这些品种要有灌溉、排水设施，施用较多肥料，农民应掌握相应的栽培管理技术。据初步调查，这一地区的水稻面积，有 20% 是灌排方便的、10% 是深水稻，20% 是旱地稻，50% 是雨养稻。这些雨养稻平常不得不积雨水，水层较深，故这些矮秆品种不能种植。在施肥方面，要获得高产，必须增加对 IR 系列施肥量。据在泰国调查，种植 IR 系列水稻品种，肥料的投入约占生产总费用的 30%，而种植原有的地方品种，肥料的费用约占 6%。

IR 系列品种的丰产性要求与当时当地的生产条件不相匹配。因此，各国在接受 IR 系列水稻品种的程度和方式上是各不相同的，有的国家直接利用这些品种在生产上推广；有的则主要用作育种材料进行遗传改良，自行选育新品种；有的国家则二者兼顾。

1. 菲律宾

国际水稻研究所将其育成的 IR 系列品种连同肥料、农药等一起在菲律宾推广应用，而该国的植物产业局及农业学院，也育成了分别称为 C 系列和 BPI 系列的水稻品种。因此，菲律宾在这一时期实际上有 IR、C 和 BPI 3 个系列水稻品种同时存在和应用，均称为高产品种。

1973 年，菲律宾政府提出了“全国性稻谷增产运动”，指标是每季公顷产量为 4 350kg。在此运动中，选用的 IR 系列品种 9 个，即 IR20、IR24、IR26、IR28、IR29、IR30、IR32、IR206、IR1529；C 系列品种 6 个，即 C4 - 63、C4 - 630、C4 - 137、C - 2、C - 22、C - 168；BPI 系列品种 3 个，即 BPI - 76 - 1、BPI - 3 - 2、BPI - 2。

2. 印度尼西亚

国际水稻所育成的 IR8 和 IR5 均是用印尼的水稻品种皮泰为亲本之一，杂交后选育的，因此，在印尼度尼西亚 IR8 和 IR5 分别称为 PB8 和 PB5 而推广。后因这 2 个品种白叶枯病严重发生，使其推广面积大大减少。由于受病害的影响，IR8 的产量只有 2 880kg/hm^2，比当地改良品种辛萨（Syntha）还低。印度尼西亚在国际水稻所 IR8 育成之前，已选择皮泰、本格旺、雷玛加等地方品种作亲本，杂交育成西格迪斯、辛萨等新品种。IR 系列品种育成之后，则利用 IR5 × 辛萨，于 1972 年育成佩里塔 1/2，以后又育成德惠拉蒂（Dewi Raitih）等品种，供生产上应用。

3. 泰国

泰国对 IR 系列水稻品种的态度，开始时拒绝引种栽培，其原因：一是防止品质低劣的品种混进，影响该国稻米在国际市场上的声誉；二是泰国原有的水稻品种，10% 的农户 20% 的面积不施肥，推广的施肥量也仅有 7.5kg/hm^2，这要比 IR 系列品种要求的施肥量低得多；三是不愿在水田灌、排等基本建设上投资。但在品种遗传改良方面，则希望尽快地利用 IR 系列品种所拥有的优良性状基因，以改良原有品种。为此，泰国制定了选育高产品种的计划，并开展新品种选育工作，育成了一些品种。

（1）育成 RD－1 和 RD－3 两个品种　1966 年在曼谷附近的农业试验场，用泰国地方品种龙稻（Leuang Taiong）与 IR8 杂交，1969 年育成 RD－1 和 RD－3 新品种。这两个品种抗通戈罗病，米粒细长透明。在当地试验场和农户可获得 3 975～6 000kg/hm^2。其中，RD－3 在少肥条件下比 RD－1 高产，而且生育前期长势旺，有利于与杂草竞争，适于粗放栽培。

（2）育成 RD－2 品种　1969 年用泰国地方品种盖佩（Gam Pai）15 × 台中本地 1 号的 F_3 选系，育成 RD－2 新品种。

（3）育成 RD－4 和 RD－5 两个品种　RD－4 是用 RD－2 与印度品种 EK－1259 杂交选育而成。该品种具有抗稻瘿蚊、稻飞虱、叶蝉等害虫的能力。RD－5 是由保纳克（Puag Nahk）16 与西格迪斯杂交育成，米质优良，抗白叶枯病。这些品种改进了 IR8 的缺点，在泰国已推广开来。

4. 巴基斯坦

巴基斯坦是直接引种 IR 系列品种增产获得成功的国家。该国将引进的 IR8 称为 IR8－Pak 大面积推广种植。由于巴基斯坦处于半干旱性气候条件，水稻田均有灌溉设施，可以进行人工灌水，IR8 在该国一般每公顷产量为 3 000～5 025kg。

因为巴基斯坦用水紧张，原来要求水稻品种的生育期短到 80～95d，相反，IR8 生育期长达 110～120d，米质也不是很好，但由于推广 IR8 增产解决了国家缺稻米的问题，因此，从 1967 年开始，制定了推广该品种的规划，除出口用的优质品种巴斯玛特（Basmati）50 万 hm^2 不变外，其余 80 万 hm^2 全部推广 IR8，当时计划每公顷产量 2 475kg，总计可增产 200 万 t，至 1975 年增产 320 万 t。后来，该国用 IR6 代替 IR8，两个品种共种植 37 万 hm^2，平均产量虽稍低于计划指标，但总产量已有较大幅度的增加。

5. 斯里兰卡

斯里兰卡原有主要推广品种是 H4，自 1966 年引种 IR8 后，与巴基斯坦一样证实其有高产性，但因 IR8 感染白叶枯病，而影响了大面积推广。20 世纪 70 年代初，斯里兰卡以 H4 为材料进行辐射处理，获得了矮秆，产量超过 H4，与 IR8 相近的 MI273 新品种。之后，该国又育成了与 IR8 产量不相上下的 Bg11－11、Bg34－6、Bg34－8、Bg34－11 和 Bg66 等 5 个新品种，其中，Bg34－8 产量最高，或超过 IR8，试验区产量为每公顷 8 100kg，而 IR8 为 7 092kg，增产 14.2%。

从上述这一地区各国水稻品种遗传改良的情况看，在1966年以后的一段时期内，以国际水稻研究所为起始的各国水稻高产育种，比前一时期取得了较显著的成果，各国高产品种育成的数量均有所增加，品种的水平有所提高，这些高产品种的种植面积也有所扩大。据不完全统计，这一地区的12个国家7 596万 hm^2 水稻中，在1967—1973年的7年中，育成高产水稻品种并进行推广应用的面积分别依次为103万 hm^2、261万 hm^2、471万 hm^2、785万 hm^2、888万 hm^2、1 344万 hm^2 和1 547万 hm^2。高产水稻品种种植面积的增加获得了相当程度的增产，可以肯定地说，这是这一地区发展中国家在水稻生产上取得的重要成绩。

在各国推广的水稻高产品种中，直接引进应用IR系列品种的国家有巴基斯坦、尼泊尔、缅甸、老挝，其他国家则认为不能完全依靠IR系列品种，而应该根据各国的条件，选育适合本国生态条件的高产水稻品种，这些国家仅部分推广应用IR系列水稻品种，而以自选自育的高产品种作为主推品种。

在此时期里，国际水稻研究所和大多数国家所采取的品种遗传改良技术仍以常规的杂交育种为主，很少采用其他育种方法。前面提到的斯里兰卡采用H4品种经辐射育成了MI273高产品种。此外，孟加拉国用γ射线照射IR8品种，于1973年育成了IRA-TOM24和IRATOM28两个品种，但这样的例子不是很多。

（四）印度

从20世纪开始，印度各邦就进行水稻品种的遗传改良。在早期，一些水稻育种站的水稻研究集中在征集地方品种及其通过纯系选择进行品种改良。根据不同邦选育推广的水稻品种的试验结果表明，547个改良品种中有418个可追溯来源于地方品种的征集过程。甚至48个由杂交选育成的水稻品种也都是来源于印度不同地区征集的地方品种。

1914年，印度通过水稻生产田间收集群体材料的单株选择取得了品种的改良。例如，ADT品种系列的ADT1号～ADT6号，CO品种系列的CO－1号～CO－8号。之后，在印度哥印拜陀进行粳稻品种的试验和筛选，但得出的结论是，直接引种这些粳稻品种通常是不会成功的。1935—1940年，鉴定和筛选出很有希望的中国品种，诸如中国2号、中国10号、中国45号等。这些水稻品种已于40年代中期在印度的其他邦得到推广应用。

在以后的时期里，通过杂交选育水稻新品种。例如，通过CO13×CO25杂交选育出抗稻瘟病的新品种CR906和CR907；从CO25×Bam10的杂交中选育出3个抗稻瘟病和胡麻叶斑病的3个品系；一个晚熟的细粒品种CR1014是由T90×Urang-Urangam89杂交选育而成的；而CRRI是通过PtB18与GEB24杂交，选育出的抗稻瘿蚊高产品种。

1965年以后，印度从国际水稻研究所和邻国引入大量水稻品种，在各地进行品种比较试验，由全印育种改良协会及印度中央水稻研究所作水稻育种工作。到1968年，印度育成了贾瓦（Java）和帕德玛（Padma）两个品种。贾瓦由台中本地1号×T－141杂交选育的，具有台中本地1号的矮秆株型。根据吉田1968年对收集的50个各国水稻品种单位叶面积光合能力的比较试验结果，T－141是光合作用最强的品种。在6万lx光照条件下，大多数品种每小时每100cm^2 叶面积 CO_2 光合值为50mg以上

[$<50mgCO_2/(h\cdot 100cm^2)$]，而 T－141 为 $62.1mgCO_2/(h\cdot 100cm^2)$。品种贾瓦的株型类似 IR8，但生育期为 110～115d，比 IR8 短 10～15d，产量比 IR8 高 10%～20%。而且，该品种抗白叶枯病，栽培密度适应范围广，以 10cm×10cm 与 30cm×30cm 的方式种植，产量相差不大，因此，适于农民较粗放生产。

品种帕德玛是以 T－141×台中本地 1 号（上一个杂交组合的反交）杂交育成的。该品种颇早熟，移栽至开花的日数为 81d，粒形粗短而食味好，每公顷产量达 4 275kg，赶不上贾瓦。

1972 年，印度又育成矮秆、不感光、高产品种 IET1991 和 IET1039。IET1991 是由 GEB24×台中本地 1 号杂交育成，IET1039 是由 90 型×IR8 杂交育成，其高产潜力可达 9 750～10 950kg/hm^2，均为米粒细长的透明品种，品质尚好。

在此之前，印度已育成较高产的巴拉（Bala）、卡佛里（Cauvery）、拉特那（Ratna）、坎奇（Kanchi）、萨巴玛特（Sabarmati）、贾姆那（Jamuna）、维贾瓦（Vijava）等品种，但其籽粒较短，产量也不高，都不及贾瓦和 IR8 品种。而 IET1991 和 IET1039 两个品种产量较高，米质较优。因而，印度在直接应用 IR 系列水稻品种受阻后，采用这些本国育成的新品种替代 IR 系列品种推广种植。

（五）美国

美国水稻遗传改良是由美国农业部（USDA）农业研究局（ARS）和阿肯色、加利福尼亚、路易斯安那、得克萨斯、密西西比州的农业试验站来实施。美国水稻品种改良的首要目标，一直是选育确保高产、稳产的水稻品种。重点是选育生育期短或很短（100～130d）的、中粒或长粒品种类型。在选育的各种类型内，注重选育成熟期适种区域广的品种。

美国很注重早熟水稻品种的选育，例如，辛尼斯就是 1930 年从晚熟品种蓝罗斯中选育的一个早熟品种。早熟性的超亲分离提供的后代材料，已从中选出试验和推广的品种，例如，北罗斯品种比其亲本早熟好几天。生育期较短的改良品种已通过适当的品种与现有早熟资源杂交选育出来。有一个非常早熟的种质资源，是一个没有命名的长粒类型，称之为“赫尔”（Hill）的选系（B45－2253）。1945 年，它与另一个未命名的得克萨斯帕特那×勒克索洛——极优蓝罗斯（4033A4－30－2）进行杂交，杂种一代（F_1）种子送到斯图加特进代选择，其中的一个 F_6 代品种终于育成了“维戈尔德”（Vegold）新品种。

另一个早熟水稻品种贝尔帕特那的早熟性也是来自赫尔选系，由赫尔选系×蓝本耐的一个选系 C. I. 9122，与勒克索洛杂交，选育出贝尔帕特那。这主要是为双季稻或再生稻选育的第一个早熟品种。在该品种大面积生产中，特别强调要防治杂草。到 1965 年，贝尔帕特那品种在得克萨斯水稻种植面积中占 64% 的份额。

20 世纪 60 年代，美国提出抗水稻倒伏性的遗传改良。株高与抗倒伏性是紧密相关的，但是矮秆也不能完全保证高度抗倒性。例如，台中本地 1 号茎秆虽矮，但在美国南部也有倒伏。选育抗倒性的品种是一个缓慢的过程。辛尼斯是一个比早普洛菲克更抗倒伏和早熟的品种。那图株高比辛尼斯矮，倒伏较少。北罗斯比其亲本及当时应用的其他品种株高较矮，较抗倒伏。诺瓦 66 比那图和诺瓦更抗倒伏。

1944 年，从蓝本耐品种育成之后，它在长粒水稻品种中具有很强的抗倒伏能力。生图帕特那 231 也很抗倒伏。第一个育成的生育期极短的品种贝尔帕特那仅具中等抗倒伏能力，它显著地受到施肥量的影响。1965 年，育成了高度抗倒伏水稻品种蓝贝尔，这就为种植生育期极短水稻（双季稻）的得克萨斯州和路易斯安那州所推广应用。1967 年，在阿肯色州育成了抗倒力较强的新品种星本耐，植株比蓝本耐 50 矮 15%，生育期中等，它很快取代了蓝本耐 50。

之后，又成功选育出茎秆较矮、抗倒伏能力较强的水稻品种，其采用的水稻种质资源包括以下几种：①用 X 射线或热中子处理种子产生的矮秆突变体；②从 C. I. 9187 和来自斯图加特的诺瓦产生的突变体；③来自北罗斯、星本耐等品种的超亲分离植株，茎秆比其亲本品种更矮更坚硬；④天然的矮秆分离株，如星本耐（矮秆星本耐，C. I. 9722）、德翁（矮秆德翁，C. I. 9649）是在选育种子穗行的大区组中发现的；⑤在克芬利广泛应用于杂交中的矮秆选系 13d；⑥引进的矮秆品种（品系），如粳型品种台南育 487（P. I. 215936）、台中本地 1 号、IR8，以及其他来自国际水稻所的携带矮秆基因的半矮生性品种。

采用资源①和②进行杂交，从后代中获得许多矮秆品系，但没能得到像正常亲本高产的品系。北罗斯和星本耐也都广泛应用到杂交计划中。矮秆星本耐比星本耐矮 15%，1970 年对种植在斯图加特的 F_2 代大群体及其亲本的初步研究表明，两个选系株高不同，仅由一个主效隐性基因的差异所致。

矮秆选系 13d 的性状特征，是数量遗传性状中的下部节间较短，它在路易斯安那州规划中已广泛作亲本应用。因此，近年高世代选系的平均株高已大幅降低了。1970 年种植在克芬利的早熟至中熟的高世代品系中，有半数以上具有 13d 的亲缘。但这些选系表现叶片繁茂、分蘖力低，尚未选育出用于生产的品种。但已育成的品种大都株高下降，抗倒伏能力提升。

二、我国水稻遗传改良回顾

（一）1949 年之前

我国有计划地开展水稻遗传改良、品种选育工作，大约开始于 20 世纪 20 年代。当时，我国农业生产水平低下，技术力量薄弱，规模小，设备差，水稻生产和品种选育发展十分缓慢。1933—1937 年，全国水稻种植面积 5 年平均仅有 193 万 hm^2（不包括辽宁、吉林、黑龙江、新疆和西藏），稻谷总产量 491 万 t，平均每公顷产量 2 535kg。

1926 年，丁颖创办原中山大学农学院稻作试验场，即石牌总场以及南路、沙田、东江、韩江、北江分场，先后开展水稻育种、栽培、分类、施肥、灌溉、区划和品种生态等方面的研究工作。

丁颖（1933）很早就开始从事野生稻的遗传改良工作。自 1926 年夏在广州附近郊区发现野生稻以来，先后在珠江流域的番禺、增城、从化、花县、清远以及鉴江流域的茂名等地发现多种野生稻。广东野生稻均为蔓生、紫茎、有芒、黑稃、红米种，产地皆为沼泽地。其中，犀牛尾野生稻，其纤维根均粗大，丛生于水面下土中，茎由宿根性茎节生出，有 300cm 长，其出水面以上部分高达 130cm；叶色浓绿，叶基缘带紫；最长茎顶叶长约37cm，宽0.9cm；花器雄蕊6枚，发育多不完全，花药多数不开放，有开放的其花粉发育不完全，多不能发芽受精；柱头色深紫，开颖闭合后，柱头留在外面，很少开花时授粉，因此，结实率不到10%，而且多有自然杂交发生；穗形松散，最长茎的穗长约35cm。穗梗15cm，穗节7~8个，穗枝10~12枝；谷粒灰黑色、长9mm，谷粒芒长9cm，谷粒成熟前脱落。

广东犀牛尾野生稻无栽培价值，只是生长容易，抗逆性强。丁颖自发现该野生稻后，采取单株植于农场水塘，1926年收获种子，1927年单粒播种，1928年继续分株系播种，1929年冬获得W2-2株以及其他自然杂种分离出的单株。1930年后，对W2-2单株系进行性状观察并收获种子，开展产量试验。结果表明，W2-2生育旺盛、对寒害、热害等不良环境的抵抗力特强，产量也很高，即定为一个新品种，命名为“中山1号”。自本年起，将中山1号种子分发广州以南各地试种。

中山1号为犀牛尾野生稻自然杂种后代选育的，谷粒无芒，稻米白色，种子发芽能力强而且整齐，在平均气温20℃时，该品种种子置发芽床，经4d其发芽率为100%，而其他18个栽培稻品种经3~8d的发芽率仅有81%~95%。该品种分蘖力强，相似于野生稻，但株高则中等，调查表明其有效分蘖数约29个，秆长90cm；叶片直立、色浓绿，成熟期仍青枝绿叶，最长茎的顶叶平均长43.4cm、叶宽0.9cm；穗形倾斜但不散，平均穗长21cm，每穗92粒；千粒重25g，糙米为玻璃质；该品种产量也很高，1931年平均3 113kg/hm^2，比3个栽培稻品种平均增产19.2%；1932年3 165kg/hm^2，比3个栽培稻品种平均增产43.5%。

除了从野生稻自然杂交选育出中山1号栽培稻外，还有，W1C-2-3、W1C-10-1、W1C-18-2、W1C-70-2、W5C-17-5等选育出来的栽培稻品种。此外，从1938年开始利用栽培稻与野生稻杂交选育出一些有希望的产量更高的栽培稻品种。我国利用野生稻天然杂交容易、生长旺盛和对不良环境抵抗力强的特点，育成了一批普通栽培新品种，这在当时不曾有过报道。后来，丁颖教授还以印度野生稻与我国栽培稻早银占杂交，选育出了单穗1 400多粒的株系，引起了当时亚洲水稻研究者的极大关注。但是，由于当时水稻栽培的条件不具备，尤其水稻生产的高肥条件缺乏，因而这种大穗多粒的高产潜力发挥不出来，该品种没有在水稻生产上大面积推广。然而，从总体上看，我国当时在野生稻及其与栽培稻杂交的遗传改良上起步早、成果是非常显著的。

在水稻遗传改良技术方面，我国很早就开始系统育种和杂交育种。据中央大学农学院专刊（1936），我国水稻系统选育始于1923年，当时是从水稻品种帽子头中进行穗选，经过几年的连续选择，1927年进行产量试验，到1929年确定为系选新品种。1930—1933年，该品种与其他对照种比较，结果增产13%~19.7%。并于1930年开始在生产上推广应用。

在水稻系统选育技术上，1933年实业部洛夫顾问提出秆行育种法，1936年赵连芳博士提出稻种鉴定法。丁颖（1936）于1925年在中山大学农学院在水稻品种竹占中进行系统选育，1926年对选系采取插秧栽植，1927年继续进行系选，到1930年最终筛选出竹占1号新品种。以后又从东莞白中经系统育种选育出东莞白18，黑督新宁占中选出黑督4号，从白谷糯中选出白谷糯16等系选水稻新品种。

与此同时，丁颖还提出系统育种的一些理论问题。例如，先从众多水稻品种中确定2~3个优良品种，再从优良品种中选择优良株系，即优中选优；选优的株系产量比较试验，改以前的秆行直播法为小区移栽试验法，以避免秆行直播因大雨使行间种子混杂，或因鸟害、鼠害造成缺苗断条的问题；用原品种作为对照种，对试验结果采用品种平均差法求得误差，使新选品种与原品种对照进行比较；对品系的田间性状和室内考种性状调查与产量结果同等对待，不可偏废。

丁颖（1944）在“水稻纯系育种法之研讨”一文中详细论述了水稻纯系育种法的理论和实践。根据作者多年从事水稻纯系育种的经验和做法，结合各地相关研究的结果，对优良株穗的选择、分离、性状鉴定、产量比较试验、区域试验、良种保纯等技术环节均做了详细阐述。

他创立了水稻品种多型性理论，在分析水稻农家品种的组成系统中，确定代表本品种产量和品质的基本型，其在该品种群体数量中要占有50%以上，而个体在性状上与基本型不同的都称为杂型。品种中的基本型和杂型构成了水稻品种的一个复杂群体，其中，基本型保证了该品种在当地生产的产量和品质。这一理论的创建，为水稻品种选育、良种繁育、品种提纯复壮等育种工作奠定了理论基础。在这个理论的指导下，混合选择法是基本型植株的纯化法，单株选择法是优良杂型植株的选择法，为常用的“一株传”或“一穗传”选种法提供了理论依据。

作者根据多年和多数水稻纯系育种结果，认定栽培悠久、分布广泛的优良品种中，有代表该品种的基本型存在，其在该品种中占最大多数的个体，即构成了该品种的性状、产量和品质。其他与基本型在性状、产量、品质上有差异的则为杂型，或称变异型。我国有5 000年水稻栽培历史，每年都在选良种，使其高产、性状整齐、适应性好，因此，目前分布于各地的地方品种都是纯度很高、遗传性稳定、高产、适应强的品种。

在品种群体中，能准确认定其基本型是很重要的，因为这样可以用基本型植株的性状作标准，以鉴别其他杂型植株，还可以此为标准进行品种的提纯复壮。此外，还有两个作用：一是以此鉴定自然分布的自花授粉作物是否也存在基本型，以及确定群体中基本型和杂型植株的组成比率；二是据此探索该品种基本型与杂型的亲缘关系，以便进一步搞清水稻品种变异的来源。

（二）1949 年之后

20 世纪 50 年代，是我国水稻品种整理和评选利用的时期，其宗旨是将我国分散在农家的水稻地方品种资源进行收集和整理，在鉴定、评选的基础上，把一些产量高、稳产性好、适应性强的优良品种推广应用于生产，以恢复和促进水稻生产的发展。在这个时期，全国共收集水稻品种约 4 万个，其中，鉴定、筛选出的许多优良地方品种和早期改良品种，对水稻的增产起到了重要作用。例如，南方早籼品种南特号、中籼品种胜利籼、晚籼品种浙场 9 号和塘埔矮，中粳品种西南 175 和黄壳早廿日、晚粳品种新太湖和老来青等。这些品种在当时水稻生产上发挥了一定的增产作用，但因其表现株高易倒伏、不抗病等，因而增产潜力有限。

东北粳稻区在这一时期也从地方品种中评选出一批良种应用于生产，例如，生育期较短的水稻品种老头稻、洪根稻、二白毛等，中晚熟品种公交 6 号、原子 5 号、长白 2 号等，晚熟品种元子2号、宁丰、卫国7号等。其中，卫国7号生育期155~160d；株高100cm左右，茎秆粗壮、抗倒伏；穗长18~19cm，着粒紧密，每穗粒数100~130粒，最多达200粒；谷粒黄白色、饱满，千粒重29g以上，最高达32g，出米率78%，米质优；较抗稻瘟病、较耐肥；产量高，平均7 575kg/hm^2，比对照卫国增产17%。

20世纪60~70年代，我国水稻品种遗传改良进入一个蓬勃发展的时期，这一时期的主要标志是水稻新品种选育数量多、产量高。截至到1979年，全国共育成水稻新品种545个，使我国水稻生产应用品种进行了2~3次的更新换代，对增产起了重要作用。随着水稻科技的进一步发展和水稻生产对其品种的要求越来越高，水稻品种的遗传改良把高产、优质、多抗作为主要目标，这就要求水稻遗传、育种、病虫害防治等学科密切协作，以杂交选育为基础，以杂种优势利用为重点，系统选育、诱变育种等多种方法相结合，选育出适于我国南、北方稻区不同生态类型、不同熟期的具高产潜力、米质优良、抗逆性强、适应性广的新品种。

这一时期是我国水稻品种矮化遗传改良兴起和发展时期，台中在来1号、矮脚南特、广场矮3个矮秆水稻品种首创，不仅标志着我国水稻遗传改良的新纪元，而且也引领了世界水稻育种的转向和定位。之后，我国不同稻区的矮秆品种逐步配套，为水稻增产提供了品种保证。南方稻区先后实现了籼稻品种矮秆化，在生产上有影响品种有矮南早1号、圭陆矮、广陆矮4号、光锋1号、珍珠矮、泸成17、嘉农籼11、广秋矮、包胎矮等。

在此期间，南方粳稻区从日本引进了粳稻品种农垦58、金南风等，一方面在生产上推广应用，一方面作为杂交亲本在品种选育中利用，使长江流域粳稻品种的株高也逐渐降低。北方稻区的粳稻品种改良采取引进与选育相结合的方式。例如，1958年从日本引进的一批粳稻品种中，经多点试验，鉴定筛选出农垦19、农垦20和农垦21共3个品种，其共同特点是耐肥、抗稻瘟病、抗倒伏，比当时主栽品种卫国7号、宁丰增产15%以上。1963—1965年，从日本引进“京引”系列粳稻品种，经鉴定京引177、京引3号表现突出，生育期较短，抗逆性强。1970—1978年又从日本引进丰锦、秋岭、秋光等粳稻品种，鉴定试验表明，丰锦比京引3号增产21.1%~25.0%，成熟期提早7~8d，而且表现耐肥、抗病、结实率高。秋光比丰锦生育期短，约155d，在正常栽培条件下，单产可达7 500kg/hm^2。

采取杂交育种技术选育出一批粳稻品种，如合江10号、合江19号、合江20号、牡丹江4号、黑粳4号、松粳1号、吉粳60、迈粳152号、熊岳613、中丹1号等。其中，辽粳152以宁丰为母本、农垦19号为父本杂交育成，比当地主栽品种公交13号和元子2号增产11.8%；生育期130~140d，属早中熟品种；株高101.4cm，分蘖力中等，株型清秀；穗长16.1cm，千粒重25.7g；耐肥，在多肥条件下秆强抗倒伏；较抗稻瘟病。

20世纪70年代，是我国杂交稻研究获得成功的时期。经过多年的努力，以发现野败细胞质雄性不育材料为基础，1973年实现中国籼型杂交稻的“三系”配套，继而选育出南优、汕优、威优等强优势杂交种，杂交种种子繁育体系也相继建立起来。1976年开始大面积推广籼稻杂交种，约14万hm^2，到2001年推广面积已达到约2.7亿hm^2，单位面积产量比当时常规品种增产15%左右，增产稻谷2.7亿t。引起国际水稻界的广泛关注。

20世纪80年代以来，杂交籼稻实现了组合多样化和更新换代，育成了早籼型杂交种威优48，中、晚籼型杂交种威优64、汕优63、汕优10号、协优46，感光型杂交种汕优桂44，以及利用新的细胞质雄性不育系组配的新杂交种D优63，使籼稻杂交种推广面积迅速扩大，中、晚籼稻基本上实现了杂优化。

从20世纪70年代开始，北方杂交粳稻的研究取得了突破性成果。1975年，首创"籼粳架桥"技术创造粳型恢复系，利用籼稻与粳稻杂交，从后代中选育出具有1/4籼稻细胞核成分的高配合力的粳稻雄性不育恢复系C57。同时，将日本粳稻品种黎明转育成BT型黎明雄性不育系，并与C57恢复系组配成一个大面积推广的强优势粳稻杂交种黎优57。

粳型恢复系C57的创造，开创了我国粳型杂交稻生产应用的新纪元，带动了我国北方和南方杂交粳稻的研究和生产。北京、江苏、安徽、河北、天津、浙江等省（市）利用C57恢复系及其衍生系，育成一批新恢复系及其杂交种投入生产应用。例如，北京的秋优20，江苏的盐优57、六优1号，安徽的当优C堡，浙江的虎优1号、虎优8号、台杂2号等。

1986年，在农业部主持下建立了北方杂交粳稻协作组，加快了北方杂交粳稻育种的步伐和进展，先后育成了徐优3-2、六优C堡、六优3-2、寒优湘晴等一批优良杂交种。据不完全统计，南、北方选育的粳型恢复系多达35个，其中的60%含有C57的亲缘。粳稻杂交种的推广促进了北方粳稻产量的提高，到80年代末，我国北方12个省市累计种植杂交粳稻133万hm^2。

近些年来，由于我国育成了一批光（温）敏水稻雄性不育系，使两系法杂交稻和籼粳亚种间杂种优势的利用进入试验、示范和生产，使我国杂交稻的选育和研究又跨上一个新台阶。随着水稻原生质体组培成株、转基因遗传操作体系的建立，生物技术在水稻遗传改良中的应用越来越引起重视，并开展了广泛深入的研究工作。

20世纪50年代，我国成功地实现了水稻的矮化遗传改良，引发了世界水稻矮化育种的高潮；70年代，我国率先在水稻杂种优势利用上实现了"三系"配套，并在生产上大面积推广应用籼稻和粳稻杂交种，增产效果显著。我国在总结国内外水稻遗传改良成就和经验的基础上，适时提出了超级稻育种计划。

1996年，农业部在沈阳召开"中国超级稻研讨论证会"，正式启动了"中国超级稻育种及栽培技术体系研究"重大科技计划，组织全国科技力量进行合作攻关。计划分三期实施，目标是选育出在较大面积（百亩以上连片种植）上连续2年平均单产达到计划指标的超级稻，即2000年超10 500kg/hm^2，2005年超12 000kg/hm^2，2010年超13 500kg/hm^2。1998年，"超级杂交稻育种"得到总理基金支持，并被列为"国家863计划"，由此拉开了中国超级杂交稻育种的序幕。采取水稻理想株型塑造与籼粳杂种优势利用相结合的技术路线，选育超高产新品种，大幅提高水稻单位面积产量。经过多年的努力，我国超级稻育种取得了重大突破，实现了计划规定的产量指标。与此同时，对超级稻超高产的生理、遗传机制也进行了较为深入的研究。

研究表明，提高水稻生物学产量是超级稻籽粒高产的生理基础。因为水稻籽粒产量是其生物产量与收获指数的乘积，生物学产量是水稻籽粒产量的基数，而收获指数是表示干物质在生物学产量中所占的比率。从现代水稻育种提高水稻品种籽粒产量的本质看，就是提高生物学产量和收获指数。中国水稻品种由高秆变矮秆，收获指数从0.385提升到0.545，提高了41.5%，而生物学产量以11 104.5kg/hm^{2}提高到11 816kg/hm^2，只提高了7%，高秆变矮秆的增产贡献率主要是依靠提高收获指数实现的。相反。水稻杂交种的收获指数与常规品种的相差无几，而杂交稻的生物学产量比常规的提高了27.2%。因此，杂交水稻增产的贡献率主要是由于提高了生物学产量。

籼粳亚种间杂交是提高超级稻籽粒产量的重要遗传基础。拓宽杂交亲本的遗传基础，扩大其亲缘关系，是组配强优势组合的基本途径。研究表明，籼粳亚种间杂交具有巨大的杂种优势，以培矮64S、108S、N422S和LS2S 4个不育系为母本的杂交试验证明，与我国南方的早、中籼和韩国的籼稻杂交，其杂种一代在穗数上具有显著优势，与东北粳型恢复系、美国粳稻杂交的杂种一代在穗粒数上具有明显的优势，与非洲粳稻杂交的杂种一代在千粒重上具有明显的优势，而与华北粳稻杂交的杂种一代在穗数和穗粒数上表现中间型。

北方粳稻超级稻遗传改良最早可追溯到20世纪80年代，沈阳农学院在籼粳杂交育种和水稻理想株型研究的基础上，开始从理论与方法上研究水稻超高产问题，并于1987年在日本的《育种学杂志》上发表了题为“水稻超高产育种新趋势——理想株型与有利优势相结合”的论文。从“七五”开始，水稻超高产育种研究被列入国家重点科技攻关计划，组织沈阳农业大学等教学、科研单位进行联合攻关。到“八五”末期，沈阳农业大学在水稻超高产理论、方法以及种质创新上取得了突破，一是从理论上证明了通过育种技术进一步提升水稻生产潜力的可能性，并正式出版了《水稻超高产育种生理基础》专著；二是首次比较系统、全面地提出了“利用籼粳亚种间杂交或地理远缘杂交创造新株型，然后，通过复交聚合有利性状基因，并进行优化性状的组配，选育理想株型与有利优势相结合的超高产品种”的理论和技术路线，与此同时，发表了“水稻超高产育种的理论与方法”的论文；三是创造了一批水稻新株型育种材料，如沈农89366、沈农95008、沈农9660等。

粳稻超级稻育种的技术途径是创造新株型，提升生物产量，以及协调好理想株型与杂种优势利用的关系。株型塑造是通过群体结构和受光状况的遗传改良来提高群体的光合作用效率和物质生产潜力。研究表明，粳稻直立穗型群体在光照、温度、湿度、气体扩散等生态条件方面比半直立穗型和弯曲穗型优越，其结实期群体的生长率和物质生产量均比其他两种穗型的为高，因此，直立穗型将是北方粳型超级稻的理想株型之一。直立穗形有利于协调产量组分之间的矛盾，尤其可在较高水平上将穗数和穗粒数统一起来。

20世纪后期北方粳稻单位面积产量提高了约10%，其中，品种改良和栽培技术的贡献率各占一半。品种主要是提高了穗粒数和千粒重，栽培技术则主要提高了结实率。籽粒产量与生物学产量紧密相关，只有在大幅提高生物学产量、保证营养器官干物重的前提下，才有可能提高经济系数，实现超高产；如果不考虑提高生物学产量，只单纯追求经济系数，势必造成营养器官干物质减少，抗倒性减弱，难以实现超高产。

北方粳稻拟实现 11 250kg/hm^2 的超高产产量指标，普通直立穗型品种的穗数 450 万穗/hm^2，每穗实粒数 100 粒左右，千粒重 25g 以上；大穗型直立型品种的穗数为 300 万穗/hm^2，每穗实粒数 150 粒左右，千粒重 25g 以上；二者株高均在 100cm 左右。在产量组成因素的处理上，通常的做法是适当减少穗数，较大幅度提高单穗粒数，适当增加千粒重，可获得更高的籽粒产量。

从籽粒产量库源关系分析，目前，水稻生产上应用的品种，其影响产量提升的主要短板是库容量相对不足，只有在增加库容的基础上扩源，即在增加单位面积颖花数的前提下，促进水稻抽穗后干物质增多，才能进一步提高籽粒产量。否则，抽穗后增加的光合物质就会重新积累到茎秆的叶鞘里，不能转化为籽粒产量。因此，北方粳稻超级稻的遗传改良方向应在保持直立穗和叶直立的基础上，进一步扩大库容，即增加单位面积上的颖花数，适当提高粒重，是实现北方粳稻超级稻品种选育的重要技术途径之一。从北方粳稻高产育种的历史发展历程分析，单纯依靠矮化育种，或理想株型育种，或杂种优势育种要实现超级稻高产指标都是办不到的。因此，有必要将理想株型与杂种优势利用有机结合起来；将理想株型与有效穗数、每穗有效粒数及千粒重结合起来，才有可能获得超高产。这是北方粳稻超级稻遗传改良的必由之路。

第二节 水稻遗传改良成就

一、国际水稻遗传改良成就

从世界范围水稻遗传改良发展历程来看，早期的遗传改良是收集和评选地方品种，并进行单株（穗）或混合群体选择，通过品种比较试验从中鉴定、筛选出优良品种供生产应用，这是最简单易行的方法，来得快，效果也很明显。例如，江西省农业科学院采用纯系选择法，于 1934 年从地方品种鄱阳早中育成南特号，得到广泛推广应用，1956 年种植面积达 400 万 hm^2；印度 Pattambi 和 Coinbatore 水稻试验站也从地方品种中育成 Ptb18、Ptb33 和 CO43、CO44 抗多种病虫害的优良品种。

之后采用杂交育种技术，通过单杂交、复合杂交方式，育成了大量水稻优良品种，如国际水稻研究所（IRRI）选育的 IR8。回交法适用把简单遗传性状，如株高、生育期、抗病性状快速转入轮回优良品种中，如水稻栽培品种通过回交，从具有抗草丛矮缩病性的野生稻（*O. nivara*）中获得了抗该病的能力。

20 世纪 60 年代以后，辐射育种技术被广泛应用，产生了大量突变体，并育成多个水稻优良品种应用于生产，如中国的原丰早和浙辐 802，日本的黎明，印度的 Jagannath，泰国的 RD6、RD15，美国的 Calrose76 等。

20 世纪 70 年代以后，水稻遗传改良技术趋向多样化，例如，中国的杂交籼稻和杂交粳稻的成功，并在生产上大面积应用，震动了世界水稻界。花药（粉）培养技术在许多国家都取得了实际应用的成果；体细胞培养技术既能产生突变体，又能有效地用于远缘杂交杂种胚的拯救；原生质体再生绿色植株已在多种水稻种质中获得成功，通过不同种、不同品种的原生质体间的融合所产生的体细胞杂种已实现；转基因植株和重组

DNA 植株的产生也有报道，其应用前景非常诱人，但许多农业专家指出，生物技术应与常规育种技术相结合才能更有效地进行水稻品种的遗传改良。

（一）东亚

1. 韩国和朝鲜

1910 年前，朝鲜半岛水稻生产种植的是当地粳稻品种，1920—1945 年，主要种植从日本引入的品种，其后本国选育的改良品种逐步得到推广应用。韩国在 1945—1972 年，主要种植粳稻改良品种，1972 年以后主要推广种植籼粳杂交育成的半矮生高产籼型品种，如统一、维新等，到 1978 年已占水稻总面积的 85%，使水稻平均单产从 1971—1972 年的 4 600. 5kg/hm^{2}上升到 1977—1978 年的 6 799. 5kg/hm^2。之后，由于低温冷害的发生和稻瘟病的流行，以及稻米食味爱好和价格的差异，导致籼稻品种种植面积明显减少，而粳稻品种的种植面积迅速扩大，到 1985 年粳稻面积已占水稻总面积的 72%。1986 年以来，推广的水稻优良品种有粳稻小白（水原 304）、道峰（水原 223）、八锦（里理 291）、福光、秋晴等，以及籼稻太白（水原 287）、七星（密阳 77）等。近年来，还推广了京津稻、大晴稻、西海稻、花珍稻等优质米水稻品种。目前，韩国已几乎全部都种植粳稻品种。

朝鲜一直种植粳稻品种，20 世纪 70 年代育成推广的品种有龙城 25、龙城 26 和成南 24 等，之后的主栽品种是平壤 15，其栽培面积占全国水稻总面积的 70% 以上。

2. 日本

日本种植粳稻，早期的品种多是农民选育的，如 1907 年之前育成的爱国、龟之尾、坊主、旭等。之后，开始杂交育种，50 年代前主要采用系谱法，其后则普遍采用集团法和加速世代进程法。品种十石具有粳稻遗传背景下的 *sd*1 基因（矮秆），从 50 年代后期开始采用该材料作杂交亲本，从杂交后代中先后选育出推广品种有丰沃、不知火、石优等。在育种计划中采用半矮秆亲本白千本和黎明，由白千本育成的品种有金南风、好地响，而由黎明育成的品种有青光和秋力。由于这些育成品种植株较矮、叶片较厚、叶色深绿，而且直立，因而使当时水稻生产的产量明显提高。

日本对水稻辐射诱变育种也很重视，并开展研究，第一个育成品种是 1966 年推广的黎明（农林 177），这是从藤稔品种经诱变后选育的。此外，创造的有利用价值的诱变突变体有半糯性的 NM391、中间亲本农 13、农 14，巨大胚突变体和糖质突变体等。1968 年，日本开始进行花粉（药）培养育种，育成的品种有上育 394、道北 52 等。

20 世纪 60 年代，由于市场对优质稻米的需求，日本注意优质米育种，到 70 年代已完全转向优质米水稻品种的选育和生产。据 1983 年统计，1963—1965 年育成的 3 个优质米品种日本晴、越光、笹锦，其种植面积占全国水稻总面积的 37. 1%。之后，高产、食味特优、抗倒伏的新品种又选育出来，如上育 397、秋田 31、北陆 122、西海 186、东北 143 等。

日本历来重视抗病水稻品种的选育，后来又开展了抗虫育种，以及针对全球气候变化趋势进行相应的育种研究。稻白叶枯病是日本水稻生产的重要病害，因此，对白叶枯病的抗病育种寄予很大的希望。研究表明，稻白叶枯病的自然发病率品种间有显著差异，在防治该病时，应用抗性品种是有效的，而且选育优良的抗病品种是有可能的，抗病性是显性遗传的。在日本的水稻品种中，黄玉、黄金丸、赤神力、全胜26号、农林27号、朝风等是较抗白叶枯病品种。

在开展抗稻白叶枯病育种之前，研究明确了感染稻白叶枯病的病原菌有Ⅰ、Ⅱ、Ⅲ个菌群，而且抗Ⅰ、Ⅱ菌群的主基因为 *Xa*1 和 *Xa*2。筛选的抗病材料有缅甸品种领先稻，对白叶枯病病原菌Ⅰ、Ⅱ、Ⅲ菌群均表现抗性，而且还抗稻瘟病（表2－1）。另一个抗白叶枯病材料选择来自日本的地方品种早生爱国3号，对3个菌群均表现中抗。以这两个材料作为抗源亲本进行杂交育种，其杂种一代对白叶枯病菌的抗性反应是不一样的（表2－2）。其中，农林25号×领先稻的 F_1 不感染白叶枯病。

表2－1　5个水稻品种对稻瘟病的抗性表现

水稻品种＼生理小种	原产日本										原产南亚东南亚										
	研53－33	广63－20	研61－19	长87	北373	研62－39	爱62－22	研64－38	稻168	长61－14	印28	越11	巴06	香02	圭03	澳10	印尼30	印尼49	德拉斯	印尼56	泰10
领先稻	抗	抗	抗	抗	抗	抗	抗	抗	抗	抗	感	感	抗	抗	?	感	抗	感	感	(感)	感
Milek Kuning	抗	抗	抗	抗	抗	抗	抗	抗	抗	抗	抗	抗	抗	抗	抗	抗	抗	抗	抗	抗	抗
爱知旭	感	感	感	感	感	感	感	感	抗	抗	感	感	抗	感	感	感	感	感	感	感	感
农林22	感	感	感	感	感	感	感	感	感	感	感	抗	抗	抗	抗	抗	抗	抗	抗	抗	抗
藤坂5号	感	抗	(感)	抗	(感)	(感)	抗	抗	抗	感	—	—	—	—	—	—	—	—	—	—	—

（据小坂、松本、山田，1970）

表2－2　领先稻杂种一代对Ⅲ菌群的抗性

组合①	抗病个体频率（%）	供试个体数
领先稻×日本品种②：F_1	17.2	64
农林25号×领先稻：F_1	0	4
（日本品种③×领先稻）×日本品种③：B_1F_1	15.1	205
领先稻	90.0	10
农林8号	0	5
金南风	0	5

注：①组合中“×”的左面为母本，右面为父本。
②藤坂5号、金南风、农林8号及大鸟。
③藤坂5号、金南风、十石及东海千本。
（引自坂口进，1977）

1972年，对有领先稻作亲本的杂交后代，用白叶枯病菌X－18（Ⅰ菌群）、X－30（Ⅱ菌群）和X－32（Ⅲ菌群）各菌株分别进行接种，并用稻瘟病菌研53－33菌株接种，进行秧苗抗病性鉴定。从鉴定的杂交后代中选出了对所有这些菌株均表现抗病性稳定的70X－38、70X－42和70X－43这3个品系。对早生爱国3号作亲本的杂交后代，通过病原菌接种鉴定，筛选出对白叶枯病原菌Ⅰ、Ⅱ、Ⅲ菌群均具稳定性抗病的品系70X－46。在该项育种中育成的高抗白叶枯病品系70X－38、70X－42、70X－43和

70X－46 四个品系。其中，70X－38 和 70X－42 是以领先稻为第一杂交父本，再以丰沃进行 3 次回交的后代，其表现对白叶枯病的抗病性，应该是来自领先稻的抗病基因，再加上来自丰沃的 *Xa*1 抗性基因。70X－43 的初次杂交父本是领先稻，再用农林 8 号回交 3 次的后代，其抗病性仅来源于领先稻。这 3 个品系除了具有对白叶枯病的抗性外，还具有来自领先稻对稻瘟病的抗性。

70X－46 是具有来自早生爱国 3 号抗白叶枯病性的品系，推断该品系的抗病性是隐性基因的作用。在本研究中的领先稻和早生爱国 3 号，对白叶枯病Ⅰ、Ⅱ、Ⅲ菌群均表现抗病性是没有差别的，但根据两个品种在杂交 F_2 代中抗病与感病个体的分离情况，推断出它们抗病性的基因型是不同的。由于早生爱国 3 号不仅对日本本地白叶枯病菌株，而且对亚洲热带的白叶枯病菌株均表现高度抗性，因此，70X－46 虽然得到稻瘟病的抗性，但是来自早生爱国 3 号的高抗白叶枯病也十分重要。

为了使水稻品种发挥稳定的抗病性，以抗衡病原菌的生理分化，将多个抗病基因积累到一个品种中去应是十分必要的。从这一观点出发，品系 70X－38、70X－42 和 70X－43 除具有来自领先稻的抗性基因外，还有来自丰沃的抗性基因 *Xa*1，这是非常有利的。而且，如果能把领先稻和早生爱国 3 号的抗性基因聚积到一个品种上，则抗病效果会更好。

1981 年，日本开始实施“水稻超高产育种计划”，经过努力取得了一些研究成果。从外引的水稻品种中，经鉴定、筛选出一批有利用价值的超高产育种材料。“计划”实施初期，日本从韩国、中国、国际水稻研究所（IRRI）引进一批水稻高产品种，并鉴定其特征特性、配合力等。结果显示，半矮秆籼稻株高矮但穗大，在高肥条件下单产显著高于日本粳稻品种。其中，韩国的密阳 23 号、水原 258、来敬，中国的桂朝 2 号、竹菲 10 号、台中籼 10 号、红梅早，IRRI 的 IR24、IR661 等品种表现高产且稳定（表 2－3），可以作为超高产育种材料。

表 2－3　九州、关东筛选的有希望的外引材料

品种	抽穗期（月/日）	秆长（cm）	穗长（cm）	穗数（穗/m^2）	粒数（粒/穗）	成熟率（%）	千粒重（%）	产量（t·hm^2）	比率（%）
来敬	8/13	75	26.1	218	188	83.5	23.8	7.16	142
IR661	8/18	75	25.5	268	191	80.2	25.5	7.15	142
桂朝 2 号	8/13	82	23.8	237	203	86.9	25.4	7.13	142
台中籼 3 号	8/20	72	26.2	265	174	76.9	26.2	7.04	140
密阳 23 号	8/13	78	25.9	233	182	86.0	26.7	6.97	139
水原 258 号	8/21	60	24.3	278	159	83.4	25.2	6.88	137
IR24	8/19	68	23.8	263	181	79.6	24.1	6.87	137

（引自陈温福等，2007）

对日本北部的北海道和东北部冷凉稻区，有些外引水稻品种虽然最高产量超过当地粳稻品种，但多数表现生育期偏长，或对水稻障碍型低温冷害抗性差，实际产量并不高。具有一定抗寒性和高产性的品种只有中国的合江 19 号、合江 23 号及韩国的春川

83365 等少数品种（表 2-4）。

表 2-4　北海道等冷凉稻区鉴选的超高产育种材料

品种	抽穗期（月/日）	秆长（cm）	穗数（穗/m^2）	粒数（粒/穗）	千粒量（g）	理论最高产量（t/hm^2）	结实率（%）	产量（t/hm^2）	比率（%）
合江 19 号	8/11	70	432	81.6	19.9	7.02	69.2	4.31	75
合江 23 号	8/15	73	446	78.2	23.0	8.01	85.4	6.20	108
长白 6 号	8/15	69	441	73.5	23.1	7.48	85.9	5.08	89
Stirpe Rougel	8/16	54	316	99.9	22.3	7.04	73.1	4.09	71
Chang Pai5	8/17	74	377	88.8	23.5	7.86	75.8	4.81	84
春川 83365	8/19	86	347	88.0	25.7	7.84	89.5	5.76	100
春川 84194	8/19	69	377	83.6	23.1	7.27	84.6	4.99	87
Barkat	8/19	84	324	86.8	25.1	7.07	92.2	5.41	94
寒 9 号	8/20	70	348	88.0	24.9	7.61	88.6	5.37	94
五台	8/22	66	380	72.6	25.7	7.08	92.7	5.13	89
K424U9	8/23	97	238	115.8	25.5	7.04	85.3	4.54	79
友富	8/09	61	571	57.6	21.0	6.90	87.7	5.56	100
松前	8/15	62	467	64.6	23.8	7.20	91.0	5.91	100

（引自陈温福等，2007）

在外引品种抗寒性鉴定中发现，寒 7 号、通交 17 号、BarKat、试验 20 号、天阁黑谷、大青屯 6 个品种抗寒性强或极强，可作抗寒种质利用。北海道农业试验场把从马来西亚品种 Padi Labou Alumbis 的新抗寒基因转入日本粳稻中，育成了高度抗寒和高产的中间亲本农 11 号。该抗寒基因在日本粳稻中不曾有过。

引进品种配合力测定结果显示，中国品种合江 19 号、合江 13 号，韩国品种密阳 21 号、密阳 23 号、水原 262 等一般配合力较高。杂交组合合江 19 号/北明、合江 13 号/北明、合江 13 号/早黄金、秋光/密阳 21 号、秋光/水原 262、秋光/密阳 23 号等特殊配合力高。北陆农业试验场从秋光/密阳 21 号组合中育成了比秋光增产 15% 以上的 AZ13、CZ1、CZ18 等籼粳中间型高产品系。该计划广泛利用世界各地的水稻种质资源，育成了与以往日本粳稻品种性状有所不同的品种，其中，如大力和翔等品种直接应用于生产，另外，也极大地丰富和拓宽了日本粳稻的遗传基础。

该计划在水稻超高产育种理论和技术方面也取得一定成果。实现亚洲水稻绿色革命的矮秆水稻品种的株高均由同一隐性基因 *sd*1 控制，其特点在增加茎数的同时仍保持穗长。株高遗传研究表明，矮脚南特、南京 11 号、广陆矮 4 号、密阳 23 号、IR24、CPSLO 的半矮生基因均与 *sd*1 等位。进一步连锁分析表明，东风响、金南风的半矮生基因也位于 *sd*1 位点。

籼粳亚种间杂交或亲缘较远的品种间杂交，后代分离多，变异幅度大，很难选出有希望的后代类型。研究确定将杂交后代与骨干亲本回交 1～2 次，就有更多机会选出有希望的类型。籼粳杂交的杂种不育限制了父、母本基因的自由组合、研究确定这种不育性的产生是由第一连锁群的 S5 位点决定的。现已将该位点的广亲和基因从印度尼西亚的地方品种 Ketan Nagka 中导入日本粳稻，育成中间亲本农 9 号等。这些具有广亲和基因的材料，不仅可以作为籼粳稻杂交的架桥品种，而且还可以用于籼粳杂种优势利用。

1981 年以来的 8 年间，日本 6 个育种单位共做杂交组合 4 457个，从其中 1 473个组合后代群体中选择了 41 209个株系，累计种植 54 624个株系，选择 5 395个品种，组合入选率约 1/3，品系入选率约 1/10。共育成 54 个超高产水稻新品种，其中，7 个已经农林水产省审定命名（表 2 - 5）。从所列的 7 个超高产品种看，每公顷产量在 9 000kg以上，其产量潜力一般比对照品种增产 10% ~20% 。

表 2 -5　日本育成的几个主要超高产水稻品种

品种名称	组合	熟期	最高产量（kg/hm^2）	（糙米）抗性			
				倒伏	叶瘟	穗瘟	抗寒性
奥羽 315 号	秋光/秋丰	中晚	9 240	强	中	中	较强
奥羽 316 号	曲系 872	中晚	9 300	极强	较弱	中	较强
奥羽 326 号	密阳 23 号/2 × 秋光	中晚	9 560	极强	较弱	强	中
北陆 123 号	北陆 107 号/秋光	极早	9 020	较强	强	中	较弱
秋力	北陆 101 号/秋光	早	9 460	强	较强	较强	中
翔	密阳 42 号/密阳 25 号	中	9 060	强			弱
大力	BG1/收 3116	中	9 390	强			中

（引自陈温福等，2007）

受中国水稻杂交种推广生产获得成功的启示，日本水稻育种家正在研究水稻杂交种的产量潜力。日本对水稻雄性不育细胞质和恢复基因进行了研究和鉴定。通过遗传分析将雄性不育细胞质分成 9 种类型，即配子体型：cms - BO、cms - L、cms - UR89、cms - UR102、cms - UR104；孢子体型：cms - UR27、cms - UR60、cms - UR106、cms - UR128。8 个雄性不育恢复基因：Rf - 1 位点的 $Rf-1^a$、$Rf-1^b$、$Rf-1^c$、$Rf-1^d$、$Rf-1^e$、$Rf-1^x$，以及 Rf - 2 位点的 $Rf-2^a$、$Rf-2^b$，其中，$Rf-1^x$ 需进一步研究。研究表明，细胞质雄性不育是由线粒体上的基因决定的，并开发出根据线粒体 DNA 分析快速鉴定雄性不育细胞质类型的方法。

在利用细胞质雄性不育选育强优势杂交种时，初期利用现有品种组配了 1 500个杂交组合。结果显示，日本粳稻间组合杂种优势小，中亲优势大约 5%；日本粳稻与南欧粳稻组合的杂种优势可达 15%；籼、粳稻亚种间杂交组合虽然在单位面积上的颖花数表现出强大优势，但由于结实率低的原因，其颖花数的强大优势不能在产量上表现出来。籼稻品种间组合的杂种优势通常介于粳稻品种间组合和籼、粳亚种间组合的之间。

广亲和基因 S_5^n 的发现及籼粳中间亲本农 9 号等广亲和材料的育成，大大提高了籼粳亚种间组合的结实率，为直接利用籼粳亚种间杂交种开辟了一条新途径（表 2 -6），并为促进籼粳之间的基因重组创造了条件，受到世界的关注。

表 2－6 利用广亲和基因的籼粳杂交种产量等性状表现

组合	类型	抽穗期（月/日）	秆长（cm）	结实率（%）	穗数（穗/m^2）	产量（t/hm^2）	比率（%）
羽系交 11 号	籼/粳	8/15	73.4	76.7	319	8.51	124*
羽系交 12 号	籼/粳	8/13	78.8	87.5	340	9.47	138*
中农 9 号/密阳 23 号	籼/粳	8/16	—	91.0	—	6.92	128
中农 9 号/桂朝 2 号	籼/粳	8/17	120.0	90.0	252	7.79	144
中农 9 号/IR26	籼/粳	8/14	—	85.0	—	7.06	130
中农 9 号/IR36	籼/粳	8/21	—	84.0	—	7.33	135
来敬/中农 9 号	籼/粳	8/16	108.0	83.0	248	7.42	138
秋光/C57	籼/粳	8/10	89.0	97.0	260	6.38	118
IR36/桂朝 2 号	籼/粳	8/19	89.0	95.0	247	7.03	130
秋光	粳	8/10	87.0	92.0	263	5.42	100

*东北农业试验站结果。

（引自陈温福等，2007）

日本从黎明辐射诱变的分离后代中发现了温敏雄性不育突变体，进而育成了温敏雄性不育系 H89－1。其温光反应鉴定的结果是，H89－1 在抽穗前 22d 左右有 3d 温度在 30℃以上时就表现完全不育，而且不受光周期的影响（表 2－7）。温敏型雄性不育系的育成，使杂交种育种年限缩短了 3～4 年，而且不需要恢复基因就可实现与任何优良品种组成杂交种，也不需要保持系，为水稻杂种优势利用开辟了一条新途径。

表 2－7 温敏雄性不育系 H89－1 在不同温光条件下的育性反应和花器变化

品种	温度（℃）	日长（h）	结实率（%）	正常花粉率（%）	花药长（mm）	柱头长（mm）
H89－1	25～18	15.0	92.6	94.3	2.03	0.88
		12.0	70.4	72.6	1.68	0.98
		15.0	14.3	16.7	1.81	1.13
	28～21	13.5	9.6	35.0	1.84	1.10
		12.0	0.9	10.9	1.64	1.11
		15.0	0.0	0.0	1.69	1.28
	31～24	13.5	0.3	0.0	1.82	1.18
		12.0	0.2	0.0	1.83	1.11
	34～27	15.0	0.0	0.0	1.76	1.33
黎明	25～18	15.0	96.7	94.6	1.90	1.04
	28～21	15.0	69.0*	92.2	1.97	1.04
		15.0	97.3	98.7	2.25	1.07
	31～24	13.5	97.3	94.9	2.01	1.12
		12.0	92.5	94.1	1.90	1.14
	34～27	15.0	90.0	97.8	2.26	1.13

*受盐害生长不良。

（引自陈温福等，2007）

此外，日本还创造了通过人工种子技术从1g培养的F_1胚中得到2 800万株再生株，为水稻杂种优势固定做了新探索。

截至20世纪90年代末，日本育成的水稻品种并以农林编号的有349个、陆稻58个。对推广品种建立了完善的种子繁育体系，做到生产用的种子每隔3年更换1次，从而使水稻优良品种的生产年限保持20年以上。例如，日本晴1969年推广14万hm^2，1974—1977年为推广高峰期，达33万~36万hm^2，一直到1991年仍种植约10万hm^2。

（二）东南亚

1. 泰国

泰国水稻的遗传改良工作是从1917年开始的，一直到20世纪50年代均采用地方品种的纯系选育，60年代中期开始进行半矮生水稻品种的选育，到1969年首次推广了3个杂交育成的新品种RD1、RD2和RD3，由于这3个品种属于非感光型的，因而使双季稻栽培得以实现。泰国的水稻仍保持着品种的遗传多样性，种植面积最大的传统高秆品种Khao Dawk Mali 105是著名的出口特长粒型香米。在旱季，灌溉稻区以种植半矮的RD系列品种为主；在雨季，则种植数目更多的地方品种，以降低病、虫害暴发的几率。

泰国的育种目标是把优质放在首位，同时，注意高产、抗病虫害、耐不良环境条件的选育。这一时期推广的几个主要水稻品种有RD6（1977年育成）、KDML105（1959年育成）、SPR60（1987年育成）、RD23（1981年育成）、RD10（1981年育成）。尤其是KDML105是1959年从泰国地方农家品种中系统选育出来的，属籼型、耐旱、耐盐碱土壤、米粒细长、透明、食味香，在国际市场上十分畅销。该品种已在生产上应用了40余年，仍然占有相当大的面积，其主要原因是米质特优。

自20世纪90年代初以来，泰国开始研究杂交水稻，但进展缓慢。90年代末生物技术开始在水稻品种改良上应用，水稻专家试图通过分子技术、转基因技术把抗病虫基因、抗逆基因导入水稻。而且，还考虑到不同生态系统的特殊要求，如RD8是从Khao Dawk Mali 105经诱变选育而成，适于泰国东北部地区不良生态条件下种植，而RD19则能适应水深达1m的稻田种植。浮水稻遗传改良也是泰国的特色，与国际水稻研究所有长期的合作研究计划。

2. 印度尼西亚

20世纪初期，印度尼西亚水稻品种改良工作是在爪哇最先实施的，开始只是进行地方品种的筛选和纯系育种。1920年前后开始杂交育种，并于1940—1965年期间育成Peta、Sigadis、Syntha等16个杂交育成的良种。1976年，印度尼西亚开始推广国际水稻研究所选育的品种IR5和IR8，其中，IR5在该国种植面积较大，占到全国水稻总面积的25%，一直延续到80年代中期。

此外，用IR5作亲本育成的著名品种Pelital-1和Pelital-2，成为当时印度尼西亚的主栽品种。之后的推广品种有IR36、Cisadane、Krueng Aceh等。到80年代，高产品种的种植面积已占水稻总面积的85%。近20年来，印度尼西亚共推广了76个水稻品种。

3. 马来西亚

马来西亚是以生产双季稻为主的国家，双季稻面积占稻田总面积的约80%，直播栽培占全部水稻种植面积的65%。玛林加（Malinja）和玛萨里（Mabsuri）是分别于1965年和1968年育成的，作为晚季稻栽培的品种。1968年，以IR5的姊妹系育成了巴哈加（Bahajia），1972年育成了墨尼（Murni）和玛斯丽亚（Masria），1974年育成了斯里马来西亚1号和斯里马来西亚2号，以后又育成普鲁马来西亚，均是本国比较高产的品种。目前，推广的主栽品种MR84，表现高产、优质、抗倒伏。

（三）南亚

1. 印度

印度早期的品种遗传改良方法主要是纯系育种法，1950年曾组织所有东南亚国家参加的国际合作的籼粳杂交育种计划，但未能获得令人满意的结果。50年代中期，开始利用爪哇稻（bulu）品种选育硬秆品种，曾育成CR1014品种推广应用。60年代中期，印度引进台中在来1号、IR8等矮秆水稻品种后，启发了矮化育种的兴趣。

1966—1978年，印度采用杂交育种法先后育成并发放了142个高产品种，到1984—1985年，其推广种植面积占全印度水稻总面积的一半多。主要推广品种有Java、Ratna、Sona、IR20等。采用诱变育种法，以降低传统品种株高的研究已取得成效，如从高株的T141育成矮秆的Jagganath，并推广应用。利用水稻体细胞突变技术从Basmati370体细胞突变体中，获得29个有应用价值的半矮生新品系，预期可比原高秆品种增产20%～30%。

印度在多抗性育种上选育出多个抗病新品种，如IET9261、IET9777等可兼抗稻瘟病、胡麻叶斑病和白叶枯病。新育成的旱稻品种有Birsa Dhan191、Annada（MW10）。此外，种子休眠期5～7d、生育期仅有70d的极早熟品种Sattari等的育成被认为是印度水稻品种遗传改良的重要突破。对野生稻和栽培稻的遗传理论基础研究在印度一直在进行，近年来水稻生物技术育种和杂交稻研究也有一些进展。

印度水稻栽培历史悠久，其东北部是亚洲栽培稻的起源地之一。据统计，印度旱季灌溉稻种植面积有240万hm^2，雨季灌溉稻1 073万hm^2，浅水雨育稻1 267万hm^2，深水雨育稻447万hm^2，浮水稻247万hm^2，陆稻600万hm^2，由于水稻生态条件十分复杂，因而形成了异常丰富的水稻种质资源。这些种质资源是筛选抗病虫基因、抗（耐）不良环境基因的宝库，如ARC、CO、PTB系列品种的抗病虫特性，FR13A的耐淹特性，都是通过种质资源的创新利用获得的。在印度的旁遮普地区，也生产著名的Basmati香稻，每年有3万～5万t香米出口。

据印度大多数水稻育种家推算，在过去的50年中，在促进水稻增产的各种因素中，品种遗传改良的贡献率达到50%以上，而预期在今后的50年内，品种改良对增产的贡献率仍可保证水稻增产35%。

2. 巴基斯坦

巴基斯坦水稻生产主要分布在旁遮普省和信德省。在旁遮普省，半矮生改良品种的栽培面积占该省水稻总面积的24%，其他以种植世界著名优质品种Basmati香稻为主。该香稻单产低，但米饭清香可口，价格为普通稻米的2倍，产量的一半供出口，常年出口量为20万~40万t。在信德省，大多稻田种植高产改良水稻品种，约占该省水稻总面积的77%，其余的是传统地方品种。

从20世纪20年代开始，巴基斯坦开展了水稻科学研究，50年代着手进行Basmati香稻的品种改良，但迄今未能选育出大面积推广的半矮生、高产优质稻品种。1966年，引进IR8，之后引进Mehran69（IR6－156－2），1973年又引进了稍有香味、早熟的IR841－26－2。80年代初期推广了K5282（Basmati 370/IR95）、DR82（IET4994）、Lateefy（IR760－A1－22－2－3/Basmati370）和DR83（IR2053－261－2－37），前2个品种可替代IR6－156－2，而后2个品种期望在信德省取代IR841－26－2。目前，巴基斯坦水稻的育种目标主要是高产、优质、耐盐、耐旱、耐不良温度。

3. 孟加拉国

孟加拉国水稻生态系统复杂，品种主要栽培类型可分为Aus稻群，非感光型早熟品种，大多数直播，3~4月播种，7~8月雨季收获，米质较差；移栽的Aman稻群，强感光型浮水稻，苗期不太耐淹，之后稻茎能随水位提升而增高。3~4月播种，11~12月收获，生育期长达200~260d；Boro稻群，大多数为非感光型，旱季栽培，10月下旬至11月下旬播种，12月至翌年1月移栽，生育期145~160d，产量高。在孟加拉国水稻生产中，传统的地方品种仍是主栽品种，改良品种除引进的IR系列外，自选的品种均以BR编号。

4. 斯里兰卡

斯里兰卡水稻分为旱季稻和雨季稻两种。旱季稻（称Maha），通常7~11月播种，次年2~3月收获，种植面积占总面积的73%；雨季稻（称Yala），一般2~6月播种，8~11月收获，占水稻总面积的27%。1902年记载的全国有地方品种约300个，20世纪20年代开始早期的水稻育种工作，1945年育成优良的纯系品种推广应用，之后，从印度、印度尼西亚引进品种进行推广，50年代开始杂交育种。

斯里兰卡生态系统复杂，地方品种遗传变异性丰富，育成的品种也颇具特色。1958—1970年期间育成H系列新品种，表现高产、抗稻瘟病，但易倒伏。1967年引进国际水稻研究所选育的IR系列品种推广，但因感病和植株过矮到70年代中期已不再种植。这一时期，斯里兰卡通过半矮生基因*sd*1导入地方品种，育成了许多新品种推广应用，如抗稻瘟病和白叶枯病的BG90－2、BG94－1等，以及之后的兼抗稻瘿蚊的BG276－5、BG400－1，兼抗褐飞虱的BG376－2，高秆早熟品种BG750等。

此外，还有耐不良土壤环境的BW编号品种，以及符合地方性喜好的红米品种At16等。许多BG和BW编号的品种，在国际稻试验计划中表现突出，早熟性、中等株高、苗期生长旺盛、抗稻瘟病，以及适应酸性的和铁毒的不良土壤环境。到80年代前后，各种类型的改良品种栽培面积已占水稻总面积的80%。

近年来，斯里兰卡水稻品种的遗传改良向高产、优质、抗病虫、抗不良环境条件方面发展，力求选育出适于本国栽种的水稻新品种。

（四）美洲

1. 美国

美国水稻栽培历史只有300余年，但水稻品种遗传改良却颇有成就。1913年开始纯系选种，1924 年开始杂交育种。美国水稻品种的选育目标是优质、高产、抗病虫、耐冷水灌溉、适应直播（种子发芽快且整齐、苗期长势旺），由于水稻生产机械化程度高，因此，要求品种抗倒伏、成熟一致、不易穗上发芽、光壳无芒。50 年代中期之后重视水稻株型改良，随之在台中在来 1 号和 IR8 选育成功的启迪下，开始转向半矮秆品种育种。

1976 年，加利福尼亚州首次通过辐射育种，从 Calrose 的辐射后代中育成第一个具粳稻遗传背景和 *sd*1 基因的矮秆品种 Calrose76，从此衍生出一系列中粒型和短粒型品种 M7、M101、M301、M302 和 S201。利用台中在来 1 号和 IR8 作亲本之一，先后又育成了中粒型和长粒型新品种 M9、M201、M202、L201、L202、Calpearl、Lement、Culfmont 等。后两个品种在得克萨斯州育成，其中，Lemont 替代了得克萨斯和路易斯安那两州的主栽品种 Labelle 和 Lebonnet，Gulfment 则在得克萨斯、密西西比和阿肯色州的许多地区广泛种植。路易斯安那州选育出矮秆品种 Cypress 和 Bengal，阿肯色州选育出抗稻瘟病的长粒型品种 Katy 和 Kaybonnet 等，在路易斯安那州，采用基因转导方法，选育出抗除草剂的水稻品种，以及香味品种 Jasmine 85 等。

美国杂交稻的研究始于 1979 年，一些杂交稻品种表现有增产效果，但是因米质差、生育期偏长、杂交种种子生产成本高等原因，迄今未能投入生产应用。在对环境敏感的细胞核雄性不育系的选育和无融合生殖的研究方面也有一定进展。近些年来，美国加强了水稻种质资源研究以克服水稻品种遗传基础狭窄的问题，水稻花药培养、体细胞融合研究已列入育种计划，还通过基因转导技术将新的有利基因导入水稻。并在国际上首先创建了水稻分子标记（RFLP）遗传图谱。

2. 哥伦比亚

20 世纪 50 年代，哥伦比亚开始有计划地引进水稻良种，鉴定和选育工作。最初引入利用美国水稻良种 Belle Patna，之后又推广了 Blue Bonnet 50，到 1967 年引进 IR8，随后引进 IR22，这些水稻良种的引进和推广使水稻产量显著增加。

70 年代中期以来，设在哥伦比亚的国际热带农业研究中心（CIAT）和哥伦比亚农业研究所（ICA）联合开展水稻品种改良，推广了由 IR 系统中选育出的 CICA4 和 CICA6，之后又选育推广 CICA7 和 CICA9，从而使全部灌溉稻都种植上高产的半矮生水稻品种。80 年代又推广了抗病毒（hoja blaca virus）的品种 Metical 和 Oryzia1 号、Oryzia2 号。

随着 70 年代高产半矮生水稻品种的大量推广，产量大幅增加，使哥伦比亚全国灌溉稻生产面积迅速增加，由 1970 年的 10 万 hm^2 发展到 1980 年的 30 万 hm^2，增加了 2 倍。而旱作稻面积则逐年减少，由 25 万 hm^2 减少到 10 万 hm^2。哥伦比亚水稻生产以直播稻为主，主要病虫害有稻瘟病、病毒病和稻飞虱，还有不良土壤环境问题，如土壤普遍缺锌、水田含铁量过高和旱田含铝量过多等，均是今后水稻专家需要解决的问题。

（五）意大利

意大利是欧洲主要水稻生产国，栽培面积约 20 万 hm^2，几乎全部为机械化直播栽培的单季粳稻，单产 6 000kg/hm^2。水稻育种由全国谷物研究所水稻分所（位于韦尔切利）和全国水稻委员会研究中心（位于莫尔塔拉）负责进行。水稻育种的原始材料主要引自中国、日本和美国。水稻分析主要分工是从事粳稻抗稻瘟病和耐寒品种的选育，已育成了 Monticelli、Roma 等品种；全国水稻委员会研究中心还兼顾长粒型籼稻育种，通过籼粳杂交已育成 Indio 和 Miara 2 个品种，以及抗吉路美病（由病毒 RGV 引起）育种，鉴定出的抗源有 Vialone Nano；此外，还有极早熟水稻品种育种，要求生育期 120d，而目前生产用水稻品种、生育期最长 177d，最短 135d，多数在 150～160d。

在水稻生产中，受人们喜欢的传统粗秆品种一直到 1980 年仍在作为主栽品种种植，如 1924 年育成的 Balilla 生产面积仍达 4 万多 hm^2，1946 年育成的 Arborio 仍种植约 2 万 hm^2。

（六）尼日利亚

尼日利亚是非洲主要产稻国，栽培面积常年为 70 万 hm^2。20 世纪 20 年代，该国开始小规模的水稻研究，在伊巴丹市建有国家粮食作物研究所从事陆稻研究；在巴特吉建立水稻研究站从事灌溉稻研究；在布尔宁凯比建有深水稻试验站，从事以非洲栽培稻种为主的深水稻研究。其中，为世界水稻研究界所熟知的著名陆稻品种 OS6 就是尼日利亚育成的。

1967 年，国际热带农业研究所（IITA）在尼日利亚的伊巴丹市成立。该所在稻种资源收集、鉴定、保存，抗病虫筛选和品种改良等方面做了大量工作，现已收集和保存非洲和亚洲的稻种资源 12 000多份，鉴定出的抗黄斑驳病毒病的资源有 OS6、5560、6324、6367、6368 等。育成和推广了高产、耐旱、抗稻瘟病的品种有 ITA116、ITA117、ITA150、ITA235、ITA237，高产改良株型灌溉稻品种有 ITA121、ITA212、ITA306，适于雨育稻栽培的品种有 ITA230、ITA247，抗黄斑驳病毒病的品种有 ITA121、ITA222、ITA230、ITA306 等。此外，该所还与利比里亚中央农业研究所合作，选育出耐铁毒水稻品种 Suakoko 等，并进而育成了 ITA239、ITA249、ITA250 等耐铁毒水稻优良品种。

（七）国际水稻研究所

该所第一阶段的水稻杂交育种工作是在引进品种鉴定、评价的基础上于 1963 年开始的，当时采取热带传统的高秆籼稻品种与半矮生的台湾籼稻或台湾粳稻品种进行杂交，之后又采用美国稻种与热带籼稻品种间杂交。1966 年育成命名第一个半矮生高产籼稻品种 IR8（Peta/低脚乌尖），1967 年，又育成命名了另一个能广泛适应于较差环境条件栽培的 IR5（Peta/Tang Kai Rotan）。其中，IR8 表现高产、耐肥、抗倒伏、穗大、粒多。

第二阶段水稻品种的遗传改良转向提升品质和对主要病虫害的抗性上，兼顾早熟性和耐不良环境条件，先后育成了有代表性的品种 IR20、IR26、IR30、IR34 等（表 2－8）。从 IR8 和 IR5 的米粒看是近圆形的，不是东南亚人们所喜欢的长粒型。之后加强了细长粒型选育，自 IR20 开始，就变得稍细长形，IR22 就更细长、且透明。IR24 籽粒的直链淀粉含量降低，从以前品种的 25%～28%降到该品种的 17%，故食味也大有改善。

从育成品种的抗病性考察，自 IR26 开始，其选育的品种对稻瘟病、白叶枯病、细菌性条斑病、通戈罗病和丛矮病的抗病力，均表现强或很强。从 IR28 之后，各品种均

导入了野生稻 *O. nivara* 抗丛矮病的基因。从抗虫性看，自 IR26 开始具有抗稻飞虱的能力，自 IR32 开始，对稻瘿蚊也具抗性。

表 2－8　国际水稻研究所主要育成品种特征特性

品种	组合	生育期（d）旱季～雨季	感光性	株高（cm）	抗倒伏性	品质
IR8（1966）	皮泰，低脚乌尖	125～130	无	90～105	抗	粗，不透明
IR5（1967）	皮泰，坦凯罗丹	135～145	弱	130～140	稍抗	粗，有腹白
IR20（1969）	皮泰，台中本地 1 号，TKM6	120～135	弱	110～115	稍抗	稍细长，透明
IR22（1969）	IR8，塔杜康，西格迪斯	115～130	弱	95～105	抗	细长，透明
IR24（1971）	生图帕特那 231，SLO17	120～120	无	100～110	抗	细长
IR26（1973）	IR24，TKM6，皮泰，台中本地 1 号	125～125	无	100～110	稍抗	粒型同 IR8
IR28（1975）	盖佩 15，塔杜康，TKM6，IR8	105～105	无	100～110	稍抗	细长
IR29（1975）	IR24，*O. nivara*，IR24，TKM6	115～115	无	90～100	稍抗	稍细长，糯性
IR30（1975）	IR20，*O. nivara*	106～109	无	95～105	稍抗	稍细长
IR32（1975）	IR20，*O. nivara*，CR94－13	140～145	无	100～110	抗	细长
IR34（1975）	皮泰，台中本地 1 号，盖佩 15，IR8，TKM6，塔杜康，IR24，*O. nivara*	120～125	无	120～130	稍抗	细长，有腹白

（引自《农业技术》，1977）

从表 2－8 中还可看到，自品种 IR5～IR26，其育成品种均有皮泰（Peta）的亲缘（图 2－1）。从 IR28 到 IR34，所有品种均以皮泰、IR8、IR20、IR24 为杂交亲本选育而成。这些品种的高产性能主要来自皮泰品种，而株型除了 IR5 来自坦凯罗丹外，其他均来自低脚乌尖的半矮生性状基因。以后又选育出 IR36、IR42 等优良品种。上述品种在发展中国家迅速推广开来，并产生了巨大的经济效益。如菲律宾从 1966 年结合水稻高产品种的推广，采取兴修水利等措施，使水稻大幅增产，实现了国家稻米自给。据 Hargrove（1988）报道，1981—1982 年在南亚、东南亚的 11 个国家，共种植 IR 系列水稻品种就达 3 600 万 hm^2。据统计，80 年代末期的水稻单位面积产量比 70 年代初期提高了 63%。

从 1974 年开始，国际水稻研究所实行多学科协作的遗传资源评价与利用计划（GEU），并开始实施国际稻试验计划（IRTP），现改为国际稻遗传评价协作网（INGER），全球有 75 个国家参加该网。从 1975 年起，国际水稻研究所停止从其杂交组合

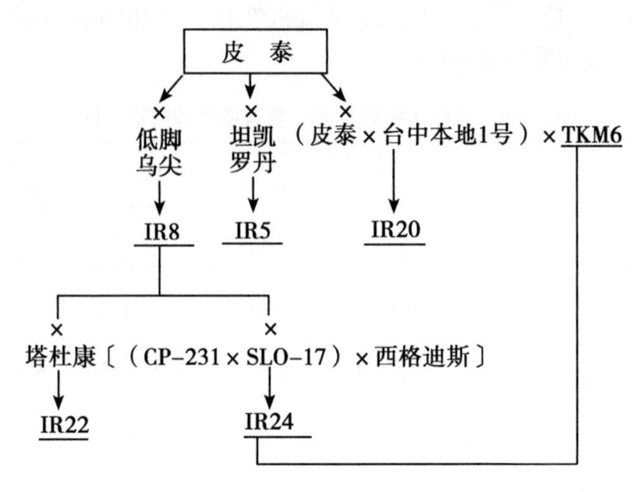

图 2－1　IR 品种系谱图

注：(1) 皮泰为印尼品种，1941 年由支那（中国 Tjina）×莱特塞尔（Latisail）杂交获得。同一组合中于 1940—1941 年育成马斯（Mas），英坦（Intan）及本格旺（Bengawan）。

(2) 低脚乌尖来自中国台湾省，系数百年前自福建省引进。

(3) 坦凯罗丹为马来西来品种。

(4) 台中本地 1 号来自低脚乌尖×菜园种。

(5) TKM6 为印度马德拉斯地方品种，抗螟虫力强。

(6) 塔杜康为菲律宾地方品种，抗稻瘟病。

(7) CP－231×SLO17 为美国品系，直链淀粉含量低，谷粒细长。

(8) 西格迪斯为印尼品种，由蓝本耐×贝农（Benong）于 1954 年育成，抗白叶枯病、通戈罗病及叶蝉。

(引自《农业技术》，1977)

中直接命名品种，至今已有大约 160 个育成品种由有关的国家农业研究中心命名，还有 40 多个品种是 INGER 命名的。在中国杂交水稻选育和推广成功的启示下，该所从 20 世纪 80 年代开始与亚洲国家合作，选育能适应热带生态条件栽培的杂交种，并在育性恢复、杂种优势生理等研究上取得一定进展，但在强优势杂交组合选配和杂交种种子繁育技术上未能取得突破。

国际水稻研究所对水稻种质资源进行了深入研究。目前，该所拥有 11 万份水稻种质资源，包括全世界主要的野生种和栽培品种。主要开展两方面研究工作：一是升级种质库，实现信息管理数字化，对来不及登记的材料进行清理。二是从分子水平上开展等位基因的发掘，利用定向诱导基因组局部突变检测自然群体技术和 DNA－tab 标记技术；围绕水稻的主要生理性状，对 8 个水稻品种重复进行全基因组测序，在几千份材料上做单核苷酸多态性研究，在单核苷酸基础上比对这些品种。该所成立的国际水稻功能基因协作组（IRGE），通过测序可以掌握基因的“拼写方式”，以了解这些基因的“定义”，进而就可以设计理想的水稻品种。该所预期在 10 年之内将编写出水稻基因“字典”。这方面的工作反映了国际水稻研究所在水稻科学技术研究上具有前瞻性和战略性。

该所在育种计划中，利用野生资源从具AA染色体组的尼瓦拉野生稻（*O. nivara*）的一个系中鉴定出唯一的抗草丛矮缩病毒病基因 *Gsv*，并成功地导入栽培稻，至今已获得栽培稻与具有CC、EE、FF、BBCC、CCDD或未知染色体组的野生稻种间杂种和部分BC1植株。Findv（1991）还报道了该所通过强耐盐的 *Petteresia coaretata* 与栽培稻的细胞融合，试图使栽培稻获得强耐盐能力。这些成果无疑将为今后扩大、有效利用水稻野生资源的有利基因打下良好基础。同时，该所还重视和应用细胞学、分子生物学等学科的新技术，如花药（花粉）培养、胚培养、原生质体融合、DNA重组、分子标记等技术，开展水稻遗传改良的研究。

二、我国水稻遗传改良成就

（一）地方品种评选时期

中华人民共和国成立初期，为了促进农业生产的恢复和发展，农业部实施“农作物五年良种普及计划”，地方品种评选和品种改良、推广工作普遍展开，以使生产用种良莠不分的状况得到彻底改观。这一时期，我国有大约3万余份水稻地方品种得到整理，在整理的基础上进行评选，使评选出的丰产性好、适应性强的优良地方种，迅速得到推广应用，促进了水稻生产的发展。当时推广的著名高秆品种早籼莲塘早、南特号、陆才号、广场13号等；中籼胜利籼、万利籼、中农4号等；晚籼浙场9号、黄禾子、塘埔矮等；早粳陆羽132、卫国等；早中粳水源300粒等；中粳黄壳早廿日、石稻、大车粳稻等；晚粳老来青、新大湖青、10509等。这些良种的应用一般比原品种增产10%左右，促进了水稻生产的迅速发展，水稻种植面积由1949年的2 573万hm^2扩大到1957年的3 200万hm^2，单位面积产量也由1 890kg/hm^2提高到2 685kg/hm^2。

与此同时，全国各地农业科研单位还采用杂交育种技术进行水稻新品种改良，不仅先后选育出诸如南京1号、宁丰、辽粳152、公交6号、合江10号等一批水稻新品种供生产推广应用，而且还为其后的水稻矮化育种打下了基础。

（二）矮化品种育种时期

随着水稻生产水、肥等条件的逐渐改善，高秆水稻品种的倒伏问题在50年代中期已成为当时影响水稻生产产量进一步提高的限制因素。因此，选育耐肥、抗倒、高产的矮秆水稻品种已成为当时水稻生产的迫切要求，所以，从20世纪50年代后期到70年代中期，成为我国选育和推广矮秆水稻品种为主的时期。

1956年，广东省潮阳县农民育种家洪春利、洪群英从水稻品种南特16中发现了株高只有70cm的天然变异植株，通过系统育种选育出矮秆水稻新品种——矮脚南特。这是我国第一个矮秆早籼良种，并在我国南方稻区迅速推广开来，普遍受到欢迎。同年，广东省农业科学院黄耀祥用矮子占与广场13号杂交，1959年育成了矮秆水稻新品种——广场矮，随后大面积推广应用。1949年，台湾省台中区农业改良场洪秋增等用低脚乌尖与菜园种杂交，于1956年育成了矮秆水稻新品种——台中在来1号。该品种当时没有引起重视，直到1960年才投入区域试验并被引到南亚和东南亚国家。

矮脚南特、广场矮、台中在来1号3个矮秆水稻品种的育成和大面积生产应用，不但标志着我国水稻矮化育种的新纪元，而且也引发了世界水稻育种方向的转变。从矮脚南特、广场矮在中国大陆问世之后，采用各种育种方法进行水稻矮秆品种的遗传改良科学研究在全国迅猛发展，南方的湖北、湖南、广东、广西壮族自治区（以下称广西）、四川、福建、浙江等省（自治区）先后育出了几百个矮秆水稻品种。由于矮秆品种一般株高只有 80cm 上下，分蘖力较强，耐肥，抗倒伏，突破了高秆品种因穗数少、易倒伏对产量的限制，表现出较大的增产潜力，使得在生产上迅速推广普及。1965 年，广东省实现了早稻矮秆化，60 年代末，矮秆水稻良种在我国南方稻区基本普及，矮秆品种的推广，使整个水稻产量每公顷普遍提高 750 ~ 1 500kg。

当时，我国南方稻区推广的主要矮秆水稻品种有青小金早、矮南早 1 号、二九青、圭陆矮 8 号、矮脚南特、广解 9 号、窄叶青、先锋 1 号、广陆矮 4 号、泸南早 1 号、广场矮、珍珠矮、原丰早、湘矮早 9 号、广选 3 号、泸成 17、南京 11、广二矮、包胎矮、广秋矮、团结 1 号、桂朝 2 号等。其中，推广面积较大的矮秆水稻品种有珍珠矮、广陆矮 4 号、二九青、先锋 1 号、原丰早、湘矮早 9 号、桂朝 2 号等，如珍珠矮一年最大种植面积超过 190 多万 hm^2，广陆矮 4 号超过 170 多万 hm^2。各地还出现许多高产典型，有的地块产量达到 7 500kg/hm^2 以上。

籼稻品种矮化育种的巨大成就也促进了我国粳稻矮化品种的遗传改良。粳稻在直接利用国外粳稻中矮秆基因的同时，主要通过籼粳杂交，把籼稻的矮秆基因和抗病基因转入粳稻之中、以改良粳稻的株高和提高抗病性，选育矮秆、高产、抗病品种。并在 20 世纪 70 年代前后育成了大面积推广的粳稻矮秆品种，如矮粳 23、鄂晚 5 号、辽粳 5 号、合江 19 号等。其中，辽粳 5 号就是用籼粳亚种间杂交并与粳稻多次复交后选育的高产、矮秆粳稻品种（丰锦////越路早生/矮脚南特//藤板 5 号/BaDa///沈苏 6 号）。辽粳 5 号是一个形态和机能均优良的高光效和理想株型兼而有之的粳稻常规品种，其特点是秆矮坚韧、叶片短而宽厚、与茎秆着生角度小，剑上伸，成穗率、结实率高，谷草比大，受光态势好，通风透光性强、耐肥抗倒、抗病、耐旱、耐寒，适于密植，增产潜力大，适应性广，高产稳产。

辽粳 5 号除了秆矮外，另一个重要特征是稻穗像小麦穗一样直到成熟时都基本保持半直立形态，因此，该品种也是粳稻株型遗传改良的标志性品种。辽粳 5 号比当时主栽品种增产 10% 以上，年种植面积超过 13 万 hm^2，累计推广面积达 130 万 hm^2。以辽粳 5 号作为选育的亲本和半直立穗型基因的授体，北方粳稻区先后育成了一批直立或半直立穗型粳稻新品种，使北方粳稻株型育种发生了巨大变化。随着辽粳 5 号等一批粳稻新品种的推广应用，使北方粳稻单产跃上了一个新台阶，公顷产量达到 7 500 ~ 9 000kg。

进入 70 年代以后，由于当时推广的矮秆水稻品种普遍存在着抗病性弱、米质差、产量潜力受到限制等问题，水稻育种在矮化遗传改良的基础上又向前推进，先后开展了抗病育种、品质育种、理想株型育种，确立了将高产、优质、多抗等性状聚合为一体的综合育种目标。在此期间，又育成推广了一批有特点的水稻优良品种，如抗稻瘟病的珍龙 13、窄叶青 8 号，兼抗白叶枯病的青华矮 6 号，兼抗褐飞虱的 HA 系列品种；品质优良的品种有特眉、余赤 231 - 8，丛生快长型高产品种双桂 1 号等。

（三）杂交稻创制时期

杂交稻是我国水稻育种家的创举，创制了水稻杂种优势利用的历史。从 20 世纪 70 年代我国杂交稻进入生产应用以来，40 年取得了巨大成就。

1. 籼型杂交稻

我国籼型杂交稻研究是湖南省黔阳农校袁隆平于 1964 年创始的。1970 年，李必湖在海南省三亚市（原崖县）南红良种场铁路桥下的水塘里发现 1 株花粉败育的普通野生稻不育株，并于 1973 年实现了籼型杂交稻的“三系”配套。该不育系称为野败型水稻雄性不育系，在此基础上先后转育成珍汕 97、二九南 1 号、威 20、威 41 等野败型不育系。通过广泛测交，选出泰引 1 号、IR24、IR26、IR661 等强恢复系。随即组配出强优势杂交种南优 2 号、南优 6 号、威优 2 号、威优 6 号等。这些杂交种经过品比、区域试验，证明其杂种优势明显，增产效果显著，一般增产幅度在 10% ~20%，有的杂交组合增产更高，于是杂交稻在生产上迅速推广开来。至 1983 年已发展到 7 000 万 hm^2。其中，湖南省以双季晚稻为主推广杂交稻 118 万 hm^2，占水稻总面积的 27.3%，平均单产 6 097.5kg/hm^2；四川省以单季中稻为主推广杂交稻 138 万 hm^2，占水稻总面积的 43.5%，平均单产 7 200kg/hm^2。

随着水稻杂交种的生产推广应用，杂交稻种子繁育技术体系也逐渐建立起来，杂交亲本的繁育和杂交种的制种技术也日臻得到改进和提高，单位面积产种量由初期的 525 ~600kg/hm^2，提高到大面积 1 500 ~2 250kg/hm^2，小面积能达到 3 000kg/hm^2 以上。

在此后的一段时间，杂交稻选育研究发展很快，尤其是细胞质雄性不育系选育更是突飞猛进，在野败型不育系的基础上，选育出同类型的矮败型不育系协青早 A，红莲型不育系华矮 15A、青田矮 A 等，其他普通野生稻不育系广选 3 号 A、羊野珍珠矮 A 等；籼型栽培稻细胞质雄性不育系，如冈型不育系冈朝阳 1 号 A，D 型不育系 D297A，印水型不育系Ⅱ -32A，马协型不育系马协 A 等。用这些不育系组配的优良杂交种，并大面积推广（年种植 13.3 万 hm^2 以上）的有协优 46、协优 63、冈优 12、冈优 22、D 优 63、Ⅱ优 63、Ⅱ优 838 等。

进入 21 世纪，我国籼型杂交稻年种植面积在 1 700万 hm^2 左右，占我国水稻总面积的大约 60%。在全国 30 个水稻生产省（市、区）中，超过 20 个省（市、区）种植杂交稻。杂交稻生产面积占水稻面积一半以上的有 16 个省（市、区），其中，四川、贵州两省占到 90% 以上。据统计，2005 年全国有 637 个各类水稻品种种植面积在 0.67 万 hm^2 以上，总生产面积 2 284万 hm^2，占全国水稻总面积的 79.2%。其中，杂交稻组合 379 个，种植面积 1 495 万 hm^2，平均每个杂交组合 3.9 万 hm^2；常规稻品种 259 个，种植面积 789 万 hm^2，平均每个品种 3.1 万 hm^2。

1973 年，湖北省仙桃市沙湖农场石明松在农垦 58 中发现了光敏核雄性不育系 NK58S，于是开始了我国水稻“两系法”杂交稻的遗传改良。以 NK58S 为授体亲本，我国先后育成了 N5088S、7001S、培矮 64S、广占 63S 等一批光敏雄性不育系，其中后两者实用性较好，用其组配的两系杂交稻两优培九和丰两优 1 号生产推广面积大，增产潜力大。据统计，1988—1997 年以 NK58S 及其衍生系为亲本转育的籼、粳型光（温）敏核雄性不育系有 36 个，其中，粳型光敏核不育系 12 个，中间偏粳型 1 个，籼型光敏核不育系

7个，温敏核不育系9个，光温敏型的6个，中间偏籼型光温敏型核不育系1个。还有通过其他不育基因以及由温敏核不育系安农S-1转育的不育系20个（陈立云等，2001）。

由于光（温）敏核不育系具有隐性不育特性，恢复系选择广泛，不受三系法所需恢复基因的制约，配组灵活、自由。与“三系”相比，两系杂交稻种子繁育的程序简便、生产成本低，有利于杂交种推广应用。至2000年，全国已有27个两系杂交种通过省、市品种审定，两系杂交种累计种植面积已超过300万hm^2。

2. 粳型杂交稻

1958年，日本东北大学胜尾清用中国红芒野生稻为母本与日本藤坂5号为父本杂交，发现红芒野生稻具有使藤坂5号产生不育的细胞质。1960年，日本琉球大学新城长有用印度籼稻钦苏拉包罗Ⅱ（Chinsurah BoroⅡ）为母本与中国台中65号杂交，发现钦苏拉包罗Ⅱ有使台中65号产生雄性不育的细胞质，并育成包台型（BT型）台中65雄性不育系。同时，将钦苏拉包罗Ⅱ的恢复基因导入台中65细胞核里，育成了BT型不育系的同质恢复系，1968年实现“三系”配套。同年，日本农业技术研究所用缅甸里德籼稻（Leed rice）与藤坂5号（粳）杂交，经连续回交，育成了具有里德细胞质的藤坂5号雄性不育系，并找到了有较强恢复力的福山稻（粳）为恢复系组成了杂交种。但是，由于BT型和里德型不育系组配的杂交种优势不强而未能应用于生产。

1965年，云南省李铮友在保山县种植的台湾粳稻品种台北8号大田中发现一株半不育株，用当地生产田粳稻品种红帽缨为父本，经3次回交，于1969年育成细胞质为台北8号的红帽缨不育系，并定名为滇一型不育系，成为我国最早选育的粳稻不育系。之后，云南省又育成其他滇型粳型不育系。1972年，辽宁省农业科学院杨振玉利用BT型不育系与从日本引进的粳稻品种黎明、丰锦转育成黎明A、丰锦A等粳稻雄性不育系。与此同时，还利用“籼粳架桥”技术选育恢复系。采用籼粳杂交组合“IR8/科情3号//京引35”，其中，IR8具有恢复基因，科情3号有籼稻亲缘，京引35为粳稻品种，最终选育出含有1/4籼稻细胞核成分的高配合力粳稻恢复系C57，并与BT型雄性不育系黎明A组配成我国第一个大面积推广的强优势粳稻杂交种黎优57。

在C57粳型恢复系育成之后，又育成了一批新恢复系C79-6、C8411、C8420等，并组配了一些新杂交组合，其米质、稻瘟病抗性、株型等都有所改善。新的雄性不育系屉锦A、秀岭A具优质、耐寒、异交率高等特点。另外，为了提高杂交组合的竞争优势，北方把当地推广的高产品种转育成不育系，如辽宁的326A、232A，京津的早花A、341A、京6A，黄淮地区的9201A、泗稻8A等。这批不育系与相应恢复系组配的杂交组合，由于发挥了南北交叉配组的生态互补优势，许多杂交组合表现出高产的潜力。从我国北方第一个粳稻杂交种黎优57推广以来，北方稻区种植杂交粳稻已累计达300万hm^2，在水稻生产中发挥了重要的增产作用。

（四）超级稻研发时期

1996年，自我国启动水稻超级稻遗传改良以来，经过全国有关单位联合攻关，在超级稻研究思路、理论、选育技术等方面均取得了较大、较快进展。南方籼型超级稻选育主要是通过“三系法”和“两系法”途径进行，国家杂交水稻工程技术研究中心主要利用两系法选育籼粳稻亚种间超级杂交稻。其选育思路是“高中求矮，远中求近”

的配组原则，以及直立长叶弯穗的株型模式，于20世纪末育成了超级杂交稻新组合两优培9，2000年在湖南西部的龙山稻区示范种植了71.67hm^2，平均单产10 550kg/hm^2，其中，实收最高单产11 130kg/hm^2。中国水稻研究所主要是通过三系法选育超级杂交籼稻，育成了优良的杂交超级稻协优9308，2000年在浙江省新昌县试种示范6.87hm^2，平均单产11 830kg/hm^2。

随后，南方籼稻区又选育出Ⅱ优明86、Ⅱ优航1号、Ⅱ优162、D优527、Ⅱ优7号、Ⅱ优602、Ⅲ优98等三系超级杂交稻、淮两优527两系超级杂交稻。这些超级杂交稻均通过了省级以上品种审定委员会审定，在各地试验示范中，经有关领导部门组织的专家组验收，均达到了百亩示范片验收标准，平均单产超过10 500kg/hm^2，小面积高产田块单产达12 000kg/hm^2。据不完全统计，1999—2004年全国超级稻新品种在生产上已累计种植1 093万hm^2。据产量对比调查，超级稻新品种大面积单产一般能达到9 000kg/hm^2，比普通品种增产750kg/hm^2。部分超级稻品种，除了高产外，在米质和抗性上也表现优良，深受农民欢迎。

北方粳型超级稻按照理想株型与杂种优势有效利用相结合的选育思路进行，利用已有的高产品种与新株型种质以及其他地理远缘材料杂交，育成了大穗型超级稻沈农265。2000—2001年，连续两年在辽宁省盘锦稻区试种示范，6.7hm^2连片种植平均单产达到11 100kg/hm^2和125 00kg/hm^2。在沈农265之后，沈阳农业大学又先后育成了超级稻沈农606，沈农9741，沈农016、沈农014等；盘锦北方农业技术开发有限公司育成了锦丰1号、田丰202、辽旱109、锦稻104，锦稻201，锦稻105，锦稻106等超高产、优质、多抗新品种，一般单产9 750～12 750kg/hm^2，这些品种先后成为辽宁、河北、山东等稻区的主栽品种之一。2014年是辽宁稻区大旱之年，锦稻105水稻新品种在辽宁省盘锦市大洼县唐家农场北窑村，最高单产 16 125kg/hm^2，实现了辽宁稻区创历史的小亩（666.7hm^2）超吨产记录；辽宁省稻作研究所先后育成辽粳294，辽粳9号，辽星1号等超高产品种；辽宁省盐碱地利用研究所育成了盐丰47超高产品种，已成为辽宁、河北、山东等地的主栽品种之一；吉林省水稻研究所育成了吉粳88等超高产粳稻品种，在本省水稻亩产中，发挥了重要作用。

北方超高产粳稻品种的育成，不仅证明了沈阳农业大学研究提出的超高产育种理论、技术的科学性和有效性，而且还验证了在北方粳稻产区实现超高产，以及超高产与优质二者兼得的可行性，为通过选育超级稻实现北方粳稻单产水平的第三次跨越打下了有力的基础。

近些年来，中国超级稻研究已获得了多项科研成果。以2004年为例，中国超级稻选育和试验示范项目组共有10项成果获奖，其中，国家奖2项，省级奖8项。由中国水稻研究所主持完成的“超级稻协优9308选育、超高产生理研究及生产集成技术示范推广”成果获国家科技进步二等奖。由江苏省农业科学院主持完成的“两系法超级杂交稻两优培9的育成与应用技术体系”成果获国家技术发明二等奖。而且，这两项成果的关键技术均获得了国家发明专利。为加强超级稻品种的推广应用，尽快转化为现实生产力，农业部向全国推荐了近年育成的达到或基本达到超级稻产量标准的28个新品种作为全国主推的超级稻品种。

第三章　水稻起源、演进和分类

第一节　水稻起源

一、栽培稻起源的野生稻祖先

（一）两个栽培稻种

目前，地球上只有两个栽培稻种，亚洲栽培稻（*Oryza sativa* L.）和非洲栽培稻（*O. glaberrima* Stend）。这两个栽培稻均是二倍体，染色体 2n = 24，亚洲栽培稻为 AA 染色体组，非洲栽培稻为 A^gA^g 染色体组，两者杂交其第一代杂种（F_1）高度不育。

亚洲栽培稻栽培历史悠久，稻谷产量高，变异多样、广泛，目前，已遍布全球的热带、亚热带、温带、寒温带稻区。非洲栽培稻栽培仅限于非洲西部尼日尔河上游的低湿地区，但据 Porteres（1955，1960）报道，在美洲的圭亚那和萨尔瓦多也有一些分布。非洲栽培稻由于茎秆高、分蘖少、产量低等原因，种植面积日渐减小。两个栽培稻种主要农艺性状的差异列于表 3－1。

表 3－1　亚洲栽培稻与非洲栽培稻农艺性状的比较

性状	亚洲栽培稻	非洲栽培稻
叶片	有茸毛	无茸毛
叶舌	长、前端尖，两裂	短、前端圆
穗形	松散	紧凑
二次枝梗	多	甚少或无
柱头色	白色－紫色	紫色
谷粒稃毛	有（少数光亮）	无，光壳
谷粒色泽	秆黄等	黑褐及黄褐色
糙米色泽	白色，少数赤红，紫色	赤色
休眠性	弱－中	强
再生性	有	无

（引自《水稻育种学》，1996）

（二）野生稻

1. 分布

野生稻广泛分布于亚洲季风气候地区，那里也是水稻栽培最多的地区。这些野生稻常常是以稻田杂草出现在水田里、沟渠里和田埂上；在撂荒地里、路边、铁路路基两侧、沼泽地等地也会发现野生稻。

de Candolle（1886）、Watt（1892）、Hooker（1897）曾报道，在印度次大陆广泛分布野生稻。Beale（1927）报道在缅甸，Chatterjee（1948）和 Senaratna（1956）报道在斯里兰卡，Bacher（1946）和片山（1963）报道在马来西亚和印度尼西亚，Capinpin 和 Pancho（1961），片山（1963）报道在菲律宾，Chevalier（1932）、Porteres（1956）、冈彦一（1964）报道在泰国和印度尼西亚，管相桓（1951）报道在中国南部，冈彦一（1956）报道在中国台湾，立冈（1963）报道在澳大利亚北部都有野生稻存在。据 Roschevicz（1931）说，在非洲中部有野生稻，但还未得到证实。在美洲也发现有野生稻，包括印度群岛、古巴、巴拿马、萨尔瓦多、委内瑞拉、哥伦比亚、厄瓜多尔、圭亚那和巴西。一般称为“红稻”的野生稻在日本、地中海国家和美国水稻生产地区也有发现。

2. 性状特征

多数学者认为野生稻有两种类型，一类是有多种习性的多年生水生植物，穗直立而松散，其上着生窄而不等边的喙状小穗，有芒；花药长度相当于小穗长的 2/3 或更长一些。另一类是典型的一年生植物，直立或匍匐，穗形和大小变异多，小穗长度和形状也变异多，一般为长椭圆形，大多有芒；花药的长度为小穗长的 1/2 或更短一些。

两类野生稻均具有杂合性和半不育性的特点。对多年生野生稻的遗传研究表明，其变异性多是由多年生习性造成的。而在一年生野生稻的研究中发现，20 个单株后代有 17 株发生了各种性状分离。不同株系所表现的杂合程度各异，有 2 个系分离出较高比率的白化苗，有 20%～50% 的花粉母细胞减数分裂异常，这种异常是属于染色体易位和后期染色体分离不规则的一类。

一年生野生稻具有半不育和杂合性特点，这通常是与杂种特性相联系的。研究发现，在野生稻中有大量异花受精现象。通过不同方法估算，其异交数值在 20%～40% 之间。栽培种水稻一般异交率只有 5% 左右。从上述可以看出，一年生野生稻已符合发生基因漂移的标准。

一般认为，栽培稻与多年生野生稻自然杂交，产生一年生野生稻。但一些学者 Porteres（1956）、冈彦一（1964）等却认为并非所有的一年生野生稻都来源于杂种。遗传研究表明，有少数一年生野生种是纯合的，但这些单株也可以由杂交后代分离产生的。这些一年生野生稻是典型的“杂草的伴侣”，它们具备与杂草相伴的任何特性，它们与栽培稻之间随时都可以在田间发生杂交，以使其不断地得到进化。

3. 野生稻命名

虽然早就知道野生稻与栽培稻之间杂交，但这种基因渐渗的意义只是在 Anderson（1949）和 Heiser（1949）发表了相关研究报告之后才得到重视。多年生野生稻在热带各地均有分布，它们在类型、繁殖方式以及类型间杂交不育性上均有特点。美洲的多年生野生稻一般是丛生的，在不同的时间里，曾称为 *cubensis*，*paraguayensis* 或 *perennis*。

非洲的多年生野生稻是直立的，有发育良好的地下茎，常有自交不亲和现象，其名称有 *barthii*，*longistaminata*，*madagascarensis*，*dewildemanii* 或 *perennis*。在亚洲、大洋洲和澳大利亚北部，多年生野生稻具有浮生和匍匐习性，称为 *rufipogon*，*fatua*，*sativa* var.，*bengatensis*，*sativa* f. *aquatica*，*sativa* f. *spontanea*，*formosana*，*balunga*，*longistaminata* 或 *perennis*。

Chatterjee（1948）曾将美洲、非洲和斯里兰卡的多年生野生稻归入 *perennis*，将其他亚洲类型归于 *sativa* var. *fatua*。而将一年生野生稻归于 *sativa sensu latiore*。1963 年，在洛斯巴诺斯的研讨会上，决定把各大洲的多年生野生稻定名为 *perennis* 的亚种，即 *cubensis*（美洲种）、*balunga*（亚洲种）、*barthii*（非洲种）。立冈（1962，1963，1964）废除了 *perennis* 这个名称的混淆应用，然后，将非洲类型恢复为 *O. barthii*，将其他包括多年生和一年生的类型均归为 *O. rufipogon*。

Sharma 和 Shastry（1964，1965，1965）认为，亚洲野生稻有三种明显的类型，即一年生旱生类型，杂种衍生系和多年生类型，并分别定名为 *O. nivara*、田间野生稻和 *O. rufipogon*。他们将 *O. rufipogon* 仅限于用在多年生的类型上。同时，Sampath（1964）认为 *O. rufipogon* 只能正确地用在一年生类型上。他对 *O. perennis* 做了补充说明，用于包括亚洲和美洲的多年生类型。

Griffith 将 *O. rufipogon* 作为直立而繁茂类型野生稻的名称。Watt（1892）明确地用它表示一年生类型，保留 *sativa* var. *rufipogon* 的名称，而浮生类型称为 *sativa* var. *bengalensis*。Roschevicz（1931）已认识到野生稻有两种类型，即 f. *spontanea* 和 f. *aquatica*。前者称一年生野生稻。而后者株高达 2.5 ~ 3.0m，在水下长 1.5 ~ 2.0m。他曾提供一张两人正在船上收获野生稻的照片。既然亚洲多年生野生稻在形态上不同于一年生野生稻，如生长习性、节上分枝、小穗形状、花药长度等。而又有明显、稳定的聚生地并保持遗传上的一致性，因此，应给它一个特定的名称。因为现在无法了解 Moench 采用 *O. perennis* 的含意，Griffith 使用 *O. rufipogon* 也有疑问，而且二者均无典型标本，所以，最好避免使用这种含混不清的名称。这样一来，多年生的亚洲和美洲野生稻直到现在还无确切的名称。多年生的，有地下茎的非洲野生稻已命名为 *O. longistaminata*。

（三）栽培稻的祖先种

关于栽培稻起源的祖先种曾有过各种说法。早期的研究者多以穗型、粒形等为依据，曾认为亚洲栽培稻起源于药用野生稻（*O. officinalis*）或小粒野生稻（*O. minata*）。但通过染色体组组成的研究，上述看法后被否定。Nayer（1973）、Chang（1976）在研读大量相关文献的基础上，认为亚洲栽培稻起源的祖先种是广泛分布于东南亚的多年生宿根性的普通野生稻（*O. rufipogon*，又称 Asian perennis）。普通野生稻有根茎，分蘖力强，喜温，光周期敏感，适应于淹水环境，多数为无性繁殖，株高 100 ~ 250cm，易落粒；染色体 2n = 24，属 AA 染色体组。

普通野生稻与亚洲栽培稻亲缘关系近，相互杂交可以结实，在亚洲的分布范围是东经 68° ~ 150°，北纬 10° ~ 28°。多年生的普通野生稻演进为一年生野生稻（印度、孟加拉国称尼瓦拉野生稻，即 *O. nivara*），进而被近万年前的原始人类逐步驯化为亚洲栽培稻。亚洲栽培稻与普通野生稻（尼瓦拉野生稻）之间发生天然杂交会产生许多中间类型，成为杂草稻（Weed rice）。Sano（1980）和Oka（1988）认为普通野生稻的多年生和一年生的中间类型似乎是亚洲栽培稻的直接祖先种。

非洲栽培稻的祖先种是多年生的长雄蕊野生稻（*O. longistaminata*，也称African perennis），染色体数2n=24，属A′A′染色体组。长雄蕊野生种适应沼泽环境，匍匐生长，株高可达150cm，自交具不亲和性。长雄蕊野生稻演进为一年生的巴蒂野生稻（*O. barthii*），A^gA^g染色体组，曾被误称为*O. breviligulata*，逐渐演进为非洲栽培稻。非洲栽培稻与巴蒂野生稻常发生天然杂交，产生中间类型的杂草稻（cstnpfii）。

考虑到亚洲栽培稻和非洲栽培稻均为AA染色体组，并代表了其独立的演进过程，假设稻属各野生稻都是单源的，那么，这两个栽培稻种在远古时代一定会有一个最古老的共同祖先。现认为，分布在南亚、东南亚、澳大利亚北部、大洋洲、中美洲、南美洲、非洲的所有热带、亚热带的全球性的"*O. porennis*"复合体，可能是它们的共同祖先（Oka，1974；Chang，1976）。共同祖先大约在1.3万年前的冈瓦那古大陆（Gondwana Land）与稻属其他种同时产生，随着古大陆的分裂漂移，分别在各自分隔的亚洲大陆和非洲大陆演进为普通野生稻和长雄蕊野生稻，进而在人工选择的作用下演进为亚洲栽培稻和非洲栽培稻。

二、亚洲栽培稻起源

关于亚洲栽培稻起源的问题有着多种说法，主要的起源地学说有印度起源说、喜马拉雅山东南麓起源中心说和中国起源说。1886年，de Candolle引证了两位学者Bretschneider和Stanislav Julien的报告，提到中国神农氏（公元前2800—2700年）有播五谷的宗教仪式。所谓五谷，即稻、菽、小麦和两种黍类。并认为这些作物均原产于中国。在仪式上，稻由皇帝亲自播种，而其他作物则由王室成员播种。de Candolle说印度人栽培水稻在中国之后，可能开始于阿利安族（Aryan）入侵印度之时，因为稻的名称出现于梵语中。他认为在各种印度语、古希腊语、阿拉伯语中，稻的名字均来源于梵语。但他未发现中国有野生稻的任何资料，而说在印度野生稻广泛生长，在印度东南部的锡卡斯（Circars），人们还将野生稻当作粮食收获。

（一）印度起源

20世纪70年代前，大多国外文献认为亚洲栽培稻起源于印度。Vavilov（1951）根据作物起源的显性基因中心理论，认为亚洲栽培稻的起源地在印度北部，理由是喜马拉雅山南麓印度北部的高纬地带，地形复杂，稻种变异多，野生稻与栽培稻具有紧密的生态相关性。这一观点得到Ramiah和Ghose（1951）等一些学者的认可。加藤茂苞（Kato，1928）曾将亚洲栽培稻分为印度型（indica）和日本型（japonica）；松尾孝岭（Matsuo，1952）则进一步将栽培稻划分为A、B、C 3个类型，A为日本型，B为爪哇型，C为印度型。他们推断中国的籼稻由印度传入，最初由南亚及东南亚边境经中国的云贵高原，或由中南半岛进入珠江流域和长江中下游。这里必须指出，将中国栽培稻说成来源于印度，缺乏考古学、驯化栽培学等方面的证据，也不符合稻种起源和栽培历史的真实性。

在考古发掘上，在印度各地共发现了 11 个炭化稻谷的样本，时间距今 2000—4000 年。最近在印度北部的 Mahagara 发现了新石器文化早期遗址，其各层都有水稻谷粒，年代从（6570±210）BC 到（4530±185）BC，鉴定属栽培稻。据此推论，印度北部水稻被驯化可上溯到距今约 8500 年前（Oka，1988）。

Gustchin（1933）提出，水稻栽培种可能起源于包括印度和中国两边的喜马拉雅山麓。Chatterjee（1947，1948，1951）也相信水稻起源于印度。根据语言学的观点，他认为阿拉伯人最先从印度了解到水稻。为支持印度起源的观点，他说在印度语言中，不同稻种和稻的产品有着广泛的专门术语。他认为水稻是从 *sativa* var. *fatua*（一年生的 *rufipogon*）选育来的。另外，滨田（1949）和 Burkill（1953）却认为印度支那是水稻起源中心，其根据是东南亚地区的水稻在分类上的分化最为广泛。

（二）喜马拉雅山南麓起源

20 世纪 80 年代，世界上多数学者倾向亚洲栽培稻起源于喜马拉雅山南麓的印度东北部、不丹、尼泊尔、缅甸北部、中国的西南部，绵延长达 3 200km 的狭长地带，称之“亚洲栽培稻的起源中心”。这是由于多年生普通野生稻、一年生尼瓦拉（*nivara*）野生稻和杂草稻，从喜马拉雅山麓直到湄公河流域呈带状连续分布，而且地方栽培品种多而复杂，形成了栽培品种的多样化分布区域，为起源中心提供了依据。

Chang（1976）认为，从印度东北部的阿萨姆地区、孟加拉国北部连接缅甸的三角区，到泰国、老挝、越南北部及中国西南部的广大区域，似乎是亚洲栽培稻起源的最原始中心，野生稻的驯化可能在该中心的内部或在边界地带的多地点、同时独立发生。栽培稻从该区域向东北方向传播到中国黄河流域，演进为粳稻，继而传播到朝鲜和日本。通过印支半岛传播到中国华南，向南传播到菲律宾、印度尼西亚等地。在热带山地演进为大粒、圆形、有芒的爪哇稻。

中川原捷洋（Nakagara，1978）通过调查亚洲各地 1 000余份地方品种的酯酶同工酶，研究了亚洲栽培稻的分类、变异以及基因的地理分布，支持了起源中心说。渡边忠世（1977）通过多年的实地考察，详细分析了亚洲各地的古庙宇、宫殿等不同年代遗址残存土基中的稻谷形状及变化，提出了“阿萨姆—云南”起源说，推断亚洲栽培稻起源于印度的阿萨姆丘陵和中国的云南高原。

（三）中国起源

1. 中国栽培稻起源地

（1）华南区　丁颖（1949，1957，1958）深信水稻起源于中国，按照他的观点，在中国古典文献中，最早在神农时代（公元前约 3 000年）提到水稻，以后禹、稷期间已有扩展。水稻栽培业最后建立于周朝（公元前 1122—274 年）。根据中国 5 000年稻作文化创建的历史，华南野生稻的分布以及稻作地理上的接壤关系，最早提出中国栽培稻起源于华南的普通野生稻。这一观点得到日本安藤广太郎（1950）、中国梁光商（1980）和童恩正（1984）的支持和认可。李润权（1985）在研究了中国野生稻的分布和新石器时代出土的农具后，认为在中国范围内研究栽培稻起源中心应该在江西、广东和广西三省（区）进行，其中，西江流域是最有价值的。华南起源在 20 世纪 50 ~ 60

年代曾是中国栽培稻起源的主流说法，但目前支持者逐渐减少。

(2) *云贵高原区*　柳子明（1975）认为，中国云贵高原海拔变幅大，形成了包括热带、亚热带、温带的各种气候条件，植物资源丰富，普通野生稻、药用野生稻和疣粒野生稻并存，栽培稻变异多样，这非常有利于稻种的演进和分化。云贵高原背靠青藏高原和喜马拉雅山麓，长江、西江、元江、澜沧江、怒江均发源于此，流向华中、华南、西南及印度支那各地。起源于云贵高原的栽培稻沿着这些河流分布到各流域地区，其中之一可能通过缅甸或马来西亚传播到印度东部恒河流域。日本乌越宪三郎（1985）更加明确地主张亚洲栽培稻起源于云南的滇池一带，其驯化者正是以水稻农耕和高床式房屋为特点的“倭族”，其后沿各条江河进行传播，其中，一支沿长江东下到达长江三角洲，有的倭族通过怒江、澜沧江、红河等南下，到达东南亚一带。

(3) *长江中、下游区*　20 世纪 80 年代，长江中、下游成为中国栽培稻起源地的主流说法。安志敏（1984）认为，中国的稻作农耕以长江流域为最早，稻类作物的发现也最早，最集中。从考古学上证明它是稻作农耕的起源地，长江中、下游可能是栽培稻起源中心。杨式挺（1982）根据河姆渡遗址出土大量稻谷发现，长江流域古今野生稻的存在，栽培稻生育的自然环境，以及中国古书的有关记述，认为长江流域，尤其是长江下游的东南沿海地区是中国栽培稻的一个起源地区。他认为中国史前栽培稻的分布，是以长江下游为中心逐步展开的。

林华东（1992）指出，长江中、下游都有新石器时代早期稻作遗址出土，稻作文化相对比其他地区先进发达，既有良好的生态环境，又有普通野生稻在古代的分布区域，该地区应是中国栽培稻的起源中心，尤其是太湖流域、洞庭湖流域和鄱阳湖流域地区。许多研究者把重点集中到长江下游。汤圣祥（1993）等通过扫描电镜对河姆渡遗址出土炭化稻谷进化亚显微结构研究，发现河姆渡古代稻谷中有少量普通野生稻。加上江西省东乡现有大片自然生长的普通野生稻的事实，这为中国栽培稻起源于长江中、下游提供了直接证据。

2. 中国栽培稻起源的论证

中国是亚洲栽培稻最早起源地之一，而且还是水稻栽培历史最悠久的国家之一，有以下佐证。

(1) *在中国有普通野生稻分布*　普通野生稻在中国南方分布广泛，西起云南省景洪（东经 100°47′），东至台湾省桃园（东经 121°15′），南起海南省三亚（北纬 18°09′），北至江西省东乡（北纬 28°14′）；海拔 30～600m 的河流两岸沼泽地、草塘和坑洼低湿处等。在已搜集到的 3 733份中国普通野生稻样本中，可分为直立、半直立、倾斜和匍匐 4 种株型，绝大多数是多年生类型。

此外，在水稻耕作栽培较粗放的地区，稻田中常发现混生着与栽培稻十分相似的杂草稻，抽穗比栽培稻早，边成熟，边落粒，成为翌年稻田的杂草。实际上，杂草稻是野生稻与原始栽培稻天然“渐渗杂交”（introgression）的后代，是自然选择压力下产生的特殊适应型，其产生的时间距今已十分久远。杂草稻对水稻基因的交换、稻种的演进具有十分重要的作用。由此可以证实，中国南方具有栽培稻起源的野生种祖先——普通野生稻。

（2）考古佐证　中国已发掘新石器时代含有炭化稻谷、米粒、茎叶的遗址109处，遍布长江流域、华南和西南地区。已知7个年代最古老的稻遗存，长江下游占3个，即浙江桐乡罗家角，（7 040±150）BC；余姚河姆渡，（6 945±130）BC；慈溪童家岙，距今约7 000年。长江中游占3个，即湖北城背溪，距今约7 000年；陕西李家村，距今约7 000年；湖南彭头山，距今约7 800年。还有江苏二涧村，距今约7 000年。

河姆渡的出土稻谷堆积成层，刚出土时呈金黄色，颖壳上的稃毛和芒清晰可见，籼粳均有，还有很少量的普通野生稻谷粒，反映了原始稻谷的混杂性（汤圣祥，1993）。湖南澧县彭头山新石器早期遗址，出土的陶片表面和内层含有大量稻谷和稻壳，经^{14}C测定在8 200～7 800年前。在河南舞阳县贾湖遗址发现了7 500年前的炭化糙米。鉴于在种植栽培稻之前必然有相当长时期的野生稻驯化过程，因此，有理由断定，中国原始稻作至少有8 500年的历史。在中国南方发现的大量的含有稻谷遗存的考古发掘，有力地证明了中国栽培稻起源的独立性，否定了中国籼稻来自印度的说法。

（3）气象学的佐证　游修龄（1986）认为，新石器时代长江流域的气候比现在更为温暖潮湿，温度高出3～4℃，降水量多800mm，普通野生稻的生长在远古时期可能到达长江流域，北限可达苏、鲁交界处。研究表明，7 000年前的太湖流域确实曾生长和繁衍普通野生稻（Sato，1991），可以想像距今约万年前的中国原始氏族人，正是在长着普通野生稻的环境中，从采收野生稻谷为食的活动中，看到野生稻自然落粒能萌生的现象，于是尝试在居住地附近地里播种野生稻，重复着收获和播种的过程，年复一年，通过漫长的驯化、选择，使野生稻渐渐进化为栽培稻。

（4）古代语言佐证　中国的“稻”是汉字的统一书面语，南北通用。稻字的远古来源可追溯到甲骨文前的无文字年代。中国南方口语习惯称稻为“谷”或“禾”（毫、后、吼等为禾的谐音）。而谷为K系音。它们的共同母语为Kau，即“稻”词的最古语言形式。游修龄（1986）、刘清荣（1992）、程世华（1992）认为，一个地方稻种的起源应具备两个基本条件，第一，必须具有作为栽培稻起源的野生祖先种——普通野生稻的存在，并有适宜水稻生长的自然条件；第二，古人类的驯化活动。长江下游的越先人与栽培稻起源有密切关系。远古时期的越先人以狩猎和采集作为食物来源，野生稻是他们大量采集的主要对象之一。随着人口的增加，逐渐有意识地尝试种植和驯化野生稻。到了新石器时代，由于石制工具的改进，原始稻田耕已懂得牛踩田。河姆渡遗址出土的大量骨耜、木耜、鹿角鹤嘴锄，收获用的木刀、蚌壳以及水牛骨骼，表明当时太湖流域的稻作栽培至少已有一定的水平，从而构成河姆渡稻作文化。

三、非洲栽培稻起源

非洲栽培稻的植物学名称是*Oryza glaberrima*，起源于热带西非，原始起源中心位于马里境内尼日尔河沼泽地带，次级多样性中心位于塞内加尔、喀麦隆北部和乍得。Chang（1976）推测非洲栽培稻起源在大约3 500年前。多数非洲栽培稻对光周期敏感，虽然品种间在粒形的长短、宽窄上有许多变异，但无籼、粳稻之分，只有深水、浅水和陆稻类型上的差别。籽粒的果皮通常是红色。非洲栽培稻对干旱气候具有特殊适应性以及对热带病、虫的良好抗性，但由于非洲栽培稻株高太高、产量太低，因此，并未在整个非洲大陆上传播和种植。

（一）非洲栽培稻起源的野生稻祖先

近缘野生稻种长雄蕊野生稻（*O. longistaminata*）和巴蒂野生稻（*O. barthii*）被认为是 *O. glaberrima* 的祖先种，这些野生种在有非洲栽培稻生长的地区，甚至以外的地区都有分布。

1. 长雄蕊和巴蒂野生稻

Sampath 和 Rao（1951）提出，长雄蕊野生稻是人类通过选择从展颖野生稻（*O. glumaepatura*）起源的。其理由是在稻属所有种中，展颖野生稻分布最广泛，而且在亚洲它产生了普通野生稻。这一观点得到了 Richharia（1960）、Seetharaman（1962）、Gopalakrishnan（1964）等多位学者的认可。其中，一些学者认为巴蒂野生稻起源于非洲栽培稻与长雄蕊野生稻之间的杂种，这和多年生的野生稻（*O. rufipogon*）情况相似。

提出非洲栽培稻起源问题的这种说法是在 Chatterjec（1948）对稻属校对后不久。Chatterjec 在稻属校订中将所有美洲、非洲和部分亚洲的多年生野生稻都归于展颖野生稻。虽然长雄蕊野生稻与其近缘稻种之间很难产生杂种。当人们逐渐认识到长雄蕊野生稻具有很强的生殖隔离的特点后，多数学者就不再认为非洲栽培稻起源于巴蒂野生稻了。Sampath 等随后提出，长雄蕊野生稻可能衍生出长雄蕊野生稻与巴蒂野生稻的中间类型，这些类型通过相互杂交产生巴蒂野生稻，再由巴蒂野生稻产生非洲栽培稻。

多数学者认为，巴蒂野生稻是非洲栽培稻起源的野生种祖先。巴蒂野生稻的分布范围不及长雄蕊野生稻，但比非洲栽培稻要广得多。巴蒂野生稻不像长雄蕊野生稻长得那么密集，它是一年生野生稻，靠种子繁殖。主要生长在沟溪、沼泽地带，稻田、沟渠、老稻田也经常出现。这种野生稻无浮生习性，不能耐洪水，其生长地濒临长雄蕊野生稻的栖生地。Bardenas 和 Chang（1966）曾对长雄蕊和巴蒂野生稻的几个品系和变种，对 22 种性状做过详细的比较研究。

Porteres（1950，1956，1959）认为，虽然巴蒂野生稻产生了非洲栽培稻，但其某些变异可能来自长雄蕊野生稻。其他学者则确认非洲栽培稻是从巴蒂野生稻单一起源的。

尽管巴蒂野生稻具备作为非洲栽培稻祖先种的若干特性，如广泛、重叠的分布，遗传关系密切，具有一定的变异性等，但由此就认定是非洲栽培稻的起源祖先种仍有欠缺。因为既然亚洲稻和非洲稻都是为着籽粒产量而被驯化的，但很难想像在非洲栽培稻的驯化过程中，人类却朝向小粒、少分蘖、无二次枝梗的产量构成因素去选择，虽然在穗粒数上有了一定的改进，但这未必能够补偿其他产量组分的损失（表 3－2）。非洲栽培稻每穗枝梗数也较多，总的来说，巴蒂野生稻是否确实具有作为栽培种所需要的变异范围和潜力，还是一个问题。如果假定非洲栽培稻的起源系来自亚洲栽培稻，则以上所涉及的困难就会解决。有一个很好的证据表明巴蒂野生稻是由非洲栽培稻与亚洲栽培稻的杂种再与非洲栽培稻回交而产生的。

表 3－2　巴蒂野生稻与非洲栽培稻产量组分比较

性状和研究者	巴蒂野生稻 (*O. barthii*)	非洲栽培稻 (*O. glaberrima*)
1. 小穗大小（mm）		
Roschevicz（1931）	（10.0～11.0）×（3.0～3.5）	（7.0～8.0）×（2.5～3.0）
Sampath（1962）	10.0（可有变化）×3.0	8.0×3.5
守岛等（1963）	8.8×2.9	8.4×3.4
Bardenas 和张德慈（1966）	（9.2～11.0）×（3.1～3.4）	（7.4～9.0）×（2.9～3.6）
2. 100 粒重（g）		
Nayar（1958）	3.0	2.8
Sampath（1962）	3.0	3.2
守岛等（1963）	2.4	2.3
Bardenas 和张德慈（1966）	2.3～3.4	1.6～2.8
3. 有效分蘖数		
Bardenas 和张德慈（1966）	20～61	18～34
4. 每穗粒数		
Nayar（1958）	37	54
Sampath（1962）	73	125
守岛等（1963）	42	90
5. 蛋白质含量（%）		
Bardenas 和 Chang（1966）	13.4～17.3	9.5～13.8

（引自 Nayar，1973）

2. 亚洲栽培稻是非洲栽培稻的祖先种

（1）*形态学*　亚洲栽培稻、非洲栽培稻和巴蒂野生稻的主要性状比较列于表 3－3。典型的非洲栽培稻小穗无毛，而亚洲栽培稻小穗有毛。然而，目前普遍认为，很难找到这两个种所特有的性状，而非洲栽培稻的叶舌较短属于例外。当亚洲和非洲栽培稻混合生长在田间时，种植者往往无法对其加以区分，以致曾有人提议把这两个种合并起来。守岛对这两个种的 17 种性状做了比较研究，将每种性状的差异分为 11 个级别，以此对大批品种进行分类（每一种 50～80 个品种）。除叶舌长度以外，两个种的其余性状的变异范围都互相重叠。非洲栽培稻通常比亚洲栽培稻变幅小，但对氯酸钾的抗性和落粒性除外。其他像抗旱性、种子休眠性也有些差异，非洲栽培稻抗旱性较差，休眠性较强，而亚洲栽培稻的某些品种在这些性状上却有极端表现。这一研究表明，这两个种在许多性状上都很相似。

表3-3 亚洲、非洲栽培稻与巴蒂野生稻性状比较
(Roschevicz, 1931)

性状	亚洲栽培稻 (*O. sativa*)	非洲栽培稻 (*O. glaberrima*)	巴蒂野生稻 (*O. barthii*)
1. 小穗大小(mm)	(6.0~8.0) ×4.0	(7.0~8.0) × (2.5~3.0)	(10.0~11.0) × (3.0~3.5)
2. 叶舌的形状和大小	尖,可达40mm	圆,3~4mm	椭圆,3~4mm
3. 穗分枝性	有二次枝梗和三次枝梗	一次枝梗	有二次枝梗和三次枝梗
4. 内颖颖尖	尖而无喙	末端喙状	末端似喙状
5. 花药长度(mm)	2.5~2.6	1.5~1.8	1.8~2.0
6. 柱头颜色	淡黄褐色	黑紫	黑紫
7. 护颖形状和长度(mm)	窄披针状,1.5~3.0	窄披针状,2.0~3.0	线形披针状,4.0

(2) 可交配性和杂种的育性 一些研究者对亚洲与非洲栽培稻之间的杂交做过研究,要得到它们的杂种并不困难。杂交成功率比亚洲栽培种品种间杂交成功率也低不太多。亚洲栽培稻品种间杂交成功率为51%,非洲栽培稻品种间杂交成功率为62%,巴蒂野生稻种内杂交成功率为58%,亚洲栽培稻与非洲栽培稻杂交成功率在39%~42%,亚洲栽培稻与巴蒂野生稻杂交成功率32%~38%,非洲栽培稻与巴蒂野生稻杂交成功率在59%~62%。

两个栽培种的杂交种子发芽表现正常,一般超过90%。F_1杂种生长正常,并表现出杂种优势。但杂种通常表现不育,偶尔轻度可育。正是这一特性涉及种的分类地位,说明这两个种间存在一种"似近而远"的关系。但也表明,它们杂种的不育性具有同亚洲栽培种品种间杂交相同的性质,只是不育程度高些而已。冈彦一(1968)推断,这种不育性属配子体不育,主要受一种互补基因支配。

Ramanujam(1938a)报道,亚洲栽培稻与非洲栽培稻杂交表现高度可育,但这种高度可育的情况没能得到其他研究者的验证。盛永和粟山(1957)研究了13个杂种,其染色花粉百分率仅有0.4%~28.9%。Nayar(1958)对5个杂种染色,其着色花粉百分率不到1%。Bouharmont(1962a)在同样的研究中所得的数值为2.4%~14.0%。守岛等(1962)曾将21~39个非洲栽培稻与5个亚洲栽培稻杂交,得到的最高染色花粉百分率为10%,多数不能结实。

(3) 杂种细胞学 有报道说,亚洲栽培种、非洲栽培种和巴蒂野生种之间的杂种,其减数分裂进行正常。这类杂种偶尔会出现2个单价染色体或落后染色体等少量不正常现象。但是,在Nayar(1958)研究的杂种细胞中,大约有20%单个的四价体和多达8个单价体的现象。Yeh和Henderson(1962)看到单价体频率很高。某些杂交组合的单价体出现频率很高可能是由于脱联会所引起,且受遗传控制。这许多独立的研究表明,亚洲栽培稻、非洲栽培稻与巴蒂野生稻之间的杂种出现的异常现象的频率和范围,并未超过亚洲栽培稻类型间杂交的异常程度。

对两个栽培种单倍染色体的形态学和减数分裂配对的比较研究，进一步证明了其紧密关系。胡兆华（1960）看到，它们的核型相似，其单倍体减数分裂的配对情况也无任何显著差异。但是，Bouharmont（1962）观察到在染色体长度上有差异。多年生野生稻（*O. rufipogon*）单倍体体细胞染色体组的长度为（16.7 ±0.3）μm，亚洲栽培稻为（17.0 ±0.4）μm，非洲栽培稻为13.8 ±0.3μm。还有报道，亚洲栽培稻品种间变异程度较大。终变期二价体交叉数的估计数值，亚洲栽培稻为1.98 ±0.65，亚洲栽培稻与多年生野生稻的杂种为1.70 ±0.50，非洲栽培稻与亚洲栽培稻的杂种为1.83 ±0.59，亚洲栽培稻与巴蒂野生稻的杂种为1.23 ±0.69。这些资料再次证明，两个栽培稻种间有密切关系。

非洲栽培稻与亚洲栽培稻以及亚洲栽培稻与巴蒂野生稻两种双二倍体的细胞学研究表明，它们之间的亲缘相似。其一代杂种（F_1）表现不育，但两种双二倍体的花粉染色率都达75%，但结实性不同，前者结实率为47%，后者13%。两种双二倍体的减数分裂相似，在它们的花粉母细胞里，都会有0~12个四价体，众数是6和8。不育性被认为是配子体不育，由染色体的异常分离引起的。Stebbins（1958a，1970）称之为“分离型（Segregation）不育”。

冈彦一（1968）研究了非洲栽培稻和亚洲栽培稻的同源四倍体杂交产生的四倍体杂种，发现杂种的四价体数比它们的亲本数少（1.6个比4.8个）。四价体减少的类似情况也在亚洲栽培稻同源四倍体之间的杂种见到。冈彦一据此遗传研究推论有选择性配对现象，但因为有配子选择，所以，很难估计它的程度。他断定，它们的染色体上也可能存有细微的染色体结构差异。

3. 遗传研究

迄今，只有2项有关非洲栽培稻的遗传研究。Richharia和Seetharaman（1962，1965）研究发现，在非洲栽培稻和亚洲栽培稻这两个种之间，有些性状的遗传基因表现出等位关系，但其他性状就不存在这种关系。守岛等（1962）研究了这两个种的12种性状之间的相关关系，发现了区分两个种的性状，如叶舌长度和小穗颖毛长度与其他性状之间的相关程度虽不相同，但其他性状之间的相关关系就很相似，因而推断它们的遗传结构是相似的。

综上所述，所有形态学、生物学、细胞学、遗传学的研究结果都证明，亚洲栽培稻和非洲栽培稻两个种是直接紧密联系的。早期的一些研究者也知道它们之间的紧密联系，但他们认为两者有共同的起源祖先种，这就是包括非洲的长雄蕊野生种，美洲的以及亚洲的野生稻超级种（Superspecies）*perennis*，或者则认为它们是属于同型变异的一个例子。现已确认，长雄蕊野生稻不可能是非洲栽培稻的直接祖先。许多学者相信非洲栽培稻起源于巴蒂野生稻。这就意味着，这两个栽培稻种的假想祖先的所有差异，只有推论到一个遥远的共同祖先之上。

两个栽培种起源于一个直接的共同祖先是另一种可能。但既然亚洲栽培稻起源于亚洲的多年生野生稻，即多年生的*O. rufipogon*，这就意味着热带西非也有多年生的*O. rufipogon*。这就是说，这种野生稻在西非或者没有搜集到，或者现今已经消失。由于多年生的*O. rufipogon*占据着相当安全的栖居地，而且这种地方在西非普遍存在，同时由于稻属的许多种在热带西非也广泛存在，所以，这种野生稻已经消失的可能性几乎是不存在的。

非洲栽培稻起源于亚洲栽培稻的一个侧证来自一个未经发表过的种 *O. jeyporensis*。这个种来自印度东南部的杰普尔地区。Ramiah 和 Ghose（1951）曾认为杰普尔地区是亚洲水稻次级起源中心，并已得到有关亚洲栽培稻类型进化及其进一步分化为不同变种的材料。根据 Govindaswany 和 Krishnamurthy（1958b）的研究 *O. jeyporensis* 与非洲栽培稻最为相似。立冈（1963）认为它是“接近于与栽培稻有关系的野生种”。如果这个种的发现得以证实，那么，就意味着在一定的环境条件下，与非洲栽培稻相似的类型会来源于该地区原始的多年生野生稻或亚洲栽培稻。

（二）起源时间和地点

1. 当地起源

Porteres（1945，1950，1959，1962）的研究认为，非洲水稻是大约 3 500年前起源于尼日尔河三角洲中部地区。这一地区的土著班图人（Bantus）只会采收野生稻，而尼日尔人在他们之后驯化了非洲稻。以后迁入的马德人（Mande）对其做了进一步的改良，他曾提出几个理由支持这一观点。第一，这一地区的环境是多湖泊、沼泽和小溪，非洲栽培稻在这一地区的变异类型最为丰富，其中，有显性性状和隐性性状，而且前者居多。第二，在这里存在着他认为是祖先种的巴蒂野生稻。第三，他认为稻的名称并非来自亚洲的稻字，而是 malo，mano，maro，字 ma 起源于班图语，意指一种稠厚的液体，lo，no，ro 是食物或营养的意思。他还发现两个次级变异中心，他确信稻的名称是本地原产，而不是借助于亚洲的稻字。

Porteres 的观点得到了 Murdock（1959）在非洲人种学研究成果的有力支持。根据 Murdock 的研究，非洲大陆新石器时代的文化发生于公元前 15 000年，独立地产生在两个地区，尼罗河流域下游和西部苏丹地区（即 Porteres 提到的同一地区）。尼罗河下游的人引用了亚洲西南部地区的农业，这一情况已得到普遍认可。第二个中心，Murdock 断定，“非洲的农业在它从亚洲引到尼罗河下游之前，很可能由尼日尔河流域的马德人创造出来”。并将它列为人类整个历史上 4 个主要农业发展总体（complex）之一。之后，他列举了由核心部分的马德人驯化和改良的 25 种作物。在谷类作物中，他提到的有备荒稻（*Digitariaexilis*）、珍珠粟（millet）、高粱（Sorghum）。而当书付印时，Porteres 又在注脚中以 Johnton（1958）的观点为依据，添上了非洲栽培稻（Johnton 的书中提到，非洲栽培稻原产于非洲西部，是自古以来的栽培作物，但没有涉及起源时间）。

Murdock 的观点是以语言学和作物的分布为基础的。他认为，如此成功创造农业的人必然会连同他们的语言而广泛传播。这一情况只盛行于苏丹地区西部而不是在中部和东部，语言属边远的黑种民族语言和不同的马德部族附系语言。他根据植物学的事实，从本地原产的栽培作物目录中剔除了一些他知道的从外地引入的作物，并断定其余是由当地驯化来的。

在第三次非洲历史和考古学研讨会上，当提出 Porteres（1962）的观点时，曾遭到许多质疑。Tucker 指出，没有做语言学的比较研究而做语言学推论是不正确的，Clark（1962）根据考古研究的证据指出，即使在 2 000年以前，新石器时代的人只居住在下撒哈拉的仅仅一小部分地域，大部分地域居住的还是狩猎部族。

Murdock（1959）关于尼日尔三角洲上游是栽培作物起源中心之一的说法，也受到Wrigley（1960）和Baker（1962）的质疑。Wrigley指出，以作物栽培为内容的农业在早期同样可以从非洲东海岸扩展到西海岸，而马德语言的传播更有理由是由于较早时期帝国的建立和贸易来往而进行。Baker（1962）根据植物学上的证据质疑Murdock的观点，他逐一举出所说在这一地区驯化和改良的作物。指出到目前为止还没有，或缺乏植物学证据能证明其大部分是起源于苏丹西部地区。这些作物可能起源于亚洲，或者起源于非洲其他地方。只有很少数几种作物如牛油树（*Butyrospermum*）、牡蛎苞（*Telfairia*）、克士丁豆（*Kerstingiella*）可能起源于苏丹西部，而大部分或者是受到人类保护的野生植物，或者还没有从野生种充分地分化出来。他认为非洲栽培稻是当地起源的，但起源时间较晚。Baker指出，一个长期存在的农业体系通常有与之相适应和联系的杂草体系。苏丹西部地区并不存在单独的杂草体系。萨凡纳（Savannah）的杂草体系与西非森林和西非沿海地区相比，地区的固有性就很明显。

虽然尼日尔河三角洲的上游可能不是一个大的和重要的农业发源中心，但一般都认为这一地区和沿乍得湖以东地区，自古以来就是人类活动很频繁的地区。这是因为该地区有丰富的水源。早在纪元初期，甚至在骆驼被驯化之前，在撒哈拉各地，从地中海沿岸到下撒哈拉之间商队贸易已很发达。就像Porteres在著作中所提出的那样，非洲栽培稻可能起源尼日尔三角洲上游的这一地区。

2. 亚洲引入

大多认为，亚洲栽培稻是在16世纪由葡萄牙人传到热带西非的，但也有证明它首次传到非洲要早得多。中东的古新石器时代遗址都未发现过水稻。尼罗河流域下游的条件虽然适于栽培水稻和野生稻的生长，但这一地区还缺乏古代有水稻存在的证据。仅有的一个例证是古埃及用稻草和着石膏捆扎一个青铜像的记载，这个铜像现仅有一张画片，上面既无日期，也不能确定稻草的存在。亚历山大王（公元前四世纪）侵入印度次大陆以后，将水稻引到了埃及。Angladette（1966）认为，水稻引到埃及栽培的时间要更早些，大约从公元前第四世纪到公元第一世纪之间。

公元前5 000年到达埃及的新石器时代文化，于公元前4 000年左右沿地中海沿岸向西传播。从那时候起，埃及与北部非洲之间即保持着密切联系。在公元前3 000年左右，作为北非最早的居民伯伯尔（Berber）人便已开始跨越撒哈拉沙漠与南部地区进行贸易交往，在此过程中，很快便发展成一种活跃的物流活动。货物买卖，文化交流，贸易路线纵横交叉在整个撒哈拉沙漠。在最主要的4个商队路线中，其中之一的南端终点是马里的廷巴克图（Timbuctoo），接近尼日尔河上游。水稻是生长在这条路线绿洲上的作物之一。因此，亚洲栽培稻传到这些地区的时间不会比传到埃及晚多少。尽管Angladette（1966）早期的年表未能被学者所认可，但其可能的年代大约是公元第7世纪至第10世纪。

还有，在纪元初的几百年间，印度尼西亚人和马来西亚人已经带着粮食作物来到热带西非沿海地区，由于水稻是东南亚的一种重要的粮食作物，因此，很有可能在这一时期把水稻引到热带西非的。由此可以推断，亚洲栽培稻很可能是在公元10世纪以前的某个时间从北部或南部，或从南、北部同时传到热带西非的。

非洲栽培稻所具有的某些性状不像是古代起源的作物，它不具备经历长期进化历程的当地作物所表现的那种强适应性和品质，尽管热带西非农业不如亚洲季风地区那么发达。由于亚洲栽培稻适应性强，高产而品质好，因此，正在不断代替非洲栽培稻。非洲栽培稻与亚洲栽培稻比较，抗旱性明显较差，而种子休眠性较强，在其他一些农艺性状上，这两个种并不表现出显著差异。

第二节　水稻栽培种演进、分化和传播

一、亚洲栽培稻的演进、分化和传播

（一）亚洲栽培稻的演进和分化

亚洲栽培稻在漫长的演变、进化过程中，受到人工选择和自然选择的双重压力，发生了一系列的形态学的和生物学的深刻变化，如二次枝梗数目、单穗粒数、千粒重增加了，成熟时落粒性减弱了；由于受到不同气候、土壤和农业栽培技术的影响，使栽培种在光周期、感温性、需水量、种子休眠性、胚乳淀粉性质等方面产生了一系列的分化，形成了丰富多样的栽培稻类型，如籼、粳稻，水、陆稻，早、晚稻，糯与非糯稻之分。

1. 籼、粳稻的分化

丁颖（1949，1957，1961）从水稻生态学、生理学、形态学方面进行了深入研究。他根据我国水稻的栽培历史、分布和发展情况，推测籼、粳稻是我国栽培稻的两大亚种，同起源于多年生野生稻。籼稻从植株形态、生物学性状、杂交结实性和地理分布等方面，都比粳稻近似野生稻，由此推测，籼稻是最先由野生稻经人工栽培驯化后，演变、进化形成的栽培稻，是栽培稻的基本型。而粳稻是籼稻在不同地理环境、生态条件下，分化形成的变异栽培稻型。丁颖沿用我国1 800多年的历史名称，把籼稻定名为籼亚种（*O. sativa* L. subsp. *hsien* Ting），把粳稻定名为粳亚种（*O. satrva* L. subsp. *keng* Ting）。这与加藤等（1928）仅从杂种结实性和品种间的血清反应来区分籼、粳稻，把籼稻定名为印度亚种（*O. sativa* subsp. *indica* Kato），把粳稻定名为日本亚种（*O. sativa* subsp. *japanica* Kato）是有较大区别的。

关于籼、粳稻是怎样由普通野生稻演进来的，至今仍有3种主要说法：一是由普通野生稻先进化为籼稻，然后再由籼稻演化为粳稻；二是普通野生稻引到山地后演化为粳稻，再传播到洼地演化为籼稻；三是籼型普通野生稻演进为籼稻，粳型普通野生稻演进为粳稻。

不同说法的焦点是普通野生稻在进化成栽培稻之前是否已经发生了籼、粳分化。才宏伟等（1993）对中国普通野生稻是否存在籼、粳分化，黄燕红等（1996）对中国普通野生稻自然群体分化进行了同工酶研究，王象坤等（1994）对中国普通野生稻的原始型及是否存在籼、粳分化进行了研究。孙传清等（1997a，1997b，1998）对普通野生稻和亚洲栽培稻细胞核基因组与线粒体DNA的遗传进行了研究，结果表明，除少数原始型普通野生稻外，大多数的国内外普通野生稻都已发生了籼、粳分化，但与栽培稻

的籼、粳分化相比较，普通野生稻的籼、粳分化是微小和初步的。中国普通野生稻的细胞核 DNA 多数偏粳，线粒体 DNA 多数偏籼，叶绿体 DNA 的籼、粳比例约各占 1/2。

籼稻和粳稻在植物学、生理学性状上均有较大差异。籼稻茎秆柔软，耐热、耐湿、耐强光，颖毛短少，籽粒细长，叶片粗糙、色淡绿，米质粘性弱等；粳稻茎秆坚韧，耐旱、耐寒、耐弱光，颖毛长密，籽粒短圆，叶片少毛、色浓绿。籼、粳杂交的 F_1 代结实率低于双亲，一般在 30% 以下，反映出一定的生殖隔离。

Oka（1982）用典型的籼稻和粳稻品种与一个普通野生稻杂交，F_1 代根据氯酸钾抗性、耐低温性、稃尖茸毛长度考察籼、粳的分化，结果发现籼 × 野稻组合产生了一些粳型后代，而粳 × 野稻组合产生了一些籼型后代，根据籼、粳的单源起源说，设想野生稻祖先在基因中具有进化成籼、粳两种类型的潜能。据此提出了 3 个等位基因的假说。野生稻祖先的基因型为 $A^0A^0B^0B^0$，籼、粳栽培稻基因型则分别为 $A^2A^2B^1B^1$ 和 $A^1A^1B^2B^2$，它们对性状的影响 $A^2 > B^1$，$A^1 > B^0$，$B^2 > A^1$，$B^1 > A^0$。当 $A^2A^2B^1B^1$（籼） $\times A^0A^0B^0B^0$（野）时，将产生一些 $A^0A^0B^1B^1$ 的单株，表现粳的特性（$B^1 > A^0$）；当 $A^1A^1B^2B^2$（粳）× $A^0A^0B^0B^0$ 野）时，将产生一些 $A^1A^1B^0B^0$ 的个体（$A^1 > B^0$），表现籼的特性。

Morishima 和 Gadrinab（1987）在研究了亚洲各地野生稻具有籼稻特征的基因后认为，普通野生稻也有分成籼、粳的倾向。例如，籼、粳具有不同的叶绿体体系，在野生稻中也能见到类似的差异，但这种差异仅在中国普通野生稻中表现出来。由于野生稻分化成籼、粳的倾向远比栽培稻弱，所以，野生稻不能截然分成籼、粳两类，但籼、粳的初步分化已在普通野生稻被驯化之前就已产生了。由此可以推断，籼、粳栽培稻是分别从具有籼、粳倾向的普通野生稻演进来的。

2. 水、陆稻的分化

丁颖研究认为，野生稻是沼泽植物，从普通野生稻进化成的栽培稻应当是水稻（深水稻是适应深水环境的驯化产物）。因此，水稻是栽培稻的基本型，而陆稻则是适应于无淹水条件的生态变异型。水稻和陆稻从植物学特征上看没有明显区别。水稻作为沼泽作物，从根到茎叶都有通气组织，而陆稻也具有这一特征。陆稻叶色较淡，叶片较宽，谷壳较厚。与水稻相比，陆稻种子吸水力强，在 15℃ 的低温下发芽较快，幼苗对氯酸钾的抗毒力强，根系发达，根粗而均匀，扎根较深，根的渗透压和茎叶组织的汁液浓度也较高，由于陆稻的吸水力强而蒸腾量小，因此，其抗旱能力较强。

陆稻与水稻一样，从茎叶到根部也有相连的裂生通气组织，因此，陆稻不仅能在旱地生长，适于在多雨地区，也可种于水田，其产量可比旱地栽培更高产。当陆稻和水稻同时在水田栽培的情况下，上述的形态、生理、生态上的水、陆稻差异就不很明显。陆稻也有籼、粳之分和糯与非糯之别。全球约有 16.7% 的稻田种植陆稻，主要分布在亚洲、非洲和拉丁美洲，其中，非洲、拉丁美洲 75% 的稻田种植陆稻，但产量不高。中国陆稻种植面积约 67 万 hm^2，占稻作总面积的 2%。

在亚洲的印度、菲律宾、泰国、孟加拉国、越南和非洲的马里、尼日尔等积水或洪水泛滥地区，有深水稻和浮水稻，这可能是种植者将普通野生稻引进深水地区栽培驯化的结果。深水稻耐淹，节间有伸长能力，可在 1.3m 的深水里生长，茎秆长约 2.3m，因而能保持上部茎、叶、穗在水面以上并正常生长、结实。浮水稻具有浮生于洪水中的能力，茎可随着洪水水位的上升而生长，其伸长速度很快，每天能伸长10cm，最长可达50cm，株高甚至可达600cm。上部节有萌生不定根的能力，感光性强，在当地雨季末期洪水退去后，日照缩短才开始穗分化、抽穗、开花、灌浆、成熟、收获，全生育期长达150～170d。

3. 早、晚稻的分化

对早稻与晚稻的分化，丁颖认为我国华南的普通野生稻在9月中旬、日照12h的条件下，完成光照发育阶段，开始穗分化，到10月中旬抽穗，11月中旬以后成熟，属短日照植物，对短光照处理的反应很敏感，华南和华中一带的单季晚稻或连作晚稻的地方品种与华南野生稻一样，属短日照植物。但华南和华中的早稻则对光照的长短反应不敏感，甚至无反应。丁颖研究认为，早稻是从基本型的晚稻分化形成的变异型。由于水稻是多型性植物，晚稻类型中不同品系的天然杂交，可能产生早于晚稻抽穗的早、中熟的单株。野生稻也可能由于环境影响或天然杂交产生变异，出现早抽穗的个体。通过人工栽培的驯化，形成对光照迟钝（甚至无反应）、适应低温长日照的特性。早稻类型的分化形成，使水稻有可能向高纬度地区及高原高温期短的地方推进，从华南扩展到长江流域以及黄河流域，直至东北。

籼、粳稻都有早、中、晚稻及其早、中、迟熟品种的区别。幼穗开始分化和抽穗对日照长短的反应是随早、中、晚稻，早、中、迟熟品种有连续变异。早稻适应长日照，晚稻适应短日照，中稻介于早、晚稻之间。南亚和东南亚地区的籼稻品种也有感光与非感光，熟期早、迟的区别。印度、孟加拉国的Aus类型，类似中国的早、中稻，生育期短，对长日照反应迟钝，3～4月播种，7～8月收获。而晚稻类型的Aman和深水稻，大多数品种对日照反应敏感，它可以在雨季的大部分时间内保持旺盛而后延的营养生长，雨季过后日照长度缩短时抽穗。而Boro稻感光性弱，可在冬季栽培。

4. 糯与非糯稻的分化

籼稻和粳稻的胚乳都有糯性与非糯性的区别，通常所说的糯稻或者是籼糯稻，或者是粳糯稻，而不是籼、粳稻以外另有糯稻。胚乳的非糯性为显性，糯性为隐性，属单基因遗传。最初种稻的部族人早已发现糯稻的分化，有意加以选择留种，并成为部族人偏爱的日常食粮。渡部忠世（1982）指出，在现今的老挝、泰国北部和东北部、缅甸的东北部、印度阿萨姆邦的东部、中国云南和广西的部分地区形成了一个糯稻栽培圈，其栽培年代是极其久远的。

非糯稻和糯稻的主要区分在于米粒粘性的强弱，非糯米粘性弱，糯米粘性强，其中，粳糯米的粘性又高于籼糯米。淀粉成分分析表明，糯稻胚乳只含支链淀粉不含直链淀粉，或直链淀粉含量很低，不超过2%。普通粳稻直链淀粉含量为12%～20%，而籼稻为14%～30%。由于糯稻直链淀粉含量极少，胶稠度软，糊化温度低，因而煮的饭湿润并粘结成团，胀性小。从外观看，糯稻米粒未干时呈半透明，干燥后呈乳白色，这是由于胚乳细胞失水所产生的微气泡在细胞壁表面形成光散射造成的。

野生稻均是非糯性的，所以，从普通野生稻进化而成的栽培稻应是非糯性稻，即非糯稻为基本型。糯稻是由非糯稻演进而来的变异型。

5. 其他

我国云南水稻资源中的光壳稻是一大特色，数量可观，水、陆稻都有。主要分布在滇西南低海拔山坡地的光壳陆稻占多数（海拔 400 ~ 1 800m），1 800m 以上为光壳水稻，但品种数量较少。从全球看，东南亚山区的陆稻多数是光壳稻品种，现代改良品种 IRTA（International Research of Africa Tropics）系列中，光壳稻占绝大多数，主要在非洲、中南美洲种植。

云南的光壳稻与非洲栽培稻不同，粒形、壳色比一般籼、粳稻复杂，多数类似于粳稻带谱。光壳稻与粳稻的杂交一代（F_1）结实率表明两者的亲和性相当正常，而与籼稻的杂交亲和性偏低，说明光壳稻与粳稻的亲缘关系近，而与籼稻的亲缘关系远些。俞履圻（1962，1991）据此推断，云南光壳陆稻在中国稻种演进过程中可能是由籼稻演化成粳稻的一个阶梯。王象坤等（1984）则认为，光壳稻是原始的、还未分化到位的粳型稻。大量的光壳稻种质资源中极有可能存在着广亲和种质，近代在美国种植的光壳稻改良品种是为适应机械化脱粒和清选需要而选育的，籽粒较大，颖壳光滑，直链淀粉含量中等或偏低，米饭柔软，其中，一些品种具有广亲和性。

另外，在亚洲的马来半岛、印度尼西亚、菲律宾等热带山区有一种迟熟、高秆、长穗、阔形大粒、较耐寒的爪哇稻（Javarica）。Second（1982）、Glazmann（1986，1987）对其同工酶的分析表明，爪哇稻与粳稻的带谱相似。OKa（1988）认为爪哇稻实际上是一种热带粳稻，可以归入粳稻。Chang 等（1991）曾认为亚洲栽培稻可以划分成 3 个亚种：籼稻、粳稻和爪哇稻。爪哇稻实际上有 2 类：有芒的 bulu 和无芒的 Gundil，二者有很强的杂交亲和性。爪哇稻的特点是叶片宽大、颜色淡绿，分蘖弱，不易落粒，感光弱，直链淀粉含量介于籼稻和粳稻之间，为 20% ~25%，籽粒大，内外颖上有较长的稃毛，有芒或者无芒（表 3 -4）。

表 3 -4　籼稻、粳稻和爪哇稻主要性状比较

性状	籼稻	粳稻	爪哇稻
叶型、色泽	叶较宽、色较绿	叶较窄、色浓绿	叶宽、色淡绿
剑叶开度	小	大	大
叶毛多少	多	少或无毛	少或无毛
芒有无	多数无芒或短芒	长芒至无芒，芒略弯曲	长芒至无芒
颖色	以秆黄色为主	自秆黄至赤褐色，种类多杂	以秆黄为主
颖毛	毛稀而短，散生颖面	毛密而长，集生颖脊上	毛较长
谷粒形状	较细长，稍扁平	粗短，宽厚	粗大，宽厚
米粒的酚反应	一般染色	一般不染色	染色浅
落粒性	容易	较难	较难
穗茎长短	一般较短	一般较长	较长

（续表）

性状	籼稻	粳稻	爪哇稻
分蘖力	较强，一般散生	较弱，一般较集生	较弱
耐寒性	弱	强	较强
黑暗发芽芽鞘长度	长	短	中等
发芽速度	快	较慢	较慢
直链淀粉含量	较高	较低	中等
胚乳胶稠度	较硬	较软	较软
米饭质地	较粗糙	较柔软而粘	较柔软

（引自《水稻育种学》，1996）

总之，籼、粳稻的分化主要是由于栽培地区温度高低不同所形成的气候生态型，水、陆稻的分化主要是因为稻田土壤水分的多少而形成的水土生态型，早、晚稻的分化主要是由于栽培季节日照长度的不同而形成的季节生态型，粘、糯稻的分化是因为直、支链淀粉含量的不同形成的。

（二）亚洲栽培稻的传播

许多研究者认为，起源于喜马拉雅山南麓云贵高原的亚洲栽培稻，顺流南下，经印度、马来半岛、加里曼丹传入菲律宾；向东传入中国南部，成为中国大面积种植的籼稻，再向北传入黄河流域，演进为粳稻。严文明等（1982）持不同观点，认为中国栽培稻起源于长江下游，或称长江中、下游，并以长江下游为中心波浪式逐渐向外传播。在公元前5 000～4 000年，史前栽培稻分布于长江下游到杭州湾一带，长江中游也有个别分布点；在公元前4 000～3 000年时，栽培稻传播到整个长江中、下游平原和江苏北部；到公元前3 000～2 000年时，栽培稻向北传播到淮河流域以北，向南已达广东；公元前2 000～1 000年时，进一步传播到福建、台湾，向西传播到四川、云南，向北传到河南、山东和陕西。

根据我国新石器时代各地出土稻谷遗址的年代判断，长江流域的水稻栽培要比黄河流域的早而且普遍。游修龄（1986）认为，亚洲栽培稻传入日本的途径可能有3条：一是南路，经台湾、琉球群岛传到九州；二是北路，经华北，到朝鲜，于公元前3世纪传入日本九州；三是中路，由长江口太湖流域过海传到日本。究竟是3条途径都存在，还仅是其中的一条途径，尚需进一步研究。

看来，亚洲栽培稻的传播并不是一条连续的单一方向的传播，而是多方向的，由人员迁徙、商业贸易、河流交通等多种途径进行传播。渡部忠世（1977）在《稻米之路》一书中，描写了稻谷传播的3条途径：①长江系统，起源于云南高原的亚洲栽培稻，通过长江和西江水系传入整个长江流域和华南地区，然后，向北传到黄河流域、朝鲜和日本。籼稻在11～14世纪曾传入日本，但最终没能成为日本稻作栽培的主流而消失。②湄公河系统，起源于云南的栽培稻南下，经湄公河、红河、萨尔温江、伊洛瓦底江到达印度，继续南下传到印度尼西亚。国际水稻研究所（IRRI）曾追溯15个IR系列水稻品种的最初母本，结果发现都具有印度尼西亚水稻品种Cina的亲缘，而Cina是中国“支那”的谐音，可见，印度尼西亚稻种由中国经印度传播到印度尼西亚的可能性极大，并最少也有2 000年的历史。③孟加拉系统，起源于印度阿萨姆地区的亚洲栽培稻沿孟加拉湾海岸线东进，或乘季风船穿过孟加拉湾到达印度支那。

印度北部的籼稻在公元前10世纪南下传入恒河流域，向西经伊朗传入巴比伦，再传播至欧洲，公元600～700年传入非洲。新大陆发现后传入美洲。美国在17世纪才第一次种上了由马尔加什引入的水稻。而欧洲南部、苏联、南美洲种植水稻只是近几个世纪的事。关于高秆、大粒的爪哇稻，由阿萨姆起源中心经海路穿越孟加拉湾传入苏门达腊和印度尼西亚，然后向菲律宾、中国台湾和日本琉球传播，向西传到非洲的马达加斯加岛。非洲栽培稻的栽培区域仅限于热带西非，而在16世纪非洲奴隶贩卖时期，非洲栽培稻随奴隶传入美洲的圭亚那和萨尔瓦多。

二、非洲栽培稻的演进

非洲栽培稻的演进方式可能属于量子式物种形成的性质，但其确切的途径还有待研究确定。量子式物种形成的定义是，“异交生物体从一个古老物种半隔离状态的边缘群体中，出芽式的离体形成一个极不相同的姊妹种”。这一概念是早期研究者提出的几种平行概念的混合，其中，包括认为它是含有半隔离群体的物种中的不定种系变异，遗传漂变，周缘群体的异常特性和遗传变异，跳跃式变异，量子式进化和灾难性选择。这种物种形成方式过程较之地理上的物种形成快得多。当这种概念引入植物界后，近亲繁殖的作用是容易且经常借助于自体受精而实现的，这种近亲繁殖则是离体姊妹种的隔离所必需的。许多研究者在植物中已观察到这种现象。

非洲栽培稻在分布、主要形态性状和杂种不育性方面，与亚洲栽培稻像是“姊妹种”。在分布地区较为局限，变异范围较窄，适应性较差、一些器官变小，如短花药、短叶舌、穗上无二次枝梗等方面，非洲栽培稻表现像是从亚洲栽培稻衍生出来的姊妹种的特征。所谓姊妹种是指“形态上相似或相同而有生殖隔离的同生群体（sympatric population）”，它们是真实的种。

非洲栽培稻在分化过程和变异方面了解的不多。已知有3个品种变异中心，品种演化的第一个中心是尼日尔河三角洲的上游，第二个演化中心是刚比亚河两岸的尼奥罗（Niorodu Rip），第三个中心在圭亚那山区。现已收集到大约1 500份非洲栽培稻品种，根据其形态特征已被划分为13个植物学变种，种内并不存在育性障碍。

在非洲稻的栽培上，即使在非洲稻的起源地热带西非，栽培亚洲栽培稻比非洲稻更受欢迎，这是因为亚洲稻的产量更高，适应性更强，品质更好。然而，冈彦一和Chang（1964a）认为，非洲栽培稻并非像一般认为的那么差。在非洲苏丹地区水稻栽培的一大特点是将亚洲稻与非洲稻混种，混合比例各地区不一样。在这些混种的稻田里，变异很多，农民们无法区分这两个栽培种，而非洲稻的短叶舌是可以分开的，而其他的一些性状，如非洲稻的光稃、穗轴和小穗轴坚硬等均能在亚洲稻上找到。同样在与亚洲稻相联系的性状上，在非洲稻上也可找到。Porteres（1963）曾反复提到，非洲稻和亚洲稻之间密切地存在着变异的平行性。

第三节　水稻分类

一、水稻分类研究概述

1753 年，林奈（Linnaeus）将普通栽培稻学名定为稻属（*Oryza sativa* Linn.）。稻属属于禾本科的稻族，这是一个小族，与其他族的亲缘关系还不十分清楚。沼泽地上生长的一些主要禾本科杂草大多属于稻族，它们结合了一些原始的和进化的特征。与稻属亲缘关系最密切的是李氏禾属（*Leersia* Swantz），两者之间的最主要区别是稻属有护颖，而李氏禾属护颖完全退化。

稻属是一个小属，约有 26 个种，其实真正的种可能还要少些。有些种名如 *fomosana*，*paraguayensis*，*balunga* 和 *cubensis* 在有的文献里被当作 *rufipogon*（一年生和多年生类型）的同义词应用。有两个种，*ubangensis* 和 *schlechteri* 从其第一次描述以来还未采集到样本。最早进行稻属分类研究的和发表专著的是 Prodoehl（1922），将稻属分类为 17 个种。随后，许多学者，如 Roschevicz（1931）、Chevalier（1932）、Sasaki（1935）、Chatterjec（1948）、Sampath（1961，1962，1964a）和立冈（1962a，1963，1964a）先后对稻属进行了研究和分类。Roschevicz（1931）对稻属的分类做了奠基性的工作，即使到现在还是对这个属做了最全面的分类，他整理了以前的许多种名，定出 19 个种，并根据形态特征划分为 4 个区组（相似群）。Chevalier（1932）在 Roschevicz 的工作之后，做了一些命名上的改动，并补充了 2 个种。Chatterjec（1948）以 Roschevicz 的工作为基础，修改了一些种的命名，又补充了 2 个种，并对这两个种进行了描述。

Sampath（1962）最先应用细胞遗传学的研究资料，对 Chatterjec 的稻属分类提出一些修改意见，补充了 3 个种，同时做了描述。1963 年在国际水稻研究所召开的水稻遗传学和细胞遗传学会议上，Sampath 将稻属定为 19 个种。同年，馆冈亚绪（Tateoka，1963）参观了世界上稻属分类方面的许多重要标本，并在日本国立遗传研究所组织的几次考察中，观察了大量活的植株标本，在此基础上，对稻属分类做了重大修正。他从稻属中删去了 *subulata*，补充了一个 1953 年描述的新种，并引用了两个未经证实的而发表的新种，将稻属定为 22 个种。之后，Clayton（1968）根据植物学命名名词规则的规定，建议将 breviligulata 改称为 barthii，而通常所称的 *barthii*（Roschevicz 称之为 *longistarninata*）应称为 *longistaminna*。

亚洲野生稻的分类和命名是分歧最大的，这种野生稻和杂草的复合体在亚洲地区大量繁衍，在中南美洲和澳大利亚北部也有少量分布。在欧洲和北美的田间有一种称之为红稻的野生稻分布。早期的一些分类学者也报道过非洲有野生稻存在。Roschevicz（1931）曾确认有两种野生稻与栽培稻有关，即 *spontanea* 和 *aquatica*。

森岛（Morishima，1984）又在 Tateoka 分类的基础上，修订了稻属分类中的 22 个种及其区组（相似群）、种名、染色体组和地域分布。1985 年，张德慈（Chang，1985）对稻属种的名称做了最新的修改，提出 22 个较为公认的种，其中，野生种 20

个，栽培种2个（表3－5）。

应当指出的是，迄今还没有完全公认的稻属植物种的分类，主要是由于对分布在亚洲、美洲、非洲、大洋洲以及许多岛屿上的野生稻无法进行系统完整的考察，搜集的样本也不齐全，曾经研究的并作为分类依据的植株样本又往往失传，加之生态环境的变化引发现今地球上典型的野生稻的消失，异花授粉导致野生稻群体的杂合化，以及受研究者专业的局限和不按植物学命名规则随意定名和修改命名等原因，稻属究竟应包含多少个种（species）一直没能统一起来。

表3－5　稻属22个种的名称、染色体数、染色体组和地域分布

（张德慈，1985）

种名	中文名	染色体数 2n	染色体组	分布
O. alta Swallen	高秆野生稻	48	CCDD	中美、南美
O. australiensis Domin	澳洲野生稻	24	EE	澳大利亚
O. barthii A. Chev.（曾名 *O. breviligulata*）	巴蒂野生稻	24	A^bA^b	西非
O. brachyantha A. Chev. et Rochr.	短药野生稻	24	FF	西非、中非
O. eichingeri A. Peter	紧穗野生稻	24、28	CC、BBCC	东非、中非
O. glaberrima Steud.	非洲栽培稻	24	A^gA^g	西非
O. grandiglumis（Doell）Prod.	重颖野生稻	48	CCDD	南美
O. granulata Nees et Arn. ex Hook f.	颗粒野生稻	24	—	南亚、东南亚
O. glumaepatula Steud.（曾名 *O. perennis* subsp. *cubensis*）	展颖野生稻	24	$A^{CU}A^{CU}$	南美、西印度群岛
O. latifolia Desv.	阔野生稻	48	CCDD	中美、南美
O. longiglumis Jansen	长护颖野生稻	48	—	新几内亚
O. longistaminata A. Chev. et Roehr.（曾名 *O. barthii*）	长雄蕊野生稻	24	A^lA^l	非洲
O. meridionalis N. Q. Ng	南方野生稻	24	—	澳大利亚
O. meyeriana（Zoll. & Morrill ex Steud.）Baill.	疣粒野生稻	24	—	东南亚、中国南部
O. minuta J. S. Presl ex C. B. Presl	小粒野生稻	48	BBCC	东南亚
O. nivara Sharma & Shastry（曾名 *O. fatua*，*O. sativa* f. *spontanea*）	尼瓦拉野生稻	24	AA	南亚、东南亚、中国南部
O. officinalis Wall. ex Watt	药用野生稻	24	CC	南亚、东南亚、中国南部、新几内亚
O. punctata Kotshy ex Steud.	斑点野生稻	48、24	BBCC、BB（?）	非洲
O. ridleyi Hook f.	马来野生稻	48	—	东南亚

（续表）

种名	中文名	染色体数 2n	染色体组	分布
O. rufipogon W. Griffith（曾名 *O. perennis*, *O. fatua*, *O. perennis* subsp. *balunga*）	多年生野生稻	24	AA	南亚、东南亚、中国南部
O. sativa L.	亚洲栽培稻	24	AA	亚洲
O. schlechteri Pilger	极短粒野生稻	—	—	新几内亚

（引自《中国作物及其野生近缘植物》，2006）

二、稻属植物种检索表

在许多学者对稻属植物种检索表研究的基础上，馆冈亚绪（1963，1964）和张德慈（1988）提出的检索表影响较大。但是，馆冈亚绪的检索表包含一些有争议的非稻属的种，而且其后有的种名又有改动；而张德慈的检索表里多处列出多岐对比形式，不符合普通应用的二岐对比检索的原则，使用时较难找出规律去检索和识别新分类群。

吴万春（1991）在张德慈（1988）的《鉴定稻属 22 个种的分类检索表》及 Vaughan（1989）的《稻属分布检索表》的基础上，重新编制了稻属植物种和亚种检索表，包含较公认的 20 个野生种和 3 个栽培稻亚种，与张德慈的稻属 22 个种的名称相比较，张德慈的 2 个种疣粒野生种（*O. meyeriana*）和颗粒野生种（*O. granulata*），在吴万春的稻属植物种和亚种检索表里，被与 *tuberculata* 一起分为 3 个亚种，即疣粒野生稻（*O. meyeriana* subsp. *meyeriana*）、颗粒野生稻（*O. meyeriana* subsp. *granulata*）和瘤粒野生稻（*O. meyeriana* subsp. *tuberculata*）。

稻属植物分种和亚种检索表（包括 20 个种和 3 个亚种）（吴万春，1991）

1a. 小穗长通常不超过 2mm ………………………………… 短粒野稻 *O. schlechteri*

1b. 小穗长超过 3mm。

  2a. 不育外稃线形或线状披针形。

  3a. 下部叶的叶舌长 14～45mm，顶端急尖。

    4a. 通常一年生；圆锥花序较密，花药长不及 2.5mm。

      5a. 谷粒在成熟时不易脱落。栽培种。原产亚洲 ……… 亚洲栽培稻 *O. sativa*

      5b. 谷粒在成熟时易脱落。野生种。

        6a. 圆锥花序的第一次分枝较开展而斜生；秆半直立至倾斜生长。原产亚洲 ……………………………………………… 尼瓦拉野稻 *O. nivara*

        6b. 圆锥花序的第一次分枝紧缩而直立上伸；秆直立或半直立生长。原产大洋洲（偶有多年生） ……………………… 南方野稻 *O. meridionalis*

    4b. 多年生；圆锥花序通常疏散；花药长超过 2.5mm。

      7a. 秆直立，具分枝的、伸展的根茎 …………… 长雄蕊野稻 *O. longistaminata*

      7b. 有匍匐或半直立，通常不具或稍具根茎。

        8a. 有浮水生茎，不具或稍具根茎。原产亚洲 ……… 普通野稻 *O. rufipogon*

8b. 无浮水生茎，不具根茎。原产美洲…………… 展颖野稻 *O. glumaepatula*

4b. 上部叶的叶舌短于13mm，顶端圆或平截。

9a. 圆锥花序主轴向顶端渐增粗糙毛；具根茎 ……… 澳洲野稻 *O. australiensis*

10a. 小穗长超过7mm，有芒或无芒，若有芒则近刚直。

11a. 成熟时谷粒不脱落或部分脱落；内、外稃通常无粗糙硬毛；小穗常无芒或具短芒。栽培种。原产非洲 ……… 非洲栽培稻 *O. glaberrima*

11b. 成熟时谷粒脱落；内、外稃被粗糙硬毛，小穗有芒（10cm或更长）。野生稻 ……………………………………………… 短舌野稻 *O. barthii*

10b. 小穗长通常不及7mm（高野稻例外），通常有芒，芒不刚直。

12a. 叶舌顶缘无流苏状毛，叶宽不及2cm。

13a. 小穗宽超过2mm。

14a. 小穗长超过6mm；芒长超过2cm；无根茎；叶舌长3~4mm；四倍体。原产非洲 …………………………… 斑点野稻 *O. punctata*

14b. 小穗长不及5.5mm；芒长不及2cm或无芒；偶有根茎；叶舌长2~3mm；二倍体原产亚洲 ……………… 药用野稻 *O. officinalis*

13b. 小穗宽不及2mm。

15a. 圆锥花序分枝较紧缩；小穗长为4.5~6.0mm；芒长可达3cm；有叶耳；叶舌长可达3.5mm；二倍体。原产非洲 ……………………………………………… 紧穗野稻 *O. eichingeri*

15b. 圆锥花序分枝开展；小穗长为3.7~4.7mm；有芒（长2cm或不及2cm）或无芒；无叶耳；叶舌长达1.5mm；四位体。原产亚洲…………………………………………… 小粒野稻 *O. minuta*

12b. 叶舌顶缘具流苏状毛；叶宽超过2cm。

16a. 不育外稃与孕花外稃的长度和质地均相似 … 大护颖野稻 *O. grandiglumis*

16b. 不能外稃短于孕花稃，且质地不同。

17a. 叶宽不及5cm；小穗不及7mm …………………… 宽叶野稻 *O. latifolia*

17b. 叶宽超过5cm；小穗超过7mm ………………………… 高野稻 *O. alla*

2b. 不育外稃锥状或刚毛状。

18a. 内、外稃表面有疣粒；小穗无芒。

19a. 稃表面电镜扫描的钩毛为弯锥形；钩毛周围的硅质突起为乳头状，顶端圆而光滑。原产中国 …………… 瘤粒野稻 *O. meyeriana* subsp. *tuberculata*

19b. 稃表面电镜扫描的钩毛为雀嘴形；钩毛周围的硅质突起为火山顶状，顶端具星状冠。原产东南亚。

20a. 小穗长圆形至椭圆状长圆形。短于7mm
………………………………… 颗粒野稻 *O. meyeriana* subsp. *granulata*

20b. 小穗狭长圆形至披针形，长于7mm
……………………………… 疣粒野稻 *O. meyeriana* subsp. *meyerianaa*

18b. 内、外稃表面无疣粒；小穗有芒。

21a. 多年生；外稃沿脊有纤毛；四倍体。

22a. 不育外稃短于孕花外稃；其长 6 ~ 15mm ……… 马来野稻 *O. ridlegt*

22b. 不育外稃等长或较长于孕花外稃；芒长 16 ~ 36mm ……………………………………………… 长护颖野稻 *O. longigignlumis*

21b. 一年生；外稃仅顶端有纤毛；二倍体………… 短花野稻 *O. brachyantha*

三、稻属植物种的分类

（一）亚洲栽培稻（*O. sativa*）相似群（区组）

属于该群的稻种有 8 个，其中，2 个是栽培稻，一个是林奈于 1753 年命名的亚洲栽培稻（*O. sativa* L.），另一个是 Steudel 于 1954 年命名的非洲栽培稻（*O. glaberrima* Steudel）；其他 6 个为野生稻种，即多年生野生稻（*O. rufipogon*）、尼瓦拉野生稻（*O. nivara*）、长雄蕊野生稻（*O. logistaminata*）、展颖野生稻（*O. glumaepatula*）、巴蒂野生稻（*O. barthii*）和澳洲野生稻（*O. australeunsis*）。与亚洲栽培稻亲缘最密切的野生稻有多年生的 *O. rufipogon* 和一年生的 *O. nivara*。起初，曾以 *O. perennis* Moench 这个种名泛指在亚洲、非洲、拉丁美洲的多年生野生稻。之后，Tateoka（1963）用 *O. rufipogon* Griff 命名，这一种名用来专指亚洲和美洲发现的野生类型。而 Sharma 和 Shastry（1965a）则进而把 *O. rufipogon* 种名用来专指亚洲的多年生野生稻，把一年生野生稻作为一个新种名定为 *O. nivara* Sharma & Shastry。多年生野生稻（*O. rufipogon*）主要生长在江河湖泊沿岸、沼泽地以及深水环境下，塌地生长或浮生，具不定根和高节位分支，光周期敏感，产种量少；而一年生野生稻（*O. nivara*）则生长在季节性干旱的生态环境里，穗伸出度差，产种量多，光周期不敏感，无根茎。以前，我国对普通野生稻一直沿用 *O. sativa* f. *spontanea* 的学名，包括原始类型以及许多性状稍接近栽培稻的中间类型。潘熙淦等（1982）建议把原始类型改称为 *O. rufipogon*，其分布的北限为北纬 28°04′ ~ 28°10′，即江西省东乡县，这可能是全球普通野生稻分布的最北端。

亚洲栽培稻、多年生和一年生野生稻之间互相杂交有不同程度的可孕，其杂交后代分化变异甚广，其幅度从种子产量低的多年生类型到产种量高的一年生类型，从各种不同的杂草型（*O. sativa* f. *spontanea*）到栽培类型。群体变异复杂的杂草型稻可能是与野生稻栽培化的同时伴随产生的，由于其表现了野生稻与栽培稻的中间类型特征，因而被认为是来自野生稻与栽培稻的天然杂交后代。在今天已无野生稻的区域也可能有杂草稻的分布，如中国的粳型稆稻，还有在尼泊尔、韩国和日本也曾有关于杂草稻的报道。在普通野生稻中，现今尚难完全肯定已产生籼、粳的分化，但在杂草稻中这一分化可是很明显的。

与非洲栽培稻亲缘密切相关的野生稻中有多年生的长雄蕊野生稻（*O. longistaminata*）和一年生的巴蒂野生稻（*O. barthii*）。前者的分布最为广泛，是一种难除的杂草，具强根茎，花药特长。在非洲栽培稻、长雄蕊和巴蒂野生稻之间能进行天然杂交，其后代分化形成杂草型种系，被称作 *O. stapfii* Roschev。

此前，该相似群各种间在命名和相互关系上曾存在极其混淆的情况，如 *O. nivara* 曾被命名为 *O. fatua*，*O. sativa* f. *spontanea*。*O. rufipogon* 曾被命名为 *O. perennis*，*O. fatuo*，

O. pereniss subsp. *balunga*。*O. barthii* 曾被认名为 *O. breuiligulata*。*O. longistaminata* 曾被命名为 *O. barthii*。*O. glamaepatula* 曾被命名为 *O. perennis* subsp. *cubensis*。该群全部 8 个种的染色体组均为 AA，但也有一定程度的差别，特别是来自不同洲之间的样本，因此，在 AA 字母的右上角标上记号以示区别。*O. glaberrima* 与 *O. sativa* 的明显区别在于短而圆的叶舌，穗二次枝梗无或极少，以及几乎光滑无毛的内、外颖及叶片。*O. glaberriona* 的变异类型不如 *O. sativa* 那么丰富，也没有类似籼和粳的分化，仅有水稻、陆稻的区别，其栽培地域仅限于西非而且还在逐渐缩减。非洲栽培稻之所以能继续在热带西非存在，是由于其米质食味受到当地居民的喜爱，而且，比从外面引进的品种更能适应某些深水或旱地栽培。

在亚洲栽培稻相似群里另有 2 个种，一个分布在热带大洋洲，它可能从一年生和多年生野生种衍生来的，也可能与这两者来自共同的祖先，因地理隔离而独立形成。它从未被驯化过，在大洋洲经常与 *O. australiensis* 共生。通过数量分类学方法检测，认为应命名为新种 *O. meridionalis* Ng（Ng 等，1981）。此种一般为一年生植物，偶尔有多年生的，许多性状与 *O. nivara* 相似，但芒较长，小穗较窄，穗子较为紧密些。另一个种与 *O. rafipogon* 密切有关，分布于拉丁美洲的野生稻称为 *O. glumaepatula*，以前曾命名为 *O. cubensis* Ekman 或 *O. perennis* ssp. *cubensis* Tateoka 等，具有半直立生长习性，无另外叶鞘分支。

（二）药用野生稻（*O. officinalis*）相似群

属于该相似群的野生稻有 8 个种，在亚洲分布最为广泛的是药用野生稻（*O. officinalis* Wall. ex Watt），一般有根茎，多年生，无芒或不足 2cm，适应于湿生寡照的生境。Knshnaswamg 等（1957）报道，在印度南部发现了其性状与 *O. officinalis* 相近，仅颖花稍大的四倍体野生稻，并命名为 *malampuzhaensis* 新种，但是 Tateoka（1963）则认为这仅是 *O. officinalis* 的一个亚种。与 *O. officinalis* 有关的四倍体植物是小粒野生稻（*O. minata*），一般生长在荫蔽或部分荫蔽的河溪两旁，二者之间的性状差别并不很明显，但后者倾向于具有较小的植株、穗和籽粒。

在美洲，有 3 个多年生野生种属于该相似群，即阔叶野生稻（*O. latifolia* Desv.）、高秆野生稻（*O. alta* Swallen）和重颖野生稻（*O. grandiglumis*（Doell）Prod.）。其中，*O. latifolia* 分布较为广泛。而另外 2 个种仅分布于南美洲。3 个种均是异源多倍体，具有相同的染色体组，而在性状上却有很明显的差别，如 *O. latifolia* 的叶片窄，不足 5cm，小穗短，不足 7mm；而 *O. alta* 的叶宽超过 5cm，小穗长超过 7mm；*O. grandiglumis* 的特征则是护颖长度大致与内、外颖的长度相当。Brucher（1977）报道在 Pasagrayan Chaco 发现 *O. latifolia* 的二倍体植株，引发水稻专家的极大兴趣，因为这有可能出现染色体组为 DD 的二倍体代表类型。有些研究者把在热带大洋洲发现的多年生二倍体种澳洲野生稻（*O. australiensis* Domin）列入该群，它的性状与其他野生稻种有明显区别，表现是根茎强、穗轴由基部向顶部的粗硬毛逐渐增加，以及在一次枝梗基部有轻微的羊毛状茸毛。

在非洲，有 2 个种属于该相似群，斑点野生稻（*O. punctata* Kotschy ex Steud）和紧穗野生稻（*O. eichingeri* Peter）。Tateoka（1965b）、Hu（1970）曾报道这两个种均有二

倍体和四倍体类型，但是 *O. eichingeri* 的四倍体类型可能是不确切的（Vaughan，1989）。对二倍体 *O. punctata* 的真实性也曾发生争议，但最终被大多数学者所认可。以前，曾有一个来自斯里兰卡的样本被命名为 *O. collina*（Trimen）Sharma & Shastry（Sharma 等，1965b），虽然后来被确认属于 *O. eichingeri* 的变异范围而不列为新种，但由于该样本生长于斯里兰卡的遮荫或开放的生态环境里，而 *O. eichingeri* 则生长于非洲的森林遮荫的地方，故还应进一步探讨。*O. punctata* 和 *O. eichingeri* 二倍体类型间的性状很难明确区别，但前者为一年生，后者为多年生，染色体组也不相同。四倍体的 *O. punctata* 通常为多年生，比二倍体的剑叶稍宽，花药较长，且抽穗较晚。

（三）疣粒野生稻（*O. meyeriana*）相似群

迄今，较为公认的属于该群的有 2 个种，颗粒野生稻（*O. granulata* Nees et Arn. ex Watt）和疣粒野生稻［*O. meyeriana*（Zoll et Morrill ex Steud）Baill］。这两个种的共同特征是颖壳表面上有瘤状突起。而二者间的区分标准主要是根据小穗的长度，即颗粒野生稻在 6.4mm 以上，疣粒野生稻在 6.4mm 以下，由此对两者应为种还是亚种的分类，或者只是不同变型存有争议，所以，也造成学名上的混乱。实际上，如果有充足的样本数量，小穗长度是数量性状，其变异很可能是连续的。在中国收集到的该相似群野生稻样本，其小穗长度为 4.5 ~ 7.0mm（广东农林学院，1975）。如果按照国际通用的分类标准，则以前一直沿用 *meyeriana* 这一名称显然不妥，因为大部分采集的样本应属于 *granulata* 的范围。

吴万春等（1990）通过对稻谷外颖表面电镜扫描的形态分析，发现中国的 7 份该相似群野生稻样本（粒长 5.4 ~ 6.0mm）与 3 份国外引入的疣粒野生稻（粒长 7.0 ~ 8.0mm）以及 8 份颗粒野生稻（粒长 5.6 ~ 6.5mm）材料间在瘤状突起的密度分布上，或在钩毛、突起的形态上存在着较大差异，因而建议另行定名为瘤粒野生稻（*tuberculata*）。该相似群野生稻的植株均较矮小，叶片短宽，穗短粒少，均生长于山坡衰落的初生林或次生林的遮荫或部分遮荫处，具有耐荫蔽、耐干旱的能力。该群野生稻分布的海拔高于其他野生稻，甚至可达海拔 1 000m 处。由于对这些野生稻种的研究不够深入，至今未明确本群种间或与其他种间的染色体组关系。

（四）马来野生稻（*O. ridleyi*）相似群

属于该群的有 2 个野生稻种，长护颖野生稻（*O. longiglumis* Jansen）和马来野生稻（*O. ridleyi Hook* F.），通常分布于河流、小溪、塘池边的遮荫生态环境中，均是多年生的四倍体植物。二者的主要区别在于护颖和小穗长度间的相对比率大小，前者的护颖长度是小穗长度的 0.8 ~ 1.3 倍，而后者为 0.3 ~ 0.8 倍。

（五）极短粒野生稻（*O. schlechteri*）和短药野生稻（*O. brachyantha*）

这两个稻种与其他稻种的关系至今不明确。极短粒野生稻是 1907 年在新几内亚发现的，是一种矮小而丛生的多年生野生稻，小穗长度为 1.75 ~ 2.15mm，护颖长度约 0.1mm，或者没有，无芒。这是稻属中研究最少的一个种，在世界种质库里已无活样本存在，自然界中可能也已灭绝，其染色体组不明确。短药野生稻分布于非洲易干枯的水塘里，是稻属中与李氏禾属最为密切有关的一个稻种。该种一年生，茎秆细，一般短于

1.0m，小穗细小且狭长，护颖长2mm，有长芒。

四、亚洲栽培稻的分类

关于亚洲栽培稻的分类，不同学者根据不同的标准进行分类，有形态分类、生态分类、生化分类、数值分类以及杂种结实性、血清反应分类等。虽然，中外学者依据各自的研究结果提出相应的分类体系，但是，迄今尚未形成一个国际公认的亚洲栽培稻的分类系统。

（一）中国对亚洲栽培稻的分类

1. 丁颖的中国栽培稻五级分类系统

丁颖（1949，1957）认为，栽培稻的系统发育与栽培和生态条件密切相关，所以栽培稻的分类标准，应在栽培稻个体发育和栽培条件的基础上，结合稻种的系统发育来决定，以期创造一个生物学、植物学和栽培学三者结合的栽培稻种分类法。丁颖根据我国稻作几千年来从粘性强、弱区分为籼、粳两大类型，并综合栽培品种的起源、演化、生态特性发展过程，以及相关的试验、研究结果，提出中国栽培稻五级分类系统，将籼、粳亚种分别命名为 *O. sativa* L. subsp. *hsien* Ting 和 *O. sativa* L. subsp. *keng* Ting（图3－1）。

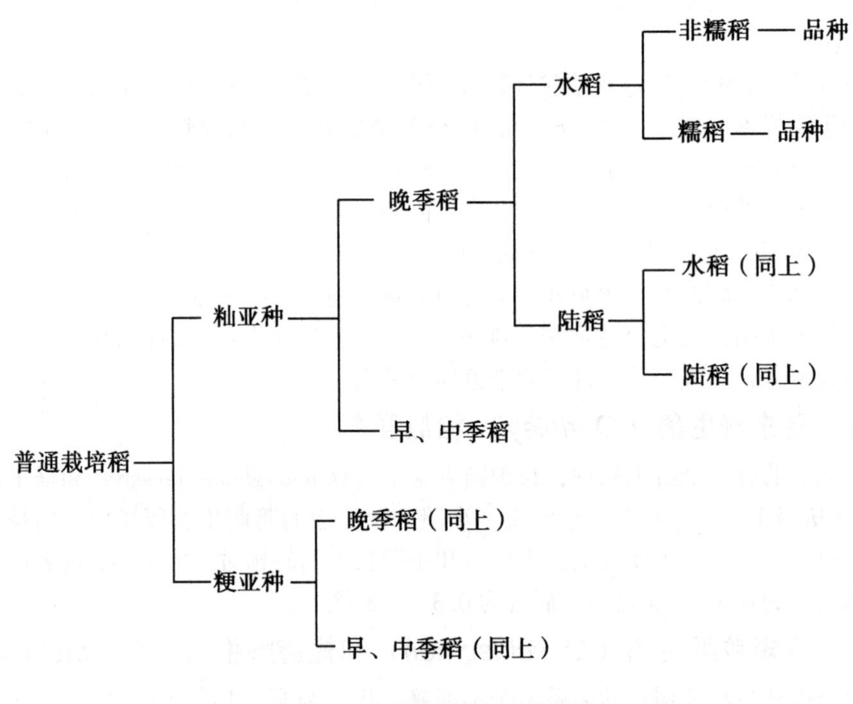

图3－1　中国栽培稻五级分类法

（丁颖，1957）

（1）第一级，籼亚种和粳亚种　这两个亚种主要是由于栽培地域温度的高、低而形成的气候生态型。在我国的分布是南籼北粳、低海拔籼、高海拔粳的布局，这种地理分布主要是由温度条件的不同所决定的。低纬度的高海拔及高纬度地区，在水稻生育期间的温度一般较低，以种植粳稻为主。低纬度和低海拔的温热地区，以栽培籼稻为主。

从全国范围看，籼稻主要分布在华南热带和淮河以南亚、热带平地，粳稻分布则较广泛，包括南部热带、亚热带的高地，华东太湖流域及东北、华北、西北等高纬度地区。

（2）第二级，早、中和晚稻　早、中和晚稻是因为栽培季节日照的长短不同而形成的气候生态型，在分类上应区分为两个不同的稻群。根据栽培品种的熟期和季节分布，在籼稻、粳稻中再分为早、中稻和晚稻。造成早、中稻和晚稻分化的主要生态因子是因为季节和纬度不同的日照长度差异，这是籼、粳稻在光照发育阶段受日照长短的影响而分化形成的第二次气候生态型。早、中稻和晚稻在植物学性状上差异微小，而在生理上或生物学上的光照阶段发育特性则差异显著，晚稻感光性强，是典型的短日照作物，发育特性与普通野生稻相似，故认为是基本型。而早、中稻光周期不敏感，是属变异型。

（3）第三级，水稻和陆稻　水稻和陆稻是对栽培土地中的水分条件不同而产生反应的土壤生态型，二者在植物学和生物学上都没有显著差异，其区别仅在于耐旱性的不同，陆稻耐旱性极强，水稻和生长在沼泽地的普通野生稻一样，具有特殊的裂生通气组织，能将空气从植株上部输送到根部，使根部有足够的氧气，不会在淹水的情况下因缺氧而枯死。因此，水稻是基本型，陆稻则是由水稻产生的变异型。

（4）第四级，非糯稻和糯稻　二者在淀粉性质上有区别，主要是米粒中支链、直链淀粉含量不同，非糯稻直链淀粉含量高，而糯稻几乎全是支链淀粉。非糯稻为基本型，糯稻为变异型。

（5）第五级，栽培品种　栽培品种根据不同的特性又分为不同的生态型。例如，气候生态型反映了品种的耐寒型、耐热型；土壤生态型反映品种的耐旱型、耐涝型、耐盐型、耐酸型等；生物生态型反映品种的抗病型、抗虫型、抗杂草型等；这些生态型与实际栽培有密切关系。

2. 张德慈的亚洲栽培稻生态地理分类系统

由于人工选择和自然选择的双重作用，造成亚洲栽培稻品种的生态多样性。张德慈（1985）根据遗传和生态栽培标准对亚洲栽培稻品种进化按生态地理类型进行分类（图3－2）。该分类系统将亚洲栽培稻分为印度型、中国型（日本型）和爪哇型3个生态地理类型，在此基础上再按水分、土壤、栽培方式和种植季节进行分类。

亚洲栽培稻广泛分布于亚洲、非洲、美洲、大洋洲和欧洲。由于地理分隔和生态环境多样性，亚洲栽培稻形成了3个生态地理亚种：籼亚种主要分布在湿热的热带、亚热带。粳亚种分布于温带、亚热带和热带的高海拔地区。爪哇亚种主要分布在印度尼西亚以及后来被引入非洲的马达加斯加岛等地，与籼亚种共同种植。通常认为，爪哇亚种是籼、粳亚种的中间类型。3个亚种在形态学、生物学性状上有一定的差异（表3－6）。从稻谷粒看，籼稻有短粒、长粒、细长粒，粳稻只有短圆粒，爪哇有长粒、宽粒和厚粒；从分蘖性看，籼稻分蘖多，粳稻中等，爪哇稻少；从株高看，籼稻高至中等，粳稻矮至中等，爪哇稻为高；其他性状也有差异。

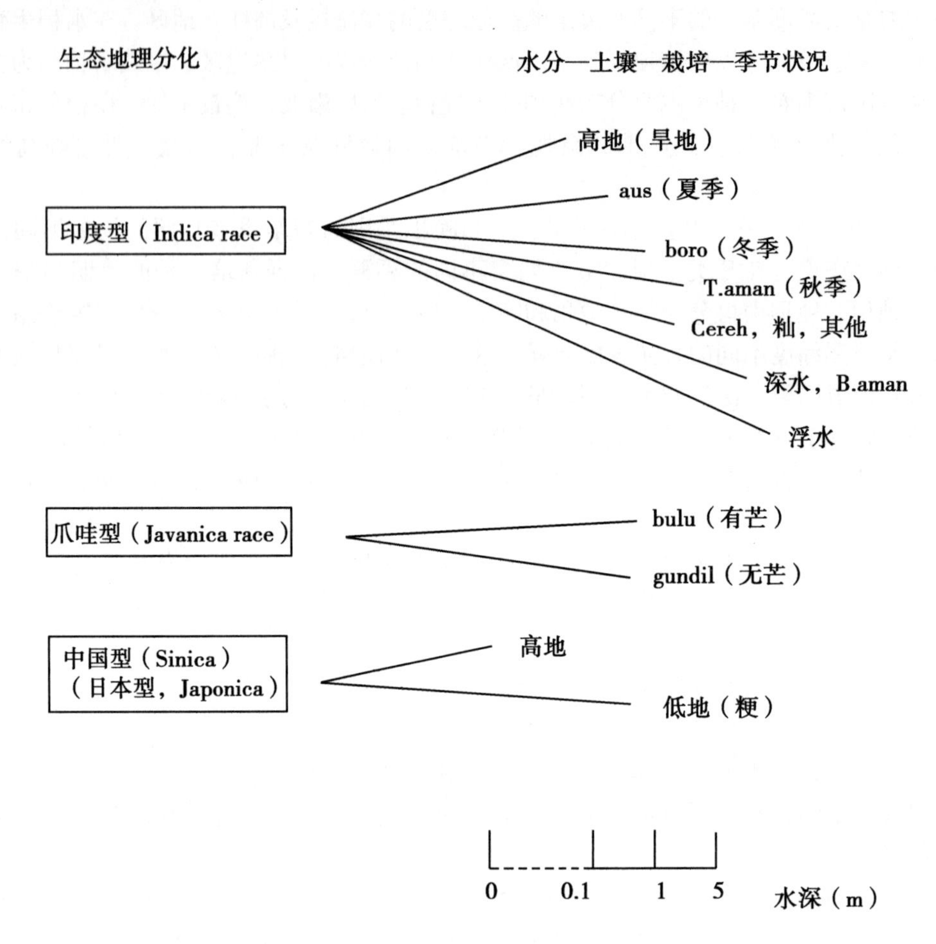

图 3－2　*O. sativa* 栽培品种的常规分类

（张德慈，1985）

表 3－6　亚洲栽培稻 3 个亚种的性状比较

形态和生理性状	籼	粳	爪哇
叶片	宽至窄，淡绿色	窄，深绿色	宽，坚硬，淡绿色
谷粒	短、长、细长、稍扁平	短圆	长、宽、厚
分蘖	多	中等	少
株高	高至中等	矮至中等	高
芒	多数无芒	无芒至长芒	长芒或无芒
内、外颖	茸毛稀而短	茸毛密而长	茸毛长
落粒性	容易	难	难
植物组织	软	硬	硬

（续表）

形态和生理性状	籼	粳	爪哇
光周期敏感性	变化的	无至弱	弱
直链淀粉含量（%）	15～31	10～24	20～25
胶稠度	不定（低或高）	低	低

（张德慈，1985）

3. 程侃声的亚洲栽培稻五级分类系统

程侃声等对来自世界各地的稻种资源，特别是云南的稻种资源进行了系统研究，并吸取了前人的亚洲栽培稻的分类研究成果，提出了亚洲栽培稻的种—亚种—生态群—生态型—品种的五级分类系统。在亚种一级尽可能同植物学的分类保持一致，在亲和性、形态和地理分布上都有较大区别，同意丁颖（1957）将亚洲栽培稻分为籼稻和粳稻 2 个亚种。亚种以下力求满足农学上的需要，分为生态群、生态型和品种 3 级。

Ⅰ籼亚种（*O. sativa* L. subsp. *hsien* Ting）

生态群①晚稻群 aman（雨季稻，感光性强）

②冬稻群 boro（不感光）

③早中稻群 aus（春稻，不感光）

Ⅱ粳亚种（*O. sativa* L. subsp. *keng* Ting）

生态群①普通粳稻 communis

②光壳稻 nuda

③爪哇稻 javanica

在生态群以下分不同的生态型和品种，生态型包括一些生态特性、分布地域和栽培措施大体相同的品种，不同生态群下生态划分不一致。由于研究样本的限制，在该分类系统中，对粳亚种的分类比较详细，对籼亚种的不同生态群以下的生态型的划分则比较有限。

（二）印度对亚洲栽培稻的分类

印度以籼稻为主，按照栽培季节将栽培稻分类为 Aus、Aman 和 Boro。

1. Aus

Aus 为夏稻，即夏收稻（相当于中国的早、中稻），在季风雨来临之前的3～6 月播种，7～10 月收获，种植面积较少。

2. Aman

Aman 为晚稻（冬收稻），又称雨季稻（kharif，monsoon crop），适合于西南季风雨季栽培，5～6 月播种，9～12 月收获，生育期 5～6 个月。Aman 是印度最主要的稻作，种植面积大。

3. Boro

Boro（春收稻），种植面积仅次于晚稻。主要分布种植在北纬 24°以南的有灌溉设施的稻区，故而称为灌溉冬稻（irrigated winter rice）。每年在 11～12 月至翌年 1 月间播种，3~4月收获。由于在水稻整个生育期间处于旱季，因此，又称旱季稻（rabi，dry season rice）。

（三）印度尼西亚对亚洲栽培稻的分类

印度尼西亚的栽培稻通常称为爪哇稻（Javanica）。它的主要特点是感光性弱，生育期90~140d，叶茸毛多且长，秆高穗大，但较抗倒伏，稃毛姿态介于籼粳之间。栽培品种有两个类型：bulu和gundil。

1. bulu

bulu是有芒的意思，故又称芒稻，具长芒，粒形长近似籼稻，也有粳稻粒形的，种植面积减少。

2. gundil

gundil为无芒稻，粒大而宽，但也有长粒形的无芒种，代表性品种有Tjereh，以抗灾力强而闻名。

（四）孟加拉国对亚洲栽培稻的分类

孟加拉国根据稻田地势的高低，以及一年里洪水水位变化情况，又由于地处南亚季风地带，有明显的雨季和旱季之分，将栽培稻分为5级，并形成了相应的品种类型，即Aus稻品种群、移栽Aman稻品种群、撒播Aman深水稻品种群以及Boro稻品种群。

1. Aus稻

Aus稻为早稻，是主季Aman稻的前作，必须在8月中旬前收获，采用极早熟或早熟品种，属非感光性的品种。

2. 育苗移栽Aman稻

该稻多数为感光性强的品种，必须在7月15日前后播种，12月收获。早熟品种生育期在130~145d，晚熟品种在150~160d。

3. 撒播Aman深水稻

该稻具有很强的感光性，生育期的长短随播种期而异，为200~260d，并受栽培地区发生洪水的迟早和洪水深度的影响。这种类型的品种具有茎秆随洪水深度的增加而伸长的特性，属深水稻。在一般稻田栽培时能有11~13个节间，最多有16个节间。但在深水条件下能长出20~26个节间。分蘖力随栽培条件而异，在肥沃的缓流河川稻田里分蘖多，水流快速的稻田或涨水急剧的稻田则分蘖少，而在静水稻田里反而生育不良。孟加拉国在雨季期间，约有17%的耕地易受洪水淹没，只能种撒播Aman稻，因而成为重要的稻作品种类型。

4. Boro稻品种群

该群大多数Boro稻品种属非感光性的，生育期在145~160d。从出苗期起到分蘖期处于持续的低温期，因而营养生长期较长，易于保证单株穗数。主要品种均属高产品种。

（五）美国对亚洲栽培稻的分类

美国水稻按品种的粒型分为长粒型、中粒型和短粒型3类。在美国，由于长粒型品种外形像籼稻，所以，以前认为属于籼稻，但经现代生物技术测定与品质鉴定，认定为属于长粒型粳稻。又因该类品种茎叶、谷壳光滑无毛，又称为美国光壳稻。长粒型品种种植面积占水稻总面积的75%以上。中粒型品种也偏粳，短粒型品种为粳稻。水稻品种的生育期分四级：极早熟类型，生育期100～115d；早熟类型，生育期116～130d；中熟类型，生育期131～151d；晚熟类型，生育期156d以上。

（六）日本对亚洲栽培稻的分类

日本加藤等（1928，1930）采用了大约100个代表不同地理区域的栽培品种，包括水稻和陆稻、糯稻和非糯稻、香稻和非香稻、红果皮和白果皮、正常稻和长护颖稻等。样本来自的地域有印度、斯里兰卡、爪哇、中国南部及台湾省、日本、美国、巴西等。他们研究了形态性状、生殖性状、不育性关系等，并根据其研究资料，将亚洲栽培稻种分为两个亚种，即印度型（*indica*）亚种和日本型（*japonica*）亚种。*japonica* 亚种内和 *indica* 亚种内杂交，其杂种结实率在50%以上，*japonica* 与 *indica* 之间杂交的杂种结实率都比较低，通常在0%～33%，有两个杂交的平均值分别为5%和14%。他们也发现这两个亚种之间有些形态性状有差异。以后的研究结果基本上进一步证实了以上的观点，但也发现它们之间的区别也不像以前想象的那么明显，有些品种介于两个亚种的中间。

诗尾和水岛（1939）提出3个主群Ⅰ、Ⅱ和Ⅲ的分类。在第Ⅰ主群下可进一步分为3个亚群，亚群Ia的品种与第二群（Ⅱ）和第三群（Ⅲ）杂交不能正常结实；亚群Ib的品种与第二群（Ⅱ）杂交可育，亚群Ic的品种与第二群（Ⅱ）、第三群（Ⅲ）品种杂交均可育。松尾（1952）用1 409个品种做了详细的研究。他根据22种形态学和生态学性状，将其划分为43个类型，再归入3个植物型A、B和C，粒形是用来作为区分各型的主要性状。

A型：短粒，粒长7mm，粒宽3.37mm。来自日本、朝鲜、中国东北、中国北部、非洲。

B型：粒长8.30mm，粒宽3.39mm。来自印度尼西亚（爪哇）、菲律宾、欧洲和美国。

C型：粒长7.93mm，粒宽2.97mm。来自印度、印度尼西亚、中国南部和西部的品种。

冈彦一（1958）力图阐明亚洲栽培稻系统发育上的分化情况和本质。他从亚洲各地选用了120个品种，对12种性状进行了研究，其中，包括对某些化学物质反应的特性，如对石碳酸的反应，对氯酸钾的抗性，胚乳对碱耐受力等（表3－7）。

表3－7　日本对亚洲栽培稻的几种分类

加藤等（1928）	*japonica*		*indica*
Gustchin（1934）			
brevis			
communis	*japonica*		*indica*
寺尾和水岛（1939）	群Io，Ib	Ic	群Ⅱ，Ⅲ
松尾（1952）	A型	B型	C型
冈彦一（1958）	温带海岛型（Ⅱb）	热带海岛型（Ⅱa，Ⅱab）	大陆型（Ⅰo，Ⅰb）
分布中心	日本	爪哇（印度尼西亚）	印度

（gladette，1966）

目前，世界水稻研究者通常认可的亚洲栽培稻有3个分类单位，即*O. indica*，日本称为印度型，中国称为籼稻；*O. japonica*，日本称为日本型，中国称为粳稻；*O. javanica*，一般称为爪哇稻。它们的分类地位，目前称为亚种，其主要性状列于表3-8。

表3-8　亚洲栽培稻3个亚种的主要性状

性状	粳稻（*O. japonica*）	爪哇稻（*O. javanica*）	籼稻（*O. indica*）
1. 粒形	短	大	窄
2. 第二叶长度	短	长	长
3. 第二叶与茎间角度	小	小	大
4. 植株质地	硬	硬	软
5. 剑叶与茎间角度	中	大	小
6. 剑叶	短、窄	长、宽	长、窄
7. 分蘖数	多	少	多
8. 分蘖习性	直立	直立	松散
9. 叶毛	无	少	较多
10. 颖毛	密	密	稀
11. 芒	常无芒	常有芒	常无芒
12. 落粒性	难	难	易
13. 穗长	短	长	中
14. 穗分枝性	少	多	中
15. 穗密度	密	中	中
16. 穗重	重	重	轻
17. 植株高度	矮	较高	高

[松尾（1952）和Chantlraratna（1964）]

第四章　水稻遗传资源

第一节　水稻遗传资源概述

一、水稻遗传资源的概念

遗传资源这一概念通常是根据 Frankel 和 Bennett（1970）所著的《植物遗传资源》一书而来的。亲代传给子代的遗传物质称为遗传种质，是使作物在遗传上具有全部的基因型，它既存在于细胞核基因中，也存在于细胞质中。携带各种种质的材料称为种质资源，亦称基因资源，较早称品种资源。

1990 年，在印度马德拉斯召开的 Keystone 国际植物遗传资源系列对话会议的第二次大会上，来自世界 26 个国家的专家、学者同意植物遗传资源包括的内容：①商业品种（栽培品种）：已退出栽培的、目前，应用的和新育成的品种；②当地品种（农家种）；③野生近缘种、野生种和杂草种；④遗传材料：多倍体、非整倍体以及突变体。以上遗传资源包括来源于作物种的初生的、次生的和第三级的基因库。

张德慈（1976，1985）把水稻遗传资源的全部及其来源概括在图 4－1 中。水稻遗传资源来自原始起源中心、栽培中心以及世界各地的育种单位。主要遗传资源概括为

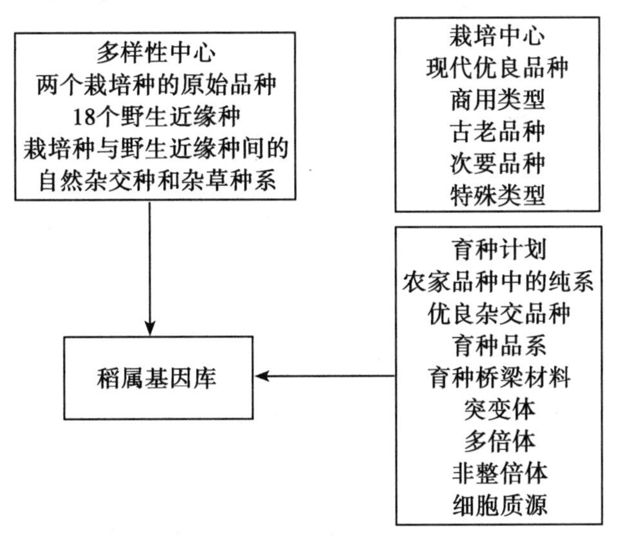

图 4－1　稻属遗传资源的全谱及其来源

（张德慈，1976，1985）

10种类型（表4-1）。

表4-1　不同基因来源的遗传组成、生产力水平、育种中的潜在价值

类　别	群内多样性	系内或群体内的同质性	农艺的或商用的价值	育种中的潜在价值
现代优良品种	低—中	很高	很高	次高
主要商用类型	次低—中	中—高	次高	中
次要品种	次高—高	次低—中	中	次高
具特长的类型	次低—中	次高	次低	高
古老的类型	中—高	次高—中	次低—中	次低
育种桥梁材料	次低—次高	次（品系）；低（集团）	极不一定	中—高
突变体	次低—中	次高—高	大部分低；少数次高—高	大部分低
原始类型	次高—高	低—中	次低	低—次高
杂草种系	次高—高	低—次低	低	低—次高
野生种	次低—中	低—次低	很低	低—中

（引自《水稻育种学》，1996）

二、野生稻遗传资源

（一）世界野生稻遗传资源

世界野生稻遗传资源目前多数学者认同的有20个种，主要分布于热带和亚热带地区（图4-2）。与栽培稻亲缘关系较密切的是分布在亚洲和大洋洲的普通野生稻，非洲的巴蒂野生稻和长雄蕊野生稻，其中，有一年生的和多年生的，护颖有线状或披针状的，颖花表面呈格子形。这些特征性状在栽培种中都可看到。因此，认为它们是与栽培稻在系统发育上是最接近的。

（二）中国野生稻遗传资源

中国是世界上原生野生稻的主要国家之一，目前有3种野生稻遗传资源：普通野生稻（*O. sativa* L. f. *spontanea* Roschev.）、药用野生稻（*O. officinalis* Wall）和疣粒野生稻（*O. meyeriana* Baill）。普通野生稻是普通栽培稻的祖先。

1. 普通野生稻

1917年，Merrill E. D. 在广东省罗浮山麓至石龙平原一带发现了普通野生稻。1926年，丁颖在广州郊区犀牛尾沼泽地也发现了该野生种。1935年，在台湾省发现的*O. formosa*也是这种普通野生稻。普通野生稻分布在广东、广西、云南、海南、江西、福建、湖南和台湾8个省（区）的113个县（市）里，是我国野生稻分布最广、遗传资源最丰富的一种。

（1）两广区　集中分布在珠江水系的西江、北江和东江流域，特别是北回归线以南和两广沿海地区分布最多。此外，湖南的江永、福建的漳浦也是普通野生稻的主要分布区域。

（2）云南区　目前，仅在云南的景洪、元江两县有发现，分别分布于澜沧江和红

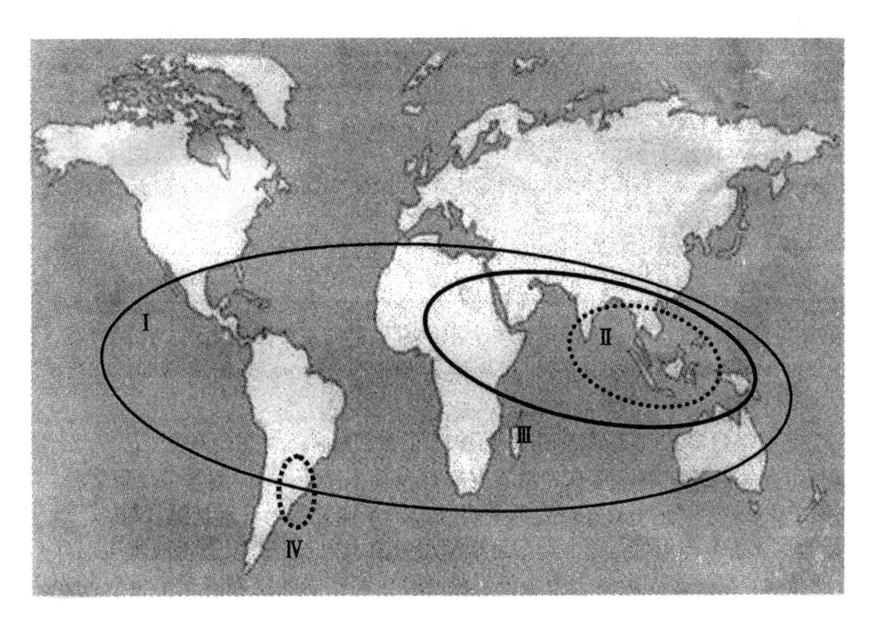

图 4-2　野生稻的分布

Ⅰ. Sativa 分布区；Ⅱ. Granulata 分布区；Ⅲ. Coarctata 分布区；Ⅳ. Rhynchoryza 分布区

（引自《作物育种学各论》，2006）

河流域。而这两条河向南流经东南亚，注入南海，为研究云南普通野生稻与东南亚普通野生稻的相互关系提供了重要材料和线索。

（3）*湘赣区*　这一区域包括湖南的茶陵、江西的东乡。东乡普通野生稻分布于北纬 28°14′，是目前中国甚至全世界普通野生稻分布的最北限。这两个区域普通野生稻均处在长江中、下游中国古老的稻作地区，为研究亚洲栽培稻的起源、演进和传播提供了极为宝贵的遗传资源。

（4）*海南岛区*　由于该区气候炎热、雨量充沛、无霜期长，极有利于野生稻的生长和繁衍，因此，在本区普通野生稻分布的密度最大。

（5）*台湾区*　1975 年前后，在台湾桃园、新竹两县都有普通野生稻的分布。但是，后来由于土地的快速开发而使野生稻消失了。20 世纪 90 年代，日本冈彦一教授将日本国立遗传研究所早年收集、保存的普通野生稻带回原生境桃园八德乡种植，现又生长起来。

普通野生稻生长于海拔 400～600m 的地区，喜温，水生，一部分类型可在深水中随着水位上升生长。普通野生稻的形态特征与栽培稻类似，分蘖散生，穗粒稀疏，不实粒多，种子成熟前易落粒，分布广，变异多，是一个多型性野生稻遗传资源。

2. 药用野生稻

药用野生稻分布于广东、广西、海南、云南 4 省（区）的 38 年县（市），可分成 3 个自然分布区。

（1）*两广区*　两广区是药用野生稻主要分布区，共有 27 个县（市），主要集中在桂东的中南部，梧州、玉林两地区的大部分县；广东省肇广地区和韶关地区的英德县。

（2）*海南岛区*　野生稻主要分布在黎母岭一带，集中分布在三亚、陵水、保亭、乐东、白沙、屯昌6县。

（3）*云南区*　主要分布在临沧地区的耿马县、永德县，思茅地区的普洱县。

总之，药用野生稻分布北限为24°7′，属多年生，植株高大，有地下茎，分蘖稍散，节间淡绿，节浓紫色，叶长且宽，两面密生细毛，叶尖柔软下垂，叶舌短，叶耳有缺刻和缘毛，叶耳、叶舌局部带紫色，穗大，穗梗特长，披散，穗颈长，小穗小，无芒，花药褐色，上端有裂口，柱头深紫色，开花时外露，护颖和内、外颖基部显深紫色，成熟籽粒紫褐色，易脱粒，感光性强；该野生种喜温湿而阴凉的生境，适于pH值=5.5～6.5的酸性土壤，分布在寡照的丘陵小沟旁，荫蔽潮湿和腐殖质丰富的林木灌丛之间，海拔在50～1 000m。

3. 疣粒野生稻

疣粒野生稻分布于云南、海南两省的27个县。李植良（1995）在云南勐腊县发现疣粒野生稻，共28个县。在海南省仅分布于中南部的9个县，在尖峰岭至雅加大山，鹦哥岭至黎母山，大本山至五指山，吊罗山至七指岭的许多分支山脉均有分布。但多分布于背北向南的山坡上。在云南省集中分布在哀牢山脉以西的滇西南，东至绿春、元江为界，而以澜沧江、怒江、红河、李仙江、南汀河等下游地域为主要分布地。由于疣粒野生稻是旱生，因此，多分布在这些地段的山坡上。

疣粒野生稻为宿根性植物，有地下茎，颖上面有不规则的疣粒突起；适于pH值=6～7的微酸性土壤。分布海拔在50～1 000m，对温度、光照、土壤、湿度要求严格。

在我国有野生稻分布的143个县（市）中，其中，有4个县兼有普通、药用和疣粒野生稻，它们是云南省的元江县，海南省的陵水、乐东和保亭县。

三、栽培稻遗传资源

栽培稻遗传资源是极其丰富的，这是因为栽培稻的野生祖先经过人类的驯化，演进成栽培稻之后，作为粮食作物栽培了几千年，在这长期的栽培历史长河中，在世界各地的生境条件下，经过自然和人工的反复选择，形成了各式各样的栽培稻类型，如古老的地方品种、农家品种，育成的推广品种，高代的育种品系，各种各样的变异品系等。现代水稻育种成就充分证明，水稻新品种选育的重大突破都与水稻遗传资源优良性状基因的发现和利用密不可分的。因此，国际组织和许多国家都十分重视水稻遗传资源的收集和研究。

20世纪70年代以来，国际植物遗传资源研究所（IPGRI）、国际水稻研究所（IRRI）、国际热带农业研究所（IITA）等国际农业研究机构和美国、日本等国家开始建立遗传资源基因库，从国内外广泛收集和保存各种作物遗传资源，包括水稻遗传资源。迄今，全世界已经收集和保存的水稻遗传资源约42万份，其中，绝大多数是栽培稻遗传资源。这些水稻遗传资源分别保存在国际组织和国家种质基因库里，国际水稻研究所107 000份，中国78 000份，印度54 000份，日本40 000份，韩国27 000份，泰国24 000份，西非水稻发展协会（WARDA）20 000份，美国17 000份，巴西14 000份，老挝12 000份，国际热带农业研究所12 000份。

中国是亚洲栽培稻（*Oryza sativa* Linn.）起源地之一，而且水稻栽培历史悠久，加之种植水稻地区生态环境、气候条件的巨大差异，形成了我国栽培水稻资源的多样性，遗传资源是异常丰富的，其数量在世界上也是最多的国家。因此，不断地开展全国性的水稻遗传资源的考察与收集、鉴定与评价、整理与编目、繁育与保存、创新与利用是摆在全国水稻科技工作者面前的一项重要任务，对于保护我国水稻遗传资源、促进水稻育种持续发展意义重大。

第二节　水稻遗传资源的收集和保存

一、水稻遗传资源收集概况

水稻遗传资源极其丰富，广泛分布于世界五大洲，以亚洲为最多。水稻遗传资源的收集工作，少数亚洲国家起始于20世纪初期，多数国家开始于20世纪50年代。当时收集的水稻遗传资源主要是商用的栽培品种，以及未经改良的地方品种（农家种），而对偏远地区的特殊资源、野生近缘种、野生种收集的较少。

由于当时保管种子的设备条件不好，以致使早期收集到的水稻资源（品种）种子的发芽率丧失受到一些损失。为保持其生活力，则需要不断地栽种更新，这又可能由于遗传漂变和机械混杂，而使种性丧失。

20世纪70年代以后，世界上主要产稻国家加强了水稻遗传资源的收集和保存工作。国际农业研究磋商小组（CGIAR）对1985年度的统计表明，当时承担水稻研究任务的国际农业研究单位和世界主要种植水稻的国家共收集保存了约215 000份水稻遗传资源，其中，不重复的资源90 000份，地方品种占75%，野生近缘种占10%。80年代中后期以来，世界产稻国家和国家水稻研究单位又对水稻资源丰富的重点区域和边远地区的水稻特殊类型加强了收集工作，进一步充实了已收集、保存的水稻遗传资源，为人类的生存和社会的发展积累了巨大的宝贵财富。据不完全统计，目前全世界已收集到的水稻遗传资源大约有13万份。

二、世界水稻遗传资源的收集

（一）国际有关单位的收集

目前，国际水稻研究所（IRRI）、国际热带农业研究所（IITA）、国际热带农业研究中心（CIAT）、西非水稻发展协会（WARDA）分别承担世界性或地区性水稻研究任务，包括水稻遗传资源的考察、收集、评价和保存工作。另外，国际植物遗传资源委员会（IBPGR）于1990年更名为国际植物遗传资源研究所（IPGRI），在全球范围内组织开展包括水稻在内的遗传资源的收集、评价、资料汇总、培训等活动，帮助和促进各国作物遗传资源研究计划的实施。

IRRI承担亚洲栽培稻及非洲以外的野生近缘种水稻遗传资源的收集、评价和保存。IITA则负责非洲水稻遗传资源的研究工作。1977年和1983年，IRRI和IBPGR联合在国际水稻研究所召开了第一次和第二次植物遗传资源保存会议，通过两次水稻资源保存会议，制定了水稻资源收集两个五年计划（1978—1982 年和 1983—1987 年），有力地促进了亚洲，热带和非洲丰富的水稻遗传资源较为广泛的收集，是水稻遗传资源收集和保存史上空前的使用行动。仅 1978—1985 年就在亚洲收集到 43 000多份、在非洲收集到 7 000余份水稻遗传材料，对人类有效利用水稻遗传资源具有现实的和深远的历史意义。

1990 年，IRRI 和 IBPGR 再次合作在国际水稻研究所召开了第三次国际水稻遗传资源会议，主要研讨水稻遗传资源保存及基因管理、数据库管理以及加强水稻遗传资源网活动等，强调进一步加强水稻遗传资源的评价和利用。

（二）水稻主产国遗传资源的收集

1. 亚洲

（1）印度　印度水稻资源非常丰富，20 世纪初期就开始收集水稻地方品种，1911—1947 年，从印度中部、东北部的比哈尔、奥罗萨、中央邦收集 2 000份地方品种，并通过纯系选择法选育出 394 个品种推广种植。中央水稻研究所（CRRI）建立后，开始进行全国性水稻遗传资源的收集工作。而各邦试验站负责该邦地区的收集工作。1955—1960 年，中央水稻研究所在杰普尔（Jeypore）的考察中，收集了南奥萨邦及与中央邦邻近地区的水稻遗传资源 1 745份。1965—1986 年，又在印度各地广泛收集水稻遗传资源。据统计，自 1911 年以来，全印由国家收集的水稻资源 19 718份，保存在中央水稻研究所。

各邦试验站收集的水稻遗传资源包括地方品种、改良品种和引入品种，大约有 25 000份（表 4 -2）。

表 4 -2　印度主要邦试验站保存的水稻遗传资源

邦　名	研究站名	征集品种的来源			
		地区	其他邦	国外	合计
安德拉	马鲁特普	659	—	62	721
	拉金德拉纳加尔	250	328	498	1 076
	特纳利	25	9	16	50
	内洛尔[a]	—	—	—	
	阿迪拉巴德[a]	—	—	—	
	马奇里帕特那[a]	—	—	—	226
	鲁德鲁尔[a]	—	—	—	
阿萨姆	卡林甘杰	1 127	160	628	1 915
	拉哈[a]	—	—	—	125
	蒂塔巴尔[a]	—	—	—	605
比哈尔	多里	219	246	—	465
	普萨	800	—	—	800
	萨博尔	637	—	191	828
古吉拉特	纳瓦盖姆[a]	—	—	—	632

（续表）

邦　名	研究站名	征集品种的来源			
		地区	其他邦	国外	合计
查谟、克什米尔	库德瓦尼	58	187	181	426
喜马偕尔	纳格罗塔本格旺	100	—	—	100
喀拉拉	卡扬库拉	83	41	—	124
	科塔拉喀拉	60	—	—	60
	曼奴赛	330	85	21	436
	蒙科普	52	39	29	120
	博他姆比	410	257	—	810
中央邦	赖普尔	750	—	100	850
	雷瓦	500	—	—	500
	瓦拉西奥尼	400	—	—	400
上哈托斯特拉	卡尔贾特	387	522	210	1 119
	帕威尔	144	46	11	201
	萨可里	60	46	—	106
迈索尔	曼迪亚	1 563	10	232	1 850[b]
奥里萨	布巴内斯瓦尔	389	38	64	491
	贝兰普尔	250	—	—	250
	杰普尔	61	—	—	61
旁遮普	卡普塔拉	51	30	44	125
	卢迪亚纳[a]	—	—	—	450
拉贾斯坦	班斯瓦拉	37	13	—	50
泰米尔纳德	阿杜色拉	507	—	—	507
	哥印拜陀	307	1 000	578	2 306[b]
北方	加拉姆潘尼	146	90	20	256
	法扎巴德	530	270	100	900
	纳吉纳[a]	—	—	—	—
	戈格拉加特[a]	—	—	—	400[c]
西孟加拉	钦苏拉[a]	—	—	—	3 500
	班库拉	1 000	—	150	1 150
	卡林磅	138（山）	238	—	426
	戈萨巴[a]	—	—	—	—
	戈斯可拉[a]	—	—	—	—
	哈特瓦拉[a]	—	—	—	86

注：a—无详细材料，b—包括一些从选育品种选取的，c—深水稻品种。

（引自《水稻育种和高产生理》，1979）

1967年以来，印度农业研究所和全印水稻改良协作组（AICRIP）在印度东北部进行广泛的水稻收集活动。这一地区从北纬22°～30°，包括阿萨姆、梅加拉亚、那加、曼尼普尔、特里普拉联邦，以及东北边疆（NEEA）；其海拔范围为150～3 500m。由于这里交通不便和部落之间的对抗限制了水稻资源的交换，因此，保持了品种的变异性。因为山区有着复杂的气候环境，形成了不同特性的品种，如其耐寒性比平原地区强得多的粳稻生态型品种。先后共收集6 730份水稻品种资源（表4-3）。

表4-3 印度东北部不同地区特殊征集水稻品种数

邦 名	地 区	征集数
阿萨姆（平原）	北拉金普尔	658
	锡巴萨	15
	卡姆鲁普	231
	戈阿尔帕拉	27
	研究站（蒂塔巴尔）	182
阿萨姆（山区）	米基尔丘陵	518
	北卡恰尔丘陵	75
东北边疆	卡门加	138
	苏班西里	383
	锡安	330
	卢希特	374
	蒂拉普	302
梅加拉亚	加罗丘陵	808
	卡西亚和贾因提亚山区	548
	研究站（上西隆）	43
那加	敦桑	270
	莫克冲	349
	科希马	230
曼尼普尔	东曼尼普尔	172
	西曼尼普尔	61
	北曼尼普尔	70
	南曼尼普尔	109
	中曼尼普尔	586
特里普拉	北特里普拉	109
	南特里普拉	137
合计		6 730

（引自《水稻育种和高产生理》，1979）

目前，全印共收集水稻遗传资源66 868份，其中，由国家科研单位收集的有19 718

份，近20个邦收集的有47 150份，其中，在中央邦赖普尔水稻研究站保存有20 871份。在总数66 868份遗传资源中，大约50%为重复收集。

(2) *尼泊尔* 尼泊尔水稻遗传资源颇具特色，曾有几千个水稻品种种植于海拔几百米至3 900m，从温带到热带的稻作生态环境里。1957年，在57个稻区收集780个地方品种，这些品种对光周期仅应从敏感到极敏感，大部分蛋白质含量在13%以上。在尼泊尔水稻分布的边远地区，生长有5种野生稻，杂草型稻也很普遍，而且分布的海拔高度也很广泛，因此，这些水稻遗传资源对水稻的分类研究和进化研究均具有重要的参考价值。

(3) *巴基斯坦* 巴基斯坦于1955年前曾在旁遮普省收集约550份水稻地方品种。1971年，巴基斯坦农业研究委员会与旁遮普省卡拉沙矢库水稻研究所、信德省道克里水稻研究所协作，对国家收集的1 404份品种资源进行了系统整理、编目和保存。

(4) *斯里兰卡* 1985年和1990年，斯里兰卡共收集到水稻品种资源201份，野生稻8个群体材料。水稻遗传资源具有多样性，许多具有特色的类型受到水稻育种家的重视和青睐。1990年，国际水稻研究所将其在斯里兰卡收集的水稻品种1 862份回赠给斯里兰卡，以供保存和利用。

(5) *孟加拉国* 该国复杂的生态环境和气候季节性的显著变化，产生了水稻遗传资源的多样性，形成了光周期不敏感的直播水稻资源、移栽稻，光周期敏感的直播稻或深水稻、移栽稻，光周期不敏感的灌溉冬稻。1918—1960年，共收集水稻地方品种1 442份；1970—1977年，与国际水稻研究所合作收集了4 181份。1983—1989年，孟加拉国水稻研究所（BRRI）又收集了650份水稻栽培品种，75个野生稻群体材料。

(6) *伊朗* 伊朗均为籼稻，1956年从吉兰省收集594份水稻地方品种。

(7) *缅甸* 缅甸从1974年开始收集水稻品种资源。1974—1976年，缅甸与国际水稻研究所合作收集了1 534个品种，经鉴定整理后保存了1 398份。

(8) *泰国* 该国90%以上的传统地方品种都已经收集了，包括水稻、陆稻、雨育稻、深水稻、浮稻、野生稻等遗传资源。1950—1967年，全国共收集水稻地方品种6 739份，选其中一部分保存在邦肯（Bang Ken）水稻试验站。1979—1980年，在北部泰、缅和泰、老边境的部落山区收集丘陵陆稻资源。1980—1981年，国际植物遗传资源委员会（IBPGR）发起收集北部高海拔地区的水稻遗传资源。1983—1989年，又开展了全国性的地方品种的收集工作。目前，共收集栽培稻遗传资源12 232份，野生稻资源733份。

(9) *柬埔寨* 1972—1973年，国际水稻研究所在柬埔寨收集水稻地方品种799份，1989年将其全部地方品种送回柬埔寨进行繁育更新。目前，柬埔寨全国共收集到约1 300份水稻遗传品种资源。

(10) *越南* 1976—1980年，位于越南南部的芹苴（Cantho）大学，从湄公河三角洲9省收集水稻地方品种约1 000份，越南农业科学研究所与粮食作物研究所合作，从北部地区收集了约1 000份。截至1983年，全国共收集、保存以灌溉为主的水稻品种资源2 500份。迄今，越南共收集水稻地方品种3 410份，野生稻6个共379份。另外，在越南东北部丘陵坡地还发现有颗粒野生稻。

(11) 菲律宾　该国岛屿间的生态环境与季节间气候差异很大，造成水稻遗传资源的多样性。菲律宾栽培稻以籼稻为主，少数为爪哇稻，在岛屿里疣粒和小粒野生稻的遗传资源很丰富。菲律宾农业局于 1908 年曾从 27 个省收集 2 430个地方品种资源。1962 年，将 607 个品种和 1962—1976 年收集的 580 个品种送到国际水稻研究所（IRRI）。

(12) 马来西亚　1950 年，全国收集的水稻地方品种均保存在各水稻试验站里。1960 年，国家从各试验站征集约 200 份品种资源保存在国家农业部总部。1970 年，国家成立了马来西亚农业研究发展所，截至 1983 年 4 月，已从全国收集 4 550份水稻遗传资源，其中，已编目的 3 581份。在 1983—1990 年，全国又进行 8 次考察，共收集地方品种 628 份，野生稻有 43 个群体材料。

(13) 印度尼西亚　1972—1977 年，全国共收集各种水稻遗传资源 8 277份，其中，籼稻 5 275份，爪哇稻 3 002份，均保存在茂物中央粮食作物研究所。

(14) 日本　1972 年，日本从农民稻田里收集水稻地方品种 1 302个。因为日本本国水稻遗传资源较少，因此，特别重视从南亚、东南亚、非洲、美洲等地收集栽培稻和野生稻遗传资源，也加强从匈牙利、意大利等欧洲国家引入耐寒和早熟的遗传资源。

(15) 朝鲜　1974 年，朝鲜成立了平壤作物遗资源研究所。该所先后共收集到 17 000多份水稻遗传资源，包括本国和外国的品种。

(16) 韩国　1906 年，韩国建立了水源农业试验场，当时全国种植约 3 000个水稻地方品种。1906 年以后逐渐被日本水稻品种取代。目前，韩国农业振兴厅种质库保存的水稻遗传资源 19 146份。

2. 非洲

由于非洲栽培稻（*O. glaberrima*）是在西非尼日尔河流域由野生稻驯化而来的，因此，沿尼日尔河流域的国家和地区，水稻遗传资源是非常丰富的，尤其是尼日利亚和利比里亚两国就更丰富了。非洲有 5 个原生的野生种，多分布在尼日尔、尼日利亚、马里、几内亚和塞内加尔等国，深水稻和浮水稻的遗传资源以马里、尼日利亚为主要分布地。非洲水稻资源的收集主要由国际热带农业研究所与有关国家协作进行。截至 1988 年，已从非洲 28 个国家收集的水稻遗传资源有 10 517份，其中，亚洲栽培稻资源 7 759份，非洲栽培稻 2 488份，野生稻 270 份（表 4－4）。

表 4－4　非洲水稻遗传资源收集情况

国家、地区	亚洲栽培稻	非洲栽培稻	野生稻	合计
中非和西非				
布基纳法索	710	155	—	865
喀麦隆	110	42	1	153
中非共和国	54	1	14	69
乍得	45	17	27	89
刚果	9	—	—	9
冈比亚	334	49	1	384
加纳	173	41	—	214

（续表）

国家、地区	亚洲栽培稻	非洲栽培稻	野生稻	合计
几内亚	224	61	14	299
几内亚比绍	70	15	—	85
科特迪瓦	778	85	1	864
利比里亚	1 024	624	—	1 648
马里	44	142	36	222
毛里塔尼亚	8	—	—	8
尼日尔	77	41	45	163
尼日利亚（含 IITA）	1 159	1 071	60	2 290
贝宁共和国	28	—	—	28
塞内加尔	541	96	20	657
塞拉勒窝内	360	26	1	387
多哥	5	15	—	20
扎伊尔	23	—	—	23
南非和东非				
博茨瓦纳	8	—	11	19
埃及	126	2	—	128
马达加斯加	511	—	—	511
马拉维	310	—	15	325
塞舌尔	11	—	—	11
赞比亚	502	—	2	504
坦桑尼亚	458	3	20	481
津巴布维	57	2	2	61
总计	7 759	2 488	2 70	10 517

（引自《水稻育种学》，1996）

3. 美洲

美洲的栽培稻品种均是引自原产地亚洲的。1685 年，美国开始引种水稻，从南卡罗来纳州沿海向其他地区扩展。水稻品种主要引自中国、日本、菲律宾、印度尼西亚等国家。中、南美洲各国引种水稻的历史更短，多是籼稻。主要种稻国家是巴西，以陆稻为主，占整个稻作面积的 57%，分布在西部地区；灌溉稻约占 43%，以南里约格朗德州为主要产地。巴西陆稻具有抗铝毒性的特性，尤其是马拉尼翁南部的水稻品种。1979—1989 年，巴西从 13 个州收集了水稻栽培品种 1 649份。1987 年，巴西与美国路易斯安那州立大学合作，收集亚马孙盆地的野生稻，得到高秆野生稻（*O. alta*）、重颖野生稻（*O. grandiglumis*）和展颖野生稻（*O. glumaepatula*）的资源 29 份。在中、南美洲的圭亚那等地有高抗稻瘟病的品种资源，对抗病育种具有重要价值。

4. 欧洲

欧洲水稻种植面积约 100 万 hm^2，主要产稻国家有意大利、俄罗斯、西班牙、罗马尼亚、法国、阿尔巴尼亚等国。欧洲水稻均是粳稻，最早由亚洲引入，其中，以意大利引种中国水稻品种最为成功。1981 年，意大利出版的《国家水稻品种志》共列进 46 个水稻品种，其中，包括中国的水稻品种 Chinese Originario 及由此系统衍生选育的品种巴利拉（Balilla）、大粒巴利拉等。

（三）中国水稻遗传资源的收集

20 世纪 30 年代，我国在江苏、安徽、湖南、广东、四川、云南、贵州等省进行水稻地方品种的收集工作，当时湖南、四川收集的较多。四川、广东、云南等省还编印了稻种检定调查报告。50 年代中期，开展了全国性的水稻农家品种调查和收集，共收集到 57 000余份遗传资源，经整理后保存 40 000余份（表 4 –5）。

表 4 –5　中国各省（市、自治区）保存的水稻地方品种统计数

编号	省（市、区）	1977 年编目品种数	据 1960 年不完全统计品种数*
01	北京	8	—
02	河北	298	153
03	内蒙古	10	4
04	山西	2	63
05	辽宁	27	245
06	吉林	66	245
07	黑龙江	80	245
08	上海	304	2 069
09	江苏	1 661	2 069
10	浙江	813	3 530
11	安徽	517	2 602
12	江西	291	—
13	福建	753	3 275
14	山东	20	50
15	广东	4 081	6 719
16	广西	5 954	3 885
17	湖北	116	1 409
18	湖南	3 872	6 000 多份
19	河南	113	546
20	四川	2 876	3 401
21	云南	1 687	3 779
22	贵州	1 957	2 276
23	青海	缺	—
24	陕西	296	275
25	甘肃	3	—
26	西藏	2	—
27	新疆	16	2
28	宁夏	18	96
29	天津	27	—
30	台湾	84	—
总计		25 952	41 379

* 中国农业科学院作物育种栽培研究所品种资源研究室的统计

20 世纪 70 年代末 80 年代初，中国农业科学院作物品种资源研究所成立后，组织各省（市、自治区）补充征集各种作物农家品种，包括水稻遗传资源、野生稻资源等，大约有 10 000份，其中，包括普通野生稻、药用野生稻、疣粒野生稻遗传资源 3 288份，云南稻种资源 1 991份。同期，国家还第一次从西藏自治区（以下称西藏）的 4 个县收集到水稻遗传资源 30 份。

从国家“七五”（1986—1990 年）到“九五”（1996—2000 年）的 3 个五年计划期间，分别对湖北省神农架地区，三峡地区，以及四川、广东、广西、云南、贵州、江西、陕西等省（自治区）进行考察和收集，共收集到水稻遗传资源 3 500余份。“十五”（2001—2005 年）计划期间，在国家科学技术部科技基础性建设、基础条件平台重点项目和农业部作物种质资源保护项目的资助下，开展了国内育成品种的收集和国外作物种质资源的引进工作。期间从国内外共收集到水稻遗传资源 2 000余份。迄今，我国已收集各种水稻遗传资源约 78 000份。

三、水稻遗传资源的保存

（一）遗传资源保存的必要性和难点

1. 必要性

水稻遗传资源是水稻遗传改良、新品种选育的物质基础，也是水稻遗传研究、生物技术研究等必不可缺的材料来源。而且，每一次水稻品种的重大突破都与水稻优异种质的挖掘和利用有着密切的联系。因此，全力保存水稻遗传资源是极其必要的，因为水稻育种家一直以来是依靠现有的水稻遗传资源选育各种用途的水稻品种。①高产优质水稻品种，通过选择水稻遗传资源的高产源和优质源，通过杂交或其他育种方法，选育出高产、优质的新品种。②抗病、虫水稻新品种，通过筛选抗病、虫基因及其聚合，使新品种具有抗病、虫性，以保证水稻的产量，或减少因病、虫害造成的产量损失到最低程度。③抗逆境水稻新品种，通过各种抗逆境水稻遗传资源的利用，选育出抗（耐）旱、涝、热、寒、不良土壤（盐、碱、酸等）、污染等新品种，以适应环境变化的需要。因此，必须重视水稻遗传资源的保存，严防这些宝贵的遗传资源的丢失，是功在当代、利在千秋的伟大事业。

2. 资源保存的难点

目前，水稻遗传资源以种子保存为主要方式，但是，水稻种子在高温、高湿条件下很容易丧失发芽力，甚至霉烂变质，使种质损失掉。以我国水稻遗传资源保存为例说明其保存的难点。我国南方稻区高温多湿，不易保持水稻种子的发芽力。广东省于当年收获的水稻种子在正常保存条件下，次年还能正常发芽，隔一年即丧失发芽力。在江苏省，籼稻品种通常可隔一年种植保存，而粳稻品种隔一年就有许多品种丧失发芽力。在京津地区，粳稻品种可以隔一年种植保存，如果保存条件不当，也会有个别品种丧失发芽力。

影响水稻种子发芽力的主要因素是温度、湿度和氧气。温度高、湿度大，种子呼吸强度提升，种子的寿命就缩短。相反在低温条件下，如果水稻种子湿度大，其寿命也会缩短。例如，黑龙江、吉林等省秋季水稻成熟期间气温下降快，种子成熟后期含水量高，容易受冻丧失发芽力。因此，在我国水稻主产区，从南到北，要想很好地保存水稻遗传资源都有一定难度。

如果地处干燥、少雨、气温偏低的地区，保存水稻种子则会好得多。新疆降水稀少，年均气温低，保存的水稻种子寿命较长。例如，新疆农业科学院于 1973 年开展水稻种子保存试验。结果表明，35 个水稻品种保存 11 年后，其发芽率全部在 60% 以上，平均为 87.6%，但发芽势明显下降；18 个水稻品种保存了 16～17 年，其平均发芽率为 10.8%，多数品种已丧失发芽力。由此可见，如果在新疆保存水稻品种资源，7 年以内可保持发芽率在 80% 以上。我国主要稻区在华南和长江流域，因此，收集的水稻遗传资源可以采取异地保存方式进行保存。如果要在当地保存水稻遗传资源，则要采用人工措施进行保存。

（二）水稻遗传资源保存方法和技术

1. 水稻种子长期保存的关键因素

在温度较高、湿度较大的条件下保存水稻种子，其寿命通常较短，其原因是由于酶的变性、贮存的养分耗尽，蛋白质分子丧失转变为有活性分子的能力，胚蛋白逐渐凝固，有毒的代谢产物积累以及胚细胞核的变性等。为防止或减缓水稻种子生活力的衰退，必须控制种子库内的环境条件，使种子的新陈代谢活动降到最低程度，尽可能延长其寿命。

在保持水稻种子长期保存的必要条件中，最重要的内在因素是水稻种子必须发育健全，无病虫害，种子含水量符合要求，种子的生理代谢活动，生化反应要降到最低。而最重要的外界因素是种子周围空气中的温度和湿度及其温、湿度之间的相互协调。

2. 水稻种子的保存方法

（1）*用石灰作吸湿剂密封保存法*　广西农业科学院采用这种保存方法，水稻种子可隔 3 年轮种一次。

（2）*干燥器保存法*　用氧化钙或硅胶作吸湿剂，降低水稻种子的含水量。江苏省农业科学院用此法保存了 9 个水稻品种，4 年后测定平均发芽率为 46.8%，而另充满 CO_2 气体的干燥器内的平均发芽率为 59.6%。

（3）*冷库保存法*　先把干燥种子放入牛皮纸袋，若干固定袋数（10 袋或 20 袋）再装入塑料袋里，然后，将塑料袋放入铁皮箱或塑料箱里，保存在冷库里。库温度在 -20～-30℃。广东省农业科学院把水稻种子置于 -18℃冷库里保存，3 年后种子发芽率在 90% 以上。

（4）*现代化种子库保存法*　采用现代化的温、湿度调节装置可稳定地保持种子库内达到较低的温度和湿度，以长期保存大量的水稻遗传资源。世界上第一个现代化基因库（存各种作物种子）是 1958 年在美国科罗拉多州柯林斯堡（Fort Collins）建成的美国国家种子贮藏实验室。1984 年，中国农业科学院作物品种资源研究所建成了种质资源库，1991 年中国水稻研究所建成了能保存 100 000份水稻遗传资源库。国际水稻研究所，日本农业技术研究所等一些国际组织和国家也都先后建成了保存作物遗传资源的现代化种子贮藏库。

3. 贮藏库的类型及其保存技术

通常根据种子贮藏条件、年限、用途，种质库可分为长期、中期和短期库3种类型。

（1）长期库　长期库保存年限至少25年，长达200年以上；保存温度－20～0℃，相对湿度30%～65%，种子含水量4%～10%；以金属罐或铝箔袋密封保存，保存重量每份18～300g。如果千粒重为20～40g，则每份保存4 500～6 250粒；对遗传性一致的种子，每份保存3 000～4 000粒；遗传异质性材料，每份保存4 000～12 000粒。长期库保存的种子称为基础收集材料（Base collection），只保存供种子更新用，不提供研究用。

（2）中期库　中期库保存25～30年，长达50年。库温通常在－1～10℃，相对湿度30%～70%，种子含水量5%～12%。装种子用金属罐、铝箔袋、玻璃瓶、纸袋或布袋。每份保存80～500g，而以100～200g为标准。中期库保存的种子为流动收集材料（Active collection），供分发研究使用。

（3）短期库　短期库一般保存3～5年，库温在5～22℃，相对湿度60%～90%。每份材料保存500g左右。通常供近期使用。

水稻种子长期保存的最适含水量应是在相对湿度15%的空气中达到平衡的数值，水稻为5%～7%。这采用自然阳光干燥或一般人工加热干燥方法是不易达到的。中国和国际水稻研究所采用的干燥方法，是先将干燥室内的空气调到相对湿度8%，温度12～13℃，再送入保持38℃的干燥箱内，箱内用纸袋或布袋装的含水量为11%的种子经19h干燥后，含水量可下降到6%。烘干后的种子取出放在干燥室内（室温18℃、相对湿度60%～70%）冷却1h，然后装罐密封。

日本国立农业生物资源研究所种子贮藏中心，把水稻种子放在室温25℃、相对湿度15%的室内慢慢干燥，直到达到所要求的含水量。IBPGR采用干燥室干燥法或两段干燥法，干燥室法是在温度保持15℃、相对湿度10%～15%，并具有良好空气循环的干燥室内干燥种子。两段干燥法：第一段用冷冻除湿机，保持干燥室内温度17℃，相对湿度40%～50%，使水稻种子干燥到12%的平衡含水量；第二段利用干燥箱，并经空气循环在温度30℃、相对湿度10%～15%的范围内把种子含水量降到6%以下。

长期保存的种子干燥后，为防止吸湿回潮，应装入密封的真空金属罐或铝箔袋里。中期保存的种子，可根据库内温、湿度控制的条件，经费等因素选用既经济又适宜的容器，一般可用铝盒、镀锌铁盒、铝箔袋、玻璃瓶、塑料瓶、布袋或纸袋等。国际水稻研究所的国际稻种质中心采用小型金属种子盒已近30年，而现在该中心已改用英国生产的铝箔袋代替金属盒，作为21世纪保存珍贵水稻遗传资源的种子袋。这种袋具有体积小、不透水、易操作等优点。

（三）国际组织和各国保存的水稻遗传资源

目前，许多国际农业科研单位和国家都非常重视水稻遗传资源的保存工作。1990年，对16个国家和国际单位的调查显示，长期库保存的基础收集材料有320 000多份（表4－6）。其中，12个国家保存的水稻基础收集材料份数在4 000～20 000份或更多，而保存的流动收集材料要多于基础收集材料。

表4-6　主要产稻国家和国际机构保存的基础材料及长期库概况

国家	研究单位	贮藏份数	建库年份	建筑面积（m^2）	库容量（份）	温度（℃）	相对湿度（%）	种子含水量（%）	保存量（g/份）
中国	中国农业科学院品种资源研究所	46 832	1984/1987	300	500 000	-18	50±7	<7	200
	中国水稻研究所	30 843	1990	30.0	100 000	-10	35~45	6	200
印度	全印植物遗传资源委员会	6 478	1984			-20			
	中央水稻研究所	19 795	1985						
泰国	Pathum Thani 水稻研究中心	18 341	1981	75.0	20 000	-10	60	8	80
韩国	农村振兴厅	19 146	1988	88.0	200 000	-19	—	8	50~100
日本	农业生物资源研究所	13 854	1978/1988	140	50 000	-10	30	5~7	100
	国立遗传研究所	6 274	1974	10.0	15 000	0	—	7	
马来西亚	农业研究发展研究所	7 251	1988	冷柜		-10~	50~60	<6	18~20
孟加拉国	孟加拉国水稻研究所	4 500	1985	50.0	10 000	0~5	—	8~10	50
印度尼西亚	Bogor 粮食作物研究所	11 835	1984						
缅甸	国家种子库	3 190	1990	112.5	43 200	5	40	6~8	100
越南	国立农业科学研究所	4 307	1984	冷柜		-10~-15	45		
斯里兰卡	植物遗传资源中心	2 488	1989	32.0	25 000	1	35~40	5~8	100
美国	国家种子贮藏实验室	20 775	1958	93.0	16 008	-20~-36	35~40	8~10	200~300
巴西	国家遗传资源中心	8 046	1974	60.0	500 000	-18	—	4~6	4 000 粒
马达加斯加	国家应用研究与乡村发展中心	4 770	1932/1987	80.0		-10	65	≤10	30
菲律宾	国际水稻研究所	80 000	1978	50.0	130 000	-10	27	6	100
尼日利亚	国际热带农业研究所	12 311	1981/1987	79.0	70 000	-20	<30	5	150

（引自国际水稻研究所，1991）

国际水稻研究所负责全球水稻遗传资源的收集和保存，以亚洲栽培稻及其野生近缘种为主，并在美国国家种子贮藏实验室与日本农业生物资源研究所复份保存各约20 000份。IITA和WARDA负责非洲栽培稻和野生稻保存，国际热带农业研究中心负责保持中、南美洲水稻遗传资源。

对种质基因库保存的水稻种子要定期进行发芽力监测，在湿、热地区一般1~3年，在干燥、寒冷地区一般每5年随机抽样检测一次。IBPGR认为当保存的水稻种质样本发芽率降到85%时即应繁育更新。IRRI则认为，当样本发芽率降低到40%~50%时，更新可能更为现实。

（四）中国保存的水稻遗传资源

中国从20世纪30年代开始，历经半个多世纪的艰苦努力，对中国本土上的水稻遗传资源进行了多次全国性的或局部性的收集。目前，绝大部分水稻遗传资源已经收集、整理、编目和保存。特别是在北京中国农业科学院建立了国家作物种质基因库，中国水稻研究所建立的水稻遗传资源库，以及与各省（区）建立的地方遗传资源相互配套，分级实施和管理，实行长、中、短期保存，一方面可以有效地利用这些种质资源；另一方面，中央和地方实行复份保存种质，有利于防止因火、水灾害，地震或战争等原因以及由于不良的保存条件而造成遗传资源的损失。

从20世纪80年代开始，中国对水稻遗传资源进行了大规模的保存。1981—1990年，在国家长期库保存的水稻遗传资源52 065份，占入库总数的74.74%；1991—2000年，保存的水稻遗传资源15 771份，占入库总数的22.64%；2001—2006年，保存的水稻遗传资源1 834份，占入库总数的2.63%。截至2006年，在国家长期库里保存的水稻遗传资源共计69 660份（表4－7）。

表4－7　国家长期库中保存的稻种资源份数

种质类型	期　间					合　计
	1981—1990年	1991—1995年	1996—2000年	2001—2005年	2006年	
地方稻种	41 355	5 586	1 813	594	4	49 352（70.84%）
选育稻种	1 656	1 609	1 056	199	229	4 749（6.82%）
国外引进稻种	5 046	2 515	361	511	120	8 553（12.28%）
杂交水稻“三系”资源	534	508		20	51	1 113（1.60%）
野生稻种	3 474（5 130）*	1 769（3 232）*	356		100	5 699（8.18%）
遗传材料		198		6	—	204（0.29%）
合计	52 065（74.73%）	12 185（17.49%）	3 586（5.15%）	1 330（1.91%）	504（0.72%）	69 660（100%）

* 入圃数；括弧内百分比为各种类型水稻种质资源占入库总份数的比率。

（引自《中国水稻遗传育种与品种系谱》，2010）

中国水稻遗传资源中，绝大部分是地方品种，占70.84%；其次是国外引进品种，占12.28%；第三是野生稻，占8.18%，以下次序是选育品种，占6.82%；杂交稻“三系”资源，占1.60%；遗传材料，占0.29%（表4－8）。在保存的地方品种中，数量较多的省（区）有广西、云南、广东、贵州、湖南、四川、江西、江苏、浙江、福建和湖北。

在国家长期库保存的水稻遗传资源49 352份地方品种中，籼稻品种占65.82%，粳稻品种占34.18%；水稻品种占92.08%，陆稻品种占7.92%；非糯稻品种占80.9%，糯稻品种占19.09%。在4 749份选育品种遗传资源中，籼稻占55.46%，粳稻占44.54%；水稻占99.58%，陆稻占0.42%；非糯稻占90.76%，糯稻占9.24%。在8 543份国外引进的水稻遗传资源中，籼稻占52.71%，粳稻占47.29%；水稻占97.75%，陆稻占2.25%；非糯稻占93.48%，糯稻占6.52%。

表4－8　国家长期库保存的稻种资源中籼稻和粳稻、水稻和陆稻、非糯稻和糯稻的份数

种质类型	籼　粳		水　陆		非糯　糯	
	籼稻	粳稻	水稻	陆稻	非糯稻	糯稻
地方稻种	32 485 (65.82%)	16 867 (34.18%)	45 444 (92.08%)	3 908 (7.92%)	39 932 (80.91%)	9 420 (19.09%)
选育稻种	2 634 (55.46%)	2 115 (44.54%)	4 729 (99.58%)	20 (0.42%)	4 310 (90.76%)	439 (9.24%)
国外引进稻种	4 503 (52.71%)	4 040 (47.29%)	8 351 (97.75%)	192 (2.25%)	7 986 (93.48%)	557 (6.52%)
合计	39 622 (63. 25%)	23 022 (36.75%)	58 524 (93.42%)	4 120 (6.58%)	52 228 (83.37%)	10 416 (16.63%)

注：表内数据来源于国家种质数据库；括弧内数字为占总数的百分比。
（引自《中国水稻遗传育种与品种系谱》，2010）

在国家长期库保存的地方品种、选育品种、国外引进品种的62 644份遗传资源总数中，籼稻占63.25%，粳稻占36.75%；水稻占93.42%，陆稻占6.58%；非糯稻占83.37%，糯稻占16.63%。籼稻、水稻、非糯稻分别显著多于相对的粳稻、陆稻、糯稻。

第三节　水稻遗传资源的鉴定和评价

一、水稻遗传资源的鉴定

（一）形态学性状鉴定

水稻遗传资源的形态学、生物学性状鉴定包括形态型、株型、株高、茎秆长、分蘖性、单株穗数、有效穗数、单穗粒数、结实率、穗型、穗长、谷粒形状、谷粒长度、谷粒宽度、谷粒色泽、芒性、千粒重、种皮颜色；水陆性、非糯与糯性、光温性、熟性、播种期、抽穗期、成熟期、生育期等。通过鉴定，筛选出株高在75cm以下的矮秆品种资源黑里壳、河北矮源等，单穗粒数在250粒以上的大穗型资源驼儿糯、昆明大日谷等，千粒重在40g以上的大粒型资源二粒寸、特大粒等（表4－9）。

（二）品质性状鉴定

国家和农业部分别发布实施《优质稻谷》GB/T 17891—1999和《农业部行业标准》NY/T－593－2002（表4－10）。根据这一优质稻谷新标准，对水稻遗传资源进行分析和鉴定，以为水稻育种提供优质材料。品质性状鉴定还应包括遗传资源中的特异和专用品质，以培育功能性水稻品种。截至2005年，国家长期库完成了30 794份水稻遗

传资源的品质性状鉴定，占库存总数的44.54%，从中筛选出一些优质米和特种米资源（表4－11）。

表4－9　筛选出的部分优异形态性状资源

类型	主要特性	水稻优异种质资源名称
矮秆	株高矮于75cm	黑里壳、河北矮源、三系10号、台24、盘徐稻、ITA398、IAT408、红松、红籼、矮仔占、矮麻、矮鬼、矮芒籼粘、矮芒白米粘、褐秆籼粘、本地香糯、驼粘、特大粒、青冬、宫香、朽柄、金刚、大淀、春风、奥胜、Q95、黄和观稻、秆黄白米粘
大穗	每穗粒数≥250粒	驼儿糯、昆明大日谷、汲浜、早献壳、八百粒糯、大杯子谷、黄瓜谷、鸟嘴晚禾、嘉平、大白背子谷、老黄毛、青秆背、疙瘩晚谷、大白谷、大方白谷、红宝石、54－BC－68、Kumri、Nato、Belle PaTna、IRAT1169、亳刚、陆稻农林2号、福山、JW15、BK9、嘉农428、通山三粒寸、Q347、ITA303、ITA182、蛋壳糯、寸谷糯
大粒	千粒重≥40g	二粒寸、特大粒、天鹅谷、洪巢鼠尾、宝大粒、三粒寸、竹云糯、三棵寸、SLG－1、小田2号、Hrborio、Cyauco、Albolia Piecoe、Arborio、夏－940、夏－951、夏－953、夏972

（韩龙植等，2002）

表4－10　食用稻品种品质（NY/T－596－2002）

品质项目		籼稻					粳稻				
		一等	二等	三等	四等	五等	一等	二等	三等	四等	五等
1. 整精米率（%）	长粒	≥50.0	≥45.0	≥40.0	≥35.0	≥30.0	≥72.0	≥69.0	≥66.0	≥63.0	≥60.0
	中粒	≥55.0	≥50.0	≥45.0	≥40.0	≥35.0					
	短粒	≥60.0	≥55.0	≥50.0	≥45.0	≥40.0					
2. 垩白度（%）		≤2.0	≤5.0	≤8.0	≤15.0	≤25.0	≤1.0	≤3.0	≤5.0	≤10.0	≤15.0
3. 透明度级		1	≤2	≤2	≤3	≤4	1	≤2	≤2	≤3	≤3
4. 直链淀粉含量（%）		17.0～22.0	17.0～22.0	15.0～24.0	13.0～26.0	13.0～26.0	15.0～18.0	15.0～18.0	15.0～20.0	13.0～22.0	13.0～22.0
5. 质量指数（%）		≥75	≥70	≥65	≥60	≥55	≥85	≥80	≥75	≥70	≥65

品质项目		籼糯稻					粳糯稻				
		一等	二等	三等	四等	五等	一等	二等	三等	四等	五等
1. 整精米率（%）	长粒	≥50.0	≥45.0	≥40.0	≥35.0	≥30.0	≥72.0	≥69.0	≥66.0	≥63.0	≥60.0
	中粒	≥55.0	≥50.0	≥45.0	≥40.0	≥35.0					
	短粒	≥60.0	≥55.0	≥50.0	≥45.0	≥40.0					
2. 阴糯米率（%）		≤1	≤5	≤10	≤15	≤20	≤1	≤5	≤10	≤15	≤20
3. 白度级		1	≤2	≤2	≤3	≤4	1	≤2	≤2	≤3	≤4
4. 直链淀粉含量（%）		≤2.0	≤2.0	≤2.0	≤3.0	≤4.0	≤2.0	≤2.0	≤2.0	≤3.0	≤4.0
5. 质量指数（%）		≥75	≥70	≥65	≥60	≥55	≥85	≥80	≥75	≥70	≥65

表 4-11　鉴定筛选出的品质优良的水稻资源

类型	性状	优质资源名称
优质	外观好，垩白少	黑头红、E164、金麻粘、麻谷、苏御糯、广陵香糯、扬稻 4 号、金陵 57、台南 17、台中籼育 214、K103、八重黄金、北陆 129、宫香米、秋田小町、珍富稻
	蛋白质含量 ≥14.70%	三春种、早糯、大红芒、硬头京、红勿、黄壳粘、红毛糯、黄米仔、泸开早 282、杨柳谷、冷水糯、麻谷、红谷、三百颗、早冬红、早禾糯、麻壳红、温矮早、大红脚、铁秋、红壳糯
	食味佳	越光、一母惚、屜锦、秋田小町、一品稻、一味稻、周安稻、金星 1 号、五优稻 3 号
特种米	香稻	山香糯、大香糯、细香禾、香禾子、洋县香米、香玉 1 号、香粳 203、夹沟香稻、宫城香、武香籼 107、广陵香糯、汉中香糯、香珍糯、明水香稻、上农香糯、津香糯、香宝 1 号
	有色稻	鸭血糯、接骨糯、香血糯、乌贡 1 号、龙锦 1 号、黑珍米、黑宝、汉中黑糯、河姆渡黑米、矮黑糯、上农黑糯 07、黑优粘、桂黑糯、紫香糯、珍黑 701、朝紫、红衣、赤珍珠

（应存山等，1996；韩龙植等，2002）

（三）抗病虫性鉴定

1. 抗稻瘟病性鉴定

1976—1979 年，由浙江、吉林、广西等省（区）农业科学院组成的全国稻瘟病科学研究协作组，在全国水稻产区设置了 30 余个稻瘟病病圃，对 2 000余份水稻遗传资源进行了稻瘟病抗性鉴定。鉴定采用人工苗期接种法。在网室水泥土池内旱播育苗，穴播或条播，池周边播感病品种，同时播种中国稻瘟病菌生理小种品种以资对照。当稻苗长到 3 片半至 4 片叶时，用全国或当地稻瘟病菌优势小种混合菌液进行人工接种，菌液浓度为每毫升 20 万个孢子，用 1.96×10^5Pa（2kgf/cm^2）气压空气压缩机进行喷雾接种，保温 20～24h。接种 10d 左右稻苗充分发病时，按标准调查病情进行鉴定。从中筛选出一批在多数稻区表现抗病稳定的遗传资源，如红脚石、砦糖（广西中籼）、赤块矮选（福建晚籼）、中系 7604（北京粳稻）、Tetep、IR/110－67、IR/60（国际水稻研究所）、粳稻砦 1 号、Pi4（日本）。

2. 抗白叶枯病性鉴定

20 世纪 70 年代以来，我国对地方品种、育成品种和国外引进品种等水稻遗传资源进行白叶枯病抗性鉴定。鉴定方法采取接种鉴定技术，每个品种种植 1 行（或采取盆栽 3～5 盆，每盆 3～5 株）。在孕穗期用白叶枯病菌致病型的代表菌株进行人工剪叶法接种，菌龄 72h，菌液浓度为每毫升 3 亿～5 亿个。接种后 20d，按国家 9 级抗性标准，即 1 级高抗、2 级抗、3 级中抗、4～5 级中感 、6～7 级感、8～9 级高感调查病情。从中筛选出一批抗源品种，如 DV85、DV86、D278、选 2、BG90－2、BJ_1、DZ192、IR64 等。

3. 抗纹枯病性鉴定

人工接种时，撒布带病菌的稻节或稻壳，或在孕穗期逐株插放带病菌的稻秆。当水稻植株发病后，根据病斑扩展相对高度和被害程度划分被鉴定的遗传资源抗感程度，结果表明品种间的抗感反应存在明显差异，例如，Tetep、IET4699、Jawa14、IR64 等抗性较好。

4. 抗虫性鉴定

水稻褐飞虱和白背飞虱对水稻的为害最重。抗性鉴定时将拟鉴定的水稻遗传资源播种在水泥池的土中，设置重复，种子发芽长到3片叶时，每株均匀接上褐飞虱2～3龄若虫5～8只。当感虫对照品种枯死后，观察被鉴定的水稻品种受伤害的情况，评定抗性等级。

江苏省农业科学院对720份水稻品种进行稻褐飞虱抗性鉴定，其抗性好的品种有飞糯、麻渣谷、紫米谷、沙草谷、紫糯、红秆谷、大酒谷，其抗性程度依次是100%、72.27%、75%、78.38%、70%、65.5%、70.0%。湖南省农业科学院对502份水稻遗传资源进行抗褐飞虱鉴定，其中，表现高抗的有毫童谷、那草谷、大黑谷、大花谷；抗的有面旱谷、元江白谷、牛羊谷、旱谷、坚持谷、金赤谷、白罗谷、蚂蚱谷；中抗的有百天谷。另外，还有ASDA、PTB33、Mudgo等。

现已鉴定的抗白背飞虱的水稻遗传资源有ARC10239、ARC52、N22（印度）、PodiwiA－B（斯里兰卡）、云南省地方品种鬼衣谷、便谷、大齐谷、大花谷等。

截至2005年，我国已完成了57 812份水稻遗传资源的抗病虫性鉴定，占入库种质总数的83.62%。从鉴定结果看，在我国的水稻遗传资源中均具有抗稻瘟病、白叶枯病、纹枯病，抗稻褐飞虱、白背飞虱等抗源材料（表4－12），以及一些具有双抗和三抗的遗传资源（表4－13）。

表4－12　鉴定筛选出的抗病虫水稻种质份数

种质类型	抗稻瘟病			抗白叶枯病		抗纹枯病		抗褐飞虱			抗白背飞虱		
	免疫	高抗	抗	高抗	抗	高抗	抗	免疫	高抗	抗	免疫	高抗	抗
地方稻种	—	816	1 380	12	165	0	11	—	111	324	—	122	329
国外引进稻种	—	5	148	3	39	5	14	—	0	218	—	1	127
选育稻种	—	63	145	6	67	3	7	—	24	205	—	13	32
野生稻种	13	8	188	16	117	—	10	3	89	98	45	71	73

（引自：《中国水稻遗传育种与品种系谱》，2010）

（四）抗逆性鉴定

1. 抗旱性鉴定

利用遮雨棚在盆栽的条件下，对水稻遗传资源进行抗旱性鉴定。在干旱胁迫下，调查发芽出苗率、生长势、生长量、受旱时叶片枯萎程度，灌水后恢复的能力，干旱对产量的影响等，然后进行综合评价，划分遗传种质的抗旱级别。国际水稻研究所采用气培法，研究水稻的抗旱性状，发现根长、根量、根粗细、根/芽比值等性状与抗旱性有关（Chang等，1986；IRRI，1989）。

2. 耐盐性鉴定

在盐碱地上，水稻幼苗对盐分最敏感，盐可以造成叶片卷缩、枯萎以致死亡。国际水稻研究所设立耐盐鉴定圃，进行耐盐水稻遗传资源的鉴定和筛选。盐分浓度保持在电导率EC 80～100S/m（8～10mmho/cm）。我国辽宁、山东、江苏等省的耐盐性鉴定，是将稻苗移栽到盐浓度0.2%的稻田里，灌溉水含盐浓度为0.2%～0.5%。最终根据不同生育时期水稻生育的表现以及对产量的影响，对鉴定的水稻品种进行最终评级。

表 4-13 鉴定筛选出的抗病虫水稻遗传资源

抗病虫类型		品种
抗病性	抗稻瘟病	三江、合川 1 号、AN 花培 42、Y382、台中育 214、K33、南农 2159、铁粳青、小爱 2 号、风景稻、双 77020、红麻粘、独立秆、蜜蜂糯、青冬、蒲圻御谷、白秆南谷粳、延 8891
	抗白叶枯病	扬稻 4 号、盐粳 2 号、金陵 57、南粳 36、苏农 3037、麻谷、千斤糯、碑子糯、浠水鸟嘴糯、红糯、桐子糯、台南 17、CTG778、森博纳特、BJ_1、八朔糯、藤 143、小北、秋力、中新 120
	抗纹枯病（中抗）	水稻霸王、野稻、江二矮、南 56、棉花条、Tetep、Jawa14、IET4699、IR20、IR42、IR64
	抗细菌性条斑病	玻璃占、晚铁矮、二糯、花皮山糯、毫米麻巢白、福矮早、金丝早粒、优特、广矮、麻早谷、苦根谷、白谷糯、华竹、扯糯、双桂 1 号、窄叶 1 号、溪晚 4 号、华竹 40、广矮 3784
	双抗（稻瘟病、白叶枯病）	中国 93、蒲圻白壳糯、崇阳糯、晚选
	抗三病（稻瘟病、白叶枯病和纹枯病）	绥阳粘、瓮安川谷、穿谷
抗虫性	抗褐飞虱	滦平小黄子、红脚粘、双脚尖、野禾、青水赤、矮子谷、百早、麻渣谷、紫米谷、沙草谷、紫糯、红秆谷、大洒谷、怀安老头稻、杨西糯、南京 14、阳城糯、苦心稻、矮子谷、陕西糯
	抗白背飞虱	细白粘、矮珍、白子谷、早麻谷、小哨谷、泥巴谷、地毛谷、长毛谷、高脚苏、小红谷、乌禾子、青山松、黄皮晚、安远早、古山禾、野红、乌金早、苦心稻、利川大白谷、罗田麻

（引自《中国水稻遗传育种及品种系谱》，2010）

中国农业科学院协同辽宁、山东、天津、江苏、新疆等省（区）农业科学研究单位进行水稻遗传资源的耐盐性鉴定。通过稻田试种和盆栽试验，用淡水育秧，移栽后用 0.5% 盐浓度的水灌溉，对 2 000余份水稻遗传资源进行鉴定，初步筛选出能耐 0.5% 盐浓度的水稻品种兰胜（粳稻，日本品种）、424（粳稻）等。辽宁省盐碱地利用研究所鉴定表明，盐 81-210（籼稻）的耐盐性强于兰胜，但盐 81-210 千粒重偏低，后期不耐低温。该所与山东海洋学院合作，在鉴定试验过程中用辐射处理和单株选择等技术选育耐盐的新品种，如获国家发明三等奖的耐盐、高产、优质水稻品种辽盐 2 号和获国家发明银牌奖、辽宁省发明一等奖的抗盐 100 号水稻品种。

天津地区农业科学研究所在天津市静海县对 152 个国内和国外引进的水稻遗传资源进行了耐盐性鉴定，采用湿田直播，用排水沟的水灌溉，苗期灌溉水的含盐量为 0.25% ~ 0.30%。表现较耐盐的水稻资源有京丰 6 号、龙牙占、连江密早、IR16（国际水稻研究所）。江苏省农业科学院土壤肥料研究所与国际水稻研究所合作，对国际水稻研究所供试的水稻育种材料进行耐盐性鉴定，鉴定地点的土壤含盐量 0.2% 左右，育苗移栽，以推广品种南京 11 为对照。鉴定结果表明，品系 1 号比对照略为增产，但不显著。

3. 耐冷性鉴定

我国北方水稻，尤其是东北稻区，常遭受低温冷害的影响，生长季节的低温造成延迟型冷害，8 月上旬的寒潮冷空气会造成水稻障碍型冷害。因此，水稻遗传资源的耐冷性鉴定和筛选非常重要。鉴定可在芽期、苗期和开花期分别进行。芽期鉴定，将浸种后的水稻种子放入5℃的冰箱里，处理10d，然后在30℃的室温中恢复10d，调查其发芽率和耐冷表现。苗期鉴定，采取早期田间播种，或设冷水灌溉区，水温15～16℃，处理20d，调查植株的分蘖率、生长势。开花期鉴定，采用晚播（插秧），调查自然低温对抽穗、灌浆和结实的影响。鉴定材料少时，可采用人工气候箱（室）鉴定。

吉林省农业科学院的水稻耐冷性鉴定结果表明，东北稻区栽培时间较久的地方品种，一般苗期对低温有较强的耐冷性，出苗快，幼苗粗壮，成苗率高；用冷水（15～16℃）灌溉处理后，出穗期年度间比较稳定，延迟的天数少，如普选10号、早雪等。黑龙江、吉林省农业科研单位对水稻遗传资源通过几年的耐冷性鉴定，筛选出一批在不同生育时期具有一定耐冷性的品种，如芽期耐冷品种有虎皮无芒稻、合江8号、合江13、吉粳60等；分蘖期冷灌处理耐冷性强的品种有京引127、滨旭、石狩、普选10号、早雪等；花粉母细胞减数分裂期耐冷的品种有花糯、京系15、京系17等；开花期耐冷的品种有测24、黎明、黑选5号、农虎6号等。从水稻遗传资源耐冷性鉴定结果分析得出，水稻品种资源从芽期、苗期、分蘖期、幼穗分化期、花粉母细胞减数分裂期到抽穗期、开花期、灌浆期，各个时期的耐冷能力相关性并不十分密切。

截至2005年，国家长期库共鉴定了26 298份水稻遗传资源的抗逆性，占入库水稻遗传资源总数的38.04%。其中，抗旱、耐盐、耐冷的水稻遗传资源均有一定的数量（表4－14，表4－15）。

表4－14　筛选出抗逆性强的种质数目

种质类型	抗旱		耐盐		耐冷	
	极强	强	极强	强	极强	强
地方稻种	132	493	17	40	142	—
国外引进稻种	3	152	22	11	7	30
选育稻种	2	65	2	11	—	50
野生稻种	—	—	—	—	—	—

（引自《中国水稻遗传育种与品种系谱》，2010）

表4－15　筛选出的部分抗逆性强的种质名称

抗逆性		品种
抗逆性	抗旱	毫变1、老来红、乌尖红、旱谷、大麻谷、白旱糯、本地红谷、织金水兰粘、贵定大麻谷、兴义小麻谷、思茅青秆粘、务川包齐等、北洋糯、望水白、南通陆稻、宜兴旱稻、启东旱稻、IAPAR9、农林糯12、RD89、IRAT109、IRAT144、旱稻297、旱稻502、尚南旱稻
	耐盐	有芒白稻、有芒旱稻、黄粳稻、长脚大穗头、没芒鬼、竹系26、晚慢种、红壳糯、苏80－85、万太郎米、关东51、兰胜、美国稻、宜矮1号、珍珠42、竹广29、长白9号、辽盐16
	耐冷	黑壳粘、霍香谷、早麻谷、红芒大足、酒谷、竹桠糯、红谷、红须贵州禾、高雄育122、肥东塘稻、矮丰、有芒水稻、白芒、大红芒、小红芒早稻、早稻红芒、大白芒、兴国、合系15、滇靖8号、靖粳7号、滇系1号、合系41、云粳9号、丽江新团谷、昆明小白谷、吉粳81、吉粳83、日哈克、望娘、山形80、圆粒、生拨、梦清

（引自《中国水稻遗传育种与品种系谱》，2010）

二、水稻遗传资源的评价

（一）评价的项目和程序

在水稻遗传资源鉴定的基础上，进行遗传资源的评价，然而鉴定与评价不是截然分开的，是有紧密联系的和相辅相成的。遗传资源评价是合理利用资源的前提条件，未经鉴定、评价的遗传资源只能说是“珍藏品”而已。评价是资源保存、鉴定与利用的纽带，通过评价资料、信息的交流，一定会促进种质资源的交换和利用。遗传资源的系统评价是一项长期的、科学的、繁重的和细致的工作，需要有农艺、遗传、育种、生理、作物病理、农业昆虫以及谷物生物化学等学科的科技人员的共同参加，并编制详细、系统的评价方案。

1. 评价主要项目

（1）*农艺性状评价*　以提供品种类型鉴别信息，形态学性状、生物学性状等方面的信息。

（2）*品种改良性状的评价*　如抗病性、抗虫性、抗杂草性、抗旱性、抗盐性、抗寒性、抗热性等，籽粒品质和营养成分等性状的评价，并提供相应的信息。

2. 评价的程序

（1）*种子繁育及初步评价*　考察收集到和引进的种质材料通常种子数量很少，因此，最初应繁育一定数量的种子，以供鉴定和评价农艺性状、抗病虫、抗逆性、品质性状等应用，选择有希望的材料供精确地评价，有的还要作植物检疫观察评价。

（2）*农艺性状的系统评价*　对收集保存的水稻遗传资源进行全面、完整的系统评价，如国际水稻研究所下属的国际水稻种质中心（IRGC）对其保存的水稻遗传资源进行45项性状的评价，完整的数据资料可以结合几次种子繁育时获取。

（3）*选择性状的群体筛选*　采用田间、温室或实验室试验的群体筛选方法，初步判定有潜在利用价值的经济性状及有用性状。一般是通过经验对大量鉴定材料进行迅速可靠的评价。

1973年，国际水稻研究所（IRRI）开展的水稻遗传评价与利用计划（GEU），至1985年年底，已对保存约50 000份水稻遗传资源的45项形态、农艺性状和35项遗传性状特点进行了综合评价，并将其数据资料贮存在电子计算机里，供需要者检索和利用（表4－16和表4－17）。

表4－16　国际水稻研究所遗传资源45项性状评价数据

性状	描述的总份数	平均值	范围
苗高（cm）	49 960	36.6	9～79
叶片长（cm）	49 847	57.4	10～100
叶片宽（cm）	49 855	1.4	0.4～3.1
叶舌长（mm）	49 809	18.8	3～53
播种至抽穗（d）	18 719	101.0	54～180
株高（cm）	49 816	117.8	19～213

（续表）

性状	描述的总份数	平均值	范围
单株穗数	49 821	15.8	2～52
茎秆直径（mm）	49 760	4.7	2～13
穗长（cm）	48 818	25.4	10～41
百粒重（g）	49 257	2.5	0.8～5.4
谷粒长（mm）	48 908	8.7	3.0～13.7
谷粒宽（mm）	48 908	3.1	1.8～4.8
播种至成熟（d）	49 810	128.2	82～212
糙米蛋白质（%）			
旱季种植	17 587	9.4	4.3～18.2
雨季种植	13 631	9.4	4.5～17.8
直链淀粉含量（%）	17 669	20.0	0～33

（引自 IRRI，1985）

表 4－17　国际水稻研究所遗传资源有关性状评价数据

有关性状的抗性或耐性	鉴定总份数	各抗性等级的频率（%）									
		0	1	2	3	4	5	6	7	8	9
白叶枯病	43 249	0	8	—	4	—	3	—	83	—	2
稻瘟病	29 061	1	14	2	8	15	14	5	11	13	7
纹枯病	23 088	<1	<1	—	9	—	88	—	3	—	<1
褐飞虱											
生物型 1	21 838	0	1	—	1	—	3	—	8	—	87
生物型 2	4 489	0	1	—	2	—	2	—	5	—	90
生物型 3	6 219	0	1	—	1	—	2	—	4	—	92
黑尾叶蝉	46 726	<1	1	—	2	—	10	—	13	—	74
稻蛆	22 949	0	<1	—	3	—	7	—	18	—	72
白背飞虱	48 554	<1	<1	—	2	—	10	—	28	—	60
卷叶虫	8 115	0	<1	—	10	—	12	—	20	—	58
电光叶蝉	2 756	—	<1	—	<1	—	4	—	31	—	65
糊化温度	14 854	—	3	—	13	—	42	—	25	—	17
耐旱											
苗期活力	20 040	—	30	1	21	2	27	2	11	<1	5
田间耐性（3～4bar）	6 920	0	2	2	20	4	43	4	20	1	<1
田间耐性（3～10bar）	2 400	0	0	0	1	12	18	12	56	7	5
暴露至 9～10bar 以后的恢复率	2 401	0	3	1	24	3	42	3	18	1	4
耐碱	2 693	—	3	—	36	—	50	—	9	—	2
耐盐	8 095	—	<1	<1	11	12	19	20	16	12	10
耐缺锌	964	—	0	<1	5	2	17	9	39	6	22
淹水伸长性	1 192	—	6	—	15	—	25	—	51	—	3
耐洪水（淹）	7 221	—	2	—	<1	—	1	—	2	—	95
耐冷	4 013	—	2	—	8	—	30	—	33	—	27

（引自 IRRI，1985）

（二）评价应遵循的原则

水稻遗传资源的评价既要符合品种遗传改良的目的，又要适应与资源保存相关的重要原则。

1. 应具有适当样本量的原则

为了遗传资源的贮藏、评价和分发，需要繁育足量的种子。

2. 处理同种异名和异种同名的原则

水稻品种在生长发育、或交流、交换过程中，由于一些因素的影响，常常产生与原品种特征有明显区别的新品系，但仍沿用原品种名称。另外，一个或几个形态特征，如壳色、粒色、芒等不同的形态突变株，可能产生于自然突变或天然杂交。生态品系（ecostrains）是人工和自然选择的产物，它们是一个栽培品种被引进到不同稻区，种植在不同生态条件下产生的。还有一些同名异种、异名同种的产生可能由于收获、标签写错或拴错等原因，使品种名称与原品种的性状相符合，而产生名不副实的情况。对出现这种重复的遗传资源应与原品种档案对照属于明显重复的应剔除，不重复的应重新编号，并单独评价。

3. 异质性群体分离保存的原则

水稻遗传资源保存的目的在于保存群体中一切有用的遗传变异性。但育种家往往要求提供具有高度同质性的遗传资源。而资源收集者从农田或其他地方收集到的地方品种，或在自然条件下生长的野生种一般属于异质性或杂合群体。种质资源保存者不应单纯追求形态上的一致性，而对收集的样本做主观的选择和纯化，否则会使群体内的有利基因在纯化过程中丢失。相反，应从同一家系群体中，将具有优异性状的材料选择出来，另行编号，分别保存。

4. 保持遗传资源遗传完整性的原则

水稻是自花授粉作物，一般一份资源应收获足够数量的单株，50～100 株，并将脱下的种子混合。对地方品种的更新繁育，至少要种植 60 株。与其他品种邻近的边行应当除去。对有疑问的遗传资源，应与品种档案及性状资料核对。更新繁育过程中，应严防人为差错和机械混杂。

（三）水稻遗传资源资料信息化管理

遗传资源的资料整理是资源保存的重要不可分离的部分，又是资源交换的纽带。资料档案系统包括以下几部分内容。

1. 基本资料

基本资料又称“护照资料”。收集或引进的资源，其完整的资料应有材料编号、名称、别名、原产国（地）、资源来源、育成历史；如果现场考察收集的样品，应有采集地点、生态条件、特殊用途等资料。

2. 农艺性状资料

这方面的资料主要包括从水稻播种到成熟时，植株各部位、收获后稻粒形态特征等性状的资料。

3. 评价资料

评价资料主要包括水稻资源对生物性条件：如病、虫、杂草等，非生物性：如干旱、冷凉、高温、盐碱、水涝等环境因素的反应，以及籽粒品质与加工特性等资料。

4. 管理资料

管理资料包括中、长期库保存的遗传资源的繁种、更新、分发等有关的资料。

为方便全球性水稻遗传资源及其资料的交流、交换和利用，国际水稻研究所与主要产稻国家的科技人员共同编制了性状记载标准化，并采用十进制编码的性状记载方法，以为从事水稻研究的各学科人员所采用。IRRI 还建立了使用标准化编码的电子计算机管理系统，按稻类型贮存上述 4 类资料档案，并向全球水稻研究者提供电子计算机化的资料检索服务。国际水稻研究所建成了生物信息学中心，建立了国际水稻信息系统（International Rice Information System，简称 IRIS），作为国际作物信息系统（International Crop Information System，简称 ICIS）的一部分内容，向全世界各国水稻科研工作者提供信息服务。

第四节　水稻遗传资源的创新与利用

一、栽培稻遗传资源的创新和利用

（一）遗传资源鉴定评价后直接利用

水稻遗传资源鉴定评价的目的是为了在水稻品种遗传改良中有效的利用。1974 年，国际水稻研究所（IRRI）开始实施"遗传评价与利用"（GEU）项目。1975 年，接受联合国开发计划署（UNDP）的资助，建立了"国际稻试验计划"（IRTP），1989 年更名为"国际稻遗传评价试验网"（INGER），组织了全球 50 多个产稻国家的 170 多个试验点，开展水稻遗传资源的遗传评价，总结出各种类型优异种质的地理分布和原产国家。评价出的可利用的遗传资源：①半矮生资源，中国广东的矮脚南特、广西的矮子占及台湾的低脚乌尖。②早熟性资源，主要来自孟加拉国、中国、印度等国。③抗白叶枯病资源，主要来自孟加拉国、印度、印度尼西亚等国。④抗通戈罗病毒病资源，主要来自孟加拉国、印度和泰国。⑤抗草丛矮缩病毒病资源，来自印度北方邦收集的一年生野生稻尼瓦拉野生稻（*O. nivara*）的 1 个品系。⑥抗裂叶矮缩病毒病资源，来自亚洲几个二倍体野生种材料。⑦抗褐稻飞虱资源，主要来自印度南部及斯里兰卡。⑧抗螟虫资源，来自印度、中国台湾和孟加拉国。⑨抗稻瘿蚊资源，来自印度和泰国。⑩抗黑尾叶蝉资源，来自亚洲热带栽培稻品种和非洲栽培稻（*O. glaberrima*）的部分品系。⑪耐氮素资源，部分表现为抗倒伏性，来自中国的半矮生型和粳稻（蓬莱 Ponlai）品种和美国品种。⑫耐盐性资源，来自斯里兰卡和印度。⑬耐涝和浸渍性资源，来自孟加拉国和印度。⑭耐夜间低温资源，来自印度尼西亚、尼泊尔、中国和日本，以及东南亚和南美洲的陆稻品种。⑮细胞质雄性不育性资源，来自中国的普通野生稻（表 4 – 18）。

表4-18 IRRI经全球多点鉴定评价出的抗性资源

抗（耐）性	优良种质*
耐低温	jodo（55570），Ching Hsi 15（36852），Akiyutaka（66973）
耐盐	Pokkali（8948），Nona Bokra（22710），Getu（17041）
耐酸性旱地	Azucena（328），Mat Candu（33952），Djoweh（4125）
抗稻瘟病	台北早（4285），Tetep（32576），Carreon（5993），Fukunishiki（40257）
抗白叶枯病	Kuntlan（72936），Camor（17366），Kachamota Barisal（39567）
抗通戈罗病毒病	ARC11554（21473），Naria Bochi（26749），Utri Merah（16680）
抗线虫病	Ba Tuc（10233），Sadapankaich（76250）
抗褐稻虱	Suduru Samba（11671），Sinna Sivappu（15444），PTB33（19325）
抗白背飞虱	Sinna Sivappu（15444），Chemparan Pandi（53422），Chemban（55070）
抗螟虫	TKM6（237），WC1263（11057）
抗稻蓟马	Dahanala（15202）

*括号内数字为IRRI登记号（IRRI，1991）。

国际水稻科研机构和产稻国的水稻科研单位对鉴定、评价出来的优异水稻遗传资源开展了广泛的利用研究。在水稻品种遗传改良中利用最成功的当属半矮生资源。矮脚南特是1958年从高秆水稻品种南特16系选而成的。之后利用矮脚南特选育出青小金早、南早1号、矮南早7号等。浙江省以矮南早7号为亲本杂交，从二九矮7号×矮南早7号育成二九南，从二九矮7号×青小金早育成二九青。1959年，广东省以广籽粘4号×广场13育成广场矮，之后以广场矮为矮秆资源，先后通过杂交育出广场矮4号、广二矮、广秋矮等水稻新品种，在水稻生产上发挥了重要作用。广泛应用的珍汕97雄性不育系也是矮子粘的衍生系。国际水稻研究所用中国台湾矮秆资源低脚乌尖作杂交亲本，通过低脚乌尖×Peta育成IR8水稻品种，再以IR8为矮秆源，进而育成IR20、IR22、IR24，一直到IR74等品种，开创了水稻矮秆遗传改良的绿色革命。

在水稻遗传改良中，抗病遗传资源的利用也是非常有效的。中国农业科学院以抗稻瘟病资源Pi-5为亲本，与喜峰杂交育成了抗稻瘟病新品种中丹1号、中丹2号和中丹3号。华南农业大学以抗稻瘟病资源朝阳早18与红珍早、IR24进行复合杂交，（朝阳早18×红珍早）×IR24，育成了抗稻瘟病品种红阳矮。广东省农业科学院以抗白叶枯病资源华竹矮与（晚青×青蓝矮）F_4杂交，育成了抗白叶枯病的青华矮6号。

对多数水稻推广品种来说，多数主要性状是优良的，总有1~2个性状是较差的，这就需要具有相对性状优良的遗传资源进行改良，也就是说品种的遗传改良是通过水稻遗传资源的直接利用方式来创造出改良新品种。在这个过程中，包括对品种改良缺点目标的鉴定和遗传资源优点的鉴定。遗传资源的直接利用省去了人工创造遗传变异的步骤，使得水稻遗传改良的进程速度加快。

（二）遗传资源的创新利用

在水稻遗传改良中，有些需改良的性状目标不能直接利用已有的遗传资源，需要对其创新利用，例如先育成中间材料再加以利用。还有许多优良性状基因存在于野生近缘种的遗传资源中，这就需要通过远缘杂交和胚拯救技术、远缘杂交的杂种花药（粉）培养技术、原生质体融合技术、DNA 重组技术、物理化学诱变技术、染色体加倍技术等进行水稻遗传种质的创新，再行利用。

对地方品种中的重要性状基因，还可以通过培育中间母本再提供品种遗传改良利用。日本为了利用中国水稻品种资源 Pe－Bi－Hun 的抗黑尾叶蝉和萎缩病基因，通过杂交 Pe－Bi－Hun×关东 98×关东 100 先育成水稻中间母本农 2 号；利用 Mudgo 资源的抗褐飞虱基因 *Bph*－1，以（丰沃×Mudgo）×（故智风 13×IR781－1－94/4/丰沃）为母本，以秋津×筑紫晴为父本，经籼、粳杂交育成中间母本农 3 号；利用 Babawee 抗褐飞虱基因 *bph*－4 与筑紫晓杂交，育成中间母本农 7 号；利用原产印度尼西亚苏门答腊岛高海拔特抗寒水稻品种资源 Silewah，与 4 北海 241 杂交，育成中间母本农 8 号；利用印度尼西亚爪哇型品种 Ketan Nangka 的广亲和性，通过复合杂交秋光×（日本优×Ketan Nangka），育成了具有广亲和性的中间母本农 9 号（热研 1 号）等。日本通过杂交进行遗传资源的创新，培育了一批中间型亲本，这给品种的遗传改良打下了基础。

对现有水稻品种遗传改良体系而言，多数拟改良的目标性状不是简单的单基因控制的性状，而是较复杂的数量性状。而且，对极端性状的改良并不能从水稻遗传资源中直接获得，或者所要得到的性状不能从水稻资源自身获取，那么，就需要先创造出符合水稻遗传改良利用的遗传资源，即所谓的种质创新，再对这些创新资源进行利用，这也就是水稻遗传资源的间接利用。

水稻遗传资源的间接利用体现了现代育种技术与水稻遗传改良的良好结合，如转基因技术可将水稻本身没有的性状基因导入水稻品种中去，使水稻品种获得特异性状。同时，水稻遗传资源的间接利用使水稻遗传改良分工更加细化，如一部分科研人员专攻可被利用的水稻遗传资源，一部分科研人员专注水稻遗传资源的实效育种利用，这样可大幅促进和提升水稻遗传改良的效率。

二、国际间水稻遗传资源的相互利用

（一）我国对外国水稻遗传资源的利用

收集和引进外国水稻遗传资源能扩大水稻遗传改良的遗传基础，增加水稻遗传的多样性，对水稻生产、品种选育及其他方面的科学研究都会发挥重要作用。1949 年以来，我国从世界各地引进的水稻品种资源和遗传材料有 23 890份，其中，从国际水稻研究所和日本引进的水稻遗传资源较多，其利用的效果也最好。

1. 外引品种资源的直接利用

据中国农业科学院 1981 年统计，全国在引进外国品种资源的基础上，经过鉴定评价筛选出 70 个品种（万亩以上）直接在水稻生产上推广应用（表 4－19）。

表 4-19 全国推广应用的外国引进品种名录（1949—1981 年）

省（市、区）	名　称
北京	越富、野地黄金（农垦 39），白金（农垦 40）、下北（早丰、京引 127）、秋光、喜峰、秋岭
河北	野地黄金、白金、山风不知（京引 39）、喜峰、丰锦、福锦
山西	藤坂 5 号（农垦 19）、十和田（农垦 20）、野地黄金、白金、三好（京引 35）、垂穗波（京引 30）、下北、福糯稻（京引 174）
辽宁	藤坂 5 号、十和田、越路早生（农垦 21）、三好、藤稔（京引 47）、藤坂 66（京引 66）、下北、福锦，月见糯、初糯、新糯、黎明，秋岭、丰锦、秋光
吉林	石狩白毛、元子 2 号、永稔、新雪、手稻（京引 58），红石、藤坂 5 号、镜城 1 号、陆奥光，松前，藤稔、下北、早锦、秋光
黑龙江	北斗、虾夷（京引 59），农林 33
上海	世界一（农垦 58）、社糯（京引 15）
江苏	金南风（农垦 57）、世界一、社糯、日本晴、筑紫晴、IR8、IR24、IR661、BG90—2
浙江	世界一、社糯、满月糯（京引 88）、IR8
安徽	红光、日本晴、红糯、金南风、世界一、IR8、IR26、IR36、IR661
江西	世界一、IR 24
福建	农林 16 号、大雪（农垦 8）、藤坂 5 号、世界一、藤稔，藤坂 66、满月糯、船工稻、神奇、IR8、泰引 1 号
广东	IR8、IR24、IR661、小家伙、古 226
广西	IR8、IR24、泰引 1 号、世界一、冈森 456（Gunsum Experimental No. 456）
湖北	世界一、IR8、IR24、IR26、IR29、神奇、杰雅（贾雅）
湖南	世界一、古 154、IR8、IR24、IR26、IR29
河南	田边 10 号、金南风、野地黄金
四川	IR8、石狩白毛、银坊主
云南	西南 19（京引 134）
陕西	金南风、藤坂 66，石狩白毛、元子 2 号、银坊主、越富
甘肃	农林 36（农垦 46）
新疆	杜字 129
宁夏	山风、不知（京引 39）、国光
天津	野地黄金、白金、万两、下北，丹箭糯、丰锦、福锦、喜峰

（引自《中国稻作学》，1986）

其中，来源日本的 54 个，国际水稻研究所 7 个，古巴 2 个，朝鲜 2 个，斯里兰卡 1 个，泰国 1 个，印度 1 个，美国 1 个，前苏联 1 个。在 70 个推广应用的外引品种中，种植面积达到 100 万亩以上的有 15 个（表 4-20）。其中，世界一（粳稻）种植面积最多，其次为 IR8（籼稻）。

表 4－20　推广面积在百万亩的外国水稻品种（1981 年）

品种名称	原产地	品种类型	开始推广年份	推广面积（万 hm^2）		主要种植地区（省、区）
				最大	现有	
世界一（农垦 58）	日本	粳	1959	374	506	江苏、浙江、上海、安徽、江西、湖南、湖北、福建、广西
金南风（农垦 57）	日本	粳	1960	62	179	江苏、安徽、山东、河南、陕西
丰锦	日本	粳	1970	20	202	辽宁、天津
社糯（京引 15）	日本	粳	1970	18	32	江苏、浙江、上海
十和田（农垦 20）	日本	粳	1960	13	8	山西、辽宁
越路早生（农垦 21）	日本	粳	1961	10	少数	辽宁
黎明	日本	粳	1969	10	50	辽宁
下北（早丰）	日本	粳	1970	8	91	北京、天津、吉林、山西、辽宁
藤坂 5 号（农垦 19）	日本	粳	1960	8	6	吉林、辽宁、山西、福建
日本晴	日本	粳	1970	7	77	江苏、安徽、山东
野地黄金（农垦 39）	日本	粳	1959	7	6	天津、北京、河北、山西、河南、山东
IR8	国际水稻研究所	籼	1968	118	722	广东、广西、湖南、湖北、江苏、浙江、安徽、四川、福建
IR24	国际水稻研究所	籼	1973	43	551	江苏、江西、湖南、湖北、广东、广西
IR26	国际水稻研究所	籼	1973	7	66	安徽、湖南、湖北
IR661	国际水稻研究所	籼	1974	6	29	江苏、安徽、湖南、广东

（引自《中国稻作学》，1996）

（1）日本水稻资源的直接利用　1949—1981 年，在我国直接利用的外国的 70 个水稻品种中，来自日本的就有 54 个，占总数的 77.1%。在推广的 15 个百万亩以上的外国水稻品种中，来自日本的就有 11 个，占总数的 73.3%。其中，日本水稻世界一（农垦 58）最大推广 374 万 hm^2，全南风（农垦 57）推广 62 万 hm^2。这是由于日本水稻品种资源主要是粳稻，在我国粳稻种植区一般可以直接利用。

近年来，日本水稻品种空育 131 因具有高产、耐寒性强、抗病性好，自 1996 年在水稻生产上推广种植以来，截至 2004 年，已在黑龙江省累计生产面积达 379.6 万 hm^2，占黑龙江省水稻总种植面积的 29.9%，并且连续 10 年成为黑龙江省水稻生产的主栽品种。

（2）国际水稻研究所品种资源的利用　国际水稻研究所的水稻遗传资源主要是籼稻。其优良的籼稻品种在我国籼稻种植区可以直接利用。20 世纪 60 年代以来，国际水稻研究所选育的 IR 系列籼稻品种曾在我国南方籼稻产区大面积推广种植。其中，丰产性好的 IR8（科字 6 号）的种植面积最大，1968 年一年种植面积达 91 万 hm^2。IR24、IR29、IR36、IR661、IR1529－680－3（小家伙）也都曾达到年生产面积在 8 万 hm^2 以上。这些水稻品种主要种植在湖北、四川等长江流域的一季中稻稻区，华南的广东省也有相当种植面积，对我国当时水稻增产起到了很大作用。

1976 年，中国农业部代表团访问国际水稻研究所。1979 年，中国农业科技代表团与国际水稻所双方签订合作协议。此后的 30 余年里，双方在水稻遗传资源交换、品种改良、病虫害综合防治等方面进行了卓有成效的合作。通过合作项目，中国向国际水稻研究所的水稻种质库和专家提供了 3 399份栽培稻和 30 份野生稻遗传资源，国际水稻研究所向中国赠送了 9 421份栽培稻和 1 574份野生稻遗传资源。

30 年来，中国利用国际水稻研究所提供的 IR 系列水稻品种，经鉴定评价直接命名推广了 21 个 IR 系列水稻品种，而利用其遗传资源作亲本育成的水稻品种有 160 多个，累计种植面积达 1 300万 hm^2。

2. 外引水稻遗传资源的间接利用

在从外国引进的水稻遗传资源中，除了一小部分经鉴定、筛选直接推广利用外，大部分可以作为水稻遗传改良的亲本材料进行利用，也就是所谓间接利用。据《中国水稻品种资源目录》统计，截至 1977 年，在我国选育的 1 004个水稻品种中，有 289 个选育品种是利用外国水稻遗传资源作为亲本材料选育的。其中，246 个选育品种是利用外国粳稻品种，绝大多数是来自日本的，再有是意大利的；41 个选育品种是利用外国籼稻遗传资源作亲本选育的，主要是来自国际水稻研究所，个别来自印度等国。

全国粳稻种植面积比籼稻少，但分布范围广，所以，北方粳稻遗传改良研究也相当广泛，由于长江流域的水稻耕作改制，不仅太湖流域粳稻区的江苏、上海、浙江等省（市）已进行粳稻的品种改良研究，而两湖、江西、安徽，甚至四川等省也相继开展了粳稻品种的选育工作。从我国水稻全国性熟期来看，日本水稻品种属于早稻和中稻，与中国北方粳稻品种的熟期相近。迄今，只有世界一日本粳稻品种的熟期接近太湖流域晚粳的。一般来说，日本粳稻品种的株型、穗部性状、抗病性在我国有很好的表现，所以，在粳稻遗传改良上利用得多。

在我国水稻生产上推广的多数优良粳稻品种都含有日本粳稻资源的亲缘，例如，辽宁省农业科学院稻作研究所从日本粳稻品种富锦×黎明的后代里，利用系统法选育出辽粳 6 号；从 BL－6×丰锦后代中，选育出辽粳 10 号。日本对粳稻的矮秆性状较早就进行研究，我国在 20 世纪 50 年代以前大多引种日本矮秆水稻品种进行生产，之后用这些品种作为矮秆资源进行粳稻矮化遗传改良，如农林 1 号、农林 8 号、农垦 58、石狩白毛、藤坂 5 号和金南凤等，利用上述品种资源经遗传改良，我国选育出来的粳稻品种有松辽 1 号、吉粳 53、农虎 6 号、中花 8 号、长白 4 号、东农 412、合江 14 等。

鉴于日本水稻品种资源具有较好的抗逆性，使得这些资源成为我国粳稻抗逆性遗传改良的抗源材料。例如，早丰、黎明等抗稻瘟病，丰锦、秀岭较抗白叶枯病，早生旭、福岛 5 号、越锦等耐盐性强，万年、嘉笠耐旱性好，这些资源在我国粳稻抗逆性品种选育中起到了重要作用。

日本水稻品种资源多数外观米质优良，米饭适口性好。如丰锦、越光、屉锦、农林

313 等。这些品种资源为我国粳稻优质米品种选育提供了可利用的遗传资源。例如，吉林省农业科学院水稻研究所以优质米日本水稻品种奥羽 346 为母本，与长白 9 号为父本杂交，选育出优质、高产水稻新品种吉粳 88。

在日本粳稻品种资源中，绝大多数含有 BT 型雄性不育系的保持基因，而不含恢复基因，因此，多数日本粳稻品种可以被转育成 BT 型雄性不育系在粳稻三系杂交种选育中应用。这其中最经典的例子就是黎明，由黎明转育成 BT 型雄性不育系黎明 A，由它组配成我国在世界上第一个大面积生产应用的粳稻杂交种黎优 57，而这一组合中的恢复系粳恢 C57 也含有 50% 日本水稻品种京引 35 的亲缘。此外，由日本水稻品种丰锦、秋光、秀岭、屉锦转育成的雄性不育系，并由其组配的粳型杂交种丰优 57、秋优 57、秀优 57、屉优 57 也都在生产上大面积推广应用。由此可见，日本水稻遗传资源在我国水稻遗传改良中，不论是常规粳稻品种选育，还是粳稻杂交种选育均发挥了重要作用。

同样，国际水稻研究所的水稻品种资源对我国籼稻杂交种的选育也起到了重大作用。我国在野败型雄性不育系选育成功之后，恢复系的选育成为杂交种组配的瓶颈。在中国籼稻杂交种选育的初期，恢复系选育的恢复基因主要来自国际水稻研究所选育的半矮秆高产水稻品种或品系，如 IR24、IR26、IR30、IR36、IR50、IR661 等直接作为组配籼稻杂交种的恢复系利用，其杂交种在生产上大面积推广应用。之后，经过遗传改良的恢复系也多数含有国际水稻研究所所选品种的亲缘。

粳稻杂交种所用的恢复系列是通过籼粳杂交，利用桥梁亲本将籼稻品种中的恢复基因导入粳稻品种中育成的。例如，我们第一个选育成功的粳型恢复系 C57，就是由 IR8 与科晴 3 号杂交，再与京引 35 复交选育而成的。其后，经改良育成的粳稻恢复系的恢复基因，绝大多数都是来源于 C57。

国际水稻研究所的品种资源产自东南亚热带稻区，多数品种具有较好的抗病、虫性，例如，IR36、IR52 是抗稻瘟病的抗源，IR20、IR28、IR29、IR30、IR36、IR44 等品种是重要的抗白叶枯病的抗源。IR5023 - 436 - 1 - 2 是抗黄矮病的抗源，IR26、IR36、IR880 是抗矮缩病的抗源；IR19735 - 30 - 3 - 3 是抗三化螟的抗源，IR7021 - 625 - 3 是抗褐飞虱的抗源，IR2035 - 117 - 3 是抗白背飞虱的抗源。这些抗病、虫遗传资源为我国抗病、虫水稻遗传改良提供了遗传资源。例如，我国水稻育种专家利用多抗性品种资源 IR36 与广解 9 号杂交育成早籼 HA79317 - 7，表现抗稻瘟病、白叶枯病、褐飞虱、黑尾叶蝉等多重抗性，而且米质优良。以雄性不育系珍汕 97A 与带有显性抗褐飞虱基因的 IR26 组配的籼稻杂交种汕优 6 号，表现对褐飞虱生物型 1 和 3 具抗性。

（二）外国对中国水稻遗传资源的利用

中国与外国水稻遗传资源的交换由来已久。日本的粳稻品种最早是从中国引入的。中国粳稻品种资源较丰富，因此，日本致力于研究和利用中国水稻遗传资源，例如，在 20 世纪 40 年代日本就研究利用了杜稻、荔枝江等抗稻瘟病的品种资源，近年又从中国引入云南省的抗寒品种资源开展利用。

中国与东南亚各国水稻遗传资源的交换也很频繁，如印度尼西亚著名的籼稻品种 cina（即 tjina）就是从中国引进的、利用的。印度的编号品种资源 ch 和 chin 等都是从中国引去的。越南的白谷糯 16 等也引自中国。此外，美国的 fortuna，意大利的 chinese original 编号品种都是来自中国并加以利用。

近年来，国际水稻研究所在大规模进行水稻品种遗传改良中发现，在水稻品种选育中所采用的亲本，中国水稻遗传资源是重要材料，许多育成品种都含有中国水稻品种 cina、低脚乌尖、台中本地 1 号（TNT）、菜园种、fortuna 等的亲缘。国际水稻研究所最早育成的品种 IR8，就是用印度尼西亚品种皮泰（Peta）×中国品种低脚乌尖育成的。应该指出的是，皮泰是印度尼西亚育成的品种，其杂交亲本之一是中国的 cina，另一个杂交亲本是 latisa（印度、孟加拉国）。由此可见，著名水稻品种 IR8 的育成，其亲本是直接（低脚乌尖）和间接（cina）利用了中国水稻遗传资源。

除 IR8 外，IR5、IR20、IR22、IR24、IR26、IR28、IR29、IR30、IR32、IR34、IR36、IR38、IR40、IR42 等 14 个国际稻（IR）系列品种都含有中国水稻遗传资源亲缘的。特别是 cina 这个品种资源与上述国际稻系列品种都有或近或远的亲缘关系。截至 1976 年，国际水稻研究所对 8 000份水稻遗传资源进行了抗寒性鉴定，从中筛选出 4 个抗寒性强的水稻品种，即中国的 Leng Kwang 和 chin1039，菲律宾的 C21，印度尼西亚的 Kimigan。在这 4 个抗寒性强的水稻品种中，来自中国的占了一半。迄今，国际水稻研究所已从中国引进栽培稻遗传资源 3 399份，野生稻遗传资源 30 份。有理由相信，国际水稻研究所在利用这些遗传资源过程中，一定会创造出更多的奇迹。

三、野生稻遗传资源的利用

迄今，我国已收集、整理、编目和鉴定的普通野生稻等遗传资源约 4 000份。为妥善保存这些珍贵的野生稻资源，一方面收获野生稻种子保存在国家作物种质资源长期库里，另一方面在广东、广西农业科学院建立较大规模的国家野生稻种质资源保存圃。另外，在江西的东乡、广东的高州、云南的元江、广西的玉株、海南的保亭、湖南的茶陵和福建的漳浦等地均建立了普通野生稻原生境保护区。

由于野生稻长期处在不同的生境条件下，靠自身繁衍和生长发育，因此，形成了各种多样的变异类型。而且，野生稻在长期的自然选择下，具有了许多优良的性状和特性，例如，较强的抗病、虫性、抗逆性、适应性等。这些特性都可以在水稻遗传改良中加以利用。

（一）在水稻常规品种选育中利用

在我国 3 个野生稻中，普通野生稻利用的早，且成果也突出。1926—1933 年，丁颖利用普通野生稻与栽培稻杂交，选育出抗性强、米质优、耐瘠薄的水稻品种中山 1 号。此后，在中山 1 号的基础上，衍生出系列品种中山红、中山白、包胎矮、包选 2 号、包选矮、大灵矮等。20 世纪 70 年代，上海市青浦县农业科学研究所利用海南岛崖县普通野生稻杂交育成了早熟、矮秆、耐肥的高产品种——崖农早。80 年代，广东省农业科学院水稻研究所利用普通野生稻育成了抗白叶枯病、米质优良的晚造中熟品种竹野；广东省增城县宋东海利用普通野生稻育成米质优良、结实率高、病虫害轻的水稻品种桂野粘；广西农业科学院水稻研究所利用普通野生稻资源育成了矮秆、耐肥、高产、糯性好、抗倒伏、分蘖力强的糯稻品种西乡糯 1 号。90 年代，广东省农业科学院利用本省普通野生稻中具有优良米质和抗病、虫的遗传材料 S6166、S1102，与株型理想、丰产性好的栽培稻杂交，采用单交、回交、复交相结合的技术，经多年选择、培育，选育出一些优质、抗病虫的新品种和品系。例如，由野生稻 S6166 与栽培稻 N481 杂交育成的粤野粘 2 号，由野生稻（S1102 × 珍汕 97）×（81005 × 密阳 54）杂交育成的粤野占 5 号，其稻米分别达到特一级和一级标准，食味好、抗病、高产、适应性广，在水稻生产上得到推广应用。

（二）细胞质雄性不育性的利用

在野生稻中，细胞质雄性不育性是普遍存在的，这是水稻杂种优势利用得以实现的遗传资源基础。袁隆平、李必湖等首次在我国海南岛发现了败育型的普通野生稻，进而利用它育成了野败型雄性不育系，并于 1973 年实现了我国杂交水稻“三系”配套，以及杂交水稻大面积的生产应用。从此开创了我国和世界水稻杂种优势利用的新纪元。

在我国水稻雄性不育系不育细胞质来源中，野生稻有 32 种，占 54%。我国水稻主栽杂交种的雄性细胞质源及其育成的主要雄性不育系列在表 4－21 中。其中，由海南岛普通野生稻育成的野败型雄性不育系珍汕 97A、V20A、博 A、龙特浦 A，由江西省东乡普通野生稻育成的矮败型雄性不育系协青早 A 等在我国籼型杂交稻选育和大面积生产上起到了最重要的作用。由野败型不育细胞质衍生的三系杂交稻雄性不育系及其同型保持系珍汕 97A 和珍汕 97B、V20A 和 V20B，以及由矮败型衍生的协青早 A 和协青早 B，其组配的杂交稻组合在我国水稻生产上种植面积最大，约占杂交稻生产面积的 70%。

表 4－21　主栽杂交稻的雄性不育细胞质源与育成的主要不育系

雄性不育细胞质类型	来源	育成的主要不育系
野败型	海南省崖县普通野生稻	珍汕 97A、V20A、博 A、龙特浦 A
矮败型	江西省东乡县普通野生稻	协青早 A
冈型	西非栽培稻 Gambiaka kokoum	冈 46A
D 型	西非栽培稻 Dissi D52/37	D 珍汕 97A（D 汕 A）
印水型	籼稻印尼水田谷 6 号	Ⅱ－32A、优 IA

（引自《中国作物及其野生近缘植物》，2006）

（三）野生稻可以利用的优良性状

1. 野生稻的高产优质性状

国内外的研究表明，普通野生稻是一个重要的有利基因库，其中，有高产的 QTL，而且可借助分子标记等新技术最终可能通过育种程序将这些 QTL 聚合起来加以利用，提高水稻产量潜力。在普通野生稻的第一和第二染色体上分别有高产基因 *yld*1. 1 和 *yld*2. 1，如果将野生稻上的这两个高产 QTL 基因转导到杂交水稻的恢复系中去，可大幅提升杂交稻的产量水平。

在普通野生稻中，还存在具有许多优良品质的资源，野生稻外观品质优良的约占 60% 以上，有些省份普通野生稻外观品质优良的占 90% 以上，表现为米粒细长，无腹白，玻璃质、米粒坚硬不易破碎，蛋白质、赖氨酸含量较高等。

2. 野生稻的抗病虫特性

野生稻的抗病虫性强，抗谱广，有丰富的水稻病虫害抗源。国内外研究表明，从野生稻中寻找水稻病虫害抗性基因的几率比栽培稻高 50 倍。目前，在水稻生产上通常发生的最普遍的水稻病虫害，都能在野生稻里找到抗源。我国水稻科技工作者先后从野生稻遗传资源中找到一批高抗、中抗水稻病虫害的遗传资源，为我国水稻抗病虫遗传改良提供了广泛的抗源基础。

3. 野生稻的抗逆特性

野生稻长期在野外生境条件下生长、发育、繁衍，经受各种自然灾害和不良环境的选择，因此，形成了耐旱、耐淹、耐寒、耐盐碱、耐高温等耐不良环境条件的特性。IRRI 报道野生稻耐逆性能力特别强，曲须根野生稻和尼瓦拉野生稻都有随水位上涨在高节位产生分枝和不定根的能力，多年生野生稻这种能力更强。野生稻耐冷性极强。江西省东乡野生稻在 1 月平均气温 5.2℃，极端最低气温 -8.5℃条件下，每年都能在野外生境宿根自然越冬。广东省农业科学院在野生稻遗传资源抗性鉴定中，筛选出抗寒、耐涝、耐旱及根系泌氧力一级和二级的抗性材料。广西农业科学院鉴定野生稻遗传资源，筛选出一批耐冷性和耐旱性极强的普通野生稻遗传材料。这些具有极强抗逆性的野生稻资源为我国进行水稻抗逆性遗传改良提供了宝贵的种质和抗性基因授体材料。

4. 野生稻其他特异性状

野生稻具有强盛的生长优势，根系发达，分蘖力强，生长速度快，再生能力强，功能叶耐衰老，花药大，柱头外露，开花时间长，染色体组 AA 型，广亲和等多种多样栽培稻不具有的或已消失的优良特性。广西普通野生稻具有大批功能叶耐衰老的材料，有的材料在抽穗后 3 个月进入严冬季节，尚有 2 ~ 3 片绿叶。我国多年生宿根普通野生稻有一些遗传资源和原产非洲的长花药野生稻均具有强大的生长势。广西农业科学院水稻研究所利用普通野生稻作亲本之一杂交，获得了分蘖力特强的杂种后代。

研究发现，几乎所有的野生稻对光照长度都是敏感的，而且不同种对光周期的敏感程度是不同的。稻属不同种和部分中国普通野生稻的光周期反应研究表明，供试材料在短日照条件下能提早抽穗，它们对短日照诱导的敏感程度与染色体组一定关系。AA 染色体组的稻种，其光周期反应表现明显的多样性。目前，一般认为普通野生稻的光周期反应特性均属于敏感类型。利用野生稻光周期敏感的特性，可以在两系杂交稻利用体系上发挥较好的作用，因为这可以通过野生稻与栽培稻杂交，从中选育出光敏细胞核不育材料。

第五章　水稻遗传改良的遗传学基础

水稻的遗传研究开始于20世纪初期，1909年桑田首先研究了亚洲栽培稻大、小孢子的发生和减数分裂，并确定水稻体细胞染色体数目为24，他对6个栽培品种的减数分裂做了详细描述，并观察到次级联会现象（Seconldary association）。他关于水稻染色体数目、配对和减数分裂过程的研究发现，以后为许多学者的研究所证实。

我国也是较早研究栽培稻和野生稻遗传的国家，赵连芳于20世纪20年代，丁颖于30年代分别以栽培稻和普通野生稻为材料开展研究，其结果至今仍有重要的科学价值。20年代以后的半个多世纪时间，水稻遗传研究涉及诸多方面。国内外学者特别关注水稻形态性状，尤其是颜色性状的遗传，这些研究导致60年代水稻基因连锁图的建立。

20世纪30年代以来，国内外学者开展了水稻细胞遗传学研究，在描绘水稻染色体组型和阐明稻属各种间关系上取得了重要成果，这是由于水稻的染色体小，形态结构无明显标志，所以，研究起来比较困难，虽然有大量基因已被发现，但基因连锁的染色体基础尚未精确探明，因而水稻细胞遗传研究进展较慢。70年代以来，水稻非整倍体材料相继创造和利用，促使水稻细胞遗传研究获得一定突破。

随着水稻育种的进展，促进了与育种有关性状的遗传研究，并取得了大量研究成果。尤其是随着籼稻9311和粳稻日本晴的基因组测序的完成，水稻已经成为禾本科作物开展基因定位、克隆、功能验证及后基因组研究的模式作物，中国和世界其他国家的科学家在这些方面的研究取得了重要进展。截至2007年，国际上现已定位513个水稻质量性状基因，定位8 000余个数量性状基因，已克隆出具有优良表型性状的功能基因83个，其中，中国科学家克隆了22个。

第一节　水稻染色体组

一、水稻染色体形态

染色体形态核型是细胞遗传研究的基础，其形态包括染色体的长度、着丝点的位置，随体、核仁和副缢痕的数目及位置等。水稻染色体较小，其长度从几个微米到十几个微米，对染色体形态的研究采用的材料包括单倍体和二倍体植株的体细胞和减数分裂细胞，以及有丝分裂的细胞。研究有一定难度。Stebbins（1958）的核型对称性分类体系（System of classifying kgryotype symmetry）被全面应用到水稻核型研究上。在一般情况下，核型是用以表示有丝分裂中期染色体的形态，但有些学者则用粗线期描述的染色体图去进行种的核型非对称性分类。众所周知，染色体的绝对长度、相对长度和形态在粗线期和中期之间有较大差异。有些学者确定着丝点在染色体上的位置时，把它们描述为中位或近中位，但未说明臂比。

染色体的绝对长度以微米（μm）表示，相对长度则以该染色体占全部染色体总长度的百分率（%）表示。由于染色体的绝对长度受试验材料、染色体发育的时期和状态的影响太大，如根尖细胞有丝分裂中期测得的数值，比花粉母细胞减数分裂粗线期测定的数值小得多；此外，采用不同染色技术会导致染色体收缩程度的差异，因此，一般用染色体相对长度来表示。在染色体排序上，以最长的染色体定为第 1 对，依次排列，最短的染色体为第 12 对。染色体着丝点位置以染色体的臂比来表示，即以长臂对短臂或短臂对长臂的长度之比。关于水稻染色体长度和着丝点位置比较一致的研究结果列于表5－1。

表 5－1　水稻染色体的长度及着丝点位置

项目	染色体长度顺序												总长度	研究材料	研究者及年份
	1	2	3	4	5	6	7	8	9	10	11	12			
染色体长（μm）	5.0	4.4	4.1	3.8	3.7	3.5	3.1	3.0	2.9	2.6	2.3	2.0	40.4	单倍体根尖	安井河野（1941）
着丝点位置	SM	M	M	M	SM	SM	SM	SM	M	ST*	SM	SM			
相对长度（%）	12.2	11.0	10.6	9.4	9.1	8.5	7.6	7.4	7.1	6.4	5.7	4.9	100		
染色体长（μm）	4.3	3.7	3.3	2.9	2.9	2.8	2.6	2.6	2.3	2.3	2.0	1.8	33.5	台中 65 单倍体根尖	胡兆华（1964）
着丝点位置	SM	SM	M	M	SM	ST	SM	SM*	SM	M	ST*	SM			
相对长度（%）	13.0	11.1	9.8	8.7	8.6	8.3	7.8	7.8	6.8	6.7	6.0	5.4	100		
染色体长（μm）	5.3	3.5	3.2	3.0	2.7	2.5	2.5	2.2	2.1	2.1	2.0	1.5	32.6	梅六早根尖	田自强等（1979）
着丝点位置	M	SM*	SM	SM	SM	M	M	SM	M	M	M	SM			
相对长度（%）	16.3	10.8	9.8	9.2	8.3	7.7	7.7	6.7	6.4	6.4	6.1	4.6	100		
染色体长（μm）	79.0	47.5	47.0	38.5	30.5	27.5	26.5	23.0	21.0	21.0	20.5	18.0	400	农林 6 号花粉母细胞	Shastry *et al.*（1960）
着丝点位置	SM	SM	M*	SM*	SM	ST	M	SM	SM	ST	SM	SM			
相对长度（%）	19.7	11.9	11.8	9.6	7.6	6.9	6.6	5.8	5.2	5.2	5.1	4.5	100		
染色体长（μm）	107.0	94.0	92.4	76.8	59.5	54.0	51.0	50.5	44.7	31.0	30.0	28.4	719.3	IR5 花粉母细胞	Dolores *et al.*（1979）
着丝点位置	SM	SM	SM	SM	SM	SM	M	SM	ST	ST	M	M			
相对长度（%）	14.9	13.1	13.8	10.7	8.2	7.5	7.1	7.0	6.2	4.3	4.2	4.0	100		

注：SM = 亚中位，M = 中位，ST = 亚端位。

* 带随体。

（引自《中国稻作学》，1986）

陈瑞阳等（1980）研究粳稻红旗 8 号根尖细胞染色体近中期绝对长度，最长 14.1μm，最短 5.1μm。胡兆华（1964）研究粳稻台中 65 单倍体根尖细胞早中期染色体的相对长度，最长的为13.0，最短的5.4．这一研究结果与安井河野（1941）在单倍体根尖细胞染色体长度研究中所得的相对应数值12.2和4.9都是接近的。Dolores等（1979）的观察，中国台湾水稻品种低脚乌尖粗线期最长的染色体为38.0μm，而IR5的达107.0μm。印度品种Mudgo的最短的染色体为13.0μm，而IR5最短的为23.4μm，品种间差异明显。

亚洲栽培稻染色体着丝点位置及染色体臂比虽做了广泛的观察研究，但由于所用的材料不同，检测方法和标准不统一，所以，没能得到一致的结果。陈瑞阳等（1980）观察，红旗8号有4对中位着丝点，7对近中位着丝点，1对近端位着丝点染色体，其中，1对近中位着丝点染色体带有随体。胡兆华（1964）对台中65的观察发现，有3对中位着丝点、7对近中位着丝点、2对近端位着丝点染色体，其中，各有1对近中位和近端位着丝点染色体带随体，在综合多数研究资料后发现，约有3对染色体为中位着丝点，7对染色体为近中位着丝点，2对染色体为近端位着丝点，且其中有1~2对染色体带有随体。

关于水稻染色体核仁的研究，许多学者也做了观察。Shastry等（1960）做了粳稻品种粗线期染色体的形态观察，之后又研究了5种野生稻、9种亚洲栽培稻品种和1种光身稻品种的核仁形态。胡兆华（1960）采用颗粒野生稻、Sen（1963，1964b）用亚洲栽培稻品种和多年生野生稻（印度），Karunakaran（1967）用2种粳稻品种，Chu（1967）用6种粳稻单倍体，Misra和Shastry（1967）用5种籼稻品种、两种粳稻品种和两种爪哇稻品种进行粗线期观察分析。结果发现，这些品种有1~2个核仁和2~5个较小的核仁，多数小核仁游离于细胞质中。组成核仁的二价体并不固定，多数情况下在长臂端组成核仁，有时核仁可在端位组成，但不见随体。

20世纪60年代末期，兴起的染色体显带技术使染色体形态研究取得进展。由于不同物种或同物种不同染色体的带纹数量、大小和位置是不同的，通过显带技术的改进和带型指标的确定，可在核型分析和染色体鉴定上大幅提升判别的准确性。朱凤绥等（1980）通过Giemsa染色对籼稻品种IR36根尖细胞12对染色体进行研究，结果显示出5种不同的带型。第1、第2、第3条的带型相同，染色体两臂均在着丝点附近显带；第4、第6、第9、第10、第11条的带谱相同，短臂全部显带，长臂显着丝点带；第8和第12条的带型相同，两臂全显带。带型的表现在品种间有差异。

目前，主要是采用Giemsa染色显带技术，但是这种技术在植物上应用只能产生C带，用在水稻上其判别性不强、G带的显带技术是在近年才较为成熟的。姚青等（1990）报道用改良的ASG法首次在籼稻品种珍汕97和粳稻品种秀岭的有丝分裂染色体上显示了G带，并做了相关的G带核型分析，结果表明水稻的各染色体具有明显不同的带纹特征，籼、粳亚种在相对应的同源染色体上其G带带纹特征彼此相似，仅在部分染色体上表现微小差异。染色体显带是染色体理化结构和生物学性质的反映，预期这项研究技术与染色体形态研究相结合，将有助于水稻染色体的鉴别和核型分析。

二、水稻染色体组

（一）研究染色体组，确定种的亲缘关系

20世纪30年代以来，许多学者开展了水稻染色体组织的研究，通常采用细胞遗传

学的方法，进行种间杂交或染色体诱变，检测染色体联会及其分配，从而判定种间不同染色体之间的关系。水稻到底有多少个种，迄今没有明确定论。多数学者公认的种，其染色体组的特征也未完全明确。现在把已基本确定的染色体组列入表5－2。

从所列水稻属染色体组看，有A、B、C、D、E、F等6种，其中，A染色体组又分为A、A^g、A^b、A^{cu}4种。有些已公认的野生稻种的染色体组与这6种染色体组的关系尚无定论。在已知的6组染色体中，A和C两组广泛分布于亚洲、非洲和澳洲各地，是稻属种的基本染色体组，特别是A组，主要的栽培稻种均属AA染色体组，与世界的水稻生产关系最为密切。

表5－2　水稻染色体组

染色体组	染色体数	种　名
AA	24	*sativa*（盛永俊太郎　1940，1941），*sativa* f. *spontanta**（或*fatua*）（IRRI　1964），*nivara*（Dolores *et al.* 1979），*perennis* subsp. *balunga*（IRRI　1964）
A^bA^b	24	*perennis* subsp. *barthii*（IRRI　1964）
A^gA^g	24	*breviligulata*（盛永俊太郎　1957，IRRI　1964），*glaberrima*（盛永俊太郎　1957，IRRI　1964）
$A^{cu}A^{cu}$	24	*perennis* subsp. *cubensis*（盛永俊太郎等　1956，IRRI　1964）
BB	24	*punctata*（Chern，*et al.* 1967）
CC	24	*officinalis***（Ramanujam　1937，盛永俊太郎　1959）
EE	24	*australiensis*（李先闻　1963，IRRI　1964）
FF	24	*brachyantha*（李先闻　1961）
BBCC	48	*minuta*（盛永俊太郎　1940，1943），*punctata*（盛永俊太郎　1943），*eichingeri*（盛永俊太郎　1959，Nezu *et al.* 1960）
CCDD	48	*latifolia*（盛永俊太郎　1941，1943），*alta*（木原均　1959），*grandiglumis*（盛永俊太郎，IRRI　1964）

*普通野生稻；**药用野生稻。

（引自《中国稻作学》，1986）

A和A^g分别是亚洲栽培稻和非洲栽培稻的染色体组，在进化上均来源于一个共同的祖先。这两个种形态特征区别不大，只是亚洲栽培稻叶舌长而尖，二次枝梗多，而非洲栽培稻叶舌短圆，穗分枝以一次枝梗为主，几乎没有二次枝梗。细胞遗传研究表明，这两个种互相杂交，杂种减数分裂期染色体配对基本正常，但高度不育。胡兆华（1964）以亚洲栽培稻作母体与非洲栽稻杂交，杂种减数分裂时，平均有11.91～11.95个二价体，而反交时，则有11.79～11.88个二价体，染色体配对都基本正常，但杂种不结实。盛永（1957）报道这两个种杂交的杂种，减数分裂能形成12个二价体，但小孢子形成后即退化，完好的花粉仅有0.4%～28.9%，不结实。这种情况不仅发生在染色体组相似的种之间，也在染色体组相同的种之内，籼稻和粳稻是亚洲栽培稻的2个亚种，互相杂交很容易，杂种的染色体联会也完全正常，但杂种表现部分不育，遗传变异强烈，表明亚种间的染色体结构分化虽没反映在染色体联会行为上，但其染色体组的遗传性质分化却是显著的。

亚洲栽培稻的野生近缘种是一年生的尼瓦拉野生稻（*O. nivara*）和多年生野生稻（*O. perennis*），这两种野生稻与亚洲栽培稻杂交，与栽培稻种内的杂交表现相似，染色体组与栽培稻同为AA。非洲栽培稻的野生近缘种是一年生的巴蒂野生稻（*O. barthii*）和多年生的长雄蕊野生稻（*O. lengistaminata*），这两种野生稻分别与非洲栽培稻杂交，杂种的减数分裂正常，前者结实，后者高度不育。巴蒂野生稻的染色体组与非洲栽培稻的相同，均为A^gA^g，长花药野生稻的染色体组则是A^bA^b，与A^gA^g不同。分布在中美洲的多年生野生稻（*O. perennis*）的染色体组为$A^{cu}A^{cu}$，与亚洲栽培稻杂交，杂种的染色体配对正常，但也是高度不育。由此可见，从杂种染色体联会的行为判断，栽培种及其野生近缘种的染色体组，相互间有高度的同源性或亲和性。互相杂交得到的杂种，其染色体行为通常都是正常的，反映了这些种在进化中的密切关系。一般在亚洲栽培种和非洲栽培种之间或其野生近缘种之间，杂交不育，而亚洲和非洲各自的稻种之间杂交可育或部分可育，一般不存在生殖隔离。杂交产生的育性变化，除了受基因效应互相影响的遗传原因外，在稻种的进化中，染色体的微结构分化也可能是一个原因。

如上所述，研究水稻种亲缘关系的方法之一，是通过细胞遗传学方法，即对各个种相互杂交的杂种一代（F_1），观察染色体的配对行为，调查种子结实能力，以明确种的染色体组的情况。盛永为搞清稻属染色体组，做了大量种间杂交试验，并对其杂种开展了细胞遗传学研究。于1943年最初对亚洲栽培稻、小粒野生稻和阔叶野生稻分别给定AA、BBCC和CCDD的染色体组符号，确定4种染色体组。接着明确了药用野生稻与亚洲栽培稻的染色体组不同，而与小粒野生稻和阔叶野生稻的相同，并以此作为C染色体组的基本种。之后，又开展了栽培稻与野生近缘种的杂交为中心的细胞遗传学研究，明确了各个种染色体组构成。

C染色体组是稻属种的另一个广泛存在的染色体组。亚洲野生稻二倍体种药用野生稻的染色体组是CC，亚洲、非洲、美洲的一些四倍体野生稻有C染色体组，例如，亚洲的小粒野生稻，为BBCC；非洲的斑点野生稻（*O. punctata*），为BBCC；美洲的阔叶野生稻（*O. latifolia*），为CCDD等。但至今没有发现一个并存A和C染色体组的种。关于C染色体组的性质及其与其他种染色体组的关系，目前仍不够明确，观点也不统一。多数研究证明A与C之间缺乏同源性。

Nandi（1936）、李先闻（1964）研究观察亚洲栽培稻与药用野生稻的杂种减数分裂，只形成24个单价体，没有二价体，杂种不结实。渡边（1973）进而把杂种诱变成双二倍体，仍然不实。A与C之间似乎存在严重的生殖遗传干扰。盛永（1964）用亚洲栽培稻分别与小粒野生稻、阔叶野生稻杂交，其杂种减数分裂时产生36个单价体，或偶然出现1~3个二价体。这些现象表明A与B、C、D染色体组的性质各不相同，缺乏同源性。Nezu等（1960）在亚洲栽培稻与药用野生稻的杂交中，发现其杂种减数分裂只产生0~1个二价体，而亚洲栽培稻与小粒野生稻的杂种，能形成0~9个二价体。表明小粒野生稻的染色体组与C或A与B有部分同源关系。

近年应用水稻异源添加系研究染色体组间的关系，取得了一些成果。通过药用野生稻与同源四倍体的亚洲栽培稻杂交，然后与二倍体亚洲栽培稻回交，可育成带有个别C染色体的异源添加系，这种添加系应有12种类型。其中，有的添加系染色体联会成11

个二价体和1个三价体，即11Ⅱ和1Ⅲ，似乎表明A与C之间有部分同源性。有的添加系全部24个染色体均是单价体，表明A染色体的配对受到C的干扰。这些研究表明水稻染色体组之间的关系包括染色体结构和基因组成两方面，二者交叉互相影响，因此，造成比较复杂的情况。

亚洲栽培稻与非洲栽培稻的正交与反交，其杂种染色体配对因杂交组合不同而异，有的配对正常，有的有一价体出现而表现分裂异常。两者均是完全不结实的。非洲栽培稻与当地短叶野生种的杂交，其杂种除在第一中期外，极少形成2~4个一价体，种子结实率较高，达到52%~55%。短叶野生稻与亚洲栽培稻或多年生野生（*O. perennis*）的正、反交杂种中，观察到12个二价体（12Ⅱ）或若干个单价体，以及由其产生的分裂异常现象。

E染色体组是澳洲野生稻所特有，E染色体较大，异染色质较丰富，用该种杂交，其染色体行为较易鉴别。已做过的研究表明，澳洲野生稻与亚洲栽培稻、药用野生稻、小粒野生稻杂交，杂种只形成单价体，因此，E染色体组与A、B、C的都缺乏同源性。李光闻（1964）研究小粒野生稻与澳洲野生稻杂交，杂种平均形成4.7个二价体，其余为单价体。根据二价体形态分析，其中，有72.21%的二价体起源于B、C之间的同源联会。这表明B、C之间可能有部分同源关系。但是E与其他染色体组间存在部分同源性的可能性，也难完全排除。李先闻在研究非洲野生稻二倍体种短药野生稻（*O. brachyantha*）时，也发现类似情况。短药野生稻的染色体组为FF，在稻属中染色体最小，尚未发现与其他染色体组有同源关系。用小粒野生稻与短药野生稻杂交，杂种可以形成0~7个二价体，其余为单价体。分析表明，这些二价体有82.89%起源于小粒野生稻的B与C之间的同源联会。同样，F与其他染色体组间存在部分同源性的可能也难排除。

（二）B、C、D染色体组的共性

CC、BBCC和CCDD染色体组的水稻，其形态特征有相似性，因而产生这样的看法，这种构成的染色体组B、C、D起源是相同的，其差异只是控制染色体配对的基因位点不同。此外，还有这种观点，这3种染色体组只不过是药用野生稻的C染色体组的变异而已。在研究小粒野生稻（BBCC）×短药野生稻（FF）、小粒野生稻×澳洲野生稻（EE）、阔叶野生稻 *O. paraguaiensis*（CCDD）×澳洲野生稻、澳洲野生稻×高秆野生稻（CCDD）等杂种形成的二价体，并不是BC与E或者F、CD与E之间的异源联会，而是来源于B与C或者C与D染色体组之间的配对，因此，B、C、D各染色体组相互之间同源性较大。

亚洲栽培稻的染色体组（AA）已经明确，阔叶野生稻（CCDD）和小粒野生稻（BBCC），以这3个种作为分析种，根据其与染色体组构成不清楚的短药野生稻杂交的杂种染色体配对及F_1杂种产生的难度，对后者种给予新的染色体组符号FF。短药野生稻是目前已确定其染色体组构成的唯一的一个种。杂合四倍体小粒野生稻（BBCC）与阔叶野生稻（CCDD）的染色体组构成，以及具有这两个种共同染色体组CC的二倍体虽早已明确了，但研究发现单方面具有染色体组构成为BB及DD的二倍体种则长期仍未搞清楚。

二倍体斑点野生稻（BB）与药用野生稻（CC）、小粒野生稻（BBCC）、斑点野生稻（4X）（BBCC）杂交，根据其与BBCC染色体组杂种的染色体组配对情况及与CC染色体组种杂交的难度，认为二倍体斑点野生稻是BB染色体组的基本种。之后，进一步验证了这观点。用二倍体斑点野生稻×药用野生稻（CC）的杂种，用秋水仙碱加倍产生双二倍体，再与自然BBCC染色体组种杂交，观察其杂种的形态和染色体配对行为，同时，还对双二倍体与自然BBCC的染色体组种比较了磷酸化酶和过氧化物酶的酶谱。这一研究结果证明了二倍体的斑点野生稻是BB染色体组的基本种。

Sharma（1974）对分布在中、南美洲的阔叶野生稻（CCDD）等构成染色体组之一DD的基本种进行研究。他根据斯里兰卡的药用野生稻和泰国的药用野生稻的自然杂种半不育F_2植株染色体加倍的品种间四倍体，与哥斯达黎加的阔叶野生稻的杂种染色体配对情况，以泰国的药用野生稻作为D染色体组的基本种，不过尚有许多疑点。同时，Brucher从南美洲收集的二倍体阔叶野生稻，并认为它是DD染色体组的基本种。但是，后来他以二倍体野生稻种子长出的幼苗，检测其体细胞染色体数目时，发现与预期的相反，即2n=48的四倍体。所以，迄今D染色体组的二倍体种未有确定的种。

用［亚洲栽培稻（AA）×小粒野生稻（BBCC）］×亚洲栽培稻和［亚洲栽培稻（AA）］×阔叶野生稻（CCDD）］×亚洲栽培稻的回交形式，结果回交杂种产生了12个二价体和24个单价体（12Ⅱ+24Ⅰ）的配对型，这一结果表明，其单价体来源于B与C或C与D染色体组之间的非同源性（森中，1956；片山，1967）。为直接搞清B、C、D染色体组之间的同源性，可对B×C和C×D，或对BBCC和CCDD染色体组单倍体观察染色体的配对行为是比较合适的，在二倍体斑点野生稻与斯里兰卡野生稻（*O. Collina*）、紧穗野生稻、药用野生稻等C染色体种的杂种中，每个母细胞形成的二价体数平均只有3.49个，是较少的。新关（1977）将BBCC染色体种的单倍体用对氟苯基代丙氨酸处理得到1株稻，在人工诱变双二倍体后代中获得2株稻，二者都是单倍体，在分裂中期对每个母细胞观测，平均只有1.58个、2.41个、3.30个松弛的末端配对的二价体。

从上面的杂交、回交，以及B与C染色体组间的杂种、BBCC染色体种的单倍体所表现的结果看，B、C、D各染色体组之间的同源性很少，这说明它们之间有相当程度的分化。

第二节　水稻性状遗传

一、产量性状

水稻产量是遗传改良始终追求的目标之一。产量是单位面积上的穗数，每穗粒数和粒重所组成，因此，穗数、粒数和粒重是构成产量的3个组分。了解和掌握水稻产量组分的遗传规律对提高产量遗传改良的效率至关重要。

（一）穗数

水稻单位面积上的（或单株）穗数，受分蘖性和成穗率的制约，因此，水稻品种的穗数指标可以分为前期的分蘖数和后期的成穗率两个指标，分蘖数与成穗率有显著正相关。但因栽培环境不同而有较大的变异，不同分蘖力的品种杂交，F_1 分蘖数居中亲值，F_2 表现连续变异。张德慈（1980）研究认为，分蘖数及每株穗数是受基因的加性效应控制的。现有的研究结果表明，水稻分蘖数与成穗数是受微效多基因控制的数量性状、受环境影响较大。穗数是产量组分中遗传力最低的 1 个，沈锦华（1963）用回归法估算的结果为 0.9% ~9.3%，芮重庆（1981）用双列分析结果为 11.58% ~24.99%。因此，穗数不必在早代进行选择。

有的研究表明，在不同的发育时期，茎蘖数均以显性效应基因的表达为主，环境与基因型互作会影响茎蘖数加性效应基因的表达。随着发育进程的推移，茎蘖数在生长中期的杂种优势最强。加性效应基因和显性效应基因在茎蘖数的发育全程中有选择性地表达。

近年来，许多学者利用分子标记技术，对不同的作图群体开展了水稻分蘖基因的 QTL 定位研究。该定位研究通常把分蘖作为生长性状和发育性状两种方式进行定位研究。作为生长性状控制分蘖数目的数量性状位点（QTLs），分布在 12 条染色体上，主要分布在第 1、第 2、第 3、第 4、第 6、第 8 号染色体上。我国学者克隆了第 1 个水稻分蘖基因 *MOC*1。*MOC*1 基因编码的 GRAS 家族的核蛋白主要在分蘖芽形成时表达，其功能主要是起动分蘖芽的形成，并促进其生长。因此，*MOC*1 基因被认为是水稻分蘖的关键调控基因。

（二）穗粒数

穗粒数受穗长、穗分枝（梗）和着粒密度的影响。周傚南等（1964）以金南风与黄壳早廿日杂交，前者每穗平均 85.85 粒，后者平均 157.33 粒，其 F_1 平均为 130.15 粒，介于中亲值，F_2 的粒数变幅为 99 ~184 粒，呈连续分布，表明该性状受多基因控制。着粒密度指单位穗长的着粒数。研究表明，密穗型对正常穗型或散穗型是由简单的显性基因 D_n 控制的，但也有研究认为散穗型、正常穗型是由简单的显性基因 *Lx* 控制的。

朱立宏（1979）研究认为，弯垂散穗对直立密穗为显性，F_2 出现 3：1 的分离。自此后，他用密穗型桂花黄、千重浪与散穗型金南风杂交，密穗型单株在 F_2 代出现的频率较高，而中间型较少。水稻的着粒密度不仅决定于粒数和穗长，而且还取决于一次枝梗和二次枝梗的总长度。枝梗数多或较短，则着粒密度就密；若枝梗数少且较长，则着粒密度就疏。例如，桂花黄品种是枝梗数较多，谷粒数也较多，所以着粒密度较密。如果还有三次枝梗分化，则着粒密度就更密些。通常采用每穗粒数/穗轴加一次枝梗总长度（cm）二粒穗/cm 作为衡量着粒密度的单位。密穗基因与矮秆基因有着明显的基因互作，有的品种单独存在隐性密穗基因时，则能促进一次、二次枝梗数的增多；而密穗基因与矮秆基因共存时，则能促进二次枝梗数的增多，但对一次枝梗数的效应将显著降低。

穗粒数的遗传力中等，品种的多粒数对少粒数为部分显性，杂种一代（F_1）为中间型，偏向多粒型，F_2 呈现连续分布。

（三）粒重

粒重是水稻产量重要组分，水稻粒重与其形态如粒长、粒宽和粒厚的关系紧密。因此，水稻粒重可以看作是粒型的综合指标。对水稻粒重的研究已成为水稻育种专家十分关注的一个方面，并获得较大的研究进展。早期关于粒重的遗传研究，都认为粒重受加性基因效应控制，在 F_1 粒重表现为偏向较重亲本，或居于双亲粒重之间。周傲南（1964）用桂花球与北京 7 号杂交，其千粒重分别平均为 25.94g 和 38.24g，F_1 为 33.51g，介于双亲之间，F_2 粒重呈连续变异。有的研究认为粒重有母性遗传，有的认为粒重受一定非等位基因互作效应影响。

粒重有较高的遗传力。沈锦华（1963）估算其广义遗传力为 83.7%～99.7%，芮重庆（1981）估算的狭义遗传力为 82.1%，可见，粒重在早代有较高的选择效果，熊振民（1981）研究认为，粒重与谷粒长度、宽度、厚度有紧密相关性，特别是谷粒厚度。赵连芳（1928）研究了粒长的遗传，品种 4269（平均粒长 8.81mm）与品种 4957（平均粒长 4.13mm）杂交。F_1 平均粒长 5.33mm，属中间型，F_2 出现 4.7～9.7mm 的分离，认为该性状受 1 对基因控制。汤文通（1935）用香稻平均粒长 8.27mm 与长粒型安徽香稻平均粒长 12.99mm 杂交，F_1 粒长平均 9.71mm，介于双亲之间，F_2 分离幅度 8.25～12.25mm，表现为数量遗传，受多基因控制。周开达等（1982）以双列杂交分析杂交籼稻粒长的广义遗传力为 98.52%，狭义遗传力为 97.50%。关于粒宽的遗传，许多研究表明受多基因控制，还认为窄粒对宽粒为部分显性的等效异位基因效应。对籽粒厚度的遗传研究的不多，一般认为这一性状受多基因控制。

符福鸿（1994）研究认为籽粒长、宽、长/宽比和千粒重 4 个性状均为加性基因效应起主导作用，籽粒的长/宽比主要受母本影响，父本影响较小。粒长、宽和千粒重 3 个性状同时受父、母本均影响，其影响达极显著水平。粒长、粒宽和千粒重均有较高的广义遗传力，其狭义遗传力也较高。石春海等（1995）认为，籽粒长、宽、厚、长/宽比和千粒重都属于多基因控制的数量性状。杨联松等（2002）以国内外 8 个不同粒形的粳稻品种及其 56 个正、反交组合为材料研究表明，组合间粒厚差异不显著，组合间粒长、粒宽、千粒重均达到差异显著水平。正、反交间差异显著，粒宽、粒厚、千粒重差异不显著，说明粒长存在明显的母性遗传差异。杂种粒长、宽和千粒重与父、母本及中亲值呈正相关，而且与母本及父、母本均值的相关性均达到了显著水平。表明杂种的粒形态受母本的影响更大。F_1 代粒形多表现双亲之间，F_2 代呈连续正态分布，表明粒形属多基因控制的数量性状。

二、品质性状

（一）外观品质

稻米的外观品质主要指米的形态、垩白和透明情况等指标。在稻米形态研究中，多数学者认为粒长、粒宽和粒形属数量性状，受多基因控制，以加性效应为主，也受母体遗传影响。但也有少数学者持不同观点，一此研究表明水稻粒的形态在 F_1 表现为中亲值，F_2 为连续的正态分布，说明粒长为多基因控制的数量性状。粒长的遗传以加性效应为主，同时存在正向部分显性，可能存在细胞质与细胞的互作效应，其狭义遗传力达 95.3%。粒宽是由多基因控制的，这一观点是比较一致的。但有些品种受单基因或主效基因控制，显性方向也不尽相同，有时窄粒对宽粒为部分显性，有时则相反。

研究表明，稻米垩白属遗传性状，也是多基因控制的数量性状，主要受二倍体母体遗传型的控制。垩白广义遗传力较高、狭义遗传力随着世代的增加有提高的趋势，表明垩白性状能稳定遗传，因而对水稻垩白进行遗传改良是可行的。在杂交育种中，以垩白度较低的亲本作母本时，其 F_1 垩白度较低，因此，杂交水稻选育中，应注重雄性不育系垩白度的改良，稻米透明度的表达以基因型效应为主，并有地点与基因型的交互作用，其遗传力较高。要改良垩白度、透明度，提高选择效率，除了选用垩白度、透明度差异较大的材料作亲本外，还应扩大分离世代的种植群体，并适当提高选择强度。

（二）稻米品质

1. 非糯性与糯性

以糯性品种为母本，与非糯性品种为父本杂交，当代就表现非糯性的稻米，称为胚乳的直感效应。F_1 产生的花粉出现分离，所产生的籽粒出现非糯性与糯性 3∶1 的分离（表 5－3）。赵连芳（1928）做了 14 个杂交组含，F_2 的分离数为非糯 41043；糯性 13882，符合 3∶1。F_1 的非糯与糯性花粉数分别为 3179 和 3151，也符合 1∶1。北京北郊农场统计了 6 个杂交组合的 F_2 代 937 粒稻谷，非糯与糯性比接近于 3∶1。

表 5－3　糯性 × 非糯性 F_2 的胚乳基因型

父本配子	胚囊中融合的极核	胚乳的核	胚乳
Wx	*Wx Wx*	*Wx Wx Wx*	
wx	*Wx Wx*	*Wx Wx wx*	非糯性
Wx	*wx wx*	*Wx wx wx*	
wx	*wx wx*	*wx wx wx*	糯性

（引自《中国稻作学》，1986）

2. 直链淀粉

研究认为直链淀粉含量受一对主效基因控制，高直链淀粉含量对低直链淀粉含量为显性，并受若干修饰基因的作用，也有人认为属多基因控制的数量性状遗传。稻米的直链淀粉含量作为一种三倍体胚乳性状，在多数组合中存在显著的基因剂量效应。到目前为止，发现的控制稻米直链淀粉含量的主效基因 *WX* 位点及其等位基因。在非糯性品种中，*wx* 位点有 2 个不同的野生稻等位基因 Wx^a 和 Wx^b，Wx^a 基因的蛋白质表达量是 Wx^b 的 10 倍以上。Wx^a 主要分布在籼稻中，Wx^b 主要分布在粳稻里。序列分析表明，Wx^b 表达水平低是由于第 1 内含子 5′端剪接位点的单个碱基 G→T 的替代引起的。

研究表明，直链淀粉含量遗传力高，适宜早代选择。也有研究认为，细胞质基因对直链淀粉含量也有影响。有学者采用二倍体遗体模型研究，认为直链淀粉含量受细胞质基因作用，具有母体遗传特性。

3. 胶稠度

胶稠度的遗传比较复杂，迄今的研究结果很不一致。主要表现在两方面：一是遗传控制系统的结论不一致；二是控制胶稠度基因的数目也不一致。徐辰武等认为胶稠度同时受母体和胚乳基因型控制，以胚乳基因型为主。石春海认为该性状主要受母体遗传效应影响。Chang 等认为胶稠度受一对基因控制，硬对软为显性。汤圣祥等认为受主效基因控制和若干微效基因的修饰作用。

汤圣祥（1990）提出了单籽粒分析胶稠度的方法，在所有硬/软、硬/中等、中等/软的胶稠度组合中，F_1 代的胶稠度均偏向硬或中等的亲本，正交与反交表现趋势一致，F_2 代出现双峰分布，一些组合出现超亲现象，据此认为胶稠度主要受 1 对主效基因和若干微效基因的作用，硬对中等、硬对软、中等对软表现部分显性。控制硬、中等、软胶稠度的主效基因为复等位基因。

4. 糊化温度

糊化温度是指米粒在热水中开始吸水并发生不可逆膨胀、丧失其双折射性和结晶性的临界温度，是影响稻米蒸煮品质最重要的性状。糊化温度通常用在碱溶液中的碱消值（ASV）表示。低糊化温度的 ASV 在 6～7 级，高糊化温度的 ASV 在 1～3 级，中等的 ASV 在 4～5 级。对糊化温度遗传的研究，不同学者根据各自的研究结果，其观点也不尽一致。

李欣等（1995）研究认为，粳稻中糊化温度分为高、中、低不同类型亲本，均是由同一基因位点上的一组复等位基因控制的，基因的显性效应表现为高糊化温度 > 中 > 低，而且除了主效基因的效应外，还有微效基因的修饰作用。徐辰武等（1996）采用胚乳性状的质量—数量遗传分析法研究了籼稻糊化温度的遗传，结果是糊化温度为一典型受三倍体遗传控制的质量—数量性状，符合加性—显性模型，由 1 个主效基因和若干微效基因共同控制。控制高、中和低糊化温度的主效基因为一组复等位基因，主效基因的作用以加性效应为主，显性效应较小，微效基因的遗传变异因组合和世代而不同，为主效基因变异的 1/16～1/2。王长发等认为籼稻杂交稻糊化温度遗传受微效多基因控制，较高的糊化温度对较低的糊化温度存在部分显性效应。张爱红等（1999）研究表明，糊化温度在 F_2 分离世代米粒中存在极显著的遗传分离，主要受胚乳基因型控制，糊化温度受加性效应影响较大，显性效应较小。

5. 蛋白质与香味

稻米营养品质主要指蛋白质和必需氨基酸的含量。蛋白质含量的遗传较复杂，既有母体、胚乳和细胞质基因的控制，又有基因的加性和非加性的共同作用。Kumemaru 等认为，赖氨酸含量由 1 对基因控制、高对低为显性。石春海等认为赖氨酸受母体加性效应影响，但以种子基因型作用为主，种子的遗传方差占总遗传方差的 95%。

稻米香味的遗传虽进行过研究，但衡量香味的标准很难确定。一般认为受 1 对基因控制，也有认为受 2 对或 2 对以上基因控制。香稻与普通稻杂交，F_1 有香味。由于香味是胚乳的特性，因此，表现出胚乳直感现象。分蘖期取叶片 2～3 片，切成 1cm 长小段放入瓶内加塞，在 40～45℃下保持 5min，使香味散出。根据这样的试验分析，得出香味与非香味的分离比例为 9∶7。香稻受复基因 SK_1 和 SK_2 的控制。

（三）加工品质

水稻加工品质主要指碾米的糙米率、精米率和整精米率 3 项指标。品种间的糙米率和精米率变异幅度较小，而整精米率的变异幅度较大，所以，整精米率是评价稻米碾磨品质的最重要的指标。一般来说，籼稻的平均糙米率为 80%，精米率为 72%，整精米率为 54%，而粳稻的这 3 个指标要分别比籼稻的高出 3～4 百分点。

早期研究发现，稻米加工品质 3 项指标是遗传性状。它在很大程度上取决于籽粒大小、形状和外观特性。从杂交亲本及其后代的变异系数看，糙米率差异不大，精米率差异较大，整精米率差异更大。稻米的碾磨品质的遗传比较复杂，受遗传效应、环境效应以及遗传与环境互作效应的综合作用。遗传效应中又受母株基因型、种子胚乳基因型和细胞质基因型的共同作用。

目前，多数育种者在低世代常以籽粒的外观品质性状来判断其碾磨品质。水稻通常在 F_4 代以后多数农艺性状已基本稳定，如果这时占有一定数量的稻谷时，可以进行精米率和整精米率的实际测定。糙米率、精米率和整精米率 3 个指标的正、反交差异不显著，其中，糙米率属细胞核基因控制，不受细胞质和母体效应影响，符合加性—显性模型。高糙米率对低糙米率表现完全显性或部分显性，所以，应选择双亲糙米率均高的品种配组，以便得到高糙米率的杂种后代。由于糙米率还受加性效应影响，通过杂交后代的选择，在高世代聚合更多的与糙米率有关的基因，从而可选育出高糙米率的品种。

三、株型性状

水稻的株型与截取太阳光能密切相关。株高、分蘖的集散程度，叶片的着生角度和姿态等都是构成株型的主要性状。

（一）株高

株高大体可分为矮秆、半矮秆和高秆 3 种类型。我国水稻高产育种就是以株高矮化为突破口，实现了半矮秆水稻品种产量的显著提高，因此，研究作为株型重要性状株高的遗传规律对水稻遗传改良至关重要。20 世纪 60 年代初，在莲塘矮 × 矮脚南特等杂交后代的分析中发现，矮生性受 1 对隐性基因控制。并具有多效性。水稻株高遗传分为两种类型：一种是由单基因控制的质量性状遗传；一种是受多基因控制的数量性状遗传，并存在与环境互作效应。

水稻矮秆基因按照矮化效应的不同，可分为两种：矮秆基因和半矮秆基因。矮秆是指成熟时植株高度等于或低于原正常植株高度一半的矮秆突变体，定名为 d 系统。半矮秆是指株高介于矮秆和正常植株高度之间的类型，定名为 sd 系统。迄今，以 d－命名的矮秆基因已达 60 余个。sd－命名的半矮秆基因已有 13 个。现在已有 28 个矮（半矮）秆基因定位到染色体上，即涉及第 1、2、3、4、5、6、7、11 和 12 染色体，其中，部分矮秆基因是相同或等位的，如 *d*－12 与 *d*－50，*sd*－1 与 *d*－47。但是，这些矮秆基因大多数存在于粳稻中。目前，生产上利用的矮源，在籼稻中均是半矮秆基因，而且主要是 *sd*－1，*sd*－*g*。

现在，控制水稻株高的一些基因已被克隆，如矮秆基因 d_1、d_2、d_{18} 和 d_{61}，半矮秆基因 *sd*－1，以及一些高秆基因 *SLENDER*，多数为主效基因，另有一些为功能冗余的 QTL，而且大多数基因参与赤霉素（GA_3）代谢途径，其中半矮秆基因 *sd*－1 最为著名。目前的研究结果表明，常见的籼稻半矮秆品种均带有主基因 *sd*－1，它已定位在第 1 染色体上，与 RFLP 标记的 RG109 或 RG220 的遗传距离为 0. 8cm。与籼稻相比，粳稻的矮生性要复杂得多，其定位的矮秆基因数目较多，现在粳稻矮生性大多受控于微效多基因，而与 *sd*－1 非等位的主效矮秆基因在粳稻矮化育种上几乎没有一个得到利用。

我国籼稻育成的高产半矮秆品种，如矮脚南特、矮仔占、广场矮、矮脚仔的矮生性均受 1 对隐性基因 *sd* 控制。研究显示，它们的半矮秆基因均是等位基因。而我国目前生产上种植的主要粳稻品种的矮生性多是由多基因控制的数量性状，主要来源于日本粳稻品种农垦 58 和意大利品种 Balila，利用这两个品种的矮源，通过杂交和回交方法先后育成矮粳 23、迈粳 5 号、南粳 35、秀水 1067 和沈农 366 等。其中，沈阳农业大学通过籼、粳杂交创造的矮秆直立大穗新株型粳稻沈农 366，被国际水稻研究所作为水稻新株型育种计划中矮秆基因的核心供体，在国内外均产生较大影响，而且还促进了我国水稻株型育种的进程。

目前，有关构成株型的叶片形态和着生角度的遗传研究的较少。剑叶长度、宽度、长宽比、叶面积等的遗传，受微效多基因控制，杂种后代呈连续分布，并且各个性状均存在一定数量的超亲遗传类型。

（二）直立穗型

水稻的穗型与其产量关系密切，而且穗型已成为水稻株型构成因素中最重要的性状之一。本书主编许雷根据多年育种经验，将水稻划分为四种穗型：直立穗型、半直立穗型、弯曲穗型和下垂穗型。直立穗型的穗颈直立，成熟穗直立或稍弯，穗弯曲度小于 20°。如雨田 44、雨田 445 等；半直立穗型的穗颈直立，穗弯曲，穗弯曲度在 21°～50°，这类品种大多与直立穗型品种相似，只是灌浆中期以后穗上部弯曲，如辽粳 5 号、锦丰 1 号等，直立穗型与弯曲穗型杂交的 F_1 代大多数表现为半直立穗型；弯曲穗型的穗颈直立，穗下垂，穗弯曲度大于 50°，这类品种多是大穗型，穗颈粗且短，如锦稻 105、花育 15 等；下垂穗型为穗颈弯曲、穗弯曲。这类品种是穗粒兼备或多穗型，穗颈细而长，如辽盐 282、秋光等。

水稻育种家关注水稻穗型形成遗传机制的研究，而且关注由于穗型遗传改良使穗型发生改变而导致对水稻最终产量形成的作用。在水稻穗型研究中，以水稻直立穗型研究最多，最给力。直立穗型遗传改良可能是继我国水稻矮化育种、理想株型改良之后适应超高产育种的又一重要方向。在基因控制穗型研究中，不同学者由于采用不同的试验材料而得出不同的结果，但多数学者认为直立穗型受 1 对显性基因控制或 1 对细胞核主效基因控制，直立穗型对弯曲穗型为显性。张书标（2007）利用育成的籼稻直立穗突变体进行遗传研究表明，直立穗突变性状受 1 对隐性基因控制。陈献功等（2006）的研究结果表明，穗角度性状受 2 对加性—显性—上位性主基因＋加性—显性—上位性多基因共同控制，以加性效应为主，同时以主基因遗传为主。

四、生育期

水稻生育期是水稻重要的农艺性状之一，决定着水稻品种的种植地区和适应性。水稻全生育期可分成 3 个阶段：第一阶段营养生长期从播种到幼穗分化前；第二阶段生殖生长期，从幼穗分化开始到抽穗期；第三阶段籽粒成长期从开花到籽粒灌浆成熟。研究表明，第一、二阶段品种间差异大，第三阶段品种间差异小。生育期的遗传受微效多基因控制。周毓珩等（1963）研究了70个北方粳稻品种间杂交后代生育期变异，发现 F_1 与双亲平均抽穗期有较高的相关系数（r = 0.7870），说明 F_1 抽穗期介于双亲之间，其中，倾向早熟亲本的占30.9%，倾向晚熟亲本的占3.4%。F_2 代抽穗期的变异，迫似正态分布。正交与反交的变异趋势相似，无母体遗传。

广西农学院（1974）研究表明，F_1 抽穗期表现为早熟不完全显性或晚熟不完全显性，F_2 代分离出早、中、晚熟3种类型，各类型内呈连续变异。中山大学（1979）研究表明，抽穗期的遗传受多基因加性效应所控制。李子光等（1980）观察到，早、晚稻品种间杂交，晚熟为不完全显性，F_2 表现连续变异，表明受多基因控制。品种抽穗期的早、晚与种植地区的光周期、温度条件有密切关系。利用不同熟期的品种间杂交，F_2 可出现早熟与晚熟之比为1：3，7：9，早熟、中熟和晚熟之比为1：6：9的分离。在亲缘关系较远的杂交中，还出现相反的比例，如3：1和15：1的情况。

目前，已鉴定出的控制抽穗期基因有20余个，水稻感光性是制约抽穗期的最主要因素之一，主要由 *Se* 和 *E* 两个基因控制，起主效作用的基因是位于第6染色体上的 *Se*1位点和位于第7染色体上的 E_1 位点，而其他位点的基因效应较小。已鉴别出的 *Se* 类感光性位点包括 Se_1、Se_2、Se_3（*t*）、Se_4、Se_5、Se_6、Se_7、Se_9（*t*）。Se_1 位点有3个等位基因，其中，Se_1^e 为非感性基因 ，可引导较长的基本营养生长期和弱感光性。Se_1^u 和 Se_1^n 为感光性基因，可诱导强感光性，Se_1 位点存在感光性基因间的互作现象，而 Se_1 和 Se_3（*t*）相结合可使感光性更强，要求的临界日照更短。因此，Se_1 感光性表现的强或弱除该位点本身的作用外，还与其他感光性基因和修饰基因有关。E_1、E_2 和 E_3 是不同于 Se_1 位点的水稻感光性基因，其中，E_1 基因的作用远比 E_2 和 E_3 大，但 E_3 的存在，特别是 E_2 和 E_3 的同时存在时，可使 E_1 的感光性效应显著增强。

在基本营养生长期基因定位上，认为短基本营养生长期对长基本营养生长期为显性，也是多基因控制。Tsai 等（1995）研究表明，直接影响水稻基本营养生长期的基因有2个，1个是位于第10染色体上的早熟基因 *Ef* - 1，在 *Ef* - 1 上有1个隐性等位基因和4个显性等位基因；另一个是位于第3染色体上的隐性晚熟基因 *Ef* - 1，该基因能延迟水稻抽穗。此外，还发现在第10染色体上 *Ef* - 1 的2个早熟基因 $Ef-1^a$ 和 $Ef-1^b$。

迄今，利用分子标记对多个水稻分离群体进行了水稻抽穗期QTL的定位研究，共检测出控制水稻抽穗期的QTL约40个，其中，值得关注的是 Yano 等（1997）利用 Nipponbare 和 Kasalath 的籼、粳杂交 F_2 群体，鉴别出6个控制抽穗期的QTL，其中，2个主效QTL（Hd_1 和 Hd_2），这两个QTL分别位于第6染色体中部和第7染色体末端，对抽穗期的贡献率分别是65%和15%，Hd_1 与标记R1629紧密连锁，Hd_2 与标记C728紧密连锁。而3个微效QTL（Hd_3、Hd_4 和 Hd_5）均位于第6染色体上。此后，利用同一组合的回交高代群体，又在第3染色体上检测出1个QTL（Hd_6）。利用图位克隆技术已克隆出了 Hd_1 和 Hd_6。

五、抗病虫性

我国目前水稻生产上比较严重的病虫害有稻瘟病、白叶枯病、纹枯病、稻曲病、褐飞虱、白背飞虱等，结合水稻抗病虫品种的遗传改良，也开展了一些遗传研究，取得了一定进展。

（一）抗病性

1. 抗稻瘟病

水稻稻瘟病可发生在水稻生育的各个时期，以穗颈瘟对水稻的产量影响最大。抗稻瘟病多数表现显性，感病为隐性，由主基因控制。但也有由隐性基因或多基因控制的抗病性。在水稻抗稻瘟病遗传改良中，利用显性主基因很方便。多基因控制的抗病性对致病力多变的病原菌比较稳定，但不容易将全部抗病基因转导到 1 个品种上，结果是抗性水平较低，降低病害造成产量损失的效果较差。

稻瘟病抗性受 1 ~4 对基因控制，并有修饰基因参与作用。根据抗性基因之间的不同关系，杂交可产生 3∶1、9∶3∶3∶1、9∶7、15∶1、13∶3、63∶1 等抗感分离比率。有些品种的抗感性受微效多基因控制，例如，日本水稻品种银河和黎明的抗叶瘟病的田间抗性就是受微效基因的控制。20 世纪 80 年代，日本学者应用经典遗传学研究方法，鉴定出 8 个位点 14 个主效抗病基因。8 个位点分别是 P_i-a、P_i-I、P_i-K（等位基因 P_i-K、P_i-K^5、P_i-R^m、P_i-R^h、P_i-K^p）、P_i-Z（等位基因 P_i-Z、P_i-Z）、P_i-ta（等位基因 P_i-ta、P_i-ta^2）、P_i-b、P_i-t 和 P_i-sh。这些抗性基因的命名均以来源品种的第 1 个字母前冠以 P_i。以后，利用同工酶标记，以日本鉴别寄主为受体构建了定位群体，进行了多个抗稻瘟病基因的定位，目前，至少已定位了 32 个抗稻瘟病基因位点。通过图位克隆技术，目前，已克隆分离出一个抗稻瘟病基因 P_i-b。

Pan（1996，1999）定位了 6 个抗稻瘟病基因，其中，P_i-8（t）和 P_i-13（t）位于第 6 染色体上，P_i-14（t）和 P_i-16（t）位于第 2 染色体上，P_i-17（t）位于第 7 染色体上，P_i-26（t）位于第 11 染色体上。凌忠专等（1995）成功地研制了具已知抗病基因的 6 个近等基因系，成为国际上第一套能在各稻区统一使用的鉴别系统。2000 年，又用丽江新团黑谷作轮回亲本，以日本鉴别品种为抗性供体亲本培育了一套单基因水稻近等基因系。迄今，水稻中已经鉴定和定位了 40 多个抗稻瘟病基因，其中，多数为苗瘟抗性基因，只有 2 个为抗穗瘟基因。从已定位的抗稻瘟病基因分布看，大多位于第 6、第 11、第 12 染色体上，其他染色体也有少数分布。

2. 抗白叶枯病

多年的研究表明，水稻白叶枯病是一种寄主性很强的病害。其抗性随病原菌与寄主互作关系的变化而产生不同的遗传表现，符合典型的基因对基因的关系，即水稻白叶枯病原菌的毒性是不同的，菌株在不同品种上致病力的差异表现为生理小种特异性差异，品种携带的抗病主效基因与所控制的病原菌株是相匹配的。而且，水稻白叶枯病抗性基因有显性与隐性、单基因与多基因之别。

20 世纪 60 年代末到 70 年代初期，日本用当地白叶枯病原菌株研究并命名 3 个显性抗病基因，$Xa-1$（抗日本菌群Ⅰ）、$Xa-2$（抗日本菌群Ⅰ、Ⅱ）。$Xa-3$（抗日本菌群Ⅰ、Ⅱ、Ⅲ）。国际水稻研究所用菲律宾病原菌生理小种 1 鉴定并命名了 7 个抗白叶枯病基因，$Xa-4$、$Xa-5$、$Xa-6$、$Xa-7$、$Xa-8$、$Xa-9$ 和 $Xa-10$。近年来，日本菌群已增加到 5 个，菲律宾生理小种已增加到 9 个。由于不同国家或地区所用菌系和鉴定系统不同，其鉴定的抗性基因缺乏可比性，因此，国际水稻研究所与日本从1982年开始合作，采用统一方案，利用近等基国系建立了一套国际水稻白叶枯病单基因鉴别系统，对早期命名的21个白叶枯病抗性基因进行整理和统一鉴定。

由于等位测定，*Xa*－6、*Xa*－9、*Xa*－3为同一位点，且抗性反应相似。目前，国际上统一鉴定的白叶枯病抗性基因共有23个。其中*Xa*－1和*Xa*－21已经克隆分离。新的白叶枯病抗性基因还在不断地发掘和鉴定，白叶枯病抗性基因的命名已排到23个。近年来，采用形态标记和分子标记，已把*Xa*－1、*Xa*－2、*Xa*－12定位在第4染色体短臂上，*Xa*－3、*Xa*－4、*Xa*－10和*Xa*－21定位在第11染色体短臂上，*Xa*－5定位在第5染色体上，*Xa*－13定位在第8染色体上，*Xa*－7、*Xa*－23定位在第11染色体上。

3. 抗稻曲病

随着水稻品种株型和穗型的遗传改良，有些稻区的稻曲病发生越来越重。对稻曲病的研究大多是致病机制、发病规律，在抗病遗传上报道较少。Ansari等（1988）研究了稻曲病发病与品种的关系。在自然感病的条件下，22个水稻品种中最感病的是DR447－20，产量损失49%；最抗病的是CR155－5029－216，产量损失0.04%；CN758－1－1－1产量损失0.1%，TNAU 0.23%，RP1852－566－1－1 0.3%。Bhardwaj（1990）报道，1987年在田间鉴定了32个品种，结果有7个品种未发生稻曲病，其余品种的发病率在1%～17.9%。另外，发现矮秆品种比高秆品种更易感病。陈嘉孚等（1992）用田间诱发结合人工喷洒厚垣孢子接种对502份水稻材料进行2年抗病性鉴定，结果表明不同品种（系）之间抗、感稻曲病差异十分显著。抗病品种（系）均以早熟的为主。感病材料则以晚熟品种（系）为主，其抗病性趋势为早熟>中熟>晚熟。

徐正进等（1987）研究报道，稻曲病的发生与水稻的某些株型性状有关，发病率与穗密度、剑叶角度及株高呈极显著或显著负相关，而与剑叶宽呈极显著正相关。稻曲病的遗传还有待于深入开展研究。

4. 抗纹枯病

水稻品种间对纹枯病的抗性存在品种间差异，但没有稳定的高抗品种。根据现有的国内外对纹枯病抗性研究资料汇总，可以把抗纹枯病的主要遗传方式归纳为3种。第一，显性主效基因控制。外国学者用具有较高抗纹枯病的一种普通野生稻作父本，与感病品种杂交，分析F_1和F_2的抗性，认为，这种野生稻对纹枯病的抗性受1对显性主效基因控制。第二，隐性主效基因控制。Xie等（1992）用人工抗源LSBR25和LSBR233与感病品种Labelle和Lemont杂交，分析统计F_2代和F_3家系的抗性表现，发现LSBR25组合的抗、感比例均为1∶3，而LSBR233的抗、感比例均为7∶9，据此认为LSBR25的抗性受1对隐性主效基因控制，而LSBR233的抗性受2对隐性主效基因控制。第三，微效多基因控制。国际水稻研究所认为，水稻对纹枯病的抗性受多基因控制，其遗传估计值偏低。朱立宏等（1990）研究认为，水稻对纹枯病的抗性是受微效多基因控制的数量性状，为部分显性，最小有效基因为1～4单位，广义和狭义遗传力较低。

Li等（1995）研究表明，水稻对纹枯病的抗性多数表现为数量性状遗传。从上述可见，水稻纹枯病的抗性遗传相当复杂。在不同的品种中，水稻对纹枯病的抗性有的是受主效基因控制的，有的是受微效基因控制的，但更多的情况是受主效基因和微效基因共同控制的，因此需要进一步进行研究。

（二）抗虫性

1. 抗褐飞虱

褐飞虱是最严重的一种水稻害虫。20 世纪 60 年代以后，亚洲各稻区相继暴发了褐飞虱为害，促进遗传学家和育种家着手筛选抗性资源，以选育抗褐飞虱的水稻品种。迄今，已先后发现和鉴定了 *Bph*1（*t*）~*Bph*13（*t*）共 13 个抗褐飞虱主基因。抗性品种 Mudgo、Ruthu Heenati 和 Swarnalata 等分别携带显性基因 *Bph*1（*t*）、*Bph*3（*t*）、*Bph*6（*t*）。斯里兰卡水稻品种 Kaharmana、Balamawee 和 Pokkali 则含有同一个显性抗虫基因 *Bph*9。澳洲野生稻（*O. australiensis*）（2n = 24，EE）和紧穗野生稻（*O. eichingeri*）（2n = 24，CC）对褐飞虱的抗性分别由显性基因 *Bph*10（*t*）和 *Bph*13（*t*）控制。药用野生稻（*O. officinalis*）（2n = 24，CC）则同时含有 2 个抗性基因 *Bph*11（*t*）和 *Bph*12（*t*）。

抗褐飞虱水稻品种 ASD7、Babawee、ARC10550 和 T12 分别携带隐性抗虫基因 *bph*2、*bph*4、*bph*5 和 *bph*7。泰国水稻品种 Co1. 5 Thailamd、Co1. 11 Thailand 和缅甸品种 Chin Saba 则含同一个隐性抗性基因 *bph*8。*bph*1 和 *bph*2 紧密连锁或等位。*bph*3 和 *bph*4 紧密连锁或等位。这些抗性基因的鉴定和遗传研究为抗褐飞虱水稻品种的遗传改良、抗虫品种选育提供了抗源，其中，*Bph*1、*bph*2 和 *Bph*3 已被应用到抗虫育种上。

我国学者在抗感品种杂交 F_1 代抗性分析中发现、抗 × 抗的 F_1 全部表现抗，感 × 感的 F_1 都表现感，抗 × 感的 F_1 有的表现抗，有的表现感，表明褐飞虱抗性遗传有的表现显性遗传，有的表现隐性遗传，抗性遗传机制比较复杂，但大多数表现为单基因控制。我国学者报道了艾氏野生稻抗褐飞虱基因的定位。印度、韩国的科学家也对水稻褐飞虱抗性基因的定位结果做了报道。目前，普遍认为 QTL 在抗褐飞虱基因的持久抗性方面起重要作用。国际水稻研究所专家认为，这些 QTL 是稳定持久抗性的主要因素。

祝莉莉等（2004）应用分子标记技术，定位和命名了 5 个新的抗褐飞虱基因 *Bph*12、*Bph*14、*Bph*15、*Wbph*7（*t*），*Wbph*8（*t*），这些抗性基因都是从野生种转育来的。其中，*Bph*14 和 *Bph*15 定位在水稻第 3 染色体长臂和第 4 染色体短臂上，将宽叶野生稻的抗性基因 *Bph*12 定位在第 4 染色体 *Bph*15 附近。2 个抗白背飞虱基因 *Wbph*7（*t*）、*Wbph*8（*t*）分别定位到与 *Bph*14、*Bph*15 相同的位置上。并在此基础上进行了精细定位和物理作图。在第 3 染色体的 *Bph*14/*Wbph*7（*t*）区域，将目标基因限定在遗传距离 10cm、物理距离为 200kb 的区段，抗虫品种 *B*5 基因组文库的 5 个克隆可以覆盖该区域。在第 4 染色体的 *Bph*5/*Wbph*8（*t*）区域，将基因定位于遗传距离小于 0. 3cm 的范围，并完成了部分的物理图谱分析。

2. 抗白背飞虱

目前，已发现和命名了 6 个抗白背飞虱基因，即 *Wbph*1、*Wbph*2、*Wbph*3、*Wbph*4、*Wbph*5 和 *Wbph*6。研究表明除 *Wbph*4 抗性基因表现隐性遗传外，其他 5 个抗性基因均表现为显性遗传或部分显性遗传。*Wbph*2 被定位在第 6 染色体上，*Wbph*6 被定位在第 11 染色体上。

Sogawa 等用高抗白背飞虱的粳稻品种春江 6 号与感虫籼稻品种 TN1 的正、反交试验结果表明，在 F_1 和 F_2 群体的拒采食性和杀卵作用的遗传方式中，F_1 都表明为抗性，F_2 代分离群体的抗、感性均表现为 3 ∶ 1 的分离比例。说明在拒采食性和杀卵作用上，抗性受 1 个显性基因控制。利用这 2 个品种的 DH 群体，将水稻抗白背飞虱的拒采食性和杀卵作用抗性基因定位在水稻第 4 和第 6 染色体上。

3. 抗螟虫

水稻螟虫是水稻生产上为害严重的害虫之一，属钻蛀性害虫，其幼虫先蛀入叶鞘内部为害，随后钻蛀茎部，导致水稻白穗、死穗，减产通常在 10% ~30%。螟虫主要有二化螟、三化螟，由于螟虫为迁飞性害虫，其抗性遗传研究难度较大。

已有研究结果表明，二化螟田间抗性的遗传较复杂，可能受几个遗传因子的支配，但当发生枯心苗为田间抗性标准时，则表现为简单遗传，其抗性为显性。Dutt（1980）报道，控制 TKM6/IR8 杂种对三化螟抗性是一个单显性基因，它与控制矮生性状的基因是独立遗传的。而 Khush（1989）报道对水稻三化螟的抗性是由主效基因控制的。程泽强等（2005）研究认为，抗螟虫基因是由 1 对细胞核显性基因控制的，这有利于转基因水稻作为抗螟虫种质材料在遗传改良中的利用。水稻国际研究所选育的几个品种（品系）具有抗螟性，这些品种（品系）是通过具有中等抗性的常规品种与较高抗性的育种品系杂交后代选育的。

4. 抗稻瘿蚊和叶蝉

稻瘿蚊是我国华南稻区主要害虫之一，并广泛分布于南亚、东南亚和非洲等地。目前，已发现了 3 个抗稻瘿蚊基因 *Gm*1、*Gm*2 和 *gm*3。这 3 个抗性基因控制水稻品种对印度稻瘿蚊生物型的抗性，*Gm*1 和 *Gm*2 位于第 9 染色体上（Kinoshita，1990）。目前，抗稻瘿蚊遗传改良也取得成效，国际水稻研究所利用印度的抗虫品种 CR94 - 13，育成了抗稻瘿蚊品种 IR36、IR38、IR40、IR42 等。

叶蝉既直接为害水稻，又是某些病毒病传播的媒介。Khnsh（1984）报道，现已发现了 8 个抗虫基因 *Glh*1、*Glh*2、*Glh*3、*Glh*4、*Glh*5、*Glh*6、*Glh*7 和 *Glh*8。而且，抗叶蝉遗传改良也取得显著进展。

六、抗逆性

（一）耐冷性

北方稻区在水稻生育期间常遭遇低温冷害的危害，造成水稻减产。南方稻区的“寒露风”也是一种低温冷害，同样会造成产量损失。因此，对水稻耐冷性的遗传研究至关重要。依据水稻冷害发生的时期不同，可将水稻的耐冷性划分为低温发芽力、苗期耐冷性、孕穗期耐冷性、开花期耐冷性等。研究认为，水稻的耐冷（低温）性受基因累加效应所控制，耐冷性强、弱不同的品种间杂交，F_2 代接近正态分布，其平均值偏向于耐冷性强的亲本。F_2 遗传力较低，F_3 遗传力较高。也有研究认为，水稻耐冷性受主效基因控制，如在低于 15℃ 的低温下，粳稻品种的低温发芽力由 4 个基因所控制，并分别与 *wx*（Ⅰ）、*d*（Ⅱ）、*d* - 2（Ⅳ）、*I* - *Bf* 等基因连锁；在 10℃ 条件下处理 5d，幼苗耐冷性分离比例为 3 ∶ 1，耐冷性为完全显性。Chuong（1982）以 6 个籼、粳稻杂交组合为材料，三叶期在昼/夜温 10℃/6℃ 的低温下，处理 7d 的卷叶程度分离比例为

15∶1，均由2对基因所控制。

有的研究认为，耐冷性具有较高的特殊配合力效应，表明在耐冷性表达中非加性效应起主导作用。但从叶片黄化性状表现看，则以加性和加性×加性基因效应为主。F_2代群体的幼苗期耐冷性表现，是以双亲中间值为中心的接近正态分布的连续变异。也有研究结果表明，在低温下F_1和F_2代水稻幼苗长势呈显性和超显性，可能受4～5对基因的控制，而且低温下幼苗生长势的遗传力为57%和70%，属中等，受基因累加效应和基因累加互作效应的控制。

另外的研究表明，幼苗早期生育的耐冷性受细胞质的影响较大，耐冷性为完全显性。三系杂交种幼苗耐冷性倾向于雄性不育系，受父本恢复系影响较小。上述研究结果不尽一致，可能是由于试验所采用的低温处理条件和耐冷性评价标准以及试验所取材料不同所致。

（二）耐盐性

国内外有关水稻耐盐性遗传研究报道的较多，一般认为水稻耐盐性，在F_2代表现3∶1的分离，表明耐盐性受1对主效基因控制。也有研究表明由多基因控制，具加性和部分显性，也具母性效应，遗传力中等偏高。顾兴友等（1999）对水稻耐盐性机制进行了较系统的遗传研究，认为死叶率等级和地上部Na^+含量3项指标的遗传变异中均以基因加性效应为主，死叶率等级和地上部Na^+含量还存在一定份量的非加性效应。环境效应皆显著且份量较大。死叶率等级指标的遗传力相对较高，耐盐性的遗传效应由基因加性、显性或加性×加性分量构成。

有研究认为，基因加性效应是水稻苗期最重要和最稳定的遗传基础，盐胁迫强度的变化主要影响杂合位点的非加性效应。顾兴友（2000）用RFLP技术从水稻12条染色体上筛选出43个多态性标记，对上述指标分别做点分析，共检出15个连锁标记。连锁标记分布特点显示，在研究所涉及的基因组范围内存在4个影响幼苗耐盐力的QTL，其增效等位基因均来自耐盐品种Pokkali。影响成熟期耐盐性的QTL分布在第7染色体的1个或2个连锁区间上，其有利基因来自双亲。

（三）耐旱性

20世纪70年代，国际水稻研究所开展了水稻耐旱性研究，证明水稻耐旱性是可遗传的性状。研究表明栽培稻的根长和根数量受多基因控制。植株体内高脯氨酸含量受2～3个显性基因控制。童继平等（2000）以须根数较多的栽培稻品种S9178和HP121与须根数较少的韩国直播稻品种K2杂交，检测杂交第4代（F_4）的根数目。结果表明根数性状具可遗传性，HP121与K2杂交后代的根数具有超亲优势。

陈凤梅等（2001）研究显示，穗颈粗、单株有效穗数、单穗粒数、剑叶长、叶绿素a/b、脯氨酸含量和自由水含量的遗传变异主要受加性效应的影响，倒2节间长和谷粒宽的遗传变异主要受显性效应的影响，所有耐旱性指标都存在显性×环境互作效应。单株有效穗数、穗颈粗和倒2叶节间长既有普通杂种优势，又有互作杂种优势，而且环境不能改变这3项指标显性基因作用的方向。每穗实粒数、叶绿素a/b和组织内自由水含量还存在加性×环境的互作效应。20世纪90年代，我国优良的杂交水稻汕优63已成为旱作和节水栽培的品种，其发达的根系具有超亲优势。水稻耐旱遗传研究表明，许多耐旱性状存在加性、显性及其互作效应，受环境因素影响较大。

（四）耐不良土壤因子

水稻耐不良土壤因子包括土壤缺素，如缺钾、缺磷、缺锌等；土壤毒素，如铁毒、铝毒等。水稻对不良土壤因子的反应是一个复杂的生理、生化反应过程，涉及因素多。水稻适应不良土壤因子的能力主要表现为多基因控制的数量性状。研究认为，磷素吸收率和利用率由 2 个不连锁主效基因分别控制，耐缺磷由多基因控制，具有上位性基因互作效应。耐缺锌由多基因控制或 2 对基因控制，具有显性效应。耐缺钾由多基因控制，加性效应为主。耐铁毒（分蘖盛期）由 2 对或 3 对基因控制。耐铝毒有高遗传力，以加性效应为主。

此外，Wallace 等将土壤重金属的联合作用划分为协同、竞争、加和、屏蔽和独主效应。复合元素的迁移能力大于单元素的迁移能力。在水稻生育季节，重金属在植株中迁移能力大小依次是 Cd、Cr > Zn > Cu > Pb。重金属在水稻植株不同部位的积累分布是根部 > 根基茎 > 主茎 > 穗 > 籽粒 > 叶片。

第三节　水稻染色体倍性遗传

一、单倍体

迄今，只发现有两种栽培稻的单倍体。盛永等（1931，1932）首先从两种粳稻品种与分蘖稻的杂交后代中获得单倍体的水稻植株。在当时得到的 13 粒杂交种子中，有一粒长出了单倍体植株。之后，盛永等（1934）又得到 6 株单倍体，其中，4 株是在品种间杂交后代的 F_2 ~ F_4 代分离群体中发现的，另 2 株则于大田品种中发现的。据估计，自然单倍体产生的频率约为 0.0023%。同一般单倍体一样，水稻单倍体植株矮小，不结实。植株大小比正常二倍体减小了 1/3 ~ 1/2，但分蘖数有所增加。采取无性繁殖可将水稻单倍体保持下来。

盛永等（1934）无性繁殖单倍体在自然授粉的情况下，在 13 800个穗中发现有 37 个穗结出了 41 粒种子，结实率为 0.82%（37 个穗共有 5 009个小穗）和 0.0022%（13 800个穗，1 838 850个小穗）。在人工授粉的情况下，去雄的穗结实率提升到 1.06%，不去雄的穗结实率提升到 2.41%。盛永等（1934）对单倍体小孢子和大孢子的发生过程做了详细描述，其细胞分裂过程同一般单倍体减数分裂过程相似。在 138 个小孢子母细胞中，有 98 个在中期Ⅰ只有单价体，其余有 2 个，偶尔有 4 个单价体，或互相靠近、松散地配成 1 ~ 2 对。这多数属于一种假象或是偶然现象。而真正的二价体在后期Ⅰ当单价体呈 1 ~ 12 分配或细胞分裂受阻时形成。后期Ⅰ之后会出现许多异常现象，例如，不规则的分离、三级纺锤体、非同步第二次分裂、第二次分裂纺锤体并合等。单倍体植株获得的种子只长成二倍体，因此研究者认为，只有那些含有全部 12 个染色体的大孢子才是有效的。

胡兆华（1960a）研究发现，非洲栽培稻的单倍体如其三倍体一样，不能靠无性繁殖来保持。非洲栽培稻的单倍体表现和行为类似亚洲栽培稻的单倍体，每个花粉母细胞的二价体和三价体平均数各占一半。它们也表现次级联会。在403个花粉母细胞中，60%的细胞有12个单价体，23%的细胞有10单价体和1个二价体，5%的细胞有8个单价体和2个二价体，1%的细胞有6个单价体和3个二价体，3%的细胞有9个单价体和1个三价体，1%的细胞有7个单价体和1个二价体及1个三价体，其余的4个细胞有7个单价体和2个二价体及1个三价体。李先闻（1966b）估算，亚洲栽培稻单价体产生3.5%的着色花粉。减数分裂研究表明，这些花粉是由未减数的配子形成的。后者或者由重组核、或者由核与细胞质的分裂不同步所造成。

20世纪60年代，水稻花粉培养取得成功，其单倍体植株的产生就不像以前那样，只靠天然发生那么困难。胡忠等（1977）以不同技术培养水稻杂种F_1的花粉，由于水稻愈伤组织的染色体数自然加倍率较高，在花粉培养的植株中产生了各种倍性，其中单倍体占38.9%～66.5%，二倍体占32.0%～59.7%，多倍体占0.6%～4.2%。单倍体是完全不育的，而它具有2个极为重要的遗传特征，因此，在理论上和水稻遗传改良上均具有重要价值。一是由单倍体加倍得到的二倍体是完全纯合的，即全部基因均为纯合，因此，培养水稻杂种低代花粉，可获得大量的纯合花粉植株供育种鉴定和选择，就成为缩短水稻育种周期的一种很有效的新技术。二是单倍体不存在等位基因，任何单基因突变由于没有显性等位基因的掩盖，所以从理论上说，其突变性状都能在花培单倍体上表现出来。这类变异植株经染色体加倍就成纯合突变体。这对通过人工诱变或愈伤组织的体细胞变异来选育新类型都是很有应用前景的遗传改良新技术。

采用单倍体可以研究染色体的同源性，山浦笃（1933）从稻族近缘的竹类染色体数研究结果，认为，基数12可能是由基数分别为5和7的2个物种合并而成的。酒井（1935）和Nandi（1936）对水稻花粉母细胞减数分裂终变期的染色体次级联会的研究结果，认为12是由基数各为5的两个物种再加上各有1个重复染色体，即abcde＋b和$a_1b_1c_1d_1e_1+a_1$组合而成的。因此，长期以来有人认为，水稻属的基数来源于次级多倍体。但是，Khush（1974）认为这一说法缺乏有力证据，原因是：如果存在2个重复染色体，则初级三体中应有两对三体在表型上是相似的，但是实际上所有初级三体在形态上各不相同。另外，Stebbins（1950）曾指出12不但是水稻族里绝大多数的基数，而且还是禾本科的低等属中最普遍的基数。因此，看不出这个基数有起源于多倍体的迹象。但是Goedblatt（1979）认为，染色体组基数在11以上的都起源多倍体，或称之为古多倍体（paleopolyploid）。关于水稻染色体组基数12的起源问题，目前还持有不同的观点。其根本原因在于对染色体组形成缺乏深入研究。

二、三倍体

自然界的水稻不是二倍体就是四倍体，而三倍体或者由天然突变产生，或者由杂交形成。在自然界，以及用二倍体与四倍体杂交，都已获得亚洲栽培稻的同源三倍体。但多数研究报道认为这类杂交难度大，正、反交都不易获得三倍体杂种。与二倍体亲本比较，三倍体有较宽的叶片、较大的小穗和稍高的植株，但结实率很低，普遍在1%以下。三倍体如授以二倍体的正常花粉，则其结实率可大幅提升。胡兆华（1968）用籼稻品种菊仔所得的结果（表5－4）。该研究植株的染色体数为24～30。也就是卵细胞的额外染色体数0～6，平均为1.554。设p为每个单价体不进入卵细胞的几率，q为进入的机率。则p＋q＝1。三倍体有12个单价体，卵细胞的平均额外染色体数应为12q，因而12q＝1.554，则q＝0.1295，即单价体进入卵细胞的机率只12.95%。未进入卵细胞的机率为87.05%。这样以来，就可用 $(p+q)^{12}$ 二项式展开计算出三倍体回交后代各种染色体数植株的理论机率分布（表5－5）。卡方检测为 $P<0.01$，理论与实际不相符的关键在于26个染色体植株的数目上，其 X^2（13.30）要占总数的半数以上。

表5－4　水稻（菊仔）同源三倍体回交后代植株的染色体数分布频率

项目		染色体数目							总数	P
		24	25	26	27	28	29	30		
观察值	植株数	20	42	61	14	1	0	1	139	
	百分数	14.4	30.2	43.9	10.1	0.7	0	0.7	100	
理论值	植株数	26.3	47.0	38.4	19.1	6.4	1.5	0.3	139	
	百分数	18.39	33.80	27.65	13.71	4.59	1.09	0.18	99.95	
X^2		1.51	0.5	13.30	1.36	4.56	1.50	1.63	24.39	<0.01

（引自《中国稻作学》，1986）

表5－5　水稻同源三倍体回交后代的染色体数分布频率

		染色体数							总数	平均额外染色体数	p	q	P值	资料来源
		24	25	26	27	28	29	30						
观察值	植株数	6	35	31	12	2	1		87	1.678	0.860	0.140		渡边等（1969）
	百分数	6.9	40.2	35.6	13.8	2.3	1.1		100					
理论值	植株数	14.2	27.8	24.9	13.5	5.0	1.3		86.7					
	百分数	16.37	31.97	28.63	15.53	5.69	1.48		99.67					
X^2		4.74	1.86	1.49	0.17	1.80	0.07		10.13				>0.05	
观察值	植株数	2	20	25	14	8	3		72	2.208	0.816	0.184		
	百分数	2.8	27.8	34.7	19.4	11.1	4.2		100					
理论值	植株数	6.3	17.0	21.1	15.8	8.0	2.9		71.1					Khush（1974）
	百分数	8.72	23.58	29.25	21.98	11.15	4.02		98.70					
X^2		2.93	0.53	0.72	0.21	0	0		4.39				0.50	

（引自《中国稻作学》，1986）

然而，渡边（1969）和Khush（1974）用上述方法计算的结果则符合理论分布（表5－4）。这有力证明，水稻同源三倍体在减数分裂时额外染色体的丢失是严重的。进入卵细胞的额外染色体数通常不是6个，只有1、2个的能占总数的60%左右，而且在受精发育上也没有显示出一定的偏向。这些结果表明从同源三倍体的回交后代分离三体植株将不会很难。但由于额外染色体容易丢失，所以，对三体的保持又增加了一定的难度。额外染色体的大量丢失，以及卵细胞的受精率似乎不受少数额外染色体存在的影响，由此得出水稻同源三倍体应有较高的结实率。但是，事实是水稻同源三倍体不仅自交结实率极低，不到 1%（Khush，1974），而且回交结实率也很低（Chandraratna，1964）。因此得出，并不是单纯的额外染色体影响结实率，或因丢失染色体产生的其他效应造成的。

异源三倍体可由一种同源四倍体与一个二倍体种杂交产生。现已知的有两例，亚洲栽培稻与非洲栽培稻杂交（*AA*—*Ag*）和亚洲栽培稻与长雄蕊野生稻杂交（AA—A^b）。Shastry 等（1964）对异源三倍体细胞分裂各种多价体的出现频率做过研究，长雄蕊野生稻自交是几乎不实的，与其他种杂交也很难产生杂种。当长雄蕊野生稻与其他种杂交时，受精后的 F_1 合子 3～6d 便败亡。这种育性障碍由一组显性互补基因所控制。亚洲栽培稻与长雄蕊野生稻杂交，其杂种表现有点可育，减数分裂异常，只出现单价体和落后染色体。异源三倍体表现出各种异常现象，每个花粉母细胞的单价体数目有 0～11 个，众数约为 3；二价体数目有 0～7 个，众数约为 3；三价体数目有 2～12 个，众数约为 7；超过四价体的联会则少见。研究者根据主要产生环状二价体和带柄锅状三价体的现象，认为这两个种的染色体只具有区段性同源，染色体已通过对称易位、不对称易位和重复易位发生分化。

三、四倍体

目前，栽培稻品种都是二倍体，且都属于 A 染色体组，在已研究过的异源四倍体种中，没有一个含有 A 组。关于栽培稻四倍体已有一些研究，这些研究主要从实际应用考虑。

（一）栽培稻四倍体

研究较多的是亚洲栽培稻，大多数仅限于 1～3 代，尚无超过 10 代的研究报道。在发现秋水仙精诱发多倍体之前，四倍体的产生或者由自然发生，或者由品种间杂交后代产生，或者通过辐射、热处理及水合三氯乙醛处理后产生。中森（1933）在水稻品种间杂交第 4 代得到 1 株同源四倍体植株，它并不表现出特别的异常性状，小穗较大，芒很发达，结实率 27%。之后，市岛（1934）所获得的四倍体，减数分裂中有 5～6 个四价体和 10～12 个二价体。盛永等（1937）在栽培品种小区里，品种间杂交后代中以及水合三氯乙醛处理后代里得到几株四倍体，并对它们的形态、结实性和大、小孢子发育等做了详细研究。

亚洲栽培稻同源四倍体一般比二倍体矮，茎秆、叶片较厚且粗糙，有效分蘖数较少，小穗较大、多芒而坚硬，花粉粒较大。花粉着色率约为 50%，结实率约 22%。其中，有 7%～36% 的种子是无融合生殖产生的，而仅有 45%～75% 的种子有发芽力。大小孢子的发育相似，在中期 I 有 8～9 个四价体和 6～8 个二价体。极少数可见到 1 个八价体和一些单价体。减数分裂除了在后期 I 有 1～2 个落后染色体以外，其余均表现正常。然而约有 50% 小孢子和 40% 大孢子在第二次分裂之后即退化败育。

高纯度的栽培品种，或籼、粳杂种 F_1，染色体通过秋水仙精加倍后所得到的加倍植株都称为同源四倍体。水稻染色体加倍的方法，在初期都用割伤分蘖株后，用 0.01% ~0.05% 的秋水仙精浸泡基部进行处理。1952 年，处理时间从 5d 延长到 10 ~ 11d，获得了粳稻银坊主和水源 52，籼稻川农 422 等 3 个品种的同源四倍体。1956 年后的研究结果表明，用 0.025% 的秋水仙精处理对水稻苗的死亡率影响较少，成功率较高。处理时间以 8 ~10d 为宜，过长不利于处理苗的恢复，割伤比不割伤的成功率高得多（表5 –6）。具体操作方法是，在叶龄 5 ~6 片壮苗的基部割一个纵向切口，浸泡在 0.03% 秋水仙精水溶液中 10d，之后洗净，在非直射光下恢复。处理过程的温度不要高于 25℃，加倍成活植株通常可达 50% 左右。

表 5 –6　秋水仙素处理水稻分蘖苗的效果

品种	秧苗基部割伤处理	秋水仙素浓度（%）	处理天数（d）	处理株数	成活株数	成功株数	成功株占处理株（%）	处理年份
南特号（早籼）	割伤	0.025	8	9	8	4	44.4	1956
	割伤	0.025	10	9	8	4	44.4	
	割伤	0.025	12	9	6	2	22.2	
	割伤	0.025	14	9	5	2	22.2	
	割伤	0.025	16	4	2	0	0	
				40	29	12	30.0	
BⅢA（晚粳）	割伤	0.05	10	30	10	5	16.6	1957
	割伤	0.05	11	30	11	7	23.3	
	割伤	0.05	12	15	3	2	13.3	
				75	24	14	18.6	
3 个水稻品种	割伤	0.05	10	76	52	26	34.2	1959
	不割伤	0.05	10	76	50	14	18.4	
5 个杂交组合的 F_1	割伤	0.05	10	171	149	84	49.1	1957

（引自《中国稻作学》，1986）

育苗处理的优点是死亡率低，成功率高。对较难得到的材料，如杂种 F_1，可在分蘖期分株栽植后再进行处理，但工作量变大。如果研究材料充足，则可采用幼芽处理，可减少工作量和药品消耗。1960 年，在有机汞农药中发现了富民农可代替秋水仙精，效果好费用低（表 5 –7）。用高浓度的富民农或秋水仙精处理水稻幼芽的死亡率都较高。但富民农的溶解度极低，仅 2mg/kg，所以，0.03% 的浓度尚有 28.2% 的成活率，而成功率也相应提升了 3.6%，达到 18.9%。秋水仙精是水溶性的，浓度稍高，处理时间稍长，死亡率则急剧上升，成功率也大幅下降。因此，用秋水仙精在处理浓度与时间的把握上，要恰到好处。国外对秋水仙精处理技术研究做了许多工作，通常多用高浓度、短时间。冈彦一（1953）用 3% 秋水仙精羊毛脂涂抹或用 0.1% 水溶液滴在水稻幼芽上，每天 4 次，连续 3d。实际成功率为 2.08% ~8.21%，冬季处理的效果比夏季好，用涂抹方法效果相似。

表5－7 富民农与秋水仙素对处理水稻幼芽的效果

药品	浓度（%）	处理时间（h）	品种数	处理总芽数	成活株		成功株	
					株数	%	株数	%
富民农	0.03	78	12	600	169	28.2	32	18.9
	0.01	78	12	600	255	42.5	39	15.3
秋水仙素	0.03	78	5	220	21	9.5	2	9.5
	0.02	48	5	250	164	65.6	42	25.6

（引自《中国稻作学》，1986）

（二）同源四倍体与二倍体比较

水稻品种由二倍体变为同源四倍体后，许多性状都有明显改变。例如，分蘖力下降，单穗小穗数减少，籽粒增大，结实率下降，芒性增强，籽粒蛋白质含量提高等。通常粳稻同源四倍体的结实率显著低于籼稻的，而且年份间有较大变化，一般随着种植年份增加，结实率有明显提高的趋势，但从未能恢复到二倍体的结实水平（表5－8）。

表5－8 二倍体和同源四倍体水稻品种的各年结实率

倍性	品种	成都		北京		
		1954	1956	1957	1958	1959
二倍体	银坊主（粳）	86.4	85.7	86.1	94.2	93.0
	水源52（粳）	88.3	—	88.3	93.3	82.1
	川农422（籼）	82.4	89.0	79.5	93.3	91.6
四倍体	银坊主（粳）	13.1	42.1	45.4	46.2	51.7
	水源52（粳）	19.4	33.5	35.0	26.6	40.9
	川农422（籼）	57.8	49.0	36.1	73.0	69.8

（引自《中国稻作学》，1986）

同源四倍体的有性生殖过程对环境条件反应十分敏感。籼稻川农422同源四倍体在成都春天的温室条件下，表现花粉粒大，不实花粉少，结实率达76.68%，籽粒千粒重为50g，米粒全无腹白，品质上等。但在自然条件下，花粉粒变小，不实花粉增加1/3以上，结实率下降到57.75%，籽粒千粒重仅34.2g，米粒腹白占3/4，品质降为下等。其原因尚不清楚。

另外，由二倍体水稻经加倍获得的四倍体，通常都是二倍体与四倍体细胞的嵌合体。由四倍体细胞发育而来的小穗，明显的大于二倍体小穗，而且由无芒转成短芒，原来有芒的则变得更粗更长。从这些特点可以看到，二倍体和四倍体的嵌合程度（表5－9）。分蘖之间、小穗之间、颖壳与种子之间，都可以是不同倍性细胞所构成。当颖壳为四倍体而种子为二倍体时，种植后植株仍为二倍体。但是，尚未发现颖壳是二倍体而种子是四倍体的情况。这说明在处理后，生长点的外、中、内三层细胞，四倍化的程度显然是外高内低，相反的情况几乎看不到。

表 5-9 富民农和秋水仙精处理后成功株的二倍体与四倍体细胞的嵌合程度

项目		富民农	秋水仙精
成功株占成活株的%	平　均	17.1	21.2
	最　高	66.7	62.0
成功株上具有大粒穗的%	平　均	28.0	35.9
	最　高	100.0	100.0
成功穗上的大粒小穗的%	平　均	27.8	32.3
	最　高	100.0	100.0
大粒小穗后代的四倍体植株的%	平　均	10.1	3.0
	最　高	30.2	12.1

（引自《中国稻作学》，1986）

（三）同源四倍体应用前景

水稻同源四倍体的粒重比二倍体约增加 50%，蛋白质含量提升约 30%。但由于结实率下降，因而不能生产应用。严育瑞等（1960）经秋水仙精处理得到的 23 个嵌合体稻穗结实率的统计，二倍体小穗的结实率 2.8%，四倍体小穗的结实率 29.0%，后者的结实率比前者高 10 倍。通过杂交，尤其是籼稻杂交不仅可提高四倍体的结实率，且单穗粒数、千粒重、米的品质都有明显改善。但是，籼粳杂交四倍体结实率最好的单株也仅与四倍体籼稻的相仿（表 5-10）。杂种后代通过不断选择可提高其结实率，但进展缓慢（表 5-11）。例如，选留的 F_5 单株，结实率达到 80% 以上的已占半数多，但到 F_6 时，结实率达到 80% 以上的只有 8.94%。这充分说明提高和稳定四倍体结实率的难度很大。例如，在灰背子×三粒寸杂种四倍体后代中，曾出现许多大穗大粒和结实率较高的单株，但经多代连续选择，始终未能获得结实率较高且稳定的选系。从四倍体的遗传性分析，在 1 对基因的情况下，其后代的纯合个体占 1/18，当基因对数为几时，从 F_2 分离出 1 株纯合体，则为 $(1/18)^n$，因此，在有限的育种规模下，要想获得正常结实率的株系是相当困难的。因此，四倍体水稻品种应用到生产上要做许多深入的研究工作。

表 5-10 水稻二倍体、四倍体及四倍体籼粳杂种的穗部性状表现

倍性	品种或杂种	芒	结实率（%）	穗粒数	千粒重（g）	腹白	品质
二倍体	川农 422	无	82.4	147.4	25.1	1/4	中上
	银坊主	无	86.4	119.7	27.5	无	上
	水源 52	无	88.3	102.3	25.5	无	上
四倍体	川农 422	短	57.8	81.3	34.2	3/4	下
	银坊主	短	13.1	61.0	29.3	1/3	下
	水源 52	短	19.4	40.6	29.4	1/3	下
四倍体杂种	银坊主×422	长	61.1	139.3	35.6	3/4	下
	银坊主×422	长	24.5	137.7	41.3	1/4	中
	银坊主×422	长	45.9	136.3	40.1	1/5	中上
	银坊主×422	短	40.3	194.8	32.1	1/4	中
	水源 52×422	长	54.3	132.5	41.0	1/4	中上
	水源 52×422	长	47.7	141.0	41.8	1/5	中上
	水源 52×422	短	18.0	97.5	31.9	1/3	下

（引自《中国稻作学》，1986）

表5－11　四倍体籼粳杂种各代的结实率变化

项　目		F_2	F_3	F_4	F_5	F_6
种植的总株数		501	1 604	10 726	13 998	3 760
结实率在80%以上的	株数	0	1	102	196	370
	%	0	0.06	0.95	1.40	9.84

（引自《中国稻作学》，1986）

第四节　水稻连锁遗传

一、水稻连锁遗传研究回顾

20世纪20年代，赵连芳（1928）采用4269×4957杂交，发现水稻糯性与稃尖着色连锁，重组值为22.34%。这2种性状连锁遗传研究的结果及确定的重组值，一直是水稻基因连锁图中第一个确定的。20年代之后，水稻连锁遗传研究涉及的性状增加了，有株高、护颖长度、叶舌有无、植株色泽、穗长、叶片大小、茎数、着粒密度等。研究的目的是确定水稻性状的连锁关系。1949年以前，我国开展水稻连锁遗传研究涉及的性状有20个，其中，着色性状占70%左右，例如，稃尖、颖壳、柱头、护颖、叶片、叶鞘和果皮着色等。国外的研究也如此。

长尾和高桥（1963）提出粳稻12个连锁群，研究的性状48种，已发现了各群有多个连锁基因，其中，涉及的着色基因约占33.3%。Misro等（1966）提出籼稻12个连锁群，共标记出59个基因，其中，涉及着色性状的占55.9%，比粳稻的多得多。随着水稻遗传育种的快速发展，连锁遗传研究也发生较大变化，一是研究内容继续扩大、充实，所研究的基因显著增加，初步确定了全部12个连锁群图。二是开始更加关注与水稻遗传改良密切相关的性状的遗传连锁。

高桥和木下（1977）已研究了82个基因位点，并定位在连锁图上，且已判明其所属的连锁群。基因数也大致达到与位点同样的数目。而且，其中，包括抗病性基因和抗寒性基因等，以及与水稻生产相关重要性状相联系的基因也较多。清泽（1972，1980）对15个抗稻瘟病基因已初明确属于粳稻第1、第7、第8和第10等4个连锁群。其中，第1群中的抗性基因 P_i-Z^t 与晚熟基因 *Lm* 紧密连锁，重组值平均为3.5%左右。这2个基因位点可能普遍存在于籼、粳稻品种里，这与抗病品种选育有密切关系。坂进（1967）、永井（1970）、横尾（1971、1977）研究认为，由于晚熟基因位点 *Lm* 存在复等位基因，因此品种遗传改良中寻求抗病与早熟重组是完全可能的。在目前已知的9个抗白叶枯病抗性基因中，已确定其中的 *Xa*1 和 *Xa*2 位于第2连锁群。

水稻矮秆基因的研究和利用在品种改良中是一项巨大成就。在粳稻连锁群里，已有22个矮生性基因被确定在第1、第2、第3、第4、第6、第8、第10、第11和第12连锁群上，说明粳稻的矮生性变异是较普遍的，但对这些矮生基因的利用研究的不够。籼稻的矮生性基因较少，我国籼稻品种遗传改良中广泛利用的矮仔占和低脚乌尖存在相同位点的矮生基因，但其连锁遗传还不明确。Sihdu 等（1979）研究确定低脚乌尖的半矮秆基因 *sd*1 与抗褐飞虱基因 *bph*4 及抗叶蝉基因 *Gih*3 存在连锁关系。Sastrg（1975）采用 IR20 × W1263 杂交研究，发现 IR20 的半矮秆基因 *sd*1 与紫色柱头（*Ps*）和褐颖色（*I - Bf*）有连锁关系，*sd*1 与 *Ps* 的重组值为 27.2%，*sd*1 与 *I - Bf* 的重组值为 29.9% ~ 36.3%。这个来源于低脚乌尖的半矮秆基因可能位于籼稻第 5 连锁群上。W1263 是印度的抗稻瘿蚊品种，其抗性基因 *Pd* 也位于该连锁群上。

Su（1977）报道，韩国品种统一的矮秆基因与花青素活化基因 A 连锁，其重组值为 24.8%，位于籼稻第 3 连锁群上。而且，品种统一的矮秆基因也可能是来自低脚乌尖，可见，籼稻遗传改良中广泛利用的矮秆基因的连锁关系，虽还没有得出一致结论，但已引起关注，深入研究。

Jodon（1948）根据美国、中国、日本、印度等国的研究结果，首次整理并提出了栽培稻的 8 个连锁群 29 个基因，其中，有 4 个连锁群是根据中国的早期研究结果确定的（表 5 - 12）。

表 5 - 12　中国研究确定的水稻连锁群（1928—1951 年）

连锁性状	基因*	重组值（%）	杂交组合	作者（年份）	备注
糯性 - 稃尖着色	$g_1 - aP_4$	22.38	4269/4957	赵连芳（1928）	相当于 Jodon（1948）的 Ⅰ群和高桥（1964）的 Ⅰ 群
糯性 - 稃尖着色，护颖着色		22.81 ±4.21	华阳糯 × 粳 213	涂敦鑫等（1949）	
糯性 - 稃尖着色		15.81	华阳糯/Nero - vilone	管相桓（1951）	
紫柱头 - 紫鞘	$sa_1 - Ls_2$	9.89	4269/4957	赵连芳（1928）	相当于 Jodon（1948）的 Ⅱ 群
长护颖 - 小颖	$g_2 - Sp$	1.11	4957/4269	赵连芳（1928）	相当于 Jodon（1948）的Ⅳ群和高桥（1964）的Ⅳ群
芒 - 黑壳		20.8 ±4.2	荒木/黑壳九里香粳	管相桓（1946）	相当于 Jodon（1948）的Ⅵ群
芒 - 矮生性		11.38 ±3.61	臭酒谷/紫大黑	管相桓（1946）	相当于 Jodon（1948）的Ⅵ群

* 基因符号均按原作者所定。

（引自《中国稻作学》，1986）

二、水稻基因连锁图

（一）传统基因连锁图的建立

在同一染色体上的全部基因组成一群连锁基因。水稻有 12 条染色体，因此，应有

12群连锁基因。20世纪20年代以来，我国学者赵连芳（1928）、涂敦鑫等（1948）、管相桓（1951）开展了糯性与稃尖着色、糯性与护颖着色、芒与黑壳、芒与矮生性等性状的连锁遗传研究。印度的Ramiah和Rao（1953）以籼稻为试材研究水稻性状连锁基因。日本的清泽（1974）、鸟山（1972）、高桥和木下（1977）研究了水稻82个基因的位点，12个基因连锁群。美国的Jodon（1948，1955，1956）研究了7个基因连锁群。Kinoshita等（1991）研究并综合了前人的研究结果，提出了水稻基因连锁图和每个连锁群所属标记基因名录及其位点列于图5－1和表5－13中。

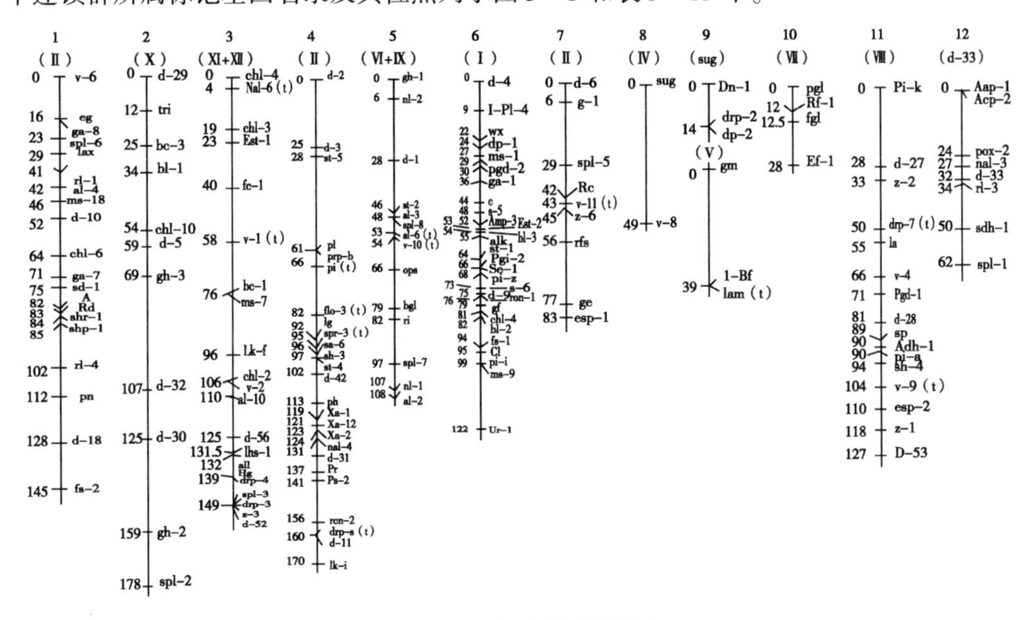

图5－1　水稻基因连锁图

1～12为新的染色体编号，括弧内为原有连锁群编号（T. Kinoshita和M. Takahashi，1991）

（引自《水稻育种学》，1996）

表5－13　连锁群所属标记基因录及其位点（Kingshito，T等，1991）

基因符号	名　称	位　点
第一群		
u－6	淡绿苗或绿白条纹－6	0
eg	额外颖片	16
ga－8	配子体基因－8	16
spl－6	斑点叶－6	23
lax（1*x*）	疏穗	29
rl－1	卷叶－1	41
al－4	白花苗－4	42
ms－18	雄性不育－18	46
d－10（*d*－15，*d*－16）	晚神力或丰光多蘖矮生	52
chl－6	黄绿叶－6	64
ga－7	配子体基因－7	71

（续表）

基因符号	名 称	位 点
sd－1（*d*－47）	低脚乌尖矮生	75
A	花青素活化基因	82
Rd	红色果皮和颖壳	83
Shr－1	皱缩胚乳－1	84
Shp－1	鞘苞穗－1	85
rl－4（*rl*－2）	卷叶－4	102
Pn	紫色茎节	112
d－18（*d*－25）	丰彐矮生或小丈玉锦矮生	128
fs－2	细条纹叶－2	145
未列入基因		
al－8	白化苗－8	11%－*d*－18
chl－5	黄绿叶－5	13%－*eg*
d－26（*t*）	7237 矮生（暂定）	37%－A
d－54（*d*－*K*－5）	九州－5 矮生	25%－*laxc*
d－55（*d*－*K*－6）	九州－6 矮生	13%－*eg*
Est－5	脂酶－5	三体－1
ga－9	配子体基因－9	1.3%－*d*－18
Got－1	天冬氨酸转氨酶－1	三体－1
Icd－1	异柠檬酸脱氢酶－1	三体－1
I－*Ps*－*b*	柱头紫色的抑制基因	与 *A* 连锁
lgt	长扭曲粒	16%－*d*－26（*t*）
mp－1	多雌蕊－1	三体－1
Pr－*p*－*a*（*Pp*）	紫色果皮	7.2%－*A*
sh－2	落粒性－2	11%－*sd*－1
ts－*a*	扭曲茎	23%－*A*
第二群		
d－29（*d*－*k*－1）	最上节间短型矮生	0
tri	三角形颖壳	12
bc－3	脆茎－3	25
bl－1	褐色叶斑－1	34
chl－10	黄绿叶－10	54
d－5	多蘖矮生（3 重基因）	59
gh－3	金黄色颖壳和节间－3	69
d－32（*d*－12）	九州－4 矮生	107
d－*k*－4		

（续表）

基因符号	名　称	位　点
d－30（*d*－*W*）	白世矮生	125
gh－2	金黄色颖壳和节间－2	159
spl－2（bl－3）	斑点叶－2	178
未列入基因		
Amp－1	氨基肽酶－1	三体－2
Got－3	天冬氨酶转氨酶－3	三体－2
ms－17	雄性不育－19	35%－*gh*－2
Pi－*b*（*Pi*－*s*）	稻瘟病抗性	5.8%－*TR*2－10
第三群		
chl－1	黄绿叶－1	0
Nal－6（t）	狭叶－6（暂定）	4
chl－3	黄绿叶－3	19
Est－1	脂酶－1	23
fc－1	细秆－1	40
v－1（*t*）	淡绿苗或绿白条纹－1（暂定）	58
bc－1	脆茎－1	76
ms－7	雄性不育－7	76
Lk－*f*	房吉型长粒	96
chl－2	黄绿叶－2	106
v－2	淡绿苗或绿白条纹－2	106
al－10	白化苗－10	110
d－56（*d*－*K*－7）	九州－7矮生	125
lhs－1（*lhs*－2，*op*）	叶状颖壳不育－1	131.5
dl（*lop*）	下垂叶	132
Hg	毛颖	132
drp－4	湿润叶－4	139
spl－3（*bl*－14）	斑点叶－3	149
drp－3	湿润叶－3	149
z－3	斑马纹－3	149
d－52（*d*－*K*－2）	九州－2矮生	149
未列入基因		
An－3	芒－3	38%－*bc*－1
bl－4	褐色叶斑－4	29%－*bc*－1
d－14（*d*－10）	上川多蘖矮生	32%－*dj*
ga－2	配子体不育基因－2	11%－*dj*

（续表）

基因符号	名　称	位　点
ga –3	配子体不育基因 –3	34% –*dj*
Gdh –1	谷氨酸脱氢酶 –1	8% –*Pgi* –1
Mi	极小粒	24% –*Lkf*
Pgi –1	磷酸葡萄糖异构酶 –1	27% –*chl* –1
Pox –3	过氧化物酶 –3	5% –*Pox* –4
Pox –4	过氧化物酶 –4	31% –*Est* –1
rl –5（*rl* –3）	卷叶 –5	13% –*chl* –1
s –*e* –1	杂种不孕	16% –*bc* –1
Shp –4（*Gb*）	鞘苞穗 –3	27% –*bc* –1
st –3（*stl*）	条纹叶 –3	1.1% –*bc* –1
v –5	淡绿苗或绿白条纹 –5	2.0% –*chl* –1
v –7	淡绿苗或绿白条纹 –7	1.7% –*bc* –1
第四群		
d –2	夷矮生	0
d –3	多蘖矮生（3 重基因）	25
st –5	条纹叶 –5	28
Pl	紫叶	61
Prp –*b*（*Pb*）	紫色果皮	61
Pi（*t*）	稻瘟病抗性	66
flo –3（*t*）	粉质胚乳	82
lg	无舌叶	92
Spr –3（*t*）	穗枝梗散生	95
ga –6	配子体基因 –6	96
Sh –3	落粒性 –3	97
st –4（*ws* –2）	条纹叶 –4	97
d –42	无叶舌矮生	102
Xa –1（*Xe*）	白叶枯病抗性 –1	119
Xa –12（*Xa* –*kg*）	白叶枯病抗性 –12	121
Xa –2	白叶枯病抗性 –2	123
nal –4（*nal*）	狭叶 –4	124
d –31	台中 –155 辐射矮生	131
Pr	紫色颖壳	137
Ps –2	紫色柱头 –2	141
rcn –2	茎数少 –2	156
drp –5（*t*）	湿润叶 –5	160

（续表）

基因符号	名　称	位　点
d－ll（*d－8*）	信金爱国或农林－28 矮生	160
lk－i	（*IRAT*13）长粒	170
未列入基因		
dl－5	白化苗－5	34%－*lg*
al－7	白化苗－7	31%－*lg*
An－1	芒－1	5.4%－*d－11*
aul	无叶耳	三体－4
Bph－1	褐飞虱抗性－1	三体 4
bph－2	褐飞虱抗性－2	39%－*d－2*（靠近 *Bph－1*）
drp－1	湿润叶－1	39%－*d－2*
drp－8（*t*）	湿润叶－8	28%－*lg*
gd－10（*t*）	配子体基因－10	27%－*lg*
nal－l	狭叶－1	25%－*d－2*
nal－5（*nal－1*）	狭叶－5	9.5%－*lg*
P	紫色稃尖	2.7%－*Pl*
Pin－1	紫色节间	31%－*pl*
Ps－1	紫色柱头－1	与 *Ph* 连锁
rk－1	圆粒－1	35%－*lg*
rl－2	卷叶－2	35%－*d－2*
s－c－2	杂种不孕－*c*	31%－*Ph*
s－e－2	杂种不孕－*e*	15%－*lg*
Sc－1	小粒菌核病抗性	26%－*lg*
spr－1	穗枝梗散生－1	27%－*Pl*
Wh	白色颖壳	8.0%－*lg*
Xa－14	白叶枯病抗性－14	
ylm	黄色叶缘	10%－*lg*
z－5	斑马纹－5	11%－*lg*
第五群		
gh－1	金黄色颖壳和节间－1	0（?）
nl－2	穗颈苞叶－2	6
d－1	大黑矮生	28
st－2（*gw*）	条纹叶－2	46
al－3	白化苗－3	48
spl－8（*bl－8*）	斑点叶－8	48
al－6（*t*）	白化苗－6	53

（续表）

基因符号	名 称	位 点
v－10（*t*）	淡绿苗或绿白条纹－10	54
ops	开颖不育	66
bgl	亮绿叶	79
ri	穗枝梗轮生	82
spl－7	斑点叶－7	97
nl－1	穗颈苞叶－1	107
al－2	白化苗－2	108
未列入基因		
An－2	芒－2	33%－*gl*－1
bd－1	鸟喙状外颖	22%－*gl*－1
er（o）	直立生长习性	38%－*gh*－1
eui	最上节间伸长	27%－*nl*－1
flo－1	粉质胚乳－1	12%－*spt*－8
gl－1	无毛的叶片和颖壳	12%－*TRI*－5*d*
Glh－6	黑尾叶蝉抗性－6	三体－5
I－*Pl*－1	叶片紫色的抑制基因	31%－*gh*－1
M－*Pox*－1	Pax－1 的修饰基因	靠近 *gl*－1
ms－14	雄性不育－14	11%－*nl*－1
Pox－1	过氧化物酶－1	38%－*nl*－1
Shp－3（*Ga*）	鞘苞穗－3	37%－*nl*－1
xa－5	白叶枯病抗性－5	三体－5 靠近 *gl*－1
xa－13	白叶枯病抗性－13	与 *xa*－5 连锁
ylb	黄边叶片	32%－*nl*－1
第六群		
d－4	多蘖矮生（3 重基因）	0
I－*Pl*－4	果皮紫色的抑制基因	9
wx（*am*）	糯性胚乳	22
dp－1	凹陷的，内颖发育不全－1	24
ms－1	雄性不育－1	27
Pgd－2	磷酸葡糖酸脱氢酶－2	29
v－3	黄绿苗或绿白条纹－3	30
ga－1	配子体基因－1	36
C	花青素原	44
S－5	杂种不孕－5	48
Amp－3（*Amp*－1）	氨基肽酶－3	52

（续表）

基因符号	名　称	位　点
Est－2	脂酶－2	53
bl－3	褐色叶斑－3	54
alk	碱解性	55
st－1（*ws*）	条纹叶－1	64
Pgi－2	磷酸葡萄糖异构酶－2	66
Se－1（*Lf*，*Lm*，*Rs*）	光敏感性－1	66
Pi－*z*	稻瘟病抗性	68
S－6	杂种不孕－6	73
d－9	中国矮生	75
rcn－1	茎数少－1	76
gf	颖壳金黄色沟纹	79
chl－4	黄绿叶－4	81
bl－2（*bl*－*m*）	褐色叶斑－2	82
fs－1（*fs*）	细条纹－1	94
Cl	簇生小穗	95
Pi－*i*	稻瘟病抗性	99
ms－9	雄性不育－9	99
Ur－*I*（*Ur*）	枝梗弯曲－1	122
未列入基因		
al－1	白化苗－1	7.1%－*wx*
al－9（*t*）	白化苗－9	三体－6
aph	颖尖有毛	与 *Est*－2 和 *Pgi*－2 连锁
bc－4	脆茎	三体－6
Cat－1	过氧化物酶－1	22%－*Pox*－5
chl－7（*t*）	黄绿叶－7	27%－*Pi*－*z*
d－21	青森糯－14 矮生	8.3%－*wx*
drp－6（*t*）	湿润叶－6	15%－*fc*－2（*t*）
dw－1（*fh*）	耐深水性	30%－*Se*－1
En－*Se*－1（*t*）	光敏感性的促进基因	6%－*wx*
Enp－1	肽链内切酶－1	2.2%－*Cat*－1
fc－2（*t*）	细秆－2	18%－*C*
ga－4（*ga*－*A*）	配子体基因－4	34%－*wx*
ga－5（*ga*－*B*）	配子体基因－5	27%－*wx*
Got－2	天冬氨酸转氨酶－2	31%－*Pgir*－2
Hl－*a*	毛叶	21%－*fs*－1

（续表）

基因符号	名　称	位　点
I－*Pl*－2	叶紫色的抑制基因－2	10%－*I*－*Pl*－4
mp－2	多雌蕊－2	三体－6
Pox－5	过氧化物酶－5	39%－*Pgi*－2
S－1	杂种不孕－1	靠近 *C*
s－*a*－1（s_1，x_1）	杂种不孕－*a*	21%－*wx*
s－*c*－1	杂种不孕－*c*	8.6%－*C*
s－*d*－1	杂种不孕－*d*	33%－*wx*
S－*A*－1（*A*－1）	杂种不孕－*A*	96%－*C*
S－*B*－2（*B*－2）	杂种不孕－*B*	28%－*wx*
spl－4（*bl*－15）	斑点叶－4	2.5%－*dp*－1
Stv－*a*（*St*）	条纹叶枯病抗性－a	38%－*wx*
Un－*a*	不整齐粒－*a*	22%－*Ct*－*a*
v－1	淡绿苗或绿白条纹	25%－*C*
zn	斑马纹坏死	20%－*C*
第七群		
d－6	夷糯或矮秆白笹矮生	0
g－1	长护颖－1	6
spl－5（*bt*－6）	斑点叶－5	29
Rc	褐色果皮和颖壳	42
v－11（*t*）	淡绿苗或绿白条纹－11	43
z－6	斑马纹－6	45
rfs	卷的细条叶	56
ge	巨胚	77
esp－1（*rsp*－1）	胚乳贮存蛋白－1	83
未列入基因		
β－*Amy*－1（*t*）	β－淀粉酶同工酶－1	三体－7
d－7	闭颖大黑或闭花受精矮生	39%－*d*－6
d－60	矮生（北陆100）	三体－7
Est－9（*Est*－*cl*）	脂酶－9	三体－7
lp－1	长内颖－1	12%－*Un*－*b*
Mal－1	苹果酸脱氢酶	与 *RGl*73 连锁
m－*Ef*－1	*Ef*－1 的修饰基因	23%－*Rc*
ms－8	雄性不育－8	20%－*rfs*
rl－6（*t*）	卷叶－6	12%－*lp*－1
se－2	光敏感性－2	23%－*g*－1

（续表）

基因符号	名　称	位　点
Un－*b*	不整齐粒－b	18%－*g*－1
第八群		
sug（*su*）	甜胚乳	0
v－8	淡绿苗或绿白条纹	49
未列入基因		
Amp－2	氨基肽酶－2	三体－8
Amp－4	氨基肽酶－4	三体－8
An－4（*t*）	芒－4	5.0%－*TR*7－8*b*
chl－8	黄绿叶－8	三体－8
chl－9	黄绿叶－9	三体－8
d－51（*d*－*K*－8）	九州－8 矮生	三体－8
shr－2	皱缩胚乳－2	三体－8
Stv－*b*（*St*－2）	条纹叶枯病抗性－b	与 *TRI*－8 连锁
ur－2	枝梗弯曲－2	三体－8
z－4	斑马纹－4	三体－8
第九群		
Dn－1	密穗－1	0
drp－2	湿润叶－2	14
dp－2	凹陷的，内颖发育不全	14
gm（*pd*，*sgm*）	稻瘿蚊抗性	0
I－*Bf*	褐色沟纹的抑制基因	39
lam（*t*）	低直链淀粉胚乳	39
未列入基因		
Bp	香蒲型穗	三体－9
chs－1（*t*）	低温（17℃）引起的失绿	27%－*dp*－2
d－57（*d*（*x*））	矮生	21%－*Dn*－1
Est－3	脂酶－3	16%－257
ms－10	雄性不育－10	5%－*Dn*－1
Pi－*ta*（＝*sl*）	稻瘟病抗性	4.5%－*TR*9－12
第十群		
pgl	淡绿叶	0
Rf－1	花粉育性恢复－1	12
fgt（*fl*）	褪绿叶	12.5
Ef－1（＝*Ef*－2）	早花性－1	28
未列入基因		

（续表）

基因符号	名　称	位　点
Bph－3	褐飞虱抗性－3	三体－10
bph－4	褐飞虱抗性－4	30%－*rk*－2 靠近 *Bph*－3
d－20	早彐矮生	三体－10
du－1	暗色胚乳（低直链淀粉）	三体－10
Glh－3	黑尾叶蝉抗性－3	34%－*bph*－4
rk－2	圆粒－2	2.5%－*TR*10－11
ygl	黄绿色叶	三体－10
第十一群		
Pi－*k*	稻瘟病抗性	0
d－27（*d*－*t*）	多蘖型矮生	28
z－2	斑马纹－2	33
drp－7（*t*）	湿润叶－7	50
la	松垂或匍匐生长习性	55
v－4	淡绿苗或绿白条纹－4	66
Pgd－1	磷酸葡糖酸脱氢酶－1	71
d－28（*d*－*C*）	长茎大黑或长茎矮生	81
sp	短穗	89
Adh－1	乙醇脱氢酶	90
Pi－*a*	稻瘟病抗性	91
sh－1	落粒性－1	94
v－9（*t*）	淡绿苗或绿白条纹－9	104
esp－2（*rsp*－2）	胚乳贮存蛋白－2	110
z－1	斑马纹－1	118
D－53（*D*－*K*－3）	九州－3 矮生	127
未列入基因		
esp－3（*rsp*－3）	胚乳贮存蛋白－3	三体－11
Fdp－1	果糖－1，6－二磷酸酶－1	三体－11
lt（*t*）	配子体致死	24%－*la*
M－*Pi*－*z*	*Pi*－*z* 的修饰基因	11%－*la*
nal－2	狭叶－2	36%－*la*
Pi－*f*	稻瘟病抗性－*f*	15%－*Pi*－*k*
Pi－*se*－1（*Rb*－1）	稻瘟病抗性－*se*	9.5%－*la*
Pi－*is*－1（*Rb*－4）	稻瘟病抗性－is	23%－*la*
S－3	杂种不孕－3	1%－*la*
Xa－3（X_a'－*w*，*Xa*－4[b]	白叶枯病抗性－3	22%－*d*－27

（续表）

基因符号	名 称	位 点
Xa -6，*Xa* -9)		
Xa -4（*Xa* -4[a]）	白叶枯病抗性 -4	靠近 *Xa* -3
Xa -10	叶枯病抗性 -10	27% -*Xa* -4
第十二群		
Acp -1	酸性磷酸酶 -1	0
Acp -2	酸性磷酸酶 -2	0
Pox -2	过氧化物酶 -2	24
nal -3（*nal* -2）	狭叶 -3	27
d -33（*d* -*B*）	盆栽稻矮生	32
rl -3（*rl* -1）	卷叶 -3	34
Sdh -1	莽草酸脱氢酶 -1	50
spl -1（*bl* -12）	斑点叶 -1	62
未列入基因		
du -4	暗色胚乳（低直链淀粉）	三体 -12

（引自《水稻育种学》，1996）

（二）分子连锁图的建立

1. 分子标记

在水稻遗传研究中，遗传标记是重要的研究内容之一。从研究的发展历史看，遗传标记经历了形态标记（Morphological marker）、细胞学标记（Cytological morker）、生化标记（Biochemical marker）和分子标记（Molecular marker）的发展过程。前 3 种标记是基因表达的结果，是基因的间接反映。分子标记则是在 DNA 分子水平上遗传变异的直接表现和遗传多态性的直接反映，是最具有发展前景的一类遗传标记。

1980 年，Botstein 提出了 RFLP（Restriction Fragment Length Polymorphism）限制性酶切片段长度多态性标记，可以作为遗传标记，是 DAN 分子标记研究的开端。这种多态性是由于限制性内切酶酶切位点或位点间 DAN 区段发生突变引起的，即由于基因组 DNA 上碱基对的突变引起限制性内切酶识别座位的增减，或者在识别座位之间发生插入、缺乏、重新排列等而使限制性片段数目和长度发生变异，因此，是 DNA 分子水平的遗传标记。RFLP 标记的特点是数量大，同一座位上等位基因多，等位基因间呈共显性，不同座位之间未上位效应和其他相互效应。检测基本上不受生长环境条件和植株发育阶段的影响，能检测到基因组织内编码区和非编码区的变异，因此，利用 1 个杂交后代的分离群体就能同时定位许多标记，进而构建基因连锁图谱。目前，水稻的分子连锁图谱就是以 RFLP 为标记构建的。

但是，RFLP 程序烦琐，利用放射性同位素较多。随着 PCR（Polymerase Chain Reaction），聚合酶链式反应技术的发展，1990 年又建立了 RAPD（Randomly Amplified Polymorphic DNA）随机扩增多态性 DNA 标记技术。RAPD 也是一种 DNA 水平的遗传标记，它是由于基因组 DNA 碱基对的突变使寡核甙酸引物与它结合的部位改变，或者相邻结合部位间发生插入、缺乏、重新排列等，使得应用这些引物产生聚合酶链式反应（PCR）所得的DNA片段长度发生变异。RAPD技术具有RELP的优点，而且比较方便。

2. RFLP连锁图

McCouch等（1988）构建了第一个水稻RFLP遗传图谱。以籼稻品种IR36的总DAN的PstI随机基因组文库中，单或低拷贝数的克隆为探针，在籼稻IR36×爪哇稻杂交的F_2代群体的53个植株中，检测等位RFLP的分离建立的。该图谱共有135个座位，分布在12条染色体上，覆盖基因组的1 389cm。之后，在该F_2群体中又先后定位了100个随机基因组克隆，所覆盖的基因组增加到2 300cm。

然而，用这个群体构建的图谱尚有一个问题，根据三体DNA剂量分析确定位于同一连锁群的染色体片段不能完全连锁，因而不能确定线性顺序，还有的克隆不能定位到已建立的连锁群上，在增加了100个座位之后，有些染色体片段仍不能连接起来。这可能因为染色体上有些区域是高度重复顺序，多态性不易分析，或者有些区域虽是单拷贝顺序，但较为保守，不表现多态性。

Mc Couch和Tanksley（1991）考虑到随机基因组文库中单拷贝克隆的比例不是很高，只58%，因而又用（非洲籼型陆稻×长雄蕊野生稻）×籼型陆稻回交后代的120株组成的分离群体构建遗传图谱。所用探针是130个随机基因组克隆，其中，100个以相隔一定距离从第一个图谱上选出，30个在第一个构图群体中不表现多态，加上从燕麦和水稻mRNA构建的cDNA克隆，建立了新的分子图谱（图5－2）。新图谱不仅证明了定位标记的线性顺序，而且原先不表现多态的探针在该双亲杂交中表现出多态并定位。cDNA中单拷贝接近100%，因此在该图谱中，同一染色体上原先不能连锁的片段也连接起来。该图谱有250个标记，平均图距为10cM。

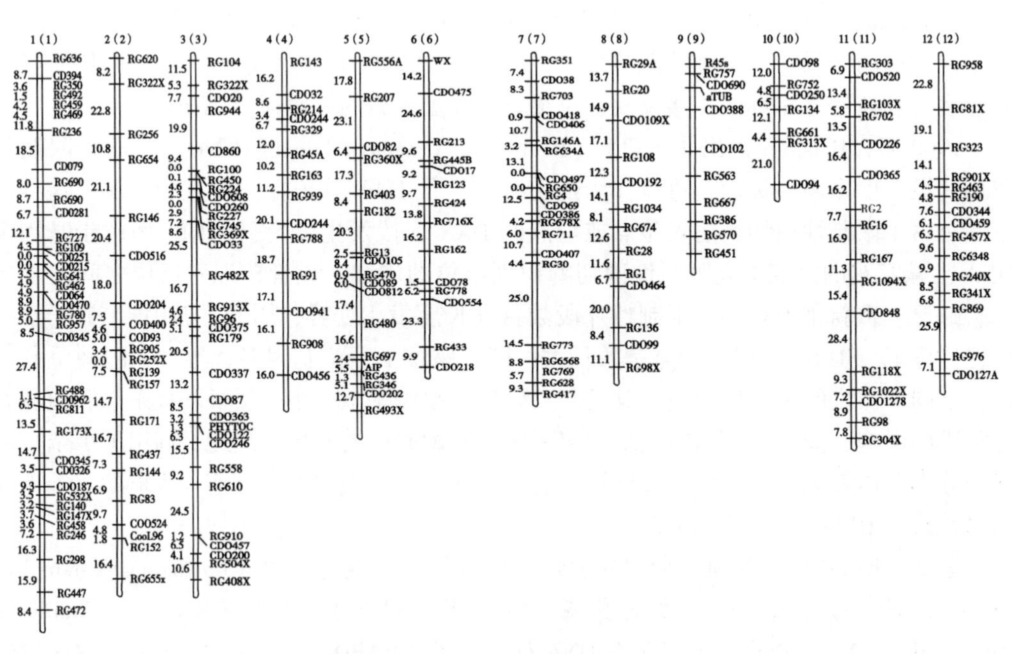

图5－2　水稻RFLP遗传图谱

三、粳稻基因连锁图

（一）粳稻连锁图

高桥和木下（1977）以 82 个基因位点排列在 12 个连锁群上（图 5－3，表 5－14）。连锁群的编号与构成各群主干的连锁顺序大体上是一致的。连锁方法：如第 1 群是山口（1927）的 *wx*（胚乳）—*C*（花青素色素原）之间的连锁，第 2 群是盛永和永松（1942）的 *pl*（叶片紫色）—*gl*（无叶叶舌）之间的连锁，第 3 群是长尾和高桥（1951）的 *A*（花青素发色）—*Rd*（糙米色泽）之间的连锁，等等。

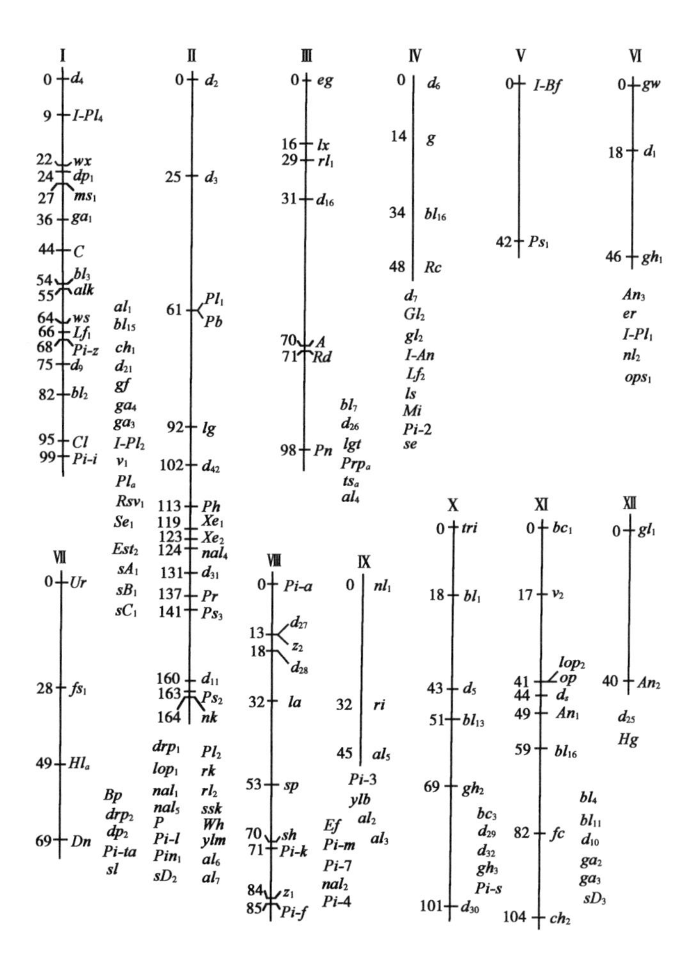

图 5－3　粳稻的连锁图（高桥等，1977）

表 5－14 表明，连锁群的编号与染色体的编号，除了以第 1 染色体作为随体染色体外，还用相互易位法确定易位顺序而予以编号。这样情况不是理想的，应将两者加以调整。在性状表现与位点中，作为各连锁群的标记基因，即连锁标记，认为是有价值的，应加以标明（图 5－4）。其中，特别方便利用的性状有，*wx*（Ⅰ）、*Lg*（Ⅱ）、*Rd*（Ⅲ）、*g*（Ⅳ）、*EBf*（Ⅴ）、d_1（Ⅵ）、*Ur*（Ⅶ）、*Ld*（Ⅷ）、*ri*（Ⅸ）、bl_1（Ⅹ）、*dg*

（Ⅺ）、gl_1（Ⅻ）等。

表 5－14　粳稻的基因连锁表

连锁群	符号	性 状 表 现
Ⅰ	d_4	分蘖矮性
	$I-Pl_4$	抑制果皮紫色
	wx	糯性
	dp_1	内颖发育不全
	ms_1	雄性不育
	ga_1	配偶体基因
	C	花青素色素原
	dl_3	褐斑叶
	alk	碱破坏性
	ws	条纹叶
	Lf_1	抽穗期迟
	$Pi-z$	抗稻瘟病
	d_9	中国稻矮生
	bl_2	褐斑叶
	Cl	小穗丛生
	$Pi-i$	抗稻瘟病
Ⅱ	d_2	日本型矮生
	d_3	分蘖矮生
	Pl_1	叶片着色
	Pb	果皮紫色
	lg	无叶舌
	d_{42}	无叶舌矮生
	Ph	酚反应
	Xe_1	抗白叶枯病
	Xe_2	抗白叶枯病
	nal_4	细叶
	d_{34}	矮生性
	Pr	颖全面着色
	Ps_3	柱头紫色
	d_{11}	信金爱国矮性
	Ps_2	柱头紫色
	nk	缩腰米
Ⅲ	eg	过剩颖
	lx	稀穗
	rl_1	卷叶
	d_{16}	多叶矮性
	A	花青素活性
	Rd	果皮红色
	Pn	茎节着色
Ⅳ	d_6	披垂叶矮性
	g	长护颖
	bl_{16}	褐斑叶
	Rc	果皮褐色
Ⅴ	$I-Bf$	抑制颖纵筋暗色
	Ps_1	柱头紫色
Ⅵ	gw	条纹叶
	d_1	大黑型矮性
	gh_1	颖、节间金黄色
Ⅶ	Ur	枝梗弯曲
	fs_1	绿叶白斑点
	Hla	叶长毛
	Dn	密穗
Ⅷ	$Pi-a$	抗稻瘟病
	d_{27}	分蘖稻型矮性
	z_2	条斑（斑马状）
	d_{28}	长茎大黑型矮性
	la	乱丝状
	sp	短穗
	sh	脱粒性
	P_i-k	抗稻瘟病
	z_1	横条斑（斑马状）
	$Pi-f$	抗稻瘟病
Ⅸ	nl_1	穗节苞叶
	ri	轮枝
Ⅹ	tri	三角颖
	bl_1	枯粒
	d_5	分蘖矮性
	bl_{13}	褐斑叶
	gh_2	颖节间金黄色
	d_{30}	矮性白笹型
Ⅺ	bc_1	褐秆折断
	v_2	叶尖变白
	lop_2	披垂叶
	op	内颖过大
	d_8	农林 28 号矮性
	An_1	芒
	bl_{14}	褐斑叶
	fc	细秆
	ch_2	黄绿叶
Ⅻ	gl_1	无茸毛
	An_2	芒

（高桥等，1977）

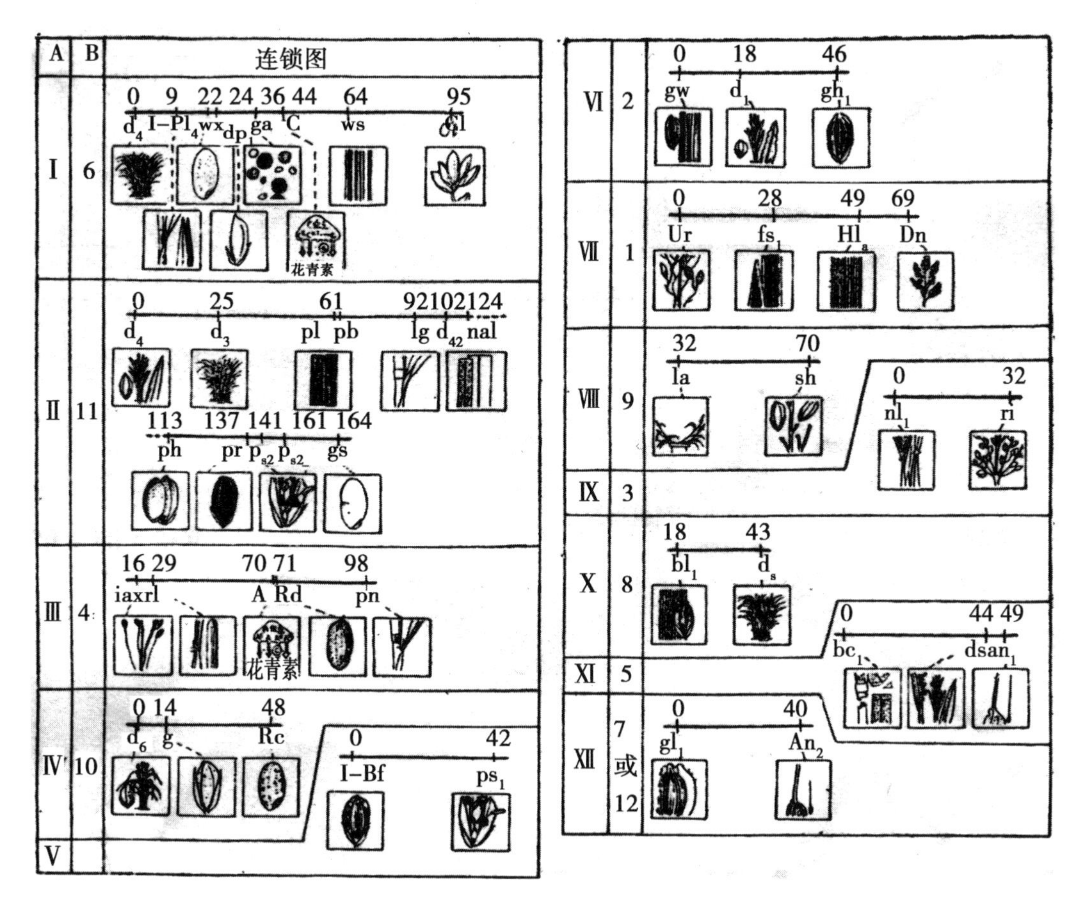

图5－4　粳稻连锁群标记基因表现特性

A. 连锁编号，B. 单色体编号

（高桥等，1977）

（二）籼、粳稻基本连锁群比较

栽培稻的染色体组A是染色体组的一种，在染色体构造的分化上未见显著差异，但在籼稻与粳稻之间，不但在性状表现上有许多不同，而且在其间的杂交上还出现杂种不实现象。为解决这些问题，以构建的基因连锁图为基础，进行远缘品种的对应比较是很重要的。根据印度学者Misrb（1966）的籼稻连锁图和高桥等（1977）的粳稻连锁图，以两群共同包括的基因为基点，排列成相对应的形式，以图示模式列在图5－5里。在第Ⅰ连锁群里，基因的对应关系十分一致，其排列顺序也没有不同。但以第Ⅱ、第Ⅳ和第Ⅻ群来看，籼、粳稻之间有共同的1、2基因，连锁群的其他基因是很不相同的，第Ⅲ、第Ⅴ、第Ⅶ、第Ⅷ、第Ⅸ群上，虽有同名的共同基因，但它们的基因基础是否真正相同还是不确定的。其余3个连锁群的基因对应关系则完全不清楚。

在籼稻连锁群中，不易看到与粳稻相对应的较多基因。在高桥等（1977）集成的基因表里，特别与着色有关的基因就多达26个。现在从籼稻和粳稻连锁群中分别选出与着色性状有关的基因，使其与各器官对应起来（表5－15）。如果所属的连锁群是相

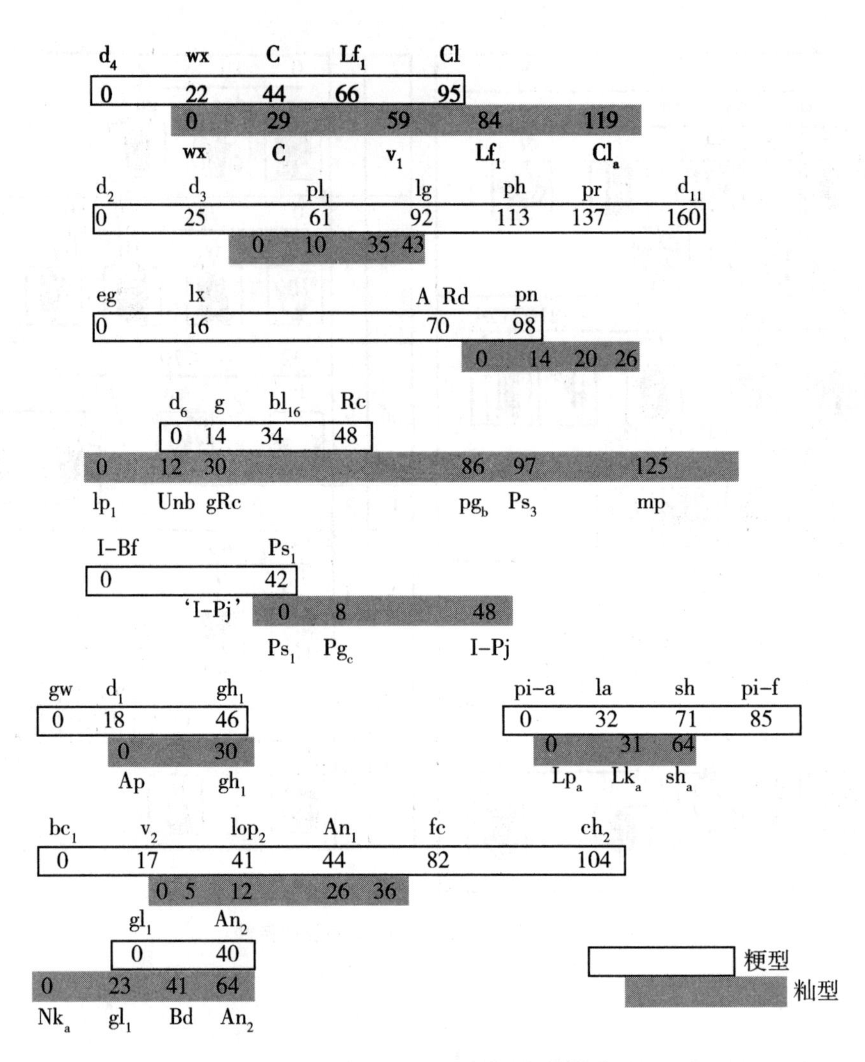

图 5－5　部分籼粳稻基因连锁群比较

（引自《水稻育种和高产生理》，1979）

同的，虽然认为大体上是同一基因，根据统一命名法冠以相同名称的基因，也有可能是不同的。

汇总已有的研究结果表明，籼、粳稻的基因组成及其连锁关系是有较大差别的。例如，在着色基因连锁关系上差异就很大，粳稻花青素着色已知位于第Ⅱ、第Ⅲ和第Ⅴ连锁群上，而籼稻花青素着色基因更多，至少在第Ⅰ、第Ⅱ、第Ⅲ、第Ⅳ、第Ⅴ和第Ⅸ等6个连锁群上都有这种基因位点。

此外，籼、粳稻连锁基因间的图距是不同的。例如，籼、粳稻第Ⅰ连锁群均称为糯性胚乳群，都以糯性胚乳基因 *wx* 为标记，*wx*－*C* 之间的图距，籼稻约为29cM（Jodon，1948），粳稻为22cM（赵连芳，1928）。*C*－*Cl* 之间的图距则分别约为90cM 和40cM。研究认为，由于籼、粳稻连锁群的基因组成不同，基因间的连锁与交换的关系也会不同。基因表达和性状遗传在籼、粳稻之间也不尽相同，或许正相反。例如，落粒性在籼稻为显性，在粳稻则为隐性，疏穗在籼稻为显性，而粳稻是隐性。

表 5－15　粳稻和籼稻各连锁群的着色基因比较

性　状	粳　稻	籼　稻
稃尖色泽（基本）	*C*（*I*），*A*（Ⅲ），P（Ⅱ）	C（Ⅰ），*AP*1～6（Ⅰ，Ⅱ，Ⅲ，Ⅳ'*I－Pg*'），*Pc*（Ⅲ）
子叶鞘	*	*Pga*，*b*，*c*（Ⅱ，Ⅳ，'*I－Pj*'），*I－Pg*（'*I－Pg*'）
护颖	*	*Pr*（Ⅳ）
内外颖	*Pv*（Ⅱ）	Ps_1～3（Ⅲ，Ⅳ，'*I－Pj*'），*I－Ps*（'*I－Pg*'）
柱头	Ps_1（*v*），ps_2，3（Ⅱ）	*Pl*，*Plm*（Ⅱ），$Psh_{a,b,c}$（Ⅱ，Ⅲ'*Pvp*'），$Px_{a,b}$（Ⅱ，Ⅲ）
叶片、叶鞘	$Pl_{1,2}$（Ⅱ），Ⅰ－Pl_1（VI），Ⅰ－Pl_2（Ⅰ），*I*－$Pl_{3,6}$	$Pin_{a,b}$（Ⅲ，Ⅳ）
节间	*，*pin*1（Ⅱ）	*Pn*，*Pm*，*Pau*，*pu*（Ⅲ），$Pj_{a,b}$（Ⅲ，'*PrP*'），*I－Pi*（'*I－Pi*'）
茎节和叶节	*Pn*（Ⅲ）	*Pvpa*（'*Pvp*'），P_vP_b
果皮	*plw*（Ⅱ），*I*－pl_4（Ⅰ），*I*－Pl_5，*Rc*（Ⅳ），*Rd*（Ⅲ）	*Rc*（Ⅳ），*Rd*（VⅢ）
节间金黄色	*gh*1（Ⅳ），$gh_{2,3}$（*X*）	*gh*（Ⅳ或Ⅲ）
颖纵筋暗色	*Bf*，－I－*Bf*（*v*），*gf*（*I*）	
成熟颖黑色	Bh_1，Bh_2，Bh_3，[＝*Ph*（Ⅱ）]	Bh_1，Bh_2（＝Ph_1，Ph_2），*Ph*（＝*Po*）

注：1. * 表示基本基因有多效性；2. 括弧内为连锁群编号；3. ＝为原著符号。
(引自《水稻育种和高产生理》，1979)

尽管如此，但是籼、粳稻的基因连锁关系还是有着许多相同或相似之处，有些基因在连锁群中的分布存在相同的趋势。例如，糯性（*wx*）、花青素原（*c*）、簇生小穗（*cl*）和晚抽穗（*Lf*）都位于第Ⅰ连锁群。长护颖（*g*）和米色的一个互补基因 *Rc* 都属于第Ⅳ连锁群。有芒基因（*An*）同在第Ⅺ和第Ⅻ连锁群上，而且光稃光叶基因（*gl*）与有芒基因（*An*）同在第Ⅻ群上。籼、粳稻之间的基因组成和遗传上存在的相传和相同，及其在连锁遗传研究得到的初步结果，都会在稻种进化留下或多或少的痕迹。

第六章　水稻遗传改良目标和技术

第一节　水稻遗传改良目标

北方粳稻遗传改良的基本目标是高产、优质、多抗。由于北方水稻生育期间气温条件较好，昼夜温差较大，有利于单产水平的提高，所以，高产是育种目标之一。随着市场对粳米品质的要求越来越高，因此，优质米也是重要的育种目标。此外，由于多数北方稻区常发生早春干旱、生育后期低温，稻瘟病、白叶枯病、条纹叶枯病较重，以及沿海、内陆沿河、沿湖稻田的盐碱危害也较重，因此，应将抗病性、抗低温冷害、耐盐碱等抗逆性列入遗传改良的重要目标。另外，特种稻，如香稻、黑稻、糯稻等也提到北方水稻育种议事日程上来。

一、确定育种目标的原则

（一）根据生产和市场需要确定目标

我国在计划经济时期，由于粮食缺乏，因此，水稻的第一位育种目标就是高产。随着市场经济的发展和人们生活水平的提高，对优质粳米提出了更高的要求，因而确定水稻的育种目标应在高产的前提下，加强优质的遗传改良，优质是指水稻品种的品质优良，即加工品质好（糙米率、精米率、整精米率高），外观品质好（透明度<2、垩白粒率<21、垩白度<3.1），适口性好（直链淀粉含量15%～18%、易蒸煮、食味好）；高产是指稻谷、糙米、精米和整精米产量要高。高产与优质既有矛盾，又能在某种条件下，达到统一。

此外，生产的发展要求投入要少，成本要低，产出的经济益高。这就要求选育的品种抗病、抗虫、抗不良环境条件，提高肥料利用效率，以减少农药使用量，节水节肥等。这就是所谓的高效育种目标。“一优两高”（优质、高产、高效）被确定为当前水稻遗传改良的主要目标。

（二）根据环境和栽培条件确定目标

我国北方稻区跨度大，分布范围广，各地所处的自然环境、气象条件、生产水平、种植制度等各不相同，因此，各稻区要求选育出各具特点的不同品种，以发挥水稻生产的最大经济效益。因此，只有在了解当地的气候、土壤、病虫害流行的时间、分布情况及其栽培制度的基础上，才能制订出符合实际和解决当地生产主要限制因素的育种目标。

（三）根据机械化和轻简栽培确定目标

由于水稻机械化栽培和轻简栽培面积的不断增加，对品种提出了新的要求。水稻品种如何适应机械化栽培，一是品种的株高要适中（85～100cm），分蘖力强、成穗率高，茎秆坚韧抗倒，稻谷脱粒性适中，主穗和分蘖穗抽穗期一致，叶片直立、短、宽、厚，以适应机械收割。二是品种能适应机械化播种，要求谷壳光滑无芒，使机播时能达到均匀一致的目的。三是品种发芽势要强并整齐，发芽率高。四是要求品种株型紧凑，以适于机械化中耕，减少机械操作时损伤叶片。

水稻轻简高效栽培是目前水稻生产的发展趋势，面积越来越大，确定的品种选育目标：适合免耕栽培法栽培，具有较强的耐寒、耐盐碱、耐旱、苗期生长旺盛和与杂草的竞争力；适合直播，要求用种量少，发芽势强，苗期抗递力强，早生快长型分蘖力强的品种；适合抛秧，要求秧苗抛落本田后扎根快，对不同田间环境的适应性强。

（四）根据生产实际确定品种搭配目标

由于水稻生产对品种通常有各种各样的需求，选育一个能满足各种要求的品种往往是做不到的，即“万能品种”是不存在的，因此，在确定水稻育种目标时，应考虑品种合理搭配的问题，如在生育期上，要有早熟、中熟和晚熟的搭配，还要考虑救灾的极早熟品种。

二、水稻遗传改良目标

（一）主要性状目标

1. 高产性

高产性一直就是水稻品种的核心目标。北方粳稻品种的产量水平随着品种的不断更新已经达到相当高的程度，今后在提高高产性上每前进一步都要作出很大的努力。但从光能利用计算结果和小面积高产纪录看，粳稻高产的潜力依然存在。综合国内外研究结果表明，水稻高产性的内容主要是产量组分，光能利用效率和耐肥性。

水稻单位面积产量是由单位面积上的有效穗数、每穗实粒数和粒重的乘积决定的，其中，每穗实粒数×单位面积上有效穗数等于单位面积上总粒数，对产量影响最大。产量构成因素之间的关系是复杂的，既相互联系又相互制约。穗数多的品种往往穗小粒数少，但结实率较高。穗大的品种，往往表现穗数少，灌浆期长，结实率低。在高产栽培条件下，穗数较多且每穗粒数也较多的品种，高产的可能性较大。因此，在育种目标上应尽量把穗数和每穗粒数在高产指标下协调统一起来。目前，水稻品种的结实率和粒重的变异度相对较小，然而，在其遗传改良中不应忽视这两个性状，而且今后粒重和结实率还可能成为挖掘高产潜力的主要方向，因此应加以关注。

耐肥抗倒伏是高产水稻品种必须具有的特性，基部节间短，植株较矮，株高85～95cm，最高不超过100cm的品种，比较耐肥抗倒伏。一般在高产栽培条件下，矮秆大穗型，即粒数与株高比值（每穗粒数/株高）大的品种，产量较高。叶片是进行光合作用的器官，叶片大小和形态与高产密切相关。研究表明，穗3叶的每平方厘米叶面积能制造出1个稻粒的养分。然而，叶片太多太大反而影响了田间受光态势。为解决这一矛盾，叶片的长度和宽度要适中，叶片着生的夹角要小，并直立上举，以使品种既有较大的叶面积，又保持较高的田间受光率。

较高的经济系数（谷草比值）也是高产品种所应具有的特性。从水稻产量形成的“源与库”关系看，叶片合成的光合产物是“源”，谷粒贮存这些物质是“库”。要使源所合成的光合物质能最大限度地进入库中，就必须要有较高的养分运转机能，提高经济系数。从植株长相看，叶片浓浅适中，后期转色好，成熟时谷粒新鲜，活秆成熟的品种养分运转效率高，谷草比值大，经济系数高，是高产品种所要求的。

总之，株型紧凑，矮秆大穗、分蘖稍多，叶片大小适中、直立上举、颜色浓淡中等、后期转色好，活秆成熟不早衰的品种是高产品种应具备的主要特征，也是高产性遗传改良的重要目标。

2. 优质性

由于人们生活水平的提高，对稻米品质要求越来越高，即外观品质、加工品质、食味品质、营养品质都要好。品质好的水稻品种应具备的性状是：米色白，透明或半透明，无腹白和心白，硬度高，胶稠度大，饭味香，适口性好，蛋白质和赖氨酸含量适中，直链淀粉含量较低。这些均是优质水稻品种遗传改良的主要目标。

3. 早熟性

北方稻区，特别是东北、华北地区，纬度高，气温低，水稻生育期短，秋季降温快，不同年份之间积温差异大，低温冷害经常造成水稻减产，因此，生产上迫切要求早熟高产的品种，以满足稳产高产的需要。一般来说，生育期与产量有一定的相关性。在一定范围内，晚熟品种产量较高。但是，考虑到北方稻区无霜期短，如果水稻品种的生育期过长，成熟不充分，其结果不仅产量不高，而且品质也不好，有些晚熟品种遇到高温年份可以成熟获得高产，但碰到气温低的年份，则贪青晚熟，遭受早霜冻而大幅度减产。

相对早熟的水稻品种，高温年份产量很高，而在低温年份产量也较高，发挥了稳产性的优势。但是，也不是越早熟越好。过于早熟的水稻品种，稳产性好，但不高产，即当地的温、光资源得不到充分利用。确定适于当地栽培的早熟性品种的标准，既能在低温年份可正常成熟，也能充分利用当地无霜期获得较高产量，高温年份更高产。生产实践证明，这种标准的品种应该是中熟种，因此，选育适宜当地种植的中熟品种应作为熟性遗传改良的主攻目标。

由于北方稻区各地的环境、气象条件不同，同一个品种在不同地区，其生育期存在相当大的差别。有的品种在某地是早熟种或中熟种，而在另一稻区则是晚熟种。因此，各稻区应确定适于本地栽培的中熟品种的标准。根据辽宁稻区的实际情况，中熟品种应能在当地安全抽穗期前抽穗，全生育期所需≥10℃以上活动积温比当地同期≥10℃以上活动积温少200℃左右。特别要注意选育在当地属于中熟品种，而且是在不同温度年份生育期变化较小的品种。

4. 抗逆性

抗逆性包括抗生物性灾害，如抗病、虫性，抗杂草等；以及抗非生物性灾害，如高温、低温冷害、干旱、盐碱、不良土壤条件等。对北方稻区来说，确定主要抗逆性目标应该是：抗病性包括抗稻瘟病、白叶枯病、纹枯病、稻曲病、条纹叶枯病等；抗虫性应是抗稻水象甲、二化螟、褐飞虱等；抗不良环境条件的包括抗寒性、抗旱性、耐盐碱性等。选育具有某些抗逆性强的水稻品种是投入少、收效大、有利于保护环境的重大举措。

（二）陆稻遗传改良目标

在北方稻区，陆稻既可作为一种轮垦栽培，又可作为一种适应于高度机械化栽培。陆稻主要种植在雨水不足、半干旱地区。在陆稻生产上主要应解决下列问题，一是陆稻与杂草竞争相当严重，如果陆稻品种缺乏与杂草竞争水、肥的能力，将会"全军覆没"，导致颗粒无收。二是陆稻的抗稻瘟病的能力要强，比普通水稻的抗性更高些。

鉴此，陆稻的改良目标应确定为：①植株为半矮秆或中秆，100～120cm 为宜。②苗期抗逆力强，生长势旺盛，分蘖力强，有较大的绿叶覆盖面积，有利于与杂草竞争。③具有强的耐旱力和遭受干旱后较强的恢复能力。④耐肥抗倒伏，抽穗期应具有较强的耐寒力，以抗御低温冷害。⑤抗病性能力强，尤其是抗稻瘟病。

（三）不同稻作区主要改良目标

1. 东北早熟单季稻稻作区

本区属寒温带—暖温带、湿润—半干旱季风气候，≥10℃积温 2 000～3 700℃，无霜期 90～200d，降水量 350～1 100mm，日照时数 2 200～3 100h。改良目标要求耐寒、耐旱、抗倒、耐盐碱、抗稻瘟病、对水稻其他病害均为中抗以上、生长快、早熟中熟及中晚熟活秆成熟不早衰的粳稻品种。

2. 华北单季稻稻作区

本区属暖温带半湿润季风气候，≥10℃积温 4 000～5 000℃，无霜期 170～230d，降水量 580～1 000mm，日照时数 2 000～3 000h。品种改良目标要求耐寒、耐旱、抗稻瘟病、对水稻其他病害中抗以上，耐盐碱、耐寒、耐旱、抗倒、适应性广的早、中熟、中晚熟及晚熟活秆成熟不早衰的粳稻品种。

3. 西北干燥单季稻稻作区

本区属半湿润—半干旱季风气候，≥10℃积温 2 000～4 250℃，无霜期 100～230d，降水量 50～600mm，日照时数 2 500～3 400h。品种改良目标要求耐寒、耐旱、耐盐碱、抗倒、抗稻瘟病、对水稻其他病害中抗以上的早熟、中熟及中晚熟的活秆成熟不早衰的粳稻品种。

总之，我国北方为粳稻种植区，生长季节短，平均气温低，因此，应根据各地气候条件的差异和季节长短，分别选育早粳或中粳的早、中、中晚及晚熟水稻品种。位于北纬 44°以北的新疆、黑龙江和吉林北部只能选育早粳的早熟或极早熟品种，辽宁稻区可选育中早粳的早熟、中熟、晚熟品种。华北各地可选育中粳早、中、中晚及晚熟品种。

第二节　系统选择法

一、系统选择法的效应和作用

对水稻群体中自然变异的优良单株进行系统选育是水稻遗传改良的一种有效方法。

回顾世界水稻育种的发展历程，产稻国均是从选择和利用自然变异起始的。20 世纪 30 年代，我国水稻育种单位首批在长江中、下游稻区推广的籼稻品种南特号、胜利籼、万利籼、浙场 3 号等都是通过选择水稻自然变异优良单株育成的。Johnston 等（1972）指出，1917—1936 年，美国推广的水稻品种 Colusa、Fortuna、Nira Rexoro、Zenith 等，也是选择自然变异育成的。

许多有经验的稻农都会利用自然变异选育水稻优良品种，农民称作“一株传、一穗传、一粒传”。我国著名的晚稻良种老来青就是劳动模范陈永康采用一穗传的方法育成的。1915—1940 年，美国南方稻区主栽的品种 Blue rose、Early prolific（中粒型）和 Edith、Ladg wight（长粒型）都是路易斯安那州稻农 Wight S. L. 通过自然变异系统选择法育成的。同样，我国北方粳稻区在不同年代采用系统选择法也选育出许多粳稻品种在生产上应用。例如，20 世纪 50 年代选育出 10 个系选品种，占这一时期育成品种总数的 23.3%（下同）；60 年代育成 27 个，占 31.4%；70 年代育成 15 个，占 12.2%；80 年代育成 21 个，占 13.6%；90 年代育成 5 个，占 14.3%（表 6－1）。辽宁省熊岳农科所于 50 年代从卫国品种优良变异株中，经系统选择育成卫国 7 号，其产量和品质均优于卫国。天津农民潘富荣从引自朝鲜的品种水原 52 中，经系统选择育成水原 300 粒，在天津、河北、山东等地大面积推广。吉林省主栽品种吉粳 60 是从吉粳 53 中系选育成的。系统选择法具有操作简便、见效快的优点。

表 6－1　441 个北方粳稻品种育种途径统计表

育种途径	50 年代		60 年代		70 年代		80 年代		90 年代	
	品种数	%	品种数	%	品种数	%	品种数	%	品种数	%
农家品种评选	5	11.6	—	—	—	—	—	—	—	—
国外引种	8	18.6	9	10.5	13	10.6	10	6.5	1	2.9
系统选种	10	23.3	27	31.4	15	12.2	21	13.6	5	14.3
杂交育种	20	46.5	48	55.8	88	71.5	110	71.4	26	74.3
诱变育种	—	—	2	2.3	5	4.1	3	2.0	—	—
组培育种	—	—	—	—	2	1.6	10	6.5	3	8.6
总数	43		86		123		154		35	

（引自《中国北方粳稻品种志》，1995）

（一）优中选优，快速高效

系统选择法选择的变异材料，是自然变异产生的，省去了人工创造变异的程序。选择的优良水稻单株（穗）通常多是同质结合体，一般不需要几个世代的分离、选择和鉴定过程。而且，由于是在原品种（群体）里优中选优，选择的优株（穗）通常是在个别性状上有改变和提高，其他大多数优良性状，如抗逆性、适应性等，仍保持不变。因此，选择、鉴定、试验的年限可以大大缩短，一般有 3～4 年即可完成 1 个品种的选育程序。如籼稻品种矮脚南特、陆才号，粳稻品种旱 58、辽盐 2 号、辽盐糯等。

（二）连续选优，连续改良

一个纯系品种在长期栽培过程中，产生了新变异，通过选择育成新品种。新品种在种植过程中又不断变异，为进一步系统选择又提供了新的材料，使品种不断得到改良。例如，通过系统选择法，从水稻地方品种鄱阳早育成了高产、适应性广的籼稻品种南特号，曾是我国生产面积最大的1个水稻良种。之后，从南特号的变异株中，又选择育成了早熟、高产、耐肥的南特16号。接下来，从南特16号中育成了高度耐肥、抗倒伏的我国第1个矮秆水稻良种矮脚南特。又从矮脚南特中育成了比矮脚南特早熟10d的早熟良种矮南早1号。

还有，在南特号中通过连续的系统选育，还育成了陆才号、江南1224、珠江矮、矮南青、浙南11号、青小金早、江南择、嘉选66、衡矮9号、团粒矮等（图6－1），即品种的连续选优，连续改良。

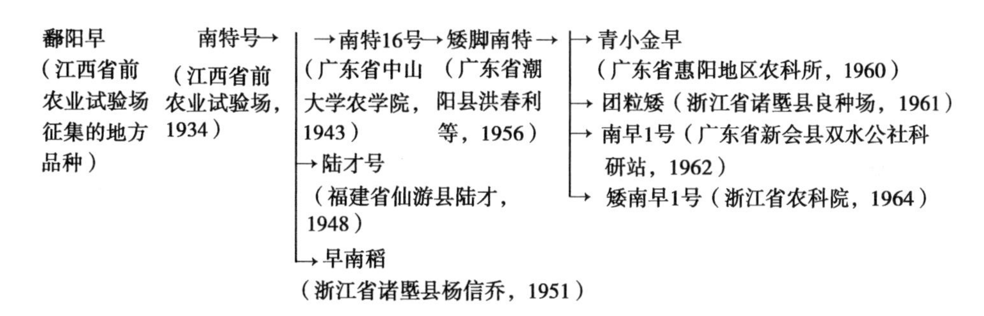

图6－1　从水稻基础品种鄱阳早连续系统育种育成的部分主要优良品种
（引自《作物育种学》，1981）

此外，在粳稻品种系统选择法的应用上也同样取得了很好的成果。20世纪60年代，粳稻品种农垦58从日本引入中国种植后，通过系统选择法，从中育成了沪选19、加农14、武农早、东风1号、宜粳1号、孝晚1号、新选1号等许多粳稻新良种，并在生产上推广应用。

二、自然变异的产生与利用

自然变异现象在水稻中是普遍存在的，其产生的原因是多方面的，主要原因是植株间发生自然杂交引起的基因重组；环境条件因素的影响致使植株的生理、生化反应发生变化产生的基因突变；以及品种性状尚未完全稳定时，在不同生态区域种植时出现的“环境分离”等。由此表明稻种是可变的，其群体产生变异后，形成多种多样的类型，因而水稻品种是多型的，如何利用品种群体中产生的这些变异，就成为水稻系统育种须要解决的课题。

（一）自然变异的直接利用

在优良水稻群体里选择符合育种目标的优良变异单株（穗），通过系统育种，便育成了供生产应用的新品种，这就是对水稻自然变异的直接利用。世界产稻国家在早期水稻品种遗传改良中主要采用系统选择法。角田（1984）报道，日本早期种植的水稻品种神力是从程吉中的变异株选育的，品种爱国是从身上起中选育的，龟之尾是从冷立中选育的，坊主是从赤毛中选育的，银坊主是从爱国中选育的。上述水稻品种皆是稻农从地方品种中通过选择变异单株育成的。其中，爱国、银坊主等品种在生产上一直延用到20世纪40年代。

印度在早期也曾从农家品种Konamani中选择了自然突变株GEB24，从Anaikomban中选得出抗稻瘟病的纯系CO_4，均在水稻生产上推广应用，并作为系本材料在杂交育种中应用。我国从20世纪30年代以来，在优良地方品种中，采取直接选择符合生产要求的自然变异单株育成了许多优良品种，如南特号、陆才号、塘埔矮、广选3号、竹系26、汕二59、吉粳60、武复粳等。通过从高产品种中，选择早熟的优良变异单株，用系统选择法，可以育成既早熟又高产的品种。例如，江苏省武进县农业科学研究所从粳稻农垦58中，育成了比原品种早熟10～15d，灌浆快的新品种式农早。浙江省农业科学院从矮脚南特中，育成早熟15d的矮南早1号。吉林省农业科学院从早粳53中，育成生育期提早5～6d的吉粳60等。这些新育成的水稻品种，既提早了成熟期，又保持了原品种的丰产性（表6－2）。

表6－2　中国各时期系统育种育成的部分水稻品种

年代	育成品种总数	系统育种		
		品种数	占总数%	主要代表品种*
30年代	11**	11	100	南特号、胜利籼、万利籼、浙场3号、老来青
40年代	17**	14	82.4	陆才号、中农4号、10509、赣农5636、桂花球
50年代	64	45	70.3	矮脚南特、塘埔矮、溪南矮、八五三、苏稻1号
60年代	278	102	36.7	矮南早1号、广选3号、团结1号、沪选19、桂花黄、双丰1号
70年代	544	150	27.6	竹系26、红410、广二104、鄂宜105、更新农虎、吉粳60
80年代	202***	39	19.3	汕二59、武复粳、通系103、扬稻2号
合计	1113	361	32.4	

*从年推广面积超100万亩的品种中挑选。

**仅统计主要推广品种。

***80年代后期未统计。

（引自《水稻育种学》，1996）

在水稻病、虫害发生较重的稻作区，或处在不良环境条件的稻作区，如盐碱地土壤、低温冷凉、干燥高温的地区，可以采用系统选择法，从品种中选择具有抗病、虫性、抗逆性强的变异单株，常常会得到较好的效果。例如，在长期病区或感病品种中，会产生抗病或耐病的变异单株，通过系统育种法能够育成抗病品种。广东新会县育成的抗稻瘟病和白叶枯病的南早1号，是从感染稻瘟病和白叶枯病的矮脚南特中选育出来的。黑龙江省从丧失抗稻瘟病品种京引59中，通过抗病变异株的选择，育成了抗病的普选 10 号。

对不良环境抗逆性的选择，可在不良环境经常发生的稻区，对品种中具有抗性的变异或突变单株进行鉴定，从中进行系统选择。20 世纪 50 年代，广东省早稻季节经常遭遇台风侵袭，在这种灾害性天气中，许多高秆水稻品种倒伏减产了。但在倒伏的高秆品种南特 16 中，发现茎秆矮生、根系发达，抗倒伏的单株，经选择育成了矮秆抗倒伏的品种，保证了早稻品种的稳产性。

在利用系统选择法进行水稻品质遗传改良上，也取得一些成果。例如，种字 6 号的米质不佳，广东省中山县通过系统选择，鉴定出优质米单株，育成了优质米品种民科占，新会县也从中育成了科六糯。江苏省农学院从农垦 57 中育成扬糯 2 号、扬糯 5 号等。

通过自然变异的直接利用在水稻遗传改良历程中占有重要地位。20 世纪 30～80 年代，中国共育成了 1 113个品种中，通过单株直接选择育成品种有 361 个，占这一时期育成品种总数的 32.4%。在 30 年代，全部推广品种都是通过系统选择法育成的。50 年代以后，随着杂交育种、诱变育种等技术的展开，虽然系统选择法育成的品种数占总育成品种数明显下降，但至 80 年代，依然占有 19.3%，仅次于杂交选择法。

（二）自然变异的间接利用

有时在品种群体中产生优异性状的变异类型时，虽然从综合性状看不足以直接选择成为新的品种，但也应该选出来作为该优异性状的亲本加以间接利用。特别是当产生具有潜在利用价值的新型特殊变异时，更需特别关注，因为这样的变异材料在不久的未来会在水稻的遗传改良上发挥重大作用。例如，在水稻自然变异中已有几次关于矮秆突变株发生的事例，在台湾籼稻地方品种乌尖中产生低脚乌尖。该突变植株作为籼稻遗传改良的矮源被广泛的间接利用，引发了全球性水稻品种选育由高秆向矮秆的革命，使水稻品种的产量水平大幅提升。

此外，从南特 16 中出现矮脚南特的变异株，该变异株除直接利用育成新品种矮脚南特外，还作为杂交亲本之一衍生选育出 89 个新品种。广东省农业科学院从矮子占变异株中经选择育成矮子占 4 号，并以此作亲本育成矮秆良种广场矮。吴梦岚等（1991）报道，利用矮子占 4 号这个矮秆源直接育成或衍生育成的新品种共 156 个。由此可见，自然产生的矮秆突变体在水稻品种遗传改良中的间接利用上，取得了重大成果和巨大效益。

石明松（1981，1985）在水稻品种农垦 58 生产田中发现了雄性不育植株，经多年研究证明，该雄性不育株的育性转换主要受日照长度变化的影响和控制，即在长日照下表现不育，在短日照下表现可育。这一新变异材料的发现，为我国二系法杂交稻的研究和应用奠定了材料基础。之后，两系法杂交稻即成为中国水稻育种研究的热点之一，取得了明显进展，充分表明特异的自然突变体的产生对水稻品种遗传改良取得成效所起的决定性作用。

三、系统选择法的选择原则和程序

（一）选择原则

1. 在大面积推广品种中选择

一般来说，一个大面积推广的品种，应该是具有较多优良性状，尤其是丰产性、适应性、抗逆性较好的品种。由于是种植在广大的不同地区，其生态条件各异，因而会产生各种各样的自然变异。在这样的群体中，根据育种目标进行选择，容易选育出更优良的新品种。

2. 在相对一致环境下种植的品种中选择

品种性状的表现是其基因型与环境互作的结果，因此，其表现特征在一定程度上受到环境的影响和作用，只有在均匀一致的生长发育条件下，才能鉴别单株之间遗传上的差异，发现自然变异或突变的个体，选出属于遗传的优良单株。

3. 选择适宜的单株数量

系统选择是利用自然变异或天然杂交后代所产生的分离植株为选择对象，在观察、检测大量单株的前提下进行慎重的选择。水稻系统选育通常一个品种要选择 50～100 个单株，经过田间考察，室内考种和鉴定，根据育种单位的人力和财力，以及试验设施和条件，淘汰一部分不良单株。稻农的选优经验来自生产实践，对品种的优、劣性状了如指掌，有敏锐的鉴别力，就地选择，就地试验，因而在选择为数不多的优良单株的情况下，就有可能育成优良品种。因此，选择单株数的多少不是绝对的，但一般应在一个品种中选出几十株的数量上，这样才有较大的机率选择出优良的品种。

（二）选育程序

根据水稻育种目标确定为性状指标，从具有自然变异的品种群体里选择出一定数目的优良单株（穗），然后按每个单株（穗）的后代分系（编成株系号或穗系号）种植鉴定，再经过试验选优汰劣、优中选优，最终选育出优良新品种。其系列程序如图6－2。

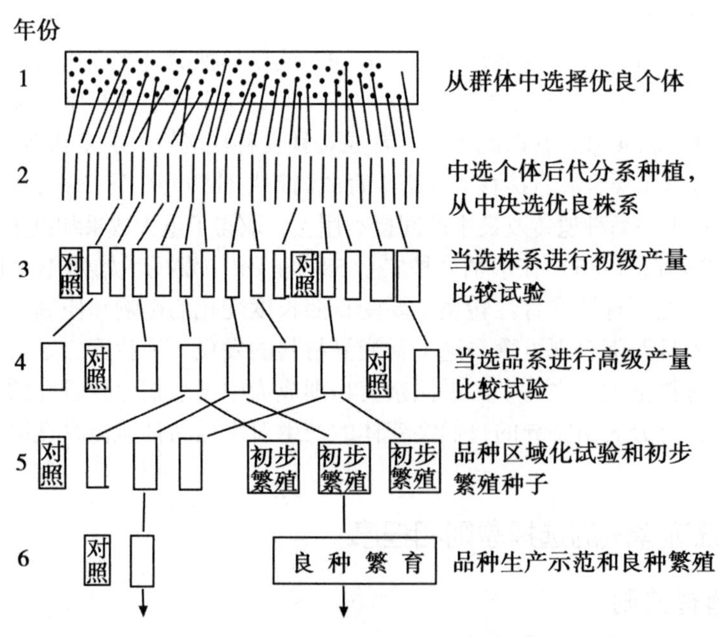

图6－2　水稻系统选育程序示意图

1. 优良变异单株的选择

在种植优良品种的稻田群体里选择符合育种目标的单株（穗），经室内考种复选，淘汰不良单株（穗），决选的优良单株（穗）分别脱粒，并编系号，记载其主要特点，以备检测其后代的表现。田间选择应在具有较多自然变异类型的品种稻田中进行，选择的单株（穗）数目多少为宜，应根据这些变异类型的真实遗传程度来定。一般情况下，受主基因控制的或不易受环境影响的明显变异性状，其选择数目可少些。反之，受多基因控制的或易受环境因素影响数量性状，其选择的数目可多些。在田间选择时，要注意避免选择那些机械混杂的异品种单株（穗）。

20 世纪 60 年代，浙江省农业科学院拟从矮脚南特里选育早熟的新品种。考虑到在原始品种群体中出现的早熟单株（穗），有些是由基因控制的，是真实遗传的；有些是由出苗较早、或移栽时插的较浅等因素造成抽穗期较早，是栽培管理差异造成的。同时，在选择株（穗）时还希望选择的早熟类型仍能保持相对的高产类型，因而尽可能增加变异单株（穗）的选择数目。这样就从不同地块的稻田里经初选和复选后，共选择了 1 143个早熟单株（穗）。

2. 分系鉴定

在田间分系鉴定时，把从原始品种群体里选出的优良单株（穗）种子，分别种成株系或穗系，单本插秧，行数因种子（苗数）来定，并每隔一定行数加置对照行，或采用原品种或选用当地推广品种以进行比较。通过田间观察、检测和室内考种，从中选择优良的株系或穗系继续田间试验、鉴定和选择。

当株系或穗系内植株的目标性状表现一致时，即可作为定型的品系参与之后的产量试验。如果株系或穗系内植株还有分离，一般情况下可予淘汰，个别情况可考虑再进行一次或多次单株（穗）选择。前述在浙江省农业科学院选择早熟性所得的 1 143个单穗，经过对后代抽穗早晚的检测，有 5. 2% 的穗系表现明显的早熟（表 6 －3）。

表 6 －3　矮脚南特早熟性选择效率

（浙江省农业科学院，1963—1964）

田间的单穗表现	选择的穗数	早熟穗系		早熟不明显穗系		不表现早熟的穗系	
		数量	%	数量	%	数量	%
特早熟	74	25	33. 8	27	36. 5	22	29. 7
早熟	1 069	35	3. 3	451	42. 2	582	54. 5
合计	1 143	60	5. 2	478	41. 8	604	53. 0

（引自《水稻育种学》，1996）

四、混合选择法

混合选择与单株选择不同，单株选择的目的是从品种群体中选择优良的单株（穗），而混合选择是品种群体中选择一些目标性状基本相似的单株（穗），不进行后代鉴定或经过后代鉴定后进行混合繁殖以使群体得到改良。通过混合选择法改良的水稻品种，其所含有基因型类型有多少取决于原始群体的变异强度和选择率。世界上许多产稻国家利用混合选择法保持现有水稻品种的相对遗传一致性或育成新品种。

（一）常规混合选择法

早期的混合选择法只根据多数入选单株的不同表型特征而不是根据各个单株（穗）后代的鉴定结果来进行混合选择和繁殖，即所获得的混合群体基因型未必是稳定和纯合的。因此，就水稻来说，通过混合选择而改良的群体，只能体现在群体所经选择的目标性状的总体平均值得到提升，其变异度趋于缩小，即混合选择改良的品种目标性状可比原品种的对应性状有所提高，也更整齐了。这是一种原始古老的选育方法，也许在人类开始种植水稻不久就有这种方法。

（二）改良混合选择法

改良混合选择法与常规混合选择不同之处就在于入选的单株（穗）要进行后代分系鉴定，淘汰表现不好的劣系，选留优系并混合繁殖形成遗传性稳定一致的改良群体。经对比试验，确认经改良的群体比原来品种优良后，即可繁育推广应用。当原始品种群体中存在不同的变异类型时，为了分别鉴定其生产利用价值，需要按不同类型分别混合选择脱粒，即分别组成几个集群，次年入选的各个集群与原品种进行比较试验，根据比较试验的结果，选择最优良的集群繁育作为新品种推广应用。

水稻采用混合选择法的效果取决于控制目标性状的基因作用模式，目标性状遗传力的高低，基因型与环境互作效应的大小，以及对群体的选择率等。一般来说，属基因累加效应的目标性状，经 1 次混合选择后繁育就能见效。如果目标性状属显性效应，则需重复选择。因为混合选择通常是根据表型进行，如果目标性状遗传力高，则后代仍能保持其性状，反之，则需进行几次混合选择。

如果目标性状的基因型与环境互作效应大，则表明该性状遗传力低，其选择很难凑效，因此，选择的群体数目应适当加大，可根据原品种群体的异质性程度确定。任何育种方法，都必须经过变异选择和后代鉴定这两个基本环节，不可或缺。现代育种新方法、新技术层出不尽，日新月异，但系统选择法在变异株系比较选择和品种提纯上仍继续发挥着不可替代的作用。

第三节　杂交选择法

水稻杂交选择法就是将水稻基因型个体间进行杂交，在其杂种后代性状分离的群体中，选择优良的单株而育成纯合品种的方法。杂交育种的原理就是通过杂交，使亲本之间的基因重新组合，从而产生新的变异类型，为选择提供丰富的材料。杂交的最终目标是通过基因重组将双亲控制的优良性状基因结合在一个个体上，或者将双亲控制的同一性状的多个微效基因聚合在一起，产生该性状超过亲本的类型。因此，杂交选择法是创制新品种的有效方法。杂交育种的程序包括亲本选择、杂交组配、分离世代选择、株系选优汰劣、纯合品系鉴定及其品比试验和审定试验等主要步聚。

一、杂交选择法的简要回顾

（一）发展历程

世界主要产稻国家在经历了很长时间采用系统选择法选育水稻新品种之后，逐渐转向采用杂交选择法进行水稻育种。1922 年，美国开始采用杂交育种法选育水稻品种。1942 年，阿肯色州水稻试验站在 Caloro × Blue Rose 的杂交后代里育成了中粒型水稻良种 Arkrose。1923 年，日本爱媛县农事试验场最先开始采用杂交育种，选用陆稻品种战捷 × 晚 33 的杂交组合，育成水稻品种晚 68。之后，在晚 68 × 中弁 122 的杂交中，育成了田占捷。接着，先后又育成了珍珠、双叶、陆羽 132 等水稻良种。

南亚和东南亚水稻生产国家，大多在 20 世纪 50 年代初开始采用杂交选择法进行杂交育种。印度通过征集的水稻地方品种杂交培育新品种，例如，在 CO13 × CO25 杂交中选育出抗稻瘟病的 CR906 和 CR907；从 T90 × Urang - Urangam89 的杂交组合中，选育出一个晚熟的细粒水稻品种 CR1014。此外，从 CO25 × Bam10 的杂交中，选育出兼抗稻瘟病和胡麻叶斑病的 3 个品系。在 Ptb18 × GEB24 的杂交中，试图选育出综合抗稻瘿蚊和高产性品种或品系。

我国水稻杂交品种选育开始于 20 世纪 20 年代，以台湾和广东两省开展的最早。1929 年，台湾省台中区农业改良场从龟治 × 神力的杂交组合中，选育出台中 65。1936 年登记推广应用后，成为台湾省当时主要栽培品种和优良的亲本材料（台湾农林厅，1987），丁颖（1933）报道，广东中山大学农学院于 1926 年利用广州市郊的犀牛尾野生稻与栽培稻的天然杂交后代，于 1931 年从中选育出第 1 个具有野生稻亲缘的水稻栽培品种——中山 1 号。经试种证明适于粗放栽培和广东、广西两省中、下等土壤肥力的地区种植。

杂交选择法在用于水稻育种之后，很快就发展成为水稻的一种非常有效的遗传改良技术和方法。从各主产水稻国家通过杂交育种选育的品种所占比例就可以证明这一点。美国在 1917—1985 年选育推广的 75 个水稻品种中，杂交育成品种占 80.6%。日本从 1931—1986 年正式注册的 286 个水稻品种中，杂交育成的占 99.7%。中国在 20 世纪 50 ~ 80 年代育成的 1 179个水稻品种中，杂交育成品种所占比率，50 年代为 44.5%，60 年代为 60.3%，70 年代为 64.0%，80 年代为 72.1%。国际水稻研究所在 1967—1986 年选育命名的水稻品种则全部出自杂交育种。

（二）我国水稻杂交育种成果

1949 年以前，我国水稻杂交育种虽然做了一些工作，但主要还是从 50 ~ 60 年代广泛开展起来的。我国南、北稻区采用杂交选择技术，新品种不断育成，水稻品种遗传改良进入一个新的时期。据 1973 年的不完全统计，我国南方广大稻区，推广面积在 7 000 hm^2 以上的新品种有 90 余个，北方稻区推广的新品种有 50 多个，主要都是采用杂交选择法育成的。例如，南方稻区育成的广陆矮 4 号（广场矮 7384 × 陆才号）、珍珠矮 11 号（矮仔占 × 惠阳珍珠早）、二九青（二九矮 × 青小金早）、南京 11 号（南京 6 号 × 二九矮 4 号）、6044（珍珠矮 11 号 × 莲塘早）、鄂早 1 号（莲塘早选系 63 - 64 × 圭峰 70 -

1)、沪南早1号（二九矮×矮南早）、农虎6号（农垦58×平湖老虎稻）等，北方稻区育成的卫国（农林7号×农林1号）、宁丰（农林7号×龟尾5号）、辽粳6号（京引83×京引177）、辽粳10号（BL－6×丰锦）、辽粳287（秋岭×色江克/松前）、辽盐282（中丹2号×长白6号）、辽盐283（中丹2号×长白2号）、吉粳53（松辽4号×农垦20）、黑粳1号、合江10号等。这些品种由于丰产性和适应性表现突出，种植范围广，对水稻增产起到很大作用。据统计，从1949—1979年的30年间，全国共育成水稻品种508个，其中，杂交育成品种228个，占总品种数的44.9%（表6－4）。

表6－4　我国1949—1979年育成水稻品种情况

	品种数目	地方品种	引进品种	系选品种	杂交品种	辐射品种	其他途径育成
50年代	121	15	10	74	22	0	0
60年代	173	2	9	75	82	2	3
70年代	214	0	4	59	124	22	5
品种总数	508	17	23	208	228	24	8

*中国农业科学院科技情报研究所1980年资料《我国农作物育种工作三十年的回顾与展望》（台湾省的品种未统计在内）。

（引自《中国稻作学》，1986）

自20世纪50年代中期开始，随着我国矮仔占、低脚乌尖、水田谷等矮秆资源的发现和利用，采用杂交选择法育成的品种由以前的高秆型转成矮秆型，对品种增产潜力的提升起到了举足轻重的巨大作用，下面的统计数字足以证明这一点。1950—1965年，全国常规水稻品种累计种植面积4.64亿hm^2，平均单产2 466kg/hm^2。在当时的推广品种中，系统选择法育成的占42.2%，地方品种占40.0%，杂交育成品种占8.9%，外引品种占8.9%。1966—1978年，杂交育成的矮秆品种在各稻区得到普及。常规品种累计种植面积4.8亿hm^2，平均单产3 380kg/hm^2。在当时的推广品种中，杂交育成的品种占60.3%。1979—1988年，由于杂交水稻的推广使常规稻品种种植面积减少，10年累计2.5亿hm^2，其平均单产已达4 539kg/hm^2。在当时推广的常规水稻品种中，杂交育成的品种占66.7%。由此可见，除生产条件改善、栽培技术改进等增产因素外，杂交育成品种的遗传增益也起到很大作用。

20世纪80年代以来，我国水稻杂交育种的水平和育成品种的质量进一步提升。由于抗源资源材料的鉴定和筛选，水稻品种在高产基础上，抗性和适应性有所改善，稳产性得到提高。例如，南方稻区由［（花龙水田谷×塘竹）F_4/鸡对伦］杂交育成的窄叶青8号，表现高抗稻瘟病，中抗白叶枯病，在病害常年流行地区，比珍珠矮表现增产稳产。珍汕97（珍珠矮11×汕矮粘4号）、红农73（农垦58×红壳晚）、湘矮早9号（IR8×湘矮早4号）、秋二矮（秋谷矮×2150）、南粳15（农垦57×农垦51）等；北方稻区杂交育成的早72［（C26×丰锦）/74－134－5］、辽开79｛［（C57×中新120）/74－13］//辽粳10号｝、盐粳1号（农林糯10号×矢租）、中丹1号（Pi5×喜峰）、沈农91（189×150）、沈农87－913（秀岭A/8411//御米糯）等，上述杂交育成的品种都表现出较强的抗稻瘟病、白叶枯病或纹枯病，有的品种为单抗，有的品种为双抗，有的品种为多抗。

随着国内外稻米市场对优质米需求的增加，稻米品质的遗传改良也逐渐受到关注和重视。各地水稻育种家先后利用优质资源作为亲本，通过杂交育成和推广了一批优质品种。据统计，我国 80 年代育成的优质水稻品种中，杂交育成的占 72.4%，效益非常显著。

（三）北方粳稻杂交育种成果

20 世纪 50～60 年代，北方稻区采用杂交选择法选育粳稻品种。黑龙江省先后育成早熟早粳品种合江 10 号、11 号、12 号、13 号和 14 号，牡丹江 1 号等，更换了早熟和极早熟品种北海 1 号等。吉林省先后选育出早熟品种长白 7 号，中熟品种松辽 1 号、2 号、3 号、4 号和 5 号，同时还选育出吉糯 1 号取代了元子占松本糯，使吉林省粳稻品种加快了更新换代。辽宁省选育出辽粳 152、清杂 1 号、抚粳 1 号、盐粳 1 号、铁粳 1 号、白金 16 等一批粳稻品种，在辽宁稻区推广应用。中国农业科学院作物育种栽培研究所（现为中国农业科学院作物科学研究所）育成了一批中秆改良品种，如京越 1 号、京育 1 号、京丰 2 号等中粳类型品种，在京、津、河北、辽宁南部等地推广种植，取代了晚熟且不抗病的白金和野地黄金。其中，京越 1 号自 1966 年育成至 1993 年的 28 年间，累计种植面积达 200 万 hm^2，成为北方稻区应用时间最长，种植面积最大的品种之一。

河北、天津先后育成一批中粳品种，如冀粳 1 号（垦丰 5 号）、冀粳 2 号（67－01）、冀粳 3 号、4 号、东方红 1 号、红金、红旗 1 号至 5 号等，在河北、北京、天津、山东、江苏等地推广。其中，冀粳 1 号年种植面积最多达 6.6 万 hm^2，东方红 1 号在河北、京、津、河南、山东、山西、辽宁等地种植，成为当时种植面积最大的品种之一。河南省选育出新稻 2 号、新稻 68－11 等早、中熟中粳品种，其中，新稻 68－11 表现抗病、优质、早熟、产量较高、稳产性好，在生产上应用时间也较长，年最多种植面积达 6.6 万 hm^2 以上，曾是河南省主栽水稻品种之一。新疆、宁夏自治区也选育出宁粳 4 号、国庆 20、沙丰 75 等粳稻品种，成为当时当地主栽品种。

70 年代以后，北方粳稻生产面积迅速扩大，加之栽培技术和施肥量的提高，原来生产上的一些中秆、抗倒性、抗病性弱的品种已不适应生产发展的要求，而且随着人们生活水平的提高，要求较高的稻米品质，因此，将原来以高产为主的选育目标相应调整为高产、优质、多抗、并重。在杂交方式上，除单杂交外，还有复合杂交、籼粳杂交，并取得了突破性成果。例如，黑龙江省采用复合杂交方式育成的合江 19，辽宁省浑河农场采用籼、粳杂交育成的辽粳 5 号，均成为应用时间最长、种植面积最大的水稻品种之一。其中，辽粳 5 号秆矮坚韧，叶片较短且宽厚，是一个形态优良和机能兼备的高光效、理想株型的粳稻品种；作为优良品种比当时主栽品种增产 10% 以上，年推广面积超过 13 万 hm^2，累计种植面积约 130 万 hm^2，结束了辽宁等稻区长期以来以日本引进品种为主导地位的历史。

20 世纪 50～90 年代，北方稻区采用各种育种方法共育成了 441 个粳稻品种，其中，通过杂交选择法育成的品种 292 个，占这一时期育成品种总数的 66.2%。其中，

50年代育成了20个，占46.5%；60年代48个，占55.8%；70年代88个，占71.5%；80年代110个，占71.4%；90年代26个，占74.3%（表6-1）。由此可见，杂交选择法随着时间的推移，其育成品种所占的比率越来越大。此外，从表6-1中还可看出，60年代共育出86个粳稻品种，70年代123个，80年代154个，90年代初35个品种推广应用于生产，其种植面积占北方稻区总面积的比率由60年代末至70年代中期的50%上升为90年代初的80%以上，扭转了日本引进品种在北方稻区占主导地位的局面。

杂交育成品种在生产上种植面积较大的优良品种，黑龙江省有合江号、牡丹江号、东农号、黑粳号、松粳号等。其中，合江19、合江20、合江23、东农113、牡丹江17等于80年代育成后应用于生产时间较长，年种植面积在6.6万hm^2以上。吉林省育成的优良品种有长白号、松辽号、吉粳号、九稻号、延粳号、通系号等。其中，长白5号、长白6号、松辽2号、松辽4号、吉粳60、吉粳62、吉粳63，天井3号等均是该省70年代末至90年代初育成的生产上种植面积在6.6万hm^2以上的主栽粳稻品种。辽宁省杂交育成的粳稻品种有辽粳号、辽盐号、沈农号、丹粳号、盐粳号、铁粳号等。其中，辽盐282、辽盐283、辽粳5号、丹粳1号等均是该省年栽培面积在6.6万hm^2以上的主栽品种。

华北稻区育成的粳稻品种有冀粳号、京稻号、红旗号、津稻号、晋稻号等。其中，冀粳1号、冀粳8号、津稻1187均是种植面积大的主栽品种，冀粳8号累计种植40万hm^2。中国农业科学院作物育种栽培研究所育成的种植面积较大的品种有京系号、京丰号、中丹号、中作号、中系号等。其中，中丹2号年种植面积在6.6万hm^2以上。

河南省育成的粳稻品种有豫粳号、新稻号等。其中，新稻68-11于1965年育成，很快成为河南省北部地区的主栽品种。豫粳2号在80年代中期成为河南省麦茬旱种稻的主推品种。山东省育成的粳稻品种有鲁农号、鲁稻号、临稻号等。其中，鲁农1号、鲁粳1号、临稻1号、临稻2号均是山东省70~80年代不同稻区推广面积较大的品种。陕西省的西粳2号是70年代末该省中、北部稻区的主要品种。宁夏、新疆自治区育成并推广的主要品种有宁粳号、阿稻号、沙丰75、国庆20等。

在杂交育种的杂交方式上，50年代单杂交占95%，复合杂交占5%；而90年代时，单杂交占69%，复合杂交为31%。二者中还有13.8%的籼粳杂交（表6-5）。

表6-5　20世纪50~90年代杂交育成品种杂交方式统计表

杂交方式	50年代		60年代		70年代		80年代		90年代	
	品种数	%	品种数	%	品种数	%	品种数	%	品种数	%
单交	19	95	42	87.5	72	81.8	91	75.8	20	69.0
复合杂交	1	5	6	12.5	16	18.2	29	24.2	9	31.0
籼粳杂交*	—	—	—	—	8	9.1	21	17.5	4	13.8

*籼粳杂交育成品种数包括在单交、复交总数中，故为单、复交总数的百分数。

（引自《中国北方粳稻品种志》，1995）

二、水稻杂交生物学

（一）水稻花器构造和开花习性

1. 花器构造

水稻属圆锥花序，1 个小穗只有 1 朵颖花，其基部有 1 个小穗梗。小穗梗上部有一领形突起的副护颖，其上有 1 对披针状的护颖。护颖之上即是水稻可育的颖花。颖花由 1 个外颖、1 个内颖、1 枚雌蕊和 6 枚雄蕊组成。内、外颖的钩合处的颖顶有一突起，称稃尖。有芒的水稻，芒着生于外颖的顶端。外颖基部的内侧有一对卵圆形肉质物称浆片（或鳞片）。浆片吸水膨胀促使内外颖张开，称开花。雌、雄蕊位于内、外颖中间，雌蕊分子房、花柱和柱头，子房内有 1 倒卵形胚珠，花柱顶端发育成两个羽毛状柱头，柱头的色泽有白色和紫黑色之分。6 枚雄蕊分 2 组着生于子房基部，每枚雄蕊由花丝和花药组成（图 6－3）。

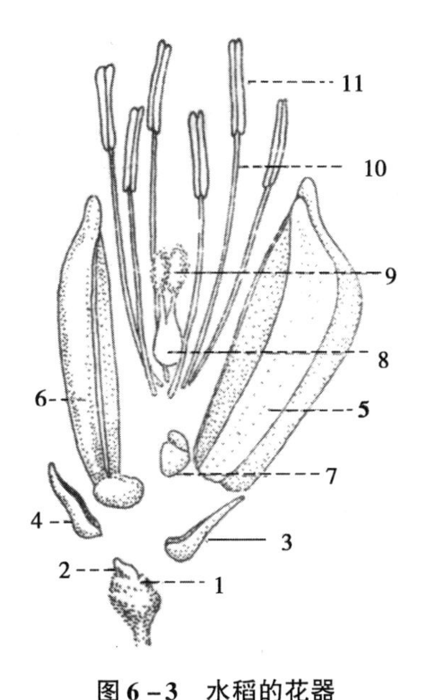

图 6－3　水稻的花器

1～2. 副护颖　3～4. 护颖　5. 外颖　6. 内颖

7. 浆片　8. 子房　9. 柱头　10. 花丝　11. 花药

2. 开花习性

水稻开花时间因品种、稻穗大小、气候、区位不同有差异。在适宜的光照和温度下，一般在抽穗当天即能开花，2～3d 后进入盛花期，以后逐日减弱，每天开花时间在 8：00～14：00，上午 9：00～10：00 最盛。每穗从始花至终花需 5～8d。开花顺序是主轴上的花先开，然后是上部枝梗的开花，同一枝梗上顶上的小花先开，再依次自上而下开花。

水稻开花受环境条件影响较大，以气温 25～30℃和相对湿度 70%～80% 最为适宜。气温若超过 40℃，花药则干枯，花器失水，不能结实。开花时最低气温为 15℃时，结实显著减少。开花期间空气湿度过高会影响花药正常开裂，过低又会妨碍花丝伸长，对授粉结实不利。

（二）授粉与受精

水稻开花时，2 片浆片吸水膨胀，将内、外颖撑开，花丝随即迅速伸长，将花药顶出颖外，每枚花药含花粉粒 500 ~ 1 000粒。一朵颖花从始开到全开需 10 ~ 14min，维持全开时间约 10min，由始开到全闭约需 30min。花药开裂后，花粉粒散开，随风飘落，当花粉落到柱头上即为授粉。如果作杂交授粉，应用纸袋采收父本花粉，掌握恰当的授粉时间，以保证花粉的生活力和授粉、受精后的结实率。

落在柱头上的花粉在很短时间内即发芽，形成花粉管。有研究认为，授粉后 1. 5min 即发芽，5min 后花粉管的长度已等于花粉粒的直径，15min 后其长度达花粉粒直径的 2 倍以上。花粉发芽最适温度为 30 ~ 35℃。温度在 10℃或 50℃时，花粉仍能发芽。发芽快慢与空气湿度密切相关。

花粉管在花柱组织内伸长，授粉后约 0. 5h 即能进入珠孔和胚囊。花粉管顶端破裂后，释放 2 枚精子，授粉后约 2h，1 个精子与 2 个极核结合，形成胚乳原核，其染色体数为 $3n = 36$；另一个精子与卵细胞融合，是在胚乳原核形成之后发生的。一般认为授精卵的产生约在授粉后 4 ~ 8h。这就是所谓水稻双授精生物学。授精卵的发育大约在授粉后 8 ~ 12h 开始，也有的认为受精卵第一次分裂发生在授粉后第 24h。而胚乳核的分裂较早，在其原核形成后即开始快速增殖。授粉后约 4d，胚乳细胞已充满胚囊，并出现淀粉粒的积累。胚的发育在授粉后 5 ~ 7d 内基本上完成，到第 10d，稻谷已进入乳熟期。

（三）花期和花时调节

在杂交授粉的情况下，为了使父本、母本的花期相遇，同期开花，同时开花，需要进行花期、花时调节。

1. 分期播种

根据父、母本在当地的生育期资料，将生育期短的早熟亲本适当晚播，生育期长的晚熟亲本适当早播，每个亲本分 3 ~ 4 期播种。

2. 光、温调节

如果要进行早、晚熟品种间杂交，对光敏感的晚熟品种在 5 叶期后，每天进行 10h 短日照处理，可采用黑色尼龙罩或暗室遮光，让植株连续接受 20 ~ 25d 短日照处理，感光的晚熟品种可与早熟品种同期开花，达到早、晚熟品种杂交的目的。

水稻属喜温作物，提高温度可促进开花，反之则推迟开花。在花期相遇的情况下，为使父、母本开花时间相遇，可用温水（43℃）浸穗处理 1 ~ 2min，将促使父本提前开花，以得到花粉进行杂交。

三、亲本选择

正确选择亲本并进行科学组配是杂交育种成败的关键。根据育种目标的要求，在亲本选用时应考虑如下条件。

（一）亲本要有较多的优点和较少的缺点，亲本间优缺点要尽量互补

选择适应当地环境条件的、综合性状好、优点多的材料作亲本。在水稻遗传改良中，由于许多性状属于数量遗传，杂种后代群体的性状表现与亲本平均值有密切关系，所以要求亲本的优点要多。研究表明，许多数量性状，如产量，其双亲平均值的大小可以用来预测杂种后代的平均表现。

亲本优缺点互补十分重要，因为杂交的目的是使双亲的基因重组后传给杂种后代，通过互补可以把双亲各自的优点整合到一个后代中，表现出优异类型供选择，这是杂交育种取得成功的前提。

以辽宁省盐碱地利用研究所许雷于1991年杂交选育的辽盐282为例说明。辽盐282的母本是中丹2号，株高100cm，穗长20～25cm，单穗粒数平均120粒，千粒重26～27g，单产为7 500～9 750kg/hm^2，抗性强，米质优；其父本是长白6号，株高90cm，穗长15cm，单穗粒数50～60粒，千粒重26g，单产6 000～7 000kg/hm^2，抗稻瘟病，米质较优。从父、母本的主要性状看，优点较多，而更主要的是父、母本的优缺点能够互补。所以，杂交后代选育的辽盐282表现优良，株高100cm，介于双亲中间；穗长18～22cm，倾向高亲；单穗粒数80～100粒，倾向高亲；千粒重26g，介于双亲；单产8 250～1 125kg/hm^2，超过高亲。

（二）亲本要能适应当地自然环境和栽培条件

选用适应当地环境和栽培条件的优良品种作亲本，是选育适应性强、隐产的重要基础。适应性和丰产性是十分复杂的性状，品种对光、温变化的适应能力，以及对当地病、虫、逆境的抗性等，对选育品种的高产、稳产关系重大。为了使新育成品种适应性强、推广覆盖面积大，杂交亲本中最少要有1个适应当地条件的。

1. 长期栽培的地方品种

这样的品种对当地生态环境、栽培条件、病、虫流行为害有高度适应性和较强的抵抗力。例如，晚粳品种农虎6号的父本老虎稻适应性强，其年种植面积曾达到70万hm^2。

2. 综合性状优良的推广品种

这样的品种具有较优的综合性状和较高的产量水平，利用这样品种作亲本，以改良1～2个缺点性状，是容易获得成功的。

（三）亲本间遗传差异大或地理远缘

北方粳稻遗传变异幅度较窄，选择亲缘较远的或地理远缘的材料作杂交亲本，扩大粳稻遗传背景，杂交后代才能有广泛的变异，产生超亲性状的优良个体，有望育成有突出优良性状的新品种。吉林省农业科学院用台湾省早粳光复1号与东北早粳兴国杂交，育成了长白5号属于地理远缘亲本。辽宁省农业科学院稻作研究所以BL－6为母本，丰锦为父本杂交，育成了抗水稻白叶枯病新品种辽粳10号。

另一种成功的方法是先培育桥梁品种，再以桥梁品种作亲本进行杂交，选育新品种。日本育种家为了引入籼稻品种的抗稻瘟病基因，又避免带入籼稻的不良性状，先以日本粳稻品种千本旭、农林8号与印度抗稻瘟病籼稻品种塔都干杂交后回交，分别育成了PIN01、PIN02、PIN03和PIN04等抗稻瘟病品系，又以农林8号与塔都干的回交后

代，再与东山38杂交育成了PIN05品系。上述的PIN01等都是抗稻瘟病的桥梁亲本，日本已用这些桥梁亲本杂交育成了一批抗稻瘟病的水稻品种。中国农业科学院与辽宁省丹东市农业科学研究所合作，利用桥梁亲本PIN05与喜丰杂交，育成了抗稻瘟病新品种中丹2号，在辽宁省南部一季春稻区，以及京、津、冀、鲁、豫作麦茬稻推广应用。

（四）亲本配合力要高

配合力高的杂交亲本，一般数量基因累加效应大，其后代产生优良经济性状的机率就大。因此，要选配合力高、遗传组成广泛，以及选育的目标性状具有较强的遗传力的材料作亲本。据辽宁稻区有关单位的研究结果，水稻品种丰锦、黎明、福锦等配合力高，用它们作亲本都收到了良好的选育效果。

四、遗传杂交设计

（一）杂交组配方式

杂交组配方式要根据育种目标和亲本特点来确定，主要方式有单杂交、复合杂交和回交。

1. 单杂交

单杂交又称成对杂交，是指2个品种（品系）作亲本的杂交，是杂交选择法最常用、最基本和最简易的杂交方式。据不完全统计，我国从20世纪30～80年代推广的777个杂交育成的品种中，成对杂交品种占85.4%（表6－6）。这种杂交方式的遗传结构相对比较简单、通常选择对当地环境适应性强、农艺性状优良的品种作母本，选用具有突出目标性状的材料作父本，通过杂交后的基因重组合，达到综合父、母本的优点，弥补其缺点的目的，提高选育新品种的效果。

2. 复合杂交

复合杂交又称复式杂交，指用3个或3个以上的亲本进行2次以上杂交的方式。由于杂交中采用多个亲本，故杂种后代变异范围广，因多亲本和多次杂交，可打破基因连锁使其充分重组合，有可能将多个亲本的优良性状基因结合在杂种后代个体里，以育成具有较多优点的新品种。在推广的777个杂交育成的品种中（表6－6），采用复合杂交方式育成的品种占10.7%，也是一种有效的杂交方式。

（1）三交　先用2个亲本单杂交，然后用单杂交后代再与另一亲本杂交，目的在于聚合3个亲本的优良性状基因。例如，辽宁省农业科学院稻作研究所以色江克为母本，松前为父本进行单交，其后代作父本与秋岭杂交，即秋岭×（色江克×松前），从其三交后代中选育出辽粳287。辽粳287综合了3个亲本的优良性状基因，其特点是幼苗粗壮，长势旺；叶色浓绿，株型紧凑；分蘖力强，平均每穴有效穗数达到21个；一般单产9 750kg/hm^2，最高可达12 500kg/hm^2。

在采用三交时，对亲本选择首先要以1个综合性状优良的品种为基础，对某些性状进行针对性的改良。其次要注意把综合性状好、有相当丰产性和适应性强的亲本放在最后一次杂交，以保证杂种后代能分离出一定数量的优良个体供选择。第三要以单交低世代（F_1）材料进行复交，以尽量缩短育种年限。三交在复合杂交中是主要的杂交方式，据不完全统计1931—1985年推广的83个复合杂交品种中，采用三交方式育成的品种占78.3%（表6－6）。

表6－6　水稻不同杂交组配方式育成的品种数及其比例

时期	育成品种数					育成品种总数
	单交	三交	双交	回交	聚合杂交	
30年代	8	—	—	—	—	8
40年代	30	1	—	—	—	31
50年代	51	1	1	—	—	53
60年代	167	6	3	2	—	178
70年代	301	30	7	10	4	152
80年代	107	27	7	5	9	155
总计	664	65	18	17	13	777
所占比重（%）	85.4	8.4	2.3	2.2	1.7	100

（引自《水稻育种学》，1996）

（2）*双交*　双交是指2个单交组合再进行杂交，可以分为3品种双交和4品种双交。

三品种双交是把一个品种先分别与另2个品种进行单杂交，然后再用2个单交后代进行杂交。例如，吉林市农业科学研究所采用（黄皮糯×下北）为母本，与（黄皮糯×福锦）为父本杂交，于1984年育成早粳品种九稻7号。

四品种双交是指各不相同的4个亲本，先各2个亲本进行单交，然后2个单交后代再进行杂交。采取这种双交方式至少要有2个综合性状优良的亲本，从而有较大可能获得理想的杂种后代，不但优、缺点容易得到互补，而且各个亲本某些共同优点还可以相互累加，产生超亲的优良性状。吉林省农业科学院以（巴锦×陆羽132）F_1为母本，以（南光×元子2号）F_1为父本进行双交，从杂种后代的分离个体中，选育成新品种松辽4号。该品种集合了4个亲本的一些优点，表现苗期长势旺，茎秆粗壮，株型紧凑，耐肥，抗倒伏，抽穗整齐，成穗率高，结实率88%。

（3）*多亲本杂交*　多亲本杂交也称聚合杂交法，是指多个亲本连续杂交，这样可以把更多亲本的优点聚合到杂种后代的个体上，从中选出优良品种。辽宁省农业科学院稻作研究所采用丹－1－2－1、喜丰、丰锦、黎明、福锦、C31、辽丰41－6等品种为亲本进行杂交，从杂种后代中选育成早152新品种（图6－4）。

3. 回交

回交是指2个亲本杂交之后，其杂种与亲本之一（称轮回亲本）进行重复杂交的方式。回交是针对综合性状表现好的品种，但有个别缺点需要改良采取的一种杂交方式。这样既可以使缺点性状变成优点性状，又能减少后代优良性状的分离而加快品种定型。回交选择不仅在常规稻品种选育中应用，而且在杂交稻“三系”选育中也广泛应用。

（1）*回交亲本选择*　回交中轮回亲本是改良的基础，应选择综合性状优良、适应性好、丰产的品种；非轮回亲本是回交中改良的目标性状的唯一供体，因此，亲本的目

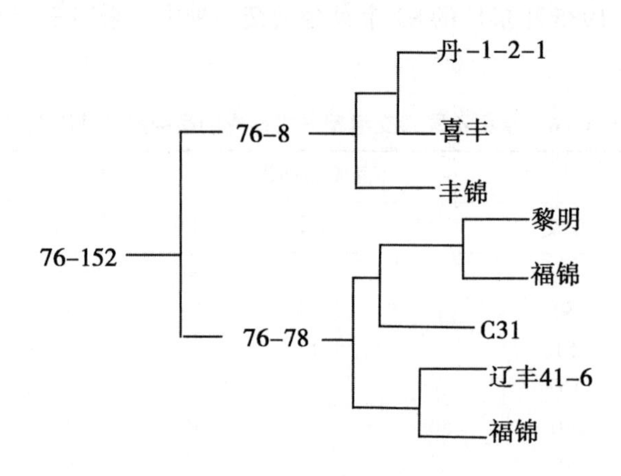

图6-4　旱152杂交选育示意图

（引自《辽宁省农作物品种志》，1999）

标性状要突出，遗传力要强，这样才能达到改良目标性状的目的。

（2）回交次数　理论上每回交1次，轮回亲本的基因增加50%、75%、87.5%……，其纯合体比例不断提升。通常回交次数要根据育种目标、亲本差异大小来定。亲本间差异小，回交次数可少些；反之，回交次数可多些。一般回交4~5次即可。

（3）群体株数　回交后代所需的群体数目相对少一些。为满足目标基因转移的需要，每次回交世代必须种植的株数一般用下式计算。

$$M \geqslant \frac{\log\ (1-a)}{\log\ (1-P)}$$

其中：M：所需株数；P：杂种群体所需基因型比例；a：几率水准。

从表6-7中设定在一次回交计划拟转移性状受1对基因控制，在回交一代植株中带有该性状的基因型占1/2，在此比例下，拟得到99.0%的可信度时，植株不得少于7株；假如需要转移的性状为2对基因控制时，回交F_1不得少于16株。

表6-7　回交试验中所需株数的估算

需转移基因数		1	2	3	4	5	6
所需基因型比例		1/2	1/4	1/8	1/16	1/32	1/64
几率	0.95	4.3	10.4	22.4	46.3	95	191
	0.99	6.6	16.0	34.5	71.2	146	196

（引自《水稻育种学》，1996）

（二）杂交组合和杂种群体数目

从理论上分析，杂交的组合数多和F_2代的群体数目大，获得优良基因重组个体的机率就高。然而，组合多、杂种群体大，则需要试验地、人力、经费等条件作支撑。根据我国水稻遗传改良多年的实践认为，多作杂交组合，少种杂种群体，早期淘汰劣质组合，选择优质组合；每个组合的 F_2 群体种植数量一般在 1 000～5 000株。当育种改良目标和具体要求明确时，杂交亲本的遗传背景和特征特性清楚时，则杂交的组合数目不必太多。品种间杂交的 F_2 代的群体数量为 2 000株。遗传差异和生态类型差别大的品种间杂交，F_2 代的群体数量应适当增加到 5 000～10 000株为妥。

五、杂种后代的培育和选择

杂交创造的杂种后代变异材料要进行培育和选择，才能选育出符合育种目标的新品种。

（一）创造良好的培育条件

对杂种后代要创造良好的栽培条件，使杂种基因型得以充分表现，才能从中选育出需要的类型。例如，要想选育出高产潜力大的变异类型，应将杂种后代种植在相对肥沃的地块上；对一些特定性状、还要提供特定的表现环境，才有利于鉴别和选择。选育抗病的品种应在病区或人工病圃里进行鉴定和选择；选育抗旱品种，可在干旱地区或人工创造的干旱棚里鉴定和选择，这样才能收到良好的选择效果。

（二）选择应遵循的原则

1. 根据育种目标进行选择

育种目标是选择杂种后代优良个体的依据和基础。通常分 2 个层面进行选择，第一是对杂交组合的选择，第二是对杂种后代个体的选择。杂交组合的选择，从 F_1 开始就应根据育种目标逐代淘汰有严重缺点的杂交组合，对表现较差而无把握淘汰的组合，可种植小群体待进一步考查。对复合杂交的组合，因为亲本中有杂种后代，因此，F_1 就表现出性状分离，应进行选择，一般杂种单株的选择应从 F_2 开始。

选择时，既要观察拟选单株目标性状的表现，又要考查综合性状和分析环境条件对其产生的影响。选择压要宽严适当，太宽会使后代规模过于庞大而分散注意力；太严又容易丢失应选择的优良单株，影响最终的选育结果。每个组合种植杂种群体的大小，应根据育种目标、杂交方式、组合优劣、目标性状的遗传特点，以及育种单位的人力、物力条件来定。

2. 根据性状遗传规律进行选择

从选择的目标性状看，有的属于少数基因控制的质量性状，有的属于多数基因控制的数量性状。要在一个遗传背景丰富的杂种群体中进行有效选择，以选得新品种（系）的原始单株，必须根据性状的遗传特点进行操作。对于质量性状，可以在早代进行选择；对于数量性状应在晚代选择。

此外，杂种性状的遗传力大小，因不同亲本、不同性状而不同。一般情况下，遗传力高的性状，在早期世代就能稳定，可以早选择；而遗传力低的性状，早期世代还在分离中，因此早期选择不奏效，应晚代选择。

3. 跟综进行选择

在一个杂种后代中，连续跟综进行多次有目的选择，可使一个性状趋向两极代。在一般育种计划里，经常是对多种性状进行选择。产量性状就是一个复合性状，不可能仅对 1 个性状进行选择就能获得，必须进行跟踪多性状的选择。育种家面对成百个杂交组合，成千上万个杂种后代，欲选得最符合育种目标的个体将是十分困难的，因此，只能就与产量密切相关的一些性状进行间接选择，而这些性状常常在不同世代或不同生育时期才能表现出来。

为了提高对杂种后代的选择效果，应加强田间观察，特别是各主要生育期，如苗期、分蘖期、抽穗期、灌浆期、成熟期，对杂种后代主要性状进行观察、考查和记载，进行综合评价。通过初选和决选，严格淘汰不符合目标的组合和单株。必要时可制定几轮的选择方案。例如，第一轮对矮秆进行选择，在达到目的后，开始第二轮对抗病性进行选择，这只限于在矮秆群体中进行的选择。如果性状之间有遗传相关时，若存在正相关，那么，无疑在选择第一性状时，对具有相关性的第二个性状也进行了间接选择。

六、选择方法

杂交选择的方法主要有系谱法和混合法。除经典系谱法和混合法之外，根据育种目标、性状遗传特点等不同，又衍生出一些改良的选择方法，主要有改良系谱法、混合系谱法、改良混合法、衍生系统法等。

（一）系谱法

系谱法是自杂种分离世代开始连续进行个体选择，编号记载直到性状表现一致符合要求的单株，按株系混合收获，进而育成品种。该法要求各世代入选材料所属组合、单株、株系等均按亲缘系统编号，使各代都有家谱可查，故称系谱法。

1. 杂种一代（F_1）的处理

F_1 及其父、母本均应单株种植，F_1 种植的数目应根据 F_2 代所需的群体数确定，通常 10 株左右。亲缘关系较远的，或遗传差异较大的杂交组合则在 20 株以上。父、母本靠近 F_1 或在一侧或在两侧种植 5 ~ 10 株，以便与 F_1 代进行比较。理论上讲，单杂交的 F_1 群体在性状上是一致的，一般不进行单株选择。但要对照父、母本除掉伪杂种，并淘汰有严重缺点的杂交组合，一般淘汰率在 20% 左右。

F_1 代田间植株成熟时，将同一组合的种子混收，记载组合名称或组合编号并登记在册。如果是复合杂交的 F_1 代，则应该进行单株选择，其选择操作与单杂交的 F_2 代一样。

2. 杂种二代（F_2）的处理

杂种二代与复合杂交 F_1 代、回交 F_1 代（B_1F_1）的处理方法是一样的。F_2 代按组合种植，这是性状分离范围最广泛的一个世代，各性状表现多样化，F_2 代种植的群体一般在 2 000 ~ 5 000株。如果亲本之间在遗传上、生态上、地理上差异大时，或者选择的目标性状多时，F_2 群体应加大到 5 000 ~ 10 000株。回交一代（B_1F_1）的群体种植数可少些，一般在 50 ~ 150 株。

在水稻生育期间，要把握杂种植株各种性状表现的关键时段，先选择优良组合，再选择优良单株。优良单株的性状，大体上决定了其衍生后代植株性状的表现走向，所以，F_2 代优良株的选择是以后各世代培育选择的基础，因此，应反复观察、考查，选好、选准。据报道，如果以晚熟矮秆品种与早熟高秆品种杂交，在 F_2 代产生早熟矮秆类型只有1.6%的几率，因此，要严格进行反复选择。

（1）质量性状的选择　某些质量性状，一般受少数基因控制，如色泽、脱粒性、半矮生性、糯与非糯性等，在 F_2 代就可以进行选择。如果所要选择的目标性状属隐性基因支配的，在 F_2 代表现出来并加以选择，那么，这样的选择单株就很容易稳定下来。

（2）数量性状的选择　某些数量性状，受多基因控制，如分蘖性、单穗粒数、单株产量等。这些性状在 F_2 代大多表现中间类型，呈杂合状态，不急于在 F_2 代选择，或者适当放宽选择标准。而株高、生育期、株型、谷粒大小和形状等性状的遗传力较高，可以在 F_2 代进行选择。

（3）组合与单株的选择　根据育种目标，首先观察和考查各个组合的优劣，对表现特别差的组合应全部淘汰。然后在优良组合中选择优良单株，一般选择率在5%左右，总的原则是，特优组合多选，中优组合中选，一般优良组合少选。水稻成熟时，按组合分单株收获，编号和登记。

3. 杂种3代（F_3）的处理

对 F_2 代入选的单株（穗）在 F_3 代种成1个株系（穗系或称系统），每个株（穗系）种成24～36株，每隔30～40个株（穗）系设1个对照（一般选择当地推广品种）。同一组合入选的株系要相邻种植，以便于比较选择。亲本亲缘关系较远、遗传差异较大的组合，应增加种植株数。F_3 代每个株系成为一个群体，比 F_2 代分离的一个单株容易鉴别其优劣。同时，也较易与对照品种做比较。有些性状，如成熟期、抗病性等，在 F_2 代的表现并不完全可靠，而在 F_3 代根据株系表现进行选择，则更加可靠。

F_3 代的每个株系内仍有分离，但比 F_2 代小，株系之间的差异多数比株系内的差异大，因此在选择时，首先选择优良的株系，然后选择单株。株系内差异不大时，每个株系选择2～5株，多选留株系少留单株。表现不良的株系，除选择特别优良的单株，或选择具有特异性状的单株外，其余全部淘汰。如果某一组合的入选株系都表现不好时，应把该组合整体淘汰。在 F_3 代，对许多丰产性状应予以关注。

4. 杂种四代（F_4）及其以后世代的处理

F_4 代及其以后各世代的种植方式与 F_3 代相似，考虑到拟获得稳定株系能有较多数量的种子，可适当增加种植株数到36～60株，同时，每间隔一定小区数设置对照品种，以方便比较。一般杂交组合到 F_4 代，其性状已基本稳定、一致。亲缘较近的组合，F_4 代的生育期、株高、株型和抗病性等都趋于稳定了。但对产量性状而言，在 F_4 代应该是开始严格选择的世代了。先选择优良的株系群，再从中选择优良的株系，进而选择优良的单株。

一般杂交组合到 F_5 代时，绝大多数性状都已稳定一致了。如果有的杂交组合到 F_5 代，甚至到 F_6 代仍有较大分离，通常予以淘汰。如果该组合在分离中有特别优异的单株出现，可以再进代观察和考查。对入选的稳定株系在除掉个别不良单株后，按小区混收，下一世代继续观察其表现。一般不十分整齐稳定的株系，可以继续选择优良单株。特别整齐、性状又优良的株系可以晋升鉴定圃进行产量鉴定。

（二）混合法

混合法又称集团法。该法在20世纪初首先由瑞典的 Nilsson - Ehle 提出，Harlan 等（1940）最先将其用在大麦遗传改良上。混合法的做法是在杂种分离世代不进行单株选择，在淘汰明显劣株的前提下混收混种，直到杂种后代性状渐趋稳定、纯合个体较多的高世代才开始单株选择。混合法的优点是，保留各组合杂种后代的大量材料，使混合群体的遗传基础丰富，增加选择优良单株的机率，提高育种选择效率，这在许多数量性状的育种计划中是很有效的。该法的缺点是育种年限比系谱法长，不能在选择优良株系的基础上进一步选择，需等到杂种后代稳定后才开始选择；不能在早代认定某些组合和株系是优良的，以便及时加以关注；而且有一些分离类型，如矮秆、早熟的可能在进代过程中处于不利地位被自然淘汰。

为了解决这一问题，在早代可以将同一组合划分成几个明显不同的类型，如高秆、矮秆、早熟、晚熟等，分别进行混收混种。在混种小区内，每个植株只随机收取少数种子，甚至只收1粒，可采用密播法减少试验用地。种子收取和播种均按组合或类型为单位进行编号。高世代群体经单株选择后，应分株系编号处理，种植、鉴定、比较，从中决选出表现优良的，性状稳定的株系进入鉴定圃。

采用混合法时，由于杂种后代群体中存在不同基因型间的自然竞争，经自然选择后，常常会使在混种条件下表现繁殖力强的基因型占优势。Alland（1960）对处于劣势基因型幸存率的理论数字；采用下式进行估算。

$$An = a \cdot s^{n-1}$$

这里，An：在 n 世代弱势基因型的比例；a：弱势基因型起始的比例；s：从产生的种子数及由此而来的后裔数算出的选择指数。

假设2个基因型的混合比例为0.5∶0.5，即 a 是0.5，强势和弱势基因型的预期比例是1.0∶0.9，选择指数 S 为0.9。由此估算出，F_4 代群体中弱势基因型的预期比例将是 $A_4 = (0.5) \cdot (0.9)^3 = 0.3645 = 36.45\%$。这就是说在 F_4 代里，弱势基因型的比例从50%下降到36.45%，而强势基因型的比例50%上升到63.55%。

研究发现，这种自然竞争还受环境条件的影响。Jennings 等（1968）指出，水稻高秆品种皮泰（Peta）与矮秆品种台中在来1号杂交组合的后代群体中，按照理论估算的弱势基因型矮秆植株比例，在 F_6 代可占49.0%，但是实际上在30cm×30cm种植密度和高氮肥条件下，矮秆植株却只幸存9.0%（表6-8）。

（三）其他选择法

1. 改良混合法

改良混合法是把系谱法和混合法在世代间的选择灵活运用的一种改良法。其形式多种多样，一般采用的有两种。一是单株选择提前进行法，即不像典型混合选择法那样，要等到 $F_5 \sim F_6$ 代才选择优良单株并形成株系，而是把单株选择提早到 $F_3 \sim F_4$ 代进行。例如，国际水稻研究所于1966年育成的IR8和1969年育成的IR22都是应用这种方法育成的。二是不连续进行单株选择的系谱法。该法在 F_2 分离世代选择单株，F_3 ~ F_4 代采用混合法，之后再进行单株选择。这种方法是把系谱法与混合法结合起来的一种改良法，其优点是既能及早选择和掌握优良材料，又能保留群体多基因控制性状的多样性分离；既可降低系谱法对产量等多基因控制的性状选择过严所引起的损失，又可避免混合法在自然选择过程中某些弱势基因型被削弱的风险。

表 6-8 高矮秆水稻杂交后代矮秆植株的期望和实际比例（%）

世代	期望	实际	
		不施氮肥	重施氮肥
F_2	25	25	25
F_3	38	31	22
F_4	44	34	19
F_5	47	28	14
F_6	49	24	9

（Jennings 等，1968）

2. 轮回选择法

由于水稻细胞核雄性不育基因及其控制的雄性不育性的发现和利用，使水稻采用轮回选择法得以实现。如今，轮回选择法已受到水稻育种专家的关注。轮回选择的优点，一是有利于优良基因的积累。水稻杂交育种是依靠聚合优良主效基因来达到品种遗传改良的目的，但受条件、时间和水稻自身性状的限制，这种优良性状基因的积累是有限的。轮回选择通过更多亲本提供的更多优良基因源以及多次的基因重组合，加之人工选择，促使更多的优良主效基因结合到一起。此外，水稻产量、抗性等许多重要性状属数量性状，受微效基因控制。轮回选择在充分利用优良主效基因的同时，还能积累数目更大的微效基因的潜在效应，使水稻遗传改良更有效。

二是打破不利基因的连锁。要想获得综合性状优良的品种，必须打破不利基因的连锁，但仅靠 1 ~ 2 次杂交及其较小的杂交后代群体是较难做到的。而轮回选择则须经过连续多代的大群体随机交配和选择，容易打破不良基因的连锁，即使一些交换率低的连锁关系，也会增加目标性状植株产生的可能性。如果上一轮没选到，下一轮还有机会。此外，轮回选择还为潜伏基因的表达创造了条件，以利于基因组合的优化，从而更好地组成、选择和利用基因之间有益的互作关系。

轮回选择法的具体操作是，先选择一些具有不同遗传背景的水稻品种 15 ~ 20 个，分别与一个细胞核雄性不育系杂交，因普通品种都含有细胞核不育恢复基因，因此，F_1 代是可育的。下一年将从所有杂交的 F_1 上收获的种子混合种于田间，形成一个 F_2 的复合群体。其中，有 25% 的植株表现为雄性不育株，只能接受周围可育株的花粉授粉和受精，结实率可达 40% ~ 50%，而且全部是异交种子。在雄性不育株开花时，做好标记。成熟期将不育株上的种子收获下来。

次年，将上年收获的不育株上的种子种成 F_3 代复合群体，与 F_2 代的处理方法一样，收获 F_3 代不育株上的种子。下一年种成 F_4 代复合群体，如此轮回循环，每一次轮回在雄性不育株上都要发生大规模的随机交配。很明显，从各代不育株上收获的种子都是异交种子，接受的花粉来源广泛，每代都有连锁基因的打破，也都有基因的重组合。根据具体情况将这一程序一直轮回到 F_5 ~ F_6 代，这时，可以选择具有高产潜力的可育单株，种成株系行，产生纯合品系，进入鉴定圃。值得关注的是，选择的 15 ~ 20 个亲本应具有高产潜力，具有遗传多样化，这样才有利于把诸多优良性状聚于一个个体。Frey（1983）采用轮回选择法改良水稻，从图 6 – 5 可见，通过每个轮回的选择，其杂种后代群体次数分布的正向尾部中选择基因型，并随之在其间进行互相杂交，以形成供下一轮选择的群体，而且使其后选择样本性状的均数得以提升。

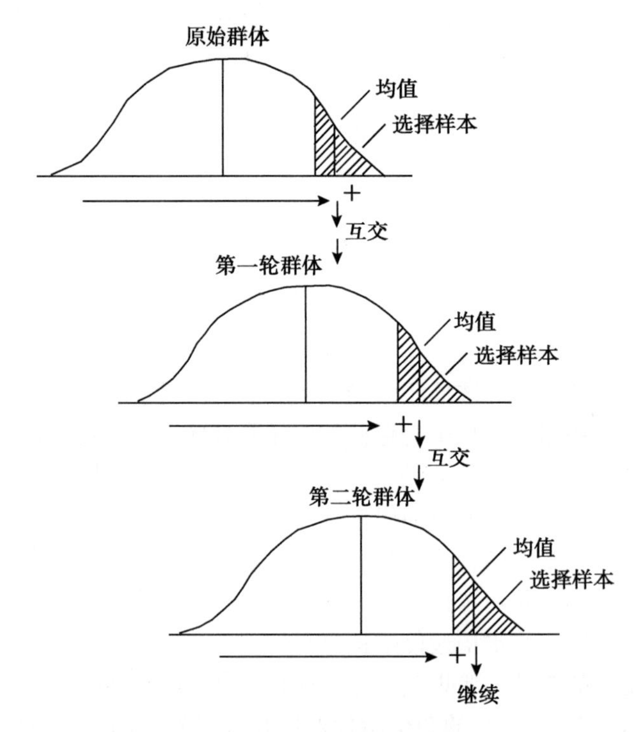

图 6 – 5　轮回选择法图示

（Frey，1983）

杂交选择的主要方法及其改良方法各有千秋，由于不同性状的遗传力不同，因此，在杂种的早代是针对遗传力高的性状进行选择，而对遗传力中等或偏低的性状则在晚代选择。选择的可靠性以个体选择最低，系统选择略高，F_3 或 F_4 代衍生系统以及系统群选择相对较高。选择的注意力也最高。随着杂种世代的进展，选择的注意力也从单株扩大到系统以至系统群和衍生系统的评定。试验条件一致性对提高选择效果十分重要，为此须设置对照区，并采取科学和客观的方法进行鉴定，包括直接鉴定、间接鉴定、自然鉴定、田间鉴定、诱发鉴定、异地鉴定等。杂种早代群体大，通常采取感官鉴定。高代群体数量少，可做全面的精确鉴定。

七、类型间杂交

水稻类型间杂交包括品种间杂交、籼粳间杂交和种属间杂交。

（一）品种间杂交

品种间杂交是指籼稻或粳稻亚种内的品种间的杂交。亲缘关系近的不同生态型品种间杂交也属于这种类型杂交。品种间杂交的遗传改良应用的时间长，操作简便，效果显著。其主要特点有三：一是杂交亲本间一般不存在生殖隔离，杂种后代的结实率与亲本相似；二是亲本间的性状配合容易，杂种后代性状稳定较快，育成新品种所需时间较短；三是采用回交、复交和选择鉴定，较易聚合几种或多种优良性状基因，因而能够育成综合性状优良的品种。

根据我国水稻高产、优质、多抗的育种目标，从20世纪50年代以来，采用品种间杂交育种法育成了一大批优良品种应用于生产。北方粳稻区从50年代到90年代初期，品种间杂交育成品种305个，其中，50年代20个，60年代48个，70年代88个，80年代120个，90年代初期29个。黑龙江省农业科学院于1972年采用旱稻品种粳子与水稻品种津轻早生品种间杂交，从杂种后代中选育出水陆稻5号，因其秆强抗倒、耐旱、耐寒、抗稻瘟病、不落粒、米质好、产量高而在生产上迅速推广开来。

吉林省农业科学院水稻研究所以中丹1号为母本，雄基9号为父本的品种间杂交，育成了吉粳63，其特点是幼苗生长旺盛，秆矮，株高只95cm，叶片挺实上举，分蘖力强，结实率在95%以上，高产，一般单产可达8 000～9 000kg/hm^2。辽宁省盐碱地利用研究所于1986年以N84－5为母本，丰锦为父本的品种间杂交，采用系谱法从杂交后代中选育出抗盐100新品种。该品种具有很强的耐盐碱能力，高产、优质，适宜在盐碱地稻区推广种植。目前，品种间杂交育种仍是选育高产、多抗和优质品种的主要方法。选配杂交亲本、利用优良种质资源和进行早代优良性状的选择，均是品种间杂交育种的最关键技术。

（二）籼粳交

籼稻和粳稻属于亚洲栽培稻的两个亚种，互相杂交属于亚种间杂交。

1. 籼粳交的重要性

经过长期的演进，籼稻具有生长茂盛、谷粒细长、省肥等特点；粳稻则耐肥抗倒、耐寒性强、不易早衰、不易落粒、出米率高、直链淀粉含量低、米胶软等特点。采用籼、粳交，将其优良性状聚合在一起，并与其强杂种优势结合起来，是水稻育种家长期追求的目标。杨守仁从20世纪50年代开始就研究籼、粳交，他从研究中得出的理论和实践为我国的籼粳交遗传改良开辟了一条成功之路。

目前，籼粳交育种已成为北方粳稻育种的重要方法之一。张文忠（2003）指出，近年来北方粳稻区生产上推广种植的品种，绝大多数都是通过籼粳交育成的。例如，辽宁省沈阳浑河农场杨胜东采用籼粳交育成了粳型水稻品种辽粳5号（图6－6）。该品种秆矮坚韧、结实率高、适于密植、增产潜力大，一般每公顷产量7 500～9 000kg。以辽粳5号为杂交亲本及半直立穗型基因为供体，在北方粳稻区又育成了一批新品种，使北方粳稻株型发生了巨大变化。

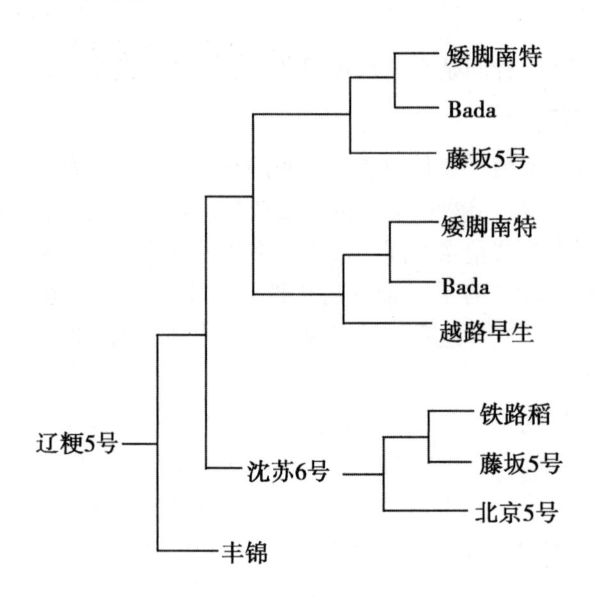

图6－6　辽粳5号水稻选育程序图

（引自《北方农垦稻作》，1992）

在我国南方，采用籼粳交也育成了一批水稻品种。例如，20世纪70年代初期浙江省农业科学院育成的矮粳23，湖北省农业科学院育成的鄂晚5号，江苏省农业科学院育成的南粳35，江西省农业科学院育成的早籼6001等。在国外，日本于20世纪80年代开展籼粳杂交，育成了秋力、明之星、星丰等粳稻品种；韩国采用籼粳交育种，先后育成统一、水源、密阳等系列水稻品种。国内外的事例充分说明，籼粳杂交育种将在水稻遗传改良中占有重要位置。

2. 籼粳交存在的问题及解决途径

籼粳杂交易出现结实率偏低、生育期偏长、分离世代长、不易稳定、抗寒性差等问题。

（1）结实率低的问题　结实率低是籼粳交育种的最大障碍。加藤茂苞（1928）最早报道，籼粳杂种一代（F_1）的结实率为0%～29.9%，以后的研究结果基本趋向一致。虽然组合不同其结实率有一定差异，而且杂种个体间结实率也不同，这种结实率的变化可以延续到高世代。要解决结实率低的问题，一是在结实率提升较快的株系中进行选择，先选组合，再选单株。若选择得当，那么，在F_4～F_5即可选到结实正常的株系；二是进行多次杂交，通过回交、复交或桥梁亲本的应用，有时在早期世代即能出现许多结实正常的单株。例如，鄂晚5号是由晚粳鄂晚3号×（四上谷×IPR）的复交育成；辽宁省农业科学院稻作研究所育成的粳稻恢复系C57，是通过（IR8×科情3）×京引35三交育成的；中作9号是由丰锦×（京丰5号×C4－63）三交育成的。籼粳交杂种后的结实率可随着世代的增加而逐步提高。

（2）分离世代长的问题　籼粳杂交后代性状的激烈变异，给水稻品种选择提供了丰富的变异源。但是，籼粳杂种性状的稳定困难，稳定的选系出现要经历很多世代。要解决这一问题，采用多次杂交的方法最为有效和可靠。采取回交和复交都能达到目的，而复交的方法好于回交。复交能有针对性地引用多个亲本，扩大遗传基础，增大变异范围，有利于选择。不同组合、不同株系性状的分离不太一样，稳定的速度也不同，在选择方法上以系谱法为主，以加快稳定。利用籼粳交后代进行花粉离体培养，对加快其稳定作用大。

(3) 抗寒性差的问题　籼粳交选育品种的目的是综合双方的优点，但在杂交过程中不可避免地带来一些相关联的不利性状，如籼稻的不耐寒性常常在杂种后代中表现出来，这个问题不解决，在高纬度或低纬度的高海拔稻区，籼粳交的品种就难以推广。为解决这一问题，在对籼粳交杂种后代经过多次复交，并选育出基本稳定品系后，再挑选当地抗寒性强的粳稻品种作母本，做最后一次杂交，从中选育出耐寒性好的品种。

(4) 杂交优势问题　籼粳交的杂种优势十分显著，但在杂种后代中既出现有利优势，也出现不利优势性状，如抽穗期晚、植株高大等。要解决这个问题，在选择杂交亲本时要注意选择含矮秆基因和早熟的材料作亲本，同时，结合其他性状综合权衡、协调。

总之，籼粳交为水稻更高层面的遗传改良开辟了一条有效途径。为满足各地不同稻区对品种的需要，通过籼粳交既可以选出粳稻品种，又可选出籼型品种，还可选出籼粳中间型品种。籼粳交可进一步增加和丰富粳稻的恢复基因，促进和提升粳型杂交稻的强优势组合选配，还可育成广亲和的偏籼型或偏粳型育种中间材料，以期直接利用籼粳间杂种一代的杂种优势。通过籼粳交较易创造出理想株型和穗型等，把理想株型、穗型与杂种优势结合在一起，是今后籼粳交遗传改良新的突破点和创新点。

(三) 种、属间杂交

种属间杂交也称远缘杂交。由于亲本间的遗传差异大，杂交不易成功，常出现杂交不亲和杂种不实，而且杂种后代分离广泛不易稳定，给品种选育带来很大困难。丁颖的从普通野生稻与栽培稻天然杂交中育成的中晚熟籼粳品种中山1号，是野生稻与栽培稻远缘杂交育种成功的事例。这不仅为野生稻资源利用开拓了极其广阔的前景，而且也为水稻生产大幅度增产作出了贡献。从野生稻与栽培稻杂交利用的途径看，在常规遗传改良中，主要是利用野生稻的抗病、抗虫性，耐寒性等有利性状；在杂交稻遗传改良中，主要是利用野生稻的不同细胞质选育雄性不育系。

国际水稻研究所选育的抗草丛矮缩病品种就是一个利用野生稻抗病基因的一个实例。该所在这一育种过程中，曾鉴定了2 540份栽培稻地方品种，7 000余份IR系列品种（系），100余份野生稻材料，结果仅从来自印度东北部Uttar邦的尼瓦拉野生稻（*O. nivara*）的一个系统里筛选出抗草丛矮缩病的单一显性基因*GS*，并以此为抗源与栽培稻品种杂交，最终育成了一批高抗草丛矮缩病的品种。

关于水稻与禾本科其他属的杂交，例如，与玉米、高粱、芦苇、稗子等的杂交，虽有一些报道，但缺乏足够证据。中国农业科学院作物育种栽培研究所用水稻银坊主作母本，用赫格瑞高粱作父本，主要想利用高粱的穗大粒多、茎秆坚硬、抗旱性强的特性。父、母本杂交后再与水稻福锦、高粱3197B复交，于1979年育成了粳型常规稻品种中远1号，适于旱种，最大年种植面积1.3万hm^2。广东省罗定县和广东省农业科学院采用水稻与稗子杂交，稗子作父本主要是利用其早熟、抗逆性强、根系发达、光合效率高等特性。采用遗传性未稳定的杂种作母本，即信宜白×饭罗白的杂种信饭白与贵州稗草杂交，在其杂种后代中育成了信饭贵稗。在F_5代出现了千粒穗，其中最大的单穗粒数达到1 745粒，并且茎秆坚硬，但结实率很低。种、属间杂交与品种间杂交和籼粳杂交不同，其育成新品种的难度更大些。

第四节　花培选择法

植物的细胞具有全能性，即它们在适宜的条件下都具有产生完整植株的遗传能力。水稻的叶片、叶鞘、穗等都曾在不同条件下培养成植株。花培是指用花药或花粉在培养基上改变其原来的发育途径，由花粉粒发育成完整的植株。花药培养的外植体是花药，而花粉培养的外植体是花粉粒（小孢子）。直接采用花粉作外植体不会因花药的药壁、花丝、药隔等体细胞组织的干扰而形成体细胞植株。但花粉培养技术难度大，很难获得大量水稻花粉植株。

一、花药（粉）培养发展的回顾和成果

1964年，印度的Guha和Maheshwari首先用毛叶曼陀罗（*Datura innoxia*）的花药经培养获得正常的植株。1968年，日本的新关宏夫和大野清春用粳稻花药培养获得单倍体植株，从而在整个禾谷类花药培养研究中最先取得突破。随着培养技术的改进，籼稻花药培养和游离花粉培养也先后获得成功。水稻在花培过程中，单倍体的染色体会自然加倍形成纯合二倍体，这使育种家得以利用花药培养提高选择效率，缩短育种年限。

我国花药培养的研究始于1970年。我国水稻花培植株的培养率，比新关和大野首次获得的0.57%成功率已有显著提升，花培绿苗率以接种花药数计算，每接种100枚花药，粳稻一般可得绿苗4～5丛，籼稻1丛左右。在花培育种上育成了一些新品种。据不完全统计，1975年以来，全国通过花药培养育成的水稻品种超过100个，其中，经各省、市、区、品种审定委员会审定命名的品种有11个。

中国农业科学院把抗稻瘟病抗源砦2号的抗性基因*Pi－Z*导入该院育成的水稻丰产品种京系17，然后，通过花培育成了中花8号和中花9号，在北京、天津、河北等地推广种植。天津市农业科学院与中国科学院遗传研究所合作，利用水稻花培技术育成了花育1号品种，能在0.2%～0.3%的盐碱地上正常生长、发育，并抗白叶枯病、中抗稻瘟病，在天津盐碱地稻区推广。北京市农林科学院用（中花9号×京稻2号）F_2代进行花药培养，于1987年育成京花101；用（京稻2号×越富）F_2代花粉培养，于1988年育成了京花103。这两个品种的特点是叶片直立上冲，株型紧凑，抗旱性强，京花101适于京、津地区一季晚熟春稻栽培，一般每公顷产量可达9 000kg。京花103适

于京、津地区麦茬稻种植。

辽宁省盐碱地利用研究所于1986年选用常规杂交后代（81041选×沈农976）花药进行培养，育成新品种花粳45。该品种主要特点是抗性突出，抗稻瘟病、纹枯病、白叶枯病、稻曲病、耐盐碱，一般每公顷产量9 450kg，适于辽宁、河北稻区栽培。黑龙江省合江水稻研究所通过花培育成了合单76－085水稻新品种。该品种能在我国最北部稻区，即位于北纬48°的松花江流域正常成熟，且丰产抗稻瘟病。

综上所述，花药培养已成为水稻品种选育的一条快捷有效的途径，不仅应用于品种间杂交，而且在远缘杂交、辐射诱变、杂种优势利用方面，采用花培技术对提高选择效率、加快“三系”纯化等均已发挥有效作用。这表明花培在水稻品种遗传改良中有着重要的潜在价值。

二、花药（粉）培养技术

（一）培养基

1. 诱导愈伤组织培养基

诱导愈伤组织的培养基一般采用N_6培养基（表6－9）。在N_6基本培养基的基础上，添加一定数量的生长调节剂，以启动和维持花粉分裂、生长和愈伤组织的进一步分化。诱导愈伤组织的生长调节剂以2,4－D效果最好，IAA和NAA效果较差。2mg/L的2,4－D用量时多数品种都是合适的。当浓度大于4mg/L时，愈伤组织的结构松散，分化率低。在3mg/L以下时，愈伤组织数量减少，但质量较高。

表6－9　N_6培养基的成分（mg/L）

成分	含量	成分	含量
KNO_3	2 830	H_3BO_3	1.6
$(NH_4)_2SO_4$	463	KI	0.8
KH_2PO_4	400	甘氨酸	2.0
$MgSO_4 \cdot 7H_2O$	185	盐酸硫胺素	1.0
$CaCl_2 \cdot H_2O$	166	盐酸吡哆醇	0.5
$FeSO_4 \cdot 7H_2O$	27.8	烟酸	0.5
Na_2－EDTA（乙二胺四乙酸钠）	37.3	蔗糖	50 000
$MnSO_4 \cdot 4H_2O$	4.4	琼脂	10 000
$ZnSO_4 \cdot 7H_2O$	1.5	灭菌后pH	5.8

（引自《作物育种学各论》，2006）

2. 再分化培养基

再分化培养基通常采用MS培养基（表6－10）。

在MS基本培养基的基础上，添加细胞分裂素，如激动素（KT，即6－呋喃氨基嘌呤），或6－BA（6－苄基氨基嘌呤）1.5～2.0mg/L和IAA0.1～0.5mg/L，在28℃条件下，每天提供14～16h的1 000～2 000lx光照，进行光培养。KT等细胞分裂素能促进细胞分裂，启动和调节细胞分化，特别是芽的分化。

表 6－10　MS 培养基的成分（mg/L）

NH_4NO_3	1 650	$CoCl_2 \cdot 6H_2O$	0.025
KNO_3	1 900	Na_2－EDTA	37.3
$CaCl_2 \cdot H_2O$	440	$FeSO_4 \cdot 7H_2O$	27.8
$MgSO_4 \cdot 7H_2O$	70	肌醇	100
KH_2PO_4	170	烟酸	0.5
KI	0.83	甘氨酸	2.0
H_3BO_3	6.2	盐酸硫胺素	0.4
$MnSO_4 \cdot 4H_2O$	22.3	盐酸吡哆醇	0.5
$ZnSO_4 \cdot 7H_2O$	8.6	蔗糖	20 000
$Na_2MoO_4 \cdot 2H_2O$	0.25	琼脂	10 000
$CuSO_4 \cdot 5H_2O$	0.025	灭菌后 pH	5.8

（引自《作物育种学各论》，2006）

（二）花培程序和操作

1. 取样及处理

一般取小孢子处于单核中晚期的花药进行培养最为适合。其形态指标是当水稻的剑叶已全部伸出，叶枕距 4～10cm，幼穗的颖壳宽度已接近成熟大小，并呈现绿色，雄蕊伸长达颖壳 1/3～1/2，花药淡黄色。取样以晴天早晨为宜，剪下保留 2 片叶的稻穗，放置盛水的桶里带回处理。稻穗经表面灭菌后用湿布包好，外面再套上塑料袋在 5～10℃条件下预处理 7～10d，以利于小孢子同步发育，以提升花培效率。

2. 接种花药

接种前进表面灭菌，通常用 70%～75% 的乙醇擦洗表面，或用新鲜漂白粉饱和液的上清液浸泡 10～15min，或 0.1% 升汞（二氯化汞）浸泡 10min。灭菌后用无菌水反复冲洗 3 次，以彻底清除残留在穗上的药液。随后在超净台上进行无菌接种操作，用直径 3cm 的试管，每管接种花药 50～100 长。

3. 愈伤组织诱导和绿苗分化

接种的花药在 26～28℃条件下暗培养。一般 1 周后花药由黄转褐，有一些花药在培养中会慢慢裂开。部分花药经 30d 培养，其边缘出现白～淡黄色的无定形细胞团，即愈伤组织，并逐渐长大。把 10d 龄的 1～2mm 大小的愈伤组织挑出来转移到分化培养基上，并放到一定光周期的恒温室里继续培养，其中，一部分愈伤组织能逐渐分化，长成绿色小植株。

4. 移栽试管苗

当试管小苗长高 5～8cm 时，有 3～5 片叶，把试管移出恒温室。打开试管口，加进一薄层清水炼苗3～5d。之后，取出小苗洗净根部琼脂，整丛移栽到土中，注意保持湿度。成活后，在长出分蘖前，分株移栽。

水稻花培植株有50%～60%可自然加倍染色体成二倍体（即双单倍体），约40%为单倍体，5%左右为多倍体或非常倍体。单倍体植株可用0.025%～0.05%的秋水仙精处理，使染色体加倍。

三、提高花培成功率的举措

（一）花培材料的基因型

周朴华等（1978）根据115个组合花培的结果，认为花培成功率与基因型密切相关，培养成功率依次是粳糯交>粳粳交>籼粳交>籼籼交>籼稻。Mortinez（1990）报道，粳稻、粳/籼交、籼稻的培养率分别是2.4%、0.18%和0.02%。可见，一般情况下粳稻花药培养率比籼稻高许多。但用乙酰丁香酮处理籼稻花培愈伤组织，可提高籼稻的再生力。

（二）培养基添加物

花药培养效率与培养基的关系十分密切。梅传生等（1988）新研制M8培养基，以及改变培养基碳源比例对提高籼稻花药培养绿苗率均起到重要作用。在培养基中添加马铃薯提取液、椰子汁、水解蛋白乳、酵母汁、脯氨酸等可提高籼稻花药培养效率。加入适量的S－3307可明显提高花药愈组织诱导率和绿苗分化率，苯乙酸可提高愈伤组织的分化率。

（三）培养条件

水稻在25～28℃条件下形成花粉愈伤组织出愈率高，在30℃温度下诱导的愈伤组织绿苗分化率高。在诱导花药的花粉脱分化形成愈伤组织时，需要黑暗条件培养。而诱导胚状体和芽形成的分化培养，一般均要求一定时间一定光强（1 000～2 000lx）的光照处理，否则会影响分化效果。

四、花培在水稻品种改良上的应用

（一）缩短育种周期

利用杂种一代（F_1）花培产生的花粉植株，其基因型即是分离配子的基因型，经染色体加倍后均成为纯合的二倍体基因型（H_1），将这些单株种成的株系（H_2）均是性状整齐一致的纯系。育种家只要鉴定H_2各株系的性状表现进行选优去劣，再经过进一步的有关性状鉴定和产量试验，就可以繁种推广，因此，大大缩短了育种周期。

Oono（1978）将中国用花培方法选育的花育1号和花育2号，与日本用混合法选育的日本晴品种做了育种序号比较。在日本晴选育过程中，采用温室加代、从杂交到育成历时7年。而花育1号和2号采用花培一次纯合只用6年，比常规混合法缩短了1年（图6－7）。新桥等（1986）、郑根植（1992）也曾分别对日本和韩国育成的品种年限做了比较，得到相似的结论，即通过花培技术选育品种，提高了选择效率，缩短了育种年限。

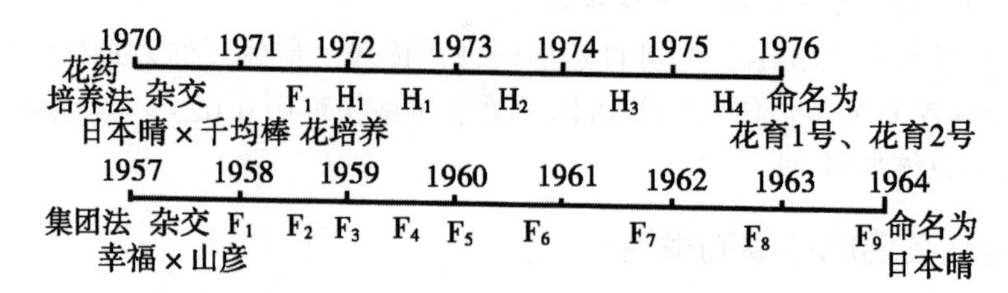

图 6-7 花药培养法与混合法育种比较

（Oono，1978）

（二）提高选择效果

花培排除了显隐性的干扰，使配子类型在植株水平上充分表现其性状。由于成对基因在配子中分离频率为 2^n（n 为基因对数），而孢子体则为 2^{2n}。从总体来看，杂种一代（万）花培的 H_1 所需群体的数目可以大为减少。刘进等（1980）比较了（宇矮 × C245）的 102 个 H_2 株系，以及 335 个 F_2 和 150 个 F_3 株系的生育期、株高、穗长、单穗粒数、着粒密度的变异系数，H_2 的变异系数还高于 F_2 和 F_3，表明 H_2 中能得到相当广泛的遗传组成。

（三）不育系提纯

由于各种原因，生产上使用的雄性不育系会出现不同程度的不育株率下降、可育花粉率上升的问题。采用常规方法解决这一问题费时费工。采用花培技术快速、效果好。徐迪新等（1984）报道，野败不育系 V20A 在单核晚期和双核初期的败育率分别为 26% 和 37%，经花药培养使单核期败育率提升到 98.9%，其回交一代的败育率保持花培一代（H_1）的水平。用花培提纯不育系配制的杂交种花汕优 63，纯度高、优势强，效果好。

（四）在水稻遗传图谱构建上的应用

取 F_1 植株的花药进行培养产生单倍体植株加倍后产生双单倍体（DH）植株。这样一来，构建 DH 群体所用时间短，而且 DH 群体是永久性群体，可长期使用。DH 群体的遗传结构反映了 F_1 配子中基因的分离和重组，其作图效率高。目前，已构建了窄叶青 × 京系 17、圭 630 × 热带粳等 DH 群体，并用这些群体定位了一些重要的质量、数量性状基因位点，如稻瘟病抗性、产量、米质、低温发芽、雄性不育恢复基因等。

第七章　诱变选择技术

第一节　水稻诱变育种概述

一、诱变育种发展历程和取得的成果

人类自从发现了伦琴（χ）射线、α-射线、β-射线、γ-射线等电离射线以及各种化学诱变剂之后，利用它们处理植物种子、组织、器官、细胞等，能够诱发各种性状突变，大幅度提高突变频率，产生出各种各样的突变体，有的突变体被培育成新品种，有的突变体变成遗传改良的有用种质资源。

水稻诱变育种的最早研究，是日本 Ichijima 于 1934 年用 χ-射线处理水稻种子，首次报道了水稻突变的情况。之后，日本的 Imai（1935）和印度的 Ramiah（1935）也报道了诱变育种及突变的类型，如叶绿素缺失突变、雄性不育性突变等。随着诱变育种技术的进步和完善，水稻诱变育种在世界产稻国家如雨后春笋蓬勃发展起来。1957 年，中国台湾中兴大学和植物研究所用 χ-射线处理水稻品种 Shung - Chiang 和 Ketze 种子，育成了第一批高产早熟的诱变品种 SH - 30 - 21、KT - 20 - 74（IAEA，1972）。以后又以台中 1 号为母本，与早熟突变品种 SH - 30 - 21 杂交，于 1963 年育成了第 1 个水稻突变品种间接利用选育的品种 YH - 1。

我国从 20 世纪 50 年代以来开展水稻诱变育种，先后育成一批新品种在各地推广，例如，熊岳 613、津辐 1 号、南粳 34、矮辐 9 号、二辐早、辐育 1 号、辐早 2 号、原丰早等。辽宁省熊岳农业科学研究所于 1960 年用 ^{60}Co γ-射线照射水稻品种农垦 20，在诱变后代中经选择突变株系于 1965 年育成新品种熊岳 613。天津市水稻研究所于 1966 年用 γ-射线照射水稻品种草笛，经突变后代株系选择于 1968 年育成新品种津辐 1 号。之后，该所又先后育成津辐 2 号、津辐 5 号、津辐 8 号、津辐 9 号等。1962 年，浙江省温州地区农业科学研究所用 3 万伦琴 χ-射线处理矮脚南特干种子，从 M_2 代中选得 9 株优良突变体，经鉴定选择其中优良的株系，定名为矮辐 9 号。上述诱变育成的水稻品种表现早熟、抗性强、产量高，在水稻生产上发挥了作用。

从水稻开展诱变育种以来，截至 1993 年，全世界共育成水稻新品种 317 个，其中，直接应用突变体育成的 279 个。这一时期，我国诱变育成的水稻品种 114 个，其中，年种植面积在 3.3 万 hm^2 以上的有 22 个，6.6 万 hm^2 以上的 11 个，66.6 万 hm^2 以上的有 2 个。原丰早最大年种植面积在 106.7 万 hm^2。

二、诱变育种的特点和缺点

（一）特点

1. 诱变突变频率高，范围广

诱变处理的突变频率可达3.3%，比自然突变频率高出100~1 000倍，而且突变类型多、范围广。水稻在诱变处理后，可产生早熟、矮秆、抗病性增强、抗倒伏性提高、蛋白质含量增加等重要性状突变。

2. 诱变的突变稳定快

一般情况下，诱变处理的后代选择，在M_3或M_4代即可稳定，可在较短时间内育成新品种。如辽宁省熊岳农业科学研究所，用γ-射线处理加和田水稻品种，在M_3代即选育出613株系，以后不再分离，定名为熊岳613。该品种苗期生长速度快，分蘖早且集中，有效穗率高，茎秆坚壮，抗倒伏，米质好，出米率81.7%，公顷产量可达7 500 kg。诱变育种与杂交育种一样，其突变的性状是能传递给后代的。例如，黎明是由藤稔经辐射处理育成的矮秆品种，在生产上已种植多年，其矮秆的遗传性是稳定的。

3. 诱变能有效改良单个不良性状

一些品种的丰产性、稳定性、适应性、稻米品质等都表现优良，但却带有个别不良性状，如植株太高，熟期过晚等。采用诱变选择技术改良这种不良性状，常常比杂交选择更有效。在诱变的突变群体里，选择矮秆的，或早熟的株系，而其丰产性、稳产性、适应性和稻米品质均不改变的情况下，很快就可使高秆、晚熟的不良性状得到改良。例如，辽粳152晚熟，用γ-射线处理改良该性状，最终选择、育成了早熟品种辽丰5号。

4. 诱变可打破不良性状遗传连锁

许多水稻品种的一些优良性状与某些不良性状有连锁关系，如抗病性与晚熟性往往是连锁的。采取诱变的方法处理这种品种，可以打破优良性状与不良性状之间的连锁，最终选育出既早熟又抗病的新品种。

（二）诱变育种的缺点

在诱变处理的后代里，一般有利变异几率小，而且突变不定向，带有较大的随机性。统计表明，有利突变的机率通常只有0.2%左右，其突变的方向目前还很难控制和预测，因此，可把诱变育种与杂交育种结合起来，取长补短，可获得更好的效果。

第二节　诱变育种的原理和诱变源

一、诱变育种的基本原理

诱变育种是采用物理、化学因素或生物因素诱导水稻的遗传性状发生突变，再从突变群体中选择符合育种目标的单株，进而培育成新的品种或新的种质的一种选择方法。诱变育种是继系统选择和杂交选择之后发展起来的一种现代育种技术。

通过几十年的研究，学者对诱变原理的认识也在逐渐加深和提高。常规的杂交育种基本上是染色体的分离和重组，这种技术一般不会引起染色体突变，包括染色体的结构和数目的变异，更难以触及到基因水平。诱变的作用则不同，它们的作用是与细胞里的分子、原子发生冲撞，造成电离或激发，有的则是以能量的形式产生光电吸收或光电效应。还有的能引起细胞内的一系列物理、化学反应过程。这些都会对细胞产生不同程度的伤害。甚至对染色体的结构和数目都会产生影响而出现变异，造成染色体的易位、倒位、增加、缺失等。当然，射线也可作用到染色体核苷酸分子的碱基上，从而使基因（遗传密码）发生突变。

关于化学诱变剂的诱变原理，有的诱变剂是用其烷基置换遗传物质中的氢原子，也有的本身是核苷酸碱基的类似物，引起和造成 DNA 复制中的错误。无疑这些都会使水稻基因产生突变。因此，诱变育种的本质是促成水稻染色体、基因，甚至碱基对上的突变，从而使水稻各种性状发生变异。理化因素的诱变效率，使得水稻细胞的突变率比自然条件下的高出千百倍，有些变异是其他育种手段难以达到的。因此，利用诱变技术来创造水稻性状的突变是非常有效的。但由于大多数发生的突变是致死突变，在其突变后代中要选择符合育种目标的单株或株系，也是有一定难度的。

此外，诱变育种可以促使水稻性状产生较多的突变，但大多数变异方向不是人工可以控制的，因此，有利基因突变产生的随机性较大。尽管如此，采用诱变育种选择法还是选育出许多优良水稻品种。

二、物理诱变源

水稻诱变育种中常用的诱变源有 γ-射线、χ-射线，此外，还有中子、激光、电子束、离子束等。物理诱变源的作用是当植物体的某些较易受辐照敏感的部位（即辐射敏感靶）受到射线的撞击而离子化，能够引起 DNA 链的断裂，如果射线击中染色体可能导致断开，在其修复时可能产生交换、易位、倒位等现象而引起突变。

（一）常用物理诱变源

1. γ-射线

γ-射线是一种高能电磁波、波长很短，仅 $10^{-8} \sim 10^{-11}$ cm。γ-射线照射时，不能直接引起物质电离，而是与原子或分子碰撞将能量传递给原子而产生次级电子。这些次级电子能产生电离作用，从而可引起被处理植物体产生一系列的物理、化学、生物学的反应，产生突变。水稻育种常用的 γ 源是 ^{60}Co-γ 源和 ^{137}Cs-γ 源，以前者最普遍，而且我国大多数水稻诱变育成的品种都是用 γ-射线处理育成的。

2. χ-射线

χ-射线是 χ 光机内高速运行的电子撞击阳极靶面所产生的一种高能电磁波，波长 $10^{-5} \sim 10^{10}$cm。早期诱变育成的水稻品种大多采用 χ-射线处理的。χ 射线机有两种类型，一种是高原子序数元素作靶材料（如钨），以高电压发射，称硬 χ 射线机。它所发射线波长较短，能量较大，穿透力较强。另一种是低原子序数元素作靶材（如钼），低电压发射，采用低吸收材料（如铍）作窗口密封盖制成，称软 χ 射线机。它的波长较长，能量较小，穿透力较弱。

水稻诱变育种以采用硬χ-射线为多，软χ-射线虽然波长较长、能量较低，但当它穿透植物组织时，由于能产生较高的电离密度或线性能量转移（LET），因而也会产生较好的诱变效应。它比较适用于照射萌动的种子、花粉、幼苗等。上海市农业科学院诱变育成的香粳832和紫香糯861都是用软χ-射线处理育成的。

（二）其他物理诱变源

1. 中子

中子是由核反应堆或加速器产生的，中子不带电，但与植物体内的原子核撞击后，使原子核变换产生γ-射线等能量交换，就会引起染色体或DNA的突变。中子的诱变效率比γ-射线、χ-射线要高，诱变育种中应用较多的是快中子，其次是热中子。中子自20世纪60年代才用到水稻育种上来。采用中子诱变育成的水稻品种有卷叶白、农试4号、中包2号、中铁31等。

2. 激光

激光是由激光器产生的，常用的有二氧化碳激光器、红宝石激光器等。激光通过光效应、电磁效应和热效应的综合效应，使植物染色体断裂或形成片段，甚至易位或基因重组，从而产生性状突变。研究表明，以波长为2 650Å的钇铝石榴石四倍频激光，波长为3 371Å的氮分子激光的诱变效果较好。20世纪70年代以来，采用激光诱变育成的水稻品种有光丰1号、激光2号、湘早籼8号等。

3. 电子束和离子束

电子束由直线加速器产生。电子束照射水稻种子，生理损伤轻，诱变效率高。离子束辐照是近年才试用的物理诱变源。目前，我国在诱变育种中试验用的离子束有N、Ar、Li和C等几种。其中，N和Ar离子束在水稻诱变试验中已取得一些效果。

三、化学诱变剂

化学诱变的机制已证明是发生了碱基对的替换与颠换，碱基的插入与缺失，染色体的配对错误等，从而造成基因水平到染色体水平的突变，引起水稻生理功能及性状的变异。化学诱变育种一般具有操作方法简便易行、专一性强、可控的定向突变、突变频率高、范围广、发生的诱变突变当代不表现、突变后代稳定速度快等特点。

（一）化学诱变剂种类

1. 烷化剂类

这一类有甲基磺酸乙酯（EMS）、乙基磺酸乙酯（EES）、甲基磺酸甲酯（MMS）、丙基磺酸丙酯（PPS）、甲基磺酸丙酯（PMS）等。

2. 核酸碱基类似物

5-溴尿嘧啶（5-BU）、5-溴去氧尿嘧啶核苷-BUdR）、8-氮鸟嘌呤、咖啡碱、马来酰肼等。

3. 吖啶类（嵌入剂）

吖啶橙、二氨基吖啶、人工合成ICR化合物。

4. 无机类化合物

H_2O_2、LiCl、亚硝酸、$MnCl_2$、$CuSO_4$等。

5. 简单有机类化合物

抗生素、丝裂霉素、重氮丝氨酸、中性红、甲醛、乳酸等。

6. 生物碱

石蒜碱、秋水仙碱、喜树碱、长春花碱等。

（二）常用化学诱变剂

最常用的化学诱变剂有烷化剂和叠氮化物，如甲基磺酸乙酯（EMS）、乙烯亚胺（EI）、硫酸二乙酯（dES）等。常用的叠氮化物有叠氮化钠（SA），即 NaN_3。它们的性质见表 7－1。

表 7－1 常用化学诱变剂的性质

诱变剂	性质	密度（g/mL）	水溶性	溶点或沸点	分子量
甲基磺酸乙酯（EMS）	无色液体	$D_4^{25}=1.203$	约 8%	沸点：85～86℃/10mmHg	124
乙烯亚胺（EI）	无色液体	$D_4^{20}=0.832$	易溶于水	沸点：56℃/760mmHg	43
硫酸二乙酯（dES）	无色液体	$D_4^{20}=1.177$	易溶于水	溶点：－24.5℃/700mmHg	154
叠氮化钠（NaN_3）	白色固体	$D_4^{20}=1.846$	易溶于水	溶点：分解成 Na＋N 沸点：在真空中分解	65

（引自《水稻育种学》，1996）

1. 烷化剂

烷化剂具有烷化功能基因。该基因能与 DNA 分子上某些碱基发生反应，改变氢键结合力，使碱基缺失或替换，甚至导致 DNA 链的断裂或 DNA 的交联，也会引起碱基的配对错误，最终产生突变。烷化剂中的甲基磺酸乙酯（EMS），是化学诱变中普遍使用的一种化学诱变剂，具有使用安全、诱变效果好的特点。

陈忠明等（2005）采用甲基磺酸乙酯（EMS）诱变中籼稻 93－11 种子，在诱变后代里筛选到长穗颈突变体 9311eR。长穗颈 9311eR 与培矮 64S、粤泰 A、广占 63S 分别配制的新组合，基本保持了原组合的半矮秆株型、主要性状和产量水平，但个别性状发生了显著的有利变化。

值得注意的是，EMS 在水中逐渐分解为甲磺酸和乙醇，如下式。从此失去诱变作用。在 20℃条件下，EMS 经过 93h 有一半水解成甲磺酸和乙醇，即其半衰期为 93h；在 30℃条件下，其半衰期缩短到 26h，37℃时为 10.4h。因此，在诱变处理操作过程中，应控制药剂的有效时间。更要注意的是，烷化剂是致癌物质，因此在做处理时，必须在通风柜或特制化学诱变箱内进行，取药时严禁用嘴吸取移液管，以避免危险发生。

$$CH_3SO_2OC_2H_5+H_2O \rightarrow CH_3SO_2OH+C_2H_5OH$$

（EMS）　（水）　（甲磺酸）（乙醇）

2. 叠氮化钠

叠氮化钠是白色无机盐，易溶于水，在 0℃条件下溶解度为 28%（W/W），21℃时为 29.5%，80℃时为 34%。在酸性（pH＝3）条件下能产生显著的诱变效应，它只作用于复制中的DNA。当溶液酸度达到 pH = 3 时，产生大量不带电荷的叠氮酸 HN_3。叠氮酸的沸点是37℃，易从溶液中逸出，因此，使用时应在化学诱变箱内操作。叠氮化物在细胞内主要是通过半胱氨酸合成酶的代谢，产生出诱变物质，诱导发生性状突变，以供选择。

四、太空诱变源

太空诱变育种是利用太空运载工具，如飞船、返回式卫星等将水稻种子带到距地球200～400km的空间，利用太空特殊的诱变源，如太空宇宙射线、高能粒子、微重力、高真空、弱磁场等，对水稻种子诱变产生变异，再将种子返回地面，从中选育新种质、新品种的育种技术。太空诱变育种技术具有变异幅度大、有利变异多、生育期缩短、抗病力增强、产量潜力提高等特点。

1987 年以来，我国首创利用返回式卫星搭载作物种子开展诱变育种研究，全国各地已先后筛选和育成一大批农艺性状突变的优良新品种和新资源。关于水稻太空诱变性状变异的研究已有许多报道，多数集中在重要的农艺性状上，如株高、分蘖力、有效穗数、千粒重等。研究表明，太空诱变育种不仅能够改良品种的优良农艺性状，而且还能获得抗病突变体，现已通过这种方法选育出抗稻瘟病的突变株系，有的已通过品种审定，并在生产上推广种植。

江西省利用卫星搭载水稻干种子进行太空诱变，选育出赣早籼 47 比对照浙 852 增产 8.41%。华南农业大学利用返回式卫星搭载水稻种子育成的高产、优质水稻新品种华航 1 号。该品种穗大、粒多、结实率高、抗病性和抗逆性强，推广面积达 6 000hm^2。广西大学农学院通过航天育种选育出 3 个籼粳杂交组合，其中，博优 721 亚种间杂交水稻新组合，产量达 11 250kg/hm^2，比当地主栽品种增产 20% 以上，已在广西、广东省多地种植。福建省农业科学院利用卫星搭载水稻恢复系明恢 86 干种子进行太空诱变育种研究，于 1999 年育成了比明恢 86 植株更高、穗更长、米质更优、稻瘟病抗性更强的超级杂交水稻恢复系航 1 号。用该恢复系配制的杂交水稻新组合特优航 1 号、Ⅱ优航 1 号增产显著，先后通过品种审定推广应用。

第三节　诱变源处理方法

一、物理诱变源处理方法

（一）辐照剂量

一般来说，在一定照射剂量范围内，突变率与照射剂量呈正相关，但照射的损伤效应也相应提升。要想获得较好的诱变效果，心须先确定合适的辐照剂量。

1. 照射量

在辐照处理中，一般仍常用伦琴（R）作照射量单位。但也有采用库伦/千克（C/kg）的国际单位，两者的关系是 $1R = 2.58 \times 10^{-4} C/kg$。目前，一般广泛采用的是半致死剂量，即照射后植株的成活率与死亡率各占 50% 左右，结实率在 30% 以下。

2. 吸收剂量

吸收剂量是指被植物体所吸收的照射剂量。国际单位为戈瑞（Gy），另一常用单位为拉特（rad），二者的换算关系为：$1rad = 10^{-2}Gy$。Gy 与 R 的换算关系为：1Gy = 100R。直接测量受照射生物体的吸收剂量，需用专门仪器。但通常采用照射量的间接换算方法。以$^{60}Co\gamma$-射线为例，在它的能量为 1.25Mev 时，如需要将供照射水稻干种子的剂量换算成戈瑞（Gy）或拉特（rad）时，水稻干种子的换算系数通常取 0.931。用 3 万伦琴的 γ-射线照射水稻干种子，种子的吸收剂量约为 $30kR \times 0.931 = 28krad$。这种换算比较粗放，只表示吸收剂量的大概数字。根据用 γ-射线处理育成的 64 个水稻品种的分析表明，以$^{60}Co\gamma$-射线处理干种子所用的剂量范围 150 ~ 600Gy，但以 300Gy 育成的品种数最多。

3. 剂量率

剂量率是指单位时间内的照射量或吸收射线的剂量，其单位为伦琴/小时（R/h），或伦琴/分（R/min），以及拉特/小时（rad/h），或拉特/分（rad/min）。在相同的照射量或吸收剂量的情况下，剂量率的高低对辐照材料的生理损伤程度及其后代突变率有很大关系。不同的辐照对象，不仅辐照量应有所不同，剂量率也应不同。照射水稻干种子可以选取较高的剂量率，例如，每分钟可高到数百伦琴以上，即所谓急性照射。而对水稻的幼苗或植株则应选取较低的剂量率，例如，每分钟只若干伦琴，即所谓慢性照射。

国际原子能机构（IAEA）根据世界各国水稻诱变育种所用辐照剂量试验的结果，提出了水稻种子 γ-射线处理的适宜吸收剂量范围，即粳稻为 12 ~ 25krad，籼稻为 15 ~ 30krad，或者 13 ~ 27kR（IAEA，1977）。中子照射除采用 rad 为吸收剂量单位外，还有用积分通量，即每平方厘米的中子数（P/cm^2）来表示剂量大小。激光则用脉冲次数及脉冲输出能量（毫焦尔：mJ），或连续输出功率的功率密度（mW/cm^2），为单位。离子束的辐照剂量单位，目前常用离子密度（离子数/cm^2）表示。

（二）籼粳稻辐照敏感性与辐照剂量

籼稻与粳稻对辐照敏感性不同，籼稻抗辐照的能力较强。品种间及不同的发育阶段，其辐照敏感性相差也很大，因此，水稻诱变育种的适宜剂量可选用 2 ~ 3 个不同剂量进行处理（表 7 – 2）。一般 γ-射线处理籼稻干种子采用 300Gy 的剂量，粳稻干种子为 250Gy 剂量，剂量率为 100 ~ 150R/min（0.83 ~ 1.245Gy/min）。中子处理则以 3×10^{11} 中子/cm^2 左右为宜。如以发芽种子或秧苗为对象处理，则剂量为干种子的 1/10 ~ 1/12。

表 7 – 2　水稻辐射诱变育种的适宜照射剂量

射线种类	处理材料	适宜照射量
γ 射线	干种子（粳稻）	20 ~ 40kR
	干种子（籼稻）	25 ~ 45kR
	浸种 48h 萌动种子	15 ~ 20kR
	秧苗（五叶期）	4 ~ 6kR
	幼穗分化期植株	2.5 ~ 3kR
	花粉母细胞减数分裂期植株	5 ~ 8kR
	合子期植株	2kR

（续表）

射线种类	处理材料	适宜照射量
	原胚期植株	4kR
	分化胚期植株	8～12kR
γ射线	花药	1～2kR
	愈伤组织	5kR
	单倍体苗	5～10kR
中子	干种子	1×10^{11}～1×10^{12}中子/cm^2
微波	干种子	波长3cm，15min
β射线（^{32}P）	干种子（浸种）	4～10μCi/粒

注：R为非法定单位，$1R=2.28\times10^{-4}C/kg$；Ci也为非法定计量单位，$1Ci=3.7\times10^{10}Bq$。

（引自《作物育种学各论》，2006）

GR50（rad）是指含水量13%的作物种子照射后，使幼苗高度较正常降低50%的吸收剂量，这是反映不同作物辐射敏感性并以此确定适宜剂量的一种参考指标。粳稻GR50的吸收剂量要比籼稻低，表示前者的照射敏感性高于后者，因此粳稻的合适剂量也低于籼稻。表7－3列出了中国1966—1991年用γ-射线照射直接育成的水稻品种的实际照射量范围。结果表明，中国和外国粳稻的实用照射量常用范围与IAEA建议的范围比较接近，而籼稻的范围则明显大于IAEA建议的范围。此外，籼稻照射量范围的上限要比粳稻的高出10kR，而外国籼稻的照射量均值明显高于粳稻的均值，两者相差7kR，这一趋势与IAEA建议剂量的趋势相似。

表7－3　1966—1991年育成水稻品种的γ射线照射量范围及均值***

类型		调查品种数	实用照射量（kR）			IAEA建议照射量（kR）
			范围	常用范围**	均值	
中国	籼稻	50	25～45	15～35	29	16～32
	籼糯*	5	10～30		24	
	粳稻	19	15～35	20～30	28	13～27
1966—1991	粳糯*	5	25～30		29	
其他国家	籼稻	8	15～50	20～40	30.6	16～32
1966—1980	粳稻	6	20～30	20～30	23.3	13～27

*表中的籼糯或粳糯是指用籼稻或粳稻经照射处理后成为糯稻的照射量。

**常用范围是指80%以上育成品种所用的照射量范围。

***中国资料系根据王琳清（1988，1992）、林世成等（1991）的原始资料整理归纳而成。

（引自《水稻育种学》，1996）

从表7－3中还可以看出，不论籼稻或粳稻，中国所用照射量范围和常用范围，都大于或高于 IAEA 建议的范围。中国粳稻的常用范围与其他国家的相同，都是 20～30kR；而籼稻的常用范围比其他国家的窄，即 25～35kR 对 20～40kR。此外，中国籼、粳稻之间的实际照射量均值比较接近，50 个籼稻平均照射剂量为 29kR，而 19 个粳稻的的为 28kR，二者仅相差 1kR。因此可以说，中国多数籼、粳稻品种的照射量均是 30kR 左右，而其他国家除籼稻的均值为 30kR 与中国的相似外，粳稻的均值为 23.3kR，明显低于中国粳稻的均值。

还要说明的是，水稻的基因型与生态型不同，其适宜照射量也常常不一样，这反映出水稻基因型与辐照处理间存在着明显的互作效应，籼稻的适宜照射量固然与粳稻的有一定差异，但即使同为籼稻，也因品种不同以及所处地域的不同而有差异。例如，在印度籼稻一般照射量为 30～50kR，在菲律宾为 40kR，而在巴基斯坦、缅甸、泰国，通常为 15～25kR。在常用剂量范围内，中国的晚籼、晚粳的照射量都偏高，早籼、早粳偏低。表 7－3 的数字表明，调查的籼稻多数是早籼，而粳稻多数是晚粳，这是中国籼、粳稻照射量均值之所以较为接近的原因所在。

（三）辐照方法

水稻的辐照方法多采用外照射方法，也有采用内照射的，或多次间歇照射，或多代重复照射。

1. 外照射

外照射是指种子等植物体所接受的辐照是来自外部的辐射源。根据照射时间的长短又可分为：

（1）*急性照射*　即采用较高的辐照剂量率进行短时间的照射处理。

（2）*慢性照射*　目前进行慢性照射应用的是钴（Co）或铯（Cs）圃，每天把 Co 或 Cs 源从地下升到地面进行一定时间的慢性照射。

一般都采用照射干种子，主要是处理方便，可以大量照射，受环境影响小，方便运输。处理种子数量要根据品种的辐照敏感性和诱变率，以及照射剂量的大小而不同，通常每份 100～250g，最少也要 500 粒。

如果要照射植株，可以在水稻生长、发育各个时期进行、也可照射局部器官，通常在 Co 圃中进行慢照射。也可照射花粉，即在花粉成熟之前，处于细胞分裂末期到 DNA 合成期的间隙期，以及照射子房、受精卵和胚芽体。李达模等（1974）用 γ-射线照射水稻合子期植株，结果使合子分裂延迟、胚乳初生核延缓、原胚和胚乳发育延缓等。

2. 内照射

内照射是利用放射性同位素 P^{32}、S^{35}、C^{14}或 Zn^{65}的化合物，配成溶液浸渍种子，或使植物体吸收，或注射茎部使放射性元素进入体内。内照射需要一定的设备和防护设施，防止放射性同位素污染。水稻辐陆早 1 号就是用 P^{32}处理（广陆矮 × IR8）当代种子育成的品种。

二、化学诱变剂处理方法

（一）诱变剂适宜浓度

诱变效果与化学诱变剂的浓度，处理温度和持续时间有关。高浓度常常影响水稻的存活率和可育性。一般根据幼苗生长试验来鉴定各种处理对幼苗生长、抑制程度决定处理的适宜浓度。一般情况下，使禾谷类作物植株高度降低50% ~60%时是化学诱变剂的适宜浓度。对甲基磺酸乙酯（EMS）来说，使植株高度降低20%的浓度就是适宜的浓度。几种主要化学诱变剂适宜处理浓度列于表7-4中。

表7-4 主要化学诱变剂适宜处理浓度范围

诱变剂	浓度范围
EMS	0.05 ~0.30M
dES	0.015 ~0.02M
EI	0.85 ~9.00mM
NaN_3	1 ~4mM

（引自《水稻育种学》，1996）

为提高水稻的存活率和突变率，可采取低浓度诱变剂，在较低温条件下长时间处理，这是因为较低浓度的诱变剂对细胞伤害作用小，而且低温可以使诱变剂保持稳定性。但也有的试验表明，在一定的浓度下，提高温度有良好的诱变效果。如山县弘忠等（1976）用0.9%的EMS处理水稻银坊主干种子的试验结果，温度升高对M_2代叶绿素、抽穗期、株高的突变率都有一定提升。

（二）诱变处理技术

在化学诱变剂处理之前，先将水稻种子浸泡，以提高细胞膜的透性，以加快对诱变剂吸收的速度，而且经浸泡种子的代谢作用也活跃起来，提高了对诱变剂的敏感性，使处理时间明显缩短，这种处理方法又称波动处理。例如，将水稻种子预先浸泡4h，再在2~5个大气压下，用0.5%EMS浓度处理5h，可以明显促进诱变剂渗入种子里。

处理持续的时间应使受处理的组织完成水解作用，以达到被诱变剂所浸透。如果处理时间较长，由于诱变剂自身的水解而使其浓度降低，应在诱变剂水解1/4时更换溶液以保持相对稳定的诱变剂浓度，也可使用缓冲剂。如果预先已浸泡了种子，用较高的诱变剂浓度，又在25℃较高的温度下进行0.5 ~2.0h的短时间处理。则不必更换诱变剂溶液或使用缓冲剂。

种子经诱变剂处理后，残留在种子内的诱变剂有可能继续起作用，产生不利的效应，所以应用清水冲洗。用一试验说明，曾将水稻种子用C^{14}-MMS处理2h后，用清水冲洗了一定时间，并检测处理种子里C^{14}活性。结果表明，经水冲洗12h后，MMS减少很快，但在14~16h后，仍能测定到一定的C^{14}活性，这说明完全清洗掉是困难的，也许要更长时间。所以，水稻在诱变剂处理后用水冲洗最少也要12h。

处理后的种子可以直接播种，也可以进行干燥，贮藏一段时间后再行播种。干燥和贮藏引起的后效应，可能会增加对细胞的损伤程度，如幼苗生长缓慢、存活率和突变率降低。也有试验表明没有后效应，如水稻经2%EMS处理2h，再经清水冲洗1h，并在25℃条件下干燥24h，在22℃室温下贮藏7d，结果没发现有后效应。

经化学诱变剂处理的种子，常常在发芽时生长停滞或死亡，其原因由于发芽时糖分相对少于未处理的。井上等（1975）在水稻种子发芽时增补一些葡萄糖，能提高发芽势和发芽率。例如，经0.6%乙烯亚胺（EI）处理的水稻种子，在其种子发芽时添加了1g/L的葡萄糖，比不添加的表现了更好的效果。

第四节　诱变选择方法

一、诱变亲本和剂量选择

（一）诱变亲本选择

诱变遗传改良大多数是个别不良性状的改良，如生育期太长、植株太高、米质太差、抗病太弱等，因此，选择诱变的亲本一般是有优良性状的品种，或推广的主栽品种。也有选用杂种世代种子或组织培养愈伤组织作诱变处理材料、以增加变异率。

1. 选择综合性状优良的品种

由于诱变育种的改良目标是1～2个不利性状，因此，要选用综合性状优良的推广品种作诱变亲本。通过诱变使不符合育种目标要求的1～2个性状发生有益的突变，从而达到改良、提高原品种的目的。一般来说，在以直接利用为目标的诱变育种中，对诱变亲本的选择是要严格些，除了综合农艺性状优良以外，还要适应性好、抗性好等。

2. 选用杂交后代材料

可与杂交育种结合起来，选择一些优良杂种后代进行诱变处理，以扩大变异范围，增加变异类型，提高诱变效率。研究表明，用杂种二代（F_2）为诱变亲本，用γ-射线处理其水稻种子，诱变结果产生最大值突变体和具有优良性状个体的频率，超过用纯种诱变处理的4倍。

3. 选择单倍体材料

可与花培育种相结合，选用单倍体作诱变材料，加快育种进程。由于花粉植株为单倍体，只有一套染色体遗传物质，在性状的表现上不存在显性掩蔽隐性性状的问题。因此，经辐射处理诱变的花粉植株，当代就表现出性状变异，有好的突变体，经人工加倍或自然加倍后，很快就得到纯合二倍体（双单倍体），供鉴定和选择。

尹道川等（1982）用^{60}Coγ-射线处理水稻花药、愈伤组织、绿苗、花粉幼苗，结果表明一定照射量能够提高愈伤组织的诱导率和幼苗分化率。照射愈伤组织和绿芽能提高其分化能力，愈伤组织对^{60}Coγ-射线的耐辐照性较强。而且，发现凡经辐射处理的均提高了抗稻瘟病能力，有的还属高抗级。并在后代中选出R462突变系，经鉴定和产量试验，平均公顷产量达到6 690kg，育成了新品种。

4. 选用“三系”材料

可与水稻杂种优势利用相结合，选择“三系”作诱变材料进行改良。诱变技术在三系遗传改良中可用来快速选育出优良新三系。四川省原子能利用研究所报道，通过辐射诱变改良杂交水稻恢复系的主要经济性状，如株高、熟性、单穗粒数等，同时，还保持了原有恢复系的高恢复力的特性。其中，有的株系可以直接应用于生产，如辐恢06，4年内与雄性不育系测交，恢复率平均达95.2%。

（二）诱变源（剂）及其剂量选择

水稻种子、幼苗、花粉和植株经辐照处理引起的死亡、生长受阻、发育异常以及其他各种类型的损伤程度，因水稻品种类型、生理状态和处理方式等有较大差异。这种差异称辐射敏感性。对水稻干种子（含水量13%）的照射剂量以及化学诱变剂处理浓度的选择前节已做了说明。现仅就水稻萌动种子（浸种48h）、秧苗、花粉以及处于不同生殖阶段的植株，对γ-和χ-射线照射剂量的选择列于表7－5中。

表7－5　水稻秧苗、活体、花粉的γ、χ射线的参考照射剂量

供照材料	照射量（kR）
萌动种子（浸种48h）	15～20
秧苗	5～8
幼穗分化期植株	2～3
合子期植株	2
原胚期植株	4
胚分化期植株	8～12
花粉	5～8

（引自《水稻育种学》，1996）

物理、化学诱变剂量与突变率之间有一定的相关性，总体上是随着处理剂量的提高，突变率也随着提升。但是，如果剂量过高，则又会导致大量处理植株的死亡、不育（不育株率超过30%）的发生，使处理后代的群体不能达到应有的数量，这样就很难从中选出符合育种目标的突变体。还有，剂量过高还会导致大量不良突变的产生。因此，选择的剂量不宜过高或过低。照射量一经确定后，接下来应确定照射量率。通常以选择较低的照射量率和较长的照射时间为宜，这样既能减少照射量的误差，又有利于突变率的提高。

二、诱变选育程序

（一）M_1 代的种植和处理

经诱变处理的当代，称为Mo。用Mo种子长成的植株，称为 M_1，以下为 M_2、M_3……。如果是用γ-射或χ-射线处理的，可记作 γ_0、γ_1、γ_2、γ_3……或 χ_0、χ_1、χ_2、χ_3……。化学诱变剂处理的都记作 M_0、M_1、M_2、M_3……。

由于受诱变处理，M_1 植株会产生各种形态上和生理上的异常，如种子发芽势、发芽率下降，幼苗生长缓慢，成苗率和成株率降低，株高变矮，生育期延长，不育率提升，结实率下降等，是诱变处理所引起的生理损伤。这些变异性状只有极少数是可遗传的，如高度不育性。M_1 的大多数突变性状为隐性，而且处于嵌合状态，因此，对 M_1 代除淘汰劣株外，通常不作选择。

水稻的 M_1 植株损伤程度因基因型不同而有轻有重，即在相同的诱变处理情况下，

有的品种对理化诱变剂有较高的耐性，反应比较迟钝，有的则表现高度敏感。敏感性低、反应迟钝的诱变材料，只表现出较轻的生理损伤，而敏感性高的材料则生理损伤重。因此，根据 M_1 群体植株的表现，就可以大概衡量出对该材料所用诱变剂量是否过高或过低。水稻不同品种的这种对诱变剂敏感性差异，其产生原因还不十分清楚。但大致表现如下趋势，即粳稻的敏感性高于籼稻，早熟类型品种高于晚熟类型品种。

确定 M_1 群体的大小需要考虑多种因素，一是根据水稻育种目标和内容有所不同，一般按 M_2 群体所需数量决定，一般水稻诱变 M_2 群体数要10 000株左右，因此，可以根据主穗所产的种子数量来估计 M_1 群体的大小；二是要考虑 M_1 的存活率和结实率，种子处理后通常都可发芽，但发芽迟缓，之后不再生长，或者逐渐死亡。成活的幼苗有的恢复正常，有的生长不太正常，如叶色、叶形、茎秆粗细等发生变异，后期有一些植株还会出现不同程度的雄性不育现象。如果要选择早熟、矮秆一类的突变体，由于其突变率较高，鉴别也容易，选择的准确性还高，这样一来 M_1 与相应的 M_2 群体可以不必太大。而想要选择抗病虫、抗逆性等性状的突变体，由于其突变率较低，加上不易鉴别和选择准确性较低，则 M_1 及相应的 M_2 群体规模就要大一些。

（二）M_1 采种量与 M_2 群体的关系

对 M_1 群体采取种子一般有 3 种方法。

1. 穗粒法

穗粒法是指一穗 1 粒或一穗几粒，在不分主穗或分蘖穗的前提下，从每个穗上只收 1 粒，或几粒。穗粒法是一种发现诱变突变体的有效方法。采用一穗 1 粒法时，设 M_2 群体的规模为50 000单株，则 M_1 需有 50 000个单穗。又设 M_1 每个单株有 2 ~ 3 个有效分蘖穗，则 M_1 需要种植并最终保有 17 000 ~ 25 000株。在干种子照射情况下，考虑到诱变处理后 M_1 的缺苗、死苗、死株、不育株等损失，因此，需照射水稻干种子 1kg 左右。在一穗 1 粒法的基础上，发展起来的一穗几粒法，由于较为省工省时，因此，育种者认可和接受。

一般来说，一穗 1 粒法或一穗几粒法比较适用于在田间容易识别的突变性状的选择，如高秆与短秆、早熟与晚熟、叶色深与浅、抗病与感病、弯穗型与直立穗型、分蘖多与少等性状突变单株的选择。我国著名水稻品种原丰早就是诱变后采用一穗几粒法育成的（图 7 - 1）。从 M_1 每个主穗上收取几粒种子，使 M_2 群体规模达到 14 400个单株。在主穗上选取种子的理由是，主穗的突变率比分蘖穗高，第一次分蘖穗比第二次分蘖穗高。这是因为种子在经受诱变处理时影响到种胚的生长点，分蘖穗细胞仅包含生长点的部分分生组织的细胞群，因此，发生突变的概率相对小一些。

对 14 400个单株，在田间选取小批早熟株，其中，有 1 株比原亲本 IR8 早熟 45d，该株系经多代多点鉴定，最终育成了原丰早新品种（昭道祖，1981）。一穗 1 粒法和一穗几粒法也有缺点，即采取种子十分费工，而且不适用于易受环境影响，以及在田间难以鉴别的性状突变体的选择。

2. 穗系法

穗系法是 M_1 按株收获单穗，M_2 种成穗行。由于穗系法方便观察，易于鉴定群体

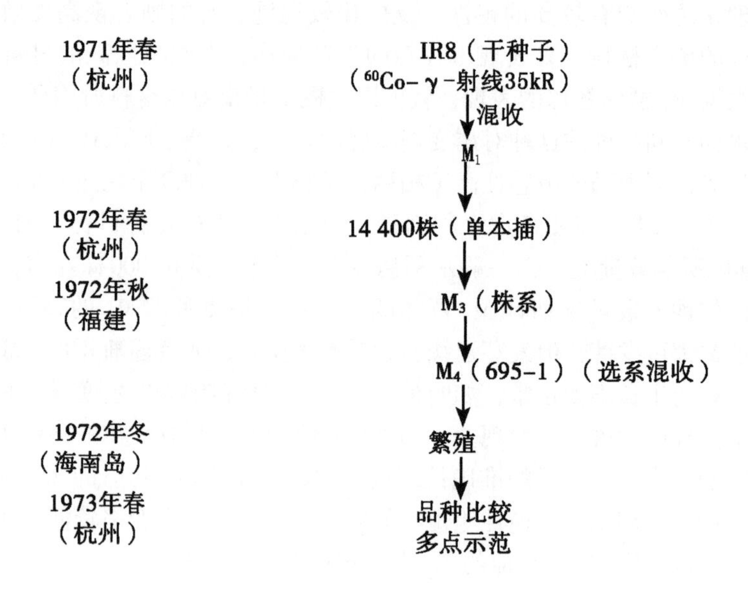

图7-1　水稻原丰早选育过程

里的突变体，因此，许多育种工作者乐于采用。如果设定 M_2 群体为2 000～3 000个穗行，那么，M_1 只要保证有2 000～3 000个结实穗就可以了。据此能估算出供照射用的种子数量。该法缺点是种植的工作量较大。但优点是易于发现突变体，因为相同的突变体都集中在同一穗行里，即使微小的变异也容易鉴别出来。这种微突变常常是一些数量性状的变异。如果能够发现进行鉴定往往会育成新品种。但诱变育种一般重视大的突变。一是可见突变，视觉或者适当的筛选技术容易发现的突变体，如叶绿素突变、种皮色突变等；二是大突变，属于单基因控制的，且常常具有多效性，如高秆变矮秆、感病变抗病等；三是体系性突变，涉及分类学方面的突变，如粳稻突变成似籼稻的类型。虽然大的突变较易观察和鉴别，但是有些性状突变是不符合要求的。

穗系法 M_1 应采收的单穗数以及每穗应收取的粒数均可以利用公式进行估算。

M_1 每穗应收取的粒数估算公式：

$$n=\frac{\log\ (1-P_1)}{\log\ (1-P_n)}$$

式中：n 为 M_1 每穗上应收取的粒数，P_1 为在 M_2 群体中出现至少1个突变体的概率值，P_n 为突变性状在 M_2 的分离比值。根据之前试验，如果已知 M_2 的半矮秆隐性单基因的分离比值为0.25（设在不存在嵌合体的情况下），即 $P_n=0.25$，现要求有95%的概率在 M_2 中至少出现1个这种突变体，也就是在 M_2 中至少出现1个这种突变体的概率定为 $P_1=0.95$。现将这两个数值代入式中，即得：

$$n=\frac{\log\ (1-0.95)}{\log\ (1-0.25)}\approx 11$$

即在分离比值为0.25，以及设定概率值为0.95的情况下，从 M_1 每个穗上只须收取11粒种子，就能保证有95%的机会在 M_2 出现至少1个半矮秆突变体。如果考虑到存在突变嵌合体的情况下，那么，其分离比值必然小于 0.25。现设定比值为 0.125，而其他条件不变，这样估算的 n 值就是 23，也就是说从 M_1 上要在每个穗上收取 23 粒种子，才能保证有 95% 的机会在 M_2 出现至少 1 个矮秆突变体。

在估算 M_1 每个穗上应收取的粒数基础上，可用下式估算出 M_2 穗行数。

$$m=\frac{\log(1-P_2)}{\log[(1-P_m)+P_m(1-P_n)^n]}$$

式中：m 是应收取的 M_1 穗数，也即 M_2 应种植的穗行数，P_m 为根据以前同类试验以穗行为计算单位所得到的穗行突变频率，P_n 为每个 M_1 穗或每个 M_2 穗行内的某一突变性状的分离比值，n 为从 M_1 每一穗上所收取的种子粒数，P_2 为出现至少 1 个突变穗行的概率，该概率值可由育种者自行设定。现设半矮秆突变的分离比值为 0.125，从 M_1 每个穗上收取的种子粒数为 $n=23$，M_2 的半矮秆突变穗行率 P_m 为 1×10^{-2}，设定的成功概率为 $P_2=0.95$。将以上各数值代入式中，即得：

$$m=\frac{\log(1-0.95)}{\log[(1-0.01)+0.01(1-0.125)^{21}]}\approx313$$

计算的结果是，M_2 应有穗行数 313 行，也就是从 M_1 中应随机收取 313 个穗，每穗采收 23 粒种子，组成 1 个由 $23\times313=7\ 200$ 个单株的 M_2 群体。采用这样的穗系法设计，在理论上可以有 95% 的成功概率，能从 M_2 穗行里得到至少 1 个半矮秆突变体。

上述计算式中所用的突变频率、分离比值等，均是经验参数，因而根据这些参数所估算的理论数不一定能完全符合每次试验的实际情况。事实上，为了提高水稻诱变育种的成功率，克服变数因素的干扰，往往加大了远比理论估值大得多的群体数值。

3. 混合法

混合法是将 M_1 主穗上收取几粒种子，混合后种成 M_2，或将 M_1 全部混收后种成 M_2。如果种子量太多，可从中随机取出一定比例的种子种成 M_2。该法比较适合于亲本纯度高、M_1 单株的分蘖受到控制的材料，也适于突变性状容易鉴别的突变体的选择。对于一些突变性状须延迟到 M_3 才能进行单株选择的材料，也可在 M_2 采用混合法。混合法操作简便易行，被普遍采用。缺点是田间观察鉴别有一定难度，尤其是一些微突变，常常容易漏选。

夏英武（1986）报道了水稻品种浙辐 802 就是采用混合法选育成的，即在 M_1 共收得 6kg 种子，M_2 种成 20 万株，经过多次早熟性选择育成。

（三）M_3 的选择

入选的 M_2 材料，许多在 M_3 即已稳定，可在 M_3 种成株系进行株系鉴定。如果进代到 M_3 后仍出现少数分离，则应继续选择。一般到 M_4 就稳定了。对稳定一致的 M_3 或 M_4 株系，即可进行产量鉴定试验。其以后的育种程序，与常规育种方法的程序相同。

三、主要性状诱变改良效果

（一）性状诱发突变及其总体改良效果

天津市农业科学研究所（1975）报道，用 γ-射线处理粳稻干种子，剂量为

5.16～7.74C/kg，经常产生的突变大致有以下几类：①熟期的早、晚变异，通常是晚熟变异的频率较高。②株高的突变以变矮秆产生的频率较高，也有呈现半匍匐状的特殊突变体。③叶片变厚的突变体产生得多，也有变窄的突变。④粒重的突变，以降低者为多，粒重增加的突变体较少；粒形变异一般由长粒变圆粒，少数为顶部米粒外露的曝粒型。⑤穗型突变以变短且着粒密度变密为多。⑥在 M_2 和 M_3 里，都产生不同频率的不育性突变。

截至1989年，全世界通过诱变育成突变水稻品种的有252个，其中，直接育成的有194个，间接育成的有58个。这些品种产生的突变性状涉及株高降低、株型变异、早熟性、米粒外观形状、米质变优、产量提高、抗病虫性、适应性、抗寒性加强、落粒性减轻等（表7－6）。在各类突变品种中，以早熟突变的品种最多，占全部突变品种的19.8%；其次是以矮秆或半矮秆突变为主的品种，占总数的16.3%；其他依次是增产、抗病、稻米品质及外观改良等。在直接育成的194个突变品种中，也是以早熟品种占第一位，20.1%；其次是抗病品种，占14.4%；第三是增产品种，占13.4%；第四是矮秆品种，占11.9%。

表7－6　世界水稻诱变品种改良的性状

改良性状	突变品种数				总数	比例（%）
	直接育成		间接育成			
	个数	%	个数	%		
1. 植株形态						
株高降低	23	11.9	18	31.0	41	16.3
其他株型变化	16	8.2	3	5.2	19	7.5
2. 早熟	39	20.1	11	19.0	50	19.8
3. 增产	26	13.4	9	15.5	35	13.9
4. 籽粒性状						
外观	16	8.2	5	8.6	21	8.3
品质	21	10.8	5	8.6	26	10.3
5. 病虫害抗病性						
抗病	28	14.4	3	5.2	31	12.3
抗虫（含线虫）	4	2.1	—	—	4	1.6
6. 其他性状						
适应性	10	5.2	3	5.2	13	5.2
落粒性	2	1.0	—	—	2	0.8
抗寒性	9	4.6	1	1.7	10	4.0
合计	194	100.0	58	100.0	252	100.0

（Micke，1990）

分析中国直接诱变育成的水稻品种97个，处在第一位的改良性状是早熟性，占品种总数的24.7%；第二位的是矮秆抗倒的，占总数的20.6%；第三位的是高产，占19.6%；第四位的是米质改良，占12.4%（表7－7）。中国的诱变性状育成品种的比例大小顺序与上述国际原子能机构（IAEA）的世界统计资料的顺序相似。由此可见，不论是中国还是其他国家，水稻诱变育种改良的性状，主要是早熟性、矮秆、高产、抗病和米质等。

表7－7 中国直接育成水稻突变品种的改良性状*

（对97个突变品种的初步调查结果）

第二改良性状	第一改良性状									
	早熟	矮秆抗倒	高产	米质改进	抗病虫害	耐寒性	抗逆性	株型改进	适应性	合计
早熟	1	8	1	—	—	1	—	—	11	
矮秆抗倒	4	5	—	1	—	—	—	1	—	11
高产	6	7	11	3	—	1	1	—	—	29
米质改进	2	—	4	5	—	—	—	—	—	11
抗病虫害	8	—	1	-3	9	—	—	—	—	21
耐寒性	1	—	—	—	—	2	1	—	—	4
抗逆性	2	—	1	—	—	2	3	—	—	8
株型改进	—	—	—	—	—	1	—	—	—	1
适应性	—	—	1	—	—	—	—	—	—	1
合计	24	20	19	12	9	7	5	1	0	97
比例（%）	24.7	20.6	19.6	12.4	9.3	7.2	5.2	1.0	0	

* 根据王琳清（1988，1992），林世成、闵绍楷（1991）的原始数据进行初步整理而成。

（引自《水稻育种学》，1996）

在我国通过诱变育成的水稻品种中，虽然早熟和矮秆突变品种约占全部育成品种的1/2，但这种类型品种大多数产生于诱变育种的早期阶段，反映了当时当地水稻生产对矮秆品种和早熟品种的需求。水稻高产突变品种的育成，主要表现在有效穗增多、大型穗或千粒重增加上。在稻米品质改良上，除粒形改变、垩白减少、透明度增加等外观性状突变外，还有适口性转优，以及支链淀粉突变等。高产性状突变品种占30%，抗病、虫突变品种占22%，这也表明高产与抗病虫突变品种的选育，在我国水稻诱变遗传改良中占有相当重要的地位。

（二）熟性诱变改良效果

早熟性突变是水稻诱变遗传改良重要的选择性状，其早熟性突变频率通常低于晚熟突变的，更低于矮秆突变的，但是早熟突变却是利用率很高的一种突变。Kawai（1969）用χ-射线、中子、γ-射线处理粳稻品种农林8号，结果表明，早熟性突变率按

M_2 穗系计算，分别为1.0%、2.6%和1.7%，平均为1.7%。若从中除掉产量不及原品种95%的穗系，则可成功的突变频率为8.5×10^{-4}。

粳稻的早熟性突变（一般比原品种提早成熟10～40d）与晚熟突变（一般晚熟2～10d），主要是感光性改变的结果（松尾，1960）。在控制熟性变异的感光性、感温性和基本营养生长3个因素中，以控制感光性的基因容易发生突变，而控制感温性与基本营养生长的基因较难产生突变，因而感光性品种的熟性突变多数是感光性基因发生突变引起的。

熟性突变的遗传远比矮秆突变复杂，但多数仍属单基因隐性突变。孙漱芗（1990）研究发现，熟性突变受2对或2对以上隐性基因所控制，甚至有的受显性或不完全显性基因控制。松尾（1960）对来自粳稻品种农林8号的4个早熟突变系进行分析，结论是全属单基因隐性突变，而且它们的位点不相同，还发现这些突变基因使突变体的感光性和基本营养生长随之发生改变。

Tsai（1985）对粳稻台中65通过诱变所得到的几个近等基因系的早熟性进行遗传分析，结果表明控制早熟性的基因有*Ef*－1、*Ef*－2。在*Ef*－1位点上有1个隐性等位基因和4个显性等位基因，并查清*Ef*－1基因位于第7染色体上。这些基因主要是控制基本营养生长期的缩短而使水稻早熟。此外，从台中65的突变系中还发现另一个使抽穗期延迟的隐性基因*Ef*－1（*t*），其连锁关系尚不清楚。

Yamagata（1984）研究发现，控制水稻感光性的有3个显性基因E_1、E_2、E_3，这些基因都能使抽穗期延迟。此外，还有位于第6染色体和位于第7染色体上控制感光性的基因。由此可见，与控制熟性有关的基因数目还是比较多的，但却远远少于控制矮秆基因的数目，这也是熟性突变，特别是早熟突变之所以少于矮秆突变的一个原因。

总之，应用诱变改良水稻品种熟性是十分有效的。二九矮7号就是通过3.87C/kg（15kR）和7.74C/kg（30kR）γ-射线处理，育成了比原品种早熟10～15d的辐育1号和二辐早。Lee（1990）根据韩国的诱变试验结果得出，M_2 早熟突变体出现的频率为0.6%～2.3%，表明水稻早熟突变类型的选择不但是有可能的，而且是有把握的，尤其是在田间更容易加以鉴别。

（三）株高诱变改良效果

矮秆基因在水稻矮化育种和增加产量上起到极为重大的作用。由于大多数推广品种的矮秆基因*sd*－1都源自少数几个籼稻品种，因此，品种间的亲缘关系趋向接近，其遗传脆弱性就越来越严重。采用诱变技术诱发出新的矮秆基因，是水稻矮秆遗传改良的重要突破。

由于染色体上矮秆基因的位点多，因此，发生矮秆突变的频率也较高。Lee（1990）报道，通过诱变将高秆水稻品种诱发获得半矮秆突变体的频率为0.29%～0.42%。蓬原雄三（1967）在粳稻品种藤稔中用γ-射线处理，产生矮秆突变频率按M_2 穗系计算可达7.6%。另据Okuno等（1977）报道，用γ-射线处理水稻，产生矮秆突变的同时，其产量又超过原品种的优异矮秆突变体，频率约为0.5%。用^{32}P的β－射线处理时，其诱变频率提高到1.3%。总体来说，水稻诱变的矮秆突变频率，按M_2穗行计算在0.5%～10.0%。

水稻诱变的矮秆突变体，多数属单基因隐性突变，其中，相当多的与*sd*－1基因相同或等位。但也有许多矮秆突变体的矮秆基因与*sd*－1不等位。谷坂（1990）从粳稻品种与光诱变获得的2个矮秆突变体，虽然都是单基因隐性突变，但均不与*sd*－1等位，其中，一个突变株系北陆100的矮秆基因为*sd*（1），另一个关东79则为eh^e。国际原子能机构（IAEA）在调查30份水稻矮秆突变体后显示，约有47%的材料与*sd*－1等位，其余的不与*sd*－1等位（表7－8）。这就为诱变产生和发现新的有用矮秆基因提供了可能。

表7－8 水稻矮秆突变基因的等位性分布

等位性	突变品种数	高代突变系	总数	比例（%）
与*sd*－1等位	9	5	14	46.7
与*sd*－2等位	4	—	4	13.3
与*sd*－4等位	3	—	3	10.0
与*sd*－1、2、4不等位	4	5	9	30.0
合计	20	10	30	100.0

（引自：Maluszynski等，1985）

由于矮秆突变基因发生频率高，又容易观察和鉴别，因此，用高秆品种作处理材料，就能很快从诱变后代中选出半矮秆或矮秆的突变体。天津市水稻研究所于1966年用粳稻品种小站101经$^{60}Co\gamma$射线照射，在诱变后代中选出矮秆突变系，株高只有88cm，于1972年育成新品种津辐8号。日本于1996年用株高104.2cm的粳稻品种富士埝经$^{60}Co\gamma$-射线处理，剂量为5.16C/kg，最终育成了比原品种矮15cm的新品种黎明。美国用γ-射线处理粳稻品种Calrose，从诱变后代中选择育成Calrose76。用这个矮秆突变体作杂交亲本，在以下杂交（Calrose76×CS－Ma）、［（CS－Ma×Calrose76）×D31］、［（Calrose76×Earlirose）×IR1318－16］组合中，经过杂交后代的选择，分别育成了M7、M101、Calpeal。这些诱变选育的矮秆突变品种，都具有植株较矮、耐肥抗倒、收获指数高等优点，因而比原品种明显增产。

（四）稻米品质诱变改良效果

稻米品质突变分为粒形变异，即长粒与圆粒、大粒与小粒、透明度、垩白等，以及成分突变，即蛋白质及氨基酸含量、直链淀粉含量变异等。米质突变发生的频率通常高于抗性突变，而低于早熟和矮秆突变。诱变处理可以使米粒的长宽比发生突变。SwaminaThan等（1968）用长宽比为1.98的粳稻品种台中65以甲基磺酸乙酯（EMS）处理，获得了长宽比在2.4以上的突变体。在粒形产生突变的同时，米粒糊化温度等也伴随产生变异。台湾中兴大学（1978）用γ-射线和叠氮化钠（NaN_3）处理4个中等粒形粳稻品种Earlirose75、76、Calrose76和M5，获得了具有粳型水稻遗传背景而粒长变长的突变体。

在粳稻品种中，通过诱变曾获得大胚突变体和甜质米粒突变体。大胚突变体的胚要比普通的大 2～3 倍，其突变频率按 M_2 穗行计算的为 0.23%。通过遗传分析，大胚性状受单一隐性基因 *ge* 所控制。甜质米粒性状也是受单一隐性突变基因 *su* 的控制，其突变频率约为 0.12%（Omura，1984）。中国学者认为，稻米品质突变的频率不低，只要通过 M_2、M_3、M_4 的连续选择，就能获得米质突变性状稳定的突变系。

在水稻营养成分诱发突变方面，以提高蛋白质含量的突变最为宝贵。浙江省农业科学院原子能利用研究所从全国征集到的 222 份水稻突变材料中，经逐个重复检测，其中，有 11 份的蛋白质含量比其原品种均有提高，其中，来源 IR8 突变体的蛋白质含量由原品种的 11.4% 提高到 14.5%。

在稻米品质突变中，糯性突变是比较常见的突变。日本 Omura（1984）用 γ-射线照射粳稻品种丰锦，在诱变后代的突变体中，选育出糯性品种深雪糯。该品种除籽粒稍小外，其产量不比粳稻品种低。研究表明，粳性突变性状通常受隐性单基因控制，因此，糯性的自发突变频率较高，人工诱变的频率更高，其突变频率按 M_2 穗行计算可达 0.21%。

（五）抗病性诱变改良效果

在诱变情况下，抗病性的突变频率明显低于矮秆和早熟的突变频率。诱导的抗病性突变有显性突变，也有隐性突变，有单基因突变也有多基因突变。如果是显性突变，其突变频率大约比隐性突变低一个数量级（Tanaka，1969）。张铭铣（1990）研究粳稻抗病性突变频率，结果发现稻瘟病抗性突变发生的频率因品种和照射剂的不同而有差异，一般幅度在 1.6×10^{-5}～3.3×10^{-4}，其中，因品种的影响更大一些。

Tanaka（1978）对日本稻瘟病生理小种 N－4 及其对该小种感病的粳稻品种农林 8 号进行了多项理化诱变试验研究，在 M_2 获得高抗稻瘟病突变系的频率是，γ-射线为 0.1%，EMS 或 El 为 0.07%。如果在处于减数分裂期到受精期的植株进行 γ-射线照射处理，则抗病性突变频率下降至 5×10^{-5}。上述前两项处理的抗性突变既有显性突变，也有隐性突变，而后一处理仅产生显性突变。此外，从 N－4 小种致病性的变异情况看，致病力增强突变与致病力减弱的突变都有发生，而且二者发生频率都较高，估计数字为 0.5% 左右。也就是说，稻瘟病病菌致病力的突变频率要高于水稻稻瘟病抗性突变的频率。

采用诱变选择方法在提高水稻抗稻瘟病上也取得一些成效。广东省农业科学院用 0.387C/kg γ-射线在合子期处理感稻瘟病品种桂朝 2 号，结果育成了抗稻瘟病的早熟品种辐桂 1 号。用该品种 55 个稻株鉴定时，其中，81.8% 表现抗病，而原品种桂朝 2 号抗性株仅 27.2%。

通过诱变选择抗水稻白叶枯病突变体同样好有成效。采用 γ-射线、热中子、EMS、El 等诱变处理均已成功从感病品种中获得高抗白叶枯病的突变体。Nakai（1990）对粳稻品种日本晴进行诱变处理，在 M_2 用白叶枯病病菌于苗期和剑叶期接种鉴定，选择了若干抗病突变株，M_3 仍表现抗病，其中，突变体 M_{41} 对日本 5 个白叶枯病菌生理小种均表现抗性。经遗传分析表明，其抗性是单基因隐性突变的结果，该基因与已知其他抗性基因不等位，属新发现的基因，暂名为 $Xa-nm$ （t）。另一个突变体 M_{57} 的抗性属多基因控制。

Taura（1991）用化学诱变剂甲基亚硝基脲烷（MNU）处理易感白叶枯病品种IR24，获得2个抗病株系，其突变频率为 7.3×10^{-4}，这2个抗性株系均为单基因隐性突变，表明白叶枯病抗性突变的频率通常都较低。在抗性突变体中，一部分表现为水平抗性，属于多基因控制的遗传；另一部分表现为垂直抗性，属于简单遗传。蔡简熙（1990）曾对抗水稻白叶枯病的2个突变体的抗性进行遗传分析，发现辐竹二和辐竹二选均属多基因遗传。

由于抗病性突变频率发生的较低，因此，在诱变抗病育种技术上与其他性状诱变技术有所不同。为了产生更多抗性突变体，常常在诱变处理时都适当加大照射量或化学诱变剂量，以提高抗性突变频率。在提高处理剂量之后，在产生更多抗性突变体的同时，往往会伴随出现一些不利性状。当发生这种情况时，应采取的对策是，在选得抗性单株以后，应立即通过杂交或与原亲本回交的方法，转移抗病突变基因，排除不利性状。此外，要增加选择世代（如 M_2）的群体数量，如5万株或更多，以提高选择抗性突变体的机率。

四、诱变育种成功做法总结

（一）诱变选择技巧

鉴于诱发突变大多为隐性突变，因此，M_2 代是水稻众多突变性状显现与分离的世代，以及有少数在 M_1 植株内处于嵌合状态无法表现的显性突变，通过有性过程也会在 M_2 代表现出来，所以，水稻诱变的 M_2 是关键的选择世代。

1. 选择突变关注点

不论在 M_1 采用穗粒法或混合法进行选择，在 M_2 都应单株栽（种），以利于逐株进行鉴定与选择。如果以选择早熟性为重点，可考虑在 M_2 采取丛插法以节省试验地，这对选择早熟突变单穗无大影响。若想选择抗病突变体为重点，则可将 M_2 栽种到自然发病区或人工病圃里，以提高选择效率。

2. 设立较大的对照群体

在 M_2 代，应设置较大的对照群体，用以对 M_2 群体里产生的突变体进行比较和鉴别。M_2 群体中出现的突变体，有时在对照群体里也会出现，这时应对这类的突变体保持谨慎态度，仔细观察原亲本是不是混杂了，如确定属混杂植株、应从突变体中剔除，不能作为突变体入选。

3. 采用穗系法选择突变体的情况

有时在 M_2 某些穗行内所有个体都表现为表型一致的变异，没有分离。这时应考虑 M_1 在采种时或 M_2 播种移栽时是否发生机械混杂，应认真观察和鉴定。M_2 频繁出现某类变异株，而且它们的性状变异已与原亲本的表现型相差甚大，对这类变异要多加注意，并尽快转入 M_3 进行鉴别。如果发现变异株在 M_3 产生分离，且分离涉及多个性状，则有可能 M_1 发生异交的结果。

4. 同属一个 M_2 株系的所有穗行或部分穗行的处理

某类突变体的分离比都接近于 3 : 1，即分离比值为 0.25 左右，这表明这些穗行全不存在嵌合体。这时应考虑在 M_1 是否已混入其他 F_1 材料，或原亲本在诱变处理前已发生异交。

（二）杂种后代诱变的选择

许多研究结果表明，在采用杂种一代（F_1），或处于分离世代（F_2 或 F_3）的材料进行诱变处理时，其处理后代的变异类型及变异系数都多、都大，但这时要真正鉴别出入选的材料，是诱变突变体还是杂种分离后代，还是相当有难度的。如果对诱变处理的 M_2 群体，以及未经诱变处理的相对的 F_2 或 F_3 对照群体，分别进行选择，然后将入选材料进行分析、比对。如果在诱变后代群体中出现了对照群体中所没有的变异体，这时就可初步认定此系为突变体。

（三）照射技术和选材

在照射技术的选择上，不论是中国还是其他一些国家，都倾向于采用低剂量率的慢性照射，目的是减轻水稻生理损伤和提高诱发突变效率。此外，还采用电离射线和化学诱变剂的复合诱变处理，以及采用分次照射与累代照射方法等，都证明对提高水稻诱变效率方面产生相当好的效果。

在诱变材料的选择上，部分学者主张以采用杂合型材料，或敏感性较强的材料，作为诱变处理材料为好，一般认为这一类材料经诱变处理后要比纯合材料和敏感性迟钝的材料，能产生较高的突变频率和较宽的突变谱。

在处理外植体选择上，渡边等（1983）认为，对水稻植株进行照射，诱变效果好，建议列为标准的照射方法。但是，在钴圃等诱变源数目有限的区域，活体照射尚有一定困难。水稻的花药、小孢子也是诱变照射的良好外植体，诱变后的再生植株，不但稳定快，隐性性状可以在再生植株当代就能表现出来，而且还具有扩大变异的功能。体细胞的离体诱变处理是近年开展的一个新的研究领域，在水稻上应用此法已证明能提高诱变频率。诱变处理后的原生质体再生植株不存在突变嵌合现象。随着生物技术的发展和完善，直接对水稻 DNA 进行诱变处理也已提到研究日程上。

第八章　粳稻杂种优势利用

第一节　杂交稻育种概述

一、杂交稻研究简要回顾

（一）杂交稻研究的起始

1926年，美国的Jenes首先提出水稻具有杂种优势现象。之后，印度的Kadem（1937）、马来西亚的Broun（1953）、巴基斯坦的Alim（1957）、日本的冈田子宽（1958）等都报道了水稻杂种优势研究结果。1958年，日本东北大学的胜尾清用中国红芒野生稻与日本粳稻藤坂5号杂交，并与轮回亲本藤坂5号连续回交，通过细胞核置换，育成了含有红芒野生稻细胞质的藤坂5号雄性不育系。1966年，日本琉球大学的新城长有用印度籼稻Chinsurah Boro Ⅱ与中国台湾粳稻台中65杂交并连续回交，育成了具有Chinsurah Bero Ⅱ细胞质的台中65雄性不育系及其雄性不育保持系和同质恢复系。1968年，日本农业技术研究所渡边用缅甸籼稻Lead rice与藤坂5号杂交并连续回交，育成了具有Lead细胞质的藤坂5号雄性不育系。至此，日本已选育出3种不同细胞质的粳稻雄性不育系。并测交发现日本粳稻福山为恢复系，组配的杂种一代结实率达85%。但由于各种原因，或是杂种优势不强，或是杂交种种子生产不配套，未能在生产上大面积推广应用。

1969年，美国加利福尼亚大学Erichson等用中国台湾品种Bir-Co与非洲光壳稻（*O. glaberrima* Stend）作母本，分别与粳稻品种Calrose、Caloro、Colusa杂交，后代都产生了雄性不育植株。1972年，国际水稻研究所（IRRI）的Athwal和Virmarri用台中本地1号与Pankhari203杂交，后代也产生雄性不育植株，进而育成了Pankhari203雄性不育系，缺点是秆高、异交结实率低。

在水稻籽粒产量杂种优势的潜力上也进行了一些研究。美国Carnahan等（1972）用日本粳稻品种与美国加利福尼亚品种杂交，共组成了19个杂交组合，其中，有8个杂交组合产量超过高产亲本22%～110%。日本村山盛一（1976）将不同来源的水稻品种进行杂交，共得到78个杂交组合，有14个组合的产量显著超过高产亲本。

（二）我国杂交稻研究历程和成果

1. 籼型杂交稻

我国袁隆平最早于1964年开始研究水稻的雄性不育性（袁隆平，1966），并从洞庭早籼、胜利籼等品种中发现能遗传的雄性不育株，育成南广占等雄性不育系材料，但未能找到其保持系。1970年，袁隆平的助手李必湖在海南岛南繁时，和海南南红农场冯克珊等在海南三亚的普通野生稻（*O. rufipogon*）群体中发现1株花粉败育株（简称野败），并用广场矮3784、6044、京引66等品种测交，结果发现对野败不育株有保持不育性的能力。

南方稻区以野败不育系为基础材料，湖南、福建、江西等省分别转育成二九南1号A、珍汕97A、V20A、V41A等雄性不育系。1973年，又筛选出来自东南亚的籼稻品种泰引1号，以及国际水稻研究所的IR24、IR26、IR661和Co154等恢复系，对野败型不育系具有较强的恢复力和明显的杂种优势，从而实现了我国野败型杂交籼稻的三系配套，并组配出一批强优势杂交组合，于1976年起大面积试种，一般比当地常规品种增产15%～20%，种植面积逐年扩大。1991年，全国杂交水稻种植面积达1 760万hm^2，占全国水稻总面积的55%，平均单产6 555kg/hm^2。

在野败型雄性不育系三系配套之后，各地水稻育种家采用各种野生稻与栽培稻杂交，籼、粳亚种间杂交、地理远缘杂交以及不同生态型品种间杂交等，又先后选育出具有不同细胞质来源的雄性不育系。其中，在生产上大面积应用的有D汕A和D297A雄性不育系，其不育细胞质来源于西非光身稻Oissi D52/37，协青早A不育系的细胞质来自江西省东乡矮秆野生稻，Ⅱ-32A不育系的细胞质来自印度永田谷。

20世纪80年代以后，为进一步拓展水稻杂种优势利用，各地根据多抗、强恢复力、强优势的选育目标开展新恢复系的选育。采取广泛测交法筛选获得了抗病性强、米质较优、恢复力好的强优恢复系IR30、密阳46等，以及早熟恢复系测64-7、测48-2等。采用单杂交或复合杂交法、将2个或2个以上品种的优良性状和恢复力综合于一个后代上，育成了早、晚杂交种的新恢复系二六窄早、桂33、明恢63、台八一5和1126等。这些不同熟期新恢复系的应用，在生产上更新了原有恢复系IR24、IR26等。

2. 粳型杂交稻

1965—1969年，我国昆明农林学院首先利用籼、粳杂交产生的雄性不育植株，育成了具有台北8号细胞质的红毛缨雄性不育系，定名滇1型雄性不育系。1972年，我国从日本引进了包台型（BT）雄性不育系。各地用BT型不育系、滇1型雄性不育系又转育出一批适合当地生态条件的新的雄性不育系。但在粳型恢复系的选育上遇到严重困难。各地科研单位在大量的测交组合中，几乎均未找到粳稻品种对BT型、滇1型、野败型以及其他细胞质粳型不育系具有恢复能力。后来的研究表明，水稻的雄性不育性与雄性不育恢复性的产生与稻种的进化阶段紧密相关，进化阶段较高的粳稻品种中细胞核里保存的恢复基因特别匮乏，因此，粳型恢复系的选育便成为粳稻三系杂种优势利用的瓶颈。

辽宁省农业科学院稻作研究所杨振玉等采用“籼粳架桥”技术，利用人工制恢法创造粳型恢复系，于1975年育成了具有高恢复力、高配合力的恢复系C57，为北方粳稻三系杂交种选育和生产应用奠定了基础。粳型恢复系C57的育成开创了我国粳稻杂种优势利用的新局面。利用恢复系C57选育了一批适应不同生态地区应用的恢复系，如北京市农林科学院育成的F20、浙江省嘉兴市农业科学研究所的77302、安徽省农业科学院的C堡等。之后，各地应用C57以及C57衍生恢复系组配育成了一大批粳稻杂交种应用于水稻生产，如黎优57、秀优57、秋优20、中杂1号、中杂2号、当优C堡、六优1号、六优3-2、农虎26A×培C115等。这些粳稻杂交种表现生长旺盛、根系发达、茎秆粗壮、穗大粒多、丰产性好、适应性广，一般比当地主栽品种增产10%~15%。

1984年，辽宁稻区种植黎优57、秀优57共8万hm^2。辽阳市曙光乡种植0.38hm^2秀优57，平均单产达到13 640kg/hm^2，创造了辽宁省水稻单产最高纪录。北京、天津、河南等省（市）的一些无灌溉设施的夏季涝洼地利用黎优57、秀优57大面积旱种获得成功，开创了北方水稻旱种的新格局。至20世纪80年代中期，北方杂交粳稻年种植面积达16万hm^2左右。南方杂交粳稻起步较晚，种植面积较少。1989年后发展加快，1992年上海市寒优湘晴、寒优1027种植面积已达2万hm^2以上，加上江苏省的六优1号、六优3-2，浙江省的七优2号，以及湖南、湖北、安徽等省的杂交粳稻，生产总面积已达8.5万hm^2。

杂交粳稻表现高产、优质、抗病、耐寒、耐旱、耐盐碱、经济效益相对提高，在籼、粳稻区增效更为明显。1980年，我国杂交粳稻以技术专利转让给美国和日本，并在日本试种取得成功。

（三）世界杂交稻研究的新进展

中国杂交稻的成功和大面积生产应用，促进了世界主要产稻国家和国际科研单位对杂交稻的研究。1979年，国际水稻研究所重新开展了杂交稻研究工作。以从中国引进的V20A和珍汕97A雄性不育系为材料，进行杂交和回交，转育成适宜热带稻区种植的一批新雄性不育系，其中，IR54752A和IR58025A两个不育系与3个恢复系组配成6个杂交组合。1990年，在印度进行产量比较试验，其中，以IR58025A与IR9761-19-IR、IR29723-143-3R、IR35366-62-1-2-2-3R组配的3个杂交组合，其产量均比Jaya、IR26、Rasi增产10%以上。

韩国开展杂交稻研究开始于20世纪70年代初期，1984年与国际水稻研究所正式制订了杂交稻研究计划。采用中国野败型雄性不育系，与籼、粳杂交后代育成的密阳和水原两大系列品种组配，表现出较强的产量杂交优势，一般比生产上的主栽品种增产20%左右。但由于米质较差和直链淀粉含量较高，不为韩国消费者接受，没能在生产上大面积种植。

近年来，韩国利用一些统一型品种，分别与中国野败型不育系V20A、珍汕97A杂交、回交转育，育成了Iri342A、水原296A、HR1619-2A、WX498A、HR1619-5A和WX817A等6个有应用前景的雄性不育系。并发现多数统一型系列品种具有良好的不育性恢复力，经测交测配试验，已鉴定出HR1619AX水原294和WX498A×密阳57两个强优势杂交组合，其稻谷单产分别为10 999.5kg/hm^2和11 560.5kg/hm^2。但并未在粳稻品种中测得恢复系。

1980年，印度中央水稻研究所、旁遮普邦农业大学与国际水稻研究所合作，制订了全印杂交水稻育种规划。研究的初始阶段，直接引用中国的细胞质雄性不育系进行强优杂交组合的选配。但所配的杂交组合由于不育系的原因，不抗热带地区的病虫害、米质较差，无法直接生产利用。近年来，采用野生稻与栽培稻杂交，育成了RR988A和RR39A两个具有新的细胞质雄性不育系，并进行强优势杂交组合的测配选育。

越南从国际水稻研究所引进 IR46827A、IR46830A、IR48483A 和 IR54752A 4 个雄性不育系，分别与 22 个籼稻品种测交组配成杂交组合。通过 1987—1988 年旱季和雨季的鉴定试验，其中，有 10 个品种与 4 个不育系组配的杂交组合表现较优，结实率均在 80% 以上，其余 8 个品种表现为半恢，4 个品种为保持。近年来，从中国引进的籼型杂交晚稻试种获得成功。目前，越南杂交水稻已进入大面积制种和生产推广阶段。

二、杂交稻杂种优势表现

1973 年，我国杂交稻的选育成功和生产应用，明确了在禾谷类作物中，除异花授粉作物（如玉米）和常异花授粉作物（如高粱）已经成功利用杂种优势外，自花授粉作物水稻也可以利用杂种优势。与普通常规稻相比，杂交稻具有以下几方面的杂种优势。

（一）发芽快、分蘖强、生长旺盛

杂交稻种子发芽快，湖南农学院测定杂交种南优 2 号及其亲本三系种子发芽速度，以南优 2 号最快，恢复系次之，保持系再次之，不育系最慢。这是由于种子萌动后 α-淀粉酶活性不同所致，发芽 5d 后测定 α-淀粉酶活性，南优 2 号最高，说明杂交种能较快地催化胚乳中主要成分淀粉的水解，为生长发育提供能源和营养，因而发芽就快。

杂交稻分蘖力强，广西农学院（1974）调查南优 2 号及对照品种二九南 1 号、IR24、广选 3 号，在单本种（播）植条件下保苗 37.5 万苗/hm^2，结果分蘖期结束时南优 2 号最高苗数达 423.75 万，比二九南 1 号、IR24、广选 3 号增加 28.5 万 ~ 124.5 万苗，平均单株分蘖数为 10.3 株。杂交稻分蘖力强，表现出旺盛的生长势。

（二）根系发达，吸收能力强

杂交稻发根力强，活力强，根系发达，表现为白根多、根粗、根长、分布广且深。据湖南省农业科学院和上海植物生理研究所（1977）测定，南优 3 号的单株发根数、干根重和发根力都明显高于常规品种（表 8－1）。杂交稻的根系活力比常规稻强，据广东省农作物杂种优势利用协作组（1977）测定，杂交稻秧苗发根力比常规品种高 27% ~200%（表 8－2）。汕优 2 号杂交稻于齐穗期植株的伤流量为 3.64g/（h·株），而常规种 IR24 为 2.4g/（h·株），多 50% 以上。伤流量大，表明根系的吸水吸肥能力强，对肥料的利用率高，从而促进地上茎秆粗壮，不倒伏，不早衰。

表 8－1　杂交水稻与常规品种秧苗新根发根力的比较

（湖南省农业科学院，上海植物生理研究所，1977）

品种	发根（数/株）	根长（cm/株）	鲜根重（mg/株）	干根重（mg/株）	发根力（cm/株）
南优 3 号	22.8	8.9	315.0	36.0	202.92
二九南 1 号 A	15.3	8.8	50.2	6.0	134.64
IR661	14.4	8.5	141.0	16.0	122.40
广陆矮 4 号	10.3	7.7	51.2	5.0	79.31
嘉农 485	12.4	9.9	194.0	19.2	122.76

(三) 穗大粒多

杂交稻一般每穗在110~150粒，最多者达300粒，明显比常规品种穗大粒多。湖南省农业科学院（1978）测定15个杂交组合，杂交种平均每穗139.52粒，比父本113.36粒多23.8%，比母本72.50粒多91.7%。潘熙淦（1979）曾测定了400个杂交组合，其中，67.8%的杂交组合粒重超过中亲值，接近高亲粒重，表明杂交稻在粒重上也有优势，千粒重通常在25~29g。杂交稻的穗数虽然少一些，但由于每穗粒数多，千粒重高，因此仍能获得更高产量。

表8-2 杂交稻与常规稻秧苗发根力比较

品种	播期（月/日）	秧龄（天）	发根数（条数/株）	发根力（根长×发根数）（厘米/株）	备注
汕优2号	3/4	36	13.7	39.92	各品种播种量均每亩15kg，发根力为拔秧后剪去原有根系41小时后的调查数
矮优2号	3/4	36	21.1	71.59	
汕优6号	3/4	36	25.8	75.18	
珍汕97B	3/4	36	11.4	31.44	
二九矮B	3/11	29	12.8	31.12	
IR24	3/4	36	11.7	29.14	
IR26	3/4	36	11.1	23.30	
珍株矮	3/5	35	12.4	30.91	

（广东省农作物杂种优势利用协作组，1977）

(四) 光合作用和干物质积累能力强

杂交稻叶面积指数较大，叶绿素含量较高，光合作用较强，呼吸强度较弱（表8-3和表8-4）。这表明杂交稻制造的光合物质多，消耗的少，积累的干物质多。所以，杂交稻在生长前期和中期表现出较强的营养优势。到生育后期时，杂交稻的叶绿素含量仍较高，光合作用强度仍较强，而呼吸强度仍较弱，干物质积累仍较多，表现在谷草比上较高。广西农学院（1975）测定，南优2号、IR24、广选3号的谷草比分别为1：0.864、1：1.583、1：1.010。

表8-3 杂交水稻出穗后3天光合强度和呼吸强度

（华南农学院，1975）

品种	光合强度	暗呼吸（CO_2mg/cm^{2}h）	光呼吸（CO_2mg/cm^{2}h）
南优2号	12.07	0.3988	1.985
广二矮	9.47	0.6552	3.608

(五) 抗逆性强，适应性广

杂交稻具有耐旱、耐涝、耐寒等特性，不论在肥沃稻田，还是瘠薄稻田，不论是深水田，还是冷浸田，不论是盐碱田，还是酸性田上种植，由于抗逆性强，都能获得较高的产量。因此，杂交稻能适应平原、山地、丘陵、沿江、沿湖等各种生态环境条件种植。

表 8-4　南优 3 号与 IR661 各生育期单株日增产和光合势

（曹显祖等，1978）

项目	品种	生育期		
		移栽—苞分化	苞分化—齐穗	齐穗—成熟
日增产（g/日）	南优 3 号	0.267	0.835	0.210
	IR661	0.118	0.744	0.214
	南优 3 号/IR661	2.26	1.08	0.98
光合势（万 m^2 · 日/亩）	南优 3 号	0.524～1.642	7.018～5.087	10.227
	IR661	0.238～0.725	4.002～4.933	9.116
	南优 3 号/IR661	2.20～2.26	1.75～1.03	1.12

第二节　杂种优势利用途径

一、利用核质互作型雄性不育性配制三系杂交种

（一）三系杂交种的关系

三系杂交种水稻杂种优势利用的主要途径是通过选育雄性不育系（A）、雄性不育保持系（B）、雄性不育恢复系（R），实现三系配套。然后，通过选配强优势的杂交组合，繁育亲本系和配制杂交种，大面积种植杂种一代，实现生产上应用。不育系繁育通过不育系×保持系，在人为或天然隔离条件下，自然授粉或辅以人工授粉，完成不育系种子的繁育，保持系则通过自交结实获得新种子。杂交种（F_1）种子则由不育系×恢复系制种获得，通常在隔离区内父（R）、母（A）本按一定行比配制高纯度标准的杂种 F_1 种子用于生产。而恢复系通过自交结实未获得种子（图 8-1）。

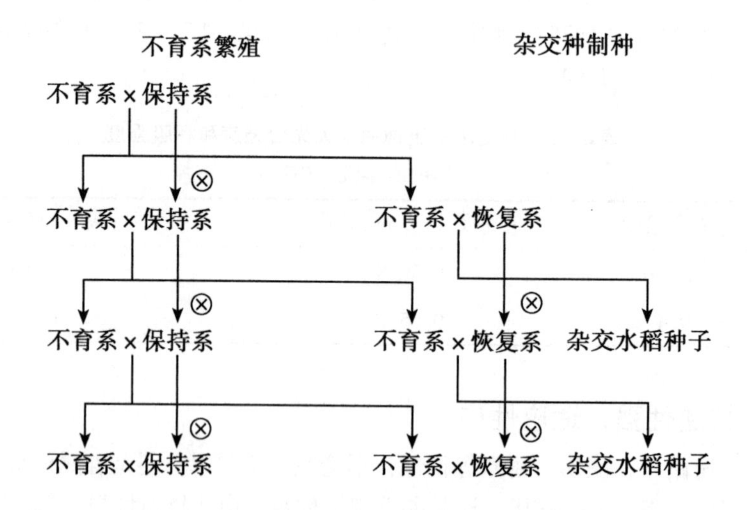

图 8-1　三系之间关系示意图

⊗表示自交　×表示杂交

（二）籼稻细胞质的粳型不育系

三系杂交水稻利用的第一步是先要育成雄性不育系。1960 年，日本新城长友以印度籼稻品种钦苏拉包罗Ⅱ为母本与我国台湾省台中 65 号粳稻品种杂交，发现杂交后代中有雄性不育株出现，通过与台中 65 号回交，育成了包台型（BT 型）台中 65 号 A 雄性不育系。1972 年，包台型不育系引入我国后，辽宁省农业科学院稻作研究所利用该型不育系与日本引进的优良品种黎明、丰锦等杂交、回交，转育成黎明 A、丰锦 A 等雄性不育系。与此同时，利用籼粳杂交"架桥"技术，从（IR8/种晴 3 号）F_1 ×京引 36 的复合杂交后代中，选育出粳型恢复系 C75、C55 等，并于 1975 年育成黎优 57（黎明 A×C57）粳稻杂交种，实现了粳稻的三系配套和杂交种的大面积生产应用。

之后，以黎明 A 雄性不育系为基础材料，辽宁省农业科学院稻作研究所用日本粳稻品种秀岭、秋光为材料，安徽省农业科学院用本地粳稻品种当选晚 2 号为材料，分别与黎明 A 不育系杂交和连续回交，最终转育成秀岭 A、秋光 A、当选晚 2 号 A 等 BT 型雄性不育系。

（三）粳稻细胞质不育系

1965 年，我国云南省李铮友在保山县种植的台湾粳稻品种台北 8 号稻田里发现了一株半不育植株，用当地种植面积较大的粳稻品种红帽缨为父本，经 3 次回交，于 1969 年育成了含有台北 8 号不育细胞质的红帽缨雄性不育系，定名为滇 1 型不育系，成为我国最早选育的粳稻雄性不育系。随后云南省又育成其他滇型水稻雄性不育系。例如，以红帽缨 A 为雄性不育源（母本），与台中 31 杂交和连续回交，育成了含滇 1 型细胞质的台中 31A 雄性不育系及其保持系。

辽宁省农业科学院稻作研究所又以滇 1 型台中 31A 为母本，以日本粳稻品种丰锦为父本杂交和连续回交转育，育成了丰锦 A 雄性不育系及其保持系。华中农业大学以滇 1 型红帽缨 A 为母本，华粳 14 为父本杂交和回交，转育成滇 1 型华粳 14A 和 B。云南农业大学先后育成了 10 个类型的粳稻雄性不育系，分别定名为滇 1 型到滇 10 型（表 8－5）。从表中可以看出，采用籼、粳杂交（滇 3、5 型）、高原粳与平原粳杂交（滇 4、6 型）、普通野生稻与亚洲栽培稻杂交都能产生不育株或半不育株，最终育成雄性不育系。

表 8－5　滇 1～10 型不育系

不育系	细胞质来源	类型	回交父本	类型	父本来源
滇 1 型	高原籼	籼	红帽缨	粳	地方品种
滇 3 型	峨山大白谷	籼	红帽缨	粳	地方品种
滇 5 型	包胎矮	籼	红帽缨	粳	地方品种
滇 7 型	印度春稻 190	籼	红帽缨	粳	地方品种
滇 6 型	科情 3 号	粳	昭通背子谷	粳	地方品种
滇 10 型	马登红谷	粳	黑选 5 号	粳	地方种中系选
滇 2 型	麻早	粳	农台迟	粳	育成种
滇 4 型	昭通背子谷	粳	科情 3 号	粳	育成种
滇 8 型	科情 3 号	粳	台中 1 号	粳	育成种
滇 9 型	普通野生稻	野	IR20/南特占	籼	品系

（蒋志农，1996）

二、利用光（温）敏细胞核雄性不育性配制两系杂交种

（一）光（温）敏细胞核雄性不育系的由来

1973 年，我国湖北省沔阳县（现仙桃市）沙湖农场石明松在晚粳品种农垦 58 的生产田里发现 3 株天然雄性不育植株，比一般农垦 58 早熟 5 ~7d，在武汉地区 9 月 3 日以前抽穗的表现不育，9 月 4 日抽穗的开始结实，9 月 8 日以后直到安全抽穗期前，结实趋于正常。当日长为 14h 时表现不育，短于 12h 则结实正常。在 16h 的黑暗处理期间，用 5 ~ 50lx 的光照中断 1h 即可导致为不育。

张自国等（1990）在云南省沅江县境内利用海拔高度 400m、800m 和 1 230m设置试验点，种植光敏不育系农垦 58，分别于 7 月 25 日、26 日抽穗，日照长度相同，3 个试验点温度分别为 29. 6℃ 、26. 4℃和 23. 9℃ ，其结实率为 0% 、0% 和 22. 3% ，表明在海拔 1 230m以上因温度偏低，不能完全转换为不育，也说明农垦 58 不育系在长日和温度互作下产生不育。即在长日照高积温下表现不育，在短日照低积温下表现可育。鉴于此，在不育期间可作为雄性不育系进行杂交制种，在可育期间可用来繁育种子，一系两用，故命名为“自然两用系”（石明松，1981）。

1985 年，正式将农垦 58 不育材料命名为“湖北光周期敏感核雄性不育水稻”，简称“湖北光敏核不育水稻”（Hubei photoperiod-sinsitive Genic Male-sterile Rice，HPGMR）。1987 年，在全国“863”计划杂交水稻专题组会议上，袁隆平院士提议用英文不育（Sterile）的首字母 S 作为不育系的标志，即在不育系名称末尾加上 S，以便于区分不育与可育，也便于区别三系杂交稻雄性不育系的符号 A。至此，农垦 58 不育材料被命名为“农垦 58S”（NK58S）（卢兴桂等，2001）。

由于 NK58S 是粳稻自然突变体，引起科技人员重视水稻雄性不育突变体的发现和选育，例如，湖北省安江农校从超 40B/H285//6209 -3 的 F_5 代中发现的不育突变株安农 S -IS，福建农林大学在 IR54 辐射的 5460 早熟突变系中发现的 5460S（杨仁崔等，1988）。孙宗修等（1989）在人工气候箱对 5460S 进行 3 种光周期和两种温度水平处理，试验结果认定 5460S 的育性转换受温度控制，对温度敏感期是花粉母细胞减数分裂期，从而将 5460S 称为温敏感雄性不育水稻。许多研究表明，水稻雄性不育的育性光敏反应特性，多数粳稻不育系以光敏为主，而多数籼稻不育系则以温敏为主。

（二）光（温）敏雄性不育系的选育和类型

1. 光（温）敏雄性不育系的选育

以 NK58S 作为雄性不育基因来源，通过杂交进行转育，选育新的光（温）敏雄性不育系。据统计，从 1988—1997 年的 10 年间，以 NK58S 为不育基因供体，或以其衍生系为亲本转育的籼、粳、稻光（温）敏细胞核雄性不育系有 36 个，其中，粳稻光敏核不育系 12 个，中间偏粳的 1 个（表 8 -6）。此外，通过其他不育核基因来源以及由温敏核不育系安农 S -1S 转育的光（温）敏不育系约有 20 个。在这些雄性不育系中，培矮 64S、安湘 S、湘 125S、测 64S、810S、蜀光 612S、GD2S、7001S、GB028S、5088S 等 10 个不育系为生产适用性不育系。

表 8-6　基因来源于 NK58S 的粳稻不育系

名称	系谱来源	籼粳类型	光、温敏性	选育单位	育成年份
N5047S	NK58S/中黎	粳	光敏	湖北省农业科学院	1988
N5088S	NK58S/农垦 26	粳	光敏	湖北省农业科学院	1992
N95076S	N5088S/7001S	粳	光敏	湖北省农业科学院	1997
31111S	NK58S/80271	粳	光敏	华中农业大学	1988
29130S	NK58S/津 36 宇//高宇	粳	光敏	华中农业大学	1995
31301S	NK58S/80272//筑五-4	粳	光敏	华中农业大学	1993
7001S	NK58S/917	粳	光敏	安徽省农业科学院	1989
8087S	7001S/早 917	粳	光敏	安徽省农业科学院	1993
3502S	7001S/PECOS	粳	光敏	安徽省农业科学院	1993
3516S	N5047S//7001S/早 107	粳	光敏	安徽省农业科学院	1993
1541S	NK588/反五 40	粳	光敏	湖北省宜昌市农业科学研究所	1989
C407S	NK58S/秋光	粳	光敏	中国农业科学院作物育种栽培研究所	1989
108S	N422S/C9022	中间偏粳	光敏	辽宁省农业科学院	1996

（引自：陈立云等，2001）

我国北方中高纬度粳稻稻区，两系杂交稻研究起步较晚。辽宁省农业科学院稻作研究所于 1985 年引进了光敏核不育系 NK58S，辽宁省盐碱地利用研究所于 1987 年引进光（温）敏不育系 AB005，截至 1997 年，先后育成并通过省级鉴定的粳型光敏核不育系 3 个，并用新育成的光敏核不育系组配成了两系杂交组合 5 个，已投入试验。1998 年，辽宁省盐碱地利用研究所选配的两系杂交组合，GB028S × E4 在产量比较试验中，折合单产 11 095.5kg/hm^2，比对照的常规品种辽粳 454 单产 8 202.0kg/hm^2 增产 35.3%。8 个两系杂交组合在 146m^2 单区产量比较试验中，GB028S × 253 单产 11 059.5kg/hm^2，比对照辽粳 454 增产 40.4%，GB028S ×418 单产 10 789.5kg/hm^2，比对照增产 37.0%。

2. 光（温）敏雄性不育系的类型

在农垦 58S 育成之后，水稻育种家通过杂交转育，或从育种后代材料中发现新的光（温）敏感不育类型越来越多，根据其育性表达条件和育性表达方向，可将水稻光（温）敏细胞核雄性不育系分为三大类 8 种不育型（表 8-7）。

表 8-7　水稻光（温）敏核雄性不育系类型

类型		育性表达条件	
		不育	可育
光敏类	长光不育型	长光	短光
	短光不育型	短光	长光
温敏类	高温不育型	高温	低温
	低温不育型	低温	高温

（续表）

类型		育性表达条件	
		不育	可育
光温互作类	长光高温不育型	长光高温 长光低温 短光高温	短光低温
	长光低温不育型	长光高温 长光低温 短光低温	短光高温
	短光高温不育型	短光高温 短光低温 长光高温	长光低温
	短光低温不育型	短光高温 短光低温 长光低温	长光高温

（李继开，1999）

（1）*光敏类*　该类的育性转换是在一定温度范围内，也称光敏温度范围，光照长度决定了不育和可育的转换，即光周期是主要的决定因子。光敏类不育系又分为长光不育型和短光不育型两种。长光不育型是在光敏温度范围内，长光照诱导不育，短光照诱导可育，其代表性不育系有农垦58S、N5088S、7001S等。短光不育型是在光敏温度范围内，短光诱导不育，长光诱导可育。这类不育系目前还不多，初步报道的有DS－1。

迄今为止，许多研究表明，还没有发现不受温度制约的纯粹光敏型不育系。也就是说，现已发现和育成的光敏型不育系都是在一定的温度范围内表现出光长敏感的特性。例如，农垦58S和7001S是在温度24～28℃范围内，表现出长光不育和短光可育的育性特性。当不育系处在敏感期，即2次枝梗分化互减数分裂时，连续出现3d日均温度低于24℃的天气，不论怎样的光长，都会引起自交结实。相反，当连续3d日均温度高于28℃时，不论怎么短的光长也会产生不育。鉴于此，把前者的温度称作可育临界低温，后者称作不育临界高温。

不同光敏不育系的临界低温和临界高温值是有差异的，例如，农垦58S和7001S的临界低温值为24℃，临界高温值是28℃。GB028S的临界低温值为22℃，临界高温值为28℃。表明GB028S耐低温的能力高于农垦58S和7001S，更适于低温发生频率高、强度大的我国北方稻区应用。对于短光不育型来说，也同样存在临界低温和临界高温的限制，以及不同不育系的临界低温值和临界高温值不一样的问题。

（2）*温敏类*　这类不育系的育性表现受控于幼穗分化敏感期的温度，光照长度基本不起作用，又分为高温不育型和低温不育型。高温不育型是当敏感时期处于临界温度以上生物学上限温度以下的范围内，表现不育；当敏感时期处于临界温度以下生物学下限温度以上时，表现可育。其代表性不育系有安农S－1S、5460S、香125S、衡农S、810S、IR32364S等。低温不育型的育性转换是，当敏感期处于临界温度以下时，表现不育；当敏感期处于临界温度以上时，表现可育。其代表性不育系有 VIA、GO534S 等。高温不育型的不育系在敏感期内日均温大于 24℃时表现不育；连续 3d 日均温低于 24℃时表现可育，可以进行繁育种子。低温不育型不育系 GO534S 在衡阳气温为 31℃以下时表现不育，31℃以上时可育；在辽宁的表现是 28.9℃以下为不育，28.9℃以上为可育。

（3）*光温互作类*　光温互作类不育系是指那些育性转换同时受光和温双重因子互作控制的不育类型，可分为长光高温不育、长光低温不育、短光高温不育和短光低温不育型 4 种不育型。长光高温型不育系在育性的转换上与长光不育型类似，分光、温的主次效应。如培矮 64S、W9598S 等。当日平均温度较低，在 26℃以下时，光长起主要作用；当温度较高时，则温度是主要决定因子。

一些学者的研究认为，光温互作型不育系的育性转换受光、温 2 个因子控制，其中，温度因子的变化不会改变育性的表达方向。例如，长光高温型不育系在长光高温、长光低温、短光高温 3 种光温互作下均表现不育，仅在短光和低温两个因子同时满足时才表现可育。国家杂交水稻工程技术中心和华中师范大学选育 YW 系列雄性不育系属于光温互作类的长光高温型雄性不育系。

三、化学杀雄配制两系杂交种

（一）化学杀雄的概念和机理

在水稻稻穗发育的一定时期，喷洒化学杀雄剂，使花粉失去授粉力，以产生非遗传性雄性不育，同时保持雌蕊的可育性，然后，用特殊配合力高的任何基因型作父本进行杂交授粉，配制出具有强杂种优势的组合，产生杂交种种子，以利用其杂种优势，称为化学杀雄水稻杂交种。

现有化学杀雄剂，又称杀雄配子剂，以甲基砷酸锌（$CH_3ASO_3Zn \cdot H_2O$）和甲基砷酸钠（$CH_3ASO_3Na_2 \cdot 5 \sim 6H_2O$）的杀雄效果比较好。当杀雄剂喷洒后，水稻植株开始吸收药剂，大部分集中在水稻茎、叶里，小部分转移到穗里，还原为三价砷化物，使花药中的巯基（-SH）化合物的活性减弱或消失，琥珀酸脱氢酶和细胞色素氧化酶的活性显著下降，呼吸强度仅有正常值的 33.0% ~50.0%。游离氨基酸中的脯氨酸和色氨酸显著减少，丙氨酸和天冬氨酸有所增加，结果使蛋白质代谢发生一系列障碍性的生理变化，致使花粉发育及充实受到干扰，从而导致雄性不育的发生。

（二）化学杀雄研究的起始和进展

20 世纪 50 年代初，国外开始化学杀雄剂的探索研究。近 20 年来，国际已研究筛选出对作物有杀雄作用的化学药剂 50 余种，其中，2,3-二氯异丁酸钠（FW450）、乙烯利、柳芽丹（MH）、RH-531、RH532、DPX3778 等都对谷类作物有较强的杀雄效果，但存在对雌蕊有损伤作用和影响正常开花习性等副作用。

我国对水稻化学杀雄的研究，起步较晚，但进展较快，化学杀雄育成的水稻杂交种已应用生产。1970—1971 年，广东省杂优研究协作组和江西农业大学分别筛选出杀雄剂 1 号（甲基砷酸锌）和杀雄剂 2 号（甲基砷酸钠），对水稻都有较好的杀雄效果。通常用 0.015% ~0.025% 的杀雄剂 1 号或杀雄剂 2 号喷洒籼稻植株，用于粳稻时杀雄剂浓度可稍低。始穗前10d，花粉母细胞减数分裂期间为有效杀雄时段，杀雄生效后5～7d会逐渐恢复散粉。因此，一般在喷药后7d左右，再用减半浓度剂量喷洒第二次。

采用化学杀雄法，我国育成的杂交稻有，江西农业大学的赣化2号（IR24×献党1号）、广东省农业科学院组配的青化桂朝（青田矮选21×桂朝）、塘化24（矮塘竹×IR24）等化学杀雄杂交种。其中，赣化2号一般单产8 250～9 000kg/hm^2，1981年江苏省赣榆县朱堵农科站试种了0.08hm^2，产量达到14 182.5kg/hm^2，创造了我国单季杂交稻最高单产纪录。20世纪80年代初，全国试种化学杀雄杂交稻6.7万hm^2，其中，广东省就达5.3万hm^2，一般增产幅度在10%～20%。

（三）化学杀雄配制杂交种的原则和特点

1. 强优势杂交组合选配原则

①选用遗传差异较大的基因型作杂交亲本。选择亲缘关系较远或地理远缘的品种进行组配。②选择生育期相近，农艺性状比较一致的不同基因型作亲本组配杂交种，以便能继续利用杂种二代（F_2）。③选择具有指示性状的优良品种作父本，这样可以在配制杂交种之后，根据指示性状剔除伪杂种，以提高水稻杂种一代的纯度。④选择丰产性好、杀雄效果好、开花习性好的品种作母本，有利于提高杂交制种产量和种子纯度。

2. 化学杀雄配制杂交种的特点

（1）*亲本来源广，选配组合多* 化学杀雄是一种生理性诱导的雄性不育，没有不育基因参与，也不需要筛选恢复系，因此，可以广泛选择亲本，选配的杂交组合多、容易获得强优势杂交种。一般来说，用化学杀雄组配的杂交种易收到双亲优良性状互补和累加的效应，增产作用比三系法配制的杂交种更显著。

（2）*化学杀雄制种程序简便，容易操作* 化学杀雄制种的亲本选用常规品种、省去了三系的选育和亲本系选育、保持纯度等烦琐工作程序，只要掌握好喷药的适宜时期，一次准确、均匀喷洒到母本上，就完成了杀雄程序，有时可以再补喷1次。

（3）*化学杀雄制种风险小，不会发生绝收的问题* 化学杀雄配制杂交稻的母本，一般都选用当地常规优良品种，父本也会选用与母本生育期相近的品种，以保证花期相遇。如果因为气候原因使花期严重不遇，或者花期相遇，但由于连续阴雨天无法喷药，那么母本仍可结实而有产量。

但是，化学杀雄制种也有缺点，第一，杀雄效果易受天气条件的影响，在喷药后不到5h下雨，就要降低杀雄效果而使制种产量减少、种子纯度下降。第二，一般稻株的主穗和分蘖穗的生长发育期不尽相同，如果以同一浓度的药剂喷洒，杀雄的效果就会不一样，浓度低，杀雄不彻底；浓度高，易增加闭颖率或雌性不孕率，结果都降低了制种产量和种子纯度。

第三节　雄性不育系及其保持系选育技术

一、雄性不育系及其保持系

（一）雄性不育系及其保持系选育标准

因为雄性不育及其保持系是同核异质的两个系，因此，其选育标准集中体现在不育系上。

1. 不育系的不育性要稳定

一个优良不育系的不育度和不育株率均要达到100%，不育性稳定，不易受环境条件的影响，特别是不易受温度的变化而变化，也不因多代的自交繁育而恢复自交结实。另外，不因比较恶劣的气象条件而产生败育。

2. 具有利于异花授粉的开花习性和花器结构

开花正常，花时要早，与父本相吻合；花颖开张角度大，开颖时间长，柱头发达，外露率高；穗不包颈或包颈极轻，从而达到异交结实率高的目的。

3. 具有良好的可恢复性

不育系对普通恢复系来说，要具有良好的可恢复性，恢复品种多，接受恢复系花粉能力强，杂交结实率高，而且稳定。

4. 农艺性状优良，配合力强

不育系株高适中，株型紧凑，叶片窄厚挺举，剑叶短小，分蘖能力强，穗大粒多；一般配合力和特殊配合力要强，容易组配出强优势的杂交种。

优良的雄性不育保持系应具有稳定的和较强的保持不育系不育性的能力，农艺性状整齐一致，无分离现象，丰产性好，花药发达，花粉量多，有利于种子繁育和高产。

（二）雄性不育系及其保持系的异同点

在水稻雄性不育系选育过程中，不论是自然产生的，还是杂交产生的雄性不育株，由于连续回交，不育系与其保持系除育性不同外，其他性状几乎没有多大差别。因为是同核异质，其外部形态极为相似，主要区别在于雄性不育系在抽穗后雄性器官发育不正常，表现花药瘦小，形状异常，花粉粒干瘪、没有授粉能力；而保持系在花药形态、色泽、开裂状态表现正常，花粉形态、花粉粒形态饱满、其淀粉粒内所含淀粉、染色均正常（表8－8）。

表8－8　不育系与保持系的形态区别

性状	孢子体籼型不育系	配子体粳型不育系	保持系
花药形态	干瘪、瘦小	比保持系较瘦小	肥大，饱满
花药色泽	水渍状或乳白色	浅黄色或黄色	黄色
花药开裂	不开裂、开花后成线状	一般不开裂、开花后呈棒状	开裂，开花呈薄片状
花粉形态	畸形、皱缩不规则	圆形、稍小	饱满圆球形
花粉内淀粉	无或极少	充实不够	多
花粉数量	少，不散出	一般不散粉	多，散粉明显
碘液染色	不染色或浅色	蓝色或浅蓝色	蓝黑色

（续表）

性状	孢子体籼型不育系	配子体粳型不育系	保持系
开颖角度	较大	同保持系	一般
开花时间	较长、开花分散	开花集中同保持系相近	有明显高峰
分蘖力	较强，分蘖期长	一般	一般
出穗期	比保持系迟 3～5d	正常	正常
穗颈	较短，多包颈	稍短，不包颈	正常
育性	自交不结实	自交不结合	自交正常结实
株高	偏矮	比保持系稍矮	正常

（中国农业科学院，1986）

二、雄性不育系及其保持系选育

（一）利用天然雄性不育植株选育不育系

水稻天然雄性不育植株的产生有两种类型，一种是细胞核基因控制的雄性不育性，难以找到保持系；另一种由自然杂交产生的雄性不育植株，其不育性大多由不育细胞质和细胞核基因共同控制的，属于质核互作型，较易实现三系配套。因此，利用质核互作型的天然不育植株已成为水稻雄性不育系选育的重要技术之一。

我国水稻生产上广泛应用的野败型不育系，就是利用中国普通野生稻中发生天然杂交而产生的雄性不育株，以它的母本与栽培稻杂交，如野败 A/6044//二九南 1 号的杂交，逐代选择倾向父本的不育株，将其作母本与二九南 1 号连续回交 4 代，最终育成二九南 1 号 A 不育系及保持系二九南 1 号 B（图 8－2）。

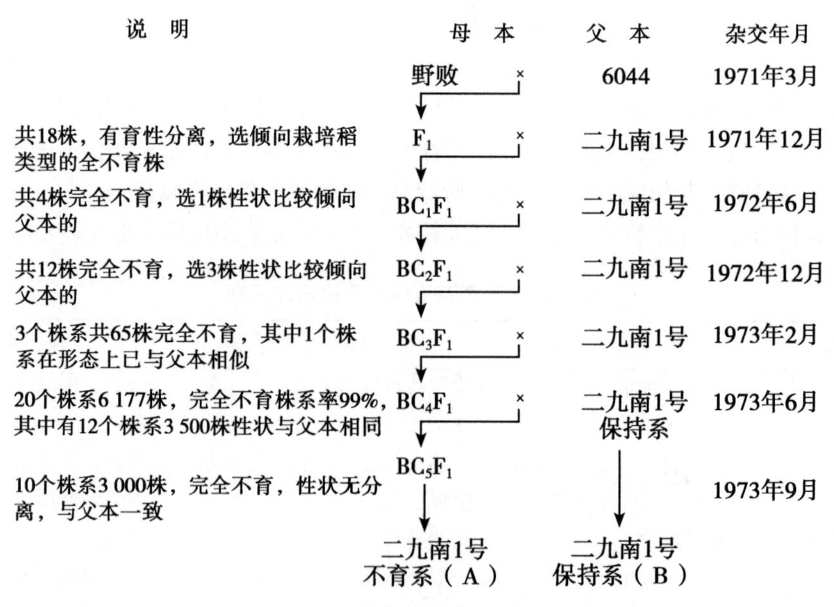

图 8－2　二九南 1 号 A 的选育过程

目前，我国广泛应用的二九南 1 号 A、珍汕 97A 和 V20A 等水稻雄性不育系均是采用这种方法育成的，其选育过程和主要特性列于表 8－9。

表 8－9　几个主要不育系回交各代的育性表现

不育系	代数	总株数	全不育株数	%	高不育株数	%	未抽穗株数	鉴定地点	备注
二九南 1 号 A	三交 F_1	4	4	100	0	0	0	长沙	三交 F_1 = 野败/6044//二九南 1 号
	B_1F_1	12	12	100	0	0	0	南宁	
	B_2F_1	65	65	100	0	0	0	海南	
	B_3F_1	6 177	6 115	99	—	—	—	长沙	
	B_4F_1	3 000	3 000	100	0	0	0	南宁	
珍汕 97A	F_1	4	1	100	0	0	3	萍乡	F_1 = 野败/珍汕 97A
	B_1F_1	16	15	93.8	1	6.2	0	海南	
	B_2F_1	123	121	100	0	0	2	萍乡	
	B_3F_1	144	141	97.9	3	2.1	0	海南	
	B_4F_1	36	35	97.2		2.1	0	海南	
	B_5F_1	473	465	98.3	8	1.7	0	萍乡	
V20A	四交 F_1	11	11	100	0	0	0	常德	四交 F_1 = 野败/6044//5 号///V20
	B_1F_1	42	42	100	0	0	0	广西	
	B_2F_1	825	825	100	0	0	0	海南	
	B_3F_1	8 000	8 000	100	0	0	0	常德	
	B_4F_1	>10 000	>10 000	100	0	0	0	广西	

（周坤炉，1994）

（二）利用杂交法选育雄性不育系

1. 远缘杂交法

远缘杂交法是将两个遗传差异极大的亲本通过杂交和回交，使父本的细胞核基因逐步取代母本的核基因，使其具有母本的细胞质和父本的细胞核。如果母本具有雄性不育细胞质基因，父本又具有相应的细胞核雄性不育基因，二者的互作就能产生雄性不育性（图 8－3）。

武汉大学（1977）育成的红莲型莲塘早不育系，就是利用红芒普通野生稻作母本，与莲塘早栽培稻杂交并连续几次回交育成的（图 8－4）。因莲唐早不育系的茎秆较高，生产上难以直接利用，广东省佛山市农业科学研究所和广东省农业科学院水稻研究所从红莲型不育系分别转育成矮秆的青田矮 A、丛广 41A、粤泰 A 等同质不育系。

利用野生稻与栽培稻杂交选育不育系时，要注意野生稻极易落粒的问题，杂交后要及时套袋，直至成熟。野生稻属典型的短日照水稻，在高纬度稻区种植野生稻及其低世代杂种后代均应有取短日照处理，才能正常抽穗结实。野生稻及其低世代杂种的种子还

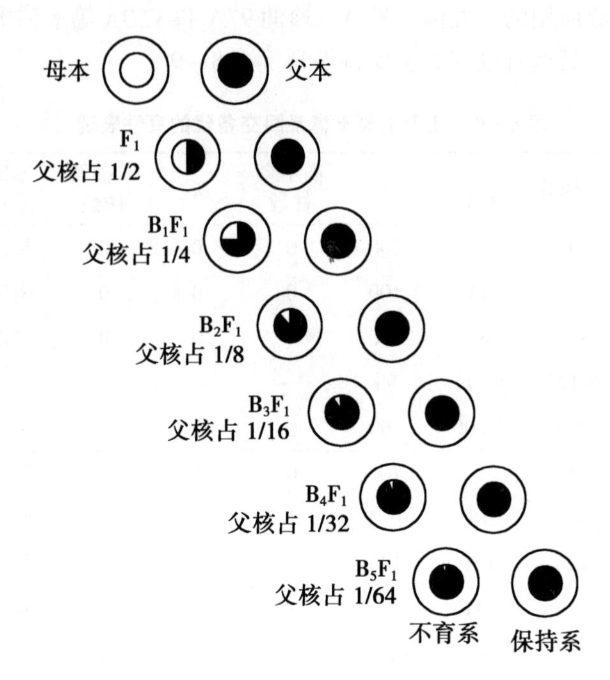

图 8－3　远缘杂交核置换示意图

说　明	母 本×父 本	年　月
	红艺野生稻↓莲塘早	1972.7
杂种一代结实率1.7%	F_1	1972.10
	↓	
共10株，其中高不育1株，半不育6株，低不育1株，正常结实2株	F_2×莲塘早	1973.3
	↙↓	
共11株，其中全不育2株，高不育5株，低不育2株，恢复2株全部为不育株	B_1F_2×莲塘早	1973.7
	↙↓	
	B_2F_2×莲塘早	1973.9
	↙↓	
共539株，均为全不育株	B_3F_2×莲塘早	1974.3
	↙↓	
共1 000株以上，全为不育株不育度为99.6%	B_4F_2×莲塘早	1974.7
	↓	
	红莲不育系　莲塘早保持系	

图 8－4　红莲型不育系的选育过程

（引自《水稻育种学》，1996）

有较长的休眠期，播种前要去壳浸种和适温催芽，以提高发芽率。

2. 籼粳杂交法

籼粳是水种的两个亚种，亲缘关系较远，但只要组合选配适合，是可以育成雄性不育系的。1966 年，日本新城长友用印度籼稻品种 Chinsurah Boro Ⅱ与粳稻品种台中 65 杂交和回交，育成稳定的雄性不育系，包台（BT）型雄性不育系台中 65A 和保持系台中 65B（图 8－5）。在 B_1F_1 至 B_6F_1 世代群体里，选择雄性部分不育植株，与台 65 进行回交，然后自交一次，选择其中雄性完全可育株，即成 BT－1 系，以消除籼粳直接杂交造成的生理性不育。再以 BT－1 系为母本与台 65 杂交，在 F_2 代群体中分离出完全可育的 BT－A 系，部分雄性不育的称 BT－B 系。然后用 BT－B 系作母本与台中 65 杂交，从 F_1 中分离出完全雄性不育株系，即成为 BT－C 系。再以台中 65 作母本与 BT－1 系杂交，在 F_2 中随机取出 11 株，分别与 BFC 不育系杂交，在 F_1 中，3 株表现部分雄性不育，其父本称 TB－X 系，6 株分离成部分雄性不育和完全雄性不育 1：1 的比例，其父本称 TB－Y 系，2 株表现完全不育，其父本称 TB－Z 系。因此，BT 型中的 BT－C 为雄性不育系，TB－Z、台中 65 为保持系，BT－A、BT－X 为恢复系，实现了三系配套。由于 BT－A 与 BT－C 的细胞核遗传背景组成相似，其杂种一代虽可恢复，但没有表现出杂种优势。

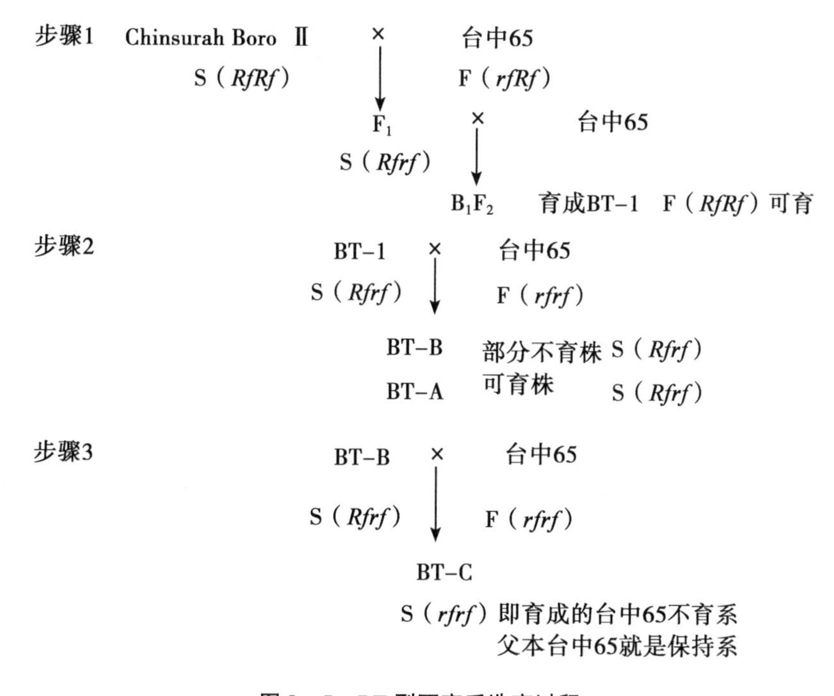

图 8－5　BT 型不育系选育过程

（引自《作物育种学各论》，2006）

（三）利用保持材料转育不育系

利用现有的不育系和保持材料为基础进行转育，也是选育水稻新雄性不育系的有效途径。转育分两步进行，第一步是广泛测交筛选具有较强保持力的品种或材料。第二步是择优回交。在测交 F_1 中，从不育度和不育株率较高的组合中，选择优良的不育单株与原测交父本进行单株成对回交。在回交进代的各世代中，选择不育性稳定、异交结实率高的株系，继续回交。从单株成对回交的群体，直到不育系选育定型为止，大约需要1 000株以上的群体进行育性鉴定。

1972 年，日本包台型（BT）雄性不育系引入中国后，辽宁省农业科学院以此为不育系与具有保持力的日本粳稻品种黎明杂交进行回交转育，最终育成雄性不育系黎明 A 及其保持系黎明 B（图 8－6）。

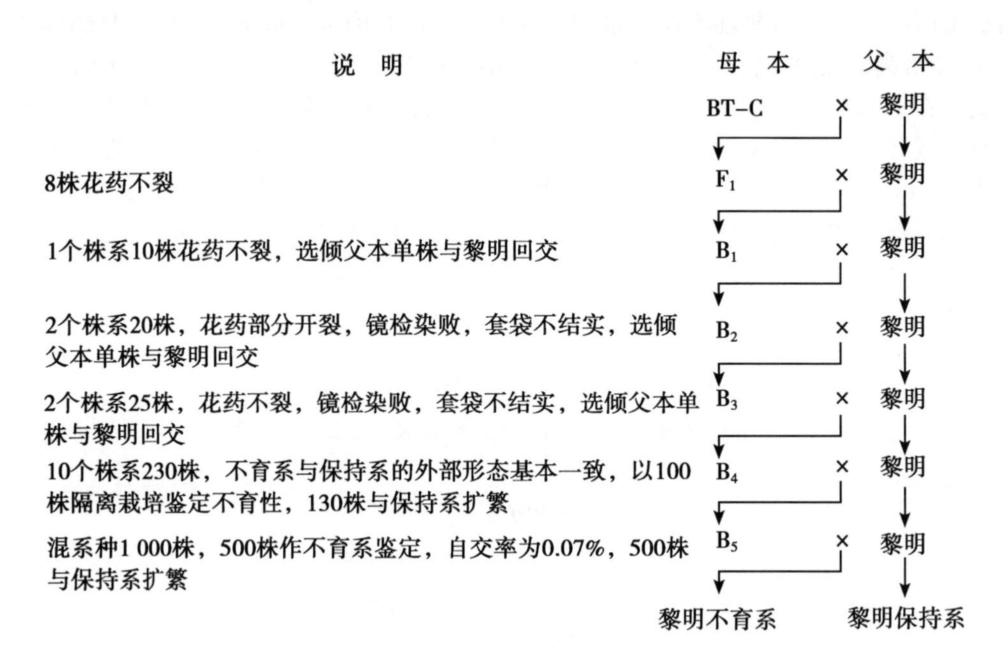

图 8－6　黎明不育系转育过程

（引自《作物育种学各论》，2006）

通过转育技术育成新的雄性不育系已取得了很多成果，目前，野败型不育系与保持类型品种或材料杂交转育选育成的雄性不育体系有接近 100 个。BT 型不育系已转育成黎明 A、秀岭 A（黎明 A × 秀岭）、六千辛 A（矮秆黄 A × 六千辛）、当选晚 2 号 A（黎明 A × 当选晚 2 号）、农虎 26A（桂花黄 46A × 农虎 26B）等。包台型（BT）雄性不育性属配子体不育，花粉败育发生于三核期。

三、光（温）敏雄性不育系选育

（一）光（温）敏雄性不育系选育标准

1973 年，我国石明松发现并育成光敏细胞核雄性不育系后，开创了我国两系法杂交稻研究和生产应用的先河。两系法杂交稻选育的基础条件是选育光（温）敏雄性不育系。一个优良的光（温）敏雄性不育系的选育应按以下标准进行。

①田间群体应在 1 000 株以上，性状稳定，整齐一致。②在雄性不育稳定期内，群体不育株率应达到 100%，不育度在 99.5% 以上，包括花粉不育度和套袋自交不实率，检测样本应在 100 株以上。③育性转换明显，不育系在当地自然条件下种植时，其稳定不育期应在连续 30d 以上，可育期的自交结实率常年稳定在 30% 以上。④开花习性好，不育期间杂交制种田的异交结实率与同类三系杂交稻的主要雄性不育系相近似。粳型以细胞质雄性不育系六千辛 A 为标准，籼型以细胞质雄性不育系珍汕 97A 或 V20A 为标准。

（二）光（温）敏雄性不育系选育策略

由于受纬度、海拔、地势、地形、河湖、海洋等因素的影响，不同生态区光温条件存在明显的差异，因此，只有充分发挥当地的生态条件优势，选育那些育性转换方向与当地生态条件作用方向相向而行的光（温）敏雄性不育系，才有可能育成真正成为生产适用型不育系。例如，我国中高纬度稻区，夏季具有长日照和伏季低温发生频率高、强度大的气象特点，因而在选育光（温）敏雄性不育系的策略上，就应以选育长光不育型、低温不育型和长光低温型为主要选育目标。

我国长江流域稻区是籼、粳稻品种种植的结合部，也是我国南、北稻区的分界线。该区夏季日照时数大于 14.5h，日均温度多在 24℃ 以上，所以，长江流域是光（温）敏雄性不育系类型最多的地区。但是，不论哪种类型的不育型，对环境的应变范围都是比较小的。因此，正确认识和准确把握当地的生态条件优势和走向，科学地制定本地区选育不育系的生态指标，是成功选育光（温）敏雄性不育系必不可少的前提策略。

（三）光（温）敏雄性不育系选育技术

1. 长光不育型雄性不育系的选育

选育长光不育型不育系的关键技术有 5 个方面。

（1）*要抓住可育临界低温的生态指标*　将杂种 $F_2 \sim F_5$ 代种子分期播种，在敏感期遇到低温的那个播期内选择雄性不育株，经连续 4 代的低温鉴定，选留那些在当地临界生态指标条件下表现花粉败育率、自交不实率均达到 99.5% 以上的不育株。F_6 代以后，在主要农艺性状稳定时鉴定不育株率和检测株系内不育度变异系数，选留那些可育临界低温值低、不育株率达 100%、不育度达 99.5% 以上，不育度变异系数小的株系。

（2）*对选留的株系进行光长转换期测验*　选择光长转换期较短的株系。研究表明，光长和温度有互补性。高温相当于长光效应，低温相当于短光效应。因此，选择了育性转换光长时间短的，就相等于选到了可育起点温度低的长光不育型雄性不育系。根据这一原理，也可在 $F_2 \sim F_5$ 的各世代进行短光处理，特别是在种子量少、不够分期播种情况下，先在短光处理条件下选择不育株，翌年再与分期播种的低温选择相结合，或者两种方法同时进行，或者两种方法交替进行，都有助于加快选育程序。

（3）*加速进代，提早稳定*　在中高纬度一季稻地区，利用温室进代是快速选育的重要手段。把在田间镜检花粉败育率达 99.5% 以上的不育株，每株取出 2/3 的分蘖移到温室割头再生，并进行 10h 短光处理，用温室内收取的种子去海南岛加代繁育。而留在田间的 1/3 分蘖株在开花前套袋自交，作为决定温室繁育种子是否南繁的参考，自交结实率在0.5%以上的不予南繁。

(4) *采取跟踪鉴定法对田间和光周期试验中的不育株进行跟踪镜检* 对第一次镜检达标的不育株每隔3d还要再检2次，每检一次套一个自交袋。经3次镜检花粉败育率在99.5%以上的不育株才能中选。

采取上述技术不仅解决了高温年同样可鉴定出可育临界低温低的不育材料，淘汰可育临界低温高的不育材料，提高选择效率，提升选育质量，还可以节约资金，减少无效用工。

(5) *要特别注重综合性状的选择* 在选择亲本的时候，就应充分考虑双亲农艺性状的优、缺点及其互补性，以防止育成的雄性不育系因某个（些）性状的不足而无法应用。例如，不育系柱头的大小、外露率高低，以及颖壳开张角度大小和花时早、晚等都与制种产量有关。如果这些性状表现不理想，将大大降低制种产量，即使杂种优势再强，但因制种产量低，种子价格高而影响杂交种的推广应用，严重降低了不育系在生产上的利用价值。

2. 低温不育型雄性不育系选育

对我国北方中高纬度稻区来说，选育低温型雄性不育系能够充分地发挥和利用北方的低温优势，越是低温，花粉败育得越彻底，具有育性转换方向与生态条件作用方向相向而行的特点，因此，更有实际应用价值。选育低温不育型温敏雄性不育系的关键技术在于光温组合鉴定，首先要选雄性不育株（方法与长光型不育系相同），将不育株割头移入温室再生，并进行长、短光高温处理至抽穗前10d。

在长光高温和短光高温处理中，均正常结实的（结实率在30%以上者）即是低温不育型温敏雄性不育系材料。应注意温室内的温度应大于或等于当地临界高温的生态指标。也可将试验材料分批移出温室，对温室进行变温管理，以便鉴定区分不同可育临界温度的材料，淘汰可育临界温度低的材料。

3. 长光低温不育型雄性不育系选育

迄今为止，还没有关于长光低温不育型雄性不育系选育的报道。然而，长光低温不育型雄性不育系有可能成为今后北方中高纬度稻区两系杂交水稻应用最广泛、安全系数最高的光温敏雄性不育系类型。它充分发挥了北方长日照、低温两个生态因子的优势，由光温两个生态因子控制育性转换。

这种不育型的雄性不育系，只有在短日照高温条件下才能恢复自交结实。在北方中高纬度地区的自然环境下，永远满足不了恢复自交结实的条件，所以，在北方制种是100%完全可靠。尽管现在还没有发现这种类型的雄性不育系，但现已发现长光不育和低温不育两种类型的不育系。如果用长光不育型和低温不育型杂交，通过光敏和温敏基因重组合，完全有可能选育出适合北方中高纬度稻区应用的长光低温不育型雄性不育系。其选育方法与选育低温不育型雄性不育系大致相同，只是在温室内选择短光高温可育、长光高温不育的类型，便是所要选择的长光低温不育型雄性不育系。

（四）光（温）敏雄性不育系选育途径

1. 在水稻各种群体中发现寻找不育株的途径

水稻普遍存在光敏不育、温敏不育和光温敏互作不育的现象，这已是不争的事实。

在水稻由各种方式形成的群体中，都存在着非常丰富的光温敏不育突变体，尤其是在一些远缘杂交后代群体、籼粳杂交后代群体、辐照处理后代群体、化学诱变后代群体、花药（粉）培养后代群体、外源DNA导入后代群体等，只要留心观察，仔细、认真寻找，都可发现光温敏雄性不育株。找到这些雄性不育株后，把它们放在长日高温、短日高温、长日低温、短日低温等各种环境条件下抽穗，使其敏感期育性充分表达，然后，观察是否具有光温敏不育的特性。如果具有这种特性，而且其他性状指标符合两用细胞核雄性不育系标准，即获得了一种新的核雄性不育性资源。

1973年，湖北省沙湖原种场石明松在粳稻农垦58的稻田里发现3株雄性不育株。经鉴定，在长日照下表现不育，短日可育，育成了光敏核不育粳稻，农垦58S。1986年，福建农学院杨仁崔等在三系恢复系5460（IR54干种子经γ-射线处理育成）的一个400余株的群体内发现了多株形态上完全相似的育性变异株，最终育成了光温敏核雄性不育系5460S。

其他育成的还有，1987年湖南省安江农业学校邓华凤从超40B/H285//6209－3的F_3代群体中发现1株雄性不育株，最终育成了我国第一个温敏不育系，定名安农S－1。1988年，湖南省衡阳市农业科学研究所阳花秋在3714（82－3624/［（IR24/粳245）F_4/（湘矮早7号/IR28）F_2］//83－2354）中发现一株自然突变不育株，最终育成我国第一个具有生产利用价值的反温敏两用核不育系，g0543S。1993年，杨远柱等从抗罗早//4342/02428 F_2中发现一株雄性不育株，最终育成了不育起点温度低的两用核雄性不育系株1S和株625－18S。

2. 杂交转育途径

在水稻各种群体中发现寻找到的大多数光（温）敏雄性不育系，存在许多缺点，或者性状不优，或者配合力不强，或者不育起点温度不符合要求而不能在生产上大面积应用。只有将光温敏不育基因导入具有优良性状的新遗传背景中，育成具有各种特征特性的符合两用不育系标准的新不育系，才能发挥光温敏雄性不育系的利用价值。因此，杂交转育新的光温敏雄性不育系是两系法杂交稻选育中最重要的途径。

由于光温敏不育系具有育性转换的特性，因此在杂交方式上，既可利用不育系的不育期作母本进行杂交，也可利用其可育期作父本进行杂交，正交或反交进行转育。通过一次杂交连续选择，就能育成新的光温敏雄性不育系。杂交转育是目前选育光温敏不育系用得较多的，王长义等（1986）用农垦58S作母本，粳稻品种农虎26作父本杂交，经6年5代育成N50888S。王守海等（1988）用农垦58S作母本，917作父本杂交，育成7001S。郭名奇（1994）用安农S－1作母本，湘香B作父本杂交，经多代选择，最终育成安湘S。张瑞祥等用安农S－1作母本，密粒广陆矮作父本杂交，采取定向单株连续选择，育成F131S。下面以96－201S为例，说明杂交转育选育光（温）敏不育系的程序（图8－7）。

亲本的选择是杂交转育能否获得成功的关键。亲本选择包括细胞核不育基因供体亲本，以及与其杂交的亲本。核不育基因供体亲本选择要考虑以下因素：①选用遗传方式简单的光温敏核不育系或材料作不育基因供体。②如果要选育光温敏核不育系，就要选择光温不育系作不育基因供体；如果选育温敏核不育系，就要选择不育起点温度低的温

1992年	长沙	1356S/12119	配制杂种F_1
		↓	
1993年	长沙	F_1	种植20株F_1
		↓	
1994年	长沙	F_2	种植$F_2$2 000株，从中选育不育株20株
		↓	
1994年	海南	F_3	选3月18日转不育的单株5个，收3月18日前套袋自交结实的种子
		↓	
1995年	长沙	F_4	人工气候室日平均温度24℃育性敏感期处理7d，选花粉100%败育的单株再生繁种
		↓	
1996年	海南	F_5	种植长沙再生蔸结实的种子，从中选不育转换早的一个株系
		↓	
1996年	长沙	F_6	种植海南中选优株2个，敏感期移10株于人工气候室日平均温度23.5℃处理7d，其中一个单株100%花粉败育
1997年	海南	F_7	长沙中选单株带蔸剥蘖繁殖获种子500g
		↓	
1998年		F_8	经国家“863”两用核不育系鉴定承担单位中国水稻研究所和广东省农业科学院共同鉴定，育性是当年被鉴不育系中最好的，且其他性状整齐一致，至此，91-201S育成

图8－7　96－201S 杂交转育程序

（引自《陈立云等，2001》）

敏不育系作不育基因供体；如果要选反温敏不育系，则要选择可育起点温度高的反温敏不育系作不育基因供体。③尽管选择农艺性状优良，品质、抗性都比较好，异交结实率高的光温敏核不育系作不育基因供体。④选择新近育成的光温敏核不育系作不育基因供体，不必用最原始的光温敏核不育系作不育基因亲本。

选育光温敏核不育系能否成功的另一个重要因素，就是对杂交后代提高选择压。所谓选择压就是把后代选择的敏感期安排在育性容易产生波动的环境下，选育目标不同，敏感期安排的光温条件也不一样。选育光温敏雄性不育系，要在长日低温下选不育株，而这种长日低温正好达到育性敏感波动的要求；在短日高温下选可育株，而且这种短日高温条件刚好达到基本可育的程度。如果在长日照的高海拔地区（敏感期日均温度23～25℃）选不育株，把选择的不育植株稻蔸带去海南，并在海南短日高温下选可育株。

若选反光温敏两用核不育系，则要把不育敏感期安排在短日高温下选不育株，在长日低温下选可育株。如在海南岛三亚短日高温季节选不育株，把选到的不育株稻蔸带回原地在长日低温下选可育株。不管选育哪种类型光敏核不育系，可以根据其对光温的要求，在人工气候室里设计相关处理，然后进行选择，考虑到在早世代要求种植的后代群体大，使用人工气候室费用高，因此，人工气候室的鉴定选择通常只在选育材料的某一个世代或快要稳定的世代进行。

不论选育哪种类型的光温敏核不育系，也不论杂交后代种植于多大选择压条件下，为方便、科学、有效选择，都应种植生产上大面积应用的光温敏核不育系作对照，最好再选一些不育起点温度较高（25℃）的光温敏核不育系或可育起点温度较低（28℃）的反光温敏核不育系作对照。对照要分期播种，以保证使选择群体中不同时期抽穗的单株都有对照作为取舍的参照依据。

第四节　雄性不育恢复系选育

一、恢复系选育标准及恢复基因来源

（一）恢复系选育标准

要选育一个优良的水稻恢复系，必须要具有以下的优良性状。

（1）*恢复能力强，而且恢复性稳定*　与雄性不育系杂交组配的杂交种（F_1）结实率不低于85%。

（2）*配合力高*　恢复系要具有较高的一般配合力，而且与某些雄性不育系配组，具有较高的特殊配合力。

（3）*恢复系株高要略高于雄性不育系，花药发达，花粉量多*　研究表明，粳稻恢复系的产粉量与花药长度呈极显著正相关，与花药宽度也为正相关，但未达到显著水平，而与花药的体积也呈极显著正相关，说明花药的长度、宽度和体积越大，粳稻恢复系的产粉量就越多，因此，在粳稻恢复系选育中，应筛选长度长、宽度宽、体积大的花药，以增加制种田的花粉量，提高粳稻制种的产种量。

（4）*恢复系开花习性良好*　花期长，花期与雄性不育系同步或稍晚；花时也要与不育系同时或略迟。

（5）*恢复系要具有较优的农艺性状、品质性状、抗性性状*　以使配制的杂交种（F_1）有可能具有较优的综合性状。

（二）恢复基因来源

在水稻进化过程中，由于籼稻和粳稻处在不同的进化阶段，因此，细胞核里存留的恢复基因数量是不同的。一般来说，籼稻基因型里的育性恢复基因多一些，而粳稻基因型里的恢复基因要少一些。通过对恢复系测交检验其恢、保关系的研究表明，对雄性不育系具有恢复能力的品种有相当规律的地理分布。

湖南省对不同地理来源的731个水稻品种进行测交鉴定，结果表明，来源于低纬度地区的品种中具有恢复性的品种较多。例如，在我国华南、西南地区的75个品种中，具有恢复力的品种有15个，占20%；低纬度的东南亚地区具有恢复力的品种就更多，占测定品种总数的35.5%；我国长江流域的水稻品种具有恢复力较少，仅有7.6%；来自我国北方，以及日本、韩国等国粳稻品种具有恢复基因的品种极少。

应存山等（1993）采用5个雄性不育系，即野败型细胞质不育系珍汕97A和

V20A，矮败型细胞质不育系协青早 A，Dissi 细胞质不育系 D－汕 A，印尼水田谷细胞质不育系Ⅱ－32A 作测交母本，对 510 份外国引进的水稻品种进行鉴定筛选。结果是来自东南亚的品种得到的恢复系最多，占测交鉴定总数的 20.1%，占已鉴定出的恢复系总数的 66.7%（表 8－10）。其中，国际水稻研究所育成的 IR 系列品种和品系，我国台湾省以及韩国的籼稻或籼、粳杂交品种中具有恢复基因的品种较多。

表 8－10　具有恢复基因品种的地理分布

地区	测交品种数	测得的恢复系	恢复系占测交品种数（%）	恢复系占总恢复系数（%）
东南亚	289	58	20.1	66.7
东　亚	74	14	18.9	16.1
南　亚	84	11	13.1	12.6
美　洲	43	4	9.3	4.6
其　他	20	0	0.0	0.0
合　计	510	87	17.1	100.0

（引自应存山等，1993）

20 世纪 70 年初期，我国先后从国际水稻研究所引进该所选育的 IR 系列水稻品种和品系。在这些品种（系）中，有的经鉴定表现优良直接应用于生产，有的作为亲本系在水稻育种上利用，尤其作为恢复基因的来源，通过测交进行鉴定筛选，获得了含有恢复基因的强恢复系泰引 1 号、IR24、IR666，并被依次定名为恢复系 1 号、2 号和 3 号。之后，又测交获得了强优恢复系 IR26，定名恢复系 6 号。

林世成等（1991）对 IR24、IR26、IR661 等品种的系谱进行了分析，结果显示这些品种的原始亲本组成很丰富，其中，含有中国老水稻品种 Cina 和印度尼西亚品种 Peta，均带有恢复基因。由于 Peta 对野败雄性不育系具有较强的恢复能力，因此，含有 Peta 亲缘的 IR24、IR26 等品种作亲本选育出的恢复系及其衍生恢复系数目较多。

杂交稻育成并在生产上推广应用至今，从总体上看以野败型雄性不育系珍汕 97A、V20A 组配的杂交种最多，种植面积最大，而野败型恢复系的恢复基因主要来自以 IR8 为代表的国际稻品种及其衍生系统。IR8 性状优良、配合力高，但其恢复度低一些，而它的衍生系统的恢复力增强，IR24、IR26、IR661、IR28、IR30 和 IR36 等品种作为恢复基因来源，已育成一批各种恢复系。几种类型的主要恢复系及其来源用图 8－8 表示。

二、雄性不育恢复系选育方法

（一）测交选育法

测交选育法简便、易行、收效快，是筛选恢复系的基本方法。目前，生产上应用的野败型、矮败型、红莲型等雄性不育恢复系，都是通过测交法育成的。测交选育程序如下。

1. 初测

选择被测基因型（水稻品种或品系等）分别与测验的雄性不育系成对杂交，形成

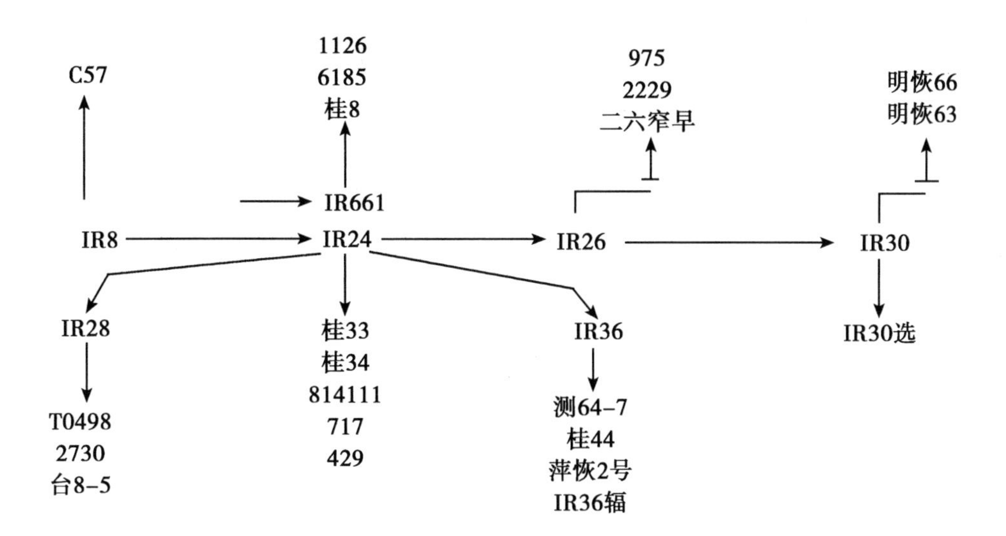

图8-8　由IR8及其衍生品种育成的恢复系

（引自《中国作物及其野生近缘植物》，2006）

测交种，每对测交的种子应有40粒以上，种成 F_1 要有15～20株，以调查杂种群体的结实率，农艺性状、产量、抗病性、配合力等。如果 F_1 花药开裂正常，有活力花粉达80%以上（孢子体型），或50%以上（配子体型），结实正常，表明被测的父本具有恢复力，应选留下来。

2. 复测

经初测入选的基因型，再与原雄性不育系杂交进行复测。复测杂种一代（F_1）的植株群体应在100株以上，如果结实表现正常，则确认是经测交筛选出的一个恢复系。同时，要进行小区测交，考察农艺性状和抗病性等，对那些杂种优势表现不明显、抗性差的要淘汰掉。

在测交筛选野败型不育系的恢复系时，要考虑以下几个问题：第一，恢复材料与不育系原始亲本的亲缘关系。根据野败型测交筛选恢复系的许多结果表明，凡是与野生稻亲缘较近的晚籼稻，其中，较多品种都带有恢复基因。粳稻与野生稻亲缘较远，很难筛选到对野败具有恢复力的恢复系。第二，恢复源材料的地理分布。通常来源于低纬度、低海拔的籼稻，具有恢复力的品种较多些，而高纬度、高海拔地域的品种极少具有恢复性。

（二）杂交选育法

测交选择法筛选的恢复系获得的优良恢复系有限，很难满足选配强优势优良水稻杂交种的需要，因此，采用杂交选育法能够创制出新的优良恢复系。在杂交选育恢复系时，可以采用单杂交或复合杂交选育法。

1. 恢复系与恢复系杂交

通过杂交，将两个品种的优良性状和恢复基因结合到一起，育成新的恢复系，这是目前选育恢复系的主要方法。采用两个恢复系杂交较易获得成功。由于双亲均带有恢复基因，在杂种后代中产生具有恢复性植株的概率较高，早代可以不测交，待其他性状稳定后再与不育系测交。这种方法的成功率很高。谢华安（1980）用IR30与圭630杂交，结合了双亲均有的强恢复基因、丰产性及其他优良性状，从杂种第3、第4代起连续进行几次单株成对测交，从而育成了恢复性强、米质优、抗稻瘟病的恢复系明恢63，成为我国广泛应用的水稻恢复系。

李丁民等（1980）用IR36与IR24两个恢复系杂交，育成恢复力强、抗性强、植株繁茂的恢复系桂33，与珍汕97A组配的籼优桂33杂交种，1987—1991年累计种植面积334万hm^2。

2. 保持系与恢复系杂交

保持系与不育系是同核异质系，因此，可以采用不育系与恢复系杂交，育成同质恢复系，可以减轻繁重的测交工作。这种杂交方式可采用不育系/恢复系//其他保持系杂交，并连续回交，在后代里选择育性良好的单株。利用保持系与恢复系杂交，从其稳定的杂交后代进行测交筛选，可以育成恢复系。中国水稻研究所（1981）用台雄2号与IR28杂交，从杂种后代中选到籼糯型株系，与败育型不育系珍汕97A多次连续复测，育成了强恢复力的糯稻恢复系台8－5，在生产上得到了应用。

新疆农垦总局水稻杂优组（1976）用北京粳稻3373与IR24杂交，从杂种后代中先选择具有倾向粳稻性状的早熟植株，到第5代开始用野败型粳稻不育系杜字129A与其成对测交，经过6次连续复测，最终育成了粳67、粳189、粳611等恢复系。安徽省农业科学院从C57/城堡1号杂交的后代中，选育得到C堡恢复系。

3. 复合杂交

复合杂交能将3个或3个以上亲本的优良性状、抗性及恢复基因等结合到后代个体上，育成强优恢复系。例如，湖南杂交水稻研究中心（1981）先用IR26与窄叶青8号杂交，接着从F_2中选择一个优良单株作母本与早恢1号复交，然后，从复交二代开始用V20A进行2次测交选择，最终育成了早熟、抗病、恢复力强的二六窄早恢复系。

辽宁省农业科学院水稻研究所从1972年开始，以IR8与科情3号杂交，F_1再与京引35复交，经4代自交和选择，于1975年育成了粳稻C系列恢复系，其中，C57表现恢复性好，性状优良，与黎明A不育系组配的杂交种黎优57，具有明显的杂种优势，使我国粳稻杂种优势利用最先获得突破，并在北方粳稻区大面积推广种植。籼粳杂交是选育恢复系的有效途径之一，按照选育目标和复合杂交的方式不同，可以向偏粳，或者偏籼方向选育，育成粳型或籼型恢复系。

（三）诱变选育法

利用诱变方法改良原有恢复系的1～2个重要缺点性状，育成新的恢复系，是十分有效的。例如，浙江省温州市农业科学研究所（1981）在1977年，利用IR36恢复系干种子，经Co^{60} γ-射线处理，剂量为3kR，诱变后代经选择、测交和测交鉴定，于1981年育成比IR36恢复系早熟10d左右的新恢复系IR36辐。湖南杂交水稻研究中心（1986）将二六窄早恢复系经辐射处理后，从后代中获得若干早熟突变株，经成对测交筛选，最终选育成华联2号、华联5号、华联8号等新恢复系，并组配成水稻杂交种在生产上推广应用。

三、粳稻恢复系选育

（一）恢复基因导入与“籼粳架桥”技术

1. 恢复基因的导入与利用

水稻杂种优势利用研究及恢复系选育实践结果表明，水稻品种的恢复性与水稻的起源有关，凡是与野生稻亲缘较近的品种，具有恢复力的较多些，而且恢复力也较强。籼稻起源早，粳稻起源晚，因而粳稻品种缺乏恢复基因。所以，粳稻恢复系选育要通过籼、粳杂交，将籼稻中的恢复基因导入粳稻里，再通过测交筛选获得，或杂交转育获得。

籼粳杂交虽然可使粳稻得到恢复基因，但由于双亲遗传差异过大，易使杂种一代（F_1）结实率降低。因此，籼粳杂交的 F_1 代需要进行复交，以减少杂种细胞核中的籼核成分和相应增加粳核成分。这样一来，不但克服了籼粳杂交遗传差异过大的问题，还由于导入另一粳稻的细胞核基因，有利于改良恢复系的性状。辽宁省农业科学院稻作研究所始创的“籼粳架桥”人工制恢技术就是上述粳型恢复系选育思路的产物。

2. “籼粳架桥”技术

“籼粳架桥”制恢技术的机制和模式是用含有恢复基因的籼稻与籼粳中间型的粳稻杂交，在杂种一代（F_1）用优良粳稻品种复交，以及对杂种后代进行鉴定和选择。第一次籼粳杂交要将籼稻的恢复基因及其优良性状导入粳稻中，同时减少了籼粳遗传障碍，达到了基因重组交换的目的。第二次用粳稻复交，形成 1/4 籼稻细胞核的频率，使籼、粳基因组差异适度，恢复性好，异交结实率高，配合力强。

（二）粳恢 C57 等恢复系选育

1. 亲本选择

为了引入籼稻矮秆基因、恢复基因、选择了带有半矮秆基因、恢复基因和丰产性好的籼稻品种 IR8 为母亲；为了解决籼粳间由于遗传差异过大的杂交不亲和性，选择了籼粳杂交的偏粳品种科情 3 号作父亲。杂交后，使 F_1 代结实率达到 71%，同时其表现出较强的杂种优势。为了增加杂种后代粳型细胞核的分量，选择了京引 35 作为复交的父本。

2. 杂交后代的处理和选择

一般来说，籼粳杂交的后代存在结实率低和疯狂分离两大问题，带来选择上的难度。为解决这一问题，在 IR8×科情 3 号杂交的杂种一代（F_1），用京引 35 作父本与 F_1 进行复交，即（IR8×科情 3 号）F_1×京引 35，从而改变了（IR8×科情 3 号）F_1 的遗传成分，使其复交 F_1 的粳稻成分占 3/4，籼稻成分占 1/4，有利于提高杂种后代的结实率。同时，拓展了配子多样性利用，大幅提高了籼粳杂交选育恢复系的效果。

此外，对复交杂种后代要加大选择压，如在低温、高肥力条件下选择。在复交第二代、第三代开始进行株选，测交，并保证重点选系在扩大株行的基础上，进行农艺性状的鉴定和复测。这种严格的鉴定和选择一直进行到复交的第四代和第五代。由此育成了一组耐寒、抗病、抗旱、优质的优良粳稻恢复系 C57、C55、C65 等（图 8－9）。

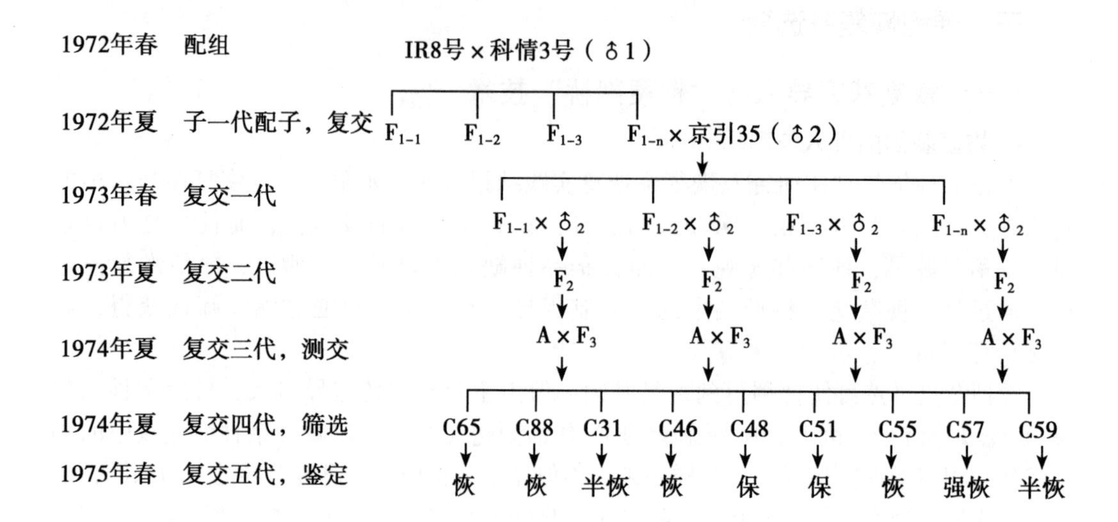

图 8-9 粳恢 C57 选育示意图

（杨振玉，1999）

3. 粳恢 C57 特征特性

粳恢 C57 继承了 IR8 的半矮秆株型，内卷挺立叶型、长势繁茂以及籼粳杂交产生的穗粒数杂种优势和较长的生殖生长期等。株高 93cm，秆高 74cm，茎粗 0.67cm，抗倒性强（表 8-11）。叶片内卷挺立，功能叶较大而厚实，剑叶长 39.2cm，宽 1.85cm，说茎叶片数 16~17 片，寿命长，不早衰。穗大粒多，平均每穗粒数 152.4 粒，最大穗达 300 粒，二次枝梗数显著多于常规品种。

表 8-11 粳恢 C57 株型的比较

品种	株高（cm）	秆高（cm）	第 2 节茎粗（cm）	株型指数	抗倒性
C57	93	74	0.67	110	强
丰锦	107.5	89.5	0.41	218	弱
IR8	91.2	71.0	0.69	103	强

注：株型指数 = 秆高（cm）/第 2 节茎粗（cm）

（杨振玉，1999）

粳恢 C57 根系发达，叶色浓绿，从幼穗分化到成熟期相对较长，有较强的营养优势，但后期转色差，抗白叶枯病较弱，秕粒率高，千粒重低，表现出籼粳杂交后代营养优势与经济优势不协调的问题。

粳恢 C57 花粉量较多，每个花药约有花粉 900 粒，每个颖花有花粉约 5 000粒，显著高于常规水稻品种。在晴朗天气进行制种田辅助授粉时能见到花粉呈烟雾状，制种田异交结实率通常达到 50%~70%，最高达 81%，有利于提高杂交制种产量。

4. 粳恢 C57 的恢复性和配合力

粳恢 C57 育成之后，根据各地对其花粉育性观察的结果，测定其恢复度。粳恢 C57

与包台型、里德型、南新型、辽型等雄性不育系测交杂种一代（F_1）的花粉育性为49.4%～49.8%，自然结实率为75%～90%。只有对野败型不育系表现为弱恢复性（表8－12）。表中的结果说明粳恢C57属于广谱性强的恢复系，其恢复基因来源IR8品种。

表8－12　粳恢C57对不同类型粳稻不育系的恢复率

粳型不育系	花粉育性（%）	恢复度（%）
包台型黎明A	49.6	80～85
滇型丰锦A	49.4	75～86
里德型丰锦A	49.8	80～90
南新型吉粳56A	49.5	70～80
辽型秀岭A	49.7	80～90
野败型早丰A	29.1	40～50

（引自杨振玉，1999）

粳恢C57与我国北方粳稻不育系组配的杂交种，表现出较高的产量配合力（表8－13）。

表8－13　粳恢C57与不同不育系配组产量表

组合	地点	面积（万 hm^2）	比对照增产%
包黎A×C57	辽宁	2.67	比丰锦+16.1*
滇丰A×C57	辽宁	0.4	比丰锦+16.3**
辽秀A×C57	辽宁	试种	比丰锦+14.7
滇D56A×C57	辽宁	试种	比丰锦+17.2
包京引127A×C57～80	吉林公主岭	试种	比吉粳60号+28.4
滇长白6号A×C57～80	吉林公主岭	试种	比吉粳60号+26.4
农进2号A×C57	湖北	试种	比鄂晚3号+25.5
华粳14A×C57	湖北	试种	比华粳14号+20.6
台中31A×C57	山东临沂	试种	比京引153号+21.6
台中65A×C57	河南郑州	试种	比郑州早粳+12

*据大洼、盘山、营口、苏家屯、沈阳等五县区统计数据；

**据平安农场调查

（引自杨振玉，1999）

总之，通过籼粳杂交杂种一代与粳稻复交的“籼粳架桥”制恢技术，将籼稻的恢复基因和半矮秆基因导入粳稻，缓解了籼粳交的不亲和性，提高了籼粳杂交后代的结实率和选择效果，加快了后代稳定速度，选育出一批粳型水稻恢复系，育成了高配合力广谱性强的恢复系粳恢 C57，开创了我国杂交粳稻科研和生产的新局面。

（三）粳型特异亲和性恢复系 C418 选育

1. 亲本来源及选育过程

辽宁省农业科学院稻作研究所在首创的“籼粳架桥”制恢技术原理和方法的基础上，结合两系法杂交稻育种的实践，根据粳型恢复系的选育目标，以爪哇型广亲和系晚轮 422 为母本，籼型恢复系密阳 23 为父本杂交。其杂种后代经多次海南进代和北方选育，于 1992 年冬 F_8 代性状稳定，育成了籼型遗传成分较高、形态倾籼，具有特异亲和性的粳型恢复系 C418。

C418 与籼、粳稻测验系测试，其与粳稻杂交的杂种一代结实正常，与籼稻杂交的杂种一代结实率为 40% ~65%，表现是弱亲和。C418 与多个雄性不育系组配，结果表明其具有高产、优质、抗病、抗倒、高光效、高结实率、高配合力等许多特点。

2. 特征特性

C418 在沈阳全生育期 165 ~170d，播穗历期 125d；株高 102cm，秆高 70cm，伸长节间 5 个，节间长依次为 1.5cm、7cm、13cm、20cm 和 28cm，茎秆粗硬，抗倒伏能力极强；主茎 16 ~17 片叶，顶 3 叶内卷上冲，叶片长依次为 32cm、40cm 和 35cm，单叶叶面积依次为 53.6cm^2、55.8cm^2 和 49.8cm^2；分蘖力中等，单株成穗数 12 ~15 个，每穗颖花 180 ~260 个，大穗超过 300 个，千粒重 28 ~30g。

C418 花时比一般粳型恢复系早 0.5h，单株花期 10 ~15d，花粉量较大，制种时花期容易调节。C418 感光性弱，在江苏省连云港播穗期缩短为 95 ~100d，在海南岛三亚仅 80 ~90d，主茎叶片数随纬度南移而相应减少。高抗稻瘟病，抗白叶枯病。结实率在 90% 以上，自身产量可达 7 500kg/hm^2。

3. 特异亲和性

特异亲和性是指通过“籼粳架桥”技术选育出来的恢复系所具有的一种特异亲和性能，体现在杂种一代上，能更好地协调籼粳亚种两个基因组的生态、遗传差异，因而较好地解决了一般籼粳杂种存在的结实率低、籽粒充实度差、对温度敏感、早衰等问题。C418 恢复系具有籼粳综合优良性状，其组配的杂交种通常都有较高的结实率和一定的耐寒性。1996—1997 年，辽宁省营口、东港市种植的用 C418 组配的杂交种屉优 418，在遇到低温冷害的情况下，其结实率均稳定在 90% ~95%。

中国农业大学对 C418 分子基因组的研究表明，其籼、粳位点比例为 13：28，即籼型遗传成分约占 1/3，粳型遗传成分约占 2/3。C418 恢复系能够组配出强优势杂交种，如屉优 418、泗优优 418、培矮 64S/C418 等，是因其具有籼、粳有利基因位点互作，及其遗传成分的适度搭配。C418 对籼稻表现较弱亲和，它虽不具有 02428 的广亲和基因，却能在籼粳杂种 F_1 代中克服一般籼粳杂种存在的遗传障碍，表现稳定的结实率和良好的籽粒充实度，从而表现出具有协调籼粳之间遗传障碍的特异亲和性能。

4. 组配杂交种及其优势表现

C418 选育成功之后，很快就在北方粳稻区组配出一批杂交组合参加各地各类产量试验。例如，辽宁省农业科学院稻作研究所组配的屉优 418（屉优 A/C418）、108S/C418、9A/C418、3A/C418、秀岭 A/C418 等，辽宁省盐碱地利用研究所的 028S/C418，天津市水稻研究所的早花 A/C418 和 34 - 1A/C418，江苏省淮阴市农业科学研究所的泗稻 8 号 A/C418，以及培两优 418 等。这些杂交组合均表现出较强的产量杂种优势，一般比对照增产 12.3% ~31.8%。

以屉优 418 和培两优 418 为例，1994 年北方稻区域试验中熟组 7 个试点，屉优 418 平均单产达 8 120kg/hm^2，比对照黎优 57 增产达 21.9%，居第一位。1995 年 5 个试点，平均产量 6 090kg/hm^2，比对照辽粳 326 增产 16.0%，居第二位。两年平均产量 7 590 kg/hm^2，比对照增产 18.9%。1995 年辽宁省杂交稻区域试验 5 个试点，屉优 418 平均产量 8 150kg/hm^2，比对照辽粳 326 增产 15.1%，居第二位。1996 年 4 个试点，平均产量 8 920kg/hm^2，比对照辽粳 326 增产 8.6%，居第二位。两年平均产量 8 540kg/hm^2，比对照增产 11.9%，达差异极显著水准。

两系亚种组合培两优 418 参加北方稻区区域试验，1994 年 6 个试点，平均产量 9 320kg/hm^2，增产 5.8%。1995 年 6 个试点，平均产量 8 140kg/hm^2，增产 8.5%。两年平均产量 8 730kg/hm^2，增产 7.2%。尤其在山东临沂和江苏赣榆两个试点，两年的增产率均达 13.4%，极显著。1994 年，江苏省连云港市东海和赣榆两县种植培两优 418 示范田，一般产量在 9 000kg/hm^2 以上，比汕优 63 增产 15%多。国家“863”专题组专家认为，培两优 418 的育成是籼、粳亚种间杂种优势利用的一个突破。

第五节　水稻杂交组合选配

一、三系杂交稻的统一命名法

水稻细胞质雄性不育系、雄性不育保持系和雄性不育恢复系分别简称为不育系（A）、保持系（B）和恢复系（R）。1975 年 10 月，全国杂交水稻科研协作座谈会提出的三系杂交稻命名方式如下。

①每一个组合的第一个字都用不育系母本简化名。例如，二九南 1 号 A，简名为“南”；黎明 A，简名为“黎”；秀岭 A，简名“秀”等。②每一个组合的第二个字都用“优”字，以表示与常规品种的区别。③每一个组合的第三个字采用恢复系的阿拉伯字母编号。全国的主要恢复系编号是，泰引 1 号编号为 1。IR24 编号为 2，IR661 编号为 3，古 154 编号为 4，IR665 编号为 5，IR26 编号为 6。④雄性不育系代号为 A，雄性不育保持系代号为 B。如由粳稻品种黎明、秀岭转育的不育系及相应的保持系，则分别称为黎明 A 和黎明 B、秀岭 A 和秀岭 B。由于恢复系选育数目的增多，以及不同数型恢复系的大量出现，按以前提出的统一命名法有一定困难。目前，选育单位都参考统一命名法的原则自行定名，育成的恢复系不再统一编号，如粳恢 C57，与黎明 A 杂交组配的杂交种，称为黎优 57。

二、杂交稻组合亲本选配原则

（一）双亲的遗传差异要大

水稻杂交组合的选配与玉米、高粱等作物相同，亲本的选择是组配优良杂交组合的关键，重点应考察双亲的亲缘关系、地理来源和生态类型的差异。遗传差异是产生杂种优势的遗传基础，在一定的范围内，双亲的遗传差异越大，杂种优势的表现就越显著。

籼粳亚种间杂交，因亲缘关系远，遗传差异大，能产生强大的杂种优势，因此，比品种间杂交的杂交组合优势更大。但是，大多数籼粳杂交的杂种一代（F_1）表现出来的不亲和性，使其结实率极低，不利于籽粒产量的形成。为解决这一问题，通常采用籼中有粳、粳中有籼的组配策略。对粳型杂交稻来说，一般采用粳稻不育系与以籼粳交育成的偏粳型恢复系进行组配，可获得优势较强的杂交组合。如辽宁省农业科学院稻作研究所（1975）选育的杂交粳稻黎优 57，就是以粳型不育系黎明 A 为母本，以籼粳交［（IR8 × 科情 3 号）× 京引 35］后代育成的偏粳型 C57 为父本组配而成。近年来，由于广亲和基因的发现和广亲和系的育成，使籼粳亚种间杂种优势的直接利用取得了新的突破和进展。

（二）双亲的配合力要高

亲本的一般配合力对杂种一代的产量优势表现影响较大，因而在强优组合选配中，不仅要关注亲本的遗传差异，还要关注杂本的配合力、特别要重视双亲组配杂交种的特殊配合力。在现有不育系中，黎明 A、秀岭 A 等在单穗粒数、结实率和单株产量等性状上，均表现较高的一般配合力。在恢复系中，C57、C418、C55 等也表现出较高的一般配合力。因此，用配合力高的雄性不育系和恢复系组配杂交组合，均能表现出杂种优势明显，增产潜力大。

（三）双亲的性状要互补

组配杂交稻的目的就是将双亲的优良性状结合到一起，形成性状优良的杂交种。因此，在选择杂交亲本时，要做到双亲性状能互补，即双亲性状的优、缺点能互补，一个亲本某一性状的缺点，恰恰是另一个亲本的优点，在杂交后可以补偿。除少数基因控制的质量性状能互补外，多基因控制的数量性状，如生育期长短、分蘖多少、穗子大小、千粒重高低、米质优劣等都可以产生互补的作用。

（四）双亲的综合性状要优良

在组配杂交稻研究中认识到，优良的雄性不育系与优良的恢复系杂交，才能组配出优良的杂交种。潘熙淦（1979）研究认为，杂交稻的有效穗数、单穗粒数、结实率、千粒重等重要经济性状与其双亲相应性状的平均值相关系数均达显著水平。而且，由于杂交稻的大多数性状是多基因控制的数量性状，是加性基因效应起作用，为保证杂交稻的优良性状，就要求亲本具有较强的遗传传递力。因此，综合性状优良亲本的塑造是十分重要的。此外，为了保证杂交稻具有较好的生态适应性，在组配时，最好要有一个亲本是当地稻区的优良栽培品种。

三、粳稻杂交组合选育

（一）杂交稻选育程序

1. 初测

杂交的母本（不育系）和父本（恢复系）选定之后，可以成对杂交，组配成杂种一代（F_1），进行初测。初测的杂种一代株数可以少一些，但组合数应多一些。对组配的杂种一代要进行产量等有关性状的鉴定，对那些表现强杂种优势、产量高、抗性强的杂交组合要选留下来；对那些杂种优势不强、产量一般、性状不优的杂交组合要淘汰掉。对于入选的杂交组合，要观察杂交组合的恢复和结实情况，一要观察田间结实率，二要套袋调查自交结实率。

2. 复测

经严格选择的少数杂交组合进入复测。复测时，要按小区产量对比试验，通过田间调查各种性状的表现，选择优良杂交组合，淘汰不良杂交组合。再根据小区产量鉴定的结果和室内考种情况，最终选出极少数杂交组合。对最有希望的杂交组合，可进行小面积制种，以提供下一年产量比较试验用种。

3. 配合力测定

在组配杂交组合时，可以进行配合力测定。根据以前已做过的研究和取得的资料，或者以不育系为测验系，或者以恢复系为测验系，那么，相对的恢复系或不育系就是被测系。以不完全双列杂交方式组成杂交组合。例如，以 6 个不育系为测验系，8 个恢复系为被测系，共组成 48 个杂交组合。接下来进行不育系或者恢复系的配合力测定。

4. 新杂交组合产量试验

（1）*产量比较试验*　对入选的新杂交组合要进行正轨的产量比较试验，一般进行 2 年，选择 2 年均表现优良的杂交组合。

（2）*区域试验和生产试验*　在 2 年产量比较试验中表现最优良的杂交组合，进入省级或国家区域试验和生产试验（图 8－10）。

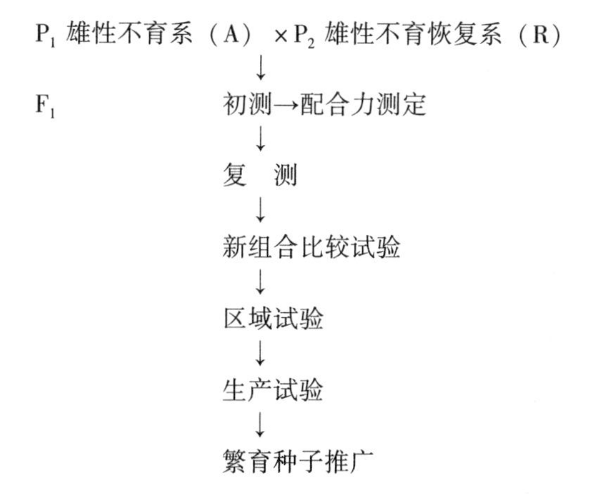

图 8－10　杂交种选育程序示意图

（二）粳型杂交稻黎优 57 选育

1. 总体思路和选育过程

考虑到粳型杂稻选育遗传基础狭窄，限制了增产潜力的发挥，所以，加强了粳型三系遗传资源收集、创新和利用。总体思路是通过粳型三系的选育，引入籼稻遗传成分，利用籼粳交杂种优势及其优良性状，以改良和提高现有粳稻品种的产量潜力和适应性。①选育半矮秆株型和上冲叶型的杂交种，改良现有粳稻品种的株型和叶型。②利用籼粳亚种间的杂种优势，提升粳稻的产量潜力和适应性。③产量目标比当地推广品种增产10% ~20%。④杂交种的生育期与当地主栽品种黎明和丰锦相当。

杂交组合亲本选择了黎明 A 不育系和籼粳交［（IR8×科情3号）F_1×京引35］育成的 C57 恢复系。1974 年春，在［（IR8×科情3号）F_1×京引35］复交3代中选出的 C98 株系与包台型不育系测交，1974 年夏发现测交种具恢复性，又从 C98 中选出 C57 等品系与黎明 A 测交。1975 年春于海南岛鉴定育性恢复，立即进行复测。同时，从 C57 中选出 C57-1、C57-2、C57-10、C57-11、C57-80、C57-167、等姊妹品系。1975 年夏，杂交组合黎明 A×C57 分别在沈阳、营口、长沙三地同时鉴定育性恢复度，发现该组合杂种优势强、恢复性好、产量高，至此育成了黎优 57 杂交种。

2. 特征特性

黎优 57 属半矮秆株型，株高 95~100cm，茎粗 0.602cm，黎明为 0.453，株型指数 128.6，黎明为 157.6。主茎叶片总数 15~16 片，叶色深绿，活力强，成熟前功能叶片姿态呈叶上举，穗下垂。穗长 22.4cm，单穗粒数 120~140 粒，成粒数 90~110 粒，着粒密度适中，千粒重 26~27g。出穗期早而齐，全生育期 165d，具有营养生长期短、生殖生长期长的特点。经济系数高，黎优 57 为 0.56，黎明为 0.51，丰锦为 0.50。对白叶枯病、稻瘟病均表现中抗。

3. 优势表现

黎优 57 表现出一定成分的籼粳间杂种优势，表现在根系发达，吸肥力强，生活力持久，具有耐瘠、抗旱、适应性强等特点。同化优势表现在氮素代谢作用旺盛，吸 N 量高于丰锦 18.5%；受光姿态好，齐穗期光照强度高于丰锦 22.2%（行间上层）和 9.6%（行间下层）；后期叶面积下降平稳，从齐穗到蜡熟期黎优 57 下降 40.4%，黎明为 66.1%。产量优势强，1976—1977 年两年产量鉴定，黎优 57 比对照丰锦增产 8.0% ~23.0%；1987 年区域试验 6 个点，平均比对照丰锦增产 8.3%，1979 年区域试验 8 个点，平均产量为 7 670kg/hm^2，比对照丰锦增产 7.9%，两年平均增产 8.1%。

（三）杂交粳稻京优 6 号选育

1. 选育思路和经过

秋光是北京地区麦茬稻和北方部分一季作稻区的主栽品种，其产量和抗性已不能满足进一步高产的要求。从麦茬稻产量看，大面积通常在 6 000kg/hm^2 左右，较难达到 6 750kg/hm^2 以上，生产上迫切需要产量更高的新品种。北京地区处于麦茬稻栽培的北限，机械化生产水平在提高，因此，对杂交稻的要求，除一般的高产、优质、抗病以外，还应具有早熟（不晚于秋光）、抗旱（为适时播种下茬麦，一般在水稻抽穗后 20d 停水），高度抗倒伏（适于机械收割）的特点，这是京郊杂交粳稻选育的总体思路和育种目标。

北京市农林科学院作物研究所于 1987 年开展了京优 6 号的选育。雄性不育系选择了由中作 59 转育的中作 59A 作母本。中作 59 是半矮秆品种，抗倒力强。兼抗稻瘟病和条纹叶枯病，品质中等，产量略高于秋光。中作 59A 不育株率 100%，不育度达

99.81%，繁育田结实率达 52.4%。1988—1990 年，用中作 59A 和秋光 A 两个不育系组配的杂交种进行了产量比较，移栽田共 13 个组合次，中作 59A 组合比秋光 A 相应的产量高 3.4%；旱种 10 个组合次，中作 59A 组合的产量比对照高 10.6%，表明中作 59A 有较高的产量配合力，在旱种情况下产量优势更显著。

杂交组合父本恢复系选用了天津市农业科学院作物研究所选育的优良粳型恢复系 1244，表现耐低温、落黄好、适于旱种、植株偏高、纹枯病轻。1986 年，从中选出一早熟单株，经南繁定为 1244－2 株系，比 1244 早抽穗 4d，矮 5～6cm，米粒腹白心白少 5% 左右，耐寒、适于旱种。1987 年，由中作 59A 与 1244－2 组配成杂交组合。定名京优 6 号。

2. 特征特性

京优 6 号在北京地区作麦茬稻全生育期为 130～135d，在宁夏、北京作一季稻为 155d；株高 95～105cm，茎秆粗壮；主茎叶片数 14～15 片，叶色浓绿，叶片挺立；分蘖力较弱，成穗率较高，结实率 85%～90%，穗纺锤形，穗长 19～21cm，单穗粒数 115～128 粒，千粒重 27～28g；出苗快，抗旱性强，干旱条件下栽培抽穗期比较稳定，后期根系活力强，灌浆快，落黄好。

京优 6 号米质优，糙米率 83.1%，精米率 75.4%，整精米率 67.0%，粒长 5.14mm，长宽比 1∶7，垩白率 15.3%，垩白度 3.59%，透明度一级，碱消值 6.9，胶稠度 84mm，直链淀粉含量 16.9%，蛋白质含量 8.37%。除垩白率偏高外，其他品质指标均达到部颁一级优质米标准。

京优 6 号对稻瘟病、白叶枯病、条纹叶枯病均在中抗以上，高抗白背飞虱；抗低温冷害的能力较强，综合抗性优于秋光。

3. 产量表现

1989 年，晚插中稻品比试验，比秋光增产 11.3%；1990—1991 年，参加北方杂交粳稻早熟组区域试验，比秋光增产 14.7%；1990—1992 年，京优 6 号参加北京市麦茬稻预试、区试，产量连续 3 年名列第一位，比秋光增产 9.8%～12.0%，平均 10.9%。1992—1993 年，在宁夏 2 年区域试验，平均比宁粳 9 号增产 11.2%。

（四）两系亚种组合培矮 64S/418 选育

1. 选育思路和经过

籼粳亚种间杂种优势利用一直是水稻育种家追求的目标，籼粳杂种表现出巨大的生物学优势。由于光（温）敏细胞核雄性不育系的选育成功，为籼粳杂交种的组配提供了一条新的途径。辽宁省农业科学院稻作研究所在进行广亲和系、光（温）敏核雄性不育系选育的基础上，组配了多个强优势亚种间杂交组合，其中，以培矮 64S/418（即培两优 418）表现突出，具有丰产性好、穗大粒多、株型理想、抗病性强等特点，经水稻专家鉴定认为培矮 64S/418 的育成是籼粳亚种间杂种优势利用上的一个突破。

1993 年夏，在江苏省连云港市黄川农业试验场组配了粳稻杂交组合培矮 64S/418，其中，母本培矮 64S 来源于湖南杂交水稻工程技术中心，父本是 C418，由辽宁省农业科学院稻作研究所以爪哇型广亲和系晚轮 422 与密阳 23 杂交育成的具有特异亲和性的粳稻恢复系。1993年冬，在海南岛鉴定籼粳杂交的杂种一代（F_1）产量性状、株型性状，1994年进入北方杂交粳稻晚熟组区域试验，在赣榆、临沂、汉中等试点增产显著，比对照汕优63和黎优57均增产10%以上。1995年继续进行北方杂交粳稻区域试验，同时在江苏省赣榆、盐城、涟水、兴化以及河南、山东、陕西等地进行生产试种。1996年、1997年，继续进行生产示范，完成育种程序。

2. 特征特性

培矮64S/418杂交组合在陇海铁路沿线稻区栽培全生育期140d左右，生育期较短，适于稻麦两熟制稻区种植，有利调节茬口。幼苗长势较强，插后缓苗快，分蘖力较强，成穗率中等。株高105～110cm，主茎叶数15～16片，株型紧凑，剑叶厚挺内卷。穗大粒多，穗长25cm，单穗颖花180～230个，结实率80%左右，千粒重24g。

培矮64S/418糙米率80.9%，精米率74.5%，粒长5.8mm，长宽比2.64，垩白率16%，碱消值5.0，胶稠率92cm，直链淀粉含量14.4%，蛋白质含量11.5%。综合来看，该组合米粒外形像籼稻，粘性和胶稠度像粳稻，可称之为长粒粳米。而且出米率高，蛋白质含量超过一般品种约50%，营养价值高。米饭软，适口性好，具有明显的籼粳米质优势。

3. 产量表现

在北方杂交粳稻区域试验中，1994年6个试验点平均产量9 320kg/hm^2，比对照增产5.8%；1995年平均产量8 090kg/hm^2，比对照增产8.5%，两年平均增产7.2%。增产幅度较大的试验点，如山东临沂，1994年产量9 600kg/hm^2，比对照黎优57增产44.0%，比当地对照8701增产33.7%；江苏赣榆，1994年产量9 810kg/hm^2，比泗稻9号增产5.0%，1995年，产量为9 500kg/hm^2，比对照增产21.0%。

在生产上大面积试种表现增产。1994年，在江苏黄川农业试验场试种0.07hm^2，实产量9 030kg/hm^2，比对照汕优63增产15.2%，达极显著水准，而且还早熟5～7d。1995年，在江苏赣榆、东海、灌云、淮阴、盐城、兴化及山东、河南等地试种，共100hm^2，其中，赣榆6.7hm^2，平均产量9 000kg/hm^2；盐城0.87hm^2，平均产量9 750 kg/hm^2。1996年，扩大试种153.3hm^2，盐城4.53hm^2，平均产量9 380kg/hm^2，比对照汕优63增产19.0%。

1997年，江苏赣榆县示范种植200hm^2，平均产量8 550 kg/hm^2。盐城示范133.3hm^2，虽遭受台风影响，但仍以其特有的抗性优势和穗大粒多优势使产量达到8 090kg/hm^2，比对照汕优63增产9%。

第九章　水稻高产遗传改良

第一节　水稻高产品种性状分析

一、水稻产量潜力分析

（一）产量潜力的有关术语

产量潜力亦即生产潜力，是指单位面积上的水稻在其生育期间内形成稻谷的潜在能力。在充分理想的条件下有可能形成的稻谷产量，称为理论产量潜力；在具体的生态和栽培条件下所形成的稻谷产量，称为现实产量，即理论产量潜力中已经实现的产量。

一棵稻株在全生育期内所生产的有机物干重，称为生物产量，其中，生产的稻谷产量，称经济产量。经济产量与生物产量的比值，称经济系数，也称收获指数。经济系数越大，其经济产量就越高。

生物产量减去稻谷产量称为草产量，稻谷产量与草产量之比，称谷草比。例如，1hm^2 的水稻生物产量为 10 000kg，其中，稻谷产量为 5 000kg，草产量为 10 000 - 5 000 = 5 000kg，其经济系数为 5 000/10 000 = 0.5，谷草比 5 000 : 5 000 = 1 : 1。水稻的经济系数与谷草比有紧密的关系，经济系数越大，其谷草比值也越大。品种不同，其经济系数也不同，一般高秆水稻品种经济系数较低，通常在 0.4 ~ 0.45；经改良的矮秆或半矮秆品种较高，一般可达 0.5，最高者可大于 0.6。

（二）水稻理论产量的估算

太阳辐射能是水稻产量形成的能量来源。水稻全生育期间所形成的干物质，约有 90% 来自叶片光合产物。因此，通过光能利用率估算光合产量潜力是估算理论产量的有效方法。

稻田理论光能利用率（%）= 可见光能占太阳总辐射能量的百分率 × 同化器官的光能吸收率 × 光能转化率 × 净光合作用占总光合作用的百分率。那么，水稻理论产量（kg/hm^2）=（稻田理论光能利用率 × 水稻生育期间每公顷太阳辐射能量 × 经济系数）/形成 1kg 碳水化合物所需要的能量。

我国幅员辽阔，从南到北、从东到西都有水稻栽培，由于全国各稻区的光能资源分布差异较大，因而估算的潜在产量差异也较大。高亮之（1984）根据我国不同地区对光能利用的情况，估算出我国稻谷理论产量可达 16 125 ~ 26 625kg/hm^2（表 9 - 1）。我国北方稻区稻谷现实产量幅度为 10 125 ~ 14 250kg/hm^2。从全球范围看，世界平均稻谷产量为 3 800kg/hm^2，中国为 6 290kg/hm^2，比世界平均单产高 65.5%。

表 9－1　北方稻区水稻光能利用率（%）及其理论产量和现实产量（kg/hm^2）

稻　区	东北	华北	西北
单季稻潜在光能利用率	2.9～3.5	2.9～3.9	3.5～4.3
单季稻理论产量	19 200～22 500	18 750～24 000	19 500～26 625
单季稻现实产量	10 125～12 000	10 125～12 750	10 500～14 250

（高亮之，1984）

稻谷单产较高的国家有摩洛哥和欧洲的国家，但其种植面积少。生产面积较大、单产也较高的国家有埃及 9 040kg/hm^2；澳大利亚 8 940kg/hm^2；美国 7 300kg/hm^2；秘鲁 6 940kg/hm^2；韩国 6 870kg/hm^2；日本 6 800kg/hm^2；中国排第七位。中国与世界单产较高的国家相比，仍有 2 650～2 750kg/hm^2 的差距。

（三）提高水稻现实产量的途径

提高水稻现实产量的根本途径就是提高光能利用率，而实际上光合生产潜力约有70%因受不利条件制约得不到发挥，造成光能的极大消费。理论上水稻光能利用率可达5%以上，而目前在大面积生产上群体光能利用率仅在 1.2% 左右。影响水稻光能利用率不高的因素是多方面的，第一是水稻品种，株型不理想导致群体结构不合理、分蘖力差、生长势弱、叶片生育慢等，这些因素都会导致群体光截获得少，漏光损失增多，光合效率低。第二是叶片质量差，叶片薄、含氮水平低、气孔调节能力弱等，这些因素通过影响叶片的光合效率，导致水稻群体物质生产力下降。第三是生产环境差，各种生态逆境胁迫频发、营养元素不足或不配套、病虫草害发生等，这些因素导致水稻生育不正常。综上这些因素都会影响群体的光合作用和物质生产能力。

提高水稻现实产量，即提高水稻群体光能利用率的潜力是较大的。以我国北方辽宁稻区为例，该稻区水稻生育期在 155～160d，每公顷太阳辐射能的接受量一般可达 294.3×10^8～315.0×10^8kJ。按每千克干物质含能量 17.79×10^3kJ 计算，稻谷产量 9 000kg/hm^2，其光能利用率仅有 1.02%。若将光能利用率提高到 1.70%，这时的生物产量可达 30 000kg/hm^2，稻谷产量就能达到 15 000kg/hm^2（表 9－2）。可见，提高水稻现实产量的空间很大，只要进一步提升水稻群体光能利用率，就可以大幅提高稻谷产量生产力。

表 9－2　北方稻区水稻光能利用率及相应产量（kg/hm^2）

光能利用率(%)	0.50	0.68	0.86	1.02	1.18	1.36	1.52	1.70	2.54	3.38
生物产量	9 000	12 000	15 000	18 000	21 000	24 000	27 000	30 000	45 000	60 000
经济产量	4 500	6 000	7 500	9 000	10 500	12 000	13 500	15 000	22 500	30 000

注：经济系数按 0.5 计。

在水稻科学技术研究中，选育高产品种和集成高产栽培技术，最终目标都是为提高群体光合效率和物质生产力。为达到这一目的，可从三方面着手，一是增加群体叶面积，延长光合时间，提高单位叶面积光合效率。二是理想株型改良和塑造，即通过植株形态改良增加群体光能利用率。三是充分利用杂种优势，通过机能改良提升单株光合效率。如果能将上述三方面结合起来，尤其是将理想株型与杂种优势结合在一起，必将选育出群体光合效率高，物质生产能力强，产量潜力大的高产品种。

通过集成高产栽培技术提高水稻群体光能利用率要注重以下因素，要全力创造有利于提高群体光能利用率和物质生产力的环境条件，良好的土壤条件，适宜的水、肥供应，消灭病、虫、草害等。要努力实现生育前期群体叶面积快速展开，减少或避免漏光损失；促进生育中期叶面积指数达到最适值并能持续较长时间；生育后期叶面积指数下降较慢，防止叶片早衰，功能叶片要有持绿性（Stay green），提高后期群体光能利用率。

二、水稻品种的遗传增益

从我国水稻单位面积产量增长研究品种改良的遗传增益。1949 年，全国水稻平均单产为 1 890kg/hm^2，1990 年达到 5 805kg/hm^2，41 年单产增长了 2.07 倍，年均增长 95.4kg/hm^2。在促进水稻单产提高的诸因素中，水稻品种改良的遗传增益大约是 30%。

我国水稻矮秆、半矮秆品种和杂交稻育种的品种改良及其遗传增益最为显著。矮秆品种的推广应用于生产，基本上解决了高秆品种因密植和增肥等因素所引起的倒伏问题。矮秆品种的平均单位面积产量一般可比高秆品种增加 30% ~40%。袁隆平等（1996）指出，杂交水稻自 1973 年实现三系配套并应用于生产后，因增产效果显著迅速得到推广，种植面积逐年扩大，到 1991 年，全国杂交稻种植面积达到 1 730万 hm^2，占全国水稻总种植面积的 50% 多。推广种植初期，杂交稻一般比常规水稻品种增产 20% 左右。

三、水稻产量性状遗传

（一）穗性状遗传

1. 穗数遗传

水稻穗数的多少取决于其分蘖数和成穗率，是水稻高产的基础。水稻分蘖力的强弱和分蘖数一般认为受多基因控制，易受栽培环境的影响。李宝健（1985）报道，不同分蘖力的品种间杂交，杂种一代（F_1）分蘖数多居中亲值，也有超过双亲而表现出部分显性的，F_2 表现为连续变异。

沈锦骅（1963）、周傲南（1964）、闵绍楷（1981）研究表明，单株有效穗数的遗传与分蘖数相似，分蘖数与穗数为显著正相关。一般来说，分蘖数和有效穗数主要受加性基因的控制，显性效应较小。穗数在低代存在较大的环境效应，该性状的遗传力是产量组分中最低的，在 29.8% ~49.6%，因此，早代选择不必过于严格。研究表明，分蘖的强弱还受矮生基因的作用，已知至少有 8 个矮生等位基因具有多效性，除控制株高外，还表现出极强的分蘖力。

2. 穗粒数、穗长、着粒密度遗传

穗粒数与穗长、枝梗数及着粒密度有密切关系。穗粒数是由多基因控制的数量性状，遗传力为 31.8% ~76.9%（卢永根，1979），高于穗数而低于粒重。水稻双列杂交研究表明基因累加效应和部分显性支配着穗粒数的遗传表现。

水稻长穗与短穗杂交，F_1 表现为长穗，F_2 呈连续变异分布，表明穗长主要受控于多位点上的显性基因和基因的累加效应，长穗对短穗为部分显性。

水稻穗的着粒密度与穗长、一次和二次枝梗的数目和分布以及颖花数有关。熊振民等（1987）在分析 6 个杂交组合后，估计着粒密度的广义遗传力为 51.8% ~80.9%。着粒密度的高低与枝梗数有显著的相关性，$r=0.31 \sim 0.84$，$P<0.01$，尤其是与下部二次枝梗数的关系更为密切。着粒密度的密穗型对普通型为显性，是由单基因 D_n 控制的。着粒数极少的稀疏穗突变型由隐性基因 *lax* 控制。朱立宏（1979）报道，改良的籼稻品种多数为弯垂穗，粳稻品种多数为直立穗或半直立穗，弯垂穗对直立穗为显性，F_2 代为 3∶1 分离。

（二）粒重遗传

多数研究表明，水稻粒重是由多基因控制的数量性状。杂种 F_1 代的粒重趋向高粒重的亲本，F_2 代呈连续变异分布。粒重的遗传力较高，沈锦骅（1963）的研究结果是 83.7% ~99.7%，闵绍楷等（1981）的研究结果是 75.99% ~92.61%。所以，在水稻品种选育中，可以在早代对粒重进行严格选择。而且，在杂交后代中还能出现超高亲现象，超大粒重的产生频率达 4.9% ~26.7%（熊振民，1981）。

稻谷长度遗传的研究结果不尽相同，有单基因、双基因、三基因和多基因控制的许多说法。当研究观察到杂种后代为不连续分离时，大多情况下显性度的排列次序为长 > 中 > 短 > 极短。在多基因效应的情况下，则表现出累加效应和显性效应。稻谷长的遗传力高达 97.5%（周开达，1982）。熊振民（1981）研究表明，稻谷宽度和厚度受多基因控制，均表现出较高的遗传力。稻谷的长、宽、厚度与粒重相关紧密，尤其与稻谷厚度最为密切，其相关系数 $r=0.75 \sim 0.81$，$P<0.01$。

（三）产量组分的遗传相关

水稻单株或单位面积产量的 3 个组成成分（组分）是穗数、粒数和粒重。水稻产量组分之间存在着不同程度的制约关系，只有当穗数、粒数和粒重三者协调时，才能获得高产。产量与穗数和穗粒数的遗传相关较高，与粒重的遗传相关较低。闵绍楷等（1981）研究显示，穗数和穗粒数与产量的遗传相关达极显著水准，相关系数分别是 $0.3194 \sim 0.5232$，$P<0.01$ 和 $0.3226 \sim 0.6183$，$P<0.01$；而粒重与产量的遗传相关不显著，相关系数 $r=0.0038 \sim 0.2311$。

但是，不同研究者所用的材料不同，其结果也不完全一样。郭二男（1980）在一粳稻杂交组合中研究发现，粒重与产量为显著遗传相关，相关系数为 $r=0.2305$，$P<0.05$；熊振民等（1984）在一籼稻杂交组合（南薏×科青 10 号）研究中显示，粒重与产量的遗传相关达极显著水准，相关系数为 $r=0.5134$，$P<0.01$。说明在水稻高产品种选育中，主要应通过穗数和穗粒数的增加来提升产量潜力，有些杂交组合也可通过提高粒重来选育高产品种。

在 3 个产量组分之间，绝大多数的研究结果表明，三者之间呈负相关。郭二男（1980）在杂交组合苏粳 7 号×鄂晚 3 号的研究中发现，穗数与粒数、穗数与粒重均表现极显著负相关，相关系数 $r=-0.2259$ 和 $r=-0.2935$，$P<0.01$。闵绍楷等（1981）

分析研究了3个早籼杂交组合的粒重与穗数的相关性，二者表现为极显著负相关，$r = -0.8355 \sim -0.2680$，$P < 0.01$。熊振民等（1984）在杂交组合温选青×南薏11研究中，认为穗数、穗粒数、粒重三组分均不存在明显的相关性。由此可见，穗数、穗粒数和粒重三者之间的相关性因杂交组合不同而异。

水稻结实率与穗数、穗粒数、粒重一般没有明显的相关性。其中，粒重与结实率多数呈负相关。郭二男（1980）在杂交组合苏粳7号×鄂晚3号研究中，发现粒重与结实率为极显著负相关，$r = -0.6654$，$P < 0.01$。

第二节 水稻高产株型遗传改良

水稻株型是指植株的空间形态，特别是茎秆和叶片在空间的分布和姿势。水稻的产量与光能利用率关系极大。水稻光合作用的主要器官是叶片，支撑叶片的是茎秆，这表明以前只看作是形态特征的叶片和茎秆，作为水稻利用光能的姿态，即受光的状况而显示了它的重要性。也就是说，应该把水稻株型作为受光的姿势、受光率的高低来认识，因此，株型改良的重要作用就在于改善水稻的受光姿态，提高光能利用率，增加干物质的生产，其结果就把水稻株型改良与高产紧密联系到一起。

一、矮化株型的改良

（一）水稻矮化遗传改良的发展

水稻专家黄耀祥院士针对华南稻区水稻生长季节多台风暴雨的气候特点，从矮秆育种入手，经过丛化遗传改良，总结出“半矮秆丛生早长”的高产育种理论。这一理论认为高产品种的特点是秆矮节密，分蘖力强，抗倒伏，生物产量高，肥效显著，谷草比大。它的发育动态特点是营养生长是丛生型，分蘖数目多而有效；早生，即茎、叶、鞘形成早，干物质积累多，生物产量高，生殖生长速度快。

这种高产株型的具体设计是，分蘖数为每丛9～13穗，株高105～115cm，根系活力强，单穗粒数150～250粒，穗形为弯垂穗，生育期115～140d，生物产量21 700～25 000kg/hm^2，经济系数0.6，单位面积产量13 500kg/hm^2。

我国水稻矮秆品种的育成和在生产上的广泛推广应用，对我国水稻生产和科学研究起到了巨大的推动作用，也引起了国际上水稻品种矮化遗传改良的迅猛发展，国际水稻研究所和世界水稻主产国家纷纷开展水稻矮化育种，选育了一大批矮秆水稻品种应用于生产。

但是，初期育成的矮秆品种通常存在着抗病性弱、米质差和产量潜力受限的问题。为了改变这种状况，进一步确定了将矮秆、丰产、抗病、优质等性状综合到一起的改良目标，开展了新的高产矮化育种。目前，水稻品种的株型可分4种，即典型的高秆型、典型的矮秆型、典型的丛生型和丛生快长型。丛生快长型是丛生型的一种，前期长得矮，分蘖多，之后生长较快。也就是说，从移栽到拔节穗分化这一生育阶段，植株分蘖旺盛，丛生矮生，满苗而很少荫蔽，株高仅有一般矮秆品种的60%～70%，群体结构较合理，冠层空气流畅，中下层叶的光合作用进行充分，单位叶面积的光合效率较高，有利于干物质的形成、运转和积累，后期则快长，抽穗整齐。

黄耀祥院士在品种广秋矮变异株里发现一株与普通矮秆品种明显不一样的丛生快长型向阳矮，用它与高秆品种华南15杂交，育成了丛生快长型品种龙阳矮。该品种分蘖旺盛、矮秆、有效穗多，是选育多穗与垂穗结合于一体品种的理想亲本。通过丛生快长株型遗传改良途径，将龙阳矮及其衍生品种作主要亲本，与多个品种（品系）或育种中间材料杂交组配，如宋早甲×龙阳矮杂交育成的桂阳矮49、桂阳矮C17等品种均属这种类型。

（二）水稻矮化基因

水稻矮秆品种的选育和遗传改良离不开矮化基因，我国对水稻矮化基因的遗传研究始于20世纪60年代初，从莲塘早×矮脚南特等杂交后代的分析中，认为矮脚南特、矮仔占、广场矮的矮生性受一对隐性基因控制，并具有多效性。顾铭洪等（1985）根据桂阳1号遗传分析的结果证明，其矮化基因为 *sd－g*（*t*）与 *sd*1 不等位。林鸿宣等（1988）研究发现，半矮生粳稻品种雪禾矮早具有与 *sd*1 不等位的隐性矮秆基因 *sd－s*（*t*）。该品种株高90cm，叶色深绿，籽粒中含锌量特高；株高和剑叶长对赤霉素（GA_3）反应迟钝，而具有 *sd*1 基因的矮秆品种对赤霉素反应敏感。中国水稻矮化基因的来源比较单一，这是通过遗传改良育成新品种产量潜力进一步提升的限制因素之一，因此，新矮源的挖掘和利用应提到日程上来。

1. 粳稻矮化基因

日本最早开始研究粳稻的矮生性并选育矮秆品种。中国在20世纪50年代前后主要是引入日本的矮秆粳稻品种，以后通过杂交利用这些矮秆品种逐步选育出适于当地栽培的矮秆粳稻品种。根据1950—1985年我国育成推广的矮秆粳稻品种的系谱分析，其中，利用的矮化基因主要来自日本品种，其次为意大利品种。

（1）*农林8号*　该矮秆品种是日本兵库农事试验场于1937年育成，推广应用后使关东地区水稻栽培从株高100cm降到82cm。在日本除直接利用农林8号作杂交亲本矮源外，还通过其衍生品种农林22、东山38、农林29、农林23等育成一大批水稻良种。在中国主要是利用东山38号后代野地黄金、白金、福稔、Pi5、农林22的后代福锦、丰锦、日本晴，及农林29的后代草笛、东海20等。

（2）*石狩白毛*　中国在1936年引入，以它作亲本衍生出嫩江3号、长白4号、合江14、合江19、大白雪、东农412、牡丹江1号等水稻矮秆品种。

（3）*农林1号*　日本新潟农事试验场于1931年育成，越光、巴锦、福锦、丰年早生等都是它的衍生品种。中国的松辽1号、松辽2号、松辽4号、吉粳53等也是农林1号的衍生品种。

（4）*藤坂5号*　日本青森农事试验场于1944年育成，其衍生品种有丰锦、藤稔、黎明等。中国于1957年引入，编号为农垦19，其衍生品种有京系17、中花8号、中花9号、辽粳152、中百4号、沈农1033等。

（5）*农垦58*　我国于1957年从日本引进，是晚粳稻遗传改良的重要矮源。其衍生品种有121个之多，如农虎6号、沪选19、鄂晚5号、农红73、鄂宜105等，先后在长江流域稻区推广种植。

（6）金南凤　1957 年引进中国，编号农垦 57，其衍生品种有通过系统选育的南粳 11、南粳 23、扬糯 2 号、扬糯 3 号，作杂交亲本育成的品种南粳 15 等。

（7）巴利拉（Balilla）　该品种于 1958 年从意大利引入中国，除通过鉴定直接应用于水稻生产外，还作为粳稻遗传改良的亲本应用。江苏省苏州地区农业科学研究所于 1964 年从其群体中直接选出桂花黄，并大面积推广种植。之后，又进一步衍生出一些新的优良品种，如桂糯 80、江丰 3 号、双糯 4 号、寒丰、晚 3 -2 等。

2. 籼稻矮化基因及其导入粳稻

中国籼稻矮化基因在我国及全球水稻矮化遗传改良中起到了关键作用。根据我国 1950—1985 年育成推广的 646 个籼稻品种的系谱分析，主要利用的籼稻矮源有 4 个，矮仔占、矮脚南特、低脚乌尖和水田谷。

（1）矮仔占　该品种是我国较早大面积推广的矮秆品种，具有矮秆、耐肥、分蘖强、抗倒伏、高产等特点。1963 年，浙江省农业科学院采用矮仔占 × 老来青，其 F_1 与粳稻矮秆品种农垦 58 复合杂交（矮仔占 × 老来青）F_1 × 农垦 58，先后选育成矮粳 1 号、矮粳 6 号、矮粳 22。这些品种表现矮秆，将它们作为育种中间试材，先后又育成了矮粳 23、矮黄种、香粳 1 号、香糯 4 号、浙粳 66 等。其他单位还利用这些中间试材育成了镇稻 1 号、宜粳 2 号、苏粳 7 号、秀水 115 等。

（2）矮脚南特　该矮秆品种是南特 16 高秆品种中产生的 2 株矮秆突变植株，经系选而成。株高 70 ~ 80cm，早熟、高产。利用该矮源品种，通过系选或杂交选育，从中衍生出一大批优良矮秆品种，如矮南早 1 号、湘矮早 7 号、秀江早 9 号、青小金早、广选 3 号、新铁大 2 号、青董 6 号等 241 个。与此同时，矮脚南特的矮秆基因还导入粳稻中，例如，辽粳 5 号、沈农 1033、垦稻 3 号、郑粳 7308、湘粳 12、泗稻 7 号、泗稻 731 等均含有矮脚南特的矮化基因。

（3）低脚乌尖　低脚乌尖是中国台湾省的一个矮秆品种，其作为杂交矮源亲本衍生出许多品种。例如，台湾台中区农业改良场用低脚乌尖作母本，与高秆抗病品种菜园种杂交，于 1952 年选育出中国第一个矮秆籼稻品种台中在来 1 号。该品种株高 80 ~ 90cm，高产、适应性强。国际水稻研究所用高秆品种皮泰（Peta）作母本，低脚乌尖作父本杂交，于 1966 年育成半矮秆品种 IR8。

据中国 1950—1985 年育成推广的 646 个籼稻品种的系谱分析，低脚乌尖衍生的品种 138 个，占 21.4%（表 9 -3）。据国际水稻研究所统计，继 IR8 之后，在 36 个国家育成的 370 个水稻品种中，矮化品种 274 个，其中，IR 系列品种 91 个，其余 183 个矮化品种追溯其最初矮化基因源，均是来自低脚乌尖。由此可见，除中国大陆之外，低脚乌尖几乎是所有矮秆水稻品种矮化基因的共同来源（Hargrove，1980）。与此同时，用低脚乌尖衍生品种 IR8、IR26、C57 等为亲本，育成了南粳 53、丹粳 1 号、松粳 2 号、台农 67、台中 190、台东 27、高雄 142 等矮秆粳稻品种。

（4）水田谷　20 世纪 60 年代初，广东省农业科学院从印度尼西亚引进矮秆水稻品种水田谷，以此为矮源亲本，先后育成了秋谷矮、二白矮、青华矮 6 号、秋白早、窄叶青 8 号等矮秆品种。中国农业科学院作物研究所以水田谷为矮源亲本，育成了中作 75 粳稻品种。

表 9-3 中国籼稻主要矮化基因利用统计

矮源	1950—1959 年	1960—1969 年	1970—1979 年	1980—1985 年	合计
矮脚南特	1	40	46	2	89
矮仔占	1	59	99	18	177
低脚乌尖	1	2	42	22	67
水田谷		2	15	1	18
矮脚南特 + 矮仔占		20	67	24	111
矮脚南特 + 低脚乌尖			6	1	7
矮脚南特 + 水田谷			1		1
南特* + 乌尖* + 矮仔占			14	17	31
南特 + 矮仔占 + 水田谷			1	1	2
矮仔占 + 低脚乌尖			16	10	26
矮仔占 + 水田谷			3	3	6
矮仔占 + 水田谷 + 低脚乌尖				7	7
其他	49	33	12	10	104
合计	52	156	322	116	646

* 表中南特即矮脚南特，乌尖即低脚乌尖。

（引自《水稻育种学》，1996）

二、理想株型的改良

（一）理想株型的概念及其改良意义

理想株型是以一种特定的植株形态与其生理机能相结合，以有利于提高光合效率，使水稻生物产量和经济产量都能达到较高的标准。水稻高产品种，必须具备优良的光合性能，理想株型的遗传改良就是通过对水稻植株、叶片形态的塑造，提高水稻对光能的利用效率，进而达到获得更高稻谷产量的目标。

水稻理想株型遗传改良的核心思路就是要尽可能提高叶面积指数，尽可能提高光合效率。尤其要重视在高肥、高密度下的光合产物的形成、运转、分配和贮存，以促进水稻品种在生产上的大幅度增产。最大限度地提高群体的光合效率和物质生产能力，则是水稻理想株型研究的共同目标。而提高群体的光合效率和物质生产力主要有 3 个方面，即增加叶面积指数、提高单位叶面积光合效率和延长光合时间。

水稻理想株型改良的重要意义，就在于通过塑造株型来调节单株的几何构型和空间排列方式，改善群体结构和受光态势，最大限度地协调叶面积、单位叶面积光合效率和冠层持续时间的关系，使水稻群体在较高的光合效率和物质生产水平上达到动态平衡。理想株型改良的重要意义还在于，通过叶片质量的改良来提高单位叶面积净光合速率。生物产量已成为水稻进一步高产的主要限制因子，而生物产量的 30% 左右取决于单位叶面积的净光合速率。因此，提高品种的净光合速率应是水稻理想株型研究的重要方面。

（二）水稻理想株型的多样型

水稻理想株型不是固定的，也不是一成不变的，而是因地、因时制宜，具有多样型。世界各国的品种类型不一样，稻区的生态条件和生产条件也不一样，因此，形成的理想株型是不同的。即使在中国，北京和南方的生态环境、籼粳稻截然不同，也会形成不同的理想株型。

1968 年，Donald C. M. 首次建议用“理想株型”（Ideotype）一词，其含义是在水稻育种中，找到一种个体具最小竞争强度的理想株型。这种育种将涉及遗传背景、性状组配、器官建成、源库协调、群体动态等方面，是一种生物模型。理想株型所涉及的方面要比矮化育种广泛得多。日本角田重三郎研究提出叶宜直立而厚，色宜深而不早衰，秆矮而分蘖力中等，这种株型以适应高肥条件下栽培。松岛省三提出的所谓“理想稻”，要求“矮秆、多穗、短穗”，上部的 2 ~ 3 片叶要“短、厚、直立”，抽穗后叶片绿色转淡转黄缓慢；许雷提出理想株型：株型紧凑，叶片直立并短、宽、厚，叶色深绿，株高 100cm 以下，分蘖力适中、成穗率高，直立紧穗型或半紧穗型，平均每穗实粒数 150 粒左右，千粒重 24 ~ 27g；这种株型可适应超高产栽培。由于直立叶片在密植条件下有利于光合作用，所以，还提出如何从栽培角度来培植这种株型。

在中国，水稻育种家从不同地区、不同角度的研究结果提出水稻理想株型的多种模式。杨守仁（1982）通过 30 余年的研究认为，水稻的理想株型有三方面的要求，①耐肥抗倒伏；②适于密植；③秆短而草少，使谷草比保持较高的水平。并提出“偏矮秆、偏大穗”的想法。黄耀祥（1983）在首创矮化水稻改良的基础上，提出理想株型的“半矮秆丛生快长高产株型模式”。陶大云提出高产品种 3 个基本条件：①抗倒伏性能强；②最适宜的叶面积指数；③单位面积上实粒数多。袁隆平（1997）的超级稻株型模式，对株高、秆长、上部 3 片叶的长度、叶角、宽度等都提出详细的量化指标。周开达（1997）的“重穗型”模式等。

综上所述，理想株型在不同地区不同条件下会有不同的模式，但不论是南方还是北方，不论是籼稻还是粳稻，对理想株型的要求存在共同的指标，就是都应是“高光效”。高光效的株型是指在光能利用率高的水稻群体里，个体植株的形态结构能保持较高的光合势，光合产物很丰富，而且能很顺利地运送到籽粒中去。此外，还需要理想的生理性状相配合，如二氧化碳（CO_2）补偿点低、光呼吸作用低、净光合速率高、光饱和点高等。这种生理的优良性状还与生育期长短、生长势强弱、抗逆性能力及谷草比等特性有关。

（三）理想株型的重点目标

1. 抗倒伏力要强

倒伏是水稻高产栽培中影响产量的首要问题。要获得更高产量通常通过多施肥和增加密度来达到目的，但是或者由于品种不抗倒伏，或者由于施肥不当而引起植株倒伏，使产量大减。然而，水稻品种间的抗倒伏能力差异较大。从品种的株型看，抗倒伏与株高、基部节间长度、茎壁厚度及韧性、根系健壮、发达与否，以及叶片的大小、形态及分布等都有相关性，其中，与株高的相关最为密切。矮化株型已使抗倒伏能力和经济系数都得到了很大的遗传改良。但是，品种过矮又存在生物产量不足和叶片过于密集等不利因素。所以，通过理想株型的培育以提高植株的抗倒伏能力，应把株高和其他相关性状等综合考虑，不能单纯追求株高的降低，而忽略其他性状的效应。

2. 生物产量要高

经济产量与生物产量紧密相关，经济产量的提高是通过增加生物产量和提高经济系数来达到的。最起始的水稻经济系数仅有0.2～0.25，矮化遗传改良前的经济系数也只达到0.3～0.35，矮化育种后的经济系数可达到0.5左右，产量潜力可突破7 500kg/hm^2，但干物质产量却基本未提升。由此可见，水稻产量的提高是通过增加经济系数而不是通过增加干物质实现的。目前，高产品种的经济系数已超过0.5，接近0.6，几乎达到极限，继续通过提高经济系数来增加稻谷产量已是很难了。所以，要进一步提高水稻的产量潜力，应通过理想株型的遗传改良增加生物产量，进而提高经济产量。

提高生物产量首先要增加叶面积指数，即把现有粳稻品种的最适叶面积指数由5～7提高到8～10。欲提高叶面积指数，就特别要求叶片保持直立，与茎秆夹角要小，消光系数低，能增加密度，提高光能利用率。此外，要提高生物产量，增加库容也是必需的，改良的重点在增加穗粒数上。我国选育的单产在13 500kg/hm^2以上的高产品种，每公顷总颖花数都在6亿以上，实粒数达到4.5亿粒。这样的高产品种以较大的库容为高产打下了基础。

3. 单位面积实粒数要多

增加单位面积上的实粒数与提高产量密切相关，也是水稻高产和遗传改良的重要目标。提高单位面积的实粒数的途径各有不同，有人主张培育矮秆大穗，有人主张搞单株多穗。这两种改良途径都有高产品种和高产实例，但都需要具备各自的条件。如新疆、宁夏等稻区干旱少雨，病害发生少而轻，可考虑通过增加穗数来增加单位面积的实粒数。相反，在潮湿多雨的稻区增加穗数会加重病、虫为害而发生倒伏，不利于高产。应在现有单位面积穗数基础上，适当减少穗数而主攻大穗多粒数，也可收到高产的效果。

总而言之，在理想株型的遗传改良中，有较大的生物产量，较高的最适叶面积指数，较多的单位面积实粒数，以及较强的耐肥抗倒性，这些是培育水稻理想株型主要追求的目标。具备这些基本要求还需要协调植株各器官和形态的总体配置，协调个体与群体之间的矛盾，形态与机能的良好结合等，才能使理想株型达到更完美，在更高产量水平上达到矛盾统一。

（四）理想株型的选择指标

1. 理想株型总体指标

对水稻理想株型有各种设计，涉及的主要指标可概括成以下几方面：幼苗生长发育快，分蘖适中，拔节后茎蘖上举；叶片中厚，宽窄适中而直立，与茎秆角度小，透光性好；植株中矮秆，坚硬而有韧性，株型紧凑并挺立，耐肥抗倒伏；主穗与分蘖穗大小接近一致，成穗率高，穗中大，结实率高；灌浆后茎秆直立性好，穗颈坚韧，光合势强，物质运转流畅，经济系数大，谷草比高；成熟时青秆黄熟，顶3叶或全株茎叶青绿不早衰，穗枝梗褪色缓慢；谷粒中等偏大，壳薄，不易落粒，种子有短暂休眠期；根系活力强，不早衰。

上述理想株型将能保证水稻群体有比较合理的分布，较大的合理叶面积指数，理想的透光度，保证了下部叶片能较长时间进行光合作用，并使根系可保持较强的活力，顶3叶的光合作用强而持久，有利于光合产物向籽粒中输送和充实。

2. 理想株型具体选择指标

(1) *根系*　根系活力的强弱与水稻植株生长发育健壮与否关系密切，根系生长健壮、发达则前期的表现是早生快发，后期根系功能是否正常可以从叶片是否早衰观察出来。选择根系旺发、健壮，活力强盛，分布深而广，均可从地上植株的生长发育态势表现出来。

(2) *茎蘖*　茎秆要粗壮，高度适中，茎基部节间短，秆壁厚且坚韧；分蘖力要达到中上等，分蘖势强，前期茎蘖间应适当分散开，以利上下各部分均匀受光，拔节后茎蘖收拢为紧凑型以利通风透光；分蘖穗成穗率高，穗大小整齐。

(3) *叶片*　对理想株型叶片的选择要从数目、质量和功能三方面考虑，最好在生育前期就能长出较大的叶片和叶鞘，出叶速度要快；叶片厚而且直立，叶角较小，叶绿素含量高，叶面积指数高，剑叶直挺，长度适中；生育后期叶片转色好，不早衰，不干枯。

(4) *穗部*　穗大粒多，单穗成粒数要达到140粒左右，穗粒整齐，大小均匀，千粒重24~28g，籽粒灌浆速度快，结实率高，枝梗不早衰，熟色好。

(5) *群体*　理想株型的茎秆、分蘖和叶片总体要配置好，减少株间竞争；群体结构协调，前期生育繁茂，后期生育稳健，整齐化一。

由于同一理想株型在不同的生态条件下会有不同的表现，所以，应针对不同生态条件对理想株型提出不同的要求，作出科学合理的改良。例如，在日照不足的稻区要强调株型的透光率和光合强度；对干旱、半干旱地区要关注耐旱性；对低温冷凉地区要增强耐冷性；对多风、大风的地区要加大抗倒力和不落粒的改良。由于水稻理想株型的不同性状对生态条件的反应稳定性是有差异的，如生育期、株高、千粒重等性状对环境的影响，相对稳定；而结实率、单穗实粒数、成穗率则受环境条件影响较大。

以上论述的理想株型性状选择指标，是均指单株的形态和生理状态，然而水稻的产量是由单位面积上的群体构成的，因此，必然要涉及单位空间中最适宜群体的构成状态。最适群体是指其在各生育阶段的干物质生产速度快，最终经济系数高，而且至成熟时不倒伏的群体。干物质生产是高产的基础，是最适群体的主要表现内容。干物质生产速度是净光合生产率与叶面积系数的乘积。

目前，叶片比较直立的水稻品种，叶面积系数在6.5左右大体上是一个临界点，小于这一数字的，净光合生产率与叶面积系数不存在相关性。当叶面积系数超过这一临界点时，随着叶面积系数的增加，净光合生产率呈直线下降。因此，欲提高水稻生育中后期的干物质生产量，既要促使叶面积进一步增加，又要避免使其过于繁茂，要观察群体的受光状态，提高下部叶片的受光效率，提升净光合生产率。

第三节　水稻高光效遗传改良

一、高光效育种概述

（一）高光效育种的概念

高光效育种是指通过增加水稻对光能的利用效率，在单位面积上获得更多的生物产量及经济产量的育种技术称为高光效育种。高光效育种是以提高水稻光合作用的效能实现高产的目标。因此，高光效育种受到了当代水稻育种家和生理学家的高度关注。在以往的常规育种技术的基础上，选育出来的高产品种，其光能利用率在 1.0% ~1.5%，而理想的光能利用率应该达到 3.0% ~5.0%。这样看来，提高水稻光能利用率的空间还是很大的。在耕地面积减少、经济系数很难再提高的情况下，为进一步提高水稻的产量，高光效遗传改良被认为是改进水稻群体光合能力，提高其光能利用率的重要而有前景的途径。

（二）高光效育种的途径

从目前水稻高光效育种研究的结果分析，高光效育种的途径大体有 3 方面。

1. 水稻品种叶片光能接受性能的改良和提高

叶片是接受光能的主要器官，接受光性能改良提高的主要方面包括叶片直立，叶片厚实，叶片叶绿素含量高，叶片活力强、不早衰，叶片光合作用持续时间长，合成干物质能力强等。此外，从水稻株型上分析，叶片的形态和分布要最大限度减少水稻在光合作用时不必要的光能损失。

2. 高光能转化效率亲本的改良

这种亲本既具有较强的光能捕获能力，又有较高的光能转化效率。屠曾平等把光能捕获能力与光能转化效率的综合水平，定义为“整体光合能力”。日本学者研究发现，当水稻生长在阳光充足的地区时，它们的光合特性需要进行调整和改变，以适应这种环境条件。

大量的研究结果表明，中、美两类水稻分属于两类不同的光强生态型，美国水稻的特点是，强光下单叶最大光合速率（P_{max}）比广东水稻明显高些，光能转化效率也较高，但其叶面积指数发展太慢，光能捕获能力差。考虑到美国水稻品种 Lemont 等对强光照有特殊适应能力，而且还兼具米质优良、高抗稻瘟病、抗寒性强等许多优点，我国水稻育种家屠曾平等利用美国水稻品种的适高光强的光合特性，改良广东水稻品种对高光强的适应力。光合特性研究结果显示，提高光能捕获能力及其转化效率的遗传改良途径是有效的、可行的。

3. 光合作用转化途径的改良

水稻在 CO_2 的同化途径上属于 C_3 作物，而玉米、高粱属于 C_4 作物，C_3 途径的水稻其 CO_2 同化能力较差。许多学者通过对水稻光合作用的途径研究发现，改良水稻光合作用途径中某些环节或某些关键酶，可以提高水稻同化 CO_2 的能力，进而增加经济产量。如美国和日本专家通过转基因技术首次成功地将玉米的 *PEPC* 基因导入水稻，并获得高度表达的转基因水稻植株。通过对该转基因植株测定表明，它的净光合速率提高了，氧抑光合和 CO_2 补偿点降低，高表达的转基因不同植株稻谷产量增加 10% ~30%。

二、光合效率及其相关性状的改良

（一）光合效率的改良

不论从光能利用率的角度分析，还是从品种改良的前景分析，发现目前水稻品种的产量潜力并未达到极值，现有品种的光能利用率仅有 1%，或稍多一点。因此，光合效率的改良提高是高光效育种的主要方向。就水稻而言，光合效率与光合面积参数（大小、指数、时间）、叶面积时间（LAD）等有关，这些参数似与稻谷产量有正效应。较长的叶面积时间与叶面积指数呈正相关，而过大的叶面积指数则与产量存在负的直接效应。当然，增强品种对病虫害的抗性也能提高光合效率，增加光合作用产物。品种分蘖力强有利于补偿缺株，增加叶面积指数，可提高群体光合效能。水稻株型紧凑有利于提高光线的透入率，尤其是增加对基部的透入量，使基部叶片光合作用不能降低太多。

（二）源库关系的改良

水稻源库关系的协调取决于叶面积指数、生育期长短、单位面积穗数、单穗颖花数、灌浆饱满籽粒数和粒重等性状的相互制约。对源来说，单株光合作用的叶面积和时间以及叶面积指数是十分重要的。水稻生育前期叶面积不足时，要求叶片披散些，以充分接受光能；生育后期叶面积较大时，则要求叶片挺立，以使上、下部叶片都能利用光能。光合作用的持续时间是希望通过延长功能叶片的寿命而不是延长生育期来获得。对库来说，最重要的是协调单位面积颖花数和粒重，提高结实率，增强库器官吸收光合产物的竞争力。

曹显祖等（1987）研究了水稻品种的源库特征，将其分为 3 种类型：源限制型—增源增产型；库限制型—增库增产型；源库互作型—增源增库兼性增产型。还发现在不同的肥力条件下，品种的源库类型会发生变化。在中等偏低的肥力条件下，构成产量组分之间往往呈显著负相关，表明限制产量的是同化物质的供应，即源不足，而不是库的储存能力；而在较高肥力条件下，同化产物的源供应充足，库容的储存能力就变成限制产量的因素。日本学者对水稻研究认为，高产品种的一个重要特征就是单穗粒数多、粒大、结实率高（Morishima 等，1984）。

朱庆森等（1988）的研究表明，增源增产型多为大穗，强弱势籽粒灌浆差距大，属异步灌浆型，并指出这可能是随着品种生产潜力的提高，库容量进一步扩大后，在灌浆过程中协调源库关系的一种方式。很显然，提高源的供应能力，在更高产量水平上使源库关系协调起来。袁隆平（1990）研究指出，直接利用籼粳亚种间杂种优势是杂交稻育种的方向，然而籼粳直接杂交带来的籽粒充实度差的问题，限制了籼粳亚种间杂交组合产量潜力的发挥，而籼粳亚种间杂交稻籽粒充实度差很可能与源库关系不协调有一定关系。

(三) 谷粒充实度的改良

谷粒充实度是决定稻谷产量，即经济产量的直接关键因素。水稻营养生长期的延长可以增加生物产量，而谷粒充实期的延长则能增加籽粒产量。在一定的范围内，较长的营养生长期与稻谷产量呈正相关。谷粒充实速率高、时间长则产量增加，特别是增加干物质产量，而这种延长又取决于激素调控和生态栽培条件。水稻在灌浆过程中，茎鞘中约70%的碳水化合物向籽粒运转，籽粒中的干物质有20% ~40%是来自抽穗前茎秆和叶鞘里贮存的同化物，所以，高产矮秆品种要具有坚挺的茎秆和发达的叶鞘，才能增加籽粒的充实度。

(四) 经济系数的改良

经济系数（收获指数）是谷粒产量与总生物产量的比值。一般来说，谷粒产量与总生物产量有一定的相关性。在一定范围内，总生物产量越高，谷粒的产量也就越高。总生物产量可以通过增加株高和延长生育期来提高，但这样并不能提高经济系数，相反却会降低经济系数，因为经济系数与株高、生育期通常呈负相关。中国高秆水稻地方品种的经济系数因其植株的高矮和生育期的长短，一般变动在0.35 ~0.45，而矮秆改良品种的经济系数可达0.45 ~0.55，说明矮秆改良品种比高秆地方品种的经济产量要高。

如何在保持较高的总生物产量的基础上，进一步提高经济系数是水稻遗传改良的重要课题。一般来说，提高经济系数可从几方面着手。增加单位面积上的穗数，提高成穗率；增加单穗的颖花数，提高实粒率；增加粒重，提高籽粒的充实度等。

第四节 水稻超高产遗传改良

一、水稻超高产的提出及其进展

20世纪80年代以来，世界水稻生产的一些先进国家相继登上了高产的台阶，稻谷单产达到了6 000 ~9 000kg/hm^2。然而，各国对稻米的需求压力并未减轻，中国需要更多的食用稻米，日本需要大量饲用水稻。在这种背景下，日本首先提出了水稻超高产育种研究。鉴于日本水稻的超高产育种计划，中国、韩国等以及国际水稻研究所也都陆续确定了水稻超高产育种计划，并开展了研究。

(一) 日本水稻超高产育种计划

日本是提出和开展水稻超高产育种最早的国家。在日本，由于人们饮食结构的变化，食用稻米的消费量逐年下降，出现了供过于求的现象。而另一面，日本饲料用粮自给率较低，每年需要大量进口饲料粮。如果能选育出品质差一些，但产量大幅度提高可用于饲料的水稻品种，将会满足上述需要。因此，日本农林水产省于1981年组织全国水稻育种单位，开展了“超高产水稻开发及栽培技术的确立”的大型合作研究项目，简称为“超高产育种计划”或“逆7.5.3计划”。

该计划试图通过籼粳稻杂交选育产量潜力高的水稻品种，再辅之相应的栽培技术，达到高产的目的。该计划分三个阶段实施。

第一阶段，为期3年，从1981—1983年。从育成品种中挑选比推广品种单产6 000 kg/hm^2 增产10%，其稳产性较好、食味品质不很好。

第二阶段，为期5年，从1984—1988年。改良现有高产品种，包括韩国品种，增加籽粒数；获得大粒品种，达到早熟、耐冷性强、抗倒伏，比计划开始（1981年）时推广品种增产30%。要求7 500 kg/hm^2 的稻区提高到9 000 kg/hm^2，9 000 kg/hm^2 提高到12 750 kg/hm^2 的产量水平。

第三阶段，为期7年，从1989—1995年。在第二阶段的基础上，进一步育成极大粒、高抗病、耐冷强、株型改良的水稻品种，比计划开始时（1981年）的推广品种增产50%。要求在单产7 500～9 495 kg/hm^2 的稻区达到11 250～15 750 kg/hm^2。

在超高产育种途径上，重点引进中国和韩国品种，如南京11、密阳23、水源258、原丰早、二九丰、广陆矮4号、广解9号等作亲本，与当地粳稻品种杂交，以增加杂种后代的颖花数。由于杂种后代出现5.6万颖花/m^2，比目前3万颖花/m^2 提高了86.7%，故被称作“多花育种”。在粒重上也取得较大的进展，育成的BG26（大鹏×Sesia），千粒重达40～43g，BG1（大鹏×长粒稻），千粒重达47.2g，SLG千粒重高达64g。到1990年，日本水稻超高产育种计划共育成6个品种，48个超高产品系，小面积产量已接近10 000 kg/hm^2。

日本超高产育种主要涉及超高产常规育种技术及其育种试材的选择，超高产杂种优势利用研究，超高产品种选育及其生理生态特性与栽培技术研究，超高产病虫害防治技术研究等。日本水稻超高产育种的核心就是籼、粳交育种，在研究中大量利用了中国、韩国的籼稻品种与日本粳稻品种杂交。

近年来，日本根据水稻育种技术的进步以及未来的发展方向，启动了“新世纪稻作计划”。该计划包括从水稻育种方法、育种材料的开发和利用，以及产量加工、贮藏等各个环节。在育种技术主面，强调分子标记辅助选择技术的应用，在新材料的开发中强调了光、温敏细胞核雄性不育及广亲和材料的应用。

（二）国际水稻研究所超高产育种计划

1966年，国际水稻研究所（IRRI）育成了第一个矮秆改良品种IR8，被认为是具有划时代意义的品种，引发了东南亚水稻生产的“绿色革命”。但在IR8之后所育成的品种，多在早熟性、抗病虫性、耐不良土壤性以及稻米品质方面有所改良，在产量潜力上没有大的突破。由于分子遗传学和生物技术的迅速发展，国际水稻研究所认为时机已经成熟，汇集该所的育种家、农学家、植物生理学家和生物技术专家等，总结过去30年的水稻育种的成果、经验，研讨今后育种的策略，特别是进一步提高产量的举措。

1989年，该所正式提出并启动新株型稻（超级稻）育种计划。认为要想进一步大幅度提高现有水稻品种产量，必须改变现有品种的株型。由此确定的育种目标：低分蘖少穗，直播条件下每株3～4穗，全为有效分蘖，单穗粒数达到200～250粒；株高100cm左右，茎秆粗硬；根系发达，全生育期110～130d，抗病虫害；经济系数0.6以上，产量潜力13 000～15 000 kg/hm^2。

国际水稻研究所超高产育种所设计的新株型模式的突出特点是少蘖大穗和收获指数高。少蘖株型可减少无效分蘖，避免叶面积指数过大造成群体恶化和营养生长过剩导致的生物产量损失浪费。同时，该株型可缩短生育期，提高日产量和经济系数，实现超高产。新株型设计还充分考虑到水资源的短缺、劳动力紧缺、化学物质污染等因素，使新品种更符合利用较少的水资源、劳动力和化学产品，获得较高稻谷产量的目标。

1994 年，国际水稻研究所利用新株型和特异种质资源选育超级稻新品种已获成功，一些品系在小面积（$300m^2$）的产量比较试验中，其单产已超过现有推广品种 20% ~ 30%。但因为不抗褐飞虱，没能大面积推广种植。近年来，IRRI 根据存在的问题，对原超高产育种设计做了必要修改：①引入籼稻有利基因，通过热带粳稻与籼稻间杂交获得中间类型，同时保留原有纯粳背景的材料，以进一步用于组配粳稻和籼粳亚种间杂交品种。②适当增强分蘖力，适当提升植株高度和延长生育天数，适当减少单穗粒数，并避免密穗型。③除谷粒产量外，注意筛选和利用谷粒充实度好的亲本，把谷粒充实率、开花期的生物产量和茎秆大维管束数目作为重要的选育指标。④重视在野生稻中发掘高产基因。不再一味追求提高经济系数。因为该所专家发现在我国云南永胜县涛源乡水稻单产达 13 600kg/hm^2 的高产水平，其经济系数也仅有 0.46。

（三）韩国水稻超高产育种计划

1965 年，韩国在国际水稻所的协作下，首尔大学将日本水稻品种 Yukara 和中国台湾籼稻品种台中在来 1 号杂交，次年将杂种一代（F_1）与 IR8 杂交，从（Yukara × 台中在来 1 号）F_1 × IR8 复交中选育出矮秆高产的三交种 IR667，将其中最优良的品种命名为统一（Tongil）。该品种具有 75% 的籼稻遗传基因，特点是高产、特矮秆、耐多肥、抗倒伏、光合作用强、叶片直立，比一般品种增产 20% ~30%，从 1972 年开始向全国推广。

统一水稻品种虽然产量很高，但也存在一些缺点。于是，韩国育种家通过吸收 IR1317、IR24、KC1 的抗病虫性、优质等优良性状，继续选育新品种，于 1975 年育出了晚熟、米饭食味好的维新和密阳 22。1976 年育出了比统一早熟 12 ~ 13d、优质、落粒性中等的密阳 21；比统一增产 10% 以上、株型好的密阳 23 和水源 258。从遗传成分上分析，密阳品种只有 12.5% 的粳稻亲缘。韩国将籼粳杂交育成的品种，称为“统一系数品种”或“新品种”，称粳稻品种为“一般系列品种”或“一般品种”。

（四）中国水稻超高产育种计划

中国水稻超高产育种最早可追溯到 20 世纪 80 年代中期，沈阳农业大学在籼粳亚种间杂交和理想株型育种研究的基础上，开始了水稻超高产育种理论和技术的探索，并于 1987 年发表了“水稻超高产育种动向”的研究论文。进入 90 年代，国家将“水稻超高产育种研究”纳入重点科技攻关计划，组织中国农业科学院、沈阳农业大学、广东省农业科学院等单位进行联合攻关，就水稻超高产育种的理论和方法开展研究。到 90 年代中期，水稻超高产育种已初步形成了理论框架。沈阳农业大学育成了新株型种质“沈农 89 - 366”和超高产新品系“沈农 265”等，其中“沈农 89 - 366”成为国际水稻研究所选育超级稻新品种的核心种质材料。广东省农业科学院育成了超高产水稻新品种特青 2 号、胜优 2 号等。

北方粳稻超高产育种研究以沈阳农业大学为代表展开，在对新育成的高产品种形态、生理特征进行深入、系统分析后发现，20 世纪 80 年代北方粳稻平均单产提高 10% 左右，其中，品种遗传改良和栽培的贡献率各占一半。育种主要提高了单穗粒数和粒重，栽培则主要提高了结实率。就普通品种来说，产量与穗粒数呈显著正相关，而与生物产量的相关性更密切。因此，要实现超高产，必须增加生物产量。90 年代育成的高产品种辽盐 16 的生物产量较高，主要原因是生理功能得到了提升；辽粳 326 的生物产量也高，是因为株型更加合理。因此，将形态和机能二者的优点结合起来，有可能获得生物产量新的突破。

进一步研究认为，提高生物产量是实现超高产的物质保证，优化产量组分是实现超高产的前提条件，利用籼粳稻杂交或地理远缘杂交创造理想株型是超高产的主要途径，通过优化性状组合使理想株型与优势相结合是实现超高产的必由之路。

此外，利用籼粳亚种间杂交分离大的特点，选择具有特异性状新株型优良种质，先后选育出矮秆、长叶大穗型的沈农 89366，半矮秆、株型紧凑、分蘖力极强、单株竞争力小的“沈农 9660”等。这些优良种质材料，有的已被用于新株型超级稻育种，并取得了明显的效果；有的作为选育籼粳亚种间杂交稻的桥梁亲本，用于超高产杂交稻选育。例如，国际水稻研究所于 1994 年宣布，利用沈农 89366 作亲本，已育成 9 个新株型稻品系。由此证明，利用籼粳稻亚种间杂交是创造理想株型优良种质的有效方法。

二、超高产育种的理论体系及模式

（一）理想株型与优势利用相结合

这一超高产育种理论是沈阳农业大学杨守仁教授等在籼粳稻杂交育种和水稻理想株型多年研究的基础上提出来的。1951 年，杨守仁开展籼粳杂交育种的研究，认为籼粳杂交是产生更多变异类型和强大优势的有效途径，杂种后代性状不易稳定和结实率低的问题可采取多次杂交来解决，复交优于回交，开创了水稻育种利用“籼粳杂交”的先河。

之后，在 20 世纪 60 年代初期又开展了大穗的研究，70 年代则有意识地开始水稻理想株型育种理论和方法的研究。1977 年，总结出矮秆水稻品种应具备耐肥、抗倒、适于密植、谷草比大等特点，同时，提出了株型在光能利用上的重要性，以及矮秆大穗的增产潜力。杨守仁（1984）在“水稻理想株型育种的理论和方法初论”一文中，明确提出水稻理想株型的 3 个标准，即耐肥抗倒、生长量大和谷草比大，并作为选育超高产品种的目标。

杨守仁（1987）认为，水稻超高产育种的新途径将是理想株型与优势利用相结合的优化性状组配。超高产的主要难题是大穗与多穗的矛盾，高产依靠大穗，即平均单穗粒重高，大穗的物质基础通常是叶大茎粗，这样就影响了分蘖力，使穗数减少。鉴此，又进一步提出形态与机能兼顾来协调大穗与多穗的矛盾，以达到穗粒二者兼得的更高产目标，提出“偏矮秆、偏大穗”相结合的超高产育种策略。1994 年提出了优化水稻性状的“三好理论”，即植株高矮好、稻穗大小好和分蘖多少好。具体指标是，株高以（90 ±10）cm 为宜；稻穗大小在单位面积穗数下调的情况下，不能盲目追求大穗，导致分蘖力太低，分蘖数太少；分蘖力要达到中等水平，太强则稻穗就太小，太弱又导致稻穗数又太少。

杨守仁（1996）在“水稻超高产育种的理论和方法”一文中，进一步完善了以前提出的理想株型与优势利用相结合的理论系统，优化性状组配和杂交后代选择标准等，其核心是通过籼粳稻杂交创造株型变异和优势，经过优化性状组配选育理想株型与优势相结合的新品种，以达到超高产的目标。

理想株型与优势利用相结合。超高产育种理论的最大特点在于明确了超高产必须兼顾株型与优势，即形态与机能的协同和有机结合，并对北方粳稻超高产品种株型模式进行了数量化设计，株高90~105cm，直立大穗型，分蘖力中等，每穴15~18穗，每穗粒数150~200粒，生物产量高，综合抗性强，生育期155~160d，经济系数0.55，产量潜力12 000~15 000kg/hm^2。

（二）半矮秆丛生早长

广东省农业科学院黄耀祥院士在水稻矮化育种和丛化育种的基础上，提出了半矮秆丛生早长超高产育种新思路。从20世纪50年代开始，黄耀祥为选育耐肥抗倒、高产稳产水稻新品种，提出了“矮化育种”的构思，并先后育成了广场矮、珍珠矮和广陆矮等矮秆、抗倒伏、高产品种。

20世纪70年代，他又提出“丛化育种”的想法，以构建丛生快长矮秆新株型，即在个体发育过程中，选育具有在营养生长期丛生矮生，生殖生长期快长的动态株型结构。这是针对华南稻区台风暴雨频发、高温多湿、昼夜温差小的生态环境条件和特点，为加强水稻品种的耐密性，进一步协调多穗数与高穗重之间的矛盾，提高品种产量潜力提出的。之后，他又提出“矮生早长”和“丛生早长”的超高产品种类型的思维，以使穗数和穗粒重在更高的水平上协调统一起来。在适当保持现有半矮秆或丛生快长综合优良性状，特别是有效穗数较多的前提下，主攻大穗多粒、高结实率和籽粒充实度，大幅提高穗粒重，是选育超高产品种类型的有效途径。

研究结果表明，适当提高营养生长期间每个分蘖的生物产量，特别是孕穗期前的叶面积指数，增加营养物质供给源，是孕育大穗多粒的可靠保证。矮生早长或丛生早长类型的特点，是在营养生长前期就长出较长、较厚、较大的叶片和叶鞘，相应提高了茎秆的粗壮度和叶面积指数，以使光合产物的大量合成和贮存，为大穗和多粒提供物质保证。

根据半矮秆丛生早长水稻超高产育种理论，提出了超高产品种模式的性状标志是，根系健旺、活力强、不早衰；分蘖力强、茎秆粗壮、基部节间短、高度适中、茎秆壁厚且坚韧；在营养生长前期就能长出较长、较大、较厚的叶片和叶鞘，叶片厚直，叶角较小，后期转色好；穗大粒多，单穗实粒数160~200粒，千粒重25~30g，谷草比高；群体结构好，叶面积指数较大，叶绿素含量较高，成穗率高；耐密植，光合力强；综合抗性好，抗主要病虫害，抗倒伏，对各种土壤条件不敏感。

（三）亚种间杂种优势利用

1. 籼粳亚种间两系杂交稻

袁隆平院士提出杂交水稻三系法、两系法和一系法的战略构想，认为杂交水稻仍蕴藏着巨大的产量潜力。在杂种优势利用的水平上，则由品种间杂种，向亚种间杂种和远缘杂种方向发展。从1973年杂交水稻选育成功并大面积应用生产以来，已表现出较大的增产效果，但目前种植的水稻杂交种限于品种间杂种优势利用范围，由于品种间的亲缘关系较近，遗传差异相对较小，杂种优势的提升有较大的局限性，增产幅度基本上在20%左右徘徊，很难再上一个新台阶。

为进一步提高水稻产量，选育超高产杂交稻，袁隆平提出通过两系法利用籼粳亚种间杂交产生的强大杂种优势，是选育超高产杂交稻最有前景的途径。水稻亚种间杂种优势明显高于品种间杂种优势，亚种间杂交稻的增产潜力要比品种间的杂交稻高20%以上，而两系法杂交种具有不受恢复系限制的优点。籼粳交杂种一代的杂种优势主要表现在植株高大，穗大粒多，分蘖力强，种子发芽势强，根系发达，茎粗抗倒，再生力和抗逆性强等性状上。章善庆（1987）对43个籼粳杂交组合的杂种一代性状观察显示，除单穗实粒数和结实率低于低亲值外，其他大多数性状表现超高亲值。

籼粳交杂种优势利用的主要问题是杂种结实率低、籽粒不饱满、植株过高、熟期偏晚、耐冷性降低、稻米品质欠佳等。其中，杂种结实率低和籽粒充实度差的问题必须解决。在强优势的大穗型杂交组合中，即使结实率较高，但常常饱满粒偏少，其原因可能是源、库关系不协调，输导组织不通畅和早衰等因素所造成。

为了解决杂种结实率低的问题，提出了亲和性理论和广亲和系选育，Ikehashi（1979）发现Aus和Bulu存在有与籼、粳稻杂交均可结实正常的品种，并于1982年提出了水稻广亲和性的理论。该理论认为不同水稻品种的杂交亲和性受一个位点上一组复等位基因的控制。已知的复等位基因有S_5^n、S_5^i、S_5^j，位于第三染色体上，与色素源基因C和糯性基因wx连锁。迄今，已发现$S-7$、$S-8$和$S-9$，前2个位于第六染色体上，后1个位于第四染色体上。

Ikehashi开始研究时用74个预期对籼、粳稻都具有较高亲和性的材料，通过与籼稻测验种IR36和IR50以及粳稻测验种秋光和日本晴测交，从中筛选出几个广亲和品种，Colotoc、Ketan、Nangka、CPSLO17、Padi Bujiang Pendek、Aus373和Dular。并认为印度次大陆Aus是一个具有多种亲和类型的混合物，这是因为Aus是来自栽培稻的起源中心，加上长期的山地栽培获得了光周期敏感性而丧失了进一步进化的机会，从而保持了其多样性。

此后，中国也筛选出一些具有广亲和性的品种，如轮回422、02428、T984、Pecos等（表9-4）。广亲和基因在水稻籼粳杂交中利用，可使杂种一代的结实率从5%～40%提升到65%～85%。广亲和系的筛选需要有鉴定的标准种。中国的标准测验种籼稻是南京11和IR36，粳稻是秋光和Balilla。凡与上面4个测验种杂交的F_1花粉育性I-KI染色在70%以上，自然结实率在70%以上者，可以认定是广亲和材料。

袁隆平在总结多年来选育籼粳亚种间两系杂交稻研究成果的基础上，提出选育强优势杂交种的技术策略和模式：株高要求在倒伏的前提下，适当增加植株高度，以增加生物产量，为超高产打下基础；稻穗以每公顷300万穗的中大穗型为主，单穗颖花数要达到180个左右，以利于协调库源关系；针对籼粳杂交稻籽粒不饱满的问题，要选用籽粒充实度好的品种作亲本；部分利用亚种间的杂种优势组配亚亚种杂交稻，以减少典型亚种间杂交种存在的不利杂种优势的表现；既要考虑利用双亲优良性状的显性互补作用，又要特别重视双亲有较大的遗传差异，以发挥超显性效应。

表9-4　中国部分单位育成或筛选出的广亲和品系

育成或筛选单位	广亲和品系
湖南杂交水稻研究中心	轮回422、城特232、培矮64、培C-311、26窄早
江苏省农业科学院	02428、JW-8、JW-18
福建省三明市农业科学研究所	SMR、68-83
浙江农业大学	秀水117、IR58、T8340、加湖157
南京农业大学	CP231、红壳老鼠牙
武汉大学	Mcp-22-2、3、4
中国水稻研究所	T984、T986、Pecos、加42
四川农业大学	CA537、CA444
辽宁省农业科学院	9020、9083

(引自《水稻育种学》，1996)

2. 籼粳亚种间重穗型杂交稻

四川农业大学周开达教授在总结籼粳亚种间杂种优势利用的研究结果后指出，常规籼粳交大穗型杂交种结实性差，穗大组不重。四川省的地方水稻品种具有穗大粒多、单位面积穗数较少的特点。多穗数水稻品种由于群体密度大，叶片之间相互遮蔽，呼吸消耗增加，净光合效率降低，在生产上已很难达到更高的产量水平。这是因为四川盆地寡照、高温、多湿的生态条件不适于多穗型杂交稻产量潜力的发挥。

在比较研究了不同穗重品种功能叶面积与穗粒重、产量关系的基础上，提出“亚种间重穗型”杂交种超高产育种理论。该理论的主要内容是适当增加株高，减少穗数，增加穗重，以更有利于提高群体光合作用和物质生产能力，减少病虫害，获得超高产。

籼粳亚种间重穗型杂交稻的模式和特点是，根系发达、粗壮、功能期长、衰退慢；茎秆坚韧、秆壁厚、输导组织发达；维管束中有一定量的叶绿素；株高120cm左右、有强大的生长量；分蘖力强、成穗率高、有效穗225万/hm^2；分蘖期叶片稍披散，拔节后叶角变小，叶片厚直，叶色深绿，剑叶和倒二叶长40cm左右，后期转色顺畅，熟色好；穗型长大，叶下藏，一次枝梗发达，着粒较稀，结实率较高，籽粒饱满，充实度好，平均穗重5g以上；品质优良，抗病性强。

总之，在水稻各种超高产育种理论和模式的研究中，最重要的方面：塑造超高产的株型，利用籼粳亚种间杂交稻的强大杂种优势，以及理想株型与优势利用的有机结合，即发挥形态与机能的融合效能。从株型设计上看，不论哪种理论所设计的株型，一般都具有适当增加株高，减少分蘖数，增加穗重、生物产量和经济系数等共同特点。在育种技术上，均采用利用亚种间杂交创造中间型材料，再经复交或回交选育超高产品种或杂交种。

（四）国外水稻超高产育种理论

1. 国际水稻研究所新株型超高产育种理论

国际水稻研究所水稻育种专家在育种实践中，受 C_4 作物玉米、高粱单秆大穗的启发，认为由于水稻分蘖过多，其中的无效分蘖消耗了一些光合产物和矿物质养分，进而影响了群体的结构和质量，导致病虫害多发。因此，适当减少分蘖，提高分蘖的成穗率，增加生物产量，增加单穗粒数即增加穗粒重，进一步提高经济系数是水稻超高产的选育目标。而且，高密度的籽粒有利于提高产量潜力。

1989 年，国际水稻研究所成功地选育出被称为“超级稻”的新株型稻。该超级稻的亲本之一是东南亚的热带粳型旱稻，单穗粒数为 400 粒，根系非常发达，茎秆特别粗壮，抗倒伏能力强；另一亲本是多穗矮秆籼稻品种。新育成的超高产品种是籼粳、水陆稻杂交的后代，表现粗秆大穗，根系发达，叶片直立。

新株型超高产品种模式的指标是：根系发达、活力强，分蘖数 3 ~ 4 个（直播），有效分蘖 100%，株高 90 ~ 100cm，穗型弯垂型，单穗粒数 200 ~ 250 粒，生物产量 21 700 ~ 25 000kg/hm^2，经济系数 0.6，经济产量 13 000 ~ 15 000kg/hm^2，生育期 110 ~ 130d。

2. 日本水稻超高产育种理论

日本十分重视广泛收集水稻种质资源，并加以研究利用。采用从世界各地收集的具有优良遗传特性的种质材料，与日本粳稻品种杂交并进行遗传分析，同时进行抗病性、抗虫性、抗倒性及产量潜力的鉴定，然后进行组配杂交，选育适合不同稻区栽培的超高产品种。在超高产育种理论方面，研究与高产有关性状的遗传规律，探索籼粳亚种间杂交杂种不育机制。通过遗传分析和线粒体 DNA 分析对雄性不育细胞质进行分类，并将雄性不育细胞质转入日本粳稻品种，通过测交选育优良组合，加大杂种优势利用。

日本通过籼粳杂交，或与来自意大利、中国的地理远缘的品种以及大粒稻杂交，先后育成了一批超高产品种（系）。这些品种（系）有很高的产量潜力，株型优良。值得一提的是粳粳杂交后代育成的超高产品种大力（北陆 130），株高 104cm，穗弯垂型，单穗粒数 68 粒，生物产量 19 000kg/hm^2，经济系数 0.62、经济产量 93 900kg/hm^2，千粒重 48.1g，几乎是普通水稻品种粒重的 2 倍。秋力（北陆 125）的经济系数为 0.66，由此表明粳粳杂交后代对提高经济系数和千粒重有效。

三、北方超高产杂交稻育种技术

在水稻超高产育种理论和模式建立之后，要实现超高产的产量指标还是有一定难度的，毕竟目前水稻的单位面积产量水平已经达到了相当高的水准。要更大幅度提高单产，必须通过水稻种质创新、亲本挑选、组合选配以及育种技术和方法的创新等，才能将水稻超高产育种的基本理论付诸育种实践，并由此育成超高新品种。因此，行之有效的种质创新方法和育种技术就成为水稻超高产育种的关键。

（一）优良种质的筛选与创新

创造变异是育种、新品种选育成功的基础，不论采取哪种育种方法，也不论要达到什么样的育种目标，创造的变异幅度越大，变异的类型越多，选择优良变异的概率就越高。籼稻和粳稻是两个亚种，二者在形态特征上和生理特性上都存在着较大的遗传差异。因此，籼粳亚种间的杂交后代会产生广泛的变异。

20世纪50年代初期以来，国内外先后开展了籼粳稻杂交育种的研究，但都没有解决杂种后代“疯狂分离”、结实率低、耐寒性差等问题。沈阳农业大学杨守仁等（1959，1962，1978，1982，1987）开始了长期的连续的籼粳稻亚种间杂交育种的应用基础研究。初期的研究显示，籼粳稻杂交育种遇到的主要问题是性状分离极大、变异幅度极大，结实率低和性状不易稳定。例如，在采用典型籼稻品种广陆矮4号与日本粳稻品种丰锦杂交，其杂种二代性状的疯狂分离特别明显，植株最高在200cm以上，最矮的不到60cm；穗型也产生了显著分离等。这种疯狂分离给新品种选育带来诸多麻烦，但从另一角度思考，这种大规模的，大范围的分离和变异出现，恰恰为创造优异种质提供了变异基础。

杨守仁等（1962，1964，1978）认为，随着杂种世代的延续和人工选择，籼粳稻杂种后代的结实率会有明显提高，但同一杂交组合不同家系之间的差异明显。复交和回交能明显提高籼粳稻杂交后代的结实率和加快后代的稳定。由此，杨守仁等得出如下结论：①籼粳稻杂种后代的性状“疯狂分离、不易稳定、两极分化”的难题，可以通过复交、回交和选择得到解决。②籼粳稻杂种后代的低结实率可以通过选择提升到正常水平，复交和回交也是提高结实率的有效途径。③籼粳稻亚种间杂种优势强大，既能通过杂交稻育种加以利用，也可以通过常规育种固定优势利用。

经过多年的研究和总结，不仅积累了丰富的经验，而且还形成了许多成果，并在此基础上总结提出有利于提高杂种后代结实率、加速后代稳定的籼粳稻杂交亲本及其后代选择技术，初步建立起比较系统、完善的籼粳稻亚种间杂交育种的理论和技术，使籼粳亚种间杂交育种成为水稻超高产育种的主要途径。

利用这种技术和方法，杨守仁等（1972，1982，1987）先后创造出“千重浪”、“沈农1032”、“沈农1033”等一些新株型优良种质材料。到20世纪末，先后又创造出更优良的种质材料，例如“沈农89366”，具茎秆矮壮、叶片长大、大穗型等特点；“沈农9660”，具分蘖力和分蘖势极强、主茎穗和分蘖穗没有太大差异等特点；“沈农95008”，具株型紧凑、穗直立、单株竞争力小的特点；“沈农92326”，具株型理想、茎秆粗壮、穗直立等特点。这些新株型优良种质有的已被广泛应用于水稻超高产育种的新品种选育，并取得了明显的效果，有的作为选育籼粳交杂交稻的桥梁亲本，如沈阳农业大学育成的超级稻品种“沈农265”、“沈农606”、“沈农014”等；国际水稻研究所利用沈农89366育成几个超级稻新品种。

（二）籼粳交杂交稻配组的原则

杨振玉（1982，1988，1999）在粳型杂交稻研究中，通过籼粳架桥技术使籼粳遗传成分适度搭配，有利基因交换重组，会促进超高产杂交稻在亚种水平上的优势利用和新株型形成上取得新的突破和进展。由于籼粳亚种长期遗传分化产生的非随机性组合现象和不亲和性，以及籼粳生态格局的分化及其光温反应的特殊性，所以，典型的籼粳稻杂种优势难以利用。研究表明，籼粳交杂种优势存在可利用和不可利用的现象，杂交双亲的遗传差异与经济产量优势呈凸形抛物线关系，双亲程式指数差值以7～13为适度。

这为籼粳架桥技术间接部分利用其杂种优势提供了依据。

1. 籼粳架桥遗传成分适度搭配技术

通过籼粳交中间材料适度导入籼稻或粳稻的遗传成分，可以缓解籼粳基因组不亲和障碍，实现籼粳基因的自由交换和重组；可以扩大杂种后代的遗传多样性，增加其变异范围；通过籼粳成分的适度搭配，可以克服杂种与环境的矛盾，使生物优势与经济优势统一起来。

2. 选择优势生态群技术

本地水稻有利基因优势生态群在长期进化过程中，参与适应性进化的基因与控制经济性状的 QTLS 基因之间存在平行的进化关系，因而有利性状基因和受有利基因互作控制的优良性状被保留下来，不利性状及不利隐性基因被淘汰掉，从而形成了本地有利基因优势生态群，这就是一般配合力的遗传基础。北方稻区地处寒温带区域，利用本地有利基因优势生态群显得十分必要。同时，外来有利基因优势生态群的构建则是籼粳交杂种特殊配合力的遗传基础。利用本地有利基因优势生态群与外来优势生态群配组，既可充分利用双亲的一般配合力，又可利用双亲组配的特殊配合力。

3. 利用双亲优良性状及其基因互补技术

籼粳交杂种优势的利用，主要在于利用双亲有利基因互作和性状互补，它涉及配合力和杂种优势的选择。研究表明，配合力与杂种优势既存在相互独立又相互依存关系。近年来，北方粳稻在通过双亲轮换配合力选择，在提高生物产量的基础上，优化经济性状和株型改良对解决籼粳交杂种一代结实率低，以及植株抗倒伏等问题取得了较大进展，发挥了杂种优势的基因互作和性状互补效应，从而提高了籼粳交杂种优势利用的水平。

4. 选育偏粳、偏籼高配力亲本

水稻是光、温生态反应敏感的作物，选育偏粳、偏籼的雄性不育系和恢复系，有利于适应北粳南籼的生态格局，克服籼、粳亚种遗传生理障碍，实现籼粳亚种间两系、三系组配杂种优势利用。超高产育种实践表明，籼粳不分的观点是不符合实际的，广亲和基因位点的单一存在较大的局限性，也很难解决籼粳杂交种复杂的遗传和生理障碍。

（三）籼粳交超高产杂交粳稻选育方法

1. 偏高秆抗倒伏株型的创造

半矮秆株型水稻因耐肥密植使水稻单产大幅提升，但同时也因叶片互相遮蔽带来病虫害加重、环境污染，限制生物产量和净同化率的进一步提高。研究表明，偏高秆偏长穗，如屉优 418 适于稀植栽培，与适于密植的半矮秆多穗株型品种，辽粳 294 比较，具有以下优点：①增加功能叶面积数量和株丛 CO_2 浓度，提高了光合速率和净同化率，因而提高了单位面积的生物产量。②稀植减少了无效分蘖，提高了成穗率，有利于减少株间的生长竞争和光合产物的浪费。③株间株内通风透光好，湿度小，不利病虫害的发生。④根系发达，吸收力强，提高肥、水利用率，有利节省资源和保护环境。

从穗形选育看，可有以下几种选择。

一是弯垂散穗形。这种穗形植株较高，叶长，穗长，节水省肥，适于稀植，发挥大穗优势获高产，适于多雨潮湿多病稻区种植。

二是弯垂长穗形。以茎秆具有韧性的弯穗形亲本（屉锦 A、秀岭 A）为母本与半矮秆抗倒伏、源库协调的恢复系 C418 杂交，选育偏高秆 120～125cm，偏长穗 25～30cm，单穗粒数 110～140 粒、每公顷穗数 313 万、植株重心随穗重增加，穗向两侧下垂的动态抗倒株型，自然株高 90～100cm。这种株型生物产量高，根系发达，可创高产。

三是直立穗形。这种穗形的植株半矮秆，茎叶紧凑，穗着粒紧密，耐肥抗倒，适于密植，后期灌浆快，以多穗获高产，适于气候干燥少病害地区种植。

四是半直立穗形。以本地主栽的耐肥抗倒直立穗型（326A、454）为亲本，与半矮秆长穗形亲本（C418R、C418S）组配杂交，选育中秆、穗粒并举株型，株高 110～115cm，穗粒数 120～150 粒，每公顷穗数达 299 万。这种株型耐肥抗倒，后期光能利用好，因穗数、粒数并重而增产。

2. 籼粳有利基因集群的构建与双向选择

构造有利基因集群的关键是亲本材料的选择，必须关注双亲的关系，即本地优势生态群品种与外来优势生态群品种的关系。根据选育目标选择籼、粳稻亲本中间桥梁材料，通过架桥技术创造具有有利基因集群的亲本，细胞核雄性不育系或恢复系为一方，以具有本地生态适应性和高产优质符合育种目标的常规品种作配组的另一方，进行轮换选择。

在选择一般配合力高的亲本基础上，筛选特殊配合力高的杂交组合。三系法杂交稻，通过架桥技术选育外来有利基因集群恢复系，选一般配合力高、本地适应性强的优良推广品种转育成雄性不育系。两系法杂交稻，在桥梁亲和系与籼粳杂交再导入光（温）敏不育基因，育成具有利基因的光温（敏）核雄性不育系，选择本地生态适应性优良的品种作恢复系。经过双向选择，严格选优汰劣，就有可能选育出符合超高产育种目标的杂交稻。

杨振玉等（1998）选育的特异亲和恢复系 C418，以及转育的细胞核雄性不育系，具有一般配合力高、抗病性抗倒性强、适应性广、灌浆快、结实率高等特点。通过三系法、两系法与本地适应系屉锦 A、326A、454、232 等配组，其杂种一代（F_1）的颖花数达到 50 746万以上，结实率高达 92.5%，比当地推广品种增产 15% 以上，有效地解决了籼粳杂种通常存在的结实率偏低、籽粒充实度差、对温度敏感、早衰等遗传生理障碍。

3. 高产与优质、抗性、适应性的结合

水稻品种高产穗性和抗逆适应性是遗传基因网络结构在一定栽培环境条件下的表达。就产量性状而言，涉及多方面、多层次的微效多基因控制，而非单基因所能奏效。特别是品质遗传改良，还涉及贮藏器官营养成分的转化、生物合成途径等复杂因素。要保证粳型杂交稻有较好的品质，选择的杂交双亲均须是优质的。杂交粳稻的抗病性可通过双亲遗传显性效应进行改良获得，但也与植株老健和根系活力有关。

要实现杂交稻超高产与优质、抗逆性、适应性结合的育种目标，其遗传改良技术是在籼粳杂种优势利用配组理论的指导下，加大双亲一般配合力和组合特殊配合力选择的力度，以进一步提高北方杂交粳稻的整体增产潜力。北方稻区在水稻生育期间常有低温冷害或高温热害发生，以前曾因外来系抗寒性差致使杂交粳稻减产。1994 年和 1997 年两年，辽宁稻区盛夏高温导致常规水稻较大幅度减产，相反杂交粳稻因具有较强耐高温能力而保持增产。

研究和试验证明，选择优质耐寒性强的本地系与耐热性好的外来系配组，可望对低温、高温均有良好的适应性。更重要的是杂交粳稻理想株型的选择，即根系发达，活力强，不早衰，基部茎秆节间粗短，叶鞘包茎严密，穗颈节细长具有良好韧性，功能叶片上举，转色好，光合效率高，灌浆后穗下垂成叶下禾长相，在风雨胁迫下因重心下降随风摇摆而不倒。偏高秆偏大穗新株型高产、抗倒，可能是北方超高产杂交粳稻育种的方向。

四、北方超高产粳稻品种选育进展

沈阳农业大学从20世纪50年代开展籼粳稻杂交研究以来，逐渐形成了“理想株型与优势利用相结合”的粳稻超高产育种理论和技术体系。先后发表了“水稻超高产育种新趋势——理想株型与有利优势相结合”的论文（杨守仁等，1987）、“水稻超高产育种的理论与方法”（杨守仁等，1996）等；出版了专著《水稻超高产育种生理基础》（陈温福等，1995）、《水稻超高产育种理论与方法》（陈温福和徐正进，2007）等。

在上述水稻超高产育种理论和技术的指导下，开展了新株型优异种质的创造和超高产粳稻品种的选育，并取得了较大的进展。采用籼粳杂交，先后创造出一批新株型优异育种材料，如“沈农89366”、“沈农95008”、“沈农9660”等。这些优异种质材料或者被用作选育超级稻的亲本，例如，国际水稻研究所利用沈农89366作亲本选育出几个所谓超级稻新品种，或者被用作籼粳杂交的中间桥梁材料。

在常规稻超高产新品种选育上，先后育成了“辽粳5号”、“辽盐2号”、“辽粳326”等，结束了辽宁稻区长期以来以种植日本品种为主的历史。辽粳5号是以丰锦为母本，沈苏6号为父本杂交育成的，辽盐2号是从日本品种丰锦变异株中，经系统选育育成的超高产水稻新品种，辽粳326是由｛［（C26/丰锦）/银河/（黎明/福锦）/C31/P15］｝作母本，辽粳5号作父本杂交育成的。其中辽粳5号、辽粳326品种的杂交亲本中，除有粳稻品种丰锦、黎明、福锦等外，还有籼稻品种矮脚南特、Bada等。其中，辽粳5号是采用籼粳亚种远缘与地理远缘多个亲本的杂交、复交方法育成的。该品种是一个优良形态与机能相结合的高光效的理想株型粳型常规品种，也是粳稻株型遗传改良的标志性品种。

沈阳农业大学利用已有的水稻高产品种与上述创造的优异新株型育种材料以及其他地理远缘材料杂交，再通过复交优化性状组配，按照理想株型与优势利用相结合的理论，率先育成了超高产品种“沈农265”，百亩连片试种单产达11 100 kg/hm^2和12 500kg/hm^2。该品种于2001年12月通过辽宁省审定，2002—2003年被列入“国家农业科技成果转化资金重点支持计划”，2004—2005年被农业部列为“水稻综合生产能力科技提升行动计划”和“农业科技入户示范工程”的主推品种。

进入21世纪，沈阳农业大学又先后育成了“沈农606”等超高产水稻品种，辽宁省水稻研究所先后育成了辽星1号等超高产品种，辽宁省盐碱地利用研究所育成了盐丰47超高产品种，吉林省水稻研究所育成了“吉粳88”，黑龙江省水稻研究所育成了“龙粳14”和“龙粳18”等超高产品种。其中，沈农606不但产量高，连续3年在较大面积上单产超过12 000kg/hm^2，最高单产达到13 200kg/hm^2（表9－5）。而且，沈农606主要米质指标均达到了部颁一级优质粳米标准，实现了高产与优质的协调统一（表

9－6)。盘锦北方农业技术开发有限公司育成的半直立穗型超高品种锦丰1号连续4年在较大面积上单产超过12 750kg/hm²，最高单产达到13 725kg/hm²，并且米质全部检测指标均达到了部颁优质粳米标准，实现了高产与优质的协调统一。截至2005年，超高产粳稻品种在东北稻区已累计种植100余万hm²。

表9－5　北方粳稻部分超高产品种的验收产量

时间	地　　点	品　种	面积（hm²）	产量（t/hm²）
2000	辽宁盘锦市东风农场	沈农265	6.80	11.1
	辽宁沈阳市红凌镇	沈农606	6.73	13.2
2001	辽宁盘锦市东风农场	沈农265	7.00	12.5
	辽宁沈阳市红凌镇	沈农606	6.87	12.4
2002	辽宁海城市西四镇	沈农606	19.20	12.4
	辽宁新民市张屯镇	沈农606	25.80	12.4
2003	宁夏灵武市崇光镇	沈农9741	9.87	11.0
2004	辽宁海城市西四镇	沈农016	45.30	12.0
2005	辽宁开原市朝光镇	沈农6014	13.30	12.2

（引自《水稻超高产育种理论与方法》，2009）

表9－6　北方粳稻部分超高产品种的米质

品　种	糙米率（%）	精米率（%）	整精米率（%）	粒长（mm）	长/宽	垩白率（%）	垩白度（%）	透明度（级）	碱消值（级）	焦稠度（mm）	直链淀粉含量（%）	蛋白质含量（%）
沈农265	82.4	75.1	63.3	4.5	1.6	2	0.2	1	7.0	78	16.0	—
沈农606	84.0	76.8	63.9	4.8	1.8	14	0.9	1	7.0	70	17.6	9.2
优质米标准*	>81	>72	>60	5.0～5.5	1.5～2.0	<10	<5	≤2	>6	>60	<20	>7

*农业部NY122－86《优质食用稻米》标准。

（引自《水稻超高产育种理论与方法》，2007）

总之，要实现北方粳稻超高产育种的产量目标，在选育技术上不外乎3个主要关键点：一是水稻新种质资源的挖掘、创新和利用；二是进一步提高单位面积上的生物产量并适当提高经济系数；三是使产量组分在穗重进一步增加的前提下，协调、优化重组。

第十章 水稻品质遗传改良

第一节 水稻品质遗传改良概述

一、水稻品质育种简要回顾

（一）水稻主产国品质育种概况

全世界约有一半人口以稻米为主食。稻米不仅为人类生存提供淀粉、蛋白质、脂肪等营养成分，而且还是国际农产品贸易中的重要商品。近些年来，稻米的国际贸易量不断上升，从1991年的1 300余万t，占总产量的3.6%，上升到2006年的2 970万t，占总产量的7.8%。在稻米的国际贸易市场中，一般质量的籼米占30%～35%，长粒优质籼米占50%～55%，优质粳米占10%～15%。从发展趋势和市场需求看，长粒优质籼米和优质粳米市场潜力较大，因此，水稻品质的遗传改良是水稻育种的核心目标和发展方向。

日本是国际上优质粳稻育种开始较早的国家，而且是选育优质粳稻品种较多的国家，如被国际公认的优质米品种屉锦、丰锦、秋光、越光、一目忽等。按照我国部颁优质粳米标准，在12项米质指标中，丰锦7项指标达一级优质米标准，3项达二级优质米标准，1项达三级优质米标准，1项未达标；秋光8项指标达一级优质米标准，二级1项、三级1项，未达标2项；越光7项指标达一级优质米指标，4项达二级标准，1项达三级标准（表10－1）。据1983年统计，仅越光、屉锦、日本晴3个优质米水稻品种的种植面积就占到日本稻作总面积的37.1%。近年来，又育成了高产、食味特好的新一代优质米品种，如上育397、道北52、秋田31、北陆122、西海186、东北143等。

表10－1 部分日本优质粳稻品种米质指标

项目	国家标准	越光	秋光	丰锦
糙米率（%）	粳>81	81.7（2）	83.1（1）	82.3（2）
精米率（%）	粳>72	72.4（2）	74.1（1）	76.3（1）
整精米率（%）	粳>60	70（1）	56.2（等外）	72.7（1）
粒长（mm）	粳5.0～5.5	4.6（3）	5.0（1）	4.9（2）
长/宽	粳1.0～2.0	1.6（1）	1.8（1）	1.7（1）
垩白率（%）	粳<10	6（2）	46（等外）	11（3）
垩白度	<5	0.4（1）	5.8（3）	12.7（等外）
透明度（级）	≤2	1（1）	3（2）	2（1）
碱消值（级）	粳>6	7.0（1）	7.0（1）	7.0（1）
胶稠度（mm）	粳>60	92（1）	92（1）	69（2）
直链淀粉含量（%）	粳<20	18.1（2）	16.5（1）	16.0（1）
蛋白质含量（%）	粳>7	7.3（1）	8.1（1）	7.5（1）

在水稻品质育种技术上，日本水稻育种家采用辐射育种技术，用 $Co^{60}\gamma$ - 射线辐照农林 8 号，诱变产生了蛋白质含量高达 16.3% 的突变体。通过组织培养技术，创造水稻品质性状的突变体，进一步进行优质新品种选育已经获得了成功。日本用早熟优良品种黄金晴作母本，用极早熟低直链淀粉含量的关东 168 作父本进行人工杂交，次年春在温室栽培 F_1 代植株，采集孕穗期的幼穗进行花粉培养。之后，经过一系列选择，育成了中熟、抗倒伏、低直链淀粉含量、食味优良的新品种秋音色。

此外，高脂肪品种、糖质品种、半糯性品种、大胚品种、酒米品种、有色米品种、香味品种及不同食用用途的品种均列为水稻品质育种的计划之中。

泰国是优质稻米出口大国，一般年份出口在 400 万 t 左右，占国际稻米市场贸易总额的 25% ~33%，因此，优质米水稻品种一直是泰国水稻育种的目标。现今，泰国在水稻生产中仍保持着品种的遗传多样性，种植面积最大的高秆品种 Khao Dawk Mali105，是著名的出口特长粒型香米。20 世纪 60 年代末，泰国首次采用杂交育成了优质新品种 RD1、RD2 和 RD3、KDML105、KPM148、RN43，以及后来育成的适于不同生态环境栽培的品种 RD8、RD19 等。

此外，国际水稻研究所、美国、印度、巴基斯坦等国际组织和国家也十分重视水稻品质育种，先后选育出一批优质米水稻品种，例如，国际水稻研究所的 IR841、IR26、IR64 和 IR72，美国的 Lemont、Jasmine85、Katy，印度的 ADT39、Ranbir，巴基斯坦的 Basmati370、KS282 等。

（二）我国水稻品质育种发展历程

1. 我国水稻品质育种起始阶段

1949 年以来，我国为解决全国人民口粮问题，十分重视提高水稻单位面积产量，20 世纪 50 年代末的水稻矮化育种，和 70 年代中期的杂交稻育种，带来了我国水稻育种史上单产的两次大突破、大提升。80 年代，随着市场经济的发展和人民生活水平的提高，对稻米品质的要求越来越高。1985 年 1 月，国家农牧渔业部在长沙召开了“优质稻米座谈会”，指出研发优质稻米的重大意义。这次会议是国家从以前偏重于抓产量转向产量、质量同时抓好的第一次全国性会议。会议认为，要努力促进水稻生产商品化，产品优质化，品种多样化，要抓住这一机遇，下大力气搞好水稻品质育种。

进入 20 世纪 90 年代，我国水稻单产已突破 6 000kg/hm^2，总产量保持在 1.7 亿 ~ 2.0 亿 t，而全国常年水稻消费量在 1.8 亿 ~ 1.9 亿 t。与此同时，水稻主产区出现了稻米结构性过剩的问题，我国水稻生产在实现总量基本平衡、丰年有余的历史性转变后，水稻品质问题已成为遗传改良主要目标。到 90 年代中后期，我国优质水稻生产已有较大发展，中等品质的水稻品种生产面积迅速扩大，到 2000 年已占水稻种植总面积的 44%，占总产量的 45%，稻米品质基本上能满足大众消费的水平。然而，达到国家优质米标准品种的种植面积不到 10%，中低档优质米没有市场竞争力。例如，我国出口大米曾是世界第三位，因品质问题，我国出口大米在国际市场上的份额越来越少，内地销往香港的大米占香港大米的数量由 20 年前的 52% 下降到 3% 左右。因此，加快我国优质米水稻品种改良，促进水稻生产的快速发展已成为水稻产业的重中之重。

2. 我国水稻品质育种发展阶段

“七五”（1991—1995 年）计划期间，农业部专门设立“水稻品质主要性状遗传研究”的重点科研项目，为优质稻米品种改良指明了育种方向，提供了资金支持。我国水稻育种专家开始全方位品质育种，特别是南方的早籼稻品质改良，优质稻品种选育取得很大进展，如湖南软米、中优早 3 号 2 个品种分别获得全国第一届、第二届农业博览会金奖。之后，各育种单位先后选育出一批品质符合市场需要的优质早、晚稻品种，如中鉴 100、中优早 5 号、嘉育 948、中香 1 号、中健 2 号、丰矮占、湘晚籼 5 号等。上述品种主要米质指标达到部颁一级优质米标准，有些品种的品质接近或达到国际王牌大米泰国香米 KDML105 的标准，如开发的珍珠强身米、龙凤牌中国香米、聚福香米、秀龙香丝米、碧云大米等。

除南方籼稻品质育种进展明显外，北方粳稻品质育种也取得长足进步。例如，黑龙江省农业科学院选育的龙粳 8 号（松前/雄基 9 号//N193 - 2），1998 年通过黑龙江省审定。1994 年在全省优质米品种评选中，获总分第一名；1995 年在日本召开的“95 国际粳米鉴评会”上受到与会专家的一致好评，被评为优质粳米。辽宁省农业科学院稻作研究所选育的辽粳 294（79 - 227/83 - 326），1998 年通过辽宁省审定。1995 年获第二届中国农业博览会产品金奖，1999 年获国际农业博览会名牌产品金奖。

辽宁盘锦北方农业技术开发有限公司一直重视并开展粳型水稻优质、高产、多抗三大主要农艺性状的完美结合育种研究和新品种选育工作，设计了优质、高产、多抗新品种的全新育种程序，制定了早代米质检测方法和抗病鉴定技术，较好地解决了优质、高产、多抗三大农艺性状的有机结合问题，取得了良好的育种效果。优质、高产、多抗粳稻新品种选育目标是：要求育成品种生育期在辽宁为 150 ~ 160d；丰产性比生产应用的同熟期品种增产 8% 以上；稻米品质主要指标达到部颁优质粳米以上标准；对当地主要病虫害和不良环境条件的抗性达到中抗以上。

采取的技术方案是：利用育种主持人许雷在运用和理解前人作物品种选育理论基础上，在多年水稻育种实践中总结出的“人工选择规律（即任何同一品种的生物群体都是由个体组成的，由于遗传变异的绝对性或天然杂交引起的基因重组，品种内的一致性虽是主流，变异个体虽是少数，但变异是绝对的。通过定向选择便能获得优良个体，并能相对稳定地遗传给后代，从而使生物不断地适应人类生产的要求，由低级向高级发展)”作为快速育种的指导方针。有了这个方针，还需要用科学的、系统的技术去完成，实现育种目标。许雷在多年研究结果和育种实践中创造性地提出“性状相关选择法”、“性状跟踪鉴定法”和“耐盐选择法”，并把三法集成为育种技术体系，其主要内容“水稻快速育种的理论基础与选择方法”论文发表于《中国稻米》（1999，6：41），并被《Plant Breeding Abstracts》引用［2000，70（7）：1 021 ~ 1 022］。①性状相关选择法：株型坚凑，叶片直立上举的植株，光合利用率高；同一密度，每穴有效穗多的植株，分蘖力强，成穗率高；同一密度，分蘖力强，成穗率高，每穗实粒数多的植株产量高；结实率高，谷粒长椭圆形，皮色好，商品价值高；稻谷色泽好，谷壳薄者大多外观品质好；适口性佳，大米营养品质好；收割前，活秆成熟不早衰、无病害的全绿直立稻株，抗病、耐寒、耐旱、抗倒、耐盐碱性强；紧穗品种及籼粳交育成的品种田中选出的株系，多数易感稻曲病；散穗品种及粳粳交品种田中选出的优良株系，多抗稻曲病；深水高肥的水稻品种田中选出的优良无病株系，多数抗水稻各种病害，且耐肥抗倒。运用性状相关选择法重点确定部分代表性状，可以事半功倍地获得综合性状好的优良株系。②性状跟踪鉴定法：是以产量、米质及抗性等性状选出的植株，下代按株系种植，跟踪选择，优中选优；杂交后代从 F_2 代开始跟踪选择；系统选育从田间变异株开始跟踪选择。根据育种目标定向选育，产量性状选择株高100cm以下、株型紧凑、叶片直立上举、分蘖力强、成穗率高、长半紧穗型、直立半紧穗型或紧穗型、穗大（150粒/穗以上）、结实率高（93%以上）的植株；米质性状选择结实率高、千粒重25～28g、谷粒椭圆形或长椭圆形且皮色好、谷壳薄、磨米外观品质好、食口性佳的植株（否则一票否决）；抗性性状是在水稻成熟后至收割前或在深水高肥的水稻品种田中，选择活秆成熟不早衰、无病害的全绿直立稻株，下代按株系法种植，进行病害诱发鉴定，从中选出高抗株系。③耐盐选择法：在重盐碱地、干旱缺水或灌盐碱水的水稻田（或耐盐亲本杂交后代材料）中，选出的优良株系大多抗旱、耐盐碱。运用这三法集成的育种技术体系，在优良品种或品系中及杂交后代材料中优中选优，寻找杂交并选择符合育种目标的变异株，经过定向培育创造新品种，不仅可以得到所需的某一变异性状，而且还能获得原亲本品种的优良特性，既适用于系统育种，又适用于杂交与其他育种的选择。

2013年经辽宁省科技厅组织专家鉴定为国际先进水平。鉴定意见为：盘锦北方农业技术开发有限公司许雷研究员创立的“性状相关选择法”、“性状跟踪鉴定法”及“耐盐选择法”三法集成育种技术，有效地缩短了常规育种年限，实现了水稻优质、高产、多抗三大重要性状上的协调统一，具有较强的创新性。

公司法人许雷研究员利用这个技术方案主持选育的省级审定的19个水稻品种和国家审定的8个水稻品种中，90%以上的品种为优质米品种，一般亩产量在9 000～12 750kg/hm^2，最高16 125kg/hm^2（辽宁盘锦）和17 775kg/hm^2（新疆），比当地同熟期品种增产8%～15%，育种技术居国际领先地位。其中，辽盐系列水稻品种获1999年国际最高金奖；辽盐9号和辽盐12号获1999中国国际农业博览会优质米水稻品种国际名牌产品奖；辽盐241获1995年中国农业博览会优质米水稻品种金奖，辽盐282获1992年中国农业博览会优质米水稻品种银奖，辽盐283和辽盐16获1995年中国农业博览会优质米水稻品种银奖。

3. 我国杂交稻品质育种阶段

我国水稻品质育种从20世纪80年代开始，首先在常规稻开展并取得较快较大进展，而杂交稻的品质育种相对滞后，米质的遗传改良相对来说比常规稻难度更大一些。杂交稻米质改良与选育有其特殊性，因为杂交稻 F_1 植株穗上的稻谷已经是 F_2 代的稻米米质，由于 F_2 代处于性状分离的世代，米质性状也不例外，因此，也就造成了杂交稻米质改良的困难。

廖伏明（1999）对我国当时杂交稻种植面积最大的15个三系杂交种的亲本米质进行了分析，结果发现没有1份雄性不育系的垩白率、垩白度和胶稠度达到部颁优质米一级标准，也没有1份恢复系的垩白率达到部颁优质米一级标准。要选育出优质的杂交稻组合，必须先要选育出优质的雄性不育系及其恢复系。近年来，一些水稻育种单位采用复式杂交或连续回交技术转育出一批优质、异交率高的雄性不育系，如中浙A、中3A、印水型不育系中9A、川香28A、内2A、泸香A、宜香A等，其米质指标均达到部颁优质米标准。用其组配的杂交稻，其米质指标也达到了部颁优质米标准。

国内育种单位针对杂交粳稻的品质问题开展了攻关研究，并取得了一定进展，先后选育出一批优质的雄性不育系、保持系和恢复系，同时组配出一批高产、优质的粳型杂交稻，如京优14、津粳杂2号、辽优3225、中粳优1号、津粳杂4号、屉优418、9优418、津优9603等，其中，有些杂交种的米质可达部颁二级优质米标准，产量较常规稻品种增产20%左右，实现了高产、优质、抗逆的协调统一。

研究表明，利用杂交粳稻亲本的遗传特性，有利于改良杂交稻的米质，例如，实行双亲的优优组配，利用米质的加性效应改良杂交稻米质的数量性状，利用米质显性效应改良杂交稻米质的主效性状或质量性状等。在粳稻杂交种米质改良过程中，这些方法和技术都得到了有益的尝试。如辽宁省农业科学院稻作研究所利用优质雄性不育系辽02A，与优质恢复系C01组配成优质杂交粳稻辽优0201，其米质指标全部达到部颁一级优质粳米指标。

闵捷等（2007）研究分析了我国自1998—2005年育成的267个杂交粳稻的10项米质指标及其达标率，认为粳稻杂交种的米质总体上是优良的，其10项米质指标的平均值，除垩白率接近部颁优质米三级标准外，其余米质指标均达到部颁优质粳米三级或以上。优质达标率在75%以上的米质指标包括糙米率、精米率、整精米率、直链淀粉含量、蛋白质含量、透明度、糊化温度、胶稠度等8项，其中，糙米率、精米率、透明度、糊化温度、胶稠度和蛋白质含量6项米质指标的达标率在90%以上。全部10项米质指标均达到部颁优质粳米标准的组合数，占测定总组合数的45.4%。与常规粳稻品种比较，杂交粳稻品种10项米质指标平均值，除垩白粒率高7%外，其余9项米质指标的平均值基本相同（图10－1）。

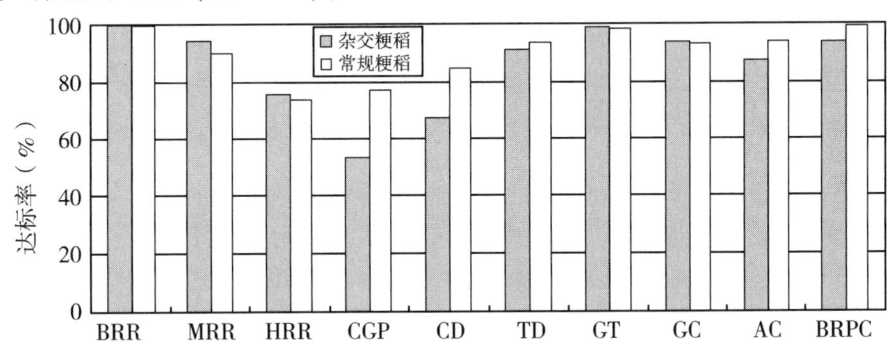

图10－1　杂交粳稻品种与常规粳稻品种优质达标率的比较（闵捷等，2007）

BRR. 糙米率　MRR. 精米粒率　HRR. 精米粒率　CGP. 垩白粒率　CD. 垩白度　TD. 透明度　GT. 糊化温度　GC. 胶稠度　AC. 直链淀粉含量　BRPC. 糙米蛋白质含量

二、粳稻优质米品种简介

（一）常规品种

1. 辽盐2号

辽宁省盐碱地利用研究所和辽宁盘锦北方农业技术开发有限公司以育种主持人许雷研究员创立的“性状相关选择法”、“性状跟踪鉴定法”和“耐盐选择法”三法集成育种技术为育种手段，采用系统选育法，于1979年从日本品种丰锦变异株中选出育成的中晚熟粳型耐盐、高产、优质、多抗耐寒水稻品种，1988 年经辽宁省农作物品种审定委员会审定。1990 年通过国家农作物品种审定委员会审定。“八五” 至 “九五” 期间，被国家科委列为国家重点推广项目。该品种耐盐、高产居国际领先水平，1990 年获国家重大科技发明三等奖，1999 年作为辽盐系列水稻品种之一，获国际最高金奖。

（1）生育特征　①秧苗：秧苗壮，根系发达，抗逆性强，插后缓苗快。②株型：株高 90cm 左右，茎秆坚韧、株型紧凑；叶片直立，剑叶较长（30～35cm）并上举，成熟时叶里藏花。③分蘖：分蘖力强，成穗率高，一般栽培有效穗可达到（450～525）万/hm^2。④穗粒性状：下垂长散穗型，穗长 20～24cm，平均每穗实粒数 90～110 粒，结实率 90%以上，谷草比值 1.25 左右，千粒重 27g 左右，谷粒淡黄，并有稀短芒。生育期在辽宁为 158d 左右，属中晚熟品种。可在辽宁、华北、西北中晚熟及晚熟适宜稻区种植。

（2）产量特征　试验产量（省区试）比同熟期的对照品种 “丰锦” 等增产 10%以上，省生产试验比对照品种（丰锦、辽粳 5、杂交稻黎优 57）平均增产 19.7%，省内外生产应用一般单产 9 000～12 000kg/hm^2，最高单产在新疆 16 642.5 kg/hm^2。

（3）抗性特征　具有多抗等特点，抗稻瘟病、稻曲病，中抗白叶枯病、纹枯病，尤为突出的是：具有 “高度耐盐碱” 能力，经国际联机检索证明：“耐盐高产” 均优于国内外其他生产应用品种，居国际领先地位。此外还具有耐肥、抗倒、耐旱、耐寒及活秆成熟不早衰等特性。

（4）米质特征　米质优，稻米白色，糙米率 84.5%，精米率 75.2%，整精米率 70.0%，直链淀粉含量 18.0%，蛋白质 8.24%，垩白粒率 20%，碱消值（级）7.0，胶稠度 85mm，透明度一级，全部米质指标均达到国家部颁粳型优质米标准。并具有适口性佳等特点。

该品种自试种推广以来，在辽宁、华北及西北等稻区，累计种植面积已达 240 万 hm^2，增产稻谷 19 多亿 kg，增收 28 亿多元。

2. 辽盐糯

辽宁省盐碱地利用研究所和盘锦北方农业技术开发有限公司以育种主持人许雷研究员创立的 “性状相关选择法”、“性状跟踪鉴定法” 和 “耐盐选择法” 三法集成育种技术为育种手段，采用系统选育法，于 1981 年从高产的非糯水稻辽粳 5 号变异株中选育而成的中晚熟粳糯水稻新品种。1990 年经辽宁省鉴定、审定命名，1992 年被国家列为 “八五” 重点扩繁推广项目，1996 年被国家科委列为 “九五” 重中之重推广项目。1993 年获国家重大科技发明三等奖；1999 年做为辽盐系列品种之一，获国际最高金奖。

（1）生育特征　①秧苗：秧苗粗壮，根系发达，抗逆性强，插后缓苗快。②株型：株高 90cm 左右，株型紧凑，叶片直立并短、宽、厚，叶色较深，光能利用率高。③分蘖：分蘖力强，成穗率高，一般栽培有效穗可达 450 万/hm^2 左右。④穗粒性状：直立紧穗型，穗长 15～16cm，平均每穗实粒数 120 粒左右，最多 200 粒以上。结实率 90%左右，谷草比 1.43，千粒重 25g 左右，谷粒黄色无芒。⑤生育期：在辽宁为 157d 左右，随着种植区域南移，生育期相应缩短。

（2）产量特征　辽宁省区试产量，比对照非糯水稻品种丰锦平均增产 12.6%；省生产试验，比对照非糯水稻高产品种 “辽粳 5 号、丰锦等” 平均增产 15.2%；省内外生产应用一般单产 9 000～12 000kg/hm^2，最高单产 14 775kg/hm^2。经国际联机检索证明，“高产、质优”居国际领先。

（3）米质特征　米质优。经农业部稻米及制品质检中心品质分析，结果为：糙米率82.2%，精米率74.3%，整精米率70.4%，糊化温度7.0，胶稠度90mm，直链淀粉0.8%，蛋白质含量8.42%。全部测试指标除糙米率二级外，其他指标均达到国家部颁优质粳糯米一级标准，并具有外观品质好，食口性佳，商品价值高等特点。

（4）抗性特征　抗稻瘟病，对白叶枯病、纹枯病及稻曲病等水稻病害，均为中抗以上，并具有耐盐碱、耐肥、抗倒、耐旱、耐寒及活秆成熟不早衰等特性。

（5）适中区域　可在辽宁、华北及西北中晚熟及晚熟稻区种植。

该品种自试种推广以来，在辽宁、华北及西北等稻区，累计推广面积已达90万hm^2，增产糯稻谷12.2亿kg，增收22亿元。

3. 辽盐241

辽宁省盐碱地利用研究所和辽宁盘锦北方农业技术开发有限公司以育种主持人许雷研究员创立的“性状相关选择法”、“性状跟踪鉴定法”和“耐盐选择法”三法集成育种技术为育种手段，采用系统选育法，于1983年从迎春2号水稻品种变异株中选育而成的中熟粳型优质米水稻品种，1992年经辽宁省农作物品种审定委员会审定。1995年获第二届中国农业博览会粳型优质米水稻品种金牌奖。1996年，被国家科委列为“九五”重中之重推广项目。1997年获国家农业部科技进步二等奖。1999年作为辽盐系列水稻品种之一，获国际最高金奖。

该品种主要特征：

（1）生育特征　①株型：株型紧凑，成株高95cm左右，茎秆坚韧，主茎15片叶。分蘖期叶片较长，色浅绿，半直立，拔节后叶片直立，剑叶较长（30～35cm）并上举，成熟时叶里藏花。②分蘖：分蘖力强，成穗率高，有效分蘖率可在70%左右，一般栽培有效穗数（450～525）万/hm^2。③穗粒性状：弯曲长散穗型，穗长20～24cm，平均每穗实粒数110粒左右，最多200粒以上。结实率95%左右，千粒重27g左右，谷粒长椭圆形，种皮淡黄，穗上部谷粒颖尖有稀短芒，谷草比值1.21。④生育期：在辽宁为153d左右，属中熟品种。随着种植区域南移，生育期相应缩短。

（2）产量特征　高产、稳产。省内外生产应用，一般单产9 000～11 250kg/hm^2，最高单产12 975kg/hm^2。

（3）米质特征　米质优，糙米率82.9%，精米率75.9%，整精米率73.2%，直链淀粉含量17.0%，蛋白质含量8.4%，垩白米率8.0%，垩白度2.6%，透明度一级，粒长5.1，籽粒长宽比1.7，胶稠度86mm，碱消值7.0（级）。米质全部测试指标均达到国家部颁优质粳米标准，并具有外观品质好、适口性佳、商品价值高等特点。

（4）抗性特征　抗性强，抗稻瘟病、稻曲病，对水稻其他病害均为中抗以上，并具有耐盐碱、耐肥、抗倒、耐旱、耐寒及活秆成熟不早衰等特性。在辽宁、华北、西北中熟、中晚熟及晚熟适宜稻区累计种植面积170万hm^2，增产稻谷15.3亿kg，增收人民币25.6亿元。

4. 辽盐282

辽宁省盐碱地利用研究所和辽宁盘锦北方农业技术开发有限公司以育种主持人许雷研究员创立的“性状相关选择法”、“性状跟踪鉴定法”和“耐盐选择法”三法集成育种技术为育种手段，以中丹2号为母本，长白6号为父本杂交选育而成的中晚熟优质米水稻品种，1991年经辽宁省农作物品种审定委员会审定。1992年获首届中国农业博览会优质米水稻品种银牌奖。1994年被辽宁省科委列为省重点推广项目，1995年获辽宁省科技进步二等奖。被国家定为第二届中国农业博览会粳型水稻优质米对照品种。1996年被国家科委列为"九五"重中之中推广项目。1999年作为辽盐系列水稻品种之一，获国际最高金奖。

该品种主要特征：

（1）生育特征　①株型：株型紧凑，成株高100cm左右，茎秆坚韧。叶片直立，绿色，剑叶较长（30cm）并上举，成熟时叶里藏花。②分蘖：分蘖力强，成穗率高，有效分蘖率70%左右，一般栽培有效穗数（450～525）万/hm^2。③穗粒性状：弯曲长散穗型，穗长18～22cm，平均每穗实粒数100粒左右，最多150粒以上。结实率90%左右，千粒重26g左右，谷粒长椭圆形，种皮黄色，并有中短芒，谷草比值1.20。④生育期：在辽宁为156d左右，属中晚熟偏早品种。随着种植区域南移，生育期相应缩短。

（2）产量特征　高产、稳产。一般单产9 000～11 250kg/hm^2，最高13 125kg/hm^2。

（3）米质特征　米质优。糙米率84.0%，精米率76.1%，整精米率74.2%，直链淀粉含量18.0%，蛋白质含量8.45%，垩白米率10.0%，透明度一级，碱消值7.0（级），胶稠度97mm。全部米质指标除垩白米率二级外，其余指标均达到国家部颁粳型优质米一级标准。

（4）抗性特征　抗性强，抗稻曲病，对水稻其他病害均为中抗以上，并具有耐盐碱、耐肥、抗倒、耐旱、耐寒及活秆成熟不早衰等特性。在辽宁、华北、西北中熟、中晚熟及晚熟适宜稻区累计种植面积120万hm^2，增产稻谷10亿kg，增收17亿元。

5. 辽盐283

辽宁省盐碱地利用研究所和辽宁盘锦北方农业技术开发有限公司以育种主持人许雷研究员创立的"性状相关选择法"、"性状跟踪鉴定法"和"耐盐选择法"三法集成育种技术为育种手段，以中丹2号为母本，长白6号为父本杂交选育而成的中熟粳型优质米水稻品种。1993年经辽宁省农作物品种审定委员会审定。1994年被辽宁省科委列为省重点推广项目。1995年获第二届中国农业博览会粳型优质米水稻品种银牌奖。1996年获辽宁省科技进步二等奖。同年被国家科委列为"九五"重中之重推广项目。1998年经国家农作物品种审定委员会审定。1999年作为辽盐系列水稻品种之一，获国际最高金奖。

该品种主要特征：

（1）生育特征　①株型：成株高90cm左右，主茎15片叶，叶片直立，茎秆坚韧，株型紧凑，剑叶较长（30～35cm）并上举，成熟时叶里藏花。②分蘖：分蘖力强，成穗率高，有效分蘖率可在68%左右，一般栽培，收获穗数（450～525）万/hm^2。③穗粒性状：弯曲长散穗型，穗长19～22cm，平均每穗实粒数100粒左右，谷粒长椭圆形，种皮淡黄。④生育期：在辽宁为153d左右，属中熟品种。随着种植区域南移，生育期相应缩短。

（2）产量特征　高产、稳产，一般单产9 000～11 250kg/hm^2，最高13 200kg/hm^2。

（3）米质特征　米质优，糙米率82.1%，精米率74.3%，整精米率71.0%，直链淀粉含量17.9%，蛋白质含量8.2%，垩白度2.7%，透明度一级，糊化温度6.9（级），胶稠度82mm，米质全部检测指标除糙米率二级外，其余指标均达到国家部颁优质粳米一级标准。

（4）抗性特征　抗性强，抗白叶枯病、稻曲病，对水稻其他病害均为中抗以上，并具有耐盐碱、耐肥、抗倒、耐旱、耐寒及活秆成熟不早衰等特性。在辽宁、华北、西北中熟、中晚熟及晚熟适宜稻区累计种植面积 130 万 hm^2，增产稻谷 11.7 亿 kg，增收 19.5 亿元。

6. 辽盐 16

辽宁省盐碱地利用研究所和辽宁盘锦北方农业技术开发有限公司以育种主持人许雷研究员创立的“性状相关选择法”、“性状跟踪鉴定法”和“耐盐选择法”三法集成育种技术为育种手段，采用系统选育法，于 1985 年从辽盐 2 号水稻品种变异株中选育而成的中晚熟粳型优质米水稻品种。1994 年经辽宁省农作物品种审定委员会审定。1995 年获第二届中国农业博览会粳型优质米水稻品种银牌奖。1999 年，该品种作为辽盐系列水稻品种之一，获国际最高金奖。1996 年被国家科委列为“九五”重中之重推广项目。

该品种主要特征：

（1）生育特征　①株型：成株高 90cm 左右，主茎 16 片叶，叶片直立，茎秆坚韧，株型紧凑，剑叶较长（25～30cm）并上举，成熟时叶里藏花。②分蘖：分蘖力强，成穗率高，有效分蘖率 71% 左右，一般栽培收获穗数（450～525）万/hm^2。③穗粒性状：弯曲长散穗型，穗长 19cm 左右，平均每穗实粒数 100 粒左右，最多 200 粒以上。结实率 95% 左右，谷草比值 1.30，千粒重 26g 左右，谷粒长椭圆形，种皮淡黄。④生育期：在辽宁为 157d 左右，属中晚熟品种。随着种植区域南移，生育期相应缩短。

（2）产量特征　高产、稳产，一般单产 9 000～11 250kg/hm^2，最高 13 650kg/hm^2。

（3）米质特征　米质优，糙米率 83.46%，精米率 74.11%，整精米率 76.69%，直链淀粉含量 15.34%，蛋白质含量 8.5%，垩白米率 8，0%，垩白度 1.2%，透明度一级，糊化温度 7.0（级），胶稠度 100mm，粒长 5.1mm，粒型（长/宽）2.0，米质全部检测指标除垩白米率二级外，其余指标均达到国家部颁优质粳米一级标准。

（4）抗性特征　抗性强，抗稻瘟病病、稻曲病，对水稻其他病害均为中抗以上，并具有耐盐碱、耐肥、抗倒、耐旱、耐寒及活秆成熟不早衰等特性。在辽宁、华北、西北中晚熟及晚熟适宜稻区累计种植面积 140 万 hm^2，增产稻谷 12.4 亿 kg，增收 22.9 亿元。

7. 辽盐 9 号

辽宁盘锦北方农业技术开发有限公司以育种主持人许雷研究员创立的“性状相关选择法”、“性状跟踪鉴定法”和“耐盐选择法”三法集成育种技术为育种手段，于 1986 年从 M147 品系变异株中选出育成的中晚熟粳型优质米水稻品种，1997 年经辽宁省农作物品种审定委员会审定推广。1999 年通过国家农作物品种审定委员会审定推广。同年获中国国际农业博览会优质米水稻品种国际名牌产品奖；同年作为辽盐系列水稻品种之一，获国际最高金奖。

该品种主要特征：

（1）生育特征　①株型：株型紧凑，成株高 90cm 左右，茎秆粗壮坚韧，叶片直立，剑叶较长（25～30cm）并上举，成熟时叶里藏花。②分蘖：分蘖力强，成穗率高，有效分蘖率 73% 左右，一般栽培，收获穗数（450～525）万/hm^2。③穗粒性状：弯曲长散穗型，穗长 21～24cm 左右，着粒疏密适中，平均每穗实粒数 110 粒左右，最多 200 粒以上。结实率 93% 左右，谷草比值 1.35，千粒重 26g 左右，谷粒长椭圆形，种皮黄色无芒。④

生育期：在辽宁为157d左右，属中晚熟品种。随着种植区域南移生育期相应缩短。

（2）产量特征 一般单产9 000～11 250kg/hm^2，最高13 500kg/hm^2。

（3）米质特征 米质优，稻米白色，糙米率83.0%，精米率76.0%，整精米率74.5%，直链淀粉含量18.6%，蛋白质8.6%，垩白粒率4.0%，垩白度0.3%，碱消值7.0（级），胶稠度96mm，透明度一级，粒长5.2mm，籽粒长宽比1.9，米质全部测试指标均达到国家部颁优质粳米一级标准，并具有外观品质好、适口性佳、商品价值高等特点。米质综合评价优于国内优质米品种秀水11（对照）。

（4）抗性特征 抗性强，抗稻瘟病，对水稻其他病害均为中抗以上，并具有耐盐碱、耐肥、抗倒、耐旱、耐寒及活秆成熟不早衰等特性。在辽宁、华北、西北中晚熟及晚熟适宜稻区累计种植面积110万hm^2，增产稻谷9.4亿kg，增收16.5亿元。

8. 辽盐12

辽宁盘锦北方农业技术开发有限公司以育种主持人许雷研究员创立的“性状相关选择法”、“性状跟踪鉴定法”和“耐盐选择法”三法集成育种技术为育种手段，采用系统选育法，于1988年从M146品系变异株中选出育成的中晚熟粳型优质米水稻品种。1998年经辽宁省农作物品种审定委员会审定命名。2000年经北京市农作物品种审定委员会审定。1999年获中国国际农业博览会优质米水稻品种国际名牌产品奖；同年作为辽盐系列水稻品种之一，获国际最高金奖。

该品种主要特征：

（1）生育特征 ①株型：成株高93cm左右，株型紧凑，茎秆坚韧，主茎16片叶，生育前期叶片窄长半挺立，拔节后叶片上举，成熟后为叶上穗。②分蘖：分蘖力强，成穗率高，有效分蘖率70%左右，一般栽培，收获穗数（450～525）万/hm^2。③穗粒性状：弯曲长散穗型，穗长20～24cm，着粒疏密适中，平均每穗实粒数100粒左右，最多200粒以上。结实率95%左右，谷草比值1.39，千粒重26g左右，谷粒淡黄长椭圆形，颖尖黄色无芒。④生育期：在辽宁为158d左右，属中晚熟品种。随着种植区域南移生育期相应缩短。

（2）产量特征 高产、稳产，一般单产9 000～12 000kg/hm^2。

（3）米质特征 米质优，糙米率83.2%，精米率76.0%，整精米率74.0%，直链淀粉含量18.4%，蛋白质73.0%，垩白度0.7%，垩白米率7.0%，胶稠度100mm，碱消值（级）7.0，透明度一级，粒长5.2mm，籽粒长宽比1.9。米质全部测试指标均达到国家部颁优质粳米一级标准，并具有外观品质好、适口性佳、商品价值高等特点。米质综合评价优于国内优质米品种秀水11（对照）。

（4）抗性特征 抗性强，抗稻瘟病、稻曲病、白叶枯病，较抗纹枯病，对水稻其他病害均为中抗以上，并具有耐盐碱、耐肥、抗倒、耐旱、耐寒及活秆成熟不早衰等特性。在辽宁、华北、西北中晚熟及晚熟适宜稻区累计种植面积110多万hm^2，增产稻谷9.9亿kg，增收16亿元。

9. 辽盐糯10号

辽宁盘锦北方农业技术开发有限公司以育种主持人许雷研究员创立的“性状相关选择法”、“性状跟踪鉴定法”和“耐盐选择法”三法集成育种技术为育种手段，于

1987 年从高产的非糯水稻品种辽粳 5 号变异株中选育而成的中熟粳型优质米糯稻品种。1997 年经辽宁省农作物品种审定委员会审定。1999 年通过全国农作物品种审定委员会审定，同年作为辽盐系列水稻品种之一，获国际最高金奖。

该品种主要特征：

(1) *生育特征*　①株型：成株高 90cm 左右，株型紧凑，茎秆坚韧，主茎 15 片叶，叶片直立并短、宽、厚，叶色深绿，光能利用率高。②分蘖：分蘖力强，成穗率高，有效分蘖率 70% 左右，一般栽培，收获穗数（450 ~ 525）万/hm^2。③穗粒性状：直立半紧穗型，穗长 15 ~ 180m，着粒疏密适中，平均每穗实粒数 100 粒左右，最多 200 粒以上。结实率 90% 左右，千粒重 24g 左右，谷粒长椭圆形无芒，种皮黄色，颖尖褐色。④生育期：在辽宁为 153d 左右，属中熟品种。随着种植区域南移生育期相应缩短。

(2) *产量特征*　高产、稳产，一般单产 8 250 ~ 11 250kg/hm^2，最高 13 650kg/hm^2。

(3) *米质特征*　米质优，糙米率 83.16%、精米率 74.11%，整精米率 68.69%，直链淀粉含量 0.9%，蛋白质含量 8.0%，胶稠度 100mm，碱消值 7.0（级）。米质全部测试指标均达到国家部颁优质粳糯米一级标准，并具有外观品质好、适口性佳等特点。

(4) *抗性特征*　抗性强，对水稻各种病害均为中抗以上，并具有耐盐碱、耐肥、抗倒、耐旱、耐寒及活秆成熟不早衰等特性。在辽宁、华北、西北中熟、中晚熟及晚熟适宜稻区累计种植面积 50 万 hm^2，增产稻谷 6.0 亿 kg，增收 10.8 亿元。

10. 雨田 1 号

辽宁盘锦北方农业技术开发有限公司以育种主持人许雷研究员创立的“性状相关选择法”、“性状跟踪鉴定法”和“耐盐选择法”三法集成育种技术为育种手段，于 1992 年从中晚热水稻品系 M142 变异株中选出育成的中晚熟优质米水稻新品种。2003 年经全国农作物品种审定委员会审定，开始在辽宁、华北和西北中晚熟及晚熟稻区示范、推广。2004 年被国家发改委（原计委）列为高技术产业化示范工程项目。

该品种主要特征：

(1) *生育特征*　①株型：成株高 100cm 左右，株型紧凑，茎秆坚韧，主茎 16 片叶，分蘖期叶片半挺立，拔节后叶片上举，成熟后为叶上穗。②分蘖：分蘖力强，成穗率高，有效分蘖率 70% 左右，一般栽培，收获穗数（450 ~ 525）万/hm^2。③穗粒性状：弯曲长散穗型，穗长 20 ~ 24cm，着粒疏密适中，平均每穗实粒数 110 粒左右，最多 200 粒以上。结实率 94% 左右，千粒重 26g 左右，谷粒黄色长椭圆形无芒，颖尖黄色。④生育期：在辽宁为 157d 左右，属中晚熟品种。随着种植区域南移生育期相应缩短。

(2) *产量特征*　高产、稳产，一般单产 8 250 ~ 11 250kg/hm^2，最高 16 350kg/hm^2（新疆）。

(3) *米质特征*　米质优，糙米率 82.3%，精米率 75.7%，整精米率 74.0%，直链淀粉含量 18.4%，蛋白质含量 7.8%，垩白米率 9.0%，垩白度 3.2%，碱消值 7.0（级），胶稠度 72mm，透明度一级，粒长 5.0mm，谷粒长宽比 2.0。米质全部指标均达到国家部颁优质粳米标准，并具有外观品质好、适口性佳等特点。

(4) *抗性特征*　抗性强，抗稻瘟病、稻曲病，对水稻其他病害均为中抗以上，并具有耐盐碱、耐肥、抗倒、耐旱、耐寒及活秆成熟不早衰等特性。在辽宁、华北、西北中熟、中晚熟及晚熟适宜稻区累计种植面积130万hm^2，增产稻谷10.7亿kg，增收19.3亿元。

11. 雨田7号

辽宁盘锦北方农业技术开发有限公司以育种主持人许雷研究员创立的“性状相关选择法”、“性状跟踪鉴定法”和“耐盐选择法”三法集成育种技术为育种手段，于1990年从中熟水稻品系M148变异株中选出育成的中熟优质米水稻新品种。2001年经全国农作物品种审定委员会审定推广，2002年被国家科技部列为科技成果转化项目，开始在辽宁、华北和西北中熟、中晚熟及晚熟稻区示范、推广。

该品种主要特征：

（1）生育特征　①株型：成株高96cm左右，株型紧凑，茎秆坚韧，分蘖期叶片半挺立，拔节后叶片上举。②分蘖：分蘖力强，成穗率高，有效分蘖率72%左右，一般栽培，收获穗数（450~525）万/hm^2。③穗粒性状：弯曲长散穗型，穗长20~24cm，着粒疏密适中，平均每穗实粒数100粒左右，最多200粒以上。结实率90%以上，千粒重25g左右，谷粒黄色长椭圆形无芒，颖尖黄色。④生育期：在北方稻区平均为151d左右，与秋光同熟期。随着种植区域南移生育期相应缩短。

（2）产量特征　高产、稳产，一般单产 8 250~11 250kg/hm^2，最高16 200kg/hm^2（新疆）。

（3）米质特征　米质优，糙米率82.6%，精米率75.5%，整精米率72.9%，直链淀粉含量18.2%，蛋白质含量7.4%，垩白米率7%，垩白度1.2%，碱消值7.0（级），胶稠度82mm，透明度一级，粒长5.1m，谷粒长宽比1.8。米质全部指标均达到国家部颁优质粳米标准，并具有外观品质好、适口性佳等特点。

（4）抗性特征　抗性强，抗稻瘟病，对水稻其他病害均为中抗以上，并具有耐盐碱、耐肥、抗倒、耐旱、耐寒及活秆成熟不早衰等特性。在辽宁、华北、西北中熟、中晚熟及晚熟适宜稻区累计种植面积120万hm^2，增产稻谷9.9亿kg，增收18亿元。

12. 锦丰1号

辽宁盘锦北方农业技术开发有限公司以育种主持人许雷研究员创立的“性状相关选择法”、“性状跟踪鉴定法”和“耐盐选择法”三法集成育种技术为育种手段，于1995年从中晚熟品系M106变异株中选育成的中晚熟粳型优质米水稻品种，2003年辽宁省农作物品种审定委员会审定命名推广，2006年被辽宁省科技厅列为省内重大科技成果转化资金项目。

该品种主要特征：

（1）生育特征　①株型：成株高90cm左右，株型紧凑，茎秆粗壮坚韧，分蘖期叶片直立短、宽、厚，叶色深绿，光能利用率高。②分蘖：分蘖力强，成穗率高，有效分蘖率70%左右，一般栽培，收获穗数345万/hm^2左右。③穗粒性状：半直立长半紧穗型，穗长16~18cm，着粒疏密适中，平均每穗实粒数158粒左右，最多250粒以上。结实率93%左右，千粒重27g左右，谷粒黄色长椭圆形无芒，颖尖黄色。④生育期：在辽宁稻区为157d左右，属中晚熟品种。随着种植区域南移生育期相应缩短。

（2）产量特征　高产、稳产，一般单产9 750~12 750kg/hm^2，最高14 250kg/hm^2（辽宁营口）。

（3）米质特征　米质优，精米率74.1%，整精米率70.8%，粒长5.1mm，籽粒长宽比1.8，透明度一级，碱消值7.0级，胶稠度88.0mm，蛋白质含量8.5%，上述8项指标达到国家部颁优质粳米一级标准；糙米率82.0%，直链淀粉含量18.8%，垩白米率7.0%，垩白度2.3%等4项指标达到二级优质粳米标准。

（4）抗性特征　抗性强，抗稻瘟病，对水稻其他病害均为中抗以上，并具有耐盐碱、耐肥、抗倒、耐旱、耐寒及活秆成熟不早衰等特性。可在辽宁、华北、西北中晚熟及晚熟适宜稻区种植。

13. 田丰202

盘锦北方农业技术开发有限公司以育种主持人许雷研究员创立的"性状相关选择法"、"性状跟踪鉴定法"和"耐盐选择法"三法集成育种技术为育种手段，于1998年从中晚熟品系M163变异株中选出育成的中晚熟优质、高产、多抗水稻新品种，2005年经辽宁省农作物品种审定委员会审定，在辽宁、华北、西北中晚熟及晚熟稻区示范、推广。2008年被国家科技部列为农业科技成果转化资金项目，2009年通过河北省唐山市水稻品种认定。

该品种主要特征：

（1）生育特征　①株型：成株高95cm左右，主茎16片叶，株型紧凑，茎秆粗壮坚韧，分蘖期叶片直立并短、宽、厚，叶色深绿，成熟后为叶上穗。②分蘖：分蘖力强，成穗率高，有效分蘖率72%左右，一般栽培，收获穗数375万/hm^2左右。③穗粒性状：半直立长半紧穗型，穗长17cm左右，着粒疏密适中，平均每穗实粒数145粒左右，最多200粒以上。结实率93%左右，千粒重25g左右，谷粒黄色长椭圆形无芒，颖尖黄色。④生育期：在辽宁稻区为157d左右，属中晚熟品种。随着种植区域南移生育期相应缩短。

（2）产量特征　高产稳产，一般单产9 750～12 750kg/hm^2，最高16 200kg/hm^2。

（3）米质特征　米质优，糙米率83.6%，精米率74.2%，整精米率67.5%，直链淀粉含量17.3%，蛋白质含量8.8%，粒长5.0mm，长宽比1.8，垩白米率8.0%，垩白度1.4%，碱消值7.0级，胶稠度88.0mm，透明度一级。米质全部检测指标除垩白米率、垩白度两项指标二级外，其余十项指标均达到国家部颁食用优质粳米一级标准，并具有外观品质好、适口性佳、商品价值高等特点。

（4）抗性特征　抗性强，抗稻瘟病，对水稻其他病害均为中抗以上，并具有耐盐碱、耐肥、抗倒、耐旱、耐寒及活秆成熟不早衰等特性。

14. 锦稻104

辽宁盘锦北方农业技术开发有限公司以育种主持人许雷研究员创立的"性状相关选择法"、"性状跟踪鉴定法"和"耐盐选择法"三法集成育种技术为育种手段，于1998年从中晚熟品系M103变异株中选出育成的中熟优质、高产、多抗水稻新品种，2008年经辽宁省农作物品种审定委员会审定，2011年被辽宁省科技厅列为省内科技创新专项资金项目，在辽宁、华北、西北中熟、中晚熟及晚熟稻区示范、推广。

该品种主要特征：

（1）生育特征　①株型：成株高85cm左右，主茎15片叶，株型紧凑，茎秆粗壮坚韧，分蘖期叶片直立并短、宽、厚，叶色深绿，成熟后为叶上穗。②分蘖：分蘖力强，成穗率高，有效分蘖率69%左右，一般栽培，收获穗数368万/hm^2左右。③穗粒性状：半直立长半紧穗型，穗中上部有稀短芒。穗长 17.5cm 左右，着粒疏密适中，平均每穗实粒数 156 粒左右，最多 250 粒以上。结实率 91% 左右，千粒重 27g 左右，谷粒黄色长椭圆形。④生育期：在辽宁稻区为 155d 左右，属中熟品种。随着种植区域南移生育期相应缩短。

（2）产量特征　高产、稳产，一般单产 9 750 ~ 12 750kg/hm^2，最高 15 525kg/hm^2（新疆）。

（3）米质特征　米质优，糙米率 82.9%，精米率 73.9%，整精米率 69.1%，直链淀粉含量 16.9%，蛋白质含量 9.1%，粒长 4.8mm，谷粒长宽比 1.7，垩白米率 16.0%，垩白度 3.9%，碱消值 7.0 级，胶稠度 72mm，透明度一级。米质全部检测指标均达到国家部颁食用优质粳米标准，并具有外观品质好、适口性佳、商品价值高等特点。

（4）抗性特征　抗性强，抗稻瘟病，对水稻其他病害均为中抗以上，并具有耐盐碱、耐肥、抗倒、耐旱、耐寒及活秆成熟不早衰等特性。

15. 锦稻 201

辽宁盘锦北方农业技术开发有限公司以育种主持人许雷研究员创立的“性状相关选择法”、“性状跟踪鉴定法”和“耐盐选择法”三法集成育种技术为育种手段，于 1995 年以盐丰 47 为母本，丰锦为父本进行有性杂交选出育成的中晚熟优质、高产、多抗水稻新品种。2008 年经全国农作物品种审定委员会审定，在辽宁、华北、西北中晚熟及晚熟稻区示范、推广。

该品种主要特征：

（1）生育特征　①株型：成株高 105cm 左右，主茎 16 片叶，株型紧凑，茎秆粗壮坚韧，分蘖期叶片直立并宽、厚，叶色深绿，剑叶较长（25 ~ 30cm）并上举，成熟时叶里藏花。②分蘖：分蘖力较强，成穗率高，有效分蘖率 71% 左右，一般栽培，收获穗数 345 万/hm^2 左右。③穗粒性状：半直立长半紧穗型，穗中上部有稀短芒。穗长 19cm 左右，着粒疏密适中，平均每穗实粒数 165 粒左右，最多 250 粒以上。结实率 93% 左右，千粒重 26g 左右，谷粒黄色长椭圆形。④生育期：在辽宁稻区为 156d 左右，属中晚熟偏早品种。随着种植区域南移生育期相应缩短。

（2）产量特征　高产、稳产，一般单产 9 000 ~ 13 500kg/hm^2。

（3）米质特征　米质特优，糙米率 83.8%，精米率 75.2%，整精米率 74.0%，直链淀粉含量 17.7%，蛋白质含量 8.8%，粒长 5.2mm，长宽比 1.9，垩白米率 4%，垩白度 0.3%，碱消值 7.0 级，胶稠度 74mm，透明度一级。米质全部检测指标均达到国家部颁食用优质粳米一级标准，并具有外观品质好、适口性佳、商品价值高等特点。

（4）抗性特征　抗性强，抗稻瘟病，对水稻其他病害均为中抗以上，并具有耐盐碱、耐肥、抗倒、耐旱、耐寒及活秆成熟不早衰等特性。

16. 锦稻 105

辽宁盘锦北方农业技术开发有限公司以育种主持人许雷研究员创立的“性状相关选择法”、“性状跟踪鉴定法”和“耐盐选择法”三法集成育种技术为育种手段，于 1995 年以辽粳 454 为母本，辽盐 12 为父本进行有性杂交选出育成的中晚熟优质、高产、多抗水稻新品种。2009 年经辽宁省农作物品种审定委员会审定，在辽宁、华北、西北中晚熟及晚熟稻区示范、推广。

该品种主要特征：

（1）生育特征 ①株型：成株高105cm左右，主茎16片叶，株型紧凑，茎秆粗壮坚韧，分蘖期叶片直立并宽、厚，叶色浓绿，剑叶较长并上举，成熟时为叶上穗。②分蘖：分蘖力较强，成穗率较高，有效分蘖率68%左右，一般栽培，收获穗数345万/hm^2左右。③穗粒性状：半直立长粗半紧穗型。穗长19cm左右，着粒疏密适中，平均每穗实粒数170粒左右，最多300粒以上。结实率90%左右，千粒重25g左右，谷粒黄色长椭圆形。④生育期：在辽宁稻区为158天左右，属中晚熟品种。随着种植区域南移，生育期相应缩短。

（2）产量特征 高产、稳产，一般单产9 750～13 500kg/hm^2，最高16 125kg/hm^2（辽宁大洼县）。

（3）米质特征 米质优，糙米率82.2%，精米率73.1%，整精米率70.0%，直链淀粉含量16.6%，蛋白质含量9.8%，粒长4.7mm，长宽比1.6，垩白米率20.0%，垩白度3.6%，碱消值7.0级，胶稠度77mm，透明度一级。米质全部检测指标均达到国家部颁食用优质粳米标准，并具有外观品质好、适口性佳、商品价值高等特点。

（4）抗性特征 抗性强，抗稻瘟病，对水稻其他病害均为中抗以上，并具有耐盐碱、耐肥、抗倒、耐旱、耐寒及活秆成熟不早衰等特性。

17. 锦稻106

辽宁盘锦北方农业技术开发有限公司以育种主持人许雷研究员创立的“性状相关选择法”、“性状跟踪鉴定法”和“耐盐选择法”三法集成育种技术为育种手段，于1995年以盐丰47为母本，辽盐12为父本进行有性杂交选出育成的中熟优质、高产、多抗水稻新品种。2009年经辽宁省农作物品种审定委员会审定，在辽宁、华北、西北中熟、中晚熟及晚熟稻区示范、推广。

该品种主要特征：

（1）生育特征 ①株型：成株高100cm左右，主茎15片叶，株型紧凑，茎秆粗壮坚韧，分蘖期叶片直立并宽、厚，叶色较深，剑叶较长并上举，成熟时为叶上穗。②分蘖：分蘖力强，成穗率高，有效分蘖率72%左右，一般栽培，收获穗数360万/hm^2左右。③穗粒性状：半直立长粗半紧穗型。穗长18cm左右，着粒疏密适中，平均每穗实粒数160粒左右，最多300粒以上。结实率92%左右，千粒重25g左右，谷粒黄色长椭圆形。④生育期：在辽宁稻区为155天左右，属中熟品种。随着种植区域南移，生育期相应缩短。

（2）产量特征 高产、稳产，一般单产9 750～12 750kg/hm^2，最高13 875kg/hm^2。

（3）米质特征 米质优，糙米率81.3%，精米率73.0%，整精米率70.2%，直链淀粉含量16.7%，蛋白质含量8.9%，粒长4.8mm，长宽比1.6，垩白米率14%，垩白度2.4%，碱消值7.0级，胶稠度83mm，透明度一级。米质全部检测指标均达到国家部颁食用优质粳米二级以上标准，并具有外观品质好、适口性佳、商品价值高等特点。

（4）抗性特征 抗性强，抗稻瘟病，对水稻其他病害均为中抗以上，并具有耐盐碱、耐肥、抗倒、耐旱、耐寒及活秆成熟不早衰等特性。

18. 沈稻 2 号

沈阳农业大学王伯伦教授等选育的中晚熟优质米水稻新品种，2005 年通过辽宁省审定，2006 年通过国家审定推广。该品种高产、稳产，一般单产 9 000 ~ 12 000kg/hm^2。米质优，糙米率 82.5%，精米率 74.9%，整精米率 66.6%，粒长 5.0mm，粒形（长/宽）1.7，垩白率 5%，垩白度 0.8%，透明度一级，糊化温度 7 级，胶稠度 80mm。直链淀粉含量 18.7%，蛋白质 7.4%，11 项米质指标达到国家优质食用稻米一级，另 1 项达二级标准，食味好。抗性强，抗稻瘟病，抗倒伏，耐低温、干旱和瘠薄，适宜辽宁省沈阳以南的辽河平原及河北北部、新疆南疆等气候类似地区种植。

19. 沈稻 3 号

沈阳农业大学王伯伦教授等选育的中晚熟优质米水稻新品种，2005 年通过辽宁省审定推广。该品种高产、稳产，一般单产 9 000 ~ 12 000kg/hm^2。米质优，糙米率 82.9%，精米率 76.9%，整精米率 67.6%，粒长 5.0mm，粒形（长/宽）1.8，垩白率 4%，垩白度 0.4%，透明度一级，糊化温度 7 级，胶稠度 62mm，直链淀粉含量 17.2%，蛋白质 7.3%，米质指标达到国家优质食用稻米一级标准，食味好。抗性强，抗稻瘟病，抗倒伏，耐低温、干旱和瘠薄，适宜辽宁省沈阳以南的辽河平原稻区及气候类似地区种植。

20. 沈稻 4 号

沈阳农业大学王伯伦教授等选育的中熟优质米水稻新品种，2002 年通过辽宁省审定。该品种高产、稳产，一般单产 9 000 ~ 12 000kg/hm^2。米质优，糙米率 84.7%，精米率 76.4%，整精米率 67.8%，粒形（长/宽）1.7，垩白率 4%，垩白度 0.3，透明度一级，糊化温度（碱消值）7.0 级，胶稠度 78mm，直链淀粉含量 17.1%，蛋白质含量 9.7%。品质指标达到国家优质食用稻米一级标准，米质特优，食味较好。抗性强，抗稻瘟病，抗倒伏，耐低温，活秆成熟不早衰。适宜辽宁省昌图以南的辽河平原稻区及气候类似地区种植。

21. 沈稻 8 号

沈阳农业大学王伯伦教授等选育的中熟优质米水稻新品种，2005 年通过辽宁省审定。该品种高产、稳产，一般单产 9 000 ~ 12 000kg/hm^2。米质优，糙米率 83.6%，精米率 76.7%，整精米率 68.8%，粒形（长/宽）1.7，垩白率 4%，垩白度 0.5%，透明度一级，碱消值 7.0 级，胶稠度 82mm，直链淀粉含量 17.2%，蛋白质含量 7.7%。各项品质指标全部达到国家优质食用粳稻米一级标准，米质特优，食味较好。抗性强，抗稻瘟病，抗倒伏，耐低温、干旱和瘠薄，活秆成熟不早衰，适宜辽宁省昌图以南的辽河平原稻区及气候类似地区种植。

22. 沈稻 9 号

沈阳农业大学王伯伦教授等选育的中晚熟优质米水稻新品种，2005 年通过辽宁省审定。该品种高产、稳产，一般单产 9 000 ~ 12 000kg/hm^2。米质优，糙米率 83.2%，精米率 74.6%，整精米率 67.5%，粒形（长/宽）1.7，垩白率 8%，垩白度 0.9%，透明度一级，糊化温度（碱消值）7.0 级，胶稠度 82mm，直链淀粉含量 17.3%，蛋白质含量 8.6%。各项品质指标全部达到国家优质食用粳稻米一级标准，米质特优，食味较好。抗性强，抗病，抗旱，省水，省肥，适于稀植，耐低温。适宜沈阳以南辽河平原稻区栽培。

23. 沈稻7号

沈稻7号是沈阳农业大学王伯伦教授等选育的中早熟优质米水稻新品种，2004年通过国家农作物品种审定委员会审定。该品种高产、稳产，一般单产8 250～10 500kg/hm²。米质优，糙米率83.4%，整精米率68.4%，粒形（长/宽）1.9，垩白率12%，垩白度1.2%，透明度一级，糊化温度7.0级，胶稠度85mm，直链淀粉含量16.32%，9项米质指标达到国家优质食用粳米一级，其余二级，有淡香味，食味好，适于绿色食品和有机稻米生产。抗性强，抗稻瘟病和稻曲病，较抗倒伏，耐低温、干旱和瘠薄，适宜吉林、辽宁北部、内蒙古东南部、宁夏、新疆等地区种植。

24. 沈稻10号

沈稻10号是沈阳农业大学王伯伦教授等选育的中早熟优质米水稻新品种，2007年通过辽宁省农作物品种审定委员会审定。该品种高产、稳产，一般单产8 250～10 500kg/hm²。米质优，糙米率83.1%，精米率76.8%，整精米率74.8%，粒长5.1mm，长宽比1.9，垩白率6%，垩白度0.6%，透明度一级，糊化温度7.0，胶稠度62mm，直链淀粉含量16.6%，蛋白质含量8.2%。品质指标达到国家优质食用稻米一级标准，米质特优，食味好。抗性强，抗稻瘟病，抗倒伏，活秆成熟不早衰。适宜辽宁省桓仁、开原、昌图、阜新、彰武、沈阳、铁岭等地区种植。

25. 沈稻11

沈稻11是沈阳农业大学王伯伦教授等选育的中早熟优质米水稻新品种，2008年通过国家农作物品种审定委员会审定。该品种高产、稳产，一般单产8 250～10 500kg/hm²。米质优，精米率73.8%，整精米率71.8%，垩白率7%，垩白度0.7%，透明度一级，直链淀粉含量17.4%，米质指标全达到国家优质食用粳米一级，有淡香味，食味好，适于绿色和有机稻米生产。抗性强，抗稻瘟病和稻曲病，耐低温、干旱和瘠薄，适宜吉林南部和西部、辽东东部和北部、内蒙古东南部、宁夏、新疆等地区种植。

26. 中丹2号

中国农业科学院作物育种栽培研究所1973年从杂交组合Pi5/喜峰中选育而成。1981年经辽宁省农作物品种审定委员会审定。1981年获农牧渔业部科技成果改进一等奖。1985年先后获辽宁省优质米证书和农业部优质粳稻品种证书和奖杯。该品种糙米率83.0%，精米率80.2%，直链淀粉含量18.2%，蛋白质含量7.3%，垩白率5.3%，透明度一级，糊化温度7.0级，胶稠度72.5mm，米质优，适口性好。

27. 中花8号

中国农业科学院作物育种栽培研究所1975—1977年以京系17/京系17/砦2号的BC_1F_1单株花粉培养，1980年育成水稻花培品种中花8号。1985年，通过北京、天津两市农作物品种审定委员会审定。1986年获农业部优质农产品奖。该品种糙米率82.4%，精米率78.0%，直链淀粉含量18.0%，蛋白质含量8.3%，垩白率4.0%。米质优良，米饭光亮、柔软、清香、可口。

28. 中系5号（中系8215）

中国农业科学院作物育种栽培研究所以中丹2号为母本，中系7709为父本杂交选育而成的优质米水稻品种。1989年和1992年分别通过天津市和北京市农作物品种审定委员会审定。1992 年获首届中国农业博览会优质米品种产品奖。该品种糙米率 83.1%，直链淀粉含量 19.3%，垩白率 1.2%，米质优，米粒大而透明。

29. 京花 101

北京市农林科学院作物研究所以杂交组合（中花 9 号/京稻 2 号）F_2 的花粉进行培养，1987 年育成了优质米水稻品种京花 101，1991 年经北京市农作物品种审定委员会审定。1992 年获首届中国农业博览会优质米品种产品奖。该品种糙米率 82.6%，直链淀粉含量 20.0%，蛋白质含量 10.2%，垩白率 22.5%，糊化温度 6.0 级，胶稠度 72mm。

30. 冀粳 8 号

河北省农垦科学研究所 1980 年从冀粳 6 号中经系统选择育成优质米粳稻品种冀粳 8 号。1985 年，河北省农作物品种审定委员会审定。1985 年，经农牧渔业部评定为优质米粳稻品种。该品种糙米率 83.0%，精米率 71.0%，整精米率 67.0%，无垩白，蛋白质含量 7.0%。

31. 红旗 23 号

天津市水稻研究所 1968 年以福稔为母本，东方红 1 号为父本杂交，1979 年育成优质米水稻品种红旗 23 号。1985 年，被农牧渔业部评为优质米粳稻品种。该品种米质优良，食味好。

32. 辽粳 294

辽宁省农业科学院稻作研究所 1987 年以 79－227 为母本，辽粳 326 为父本杂交后，经 7 代选育而成。1998 年经辽宁省农作物品种审定委员会审定。该品种连续获第二、第三届和 1999 年中国国际农业博览会品种金奖和名牌产品奖。2001 年获辽宁省政府科技进步一等奖。2000 年获农业部优质农作物品种后补助。辽粳 294 糙米率 82.4%，精米率 76.3%，整精米率 73.5%，直链淀粉含量 18.0%，蛋白质含量 8.8%，垩白率 2.0%，垩白度 0.11%，透明度一级，糊化温度 7.0，胶稠度 76mm。

33. 秦娜 1 号

辽宁省盘锦市大洼县秦娜种业有限公司和大洼县辽河高科技农业研究所联合于 2000 年以雁农 s 为母本，以盐丰 47 等混合品种为父本经群体杂交选育而成的水稻品种，适宜在沈阳以南中晚熟稻区种植。

（1）生育特征　在辽宁生育期为 159d 左右，属中晚熟品种。株高 104.3cm，株型紧凑，分蘖力强，主茎 15 片叶，长半紧穗型，穗长 17cm，穗粒数 114.2 粒，千粒重 25.8g，颖壳色橙黄，无芒。

（2）米质特征　糙米率 82.9%，精米率 75.4%，整精米率 74.6%，粒长 4.8mm，谷粒长宽比 1.7，垩白米率 8%，垩白度 1.4%，透明度 1 级，碱消值 7.0 级，胶稠度 78mm，直链淀粉 16.4%，蛋白质含量 9.8%，米质优。

（3）产量特征　2010—2011 年参加辽宁省水稻中晚熟组区域试验，两年平均 8 710.5kg/hm^2。2011 年参加同组生产试验平均 9 232.5kg/hm^2，分别比对照辽粳 9 号增产 5.0% 和 5.4%。在大面积生产示范田中一般亩产 10 500～12 000kg/hm^2。

（4）抗性特征　抗盐碱、耐肥、耐旱、耐寒抗倒、活秆成熟不早衰等，适合现代化机械收割作业。

34. 辽河1号

辽宁省盘锦市大洼县辽河高科技农业研究所与大洼县秦娜种业有限公司联合采用群体育种方法，于2001年以龙盘5为母本，以WRH2为父本杂交系选而成，适宜在沈阳以南中晚熟稻区种植。

（1）生育特征　在辽宁生育期为161d左右，属中晚熟品种。株高98.2cm，株型紧凑，分蘖力强，主茎16片叶，长半紧穗型，穗长17cm左右，穗粒数120粒，千粒重24.4g，颖壳黄色，无芒。

（2）米质特征　糙米率81.9%，精米率73.3%，整精米率71.3%，粒长4.7mm，谷粒长宽比1.6，垩白米率12%，垩白度2.0%，透明度1级，碱消值7.0级，胶稠度74mm，直链淀粉16.4%，蛋白质含量8.9%，米质优。

（3）产量表现　2007—2008年参加辽宁省水稻中晚熟组区域试验，两年平均9 553.5kg/hm^2。2008年参加同组生产试验平均9 685.5kg/hm^2，分别比对照辽粳9号增产4.8%和13.6%。在大面积生产示范田中一般单产10 500～12 000kg/hm^2。

（4）抗性特征　抗盐碱、抗倒伏、耐肥、耐旱、耐寒、活秆成熟不早衰等。

35. 辽河5号

辽宁省盘锦市大洼县辽河高科技农业研究所于1998年以盐丰47变异株为材料系统选育而成，适宜在沈阳以南中晚熟稻区种植。

（1）生育特征　在辽宁生育期为158d左右，属中晚熟品种，株高100cm左右，株型紧凑，分蘖力强，主茎15片叶，长半紧穗型，穗长16cm左右，穗粒数116.6粒，千粒重25.0g，颖壳金黄色，无芒。

（2）米质特征　糙米率82.6%，精米率73.4%，整精米率67.2%，粒长4.9mm，谷粒长宽比1.7，垩白米率21%，垩白度3.4%，透明度1级，碱消值7.0级，胶稠度86mm，直链淀粉16.5%，蛋白质含量8.8%，米质优。

（3）产量表现　2005—2006年参加辽宁省水稻中晚熟组区域试验，两年平均9 689.6kg/hm^2。2006年参加同组生产试验平均9 993.2kg/hm^2，分别比对照辽粳9号增产12.61%和12.21%。在大面积生产示范田中一般单产11 250～12 000kg/hm^2。

（4）抗性特征　耐盐碱、耐肥、耐旱、耐寒、抗倒伏、活秆成熟不早衰等。

（二）杂交稻

1. 秀优57

辽宁省农业科学院稻作研究所1975—1978年以不育系秀岭A为母本，恢复系C57为父本杂交育成优质米杂交稻秀优57。1987年经辽宁省农作物品种审定委员会审定；1989年经全国农作物品种审定委员会审定。1988—1989年列为农业部开发项目。为北方稻区推广的第二个面积较大、米质产量兼优的杂交稻。1985年获农业部优质米粳稻品种。该品种糙米率83.0%，精米率69%，直链淀粉含量12.3%，蛋白质含量8.2%，垩白率低，米质优良，适口性好。

2. 屉优418

辽宁省农业科学院稻作研究所以不育系屉锦A为母本，与恢复系C418组配而成的杂交粳稻组合。1998年，辽宁省农作物品种审定委员会审定。该杂交种糙米率82.4%，精米率

76.2%，整精米率72.7%，直链淀粉含量16.6%，蛋白质含量9.4%，垩白率56%，垩白度10.4%，透明度二级，碱消值7.0级，胶稠度66mm。从总体米质指标看，除垩白率和垩白度稍差外，其余指标均达到国家部颁优质粳米标准。多次品尝，米饭膨软，食味好。

3. 辽优5号

辽宁省农业科学院机械化耕作栽培研究所以雄性不育系辽盐28A为母本，恢复系504－6为父本组配的杂交稻，2001年经辽宁省农作物品种审定委员会审定。该品种糙米率82.2%，精米率74.2%，整精米率71.3%，直链淀粉含量15.4%，蛋白质含量11.2%，粒长5.2mm，长宽比1.8，垩白率60%，垩白度8.3%，透明度三级，碱消值7.0级，胶稠度64mm。根据农业部NY122—86《优质食用米标准》，辽优5号12项米质指标中的精米率、整精米率、直链淀粉含量、蛋白质含量、粒长、长宽比、碱消值等7项达一级优质米标准，糙米率、胶稠度达二级优质米标准。

4. 辽优1498

辽宁省农业科学院稻作研究所以不育系14A为母本、粳型恢复系198为父本配制而成的杂交稻。2009年通过辽宁省农作物品种审定委员会审定。该杂交种糙米率82.2%，精米率73.8%，整精米率72.5%，直链淀粉含量17.6%，蛋白质含量7.8%，粒长5.1mm，长宽比1.9，垩白率8.0%，垩白度0.6%，透明度一级，碱消值7.0级，胶稠度88mm，米质达优质粳米一级标准。

5. 辽优1052

辽宁省农业科学院稻作研究所以105A为母本、C52为父本组配的杂交稻新组合，2005年经辽宁省农作物品种审定委员会审定。该杂交种米质优，透明度高，米饭具有特异的爆米香气，适口性好。2003年获中国淮安优质稻博览会十大金奖。

第二节　稻米品质性状及其遗传

一、籽粒性状

（一）粒形

反映籽粒形状的指标主要有粒长、粒宽、粒厚和长宽比。粒长是指整精米粒的最大径长，粒形用整精米的长宽比表示。国际水稻研究所（IRRI）将米粒长度分为四级，即特长，>7.50mm；长，5.61～7.50mm；中等，5.51～5.60mm；短，<5.50mm。粒形分为四级，即细长，长宽比>3.0；中长，长宽比2.1～3.0；粗，长宽比1.1～2.0；圆，长宽比≤1.0。

我国对米粒长度和粒形的喜欢程度，因地域的消费习惯而不同，南方人偏爱中长到细长的籼米，北方人以及长江流域的人则喜爱短圆的粳米，贵州、云南等地少数民族喜欢短圆大粒的糯米，港澳市场要求细长中粒大米。

关于粒形的遗传研究，最早有赵连芳（1928）的报道，认为粒长受一对基因控制。研究显示，粒长、粒宽正、反交的平均值、标准差、方差和变异系数均相似，表明粒长、粒宽主要受细胞核基因控制，细胞质的影响小。

1. 粒长

IKeda（1952）研究认为粒长受基因 *Gr* 控制，该基因表现显性且有多效性。Mckenzie（1983）认为粒长受 2～3 个或更多基因控制。Kuo（1986）根据长粒形的 Mira 与短粒形的农林 20 杂交结果分析，推断粒长由 2 个基因控制。泷田正（1987）利用28 个杂交组合的研究结果，认为粒长属数量性状，但控制性状的基因数目不多。

还有些研究的结果认为，粒长还兼有不完全显性作用，其显性因组合而不同。石春海（1994）以湘早籼 3 号等 5 个细长粒品种与广陆矮 4 号等 8 个短粒品种进行不完全双列杂交，采用加、显遗传模型对粒形进行遗传分析，认为浙农 921/湘早籼 3 号等 20 个杂交组合的粒长遗传以加性效应为主，加性效应值比率为 50.6%～98.4%。

2. 粒宽

粒宽的遗传在多数研究中表现是正态分布，受多基因控制。但也有的研究表明，粒宽是受单基因或主效基因控制，显性方向因组合而不同，既有窄粒对宽粒为部分显性，也有相反的情形或主基因控制。Mckenzie（1983）报道，认为粒宽由 3～7 个基因控制。泷田正（1987）在研究 BG_1/越光的 F_6 系统，发现粒宽呈单基因分离系统，认为粒宽受 2 个基因控制，而其高代群体则仅由 1 个基因控制。

3. 粒厚

许多研究认为粒厚受多基因控制。石春海（1994）在上述 5 个细长粒与 8 个粗短粒品种的不完全双列杂交研究中，认为粒厚主要受基因加性效应的影响，其狭义遗传力为 50.9%～95.0%。此外，石春海（1995）的研究还认为，粒厚的母性效应显著，表明存在细胞质遗传，受环境影响较大。

粒重是一个由粒长、宽、厚综合在一起的性状指标，一般认为粒重的遗传是以加性效应或显性效应为主。熊振民（1992）、Juliano（1985）均认为粒重与粒长、宽和厚均呈正相关，与长宽比呈负相关，增加粒宽能提高粒重，但会降低长宽比和外观品质。

Tomar（1985）认为，粒形的遗传表现受同一位点上的 3 对等位基因控制，细长粒形（*Gs*1*Gs*1）对中等粒形（*Gs*2*Gs*2）及粗胖粒形（*gsgs*）为显性，中等粒形（*Gs*2*Gs*2）对粗胖粒形（*gsgs*）为显性，并认为籽粒大小与粒形无相关性。

（二）粒色

粒色遗传多集中于黑色种皮。水稻糙米的色泽与花色素苷有关，花色素苷的糖基配基通常是花青素。在国际水稻遗传委员会对水稻染色体和连锁群编号系统中，*C* 为花色素苷色素原基因，属于第六连锁群；*A* 为花色素苷激活基因，属于第一连锁群；*Pb* 为紫果皮基因，*Pr* 为紫壳基因，属于第四连锁群；*Rc* 为褐色果皮褐种皮基因，属于第七连锁群。紫米和黑米的紫色素、黑色素沉积于果皮内。控制粳稻的色素基因 *Rc* 和 *Rd* 控制红色种皮，*C* 和 *Pl* 控制红色果皮，*Pt*（或 Pt^u）和 *A* 或 *Prp* 和 *A* 控制紫色果皮。籼稻的 *A*、*Prl* 和 *Pr*2 或 *Pra* 和 *Prp* 控制红色果皮，*A* 和 *Prp* 控制紫色果皮，*Prp* 和 *a* 控制棕色果皮，*ih* 和 *Pr* 控制金黄色果皮，*Pr* 和 *Ih* 控制灰棕色果皮。

莫定森（1963）在富国（白米）/青森 5 号（红米）杂交中，发现 F_1 糙米带褐色，相间赤褐斑点，F_2 代分离为 3 红∶1 白，其结论是红米受一对显性主基因控制。熊振民等（1982）在香紫糯/竹科 2 号的杂交研究中发现，F_2 米色分离为 9 红∶7 白。Majumder（1985）用 5 个白色品种与 1 个褐色种皮品种杂交，全部组合的 F_1 表现为中间类型，F_2分离为由深褐至微红及白色7种表现型等级，其分离比率为1∶6∶15∶20∶15∶6∶1，结论是褐色种皮受3对基因控制，显性基因的累加效应为0～6。

伍时照（1988）用矮紫占/马坝香糯和早香17/陕西黑糯两个杂交组合分析，F_1籽粒表现为黑（紫）色，F_2分离为9黑（紫）米∶7白米，结论是黑（紫）米由2对显性互补基因控制。顾信媛等（1990）用萍县黑糯、紫占，江苏血糯3个黑色素种皮的水稻品种，与种皮不具色素的品种杂交，结果F_1黑色素种皮为不完全显性，显性度组合间有差异，F_2种皮分离出深黑、紫黑、深褐、中褐、微褐、白色7种类型，呈正态分布，有色与无色植株数比例接近63∶1，因此，认为黑色种皮至少由3对基因控制，属数量性状遗传，色素基因具有剂量效应。

吴平理等（1992）报道，黑糯米色素受3种基因控制：花青素原基因C有4个复等位基因C^B、C^BP、C^BQ、B^BX；花青素活化基因A有4个复等位基因A^E、A、A^b、A^B；紫色基因Pb可能只有一对基因，即紫米基因Pb与白色基因Pbn，性状表现为不完全显性。紫米基因的作用是为花青素的合成提供场所，如果没有紫米基因的存在，即使C^B和C^E存在也不会产生紫米。

（三）垩白

垩白常以垩白率（垩白粒占供试米粒总数的%）、垩白大小（垩白投影面积占整个米粒投影面积的%）、垩白度（垩白率×垩白大小）3项相关的指标表示。稻米市场均喜欢米粒半透明似玻璃质、无垩白的类型。根据米粒中垩白着生的部位不同分为心白、腹白、背白、基白和横白，以心白和腹白最普遍。垩白率的高低和垩白面积的大小除受遗传因素控制外，还受环境条件的影响，特别是成熟期间湿度的影响。如水稻品种IR22在任何环境下一般都无腹白，CICA4在某些环境下有垩白，而在另一些环境下无垩白，IR8和广陆矮4号在任何环境下均有垩白。

多数研究认为，稻米垩白的遗传主要受二倍体母体基因型控制，同时也受细胞质效应的影响。有研究认为垩白是胚乳性状，存在直感遗传，主要受控于胚乳基因型。但部分研究认为垩白受单基因控制。美国农业部（USDA，1963）研究认为，心白和腹白分别受隐性单基因Wc、Wb控制，但也有人认为腹白为显性性状。祁祖白（1983）用籼稻红400与中秆华泉杂交，发现垩白是一种多基因控制的性状，无腹白对有腹白表现部分显性效应，非等位基因间对腹白的作用是相等的。有的研究认为，垩白受2个主效基因控制，并受若干修饰基因影响。郭益全（1988）认为垩白主要受多基因加性效应的控制，并有细胞质效应。垩白的变异较大，但广义遗传力较高，在78.0%～89.0%，因此，可在早代进行垩白的选择和淘汰。

在影响垩白的诸多环境因素中，温度是水稻齐穗后15d内垩白率高低的主导因子，这一时期的高温可使垩白显著增加。因此，我国北方稻区，因气温的关系垩白率较低，而南方则垩白率较高。

（四）米粒延伸性

稻米蒸煮时，米粒长度纵向伸长许多，而基本不横向增粗是稻米蒸煮品质的优良性状。米粒伸长率高的米饭胀性大、不断裂、不粘结、外观品质好。中国水稻品种小红谷、南通稻，印度和巴基斯坦的 Basmati 类型品种，阿富汗的 Bahra，伊朗的 Domsia，其稻米蒸煮后的米粒可伸长 1 倍以上而围长基本不增粗。Tang（1989）对世界 27 个国家的 245 个籼稻品种的分析测定表明，品种间米粒延伸力差异甚大，平均米粒延伸长率幅度为 40.1% ~128.0%，均值为 86.2%。

研究表明，米粒伸长为独立遗传，可与蒸煮食味品质的其他优良性状相结合。因为稻米蒸煮品质各性状间存在一定的相关性，汤圣祥（1989）同期种植并分析来自 27 个国家的 245 个籼稻品种的偏相关系数，发现直链淀粉含量与胶稠度、糊化温度为中等负相关，少数糯稻品种具高糊化温度。米粒延伸性与直链淀粉含量、糊化温度、胶稠度均无显著相关性，可与其中的任何类型重组。

有的研究表明，米粒延伸性受遗传和环境共同作用。Sood（1983）采用双列杂交方式研究表明，米粒延伸性受基因加性和非加性效应的共同作用，以后者为主。Ahn（1993）利用 B8462T3 - 710（Basmati37 后代）/Dellmont 的 F_3 群体进行 RFLP 分析，发现位于第八染色体 QTL 与米粒延伸性有关，进一步研究表明，该位点与控制香气基因连锁不紧密。

二、籽粒化学成分

籽粒化学成分中占第一位的是淀粉。淀粉由众多薄壁细胞构成，细胞内含有大量复合状球形淀粉粒。在含水量 14% 的精米中，淀粉占 76.7% ~78.4%，蛋白质占 6.2% ~7.8%，粗脂肪占 0.3% ~0.5%，灰分占 0.3% 左右。

（一）直链淀粉含量

淀粉是由许多葡萄糖聚合而成的高分子聚合体，分子式为（$C_6H_{10}O_5$）n，因分子大小和结构不同，淀粉可分为直链淀粉和支链淀粉，直链淀粉为 α - D 葡萄糖直链聚合体，以 α - 1,4 葡萄糖苷键连结，分子量 1×10^4 ~ 25×10^4；支链淀粉由 α - D 葡萄糖通过 α - 1,4 键连结而成主链，并由 α - 1,6 键连结的葡萄糖支链共同构成分支的多聚体，平均单位链长 20 ~25 个葡萄糖单位，分子量为 5×10^4 ~ 1×10^8。籼稻的直链淀粉含量幅度较大，从籼糯的 2% 左右到 30%，而粳稻直链淀粉含量通常低于 20%。直链淀粉含量和分子量是决定稻米食味品质优劣的重要因素。

Khush（1979）报道，国际水稻研究所将稻米直链淀粉含量分为 5 级：糯，≤2%；极低含量，2.1% ~10.0%；低含量，10.1% ~20.0%；中等含量，20.1% ~25.0%；高含量，>25.0%。在对中国水稻种质资源 20 350 份的测定数据显示，平均直链淀粉含量为 22.1%，幅度 0.1% ~34.6%。其中，籼稻平均含量为 25.0%，有 76.4% 的品种集中分布在 22% ~28%；粳稻和糯稻平均含量分别为 19.8% 和 1.6%（表 10 - 2）。

直链淀粉含量的遗传一直是稻米品质研究的重点。多数研究认为直链淀粉由一个主效基因和几个微效基因控制，这与直链淀粉是由 *Wx* 基因编码的 GBSS 合成的事实相一致，糯与非糯品种之间的直链淀粉含量的差异受一主效基因控制，糯对非糯为隐性。已知控制直链淀粉含量的 *Wx* 位点位于第六染色体上。关于直链淀粉含量的遗传有 3 种主要说法：①Hsien（1982）、Kumar（1987）、黄超武等（1990）、申岳正等（1990）研究认为，直链淀粉含量由一对主效基加部分修饰基因控制，高直链淀粉含量对低含量为不完全显性。李欣（1990）认为，直链淀粉含量的不同类型主要受一主效基因控制，不同品种所存在的主效基因可能不一样，修饰基因的微效作用以及修饰和主效基因的互作是后代产生超亲类型个体的主要原因。绝大多数采用单籽粒分析法的学者获得的研究结果均支持上述结论。②Puri（1980）认为直链淀粉含量由多基因控制，属数量性状，在遗传方差中，以加性效应为主。徐辰武等（1990）采用胚乳性状的3n数量遗传模型，认为直链淀粉含量是一个受三倍体细胞核基因控制的性状，不存在细胞质效应。高含量对低含量通常为显性。在世代平均数的总遗传变异中，以加性效应为主，显性效应其次，上位性效应极小。③Stansel（1966）、Mckenzie（1983）研究认为直链淀粉含量受2对显性互补基因控制。

表10-2　中国各类水稻的直链淀粉含量

品种类型	品种数	平均含量（%）	变幅
籼稻	14 804	25.0	6.56～34.6
其中：地方品种	13 471	25.2	6.5～34.6
育成品种	562	24.7	8.9～30.7
外引品种	771	22.8	10.3～30.8
粳稻	3 853	19.8	7.0～27.0
其中：地方品种	2 767	19.3	7.0～27.0
育成品种	363	18.0	7.6～26.3
外引品种	723	22.5	10.3～27.0
糯稻	1 693	1.6	0.1～4.0
其中：地方品种	1 527	1.6	0.1～4.0
育成品种	59	1.7	0.1～4.0
外引品种	107	1.5	0.1～3.8
合　计	20 350	22.1	0.1～34.6

（引自：《水稻育种学》，1996）

此外，还有少数研究报道了细胞质基因对直链淀粉含量有影响。采用二倍体遗传模式研究认为，直链淀粉含量有细胞质效应，母体遗传或直感现象。在部分研究中，还发现显著的细胞质效应和核质互作效应。徐辰武（1998）认为，籼粳交直链淀粉含量同时受胚乳基因型和母体基因型的控制，但总体上还是胚乳基因型起主要作用。

在糯稻品种中，*wx*基因位点是控制直链淀粉含量的主要基因位点，与*Wx*基因互为等位基因，其直链淀粉含量一般不到2%。Sano（1984）研究认为，在非糯品种中可根据*Wx*的特性，将*Wx*基因进一步分为Wx^a和Wx^b两种等位基因。Wx^a和Wx^b在水稻亚种中已发生了明显的分化，其中，籼稻（包括野生稻）以Wx^a为主，直链淀粉含量较高；粳稻则全为Wx^b，直链淀粉含量较低（表10-3）。Waxymq也是Waxy的等位基因，通过对水稻品种Koshihikari经由N-甲基-亚硝基脲处理后，得到一个突变体材料Milky Queen，其表现出低直链淀粉含量特性，在9%～12%。

Mikami（1999）报道，在尼泊尔水稻品种中发现的不透明（Opaque）胚乳自然突变体，籽粒外观与糯稻相似，直链淀粉含量约10%。将突变体与糯稻品种杂交，F_2籽粒均不透明，高直链淀粉含量与低含量的呈3∶1分离，表明低链淀粉含量由1个隐性单基因控制，与*Wx*基因等位，并将其命名为Wx^{op}。直链淀粉含量增效基因*ae*是直链淀粉含量增效突变体，不仅使直链淀粉含量成倍增加，而且支链淀粉的性质也发生了变化，长链的比例和长度增加，短链减少。现已发现3对非等位基因 *ae*1、*ae*2 和 *ae*3 可引起这类突变，其中，*ae*3 位于第二染色体上。

半糯性突变体的直链淀粉含量低，介于糯稻与粳稻之间，米饭外观油润有光泽，凉了不回生，适口性好。半糯性胚乳由独立于 *wx* 的隐性单基因 *du* 控制，在第四、六、七和第九染色体上均发现了控制低直链淀粉含量基因。与糯性和野生型品种相比，半糯性突变体的支链淀粉短链含量显著增加。

表 10－3　影响直链淀粉含量的基因座位及其染色体定位

直链淀粉含量类型	基因定位	突变体	直链淀粉含量（%）	染色体定位	参考文献
糯性（*Waxy*）	$wxWx^aWx^b$		<2.0	6	Satoh *et al.*，1986
一般	*ae*1	EM109			Yano *et al.*，1985
	*ae*2（*t*）	EM129			Kikuchi *et al.*，1987
	*ae*3（*t*）	EM16	26.2～35.4	2	Haushik *et al.*，1991
高含量	*Am*（*t*）				Hiseh *et al.*，1989
低含量	*lam*（*t*）	SM1	下降 20%	9	Kikuchi *et al.*，1987
暗胚乳	*du*1	EM－12	3.8～4.1	10	Satoh *et al.*，1986
(Dull endosperm)		EM－57	—	—	Yano *et al.*，1988
	*du*2	EM－15	3.7～4.4		Satoh *et al.*，1986
		EM－85	—	—	
	*du*3	E－69	2.0～3.9	—	Satoh *et al.*，1986
		EM－79	—	—	
	*du*4	EM－98	1.5	12	Satoh *et al.*，1990
	*du*5	EM－140	5.7	—	Yano *et al.*，1988
	*du*2035		4.6	6	Haushik *et al.*，1991
	du（2120）		5.9	9	Haushik *et al.*，1991
	du（*EM*47）		1.9	6	Haushik *et al.*，1991

（引自：《中国水稻遗传育种与品种系谱》，2010）

直链淀粉含量与米饭蒸煮时吸水量、体积膨大及抗裂解呈正相关、与米饭的粘聚性、柔软性及光泽呈负相关。糯米由于几乎不含直链淀粉，因此，蒸煮时吸水少，体积膨胀小，米饭湿润有光泽。而直链淀粉含量高（>25%）的籼米，蒸煮的米饭干燥膨松，色泽滞暗，冷却后变硬，食味不佳。相反，直链淀粉含量过低的籼稻品种，米饭虽然粘湿柔软，但蒸煮过度则易裂解，食味欠佳。直链淀粉含量适度的籼米为 20%～22%，蒸煮的米饭膨松有光泽，冷却后质地仍保持较为松软和湿润。

在稻米品质改良中，要求籼米直链淀粉含量为 19%～24%，粳米为 14%～18%，糯米则不含或极少含直链淀粉。还有，直链淀粉分子量的大小与吸水速率和膨胀性密切相关，分子量大的吸水快，膨胀性好。例如，中国云南、广西、贵州等地的软米品种，其米饭的膨胀性、粘聚性和柔软性均优良，凡这类品种的直链淀粉含量中等或较低，而分子量又较大。

总之，从以上直链淀粉含量遗传规律看，为改良稻米的直链淀粉含量，在杂交育种中，应至少有一个亲本具有理想的直链淀粉含量，并应在后代分离世代的早期进行选择；而在杂交稻组合选配时，双亲均应具有理想的直链淀粉含量。

（二）蛋白质含量

蛋白质含量在稻米化学成分中占第二位，含量在5%～12%，其中，80%的蛋白质存在于胚乳中。水稻蛋白质的质量比其他禾谷类作物的蛋白质要好，多数禾谷类作物以醇溶性蛋白为主，而稻米蛋白质以谷蛋白为主，约占蛋白质的80%，其他如球蛋白、白蛋白和醇溶性蛋白则分别占10%、5%和3%。在谷蛋白中，易消化的PB－Ⅱ含量高，而且人体必需氨基酸的均衡性好，其中，赖氨酸含量超过3.5%，居各谷类作物之首。分布在胚乳里的蛋白质以谷蛋白和醇溶性蛋白为主，球蛋白和白蛋白则主要分布在糊粉层等组织，多为活性分子。肯定地说，蛋白质含量与营养有直接关联，但一般认为其含量超过9%可造成食味不良。Matsue（1995）研究表明，粳米的醇溶性蛋白含量与食味呈负相关。

我国对19 329份水稻种质资源进行了分析测定，结果显示糙米粗蛋白含量平均为9.4%，变幅在4.7%～17.6%，大多数品种集中在8%～10%（图10－2）。籼稻的平均含量略高于粳稻。Nand（1979）报道，国际水稻研究所对引自世界各国的17 587份水稻种质进行了糙米蛋白质含量测定，籼稻的含量范围为4.3%～18.2%，粳稻为6.4%～16.7%，并提出PTB－18和一个尼瓦拉野生稻材料是高蛋白质含量源。

稻米蛋白质含量遗传相当复杂，迄今没发现能大幅度提高个别氨基酸含量的单一基因，再加上环境条件的影响，更增加遗传分析鉴定的难度。而在其他禾谷类作物中，如玉米找到了能大幅度提高赖氨酸含量的奥帕克－Z基因；高粱也选出了富含赖氨酸的突变系IS11167、IS11758和P721，并将其主效基因转导到各种育种材料中去。初步研究认为，稻米蛋白质含量是受多基因控制的数量性状，包括加性效应、某些位点上的显性效应，以及基因互作产生的超亲现象等。

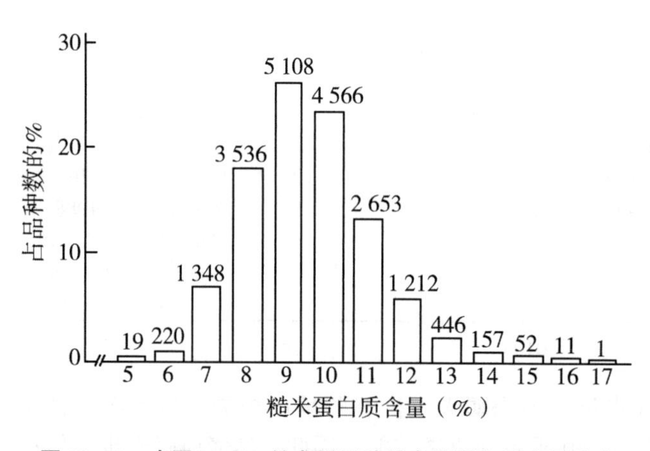

图10－2　中国19 329份水稻品种糙米的蛋白质含量分布

（引自《水稻育种学》，1996）

国际水稻研究所（IRRI）（1979）研究分析了高、低蛋白质含量的高/高、高/低、低/低等12个不同含量的杂交组合，结果显示12个F_2群体中的9个表现正向的偏斜分布。高/低杂交组合通常要比高/高或低/低组合出现更大偏斜，未发现分离出比亲本含量更低的类型，表现蛋白质含量的遗传存在加性和显性效应。黄愿偿（1985）研究认为，蛋白质含量遗传受多基因控制，低含量对高含量为显性，并可能存在某些优势基因的作用，在F_3代还发现有超过双亲蛋白质含量的个体。因此，在高蛋白质含量杂交育种中，应选择蛋白质含量有一定差异且又不是太低的材料作杂交亲本。

稻米蛋白质含量的遗传力较低，一般只有25%～50%，因此，在杂交的早期世代对蛋白质含量高的个体选择不必太严。此外，高蛋白质含量基因往往与早熟株型性状相关，由此可通过熟期的间接选择达到获得高蛋白质含量品种的目的。

（三）香气

许多香稻品种都有香气。香稻在开花时就能飘香，除根部外的茎秆、叶片、花朵、籽粒通常都能产生香气，其浓淡程度各部位不同。中国的青浦香粳、早香17、香稻丸、京香2号、夹沟香稻、紫香糯，泰国的Khao Dawk Mali105，印度的Ranbir Basmati，巴基斯坦的Basmati370、PK177，菲律宾的Milfor，美国的Cbella、Jasmine85等都含有浓郁的香气或茉莉花一样的香气。香稻含有芳香类化合物有近百种，任何水稻品种都含有芳香类物质，但含量低不能被人感知，而香稻的芳香类化合物含量甚高，可达0.04～0.09mg/kg，比一般品种高出10倍以上（表10－4）。香气的有效化合物是乙酰－1－吡咯啉。此外，2－乙酰－1,4,5,6四氢吡啶，2－乙酰对氯苯，2－乙酰－2－噻唑啉也能散发香气。现已从香米的馏出液测定出114种具有不同程度香气的化合物。

表10－4　香米品种的2－乙酰－1－吡咯啉的含量

品　种	产　地	2－乙酰－1－吡咯啉（mg/kg）
Malagkit Sungsong	菲律宾	0.09
TR847－76－1	菲律宾	0.07
Khao Dawk Mali 105	泰国	0.07
Milagrosa	菲律宾	0.07
Basmati 370	巴基斯坦	0.06
Seratus Malan	印度尼西亚	0.06
Azucena	菲律宾	0.04
寒	日本	0.04
Texas Long Grain（CK）	美国	<0.008
Calrose（CK）	美国	<0.006

（櫛渕钦也，1992）

稻米香气的遗传研究结果有不同的说法，有的认为香气是一个受细胞核基因控制的遗传性状，不同学者因采用不同的材料、方法研究所得结论有所不同，有人称香气是多基因控制的性状，也有人认为香气是单基因控制的隐性性状。多数学者、Berner（1986）、钟国瑞（1987）、吴升华（1990）、黄超武（1990）、黄河清（1992）、Ali（1993）的研究认为，香气是隐性主基因控制的，而且香气遗传与细胞质无关。

宋文昌等（1990）利用水稻同源四倍体和二倍体，采取1.7% KOH溶液浸泡法研究香气遗传，F_1植株均无香气。在F_2代中，4个四倍体杂交组合分离出35无香∶1香，5个二倍体杂交组合正反交的分离比例无差异，研究结果支持了上述主基因遗传模式。顾铭洪等（1990）研究认为，稻米香气受一对隐性主基因控制，还有一些微效基因参与作用，在有些杂交组合中表现出剂量效应。Pinson（1994）对香稻品种Jasmine 85（来源于KDML105）、金庆生（1995）对香稻KDML105的研究得出相同结论，认为香气是由单隐性基因控制的。

但是，任光俊（1999）研究认为Jasmine 85的香气是由2对独立遗传的隐性基因控制的。Reddy（1980）用热水鉴定香气法对Basmati 370进行研究，结果显示Basmati 370香气是由3对互补的显性基因控制的。Ali（1993）用KOH法研究了Basmati 370和

Basmati 198 的香气遗传，认为该性状是由 1 对隐性基因控制的。Dhulappanavar（1976）报道，稻米香气是由 4 个互补基因所控制，无香对有香的分离比例为 175 ∶ 81。Reddy（1980）报道的无香对有香的分离比例为 37 ∶ 27，是 3 对基因控制的。Berner（1985）对美国香稻品种 Della 的香气研究表明是由 1 对隐性基因控制的。

Tripathi（1979）认为香气取决于 2 对互补基因 *SK1SK1SK2SK2*，香对不香为显性，只有 *SK1SK2* 这样的基因型才有香气，其他基因型均无香气。还有的学者认为香气受制于 2 对基因，其中，1 对为抑制基因。或者稻米香气受 2 对独立分配的隐性基因所控制，而且只有在 2 对基因纯合时才有香气，F_2 分离比例为 15 ∶ 1。之所以产生对稻米香气遗传的不同结论，可能由于对 F_1 的含义理解不一致，香气的感官鉴别不准确，导致遗传推论上的偏差。

稻米香气是较易转移和选择的性状，叶片香气与籽粒香气的表现是一致的，因此，育种上可以在 F_2 代的秧苗上进行选择。

三、糊化温度

糊化温度是指淀粉粒在热水中吸水失去结晶性而不可逆转的膨胀、形成淀粉糊的温度。品种的糊化温度一般分为高，75～79℃；中等，70～74℃；低，55～69℃等 3 类。糊化温度可采用快速、简便的碱消法间接测定，根据精米在 1.7% KOH 溶液中于 30℃下经 23h 后的分解程度划分为 7 个等级：1～3 级为高糊化温度，4～5 级为中等糊化温度，6～7 级为低糊化温度。中国水稻绝大部分籼稻品种为中等糊化温度，绝大部分粳稻和糯稻为低糊化温度。

糊化温度与蒸煮米饭所需的水分和时间密切相关。若糊化温度高，蒸煮时需要较多的水分和较长的时间，精米延伸长度短。采用一般方法蒸煮，常常煮不透、煮不熟；反之，若蒸煮过度则极度裂解不成形，影响米饭的外观和食味。糊化温度反映了胚乳和淀粉粒的硬度，高糊化温度的胚乳较硬，因此，高和中等糊化温度的稻谷可能较少受到昆虫和真菌的侵袭。

关于糊化温度的遗传，许多学者进行了一些研究，但对控制糊化温度遗传的基因对数及其显、隐性关系尚未取得一致的说法。Mckenzie（1983）在 6 个杂交组合中，发现 1 个组合的糊化温度由单基因控制，另 5 个组合则由 1～2 个主基因再加一些微效基因控制。Saha（1972）研究认为，糊化温度是由多基因控制，属于数量性状。凌兆凤（1990）研究认为，不同糊化温度的品种杂交，F_2 代出现广泛分离，分布的频率形态各异，不可能用单基因控制作出解释，而且显性的表达也十分复杂，有些组合高糊化温度对低的表现显性，而另一些杂交则相反，表现的显性方向以组合和位点而不同。

陈葆堂（1992）认为，高糊化温度由 2 个位点的显性基因共同控制，而且 2 个基因之间存在互补关系；而低糊化温度则受 2 个隐性基因所控制，杂种后代中产生的中等糊化温度类型，是由 2 个显性基因中的一个单独存在时决定的，并受到修饰基因的影响。徐辰武（1998）采用胚乳性状的质量—数量遗传分析模型研究籼米糊化温度的遗传，认为糊化温度是典型的受三倍体遗传控制的质量—数量性状，由 1 个主基因和若干微效基因共同控制。控制高、中、低糊化温度的主基因是一组复等位基因，主基因的作用是以加性效应为主，显性效应为辅。

Heu 等（1973）在 2 个籼稻与 4 个粳稻品种的杂交研究中，F_2 代均出现 3 低：1 高糊化温度的分离比例，低对高糊化温度表现显性。沈华志（1986）研究报道，在不同类型糊化温度杂交的 F_1 中，高糊化温度是完全显性的，而且不存在基因的剂量效应。上述出现的不同研究结果和结论，其原因除所选用材料的遗传背景不一样外，还有可能与目前采用碱扩散法测试技术不十分精确有关，分级也较粗放，仅 3 类 7 级，因此，需要进一步研究。

闵绍楷（1996）的研究表明，糊化温度的遗传力极高，广义遗传力为 89% ~ 100%，狭义遗传力为 87% ~ 92%，而且糊化温度的 F_2 代基因就会纯合，后代极少分离。因此，对糊化温度的单株选择是高度有效的。

四、胶稠度

胶稠度是指米粒糊化后，占精米 4.4% 米胶的粘稠度，与米饭的柔软性、冷却后的适口性直接相关。胶稠度以米胶冷却时延伸的长度（mm）表示，延伸越长则胶稠度越软。采用 100mg 混合米粉，用 13mm × 100mm 标准试管测定时，将胶稠度分为 3 级，即硬，≤40mm；中等，41 ~ 60mm；软，61 ~ 100mm。硬胶稠度的米饭干硬粗糙，软胶稠度的米饭柔软有弹性，冷却后仍保持柔软湿润，口感好，优质稻米的胶稠度均较软。

在对中国的 17 974 份水稻种质资源胶稠度测定后发现，品种间胶稠度的差异较大，胶长的幅度为 24 ~ 100mm，其中，籼稻平均胶长为 41mm，粳稻为 60mm，糯稻为 90mm。对较高直链淀粉含量（>25%）的籼稻米来说，如果其胶稠度较软，那么，它的食味品质仍较好，因此，胶稠度的软硬也成为影响蒸煮食味品质优劣的重要因素。

对胶稠度的遗传研究较多，一些学者通过硬、软胶稠度杂交研究认为，硬胶稠度受显性单基因控制，胶稠度除了受制于种子的遗传效应外，主要受母体遗传效应的影响。易小平（1992）研究指出，在稻米各项指标中，胶稠度的变异受细胞质的作用最大，核质互作效应也表现极显著。汤至祥（1996）采用单籽粒胶稠度分析法对胶稠度进行了遗传研究，结果是籼、粳稻的胶稠度受主效基因和若干微效基因的控制，主效基因为复等位基因，硬对中等、硬对软、中等对软胶稠度表现显性，而且胶稠度具有质量—数量遗传特性，适合 3n 胚乳的加性—显性遗传模型。

Cheng（1981）、Hsieh（1982）、武小金（1989）在胶稠度硬、软杂交研究中，认为硬胶稠度受显性单基因控制。郭益金（1985）研究认为，胶稠度遗传存在极显著的加性效应和显性效应，其中，显性效应作用更大，硬胶稠度为显性；此外，还有细胞质效应。李欣（1989）认为胶稠度的遗传主要受胚乳基因型控制，基因型以加性效应为主。包劲松（2000）则认为，胶稠度主要受基因型和环境互作效应控制。汤圣祥（1989，1993）研究确定胶稠度的狭义遗传力较高，$h^2=0.78$。

鉴于在胶稠度的遗传中，由于主效基因的作用，加上有较高的狭义遗传力，因此，在其遗传改良中的亲本选择十分重要。在胶稠度硬/软杂交中的早期分离世代出现的少数中等胶稠度材料将继续分离，因此，要获得理想胶稠度的材料，亲本之一应有很好的胶稠度。对于有效选择胶稠度的世代，一般可从 F_2 或 F_3 代开始，最迟不要晚于 F_4 代。若干微效基因的累加作用对所需胶稠度的选择有有利的影响，在胶稠度中等/软的杂交中，要获得中等偏软或偏软的后代个体是可能的。在胶稠度中等/中等的杂交中，由于微效基因的累加作用，也有可能出现一定程度的胶稠度超亲后代，即中等偏软的后代。

五、透明度

透明度是指整稻米在电光透视下的亮晶程度。米的垩白部分是不透明的，除糯米外，优质的籼、粳米均要求透明或半透明。

关于胚乳透明度的遗传研究不多。林建荣（2001）在对粳型杂交稻稻米透明度的研究后发现，杂种稻米透明度的遗传表现受母体加性效应和种子直接加性效应的控制，以母体效应为主，同时，也存在显著的细胞质效应。Khush（1988）用糯稻品种与低直链淀粉含量但胚乳透明的品种杂交，发现 F_2 代稻米胚乳的外观出现明显分离，糯性 1：模糊1：透明 2 的分离比例。糯稻亲本与中、高直链淀粉含量品种杂交，观察到的分离比例为糯 1：透明 3。当杂交双亲均是透明胚乳时，F_2 米粒表现一致，胚乳全部为透明的。由此可见，要获得胚乳透明度好，且一致的杂交种稻米，双亲均应具有同样好的胚乳透明度。

Okuno 等（1983）通过人工诱变，获得了许多低直链淀粉含量（介于糯米和粳米之间）的突变体材料，并从这些材料中鉴定出 5 个控制该性状的隐性基因，*dull*1、*dull*2、*dull*3、*dull*4 和 *dull*5。米粒透明度的基因型 × 环境互作方差占表型方差的 27.1%，由此表明，透明度的表现较易受环境的影响。其中，母本加性互作效应占总互作效应的 57.8%，种子直接加性互作效应占 40.3%。说明环境主要通过影响母体植株基因型及胚乳核基因型的加性效应而作用了杂种稻米透明度的表现。

六、稻米品质性状的相关性

（一）粒形及其长、宽的相关

稻米的粒长与粒宽间，有的研究认为属于独立遗传，也有的认为为负相关或正相关。一般认为，粒长与长宽比之间无相关或呈正相关，粒宽与长宽比之间呈负相关。粒长与长宽比之间的相关受种子间接加性效应和母体加性效应控制，两种效应之间存在协方差。粒长与粒宽、粒宽与长宽比，以及粒宽与垩白大小之间的相关则主要受显性效应控制。垩白与多数粒形性状的相关性呈显著或极显著，相关性的大小和性质因杂交组合的不同而异。

（二）直链淀粉、胶稠度、糊化温度间的相关

Kaw（1990）的研究显示，直链淀粉含量、胶稠度、糊化温度之间均存在加性和非加性效应，而且直链淀粉含量与胶稠度为高度负相关，尤其在粳稻中更是如此。这些研究均是利用杂交分离世代，即杂种 F_1 代、F_2 代，或回交世代 BC_1、BC_2 获得的研究结果。

Tomar（1987）研究认为，直链淀粉含量与胶稠度之间无相关，但更多的研究认为这两者之间存在负相关。直链淀粉含量与糊化温度之间，有的研究认为无相关，有的研究认为有低的正相关或低的负相关。在上述 Kaw（1990）的研究中，相关关系因品种类型而异，在粳稻为试材的研究中为高度正相关，在籼稻研究组内则为高度负相关，而在籼 × 粳杂交中为中高度正相关。Tomar（1987）指出，胶稠度与糊化温度为显著负相关，刘宜柏（1990）则认为这二者之间无明显相关。

（三）直链淀粉与米饭性状的相关

舒庆尧（1999a）研究认为，直链淀粉含量与米饭的香味、粘度、综合品质（指米饭食味的综合评分）、淀粉粘滞谱（RVA）的崩解值、胶稠度呈负相关，与淀粉粘滞谱的热浆粘度、冷胶粘度、糊化温度和回复值呈正相关。张小明等（2002）对稻米直链淀粉含量、食味官能鉴定、味度和淀粉粘滞谱糊化特性等性状分后认为，直链淀粉含量与米饭的香味、粘度、米饭综合品质指标分别达显著或极显著负相关，与硬度呈显著正相关。米饭的粘度与硬度、硬度与米饭综合品质指标呈负相关，粘度与米饭综合品质指标呈正相关。味度与米饭香味、硬度无相关性，但与粘度、米饭综合品质指标呈显著或极显著正相关。淀粉糊化特性（最高粘度、最低粘度和糊化温度）值与淀粉粘滞谱之间的相关系数分别为0.741（$P<0.01$）、0.536（$P<0.05$）、0.469（$P<0.05$）和0.458（$P<0.05$）。

（四）蛋白质、直链淀粉、糊化温度、胶稠度间相关

蛋白质含量与直链淀粉之间呈正相关或负相关，与糊化温度无相关或呈负相关，基因型相关系数高于表型相关系数，与胶稠度无显著相关。蛋白质含量与胶稠度、蛋白质含量与赖氨酸/蛋白质比例，以及蛋白质指数与赖氨酸/蛋白质比例之间，其相关性主要起因于加性效应，但也受部分显性效应的影响。直链淀粉含量与赖氨酸含量、胶稠度与蛋白质指数以及胶稠度与赖氨酸/蛋白质比例之间的相关主要受显性效应控制。

（五）雄性不育系与其杂种品质性状的相关

不育系与其杂种品种性状的相关性较高，因此，在优质米水稻杂交种选育中，优质不育系的选择比恢复系的更重要，杂交稻组配时双亲或单亲糊化温度低容易选出理想糊化温度的杂交组合。糊化温度和淀粉的最高粘度与米饭的香味、粘度和米饭综合品质指标呈正相关。蛋白质与米饭的粘渡呈负相关。

优质品种稻米的糊化温度较低，最高粘度较高，最低粘度、碱崩解度较大，而食味不佳的品种稻米正好相反。淀粉糊化特性值和RVA值的最高粘度、最低粘度、碱崩解值与糊化温度的相关系数达显著或极显著水准。在雄性不育系、恢复系及新品种选择时，可用RVA机代替淀粉糊化特性仪测定最高粘度、最低粘度、碱崩解度和糊化温度等淀粉糊化特性值。

第三节　水稻品质改良技术

一、优质源的收集和鉴评

任何类型优良品种的选育都离不开优良的亲本材料，水稻品质改良应以优质亲本为基础，根据不同生态稻区、不同育种目标和现有主栽品种的品质缺点和不足，从全国各地以及国外广泛收集水稻优异种质资源，并进行全面鉴定和评选，将优质源筛选出来，加以利用。

我国水稻种质资源十分丰富，多样性很强。“七五”计划期间，中国水稻研究所、中国农业科学院作物品种资源研究所、广东省农业科学院、湖北省农业科学院、贵州农

学院等单位共同承担了“我国水稻种质资源主要品质鉴定”国家科技攻关计划，对26 783份水稻资源进行了糙米率、精米率、总淀粉含量、直链淀粉含量、胶稠度、碱消值、垩白率、蛋白质含量等品质指标进行了测定。同时，对253份名特品种（香、紫、黑、软米等）除进行常规品质指标分析外，还进行了18种微量元素、17种氨基酸和主要脂肪酸含量的分析。从上述种质资源中筛选出达到部颁一、二级优质米标准的品种400余份，单项品质指标超过部颁一级优质米标准的品种800多份。中国水稻品种资源品质性状鉴定结果列于表10-5中。

表10-5　中国栽培稻资源品质性状

性状	栽培稻 幅度	集中度 （>75%）	平均	粳稻 平均	籼稻 平均
糙米率（%）	39.5~93.2	77.0~82.0	79.3	80.4	78.8
精米率（%）	10.4~84.7	69.0~74.0	71.2	72.2	70.8
垩白率（%）	1.0~100.0		77.7	71.7	83.3
总淀粉（%）	53.4~91.2	75.0~80.0	77.1	76.9	77.1
直链淀粉（%）	0.1~39.2		18.5	12.9	24.0
碱消值（级）	2.0~7.0		5.0	6.4	5.2
胶稠度（mm）	18.0~100.0		52.3	59.3（粘） 85.7（糯）	41.9（粘） 84.4（糯）
蛋白质（%）	4.9~19.3		9.6	9.9	9.5
赖氨酸（%）	0.115~0.619		0.356	0.354	0.357

（引自《中国水稻遗传育种与品种系谱》，2010）

1985年，农业部召开了“全国优质米生产座谈会”。会议期间，各省、市、自治区展出了各类优质米水稻品种439个，其中，育成品种占81.4%，传统地方品种占12.7%，国外引进品种占5.9%。著名的优质米品种有增城丝苗、云南软米、马坝油粘、过山香、细黄粘、夹沟香米、苏御糯、万年贡米、天津小站米、城固香米、泽县黑米等。

同年，全国组织了优质稻米首次评选，共评出46个全国优质米品种。其中，北方粳稻品种：花粳2号、秀优57、冀粳8号、鱼农1号、京越1号、中花8号、中丹2号、临稻3号、红旗23、越富、新引1号、农院7-1；南方粳稻品种：岳农2号、鄂晚5号、青林9号、铁桂丰、秀水27、当选晚2号、当优C堡、80-4；糯稻品种：香糯4号、新香糯1号、湘早糯1号等；籼稻品种：民科占、细黄占、乌珍1号、红突31、滇瑞408、光辉、金麻占、汉中水晶稻、西农8116、密阳23、紧粒新四占、华泉、特眉、金晚1号、双竹占、汕优63等。

1992年，全国农业博览会评选出25个优质米水稻品种及其大米，其中，金奖品种5个，银奖品种11个，铜奖品种9个（表10-6）。同年，在上海召开的“中国特种稻学术研讨会”上，评选出特种稻（香稻、色稻、专用稻等）金奖品种16个，上农香稻、黑香米、黑优粘米、广陵香糯、上农黑糯、农浦红—红香米、珍黑701、黑丰糯、瑰宝高蛋白营养米、黑珍米、鲁香粳1号、滇粤8号、黑糯567、吉林黑米、香宝3号、奶白香糯；银奖品种29个：巴香308、上农香粳、乌贡米、香粳86-26、桂黑糯、香宝1号、上农青香糯、90A－7香血糯、89B－52香糯、黑宝1号、矮黑糯、溪香、精齐黑糯、枣阳红米、枣阳香米、桂茉莉、矮红香寸、太乌3号、香占早、矮香粘、滇通糯、桂 D_1 号、香早糯3号、红香糯、乌珍早3号、香粘51、红香粳、桂优粘12、紫香糯等。

表10－6 1992年首届中国农业博览会获奖优质水稻品种和大米

获奖品种	产地	获奖品种	产地	获奖品种	产地
金质奖		原阳精米*	河南	铜质奖	
汕优63	福建	太子精米*	湖北	湘晚籼3号	湖南
湖南软米*	湖南	滇瑞449	云南	西山香粘米*	广西
赣优晚大米*	江西	辽盐282	辽宁	安粳314	贵州
响水大米*	江西	祥湖84	浙江	镇稻2号	江苏
珍玉精米*	河南	幸实	北京	赣香糯*	江西
银质奖		珠光糯米*	江苏	713	广西
天城米*	湖北	珠光粳米*	江苏	中籼88－4*	安徽
太子籼米*	湖北			猫牙米*	湖南
赣晚籼19	江西			珍珠香糯*	湖南

（引自《水稻育种学》，1996）

从国外引进的优质和特质品种也较多，如国际水稻研究所近年新育成的细长粒，没有或有极少垩白的品种：IR64、IR72、IR841、EM20（蛋白质含量达16%）；日本的日本晴、世锦、丰锦、越光、越富、秋光、幸实、共丰、道黄金、上育393、湖衣姬、肥后华；美国的Jasmine85、Maybelle、Katy、甜米Calmochi101、Delta Rose、Mercury等；印度的ADT39、Ranbir、Basmati等；巴基斯坦的Basmati370及其选系、PK177；泰国的茉莉香等。上述国内外的水稻优质源品种在水稻品质遗传改良中，作为极其宝贵的优质基础材料，直接利用或间接利用一定会发挥十分有效的作用。

二、常规改良技术

（一）系统选育

在水稻品质改良中，系统选育对于香气、粒色、适口性、糯性等优质性状的选择非常有效。因为在一个优良品种的群体里，由于个体间的自然杂交，或者外界因素的诱变作用，使个体的遗传性状发生了变异，因而在群体逐渐产生了一定数量的变异个体。如果把其中的优质性状变异及时鉴定选择出来，经过进一步的试验，就可以选育出来质优的新品种。

中国水稻研究所与杭州市农业科学研究所合作，从红410中经系统选育出优质水稻品种8004，并于1985年被评为全国优质米。上海农学院从上海著名农家品种香粳糯中，经系统选出上农香糯，籽粒具有浓郁的香气，单产达到6 000～6 750kg/hm²，被评为优质特种稻品种。湖南水稻研究所从国际水稻研究所引入的066品系中，经系统选育成了早香17，米质好、长粒形、少垩白，直链淀粉含量15.7%，胶稠度软，83mm，并有令人愉快的芳香气味。

在北方稻区，也有许多优质米水稻品种是通过系统选育而成的。例如，辽宁盘锦北方农业技术开发有限公司以育种主持人许雷研究员创立的“性状相关选择法”、“性状跟踪鉴定法”和“耐盐选择法”三法集成育种技术为育种手段，采用系统选育技术先后选育出多个优质米水稻品种。例如，辽盐 2 号是从日本品种丰锦变异株中选出育成的中晚熟粳型优质米水稻品种，1988 年经辽宁省农作物品种审定委员会审定推广。1990 年通过国家农作物品种审定委员会审定推广。“八五”至“九五”期间，被国家科委列为国家重点推广项目。1990 年获重大科技发明三等奖；1999 年作为辽盐系列水稻品种之一，获国际最高金奖；辽盐糯是从高产的非糯水稻品种辽粳 5 号变异株中选育而成的中晚熟粳型优质米糯稻品种。1990 年经辽宁省农作物品种审定委员会审定。1992 年被国家列为“八五”重点扩繁推广项目。1993 年获国家重大科技发明三等奖；辽盐 241 是从迎春 2 号水稻品种变异株中选育而成的中熟粳型优质米水稻品种，1992 年经辽宁省农作物品种审定委员会审定。1995 年获第二届中国农业博览会粳型优质米水稻品种金牌奖。1996 年，被国家科委列为“九五”重中之重推广项目。1997 年获农业部科技进步二等奖。1999 年作为辽盐系列水稻品种之一，获国际最高金奖；辽盐 16 是从辽盐 2 号水稻品种变异株中选育而成的中熟粳型优质米水稻品种。1994 年经辽宁省农作物品种审定委员会审定。1995 年获第二届中国农业博览会粳型优质米水稻品种银牌奖。1999 年作为辽盐系列水稻品种之一，获国际最高金奖。1996 年被国家科委列为“九五”重中之重推广项目；辽盐 9 号是从 M197 品系变异株中选出育成的中晚熟粳型优质米水稻品种，1997 年经辽宁省农作物品种审定委员会审定推广。1999 年通过国家农作物品种审定委员会审定推广。同年获中国国际农业博览会优质米水稻品种国际名牌产品奖；同年作为辽盐系列水稻品种之一，获国际最高金奖；辽盐 12 是从 M146 品系变异株中选出育成的中晚熟粳型优质米水稻品种。1998 年经辽宁省农作物品种审定委员会审定命名。2000 年经北京市农作物品种审定委员会审定。1999 年，获中国国际农业博览会优质米水稻品种国际名牌产品奖；同年作为辽盐系列水稻品种之一，获国际最高金奖。辽盐糯 10 号是从高产的非糯水稻品种辽粳 5 号变异株中选育而成的中熟粳型优质米糯稻品种。1997 年经辽宁省农作物品种审定委员会审定。1999 年通过全国农作物品种审定委员会审定，同年作为辽盐系列水稻品种之一，获国际最高金奖。

雨田 1 号是从中晚熟水稻品系 M142 变异株中选出育成的中晚熟优质米水稻新品种，2003 年经全国农作物品种审定委员会审定，开始在辽宁、华北和西北中晚熟及晚熟稻区示范、推广；雨田 7 号是从中熟水稻品系 M148 变异株中选出育成的中熟优质米水稻新品种。2001 年经全国农作物品种审定委员会审定推广，2002 年被国家科技部列为科技成果转化项目，开始在辽宁、华北和西北中晚熟及晚熟稻区示范、推广；锦丰 1 号是从中晚熟品系 M106 变异株中选育成的中晚熟粳型优质米水稻品种，2003 年辽宁省农作物品种审定委员会审定命名推广，2006 年被辽宁省科技厅列为省内重大科技成果转化资金项目；田丰 202 是从中晚熟品系 M163 变异株中选出育成的中晚熟优质米、高产、多抗水稻新品种，2005 年经辽宁省农作物品种审定委员会审定，在辽宁、华北、西北中晚熟及晚熟稻区示范、推广。2008 年被国家科技部列为农业科技成果转化资金项目，2009 年通过河北省唐山市水稻品种认定；锦稻 104 是从中晚熟品系 M103 变异株中选出育成的中晚熟优质米、高产、多抗水稻新品种，2008 年经辽宁省农作物品种审定委员会审定，2011 年被辽宁省科技厅列为省内科技创新专项资金项目，在辽宁、华北、西北中熟、中晚熟及晚熟稻区示范、推广。

系统选育技术简便易操作，育成品种时间短、成功率高，一般只要 2～3 个世代的选择就稳定了。在选育技术上要有明确的重点，紧紧围绕优质、高产、多抗育种的目标，针对现有优良品种的优缺点，确定优质、高产、多抗的变异株，进一步进行选育就容易获得成功。

（二）杂交选育

杂交选育仍是目前世界水稻品质遗传改良卓有成效的育种方法和技术。首先要根据品质育种目标，品质性状遗传特点，挑选出优良的杂交亲本；其次，要根据亲本的遗传背景，及其具有的品质性状特性和遗传模式，选择采用单杂交、三杂交、双杂交、多重复合杂交、双列杂交等各种不同的遗传杂交方式，从而获得优质性状重组成或超亲的优质性状，进一步育成优质水稻新品种。

在水稻优质育种中，必须将优异的品质性状与优良的农艺性状结合到一起，育成优质、高产品种。世界上一些著名的优质或特质水稻品种就是这样育成的，如日本的越光，美国的 Basmati 370，国际水稻研究所的 IR64，中国南方稻区的双竹占、05 占，北方稻区的锦稻 201、锦稻 106、辽粳 9 号、辽粳 294、锦稻 105、辽盐 282、辽盐 283、辽星 1 号、龙粳 8 号等。

国际水稻研究所选育的优质米水稻品种 IR72，是通过多重复合杂交（IR19661－9－2－3/IR15795－199－3－3//IR9129－209－2－2－2－1）育成的，表现品质优、食味佳、产量高、抗白叶枯病、抗褐飞虱，已在世界产稻国广泛种植。韩国采用籼、粳稻杂交改良某些籼稻品种的不良品质性状，先后育出了具有粳稻亲缘的系列优质高产品种密阳 23、密阳 46、密阳 98 等。

鉴于由多基因控制的蛋白质性状，国际水稻研究所设计了长周期轮回选择法（图 10－3）。采用双列杂交方式进行轮回选择，将众多亲本的高蛋白质微效基因组合到一个个体里去，试图在优质高蛋白质含量育种中获得突破和进展。交替轮回选择法对聚合微效多基因是行之有效的方法。

在中国，为了提高水稻品质育种的水平和使米质指标达到新的高度，在杂交改良中也多采用多重复合杂交的方式。浙江嘉兴地区农业科学研究所育成的秀水 27，就是从松金/C21//窄松/桐青晚//辐农 709///C21 复合杂交育成的。该品种具有米质优、产量高、抗稻瘟病等突出优点。湖南农学院采用单杂交方式余晚 6 号/赤块矮 3 号，育成了余赤 231－8 水稻品种，其表现米质优、食味好、产量高、抗性强。这两个品种于 1985 年被农业部评为优质水稻品种。

在中国北方粳稻品质遗传改良中也多采用杂交选育技术进行品质育种。辽宁省农业科学院稻作研究所于 1974 年以 BL－6 为母本，丰锦为父本杂交育成了辽粳 10 号优质米品种；1978 年以复合杂交，丰锦/C31//74－134//矩锦，育成了辽粳 421；1979 年以 C57/中新 120//74－13///辽粳 10 号的复合杂交，育成了辽开 79。其中，辽粳 421 糙米率 82.7%，精米率 73.9%，整精米率 68.3%，直链淀粉含量 19.1%，蛋白质含量 7.1%，糊化温度 7.0，胶稠度 90mm，垩白率 9.7%，粒长宽比 1.6，透明度 1 级，米质优良，适口性好。

辽宁盘锦北方农业技术开发有限公司以育种主持人许雷研究员创立的“性状相关

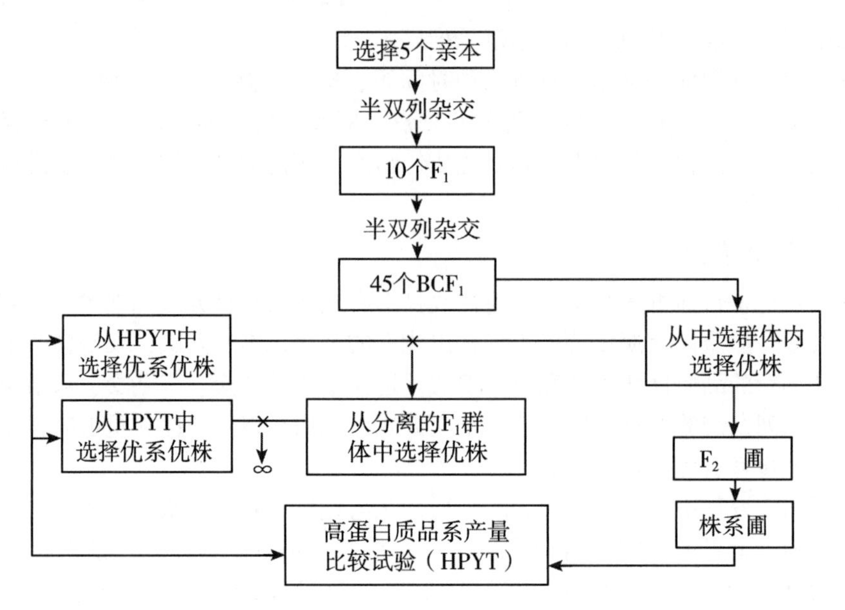

图 10－3　为选育高蛋白质品种设计的长周期轮回选育法（IRRI，1979）

选择法”、“性状跟踪鉴定法”和“耐盐选择法”三法集成育种技术为育种手段，采用杂交方式，以中丹 2 号为母本，长白 6 号为父本有性杂交，从杂种后代中选育出粳型中晚熟偏早型优质米水稻品种辽盐 282，1991 年经辽宁省审定，1992 年获首届中国农业博览会优质米水稻品种银质奖。在上述同样的杂交组合中，选育出优质、高产、多抗水稻辽盐 283 新品种，1993 年经辽宁省审定，1995 年该品种获第二届中国农业博览会粳型优质米水稻品种银质奖。采用上述育种方法，于 1995 年以盐丰 47 为母本，丰锦为父本进行有性杂交选育出中晚熟优质、高产、多抗水稻新品种锦稻 201，2008 年经全国农作物品种审定委员会审定，米质特优，糙米率 83.8%，精米率 75.2%，整精米率 74.0%，直链淀粉含量 17.7%，蛋白质含量 8.8%，粒长 5.2mm，长宽比 1.9，垩白米率 4%，垩白度 0.3%，碱消值 7.0 级，胶稠度 74mm，透明度一级。米质全部检测指标均达到国家部颁食用优质粳米一级标准，并具有外观品质好、适口性佳、商品价值高等特点；1995 年以辽粳 454 为母本，辽盐 12 为父本进行有性杂交选出育成的中晚熟优质、高产、多抗水稻新品种锦稻 105。2009 年经辽宁省农作物品种审定委员会审定，米质优，糙米率 82.2%，精米率 73.1%，整精米率 70.0%，直链淀粉含量 16.6%，蛋白质含量 9.8%，粒长 4.7mm，长宽比 1.6，垩白米率 20.0%，垩白度 3.6%，碱消值 7.0 级，胶稠度 77mm，透明度一级。米质全部检测指标均达到国家部颁食用优质粳米标准；1995 年以盐丰 47 为母本，辽盐 12 为父本进行有性杂交选出育成的中熟优质、高产、多抗水稻新品种锦稻 106，2009 年经辽宁省农作物品种审定委员会审定，米质优，糙米率 81.3%，精米率 73.0%，整精米率 70.2%，直链淀粉含量 16.7%，蛋白质含量 8.9%，粒长 4.8mm，长宽比 1.6，垩白米率 14%，垩白度 2.4%，碱消值 7.0 级，胶稠度 83mm，透明度一级。米质全部检测指标均达到国家部颁食用优质粳米二级以上标准，并具有外观品质好、适口性佳、商品价值高等特点。

沈阳农业大学以 189 为母本，150 为父本杂交，选育出沈农 611 优质米水稻品种，1994 年经辽宁省审定。1986 年以 H60 为母本，陆奥小町为父本杂交选育出沈农 90－17，1995 年经辽宁省审定。次年，以半矮秆直立穗型品种沈农 91 为母本，以优质米材料 S22 为父本杂交，从杂种后代中选育出沈农 8801，1997 年经辽宁省审定。在上述优质品种中，沈农 8801 糙米率 85.6%，精米率 80.0%，整精米率 70.9%，直链淀粉含量为 19.2%，蛋白质含量 9.6%，垩白率 1.5%，透明度 2 级，糊化温度 7.0，胶稠度 67mm，其中，6 项米质指标达到部颁优质粳米一级标准，其余指标达二级标准。

中国农业科学院作物育种栽培研究所以 pi5 为母本，喜峰为父本杂交，从 F_2 代起与丹东市农业科学研究所合作选育出中丹 2 号，1981 年经辽宁省审定。中国农业科学院作物育种栽培研究所以砦 2 号为母本，京系 17 为父本杂交，其（砦 2 号/京系 17）F_1 再用京系 17 回交，选其优良株穗进行花药培养。丹东市农业科学研究所于 1982 年将此杂交组合材料引入丹东地区，继而选育出中花 9 号优质米水稻品种，1986 年经辽宁省审定。丹东市农业科学研究所从中国农业科学院作物育种栽培所引进的复合杂交（关东 60/黎明////红旗 12/70－523//下北///砦 1 号）中，选育出丹粳 3 号。其中，中丹 2 号糙米率 83.0%，精米率 80.2%，整精米率 70.0%，垩白率 1.5%，半透明，米质优，适口性好。

在水稻优质杂交育种中，亲本选择是其是否成功的关键技术之一。因为后代的优质性状来源于杂交亲本，是亲本性状的继承和重组，所以，选对选好亲本对实现优质育种目标十分重要。即选用符合育种目标的优质性状较多、适应当地生态条件的优良品种，双亲有共同的优点，而没有共同的缺点，主要的优质性状能够互补，这样可选育出品质优良的新品种来。

（三）诱变选育

采用物理、化学因素处理水稻诱发变异来改良品质性状是非常有效的。Choudhary（1978）用 EMS 处理 6 个香稻品种，获得一个比亲本早熟 45d 的矮秆突变体，仍保持了原品种的香气。国际水稻研究所辐照 IR36，获得 EM20 突变体，其蛋白质含量高达 16.2%。日本学者用 $Co^{60}\gamma$－射线照射品种农林 8 号，诱变产生了籽粒蛋白质含量高达 16.3% 的突变体。

中国也同样采用理、化因素诱发水稻品质性状变异选育优质水稻新品种。湖南省农业科学院用 3 000R 剂量的 $Co^{60}\gamma$－射线照射 IR29/温选青的 F_2 干种子，育成了高产、优质的籼糯稻品种湘辐 81－10，表现糯性强，直链淀粉含量几乎为 0，胶稠度极软，食味好。华中师范大学采用常规杂交、化学诱变和花药（粉）培养等综合技术选育出高蛋白质含量 13.7% 的品种华 03，其米质适口性、产量均优良。据初步统计，中国在 1985 年评出的 46 个全国优质米水稻品种，其中的 5 个品种是由不同的物理、化学诱变处理选育而成的。如浙江省舟山农业科学研究所用直链淀粉含量 28.0%、胶稠度 29mm 的品种红 410，经电子流处理育成了红突 31，其直链淀粉含量为 16.1%，胶稠度为 77mm，品质性状得到了大幅提高和改良。

欲要提高理化因素诱变改良水稻品质性状的成功率，采用有效的诱变技术是十分重要的。首先要选择综合优质性状和农艺性状优良，只有 1～2 个需要改良的品质性状，这样的优良品种或材料经诱变处理，取得改良优质性状的几率就高。其次，要与杂交、花培技术等结合起来应用会提高效率。研究表明用杂交后的 F_2 种子进行 γ－射线处理，诱变产生最大值的突变体和具有优质性状个体的频率，超过用纯种子处理的 4 倍。

三、品质改良的生物技术

现代生物技术育种为水稻品质遗传改良提供了新方法。通过组织培养技术，创造水稻品质性状的突变体进行优质育种已经获得成功。日本学者用早熟优质的黄金晴作母本，用极早熟低直链淀粉含量的关东 168 作父本进行人工杂交，次年在温室里栽培 F_1 植株，用 F_1 穗期的幼穗进行花药培养，之后通过一系列的选择，最终育成了米质优、食味佳、低直链淀粉含量的优质水稻品质秋音色。分子标记辅助选择技术可以定向跟踪与米质相关的分子标记，能提高水稻品质育种的选择效率，从而为快速、准确地进行优质米育种提供技术保障。转基因技术则可以增添水稻品质性状中原来没有的营养成分，如欧洲学者已经通过转基因技术育成了富含维生素 A 的转基因水稻品种金米 1 号，提高了水稻的营养价值。据报道，英国的科研人员已经选育出第二代转基因水稻，其维生素 A 的含量比常规水稻增加了 20 多倍。

（一）生物技术遗传改良的特点和优点

任何性状的遗传改良，任何的优良品种选育，都离不开两个重大环节：一是尽可能地创造出广泛的有利的遗传变异，二是采用有效的选择方法和技术。有效的选择手段对目标性状进行选择，能大幅提升选择的效率和准确性。传统的常规育种是通过表现型间接对基因型进行选择，由于性状的表现型是由基因型与环境互作的结果，表现型里含有环境条件的作用和效应。因此，根据表现型对性状的选择，对质量性状来说一般还是有效的，但对连续变异的数量性状来说，由于其受多基因控制和易受环境的制约，对这样的性状作表现型选择，效率往往不高，可靠性也不强。

而分子标记是直接针对基因型的鉴别，而且不受植株个体发育时期的限制，因此，能够借助分子标记对目标性状的基因型进行选择，以弥补常规遗传改良的缺点和不足。分子标记辅助选择有以下几方面的优点：①可以克服表现型不易鉴定或鉴定不准的问题，而品质性状表现型的鉴定一直是困扰选育技术的难点。②可以克服基因型很难直接鉴定的困难，当等位基因为隐性基因，或等位基因与其他基因或环境之间存在互作时，环境条件的变化会使不同基因型表现出部分或全部相同的表型，对多基因控制的水稻品质性状，如直链淀粉含量、蛋白质含量等更是如此。③可以利用控制单一性状的多个（或等位）基因，也可以同时选择多个性状。④对于某些狭义遗传力较高的性状来说，可以在早代进行选择，增加选择强度，能够达到提高品质性状选择效果的目的。⑤可以不破坏种子进行性状的鉴定和淘汰、选择，在水稻品质性状的分析时，常规检测分析方法常常以损伤或破坏种子的生活力为代价。⑥可加快品质改良育种进程，提高育种效率。

（二）直链淀粉含量 QTL 定位和选择

1. QTL 定位

以前的研究表明，稻米直链淀粉含量（AC）是由 1 个主效基因控制，并受微效 QTL 的调控。在对 AC 进行 QTL 分析中，绝大多数研究认为在第六染色体上检测到 1 个主效

QTL，并且很可能就是 *Wx* 基因。但是，还有一些研究检测到的 QTL 的数目和位置存在一定的差异。例如，He（1998）在第五染色体上检测到了 1 个微效 QTL；Tan（1999）在第一、二染色体上检测到了 2 个微效 QTL；黄祖六（2000）研究除发现了第六染色体的 *Wx* 基因位点外，在第三染色体上也检测到了 1 个控制直链淀粉含量的主效 QTL，另外 5 个微效 QTL 分别位于第四、六、九、十一染色体的不同位点上；Lanceras（2000）在第四、六、七染色体上检测到了控制直链淀粉含量的 QTL；Li（2004）在第六、十二染色体上分别检测到了控制直链淀粉含量的主效 QTL，但第六染色体的 QTL 并不与 *Wx* 基因连锁，说明这个 QTL 并不是 *Wx* 基因；Aluko（2004）在第三和第八染色体上分别检测到了微效 QTL；还有一些报道在 *Wx* 基因位点上没有检测到直链淀粉的主效 QTL。

2. *Wx* 基因标记辅助选择

Wx 基因是稻米品质性状中研究最为清楚的基因。蔡秀玲（2002）研究指出，*Wx* 基因第一内含子剪接供体 +1 位碱基 G 或 T 与直链淀粉含量高低共分离，可以用 PCR - AceI 分子标记进行中等直链淀粉含量直接选择。应用鉴定 *Wx* 基因型的微卫星标记改良这些性状，也获得了较好的效果。根据 *Wx* 基因核苷酸序列中位于前导内含子剪切点上游 55bp 处的一般 $(CT)_n$ 微卫星序列设计的一对引物作为选择标记，以 IR58025 为基因供体，以大穗型、高配合力保持系 G46B 为轮回亲本进行杂交、回交，通过分子标记辅助选择，并辅之室内测定，初步育成了优质香型雄性不育系 G 香 4A，并组配出达到部颁二级优质米标准的杂交稻组合。

（三）糊化温度的 QTL 定位

糊化温度（GT）是由微效多基因控制的数量性状。控制糊化温度的 QTL 定位研究始于 20 世纪 90 年代。Lin（1994）通过 186 个 F_2 单株，将糊化温度的主效基因定位在第六染色体的 C1478 和 R2147 之间（RFLP 标记）。之后，许多学者对糊化温度做了很多研究，认为糊化温度主要受主效基因控制，并受微效基因的修饰。

高振宇（2003）采用图位克隆法分离了水稻糊化温度基因（*Alr*），该基因是与编码可溶性淀粉酶Ⅱ*a* 基因组区域是一致的，同时对低糊化温度品种 C 堡和高糊化温度品种双科早的 *ALK* 序列进行了比对分析，发现 *ALK* 基因外显子内有 3 个 SNP。这些核苷酸的差异引起编码氨基酸的差异，最终导致 SSⅡa 活性的差异，进而影响糊化温度。随后，许多学者对 SSⅡa 中存在的 SNP 进行了分析研究，均认为 SNP 是糊化温度变化的主要因素（Daniel，2006）（图 10 -4）。

随着编码可溶性淀粉酶Ⅱ*a* 基因内的 SNP 标记不断被研究和开发，水稻米质性状糊化温度（GT）分子标记辅助选择、遗传改良将显示出高效的前景。

（四）胶稠度的 QTL 研究

胶稠度是水稻的一个较复杂的品质性状，各基因型间差异较大，遗传基础也较复杂，所以，研究的进展也较慢，而且各学者对胶稠度的 QTL 检测结果不很一致。由于胶稠度与直链淀粉含量呈显著负相关，所以，认为胶稠度和直链淀粉含量或可能是由相同的基因控制的。Tan（1999）、Lanceras（2000）、Bao（2003）研究认为，控制胶稠度和直链淀粉含量的同一基因 *Wx*，位于第六染色体上，另外，在第六、七染色体上和第二、四染色体

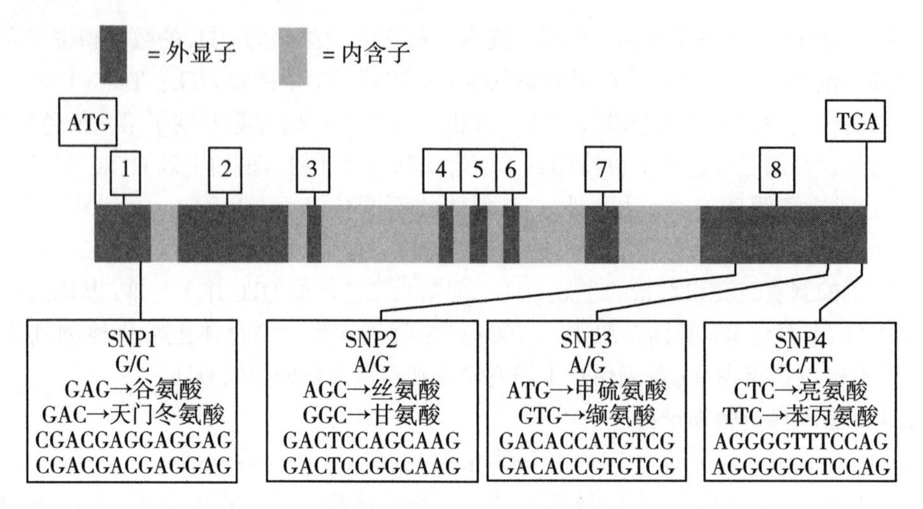

图 10－4　水稻淀粉合成酶Ⅱ*a* 基因的结构示意图

（Daniel 等，2006）

上也检测到微效 QTL。但有的学者研究发现，控制胶稠度的 QTL 并不位于 *Wx* 基因位点。

Septiningsih（2003）在第六染色体上也发现一个控制胶稠度的主效 QTL，但这个主效 QTL 位于 *Wx* 基因位点下面，不与 *Wx* 基因连锁，所以，认为该主效 QTL 不是 *Wx* 基因。He（1998）、Li 等（2003）分别对不同的杂交群体进行了分析，得到类似的结果，发现了两个与胶稠度相关的主效 QTL，分别位于第二和第七染色体。黄祖六（2003）用硬胶稠度和中等胶稠度的两个亲本构建重组自交系，通过分析发现控制胶稠度的 2 个主效 QTL 均位于第三染色体上。

（五）粒形 QTL 定位和选择

许多学者研究认为，粒长和粒宽受多基因控制，属数量遗传性状，并在分子水平上进行了 QTL 定位研究。林鸿宣（1995）利用 F_2 群体和单因子方差分析，以及区间作图法对水稻粒型（粒长、粒宽、粒厚）数量性状基因位点（QTL）进行了分析，发现 5 个控制粒厚的 QTL 在特三矮 2 号/CB1128 杂交群体中被检测到，其中，位于第五染色体上的 *tg5* 表现为主效基因。在特三矮 2 号/CB1128 和外引 2 号/CB1128 两个杂交群体里，分别定位了 14 个和 13 个 QTL，均有 5 个控制粒长的 QTL。在特三矮 2 号/CB1128 群体中有 2 个 QTL 位于第一染色体上，其他 3 个分别位于第七、八、十染色体上，5 个 QTL 对粒长的合计总贡献率为 49.2%。外引 2 号/CB1128 群体中的 5 个 QTL 分别位于第二、三、六、七、十染色体上，对粒长的总贡献率达 62.2%，这 5 个 QTL 加性效应明显大于群体特三矮 2 号/CB1128。

Tan（2000）利用珍汕 97/明恢 63 的 F_2 群体和 F_{10}重组自交系进行谷粒外观形状的 QTL 分析，发现控制粒长的主效 QTL 在第三染色体上，控制粒宽和垩白主效 QTL 在第五染色体上。Fan（2006）通过基因精细定位认为，GS3 是一个粒长和粒重的主效 QTL，粒宽和粒厚的微效 QTL，并将其限定在 7.9kb 的区域内。Wan（2006）研究认为，粒长是由 1 个隐性基因控制的，为 *gl3*，并采用染色体片段替换系的方法，将其定位于第三染色体上的87.5% kb区域内（图10－5）。Song（2007）成功克隆了控制水稻粒重的数量性状基因*GW2*，研究表明*GW2*作为一个新的E_3泛素连接酶，可能参与了降解促进细胞分裂的蛋白，从而调控谷粒大小，控制粒重和产量。

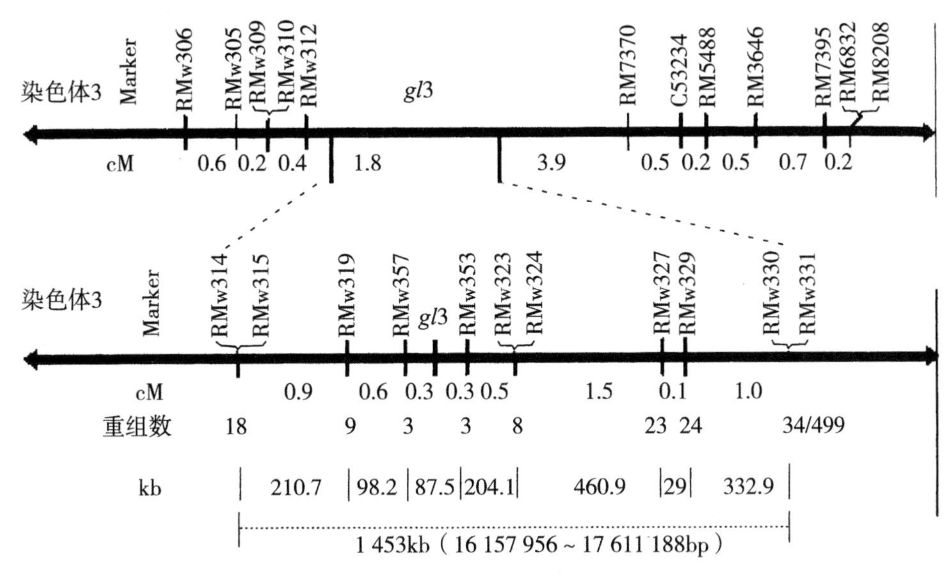

图10－5　*gl3*基因位点的遗传和物理图谱

（Wan等，2006）

（六）香气基因的标记和定位

Ahn（1995）将香气基因（*fgr*1）定位在第八染色体上，与单拷贝标记RG－28的距离为4.5cM。李欣（1995）利用籼型和粳型标记基因系分别对武进香籼和武进香粳进行香气基因定位，发现香气基因与分属水稻11个染色体的39个标记基因表现独立遗传，而与第八染色体上的标记基因*v*－8表现连锁，估算两个基因之间的重组值为（38.03±3.84）%，由此推断香气基因位于第八染色体上。

Lorieux（1996）利用RFLP、RAPD、SDS和同工酶4种分子检测技术，检测到控制水稻香气的一个主效基因和两个微效基因（QTL），并将主效基因定位在第八染色体上的RFLP引物RG1和RG28之间。Shi（2008）研究发现武香粳9号等含已克隆的*fgr*等位基因。该等位基因的第2号外显子缺少8个碱基。金庆生（1995）将KDML105的香气基因初步定位在第八染色体上，1996年将香气基因标记在RFLP标记*jas*500和C222之间，遗传图距分别为15.8cM和27.8cM。

Garland（2000）对14个香稻品种利用微卫星DNA标记（SSR）进行香气基因定位，发现与第八染色体上SSR引物RM42、RM223和SCU－Rice－SSR－1存有紧密连锁关系。Cordeiro（2002）利用微卫星标记将2－乙酰－1－吡咯啉单隐性香气基因定位在第八染色体上。Bradbury（2005）克隆了位于第八染色体上的*fgr*基因，发现编码三甲铵乙内酯醛脱氢酶（BAD）具有多态性，该基因含有15个外显子和14个内含子，启动子和终止子分别为ATG和ATT，其中，*fgr*基因的第7号外显子缺少8个碱基，并有3个SNP标记。还利用等位特异扩增（ASA）技术研发*fgr*基因食用标记，具有很好的检测效果。

第十一章　水稻抗病性遗传改良

第一节　水稻抗病育种概述

一、我国水稻主要病害

为害水稻的侵染性病害有300余种，有些病害流行于全世界，有些局限于部分稻区。在我国，常年发生的水稻病害有29种，其中，流行范围广、导致水稻产量遭受重大损失的病害有稻瘟病（*Pyricularia oryzae*）、白叶枯病（*Xanthomonas campestris* pv. *oryzae*）、纹枯病（*Thanatephorus cucumeris*），并称为我国水稻三大病害；此外，还有近年来逐渐蔓延的稻曲病、稻黑粉病、干尖线虫病、条纹叶枯病、叶尖枯病以及近40年来间歇流行的病毒病等。

这些病害的发生与流行，是影响水稻高产稳产的主要因素。其中，由空气传播的稻瘟病发生与流行历史久，地域分布也广。目前，除西北稻区的新疆外，其他各稻区都有发生。在低温、多雨、寡照年份经常造成不同程度的减产，更严重的是，由于病原菌的变异和生理小种的分化，常常使原有品种抗病性丧失而造成灾害。白叶枯病原来只流行于长江中、下游及华南稻区，现已向北和向西蔓延，而且有逐年扩大的趋势。纹枯病则由于各稻区施肥量的增加和栽植密度的提高而普遍加重。随着水稻株型和穗型的改良，有些稻区的稻曲病发生呈上升趋势。

长期以来，人们在防治水稻病害上通常采用3种措施：一是药剂防治，二是栽培技术防治，三是选育并栽培抗病品种。生产实践证明，采用药剂防治虽然有效，但生产成本增加，而且药剂污染环境，稻谷有药残，有损人类健康；采取农艺技术综合防治水稻病害，虽有一定效果，但不能解决根本问题；而利用水稻自身的抗性，选育抗病品种是防治病害最经济、最有效的方法，而且推广种植抗病品种一般不附带任何特殊的技术要求，稻农愿意接受。因此，选育水稻抗病品种始终是水稻育种者努力追求的目标。

二、抗病育种的原理

（一）病原菌的变异和分化

不同的水稻品种对同一病原菌表现不同的抗感反应，而同一病原菌也存在着不同的生理小种。1922年，日本的佐佐木中男对稻瘟病菌的生理小种首先做了报道，提出稻瘟病菌有A、B两种菌系（小种），抗A菌系的水稻品种，感染B菌系。欧世璜和Ayad（1968）从一个叶片的2个病斑上分别取出孢子进行56个和44个单孢培养，从中分别鉴定出14个和8个生理小种。再从上述菌株中挑出2个菌株，各分离出25个单孢，从中又分别鉴定出 9 个和 10 个生理小种。这表明病原菌的单孢系经连续繁殖，可分化出许多不同的生理小种，使小种数目不断增加。

生理小种是由遗传成分不同的分生孢子组成的，可能随着世代的繁衍而发生变异，稻瘟病菌易变的原因是由于病原菌的染色体数目为 2～12 个，染色体数目变化大则导致小种致病性变化也大，分生孢子的致病性在各世代中不断分化，所以说某个生理小种的致病性只不过是暂时表现而已。

我国从 20 世纪 50～60 年代先后开始在辽宁、吉林、黑龙江、浙江、台湾等省开展稻瘟病菌生理分化的研究。吉林省农业科学院用本省的 170 个菌株在 10 个品种上进行鉴定，区分为 3 群 8 个致病型。台湾省洪章训等（1961）用该省采集的稻瘟病菌菌株对 16 个鉴别品种的致病力，表现有较大差异，从而确定为 5 种不同的生理型。简锦忠提出用 16 个鉴别品种以测定该省各地的稻瘟病菌的抗、感反应，最终区分为 7 群 31 个生理小种。

1976 年，在浙江省农业科学院的主持下，由 24 个单位参加组成了全国稻瘟病菌生理小种联合试验组，经过 4 年工作，选出 Tetep、珍龙 13、四丰 43、东农 363、关东 51、合江 18 和丽江新团黑谷 7 个水稻品种为我国稻瘟病菌生理小种的鉴别品种，并鉴别出 7 群 43 个分布在各稻区的生理小种。由此表明，稻瘟病菌生理小种的分化是十分复杂的问题。在国际上，日本与美国合作，选出了一套由 12 个水稻品种组成的稻瘟病菌生理小种国际鉴别品种，以便于在国际上使用。

同样，水稻白叶枯病病原菌的致病力强弱也有差异，方中达等（1981）先后测定全国各地水稻白叶枯病病原菌菌株的致病力，试验用的鉴别品种包括国、内外抗性不同的水稻品种。测定结果表明，我国水稻白叶枯病病原菌不同菌株的致病力有显著差异。根据最后选出的 IR26、南粳 15、金南风、江宁糯和金刚 30 五个品种对不同菌株的抗感反应，将测定的菌株分成 4 个致病力不同的菌群。

1985—1988 年，在南京农业大学主持下开展的白叶枯病病菌协作研究，从全国各稻区采集 835 个菌株，分别在北京、南京、扬州、广东等地约 30 个鉴别品种上接种测试其致病性，根据在 5 个鉴别品种的反应类型，将供试菌株分为 7 个致病型。北方粳稻菌株多属Ⅱ和Ⅰ型；南方籼稻区的菌株以Ⅲ型为最多，也有少量Ⅴ型；长江流域籼、粳混栽区的菌株，则以Ⅱ、Ⅳ型为多（表 11－1）。

方中达等（1981）指出，从全国各地采集的白叶枯病病菌的菌株，几乎都存在致病力强弱的不同，因此，不能作出我国南方稻区的白叶枯菌株的致病力比北方的强的结论。关于菌株与品种之间是否存在特异性，也就是说白叶枯病病原菌是否存在生理小种的问题，近年各国学者的研究结果趋于一致，即认为白叶枯病病原菌也有生理小种的分化。

（二）品种的抗病性

寄主（品种）与病原菌是对立统一体。在了解病原菌的致病性和变异性的同时，还要充分了解品种的抗病性和感病性，了解病菌与寄主在致病性与抗病性之间的相互关系。水稻品种对稻瘟病、白叶枯病、纹枯病等，有明显不同的可遗传的抗性表现，这对抗病性育种提供了非常有利和可靠的选育基础。然而，由于病原菌存在不同程度的生理分化，水稻品种的抗病性也会不同程度地受到丧失抗性的威胁。

表 11－1　中国白叶枯病致病型

（南京农业大学系，1985—1988 年）

致病型	在鉴别品种上的反应				
	金刚 30	Tetep	南粳 15	爪哇 14	IR26
0	R	R	R	R	R
Ⅰ	S	R	R	R	R
Ⅱ	S	S	R	R	R
Ⅲ	S	S	S	R	R
Ⅳ	S	S	S	S	R
Ⅴ	S	S	R	R	S
Ⅵ	S	R	S	R	R
Ⅶ	S	R	S	S	R

代表菌株		
南方稻区	长江流域	北方稻区
GD1329	OS209、JS97－2	HLJ85－72
GZ1098	OS－40、KS6－6	HB84－17
FJ856	JS158－2	NX85－42
GX878	GX49、浙 173	JL86－76
GD1358	OS－198（桂） OS－225、JS49－6（湘）	LN85－57

（引自《水稻育种学》，1996）

研究认为，品种抗病性丧失的主要原因有以下几方面：一是病原菌具有高度的异质性和变异性，致使生理小种分化的多样性和复杂性。如稻瘟病生理小种的遗传组成复杂，使其致病性多种多样，如我国北方稻区曾鉴定出 115 个稻瘟病生理小种。二是抗病品种鉴定时，采用的鉴定菌株（生理小种）不能代表大田栽培条件下的遗传复杂性。三是某些品种的抗病性是由单主效基因控制的垂直抗性，抗谱窄，在寄主与病原菌之间的协同进化过程中，病原菌群体会产生克服寄主抗病性的基因型，致使寄主抗性丧失。近年来，稻瘟病病菌的 DNA 指纹分析以及非致病性基因克隆等研究表明，稻瘟病菌在分子水平上也是高度异质和易变的，非致病基因自发突变的频繁发生，使病原菌迅速克服新应用的抗病基因成为可能。四是由于一些稻区生产的品种过于单一，品种的遗传背景狭窄，或者当地的主栽品种有很高的同质性。

此外，常规的抗病性育种周期太长，病原菌生理小种分化的速度超过了育种的速度。非专化性抗病品种很少受病原菌致病性变异的影响，可能具有持久的抗病性，但由于其鉴定和选育都有难度，往往很难育出这样的抗性品种。然而，这种持久抗性的遗传机制越来越受到研究人员的高度重视。

Van der Plank（1975）将抗病性分为两类，第一类是对各菌系的抗性，是由少数主基因所控制的，对于某一菌系，有抗性基因存在就能表现抗病，无抗病基因就表现感病，把这一类抗性称之垂直抗性。第二类是不同菌系对品种无专化反应，称这类抗性为水平抗性。水平抗性是由多微效基因控制的。由于病原菌的变异可以产生新的生理小种，使具有垂直抗性的品种丧失抗性，所以，垂直抗性是不稳定的。相反，水平抗性不因菌系的变异而失去抗病力，因此，抗性是稳定的。

1. 垂直抗病性

长期以来，在开展水稻抗病遗传和育种中，大多数是研究垂直抗病性的。迄今，稻瘟病已发现了13个抗病基因，分布在4个连锁群的7个基因位点上。白叶枯病也发现了9个抗病基因。近些年来，不断研究发现一些新的抗病基因，但也观察到由于新的致病小种的产生而使原抗病基因丧失抗性。主效抗性基因由于它的抗病性较为完全（对某种小种来说），在抗病育种中曾起到良好的效果。由于病菌的突变使垂直抗性不能持久，因此，欧世璜提出广谱垂直抗性对取得持久抗性有实际价值。

广谱垂直抗性就是使品种能抗尽可能多的致病生理小种，取得广谱垂直抗性主要有两个途径：一是寻找广谱的单基因，二是不同抗病基因的积累，或者在一个常规品种内导入2个以上的抗病基因，或者利用杂交稻的雄性不育系和恢复系双亲各导入不同的抗病基因，使杂交一代（F_1）能有更多的抗病谱。但这两种情况都必须事先研究清楚引入的各个基因对不同生理小种的抗性要具有累加和互补效应，才能收到提高抗谱的效果。

2. 水平抗病性

Van der Plank（1975）通过研究提出6项建议，作为试验稻瘟病水平抗性的设计方案：①在不存在垂直抗性的情况下，品种表现出的抗性即是水平抗性。因此，如果能排除垂直抗性，就能在田间比较水稻品种或品系水平抗性的强弱。②在抗病育种过程中积累抗性。水平抗性肯定是由多基因控制的遗传，将选用的亲本以各种组合成对杂交，将后代（F_2）混合种植，并使其互相杂交，形成综合品种。③如果对一些品种或品系进行均匀接种，则应选择病斑最少的单株。④选择由接种到产生孢子的潜育期最长的品系。⑤选择孢子数量最少的品系。⑥将水平抗性与垂直抗性结合起来。

第二节　抗稻瘟病遗传改良

一、水稻抗稻瘟病遗传

水稻稻瘟病可发生在水稻生育的各个时期，以穗颈瘟对产量的损失最大。综合现有的稻瘟病研究结果，水稻对稻瘟病抗性可由主基因或微效多基因控制。主基因具有质量效应，是完全遗传和小种专化性的抗性；微效多基因是控制水稻对稻瘟病的不完全抗性，即有许多微效的起累加效应的基因控制的部分抗性，表现为减少病斑数目和大小，通常对多种生理小种有效，高水平的部分抗性被认为与持久抗性相关联。

日本清泽茂久等对稻瘟病抗性遗传做了较深入的研究，用P-26、研53-33、稻22、北1、研54-20、研54-4和稻168等7个致瘟菌系对水稻品种进行接种鉴定，到

20 世纪 70 年代末已完成日本主要水稻品种的抗病性分类，并且命名了籼粳稻中的 13 个抗性基因。迄今，经过水稻遗传学合作协调委员会（Coordinating Committe of Rice Genetics Cooperative）公布命名的抗性基因有 14 个基因位点，共有 21 个基因（表 11 - 2）。此外，有 3 个暂定名的基因，即 *Pi* - 1（*t*），*Pi* - 2（*t*）和 *Pi* - 4（*t*）。Inu - Kai 等（1994）认为 *Pi* - 2（*t*）与 *Pi* - *z* 是等位的。这些基因分别位于第 2、4、6、9、11 和 12 染色体上，有些水稻品种带有 1 个以上抗病基因，如 Zenith 含有 *Pi* - *i* 和 *Pi* - *z* 基因。

表 11 - 2　已命名的抗稻瘟病的基因

基因符号	所属染色体
Pi - *a*	存在于第 11 染色体上
Pi - *b*（*pi* - *s*）	存在于第 2 染色体上
Pi - *i*	存在于第 6 染色体上
Pi - *k*	复等位基因 $Pi-k^{s}$、$Pi-k^{p}$、$Pi-k^{m}$（*Pi* - *m*） $Pi-k^{h}$ 存在第 11 染色体上
Pi - *i*	存在于第 6 染色体上
Pi - *ta*（= *S*1）	复等位基因 $Pi-ta^{2}$、$Pi-ta^{n}$ 存在于第 9 染色体上 存在于第 12 染色体上
Pi - *z*	复等位基因 $Pi-z^{t}$，存在于第 6 染色体上
Pi - *j*	存在于第 11 染色体上
Pi - *sh*	
Pi - *is* - 1（*Rb* - 4）	具有累加作用，存在于第 11 染色体上
Pi - *is* - 2（*Rb* - 5）	
Pi - *se* - 1（*Rb* - 1）	具有加性效应，存在于第 11 染色体上
Pi - *se* - 2（*Rb* - 2）	
Pi - *se* - 3（*Rb* - 3）	
Pi（*t*）*	存在于第 4 染色体上
Pi - 2（*t*）*	存在于第 6 染色体上，可能与 *Pi* - *z* 等位
Pi - 4（*t*）*6	存在于第 12 染色体上

* 尚未登记。(引自《水稻育种学》，1996)

目前，国内外学者利用常规的和分子生物学技术已鉴定和定位了至少 30 个抗稻瘟病主效基因和 10 多个抗性数量位点。例如，Yu 等（1996）以 5173 和 Tetep 为供体亲本将抗稻瘟病基因导入 CO39 受体亲本构建近等基因系，并利用该近等基因系定位了 *Pi*1、*Pi*2 和 *Pi*4 等 3 个基因，分别位于第 11、6 和 12 染色体上。Makill 等（1992）在近等基因系 C101PKT 发现了 *Pi*3 抗性基因。Wang 等（1994）利用重组自交系 RIL 群体将 2 个抗稻瘟病基因 *Pi*5（*t*）和 *Pi*7（*t*）定位在第 4 和第 11 染色体上。

凌忠专等（1995）成功研制了具已知抗病基因的 6 个近等基因系，成为国际上第一套能在各稻区统一使用的鉴别系统。2000 年又用丽江新团黑谷作轮回亲本，以日本鉴别品种为抗性供体亲本培育一套单基因水稻近等基因系。Pan 等（1996—1999 年）

定位了 6 个抗稻瘟病基因，其中，*Pi*8（*t*）和 *Pi*13（*t*）位于第 6 染色体上，*Pi*14（*t*）和 *Pi*16（*t*）位于第 2 染色体上，*Pi*26（*t*）位于第 11 染色体上，*Pi*17（*t*）位于第 7 染色体上。Miyamato 等（1996）将 *Pib* 抗性基因定位于第 2 染色体上。Pan 等（2003）将 *Pi*5 定位于第 9 染色体上。吴金红等（2002）对 *Pi*2 基因进行了较精细定位，将其确定在标记 RG64 和 AP22 之间，遗传距离分别为 0.9cM 和 1.2cM。部分定位和克隆的主效抗稻瘟病基因列在表 11－3。

表 11－3　部分主效抗稻瘟病基因的定位

基　因	种　质	染色体	参考文献
*Pi*1	LAC23	11	Yu *et al.*，1996
*Pi*2	5173	6	Yu *et al.*，1996
*Pi*4	Tetep	12	Yu *et al.*，1996
*Pi*5	Morobereken	4	Wang *et al.*，1994
*Pi*7	Morobereken	11	Wang *et al.*，1994
*Pi*10	Tongil	5	Naqvi and Chatto，1996
Pib	Tjahaja	2	Miyamoto *et al.*，1996
*Pih*1	Hongjiaozhan	12	Zheng *et al.*，1995
Pita	Tadukan	12	Rybka *et al.*，1997
*Pita*2	Tadukan	12	Rybka *et al.*，1997
Pizh	Zhaiyeqing 8	8	Zhu *et al.*，1994
Pid（*t*）	Digu	2	Li *et al.*，2000
*Pi*9	75－1－127	6	Qu *et al.*，2006

（引自《中国水稻遗传育种与品种系谱》，2010）

二、抗病种质资源收集、鉴定和选择

（一）抗源的收集和鉴定

抗病资源是选育抗病品种物质基础和保证，因此，应广泛收集和发掘抗源。水稻的种质资源是非常丰富的，包括栽培稻中的亚洲栽培稻和非洲栽培稻，野生稻的普通野生稻、颗粒野生稻、紧穗野生稻、长喙野生稻等。从这些种质资源中都能够鉴定出抗稻瘟病的抗源。

国际水稻研究所对收集到的水稻种质资源进行了抗稻瘟病鉴定，筛选出一批抗源（表 11－4）。Reimers 等（1993）测定了高秆野生稻（*Oryza alta*）等 11 种野生稻对菲律宾菌株 PO6－6 的抗性，其中 *Ominuta* 抗性表现最好。

表 11-4　一些高抗稻瘟病品种

（IRRI，1964—1973 年）

品　种	来　源	感病次数/试验次数	抗病率（%）
Tetep	越南	6/302	98.0
Tadukan	菲律宾	17/310	94.5
Mamoriaka	马达加斯加	5/227	97.8
Carreon	菲律宾	6/227	97.4
Huan-sen-go	中国	8/216	96.3
Ta-poo-che-2	中国	24/227	91.3
Ram Tulasi（sel）	印度	24/297	91.9
C46-15	缅甸	6/229	97.4
Dissi Haif	塞内加尔	6/223	97.3
Pah Leuad 29-8-11	泰国	10/220	95.5
Mekeo White	新几内亚	20/276	92.8
H-5	斯里兰卡	23/314	92.7
Ca435/b/5/1	印度尼西亚	6/205	97.1
Pi4（来自 Tadukan）	日本	9/160	94.4
关东 51（来自杜稻）	日本	73/280	73.9
Fanny（感病对照）	法国	203/252	19.4

（引自《水稻育种学》，1996）

20 世纪 70 年代，我国对水稻抗病资源的鉴定工作很重视，并投入研究力量。1975 年，在全国稻瘟病科研协作组的安排下，开展了水稻品种资源抗稻瘟病鉴定全国联合试验，分别在北方、华南、长江流域和云贵等稻区设立近 30 个病圃进行鉴定。1976—1979 年，根据 2 187 份品种资源鉴定的结果，表明同一品种的抗病性因不同地区和年份而异，尚未发现一个品种在全国各病圃均表现抗病，但其中的一些品种在多数病圃表现抗病，具有广谱抗性（表 11-5）。

表 11-5　中国鉴定的一些抗病品种

（全国稻瘟病科研协作组，1976—1979 年）

品种	鉴定次数	抗性反应的比率 R，M（%）
红脚占	32	96.9
赤块矮选	27	96.3
砦糖	55	90.9
晚付 1 号	42	83.3
Tetap	41	80.5
谷农矮 13	46	73.9
中系 7604	20	85.0
三磅七十萝	31	61.3
城堡 1 号（对照）	53	85.0

（引自《水稻育种学》，1996）

1984—1988 年，全国联合鉴定出一批抗源材料，籼稻有温选 10 号、顺良早 2 号、农试4号、74562、75103、辐矮22，粳稻有中系7609、合江20、东农333，糯稻有西南1751、麻早、双糯4号等。其中，在80%的病圃上表现抗病的品种有早紫糯4号、毫补卡、勐海紫糯、毫玉棒、老贺糯、香糯、毫亮谷等。

（二）不同稻区抗源选择

我国不同稻区的品种抗性通过4年联合鉴定，初步明确以下问题：①华南稻区籼稻品种在其他稻区表现抗病率高。②北方稻区粳稻品种在华南稻区的抗病率略有下降，在长江流域几乎无差异，在云贵高原稻区则显著降低。而辽宁丹东稻区的抗病品种具有较强的抗性。③长江流域籼、粳稻品种在华南和云贵高原稻区抗病率明显降低，而在北方稻区则提高。④云贵高原粳稻品种的抗性在华南和长江中、下游稻区无明显差异，但在长江上游稻区则降低，在北方稻区则升高（表11－6）。

表11－6　中国籼、粳稻品种在不同稻区的抗性反应

鉴定品种数		品种来源	抗病(%)	华南稻区	云贵高原稻区	长江上游稻区	长江中、下游稻区	北方稻区
63	籼	华南稻区	R	26.5	35.9	38.0	49.6	65.9
			RM	41.9	45.6	55.5	68.1	79.8
62	籼	长江上游稻区	R	15.2	19.3	41.1	40.6	60.3
			RM	22.4	31.7	54.2	61.5	70.9
83	籼	长江中下游稻区	R	18.2	26.3	37.1	42.8	51.3
			RM	32.0	38.4	57.5	59.0	69.9
80	粳	云贵高原稻区	R	25.0	21.2	9.6	17.8	27.7
			RM	37.5	37.3	33.8	38.2	40.6
39	粳	长江流域稻区	R	0.0	2.3	9.5	5.7	10.7
			RM	3.1	16.7	17.8	13.2	17.5
155	粳	北方稻区	R	17.2	8.1	22.7	18.6	18.1
			RM	27.6	21.6	38.7	33.2	32.3

（引自《水稻育种学》，1996）

关于日本、朝鲜和东南亚国家水稻品种，在中国各稻区的抗病率也有不同的差异（表11－7），可以为各稻区抗源引进提供一定的参考和根据。

表11－7　某些国家籼、粳稻品种在中国不同稻区的抗病性反应

鉴定品种数		品种来源	抗病(%)	华南稻区	云贵高原稻区	长江上游稻区	长江中、下游稻区	北方稻区
57	籼	东南亚	R	38.4	62.7	50.5	58.0	84.0
		国家	RM	52.4	79.5	67.4	80.5	88.0
29	粳	日本	R	26.1	19.6	45.7	37.1	45.7
		朝鲜	RM	34.2	46.7	66.7	58.2	65.1

（引自《水稻育种学》，1996）

鉴定筛选出来的抗稻瘟病品种在不同地区表现出抗性差异，例如，粳稻品种中系7604在吉林、浙江、湖南等地表现为抗性，而在广西和云南等地表现为感性；城堡1号在广东、湖南、吉林等地表现抗病，在浙江和云南表现中抗，在广西和福建表现感病（表11－8）。

表11－8　几个抗病品种在不同地点的抗性反应

（全国稻瘟病科研协作组，1976—1978年）

	红脚占	赤块矮选	砦塘	Tetep	中系7604	城堡1号
广东省农业科学院	R	R	R	R	-	R
广西省农业科学院	M	S	S	S	S	S
福建省农业科学院	R	R	R	R	-	S
云南省农业科学院	R	S	S	R	S	M
湖南省农业科学院	R	R	M	S	R	R
浙江省农业科学院	R	R	M	M	R	M
吉林省农业科学院	R	R	R	R	R	R

（引自《水稻育种学》，1996）

在栽培稻中，籼、粳亚种间的抗瘟性也存在显著差异。一般来说，籼稻的抗性强，具有不同抗性的籼稻品种也远比粳稻的多。目前，许多高抗病的粳稻品种，如城堡1号、城堡2号、城特232、矮城804、BL3、Pi1和福锦等是分别由抗病的籼稻品种TKM1、CO25、Tetep、Milek、Kuning、Tadukan和Zenith转育而来的。

（三）利用抗源选育抗病品种举例

北方稻区的稻瘟病为害比南方稻区更为严重、更为普遍，因此，利用抗源材料选育抗稻瘟病水稻品种是解决因稻瘟病发生给产量造成损失的主要目标。中国农业科学院作物育种栽培研究所、黑龙江省合江地区农业科学研究所、东北农学院、吉林省农业科学院水稻研究所、辽宁省农业科学院稻作研究所、辽宁省盐碱地利用研究所、盘锦北方农业技术开发有限公司等单位都先后开展了抗水稻稻瘟病育种，选育出一批抗病的新品种，取得一定成效。

中国农业科学院作物育种栽培研究所利用抗源Pi5作母本、喜峰为父本杂交。从F_2代起，与辽宁省丹东市农业科学研究所合作，通过病区的鉴定和筛选，于1976年育成了高产、抗稻瘟病、早熟、适应性较广的中丹1号、中丹2号和中丹3号，在辽宁省东南部、京、津、冀、陕西南部，以及湖北、湖南、四川的高海拔地区推广。中丹2号在辽宁省稻瘟病重发区的东港、庄河等地种植面积较大。

1982年，当地稻区稻瘟病大发生，中丹2号普遍感病，造成大幅减产，而在其他稻区仍表现抗病。林世成等指出，中丹号系统的抗病亲本为Pi5，其基因型为$Pi-ta^2$。具有$Pi-ta$或$Pi-ta^2$基因的品种不抗中A群的某些生理小种，具有这类基因型的水稻品种受中A群小种的威胁最大。据丹东市农业科学研究所植物保护研究室的鉴定，造成中丹2号感病的新的流行小种就是中A群的小种，前后分析结果是一致的。

辽宁省农业科学院稻作研究所于1976年采用多亲本复合杂交方式，其中，包含抗稻瘟病亲本福锦等，最终育成抗稻瘟病、抗寒性强、优质水稻品种旱152；以秋岭为母本，以色江克/松前为父本杂交，在杂种后代中选育出抗稻瘟病的辽粳287；1983年，该所以［（26/丰锦）/银河//（黎明/福锦）/（C31/Pi5）］为母本，以辽粳5号为父本杂交，其中，含有抗稻瘟病亲本福锦、Pi5、辽粳5号等，经6个世代的鉴定、选择，最终育成了抗稻瘟病的高产品种辽粳326。

辽宁盘锦北方农业技术开发有限公司以育种主持人许雷研究员创立的“性状相关选择法”、“性状跟踪鉴定法”和“耐盐选择法”三法集成育种技术为育种手段，采用杂交方式，于1995年以盐丰47为母本，丰锦为父本进行有性杂交选育出抗稻瘟病的优质高产多抗水稻品种锦稻201，2008年经全国农作物品种审定委员会审定推广；1995年以辽粳454为母本，辽盐12为父本进行有性杂交选出抗稻瘟病的中晚熟优质、高产、多抗水稻新品种锦稻105，2009年经辽宁省农作物品种审定委员会审定推广；1995年以盐丰47为母本，辽盐12为父本进行有性杂交选出抗稻瘟病的中熟优质、高产、多抗水稻新品种锦稻106，2009年经辽宁省农作物品种审定委员会审定推广。采用系统选育法育成的辽盐9号、辽盐12、雨田1号、雨田7号、锦丰1号、辽旱109、田丰202、锦稻104等品种，审定后在辽宁、华北、西北中熟、中晚熟及晚熟稻区推广，均表现出抗稻瘟病，对水稻其他病害均为中抗以上，并具有耐盐碱、耐肥、抗倒、耐旱、耐寒及活秆成熟不早衰等特性。

辽宁省盐碱地利用研究所许雷以抗稻瘟病品种中丹2号为母本，以长白6号为父本杂交，于1991年选育出抗稻瘟病的中晚熟优质高产水稻品种辽盐282；同样组合又选育出抗稻病的优质米中熟品种辽盐283；以及采用系统选育法育成的抗稻瘟病耐盐高产品种辽盐2号、辽盐16、辽盐241等。此外，还有铁岭市农业科学研究所以抗源材料福锦为母本，以黎明为父本杂交育成的铁粳1号等抗稻瘟病水稻品种。上述品种在辽宁稻区推广种植，收到了抗病增产的效果。

吉林省农业科学院水稻研究所于1961年以松辽4号为母本，（Linia85 + Cabanmo）混合花粉为父本杂交，1967年育成了抗稻瘟病的水稻品种吉粳44；同样，该所以松辽4号为母本，以农垦20为父本杂交，育成了抗稻瘟病的品种吉粳50；以松辽2号为母本，以农垦20为父本杂交育成了抗稻瘟病品种吉粳56。吉粳系列水稻品种具有较强的抗稻瘟病能力，提高了水稻的稳定性。

东北农学院以京引66为母本，东农3134为父本杂交，采用系谱法育成了抗稻瘟病品种东农413；以东农320为母本，城建6号为父本杂交，育成了对稻瘟病具有广谱抗性的品种东农415。此外，黑龙江省农业科学院合江水稻研究所以（京引59/合江12）F_1为母本，京引58为父本杂交，育成了抗稻瘟病品种合江19号；以选58为母本，以东农3134为父本杂交，育成了具有较强抗稻瘟病力的合江22号。

辽宁省农业科学院稻作研究所以抗白叶枯病的恢复系C57与母本，不育系黎明A组配成杂交粳稻黎优57（黎明A/C57），表现抗白叶枯病；同样，该所利用抗源C57作亲本，进行复式杂交，即C57/中亲120//74－137//74－134－5－1，从杂交后代中选育出既抗白叶枯病，又抗稻瘟病、纹枯病轻的水稻品种辽开79。

辽宁省盐碱地利用研究所许雷于 1988 年从水稻品种 M146 的变异株中，发现抗白枯病的单株，后经系统选择育成了抗白叶枯病的水稻品种辽盐 16。沈阳农业大学于 1981 年做杂交，即 189/150，从其杂交后代中育成抗白叶枯病品种沈农 91。辽宁省丹东市农业科学研究所 1979 年从中国农业科学院作物育种栽培研究所引进该品种。

总之，北方稻区的一些育种单位，非常注重抗稻瘟病水稻品种的选育，利用鉴定出的抗源品种作亲本，育成了一批抗稻瘟病的新品种，对保证水稻生产的稳产性发挥了作用。

三、抗稻瘟病育种技术

（一）抗源亲本选择

从水稻育种和生产实际看，稻瘟病抗源能力的强弱，是选育抗病品种成败的关键，也关系到新品种在生产上应用时间的长短。由于抗稻瘟性大多由单主效基因控制，其遗传比较简单，所以，采用单杂交就能取得较好的结果。育种技术的关键在于选择优良的抗源亲本。我国鉴定、筛选出的主要抗源有红脚占、中系 7604、赤块矮选、温选 10 号、谷农矮 13、砦糖、金围矮、顺良早 2 号、农试 4 号等。国外鉴选出的抗源有 Tetep、IR160、城堡 1 号、城堡 2 号、Pi4、Pi5、BL1、BL2、BL3、Lebonnet、Zenith、Taduken、密阳 54、IR26、IR29、IR50、IR58、IR110 - 67 等，以及近年研究认为带有 $Pi-Z^t$、$Pi-6$、$Pi-ta^2$ 基因的材料，在抗稻瘟病遗传改良上有较好的利用价值，而且偏向于采用具有部分抗性和发病缓慢的抗源品种，如 Moroberekan、IR36 都具有良好的田间抗性，且抗性相对稳定。

薛石玉等（1999）用我国抗稻瘟病品种赤块矮和国外抗源品种 IR2061 等作抗源供体，以恢复系 IR24 和 IR26 作轮回亲本，采取减少回交次数，加大供体亲本选择压，成功地将多个抗性基因导入到轮回亲本中，同时米质、配合力等性状也得到相应的遗传改良和提高，先后育成丽恢 62214、丽恢 62216 等恢复系，并组配选育出汕优 6214、汕优 6216 等抗稻瘟病的新组合。

（二）杂种后代鉴定技术

对杂种后代的鉴定、选择也是选育抗性品种成败的关键。从 F_1 代开始逐代在人工接种或病圃里进行鉴定选择，以期选出抗性稳定的新品种。在抗病评价上，坚持以苗瘟和叶瘟为参考，穗颈瘟为重点的选择，才能选育出在生产上应用持久的抗病品种。一般来说，人工接种和自然诱发鉴定同时进行或交叉进行是必要的，但更应重视自然诱发鉴定。因为人工接种选用的病原菌生理小种有一定的局限性，而且对大量的杂种后代材料采取人工接种鉴定，用目前的鉴定方法还难于取得很好的效果。

郑九如等（1993）认为，采取人工接种和自然诱发相结合的鉴定方法，重点是在稻瘟病频发稻区进行自然诱发鉴定和筛选。当高世代入选性状稳定的株系，则同时进行自然诱发和人工接种鉴定，进一步鉴定入选株系对不同生态环境和不同生理小种的抗性和适应性。

除了将鉴定株系种植在多发病稻区外，还可以事先收集各重发病区的发病穗颈节放置在鉴定材料的株行间，诱发稻苗发病。也可将被人工培养的混合菌株配成孢子混合液，孢子液浓度在100倍显微镜下，平均每个视野20～25个，相当于20万～25万个/mL的孢子，用喷雾法或注射法接种。在20～30℃及达到饱和湿度条件下，接种后7d即可鉴定分级。

苗瘟和叶瘟抗性分3级。

(1) 抗病 (R)　叶片上未见到病斑，或产生针尖状或稍大褐点。

(2) 中抗 (M)　叶片上产生圆形或椭圆形病斑，中间呈灰白色，边缘黄褐色，病斑大小在两叶脉之间，病斑直径在3mm以内。

(3) 感病 (S)　叶片上产生典型梭形病斑，中间呈灰白色，边缘黄褐色，病斑超过两条叶脉的宽度。

穗瘟的分级为4级。

(1) 高抗 (HR)　穗颈发病率在1%以下，如果仅枝梗发病，则枝梗发病率在5%以下（下同）。

(2) 抗 (R)　穗颈发病率为1.1%～5.0%，或枝梗发病率为5.1%～10.0%。

(3) 中抗 (MR)　穗颈发病率为5.0%～10.0%，或枝梗发病率为10.1%～20.0%。

(4) 感 (S)　穗颈发病率高于10.0%，或枝梗发病率高于20.0%。

(三) 分子标记辅助选择技术

分子标记辅助选择对水稻稻瘟病抗性育种提供了一项新技术。刘士平等（2003）利用100个稻瘟病菌株对以CO39为背景，而且带有单基因和多基因聚合的近等基因系进行抗性接种分析，结果表明抗性基因*Pi*1和*Pi*2属2个广谱高抗稻瘟病基因，对稻瘟病的抗病能力分别达到82.7%和85.3%，而*Pi*3的抗病能力仅有24.0%。研究表明，聚合*Pi*1和*Pi*3（*Pi*1+*Pi*3）或*Pi*2和*Pi*3（*Pi*2+*Pi*3），其抗病性就会提高到89.3%～93.3%之间。如果聚合*Pi*1、*Pi*2和*Pi*3（*Pi*1+*Pi*2+*Pi*3），则抗病性就会增加到97.3%，充分显示出抗性基因聚合后，其抗谱增宽、抗性增强的特点。

官华中等（2006）以水稻品系75－1－127为抗性供体，将*Pi*9基因导入金山－1B里，获得了高抗稻瘟病的金山－1B新品系。Chen等（2001）利用我国东南稻区的715个稻瘟病菌系进行接种试验研究，结果表明，*Pi*1和*Pi*2的供体亲本C101A51和C101LAC的抗病能力分别高达89.7%和92.5%，而带有*Pi*3亲本的抗病率仅有58.5%，对照CO39的抗病率为33.2%，并指出，如果将*Pi*1和*Pi*2聚合（*Pi*1+*Pi*2），其抗病率高达98.0%。

第三节　抗白叶枯病遗传改良

一、水稻抗白叶枯病遗传

多年研究表明，水稻白叶枯病是一种寄生性较强的病害。水稻对白叶枯病的抗性遗传所表现出的寄主与病原菌之间的互作，符合典型的基因对基因的关系。即水稻白叶枯病菌的毒力是不同的，菌系在不同品种上的致病力差异表现为生理小种特异性差异，品种带有的主效抗病基因，与所控制的病原菌系相匹配的。而且，水稻白叶枯病抗性基因有显性和隐性不同，也有单基因和多基因的差别。

1961 年，日本西村最先报道了水稻白叶枯病抗性遗传，抗白叶枯病由 1 对显性基因控制，位于第 11 染色体上（即目前命名的第 4 染色体）。坂口（1967）报道黄玉、Rantai Emas 水稻品种分别带有 *Xa*－1 和 *Xa*－2 抗性基因。江塚（1975）报道早生爱国 3 号带有 *Xa*－3 基因。前 2 个抗性基因在水稻各个生育时期均表现抗性，*Xa*－3 则只在成株期表现抗性。*Xa*－1、*Xa*－2 与 *Xa*－12 紧密连锁，可能是在同一基因位点上。

国际水稻研究所用菲律宾白叶枯病原菌小种 1 鉴定并命名了 *Xa*－4、*Xa*－5、*Xa*－6、*Xa*－7、*Xa*－8、*Xa*－9 和 *Xa*－10 等 7 个抗性基因。近年来，日本菌群已扩展到 5 个，菲律宾生理小种也扩展到 9 个。由于不同国家和地区所用的鉴别菌系和系统不一样，所以，其鉴定的抗性基因缺乏可比性。为此，国际水稻研究所与日本于 1982 年开始合作，采取统一方案，利用近等基因系建立了一套国际白叶枯病单基因鉴定系统，对早期命名的 21 个白叶枯病抗性基因进行整理和统一鉴定（表 11－9）。

表 11－9　已命名的抗白叶枯病基因

抗病基因	复等位基因	存在的染色体	代表品种
Xa－1（*Xe*）*	*Xa*－l^h	4	Java14，IR28，IR29，IR30
Xa－2		4	Rantai Emas2，Tetep
Xa－3（*Xa*－4^b，*Xa*－6，*Xa*－9，*Xa*－*w*）		11	早生爱国 3 号
Xa－4（*Xa*－4^n）		11	TKM6，IR20，IR22
Xa－5		5	DZ192
Xa－7		－	DV85
Xa－8		－	PI231129
Xa－10		11	Cas209
Xa－11（*Xa*－*pt*）		－	RP9－3，IR8
Xa－12（*Xa*－*kg*）	*Xa*－12^h（*Xa*－kg^h）	4	Java14，IR28，IR29，IR30
Xa－13		5	BJ1，Chinsurah Boro Ⅱ
Xa－14		4	台中本地 1 号
Xa－15（*t*）			M41
Xa－16		－	Tetep
Xa－17		－	Aasminori
Xa－18		－	IR24，密阳 23，丰锦
Xa－19		－	XM5
Xa－20		－	XM6
Xa－21（*t*）		11	*Oryza longistaminata*，IR－BB 21

* 括号内符号均为过去曾用过的基因符号。

（引自《水稻育种学》，1996）

我国有关科研单位从1991年开始，制定了统一的鉴定方案、与国际标准接轨，对从全国收集到的835个菌株在5个最基本的鉴定品种上进行致病性鉴定，将中国白叶枯病病原菌划分为7个致病型，北方粳稻多为Ⅱ和Ⅰ型，南方籼稻以Ⅳ型为主，还有少量的Ⅴ型，长江流域主要为Ⅱ和Ⅳ型。

近年来，在中国集中研究了主要抗病品种和地方资源的抗病基因组成。谢岳峰等（1989）分析了云南地方品种，大部分具有1～2对抗性基因，同时致病性不同的菌系带有不同的致病基因，如马罗糯谷和八月糯对江陵691菌系由1对显性基因控制，而对菲律宾菌系PXO61则由1对隐性基因控制。雾露谷、云香糯、IR28对菌系江陵691均由1对*Xa*－*a*（*t*）基因控制，位于第11染色体上。毫梅带有1对新的抗白叶枯病基因*Xa*－*i*（*t*），位于第5染色体上。IR28对菌系江陵691和菌系DS－75的抗性分别由1对显性*Xa*－*a*（*t*）和*Xa*－*h*（*t*）控制，均在第11染色体上，交换值为17%。万建民等（1985）研究表明，籼粳稻杂交组合的白叶枯病抗性遗传有特异性，DV85在南京11和TN1籼稻背景下，表现为受1对显性和1对隐性基因控制，有显性上位效应；而在粳稻农垦57、桂花黄背景下，表现为2对基因的互补作用。章琦等（1986，1989）确定矢租、印度诺均带有1对生育期抗性基因*xa*5，邳旱15和南粳15均带有成株抗性基因*Xa*3，青华矮6号带有*Xa*4基因。

为了更好地研究白叶枯病抗性基因和作为国际鉴别品种，1981年国际水稻研究所与日本热带农业研究中心联合用不同的抗病基因，通过4次回交，分别导入轮回亲本IR24、密阳23和丰锦，在国际水稻研究所采用的是菲律宾白叶枯病菌系，在日本热带农业研究中心采用的是日本的白叶枯病菌系接种鉴定其抗性，获得3个不同遗传背景的近等基因系，其中，以IR24为轮回亲本的一套近等基因系抗病性最稳定。根据不同基因分别编号为BB1～BB21共14个近等基因系。除了由主效基因控制的抗性，如IR28带有主基因*Xa*－*a*和*Xa*－*h*外，可能还带有微效抗性基因或多基因控制的抗病性。

从抗病品种的生物化学成分分析看，抗病品种的细胞内多元酚含量要比感病品种的多，而游离氨基酸的含量较少。感病品种只含蔗糖，而不含葡萄糖和果糖。相反，在抗病品种里，除含蔗糖外，尚明显含有葡萄糖，还含有少量的果糖。抗病品种在人工接种后，其叶部维管束导管内的病菌大多数被细胞壁附近的纤维素所封闭，阻碍病菌在导管内移动和繁殖。

国际水稻研究所与日本合作创建了国际水稻白叶枯病鉴别系统，统一采用日本和菲律宾两套病菌鉴别生理小种研究，开展抗性基因鉴定，对不同白叶枯病抗性基因，均用*Xa*表示，进行统一命名，删去了以前一些重复命名的基因。目前，国际上统一鉴定的白叶枯病抗性基因共有23个，新的白叶枯病抗性基因还在不断地鉴定和发掘，新抗性基因已排至23个。

白叶枯病菌不像稻瘟病菌那样易变，但也存在致病性的分化。水稻品种对白叶枯病的抗性具有很强的专化性，不同品种表现的抗性不一致，但主要表现为主效基因控制。由于白叶枯病病菌自身的变异少，因而抗病品种的抗性相对比较稳定。此外，水稻品种对白叶枯病的抗性表现存在明显的生育时期不同，有的苗期表现抗病，也有成株期或全生育期抗病之分。如水稻白叶枯病的抗性基因*Xa*21表现为成株抗病，抗性受发育时期的制约，即苗期感病逐渐发育到成株期表现高抗。白叶枯病抗性基因 *xa*3、*Xa*22（*t*）和 *Xa*23 被鉴定为成株期抗病，而 *Xa*4、*xa*5 和 *Xa*10 基因的品种则为苗期抗病，而且其抗性可一直保持到成株期，表现为全生育期抗病。

近年利用分子标记对白叶枯病的抗性遗传进行了大量的遗传研究，发掘出 30 余个主效白叶枯病抗性基因和一批数量位点 QTL。其中，*Xa*1、*Xa*21、*xa*5、*xa*13、*Xa*26 和 *Xa*27 已被克隆（表 11－10）。这些基因的鉴定和克隆为抗白叶枯病品种选育打下了物质基础。

表 11－10　部分已克隆的抗白叶枯病基因

基因	种质	染色体	参考文献
*Xa*21	*O. longistaminata*（or IRBB21，IRBB60）	11	Song *et al.*，1995
*Xa*1	Kogyoku	4	Yoshimura *et al.*，1998
*xa*5	IR1545－339	5	Iyer and McCouch，2004
*xa*13	IRBB13	8	Chu *et al.*，2006
*Xa*23	*O. rufipogon*（or CBB23）	11	Zhang *et al.*，1998
*Xa*26/*Xa*3	明恢 63	11	Sun etal，2004；Xiang *et al.*，2006
*Xa*27	*O. minuta*（or 78－1－5）	6	Gu *et al.*，2005

（引自《中国水稻遗传育种与品种系谱》，2010）

值得指出的是，我国学者在水稻白叶枯病抗性基因研究方面，定位和克隆了一批有价值的新抗性基因。如，Zhang 等（1998）通过野生稻与栽培稻杂交、花药培养、回交等技术育成了纯合抗病系 H4，并以金刚 30 和 IR24 为轮回亲本回交培育近等基因系 CBB23 和 CBB23（B），经抗谱比较及抗性遗传研究，确定了一个位于第 11 染色上的新抗病基因。2001 年，经国际水稻新基因命名委员会正式命名为 *Xa*23。该基因具有广谱性高抗白叶枯病特性，能抗菲律宾病菌生理小种 1～10、中国致病型小种 1～7、日本小种 1～3，共 20 个国内外白叶枯病鉴别菌系，而且全生育期抗病，表现为完全显性，抗性遗传力强，有利于早代选择。

Chen 等（2002）利用珍汕 97 与明恢 63 构建的重组自交系群体通过接种菲律宾小种 9，在水稻第 12 染色体上发现了一个抗白叶枯病基因，由于第 12 染色体还未发现任何关于白叶枯病抗性基因，所以，该抗性基因是一个新的抗病基因，命名为 *Xa*25（*t*）。Yang 等（2003）报道，明恢 63 还有 1 个在苗期和孕穗期均抗中国菌株江陵 691 的显性基因 *Xa*26（*t*），定位于第 11 染色体上，而且与 *Xa*4 紧密连锁。该基因已被克隆，证明与 *Xa*3 等位。

谭光轩等（2004）在把药用野生稻（*O. officinalis*）的遗传物质渗入栽培稻的后代（B5）中，鉴定出 *Xa*29（*t*）基因。该基因抗菲律宾小种 PXO61，同时利用 B5 与籼稻品种明恢 63 杂交建立起 187 个稳定的纯合重组自交系（RTLs）群体，将这个抗病基因定位于第 1 染色体短臂的 C904 和 R596 之间，其遗传距离为 1.3cM。Chu 等（2006）利用 IRBB13 与 IR24 的 F_2 群体接种菲律宾小种 6（PXO99），利用图位克隆的方法成功分离克隆了一个隐性抗白叶枯病基因 *xa*13。Lin 等（1996）在云南品种扎昌龙里发现了另一个白叶枯病抗性基因 *Xa*22（*t*）。扎昌龙在成株期对我国致病型Ⅰ、Ⅱ、Ⅳ和Ⅶ、菲律宾小种1、3、4、5和6以及日本小种Ⅰ、Ⅱ、Ⅲ等12个代表性菌株具有抗性，表现为1对显性基因遗传，而且定位于第11染色体末端，与 *Xa*4 紧密连锁。

二、抗病种质资源的鉴定和筛选

国际水稻研究所对掌握的水稻种质资源进行了抗白叶枯病鉴定，从中筛选出一批抗性种质。其中，大多数抗源来源于3个地理区域，许多抗性品种来自孟加拉国、尼泊尔和印度东北部的西孟加拉邦和阿萨姆邦，称为白叶枯病基因中心1，印度南部和斯里兰卡是中心2，印度尼西亚爪哇及其毗邻的岛屿是中心3，许多抗病品种来自这个区域。而来自马来西亚、菲律宾、越南、泰国、老挝的种质资源，鉴定出的抗病品种很少。该所鉴定出的具有代表性的抗源材料有 TKM6、Tadukan、Sigadis 和 W1263 等。日本经鉴定筛选出抗谱性较广的早生爱国3号和 Lead rice 抗源和具水平抗性的 Akamochi、IR28、Gomashirazu、IR26 和 Pelital－1 等抗源。

中国最早的抗白叶枯病的品种是中山1号，它是利用栽培稻与普通野生稻天然杂交育成的。之后，由中山1号衍生的品种包选2号和包台矮也成为白叶枯病的抗源。1986—1989年，中国水稻研究所和浙江省农业科学院组织全国有关科研单位对全国水稻品种资源进行抗水稻病、虫性鉴定。其中，对白叶枯病菌不同致病型菌株的抗性表现一致的品种：粳稻 HA85－164、辽开79－3；籼稻特青1号、三芦占7号、丰阳矮217、晚华11选、青封占35、晚六旱2号、川米1号等；野生稻中的疣粒野生稻、药用野生稻对白叶枯病抗性很强，几乎是免疫的，也是迄今对白叶枯病抗性最强的抗源之一。其抗性反应是阻止病原菌在叶片组织内的扩展侵染，但不能杀伤病原菌。

金汉龙（1990）用浓度 $10^3 \sim 10^4 cfu/cm^2$ 的白叶枯病病菌悬浮液接种抗病品种青青的叶片，经3～12d叶片里的病菌浓度基本保持稳定，病斑不扩展。相反，感病品种密阳，从接种3d后的 $10^4 cfu/cm^2$ 增加到12d后的 $10^8 \sim 10^9 cfu/cm^2$，而且病斑继续扩展。国外引进的 IR 品系和 DV85 以及朝鲜的矢租都是抗病品种。

目前，鉴定出的含有抗性基因 *Xa*4 的 IR20、IR26、IR30、IR29、IR2061、BG90－2 作为水稻抗白叶枯病的抗源；在粳稻品种上，南粳15、南粳11、关东60、日本晴、邳早15、农垦58、中新120、筑紫晴等为抗源。追溯系谱亲缘，这些抗源材料大多与爱国、旭和农垦58有关系。籼、粳杂交育种除采用粳稻抗源外，还选用了 Tadukan、Zenith、Tetep、DV85、IR20 等作抗性亲本。有些品种，如喜峰、黎明、城堡1号等不但抗白叶枯病，而且还具有抗稻瘟病的特性。一般来说，从水稻形态特征看，窄叶挺直的品种比阔叶披垂的抗病，叶片水孔少的品种比水孔多的抗病；从生理特性看，耐肥的品种比不耐肥的抗病。

我国在抗白叶枯病遗传改良上存在着抗性基因单一化的问题，粳稻的抗源种质是比较集中带有 *Xa*3 抗性基因，这种抗源对目前日本的5个菌系中的1、2、3表现抗性反应，而对菌系4、5表现感病。籼粳的主要抗源均带有 *Xa*4 基因，对目前我国多数白叶枯病菌系表现抗病，而对广东、福建和Ⅴ型菌系是感病的。因此，进一步发现、鉴定和利用新的抗性基因材料是十分必要的。

三、抗白叶枯病育种技术

（一）抗源亲本选择

从抗白叶枯病遗传研究得知，凡是抗白叶枯病的品种，通常都带有1～2个抗性主基因，因此，采用单杂交方法，对杂种后代进行抗病性鉴定和选择，或者通过杂交再回交1～2次，即能使杂交后代或回交后代获得抗性基因，并进而选育出抗性新品种。由于抗白叶枯病育种的第一目标是抗病性，其他性状也需要兼顾，尤其是产量和品质性状更应重视，因此，选择杂交亲本对于育种的成败至关重要。首先，杂交亲本的一方或双方要具有很强的抗病性，以及较强的遗传传递力，能把抗病性传递到后代当中去。其次，亲本的产量、米质、适应性等性状要表现优良，而且双亲的这些性状要具有累加和互补效应。最后，应选择地理远缘或遗传差异大的材料作亲本，扩大遗传背景。北方粳稻遗传变异幅度较窄，选用亲缘较远或地理远缘材料作亲本杂交，可以扩大粳稻的遗传基础，杂种后代才可能有广泛的变异，产生超亲性状的优良后代育成既抗白叶枯病，又有突出优点的新品种。

（二）杂交后代鉴定技术

抗病性选择的首要任务是把杂交后代分离出来的抗病株系鉴定出来，加以选择，才能为选育抗病品种提供最初的可用材料，因此，准确可靠、有效的鉴定技术就十分重要。最初采取自然侵染发病以鉴定是否抗病。这种方法在病害大发生的年份是有效的，如果遇上病害不发生或轻微发生，那么，拟鉴定的杂交后代材料就失去了一次机会。因此，研究者就采用人工接种病原菌的方法诱使发病。

开始时采用针刺法进行接种，研究表明，针刺法所产生的病斑与自然侵染的一致，但是这种方法在大量接种鉴定时需要花费大量工时。目前，广泛采用的剪叶接种法适合维管束细菌病害的鉴定。通过剪去叶尖，让接种用的菌液直接进入伤口。在田间用细菌数10^8～10^9/mL浓度的接种液的接种效果良好。秋苗期接种可在5～6片叶时期进行，成株接种可在孕穗期。具体操作用浸蘸菌液的剪刀剪去最上部2片展开叶的叶尖，大约是该叶长的1/10。每份要鉴定的材料剪叶接种30片左右。苗期接种后14d，成株接种后21d左右，当感病对照发病稳定时可进行田间调查，根据下列标准进行分级（表11－11）。

表11－11　白叶枯病抗性的分级标准

级别	抗病程度	发病情况
0	免疫	剪口下无病斑，仅有伤痕
1	抗	剪口下有很小病斑，不扩展或向下稍有扩展，病斑长度在1cm以内
2	中抗	病斑向下扩展，病斑长度占全叶长的1/4以下
3	中感	病斑长度占全叶长的1/4～1/2
4	感	病斑长度占全叶长的1/2～3/4
5	高感	病斑长度占全叶长的3/4以上

（引自《水稻育种学》，1996）

因为人工接种的叶片发病不可能均匀一致，所以，还应按下列公式计算出平均病级：

$$平均病级 = \frac{\sum（各病级数 \times 各相应病级的叶数）}{鉴定的叶片总数}$$

平均病级为0属免疫抗病类型（Ⅰ）；平均病级在0.1～1.0，属高抗（HR）；平均病级在1.1～2.0，属抗（R）；平均病级在2.1～3.0，属中抗（MR）；平均病级在3.1～4.0，属中感（MS）；平均病级≥4.1，属高感（HS）。

在鉴定材料的抗病性时，应注意观察是苗期抗病、成株期抗病，还是全生育期抗病？全生育期抗病的特点是在苗期就能表现出来，直至成株期，并有明显的小种专化现象。例如，有些品种在三叶期就能呈现出清晰的鉴别抗性。携有 *xa5* 的 IR1545－339 播种后23d 接种，对菲律宾6个白叶枯病菌系，只有 PXO4、PXO6 菌系表现感性；而携有 *Xa4* 基因的 Cas209 在秧龄14d 即表现出对菲律宾菌系 PXO2 的专化抗性。全生育期抗性容易传递到后代，青华矮6号、二九丰等就传承了 *Xa4* 的全生育期抗性的特性。通常在苗期接种选育全生育期抗性株系。像 *Xa3* 等成株抗性，分蘖盛期接种不如孕穗期接种可靠。鉴定发病后的病斑长度常常受日照、温度等环境条件和品种遗传背景的影响，所以，在鉴定抗性时应注意分清这种情况。在对杂交后代的抗性选育时，应增加采用几个优势小种分别接种鉴定。

目前，由于我国所选育的抗白叶枯病品种、大多带有 *Xa4* 抗性基因，比较单一化，因此，今后应加强转导其他全生育期抗性基因，如 *Xa5*，同时聚合几个抗性基因。总之，根据水稻白叶枯病遗传研究显示，现有的抗病品种资源大多数带有少数抗性基因，不论采用单交或复交，通常比较容易把抗性基因转育到优良品种之中；而且抗性遗传比较简单，基本上在杂种低代就能筛选到一些抗病的株系。

（三）分子标记辅助标准技术

常规育种技术在聚合多个抗病基因时，期望增加基因的多样性，拓宽新品种的抗性遗传基础，但是由于基因之间的加性效应和互作效应相当复杂，因此，根据表现型的选择通常存在较大的不准确性。在有些情况下，由于基因间效应的相互掩盖，表型选择甚至是不可能的。因此，通过分子标记辅助选择技术，聚合不同亲本中的抗白叶枯病基因，提高选育的新品种持久抗性、增强抗病力等显得尤其重要，也成为水稻抗病育种的重要途径和技术。

巴拉沙特等（2006）用 *Xa4*、*xa5*、*xa13*、*Xa21* 等与8个水稻新品系组配了8个杂交稻组合，结果发现携带4个抗白叶枯病基因的聚合系，其抗病性高于只带有1个白叶枯病抗性基因的近等基因系。Chen 等（2000）以 IRBB21 为 *Xa21* 基因的供体亲本，经1次杂交、3次回交和1次回交，每个世代通过分子标记辅助选择 *Xa21* 基因，并在 BC_2F_1 核 BC_3F_1 进行背景筛选，获得了除 *Xa21* 纯合，其他背景完全与明恢63一致的新品系华恢2号，其抗白叶枯病的能力达到高抗水平。

Huang 等（1997）采用 RFLP 和 PCR 标记，从水稻多个单杂交的 F_2 代中，获得带有不同抗白叶枯病基因的家系，其中，2个家系聚合了3个抗白叶枯病基因 *Xa4*、*xa5*、*xa13*，3个家系聚合了3个抗性基因 *Xa4*、*xa5*、*Xa21*，3个家系聚合了3个抗性基因 *Xa4*、 *xa*13、*Xa*21，2 个家系聚合了所有 4 个抗性基因 *Xa*4、*xa*5、*xa*13 和 *Xa*21。而且，还显示出聚合多个抗性基因水稻品系表现出较为广谱的抗性，有的甚至超过两亲本的抗性。

四、抗白叶枯病选育品种举例

中国农业科学院作物育种栽培研究所采用白叶枯病抗源品种南粳 15、喜峰作亲本杂交（喜峰/南粳 15），育成了抗白叶枯病品种中百 4 号（中系 8004）；该所利用抗源 Tetep 做杂交，即京丰 5 号/Tetep//福锦，并用杂种后代进行花药培养，选育成抗白叶枯病品种中花 11 号，1991 年获国家“七五”科技攻关重大成果一等奖；该所同样利用白叶枯病抗源城堡 1 号、喜峰杂交，从杂交（喜峰/城堡 1 号）后代中，经系谱选择育成了抗白叶枯病品种中系 8121。上述 3 个抗白叶枯病品种的选育充分证明了选用白叶枯病抗源材料作杂交亲本的重要性。

辽宁省农业科学院稻作研究所以抗白叶枯病的恢复系 C57 与母本不育系黎明 A 组配成杂交粳稻黎优 57（黎明 A/C57），表现抗白叶枯病；同样，该所利用抗源 C57 作亲本，进行复式杂交，即 C57/中亲 120//74 - 137///74 - 134 - 5 - 1，从杂交后代中选育出既抗白叶枯病，又抗稻瘟病，纹枯病轻的水稻品种辽开 79。

辽宁省盐碱地利用研究所于 1988 年从水稻品种辽盐 2 号的变异株中，发现抗白叶枯病的单株，后经系统选择育成了抗白叶枯病的水稻品种辽盐 16。沈阳农业大学于 1981 年作杂交，即 189/150、从其杂交后代中育成抗白叶枯病品种沈农 91。辽宁省丹东市农业科学研究所 1979 年从中国农业科学院作物育种栽培研究所引进的杂交后代 3135 株系经系选育成了丹粳 3 号。该品种高抗白叶枯病，还较抗稻瘟病、稻曲病。

河北省农垦科学研究所用银胜与巴利拉杂交，从杂交后代（银胜 × 巴利拉）育成抗白叶枯病和稻曲病的品系 66 - 5，1977 年命名为冀粳 1 号；该所于 1977 年以白金/y2568//山彦/巴利拉的复式杂交，育成了抗白叶枯病的冀粳 6 号，其田间抗病鉴定的等级为 2 级。1980 年，该所从抗白叶枯病的冀粳 6 号中，系选又育成高抗白叶枯病的冀粳 8 号，该品种不仅抗白叶枯病，而且兼抗稻曲病和纹枯病。

在南方稻区，南京农业大学从 1980 年开始，长期从事水稻抗白叶枯病的遗传改良，利用带有白叶枯病抗性基因 *Xa*7 的 DV85 作原始抗源材料，先与台中本地 1 号（TN1）杂交，育成了带有 *Xa*7 抗性基因的中间衍生抗源 TD，再用 TD 作母本与明恢 63 杂交。在杂交后代中，选择带有目标抗性性状的个体与明恢 63 持续多代回交，经测交、筛选，先后育成了携有 *Xa*7 抗性基因的高抗白叶枯病的恢复系抗恢 63，抗恢 98 以及 D205 等恢复系，并分别与珍汕 97A、Ⅱ - 32A 等组配，前后育成了抗优 63、抗优 98（Ⅱ优 98）、Ⅱ优 205 等高产、高抗白叶枯病的系列杂交新组合。

总之，上述各单位选育的籼、粳稻抗白叶枯病品种在水稻生产上发挥了作用，避免或减轻了白叶枯病的为害，提高了水稻的稳定性和丰产性。

第四节　抗纹枯病遗传改良

一、抗纹枯病遗传

虽然水稻品种对纹枯病的抗性有一定差异，但没有比较稳定的高抗品种资源。国内外关于纹枯病抗性遗传的研究不多。综合现有的研究资料和结果，可以把水稻抗纹枯病的遗传规律归纳为3种方式。第一种是显性主效基因控制的遗传。外国学者用具有较高抗纹枯病的一种普通野生稻作父本，与感病品种杂交，分析 F_1 和 F_2 的抗性水平和规律，认为这种普通野生稻对纹枯病的抗性受1对显性主效基因控制。第二种是由隐性主效基因控制的遗传。Xie 等（1992）用人工抗源材料 LSBR25 和 LSBR233 与感病品种 Labelle 和 Lemont 杂交，分析统计 F_2 群体和 F_3 家系的抗性表现，发现 LSBR25 组合的抗感比例为1∶3，而 LSBR233 组合的抗感比例均为7∶9，由此认为，LSBR25 的抗性受1对隐性主效基因控制，而 LSBR233 的抗性受2对隐性主效基因控制。第三种是由微效多基因控制的遗传。国际水稻研究所研究认为，水稻对纹枯病的抗性是受多基因控制的数量性状，而且遗传估计值偏低。

Sha 和 Zhu（1989）利用中抗纹枯病亲本与感病品种杂交，发现 F_1 代的抗性表现介于双亲之间，F_2 代的抗性表现则是连续分布，由此认为水稻纹枯病的抗性遗传是由多基因控制的遗传。朱立宏等（1990）用 Tetep 等13个抗性品种与感性品种 IR9752－71－3－2 和 84－3019 杂交，调查 F_1 和 F_2 代的抗感表现，认为抗性呈部分显性，受多基因控制。双列杂交的 F_1 分析表明，抗性同时受基因的加性和显性效应控制，以加性效应为主，狭义遗传力为16.0%～68.6%。遗传分析表明，Ta－poo－cho－z、Tetep、TET4699、IR64、Guyanal、Ratas、Jawa14 和 Kataktara Da2 等8个品种抗病性较好。Li 等（1995）对纹枯病抗性的研究认为，抗病性多数表现为数量性状遗传。

潘学彪等（1999）对水稻抗性品种 Jasmine85 与感病品种 Lemont 的杂交组合，构建了 F_2 的单株无性系群体，以牙签嵌入法对128个无性系进行纹枯病病菌接种，选择极端抗、感无性系构建抗、感近等基因池，检测到3个主效抗性 QTL 基因，暂命名为 *Rh2*、*Rh3* 和 *Rh7*，分别位于第2、第3和第7染色体上。它们均来源抗病亲本 Jasmine85。Pan（1999）等研究了2个抗性亲本特青和 Jasmine85 分别与其他的感性品种杂交组合的抗性遗传，结果表明抗、感亲本杂交的 F_1 代抗性表现类似于特青，杂种 F_2 的抗性分离明显地向抗病的一方倾斜。而与感病亲本回交后代的抗性分离，表现为大小基本上相等的2个明显的峰值。对 F_3 家系进行逐株病级调查，认为特青携有一个作用效应较大的显性主效抗纹枯病基因，其作用可使病级减轻2～5级。研究还表明，Jasmine85 和特青的抗性分别由1个非等位的主效显性基因所控制，两基因彼此独立，相结合时可以表现出一定程度的加性效应。

国广泰史等（2002）利用抗性品种窄叶青8号与感性品种京系17构建了 DH 群体，结果检测到4个抗性 QTL 位点，分别位于水稻第2、第3、第7和第11染色体上。其中，位于第3染色体上的1个抗纹枯病 QTL 与控制株高的 QTL 位于同一染色体区域。

综上可见，水稻抗纹枯病遗传表现相当复杂，在不同的品种里，对纹枯病的抗性有的表现受主效基因的控制，有的是受微效多基因的控制，但更多的情况则是受主效基因和微效基因共同控制的抗性遗传。

二、抗纹枯病种质筛选

（一）纹枯病抗性鉴定技术及其标准

纹枯病是流行全球稻区的水稻真菌性病害，其发生和为害程度仅次于稻瘟病和白叶枯病。随着高产、矮秆、多分蘖品种的推广种植，以及种植密度和施氮量的增加，其为害日渐严重。到20世纪80年代后期，水稻纹枯病已发展成一种主要的水稻病害，一般造成减产15%～20%，严重时减产60%～70%。

纹枯病病菌不产生无性孢子，是以菌丝或菌核形态存在于自然界的土壤习居菌。根据菌丝融合现象，国际上已鉴定出13个纹枯病菌菌丝融合群。我国近年也鉴定出部分菌丝融合群，丝核菌的异核现象导致了纹枯病菌的多变性。由于纹枯病病菌腐生性强，寄主范围广，建立适用于纹枯病抗性研究的病原菌接种和病情调查方法较困难。

通常纹枯病菌的菌丝从叶鞘或叶片的气孔或表皮细胞的裂隙侵入水稻组织，然后扩充繁殖侵染，继之出现水渍状云纹病斑，内部组织崩溃解体。在发病过程中，可能有水解酶和毒素等多因素参与。Marshall等（1980）首次观察到纹枯病菌侵染水稻时，在叶鞘表面形成大量的侵入垫，在侵染抗病品种时则生长缓慢，不能形成侵入垫，只以裂状附着胞侵入寄主组织内部，这主要是由于抗性品种的叶表现有较多的蜡质。单位叶面积的蜡质含量与品种的抗病指数有紧密相关，相关系数达 $r=-0.902$，$P<0.01$，抗病品种茎、叶表面较多的蜡质可以抵抗或延迟病原菌的侵入，因而表现抗病。陈志谊等（1992）分析了抗病品种Tetep、IET4699叶片上蜡质含量分别为0.82mg/cm^{2}和0.96mg/cm^2，叶鞘中/mm长维管束两侧硅化细胞数分别为124.7个/mm和120.4个/mm，而感病品种金刚30分别为0.59mg/cm^{2}和102.0个/mm。

纹枯病接种技术和病害分级标准对筛选抗病种质至关重要。朱立宏等（1990）在水稻穗分化至孕穗期，用带有A型RH－9强菌体稻茎长15cm 1～2根，插在每丛稻株基部接种。接种后2～4周按株鉴定进行分级（表11－12）。结果表明，Tetep和IR 9752－71－3－2通过1985—1989年的鉴定，平均病级分别为1.19级和4.22级。两份材料叶鞘上的菌丝生长量，以Tetep为少，产生病斑所需时间，Tetep需48h，而IR 9752－71－3－2不足36h。接种72h后，菌丝在Tetep叶鞘中向上扩展了5～10cm，平均为7.3cm，而在感病品种上扩展了10～15cm，平均为11.4cm，而且组织解体发生在接种后48h，而Tetep为72h。

（二）抗性种质的筛选

早期的抗病筛选结果表明，抗纹枯病品种较多存在于中国和印度尼西亚等国家的地方品种资源中。通常籼稻品种比粳稻品种抗病，未发现高抗的籼、粳稻品种资源。国际水稻研究所对12年（1975—1987年）征集的72 980份水稻种质资源进行鉴定和筛选，从中选出的抗病材料仅占4.84%，也没有发现免疫或高抗纹枯病的品种。Lee（1983）研究认为，美国的长粒型水稻品种中几乎没有抗纹枯病的品种，而中、短粒型品种里有抗病品种，已发现的较为抗病的品种是 MTU6182、IET4699、OS4、Ta－Poo－cho－z 等。

表 11－12　水稻纹枯病分级标准

病级	症　　状	注
0	植株无病	
1	植株基部有零星病斑	
2	病斑扩展到倒第 4 叶	病斑出现在叶鞘为 1.5 级
3	病斑扩展到倒第 3 叶	病斑出现在叶鞘为 2.5 级
4	病斑扩展到倒第 2 叶	病斑出现在叶鞘为 3.5 级
5	病斑扩展到倒第 1 叶	病斑出现在叶鞘为 4.5 级

（引自《水稻育种学》，1996）

湖南省农业科学院从 20 世纪 70 年代中期开始，连续 8 年鉴定了从不同国家和地区收集的 24 000份栽培稻和野生稻种质资源，也未发现理想的抗源材料，仅有少数达中抗水平的种质。过崇俭等（1985）在研究水稻纹枯病病菌致病力分化的结果时，也认为只有中抗水平的材料存在。蒋文烈等（1993）鉴定了浙江地方稻种 1 188份，筛选出老红稻等粳稻 23 份，矮秋头等籼稻品种 6 份表现中等抗性，优于 Tetep。李桦等（2000）对 190 份粳稻品种进行抗纹枯病鉴定和筛选，发现抗性材料 6 份，占鉴定总数的 3.2%。陈忠祥等（2000）也对水稻纹枯病抗源进行了鉴定和研究，认为籼、粳稻中均有抗性品种存在，而且抗性既存在于高秆品种中，也存在于半矮秆品种中。

沙学延等（1990）汇总了中国、印度、国际水稻研究所等鉴定筛选出的一批纹枯病抗性材料（表 11－13）。这些品种的抗性表现在年度间重复性较好。但也有例外，在印度认为是高抗品种，在湖南鉴定则表现是中抗。IR1614 在印度尼西亚表现抗病（R），而且菲律宾和斯里兰卡则为中抗（MR），在泰国和马来西亚表现高度感染（HS）。

表 11－13　中国、印度和国际水稻研究所水稻抗纹枯病资源筛选结果

（沙学延等，1990）

作者	年份	接种方式	生育期	抗性反应	
				抗（R）	中抗（MR）
Manian *et al.*	1979	人工接种	成株	BR4－30－51－2，BR51－49－6，ARC5925，ARC5943	IET4154，IET4834，ET5126，IR20，DA29，TKM6，Ta－Poo－cho－z
Kamaiyan *et al.*	1979	人工接种	分蘖	ADT22，ADT5 CO20，Ponni，Ratna，Dular	CaH3953，Cult. 3916 Bala，CR－6，ASP4 Tetep，Dawn
Rani	1982	人工接种	成株	IET4699，OS4，Ta－Poo－cho－z，Guyanal Se160－283，IET－5891	TNAD17005，IET6080，KMP8，P161－3179 KMP41

（续表）

作者	年份	接种方式	生育期	抗性反应	
				抗（R）	中抗（MR）
杨家珍	1980—1981	人工接种	成株	南 56，水稻霸王，野稻，棉花条	Tetep，江二矮
Dev *et al.*	1983	自然发病	成株	CR280－5，JR49，MGL14	TNAU17005
陈志谊等	1983—1984	人工接种	成株	Tetep	IET4699，Jawa24
邓耀宗等	1979	人工接种	苗期	IR1514A－E－666 IR2031－724－2－3－2 Tadukan，喜农纹试 1 号，Pratao，Ta－Poo－cho－z	
IRRI	1984	人工接种	苗期，成株		IET4699，Ratna，Kataktara，Da－2，Nampangbyeo，Ta－Poo－cho－z，IR18530－175－2－3
朱立宏等	1985—1989	人工接种	成株		Tetep，IET4699，IR64，Jawa14，Kataktara Da－2，Nampangbyeo，Ratna
Borthajur	1967	人工接种	苗期、成株	Pankai，Tadukan	Ta－Poo－cho－z，OS4
Borthakur	1987	人工接种	苗期、成株		Tarabolil，Dhikamual
Viswanathan *et al.*	1980	人工接种	成株	Mashuri	Supkhea，Chidon Ratna，padma，CO25 Vaigai，Thiruveni，GEB24，ASD4，ASD8，Sabanmathi，Basumathi

水稻纹枯病菌在自然界的寄主范围十分广泛，专化性弱。它与寄主之间有着长期的共同进化过程，二者已逐渐形成生物学平衡状态。试图在自然界收集到免疫或高抗种质来控制病害有较大的难度。然而，由于水稻资源丰富、种类繁多、分布广泛，还有较多带有不同染色体组的野生稻，有可能从中筛选出高抗的种质材料。

三、抗纹枯病育种技术

（一）抗纹枯病育种的难点和途径

关于抗纹枯病的育种，目前进展缓慢，或者说还没有真正有计划地开展，其主要问题是没有找到对纹枯病高抗或免疫的抗性基因以及一整套较完善的抗病鉴定方法。筛选和选育较耐病的品种，对水稻抗纹枯病育种可能是一种方向，例如，汕优 3 号、杨稻 2

号等耐病品种，病斑虽然扩展到顶第2叶，甚至剑叶，但最终的产量损失较小。

此外，通过组织培养和转基因技术也能获得耐纹枯病的材料。唐定中等（1997）采用组织培养方法，以纹枯病菌培养液的粗提毒素作筛选剂，筛选水稻抗纹枯病突变体。通过在诱导培养基和分化培养基分别加入不同浓度的粗毒素进行试验，确定筛选抗性的最适浓度为0.10～0.15，筛选后获得181株R_1植株和189株未经粗毒处理的胚培养植株。采用菌核接种法分别对R_1、R_2和R_3植株进行抗性接种鉴定，结果显示经粗毒素筛选的R_1植株的平均抗性明显高于对照，而R_2和R_3植株的抗性也强于供体亲本和未经毒素筛选的胚培养的对照植株。

水稻纹枯病是真菌性病害，其病原菌的细胞壁含有几丁质，由于几丁质酶具有抗真菌活性，因此，寻找和克隆几丁质酶基因是培育抗纹枯病种质材料的一个重要途径。水稻体内虽含有几丁质酶基因，但为诱导性表达。如果将几丁质酶基因置于组成性表达的启动子之下导入水稻，就有可能增加水稻对纹枯病的抗性。目前，一些学者已从许多植物和细菌中克隆出几丁质酶基因。许新萍等（2001）将水稻碱性几丁质酶基因（RC24）导入优良籼稻品种竹籼B，外源*RC*24基因可以稳定整合到R_0代至R_6代转基因水稻基因组中，并得到表达。目前，已获得既抗纹枯病又抗稻瘟病的转基因品系竹转68和竹转70，以及多个转基因纯合株系。

总之，对抗水稻纹枯病育种来说，除加强鉴定、筛选高抗纹枯病种质资源外，在育种技术上应采用轮回选择方法，积累不同种质中的微效抗性基因，以便从中得到明显优于亲本的群体。也可以采用人工诱变技术选育耐病或高抗的突变体。从现代生物技术育种来说，水稻抗纹枯病育种是建立在抗病基因的发掘基础上，大量抗病基因的定位、克隆，以及寄主与病原菌互作机制的深入研究，将为水稻抗纹枯病遗传改良的分子标记辅助育种和转基因育种提供重要的技术支撑。

（二）抗（耐）纹枯病品种选育举例

中国农业科学院作物育种栽培研究所于1975年以丰锦作母本、京丰5号/C4-63作父本杂交，育成了高抗纹枯病的中作9号和中作180。其中，中作180还兼抗稻曲病。北京市农林科学院作物研究所用中花9号作母本、京稻2号作父本杂交，在其杂种二代（中花9号/京稻2号）F_2进行花粉培育，1987年育成了高抗纹枯病的京花101，1991年通过北京市农作物品种审定委员会审定命名推广。

河北省农垦科学研究所于1980年以地1号/杰雅为母本、77-9为父本杂交，1983年育成了抗纹枯病的冀粳11号品种，同时兼高抗穗颈瘟、抗白叶枯和稻曲病。1990年经唐山市品种审定，定名唐粳1号；1993年，通过河北省农作物品种审定委员会审定，命名为冀粳11号推广。

辽宁省丹东市农业科学研究所于1985年从B74品种中，选择的分离株经系统选育而成的抗纹枯病，兼抗稻瘟病、稻曲病的丹粳4号，1993年经辽宁省农作物品种审定委员会审定命名推广。辽宁省抚顺市农业科学研究所1975年以黎明作母本、BL1作父本杂交，1979年杂种第6代育成了抗纹枯病，兼抗稻瘟病和稻曲病的抚粳2号，1987年通过辽宁省农作物品种审定委员会审定命名推广。

盘锦北方农业技术开发有限公司以育种主持人许雷研究员创立的“性状相关选择

法”、“性状跟踪鉴定法”和“耐盐选择法”三法集成育种技术为育种手段，于1998年从中晚熟品系M163变异株中选出育成的中晚熟优质、高产、多抗水稻新品种田丰202，抗稻瘟病、纹枯病，对水稻其他病害均以中抗以上，并具有耐盐碱、耐肥、抗倒、耐旱、耐寒及活秆成熟不早衰等特性。2005年经辽宁省农作物品种审定委员会审定，2009年通过河北省唐山市水稻品种认定，2008年被国家科技部列为农业科技成果转化资金项目，在辽宁、华北、西北中晚熟及晚熟稻区示范、推广。以及采用上述同样方法育成的雨田1号、雨田7号、锦丰1号、辽旱109等品种，均抗稻瘟病等两种以上病害，并具有耐盐碱、耐肥、抗倒、耐旱、耐寒及活秆成熟不早衰等特性。

第五节　稻曲病研究概述

一、稻曲病的发生和危害

水稻稻曲病［*Ustilaginoidea virens*（Cke）Tak］是一种世界性的水稻病害，在中国、印度、东南亚各国、美国和拉美各国水稻产区均有发生。在中国，稻曲病以前主要发生在长江流域、西南高原、广东、广西、台湾等地稻区，其他稻区发生较轻。近年来，由于高产品种的推广种植、施肥量的增加，稻曲病逐年扩展加重，目前已经成为影响水稻产量和品质的主要病害之一。

稻曲病是发生在水稻谷粒上的病害，水稻感染稻曲病后，使籽粒空秕率上升，一般减产1%～5%，个别严重发生地块产量损失达30%～50%。研究表明，稻曲病菌能产生一种潜在的慢性发作的毒性物质，对人体有致畸致癌作用。稻曲病通常在水稻抽穗扬花期发生，病原菌侵染稻谷后，先在颖壳合缝处露出淡黄绿色的孢子座，然后逐渐膨大，撑开内、外颖外露，将水稻颖花完全包裹起来，呈略扁平球状，外被光滑薄膜。薄膜颜色随稻曲长大变深，后破裂，呈龟裂状，露出一层墨绿色粉状物，即稻曲病菌的厚垣孢子，具粘性，称为“稻曲”。

二、稻曲病接种菌源培养和接种方法

（一）接种菌源培养方法

1. 病原菌分生孢子作接种菌源

在PD、PS、YPPD和PW的4种培养基上，分别接种稻曲病菌二代菌种，在黑暗条件下培养7d，温度是26℃。之后，将菌种定量地注入到固体平板PDA培养基上，继续在26℃黑暗条件下培养，每隔24h检查1次。培养试验显示，在平板培养基上培养144h后，来自PD和PS培养基中的分生孢子产生的数量达10^8个/mL，而来自另外两种培养基产生的分生孢子数不足10^8，因此，接种应选用PD和PS培养基上产生的分子孢子液作为接种菌液。

2. 打破休眠的老熟厚垣孢子作为接种菌源

将贮存5～9个月的成熟稻曲病球数粒放入盛有自来水的培养皿里，在26℃黑暗条件下培养，经常加水保持高湿度，随时检查，去掉霉变的稻曲球。结果表明，处理的第5d

时，稻曲球表面开始变得疏松、开裂。20d后取稻曲球表面的厚垣孢子，在26℃条件下做萌发试验，每5d做1次。结果显示高湿处理后的厚垣孢子从20d起开始萌发，一直持续到20～50d，这种处理可使老熟的厚垣孢子萌发率达20%以上。把打破休眠的厚垣孢子用蒸馏水配成厚垣孢子悬浮液，其孢子浓度在200倍下每个视野10～50个可作为接种菌液。

3. 老熟厚垣孢子作为接种菌源

把在田间采集的水稻稻曲球放在室内自然条件下保存。接种前，取稻曲球表面的厚垣孢子，用蒸馏水配成孢子悬浮液，用常规方法做萌发试验。结果表明，把这种厚垣孢子配成孢子悬浮液，其孢子浓度在200倍下每视野10～50个作接种菌液。

4. 白化菌株加分生孢子作接种菌源

把在田间采集的白化稻曲病菌，用常规技术分离获得纯菌株，并接种在PDA培养基斜面上，在26℃条件下培养2个月左右，转接到PD液体培养基里，继续在26℃条件下培养。结果表明，白化菌株在培养23d时，在培养液里有分生孢子产生，但数量很少，即10^4/mL左右。在培养55d后，在培养液表面的菌落中有白色厚垣孢子产生，用纱布过滤该菌液后，用白色厚垣孢子与分生孢子混合液作接种菌液。

5. 黄色厚垣孢子作接种菌源

在早熟水稻田里采集发病的黄色稻曲球，取上面的黄色厚垣孢子做萌发。结果表明，黄色厚垣孢子萌发率在90%以上。用蒸馏水配成黄色厚垣孢子悬浮液，其在200倍下每视野在10～50个可作为接种菌液。

6. 稻曲病菌菌丝作接种菌源

取培养的稻曲病菌菌落，用刀片划碎刮下，捣碎后用蒸馏水配成菌丝液作为接种菌源。

（二）稻曲病接种方法

1. 喷雾接种法

取上面6种接种菌液，在水稻孕穗期，即大部分水稻剑叶与其紧下面叶叶耳间长2～10cm时，进行喷雾接种，只喷清水的为对照，不接种也不喷清水的为空白对照。每个处理60株，每个稻盒在接种后分别放在16℃、20℃、25℃不同温度下处理2d，再移到26℃条件下保温3d，然后放回田间。每天喷雾保湿6次，30d后调查发病情况，计算接种发病率（表11－14）。结果表明，采用稻曲病菌分生孢子、打破休眠的厚垣孢子、厚垣孢子、白化菌株加分生孢子接种后置于16℃、20℃和25℃条件下均能引起发病，其中分生孢子、打破休眠的厚垣孢子、厚垣孢子作菌源接种后的穗发病率在9.0%以上。黄色厚垣孢子、菌丝段接种的发病率与对照相同。接种后在不同温度处理下以16℃条件的发病率较高，说明接种后相对低温有利于病害的发生。

2. 注射接种法

当大部分水稻剑叶与紧下面叶叶耳间长2～10cm时，取上面6种接种菌液，用注射器将菌液接种到水稻植株的孕穗苞内，每苞注射量为1～2mL，直到苞内菌液饱和为止。对照同喷雾接种法。每个处理60株，接种后的稻盆置于16℃、20℃、25℃的温度下处理2d，然后移到26℃条件下保温3d，再移到田间，每天喷雾保湿6次。30d后调查接种和对照发病情况，计算接种发病穗率（表11－15）。结果表明，利用稻曲病菌分生孢子、打破休眠的厚垣孢子、厚垣孢子、白化菌株加分生孢子作接种菌源在水稻孕穗期注射接种均能引起发病，其中，用分生孢子作菌源接种在16℃条件下的发病率最高，为47%，其次是打破休眠的厚垣孢子，为35%。接种后不同温度处理的结果与喷雾接种法的相同，进一步说明接种后相对低温处理对发病有利。从接种菌源和其发病率的结果看，可以证明稻曲病的主要侵染源来自前茬稻曲球上的老熟厚垣孢子以及稻曲球内部的菌丝。

表11-14　喷雾接种稻曲病发生情况

菌源	不同温度发病穗率（%）		
	16℃	20℃	25℃
分生孢子	23	12	9
打破休眠的厚垣孢子	20	14	11
厚垣孢子	15	10	13
白化菌株+分生孢子	7	10	3
黄色厚垣孢子	0	1	0
菌丝段	1	0	1
清水对照	0	0	1
空白对照	1	1	0

表11-15　注射接种稻曲病发生情况

菌源	不同温度发病穗率（%）		
	16℃	20℃	25℃
分生孢子	47	24	13
打破休眠的厚垣孢子	35	22	14
厚垣孢子	21	18	14
白化菌株+分生孢子	16	9	14
黄色厚垣孢子	0	1	2
菌丝段	1	0	0
清水对照	1	1	1
空白对照	1	2	1

三、稻曲病抗性种质鉴定筛选

抗稻曲病品种选育和遗传改良离不开抗性种质资源，因此，各国学者开展了稻曲病抗性种质的鉴定和筛选。Ansari M. M. 等（1988）研究报道，在自然感病条件下，22个水稻品种中最抗病的品种是CR155-5029-216，产量损失仅0.04%；其次是CN758-1-1-1，产量损失0.1%；再次是TNAU，损失0.23%；RP1852-566-1-1-1损失0.3%；最感病的是DR447-20，产量损失达49%。Bhardwaj C. L.（1990）报道，1987年对32个水稻品种进行抗稻曲病田间鉴定，结果表明有7个品种未发现感染稻曲病，其余品种的发病率为1.0%～17.9%，还发现矮秆品种比高秆品种更易感病。

陈嘉孚等（1992）采取自然诱发感病结合人工喷洒厚垣孢子接种法，对502份水稻资源进行抗稻曲病鉴定，结果表明不同品种（系）之间抗稻曲病差异十分显著。抗病材料均以早熟品种（系）为主，感病品种则以晚熟品种（系）为主，其抗性总趋势是早熟>中熟>晚熟。

辽宁省农业科学院稻作研究所（1995）对136份水稻种质进行抗稻曲病鉴定，其中推广品种16份，北方水稻区域试验材料40份，品种比较试验材料21份，恢复系40份，外引材料19份。鉴定结果表明，抗病的材料：丰锦病穗率0.41%，病粒率0.006%；黄金光病穗率0.61%，病粒率0.003%；中丹2号病穗率1.06%，病粒率0.012%；京越1号病穗率0.32%，病粒率0.008%；沈农837病穗率0.39%，病粒率0.008%；辽粳6号病穗率0.21%，病粒率0.15%；京引134病穗率0.9%，病粒率0.012%。感病的品种：辽粳5号病穗率20.43%，病粒率0.4%；黎优57病穗率8.32%，病粒率0.65%；秀优57病穗率14.5%，病粒率0.42%；中作8958病穗率48.2%，病粒率1.12%；盐香糯2号病穗率39.0%，病粒率1.09%；辽盐6号病穗率15.8%，病粒率0.4%；盐丰6号病穗率24.9%，病粒率0.26%；沈农1963病穗率为25.0%，病穗率0.32%（表11－16）。

表11－16　部分水稻品种（系）抗稻曲病鉴定结果

名称	穗病			粒病		
	调查穗数	病穗数	病穗率（%）	调查粒数	病粒数	病穗率（%）
丰锦	245	1	0.41	17 604	1	0.006
黄金光	165	1	0.61	31 845	1	0.003
中丹2号	564	6	1.06	76 873	9	0.012
京越1号	311	1	0.32	21 114	1	0.008
沈农837	251	1	0.39	26 303	2	0.008
辽粳6号	243	5	0.21	2 625	4	0.150
京引134	238	2	0.84	67 859	8	0.012
辽盐282	171	8	4.70	2 458	4	0.203
盐粳10号	430	6	1.40	32 680	7	0.021
中作180	477	5	1.05	47 708	7	0.015
恢6	135	2	1.48	26 865	13	0.048
中新120	120	1	0.83	19 560	12	0.061
辽粳5号	470	96	20.43	47 975	186	0.388
黎优57	324	27	8.32	—	—	0.650
秀优57	157	23	14.50	—	—	0.420
中作8958	475	229	48.21	66 025	741	1.122
盐香糯2号	330	129	39.09	22 770	248	1.089
辽盐6号	405	64	15.80	37 665	135	0.358
盐丰6号	385	96	24.93	86 240	224	0.260
沈农1963	420	105	25.00	51 240	165	0.323

品种（系）的抗性，除决定于品种（系）自身的抗病性外，还与品种（系）的孕穗至抽穗期的气候条件以及与病原菌发生的高峰期吻合程度有关。徐正进等（1987）报道，稻曲病的发生与水稻株型有关，其发病率与穗密度、剑叶角度和株高呈极显著或显著负相关，而与剑叶宽度呈极显著正相关。稻曲病抗性的遗传表现还有待于进一步研究。

四、抗稻曲病品种选育举例

中国农业科学院作物育种栽培研究所以水原300粒为母本、越路早生为父本杂交，育成了抗稻曲病品种京越1号。1986年经辽宁省农作物品种审定委员会认定，1987年经天津市农作物品种审定委员会认定，1990年经全国农作物品种审定委员会认定，命名为GS京越1号。该所1973年以Pi5为母本、喜峰为父本杂交，从F_2代起与辽宁省丹东市农业科学研究所合作，选育出抗稻曲病品种中丹2号。在人工接种条件下，穗发病率1.06%，稻粒发病率0.012%。1981年经辽宁省农作物品种审定委员会审定，命名为中丹2号。1984年河北省农作物品种审定委员会认定，1987年天津市农作物品种审定委员会认定。

辽宁省农业科学院稻作研究所以京引83为母本、京引177为父本杂交，育成了抗稻曲病品种辽粳6号，在人工接种的条件下，穗发病率为0.21%，稻粒发病率为0.15%。1981年经辽宁省农作物品种审定委员会审定命名推广。该所于1974年以BL－6为母本、丰锦为父本杂交，从杂种后代中育成了抗稻曲病品种辽粳10号。在人工接种条件下，穗发病率1.85%，稻粒发病率0.01%。1982年通过辽宁省农作物品种审定委员会审定命名推广。

辽宁省铁岭市农业科学研究所在铁粳1号/C57－80的杂交后代中，选育出抗稻曲病、兼抗稻瘟病的品种铁粳3号。该所1984年从福锦/黎明//日本稻///川籼22的杂交组合中，选育出抗稻曲病，兼抗稻瘟病品种铁粳4号。并分别于1988年和1992年通过辽宁省农作物品种审定委员会审定命名推广。河北省农垦科学研究所以地1号/杰雅为母本、垦77－9为父本杂交，从杂交后代中育成了抗稻曲病，兼抗稻瘟病和白叶枯病的品种冀粳11号，1993年通过河北省农作物品种审定委员会审定命名推广。辽宁盘锦北方农业技术开发有限公司许雷研究员育成通过省或国家审定推广的抗稻曲病、兼抗稻瘟病品种辽盐2号、辽盐16、辽盐282、辽盐283、辽盐241、雨田1号、雨田7号等，先后成为辽宁、华北及西北等稻区的主栽品种。

第十二章　水稻抗虫性遗传改良

第一节　抗虫性遗传改良回顾

一、水稻害虫种类及其为害

（一）水稻害虫种类

何俊华（1992）报道，水稻是受害虫为害最多的粮食作物之一，在中国田间为害水稻的昆虫种类有624种。赵养昌（1982）报道，在仓库里为害稻谷、稻米的害虫有103种。在这些害虫中，对水稻经济产量影响明显的种类约占14%。其中，流行广泛而且为害严重的有6种，即三化螟［*Scirpophaga incertulas*（Walker）］、二化螟［*chilo suppressalis*（Walker）］、稻纵卷叶螟［*Cnaphalocrocis medinalis*（Guenee）］、褐飞虱［*Nilaparuata lugens*（Stål）］、白背飞虱［*Sogatella furcifera*（Horvath）］和黑尾叶蝉［*Nephotetix* spp］。

雷惠质等（1986）、张志涛（1992）研究指出，有些稻区有些年份为害较重的害虫有稻瘿蚊［*Orseolia qryzae*（Wood et Mason）］、稻蓟马［*Stenchaetothrips biformis*（Bagnall）］等。一般来说，某一稻区每年流行严重的必须防治的害虫有1~2种或2~3种。

20世纪50~60年代，我国水稻主要害虫是三化螟。70年代以后，褐飞虱和稻纵卷叶螟对水稻的为害程度超过了三化螟。70年代后期，二化螟的为害加重；杂交水稻推广种植后，有利于大螟、二化螟的发生。80年代后，白背飞虱在全国稻区内的虫量显著上升，为害也相应加重。三化螟在局部稻区有上升趋势。

（二）水稻害虫的为害

据Cramer（1967）估计，亚洲国家水稻生产每年因害虫为害的稻谷损失约占总产量的32%。近年来，我国每年因虫害造成的水稻产量损失仍然在15%左右。据统计，2001年，水稻螟虫在长江流域和江南稻区严重发生，受灾面积多达1 500多万 hm^2；2004年，水稻螟虫在江南、长江流域、江淮稻区严重发生，发生面积多达2 200多万 hm^2；稻纵卷叶螟在华南、长江中下游、江南稻区大发生，发生面积达1 800多万 hm^2；褐飞虱在西南、华南多地稻区发生较重，发生面积在1 700多万 hm^2。

目前，水稻上的钻蛀性害虫，如二化螟、三化螟、稻瘿蚊等；迁飞性害虫，如褐飞虱、白背飞虱、稻纵卷叶螟、黑尾叶蝉等，为害仍然十分严重，因此，抗虫性遗传改良、抗虫品种选育是水稻研究的重中之重。

二、抗虫性遗传改良进展

（一）抗虫品种在综合防治中的地位及其选育目标

如何防治害虫、减少或避免水稻的产量损失，是水稻育种家十分关注的问题。采用化学杀虫剂对害虫是一种比较有效的方法，但这一方法会带来许多负面效应。首先是对环境的影响，造成面源污染；其次是由于化学杀虫剂毒杀了非防治的昆虫和害虫的天敌，使生态失去平衡。因此，选育水稻抗虫品种已成为水稻害虫综合防治体系中重要的一环。

选育抗虫品种并进行品种的合理搭配是水稻害虫综合防治体系的基础。在水稻生产中种植抗虫品种的重要性，往往取决于其他防治措施的有效程度和总体效果，品种的抗虫性可能仅起到辅助作用，但抗虫品种确实能够抑制虫害，减少施用化学杀虫剂和昆虫病原菌，有利于保护和利用害虫天敌，保护环境。在某些特定条件下，品种的抗虫性也能够成为控制害虫的主要方法。例如，Heinrichs（1986，1988）报道，利用水稻抗虫品种曾一度减轻了亚洲稻区褐飞虱的为害，降低了水稻产量损失 10% 以上。

从水稻害虫发生的特点看，多数重要害虫具有发生世代多、为害时间长、世代重叠等特征，利用品种抗虫性较易获得持续、有效的结果。在受虫害为害大的稻区，品种抗虫性的研究和利用应是水稻遗传改良的重要组成部分。抗虫品种遗传改良应包括下述内容：①确定抗虫育种的目标害虫，尤其要确定当地稻区重要的害虫。②对水稻种质资源进行抗虫性鉴定、评价、遗传分析，从中筛选出抗性种质或直接作育种的亲本，或作为抗源材料加以转育利用。③选育对当地稻区某一主要害虫具有抗性的可推广的品种，或选用不同抗性机制和不同遗传背景的抗性种质，以适应害虫侵害特性的变化，或避免在更大的稻区内抗虫品种遗传基础的单一性，研究同时针对几种主要害虫的多抗性。④抗性品种应避免增加对其他害虫（包括非目标害虫）的易侵性。

综上所述，选育抗虫品种，尤其是选育能同时抗几种害虫的品种，难度是相当大的。然而，抗虫品种一旦育成，种植抗虫品种无须更多的技术和生产成本，经济有效，容易受到农民的欢迎，为农民所接受，方便推广。

（二）抗虫性遗传改良进展

国际水稻研究所（IRRI）从 1962 年开始，针对水稻螟虫开展了抗性研究。1967 年之后又先后开展了针对褐飞虱、白背飞虱、黑尾叶蝉、稻瘿蚊、稻纵卷叶螟、稻蓟马等水稻害虫的研究。IRRI 把品种抗虫性列为水稻遗传资源评价和利用（GEU）项目的主要内容之一，使抗虫性的研究和利用成为该所品种改良计划的一部分，同时通过国际稻遗传评价试验网（ING - ER）设立了褐飞虱（IRBPHN）、白背飞虱（IRWBPHN）、稻螟虫（IRSBN）和稻瘿蚊（IRGMN）4 个鉴定圃，按照统一制定的鉴定方法和抗性评定标准，进行多地区多点鉴定。

1962—1990 年，IRRI 对 8 万余份水稻种质资源进行了 100 万份次的抗虫性鉴定，结果获得了 2 937份可以利用的抗性材料，先后选育推广了 32 个对 1 ~ 2 种重要害虫具有抗性的国际稻品种（IR 系列品种），加速了南亚、东南亚各水稻生产国家的稻种改良。俞履圻（1984）报道，国际稻品种在中国的种植面积不大，但其中 IR26、IR36 及其衍生系被广泛用作杂交稻的恢复系，使所组配的杂交稻组合对褐飞虱等害虫具有良好的抗性。

目前，各国水稻抗虫品种栽培面积总数已超过 2 000万 hm^2，在抑制稻飞虱、叶蝉等主要水稻虫害，及其传播的水稻病毒病等方面已取得较好效果，提高了水稻的稳定性。国际水稻研究所通过合作研究、学术交流、科技人员培训、提供水稻优良种质等方式，有力地促进了菲律宾、中国、印度、泰国、越南、韩国、日本等国家的水稻抗虫育种。印度育成的抗虫品种有 Co42、Jyothi、Bhadra、Pavizham、Sasyasree、Ratna、Phalguna 等，泰国育成的抗虫品种有 RD4、RD9、RD21、RD23、RD25 等，韩国育成的有 Milyang21、Milyang23、Milyang46 等，孟加拉国育成的有 BR1、BR6 等。这些抗虫品种主要抗褐飞虱、黑尾叶蝉，并能有效抑制由其传播的水稻病毒病。Heinrichs（1986）指出，抗稻螟虫的品种有 Sasyasree、Ratna、BR1，抗稻瘿蚊的品种有 Phalguna、Viuram、Usha、Asha、Kakatiya 等。

由于各国水稻科技人员的努力，在水稻抗虫性鉴定方法、抗虫资源的鉴定、筛选、抗虫性育种、抗虫基因的鉴定等方面都取得了较大、较快的进展（表 12－1）。

表 12－1　水稻品种抗 32 种害虫特性研究利用概况

序号	害虫名称	研究进展情况				
		建立鉴定方法	发现抗源	进行抗虫育种	推广抗虫品种	鉴定抗虫基因
1. 褐飞虱	*Nilaparvata lugens*	+	+	+	+	+
2. 白背飞虱	*Sogatella furcifera*	+	+	+	+	+
3. 灰飞虱	*Laodelphax striatellus*	+	+	+	+	+
4. 美洲稻飞虱	*Tagosodes orizicola*	+	+	+	+	−
5. 二点黑尾叶蝉	*Nephotettix virescens*	+	+	+	+	+
6. 电光叶蝉	*Recilia dorsalis*	+	+	+	+	+
7. 大白叶蝉	*Cofana spectra*	+	+	−	−	−
8. 斑额顶斑叶蝉	*Emposacanara maculifrons*	+	+	−	−	−
9. 二化螟	*Chilo suppressalis*	+	+	+	+	−
10. 三化螟	*Scirpophaga incerrtulus*	+	+	+	+	−
11. 小蔗螟	*Diatraea saccharalis*	+	+	+	−	−
12. 稻粗角螟	*Maliarpha separatella*	+	+	−	−	−
13. 非洲蔗螟	*Elasmopalpus lignosellus*	+	+	−	−	−
14. 非洲大螟	*Sesamia calamistis*	+	+	−	−	−
15. 南美稻白螟	*Rupela albinella*	+	+	−	−	−
16. 非洲突眼蝇	*Diopsis macrophthalma*	+	+	+	−	−
17. 稻芒蝇	*Atherigona oryzae*	+	+	−	−	−
18. 菲岛毛眼水蝇	*Hydrellia philippina*	+	+	+	+	−
19. 稻瘿蚊	*Orseolia oryzae*	+	+	+	+	+

（续表）

序号	害虫名称	研究进展情况				
		建立鉴定方法	发现抗源	进行抗虫育种	推广抗虫品种	鉴定抗虫基因
20. 粘虫	*Leucania separata*	+	-	-	-	-
21. 稻蓟马	*Stenchaetothrips biformis*	+	+	-	-	-
22. 稻株缘蝽	*Leptocorisa oratorius*	+	+	-	-	-
23. 马来亚稻黑蝽	*Scotinophara coarctata*	+	+	+	-	-
24. 稻三点水螟	*Nymphula depunctalis*	+	+	-	-	-
25. 稻纵卷叶螟	*Cnaphalocrocis medinalis*	+	+	+	-	-
26. 稻水象甲	*Lissorhoptrus oryzophilus*	+	+	-	-	-
27. 稻铁甲虫	*dicladispa armigera*	+	+	-	-	-
28. 特氏摇蚊	*Chironomus tepperi*	+	+	-	-	-
29. 米象	*Sitophilus oryzae*	+	+	-	-	-
30. 玉米象	*Sitophilus zeamais*	+	+	-	-	-
31. 谷蠹	*Rhyzopertha dominica*	+	+	-	-	-
32. 麦蛾	*Sitotroga cerealella*	+	-	-	-	-

注：根据 Heinrichs（1986）资料整理，“+”表示已开展研究并有结果，“-”表示未开展研究或研究无结果。

（引自《水稻育种学》，1996）

中国在水稻抗虫性品种研究上是起步较早的国家之一。早在 20 世纪 30 年代，就发现水稻品种对稻螟虫的敏感性存在差异，并试验在生产上加以利用。顾正远（1986）、陆自强（1988）、吴荣宗（1988）、张志涛（1992）等的研究结果表明，我国水稻抗虫遗传改良研究进展较快。在水稻种质资源抗性鉴定评价方面，从一开始针对稻螟虫的零星鉴定和筛选，发展到对褐飞虱、白背飞虱、稻螟、稻瘿蚊、稻纵卷叶螟、黑尾叶蝉、稻蓟马等多种害虫的全面、系统鉴定、筛选，并在此基础上选育出一批抗虫常规品种和杂交稻组合。

1. 稻螟虫

周祖铭（1985）鉴定了 945 份水稻种质，其中，高抗二化螟的占总数的 0.74%，抗级占 3.81%，中抗的占 9.52%。抗虫性表现稳定的品系有 B-辐 A。邱明德（1975）鉴定台南 1 号、嘉南 2 号、台中籼 2 号，结果对二化螟有较好的抗性表现。在三化螟抗性育种上，已育成的品系有小青，其抗性相当于对照 W1263。对稻纵卷叶螟的研究，已鉴定了水稻种质资源 11 698份，筛选出抗性级 16 份、中抗级 126 份，但尚未育成抗虫的品种。

2. 飞虱害虫

现已鉴定抗褐飞虱水稻种质资源 60 740份，其中，抗级种质 4 036份，中抗级 1 898份，并发现 Kanto PL2 和 $87F_4202$ 两份外引的粳稻抗性材料，抗性等级接近 Mudgo。在水稻种质抗性鉴定的基础上，育成的粳稻抗性品种（系）有 JAR80047、JAR80079、沪粳抗 339（P339）、南粳 36、台南 68、秀水 620（丙 620）等。育成的籼稻抗性品种（系）有湘抗 32 选 5、HA361、HA79317－4、HA79317－7、248－2、浙丽 1 号、嘉农籼 11、台中籼 10 号、南京 14、新惠占和 83－12 等。经鉴定，抗褐飞虱的杂交稻组合有汕优 6 号、汕优 30 选、汕优 56、汕优 85、汕优 6161－8、汕优桂 32、汕优竹恢早、南优 6 号、威优 6 号、威优 35、威优 64 和六优 30 等。

目前，已鉴定抗白背飞虱水稻种质资源 31 755份，其中，抗级种质 755 份，中抗级 2 162份。在育成的抗褐飞虱品种（系）中，已知兼抗白背飞虱的有湘抗 32 选 5、HA7931－4、浙丽 1 号和浙 733 等，M112 在田间也表现较强的抗性。育成的抗白背飞虱杂交稻组合有汕优 23、汕优 36、汕优 56、汕优 63、汕优 64、汕优 6161－8、威优 6 号、威优 35、威优 64、红化中 61、汕优广 1 号、钢化青兰和六优 30 等，其中的一些组合兼抗褐飞虱。

3. 黑尾叶蝉

对黑尾叶蝉的抗性，现已鉴定了水稻种质资源 1 144份，其中，抗级种质 4 份，中抗级种质 60 份。育成的抗性品系有 91 228，兼抗白叶枯病和黄矮病。此外，V41A 表现高抗，杂交稻组合四优 2 号、四优 4 号和四优 6 号也都抗黑尾叶蝉。

4. 稻瘿蚊

对稻瘿蚊的抗性，现已鉴定了水稻种质资源 21 437份，其中，抗级种质 157 份，中抗级 83 份。育成的抗性品系有抗蚊 1 号、抗蚊 2 号等。

第二节 抗虫性状及其遗传和机制

一、水稻抗虫性状

水稻的抗虫性状涉及水稻形态、组织解剖、生理和生物化学等诸多性状。植株的颜色，茎秆的粗细、坚韧程度，叶片的长、宽、厚度，叶表面绒毛的数量、挺拔程度，叶鞘的紧密度，维管束的位置、表皮硅化程度，根系发达状况和吸收能力、分蘖力、气味（挥发物），植株内游离氨基酸类、糖类、次生性物质，酶体系及其活力，pH 值等，都可能是与抗虫性有关的性状。例如，抗三化螟品系小青的叶片正、反面均密生绒毛，害虫的着卵数量明显少于感虫品种；而且，茎髓腔的直径小，茎壁较厚，维管束间隙小又密布硅化细胞，螟虫很难侵入（杨丽梅等，1985）。

相反，陆自强（1979）、彭忠魁等（1979）、唐明远等（1979）报道，南方推广种植的籼型杂交稻组合茎秆粗壮，茎薄壁细胞多，维管束间隙大，硅化细胞少，螟虫对杂交稻的为害一般重于常规稻品种。又如，抗褐飞虱杂交稻组合南优 6 号和威优 6 号，叶鞘内天门冬氨酸、天门冬酰胺、缬氨酸、丙氨酸和谷氨酸含量仅有感虫组合的 25%～33%，而 γ 氨基丁酸含量却是感虫杂交组合的 4 倍，前 5 种氨基酸对褐飞虱取食可能有刺激作用，而后者对其取食可能有抑制作用。

水稻通常以次生代谢物和营养成分来影响害虫的行为，生长、发育和繁殖。一些次生代谢物可引起害虫的不良感觉反应，或使其中毒；或者植株体内缺乏害虫所需要的营养成分，或其含量极低；或者植株释放某些化合物吸引害虫的天敌来消灭之，从而达到间接保护的目的；此外，某些成分不利于害虫消化吸收食物，如蛋白酶抑制剂、α淀粉酶抑制剂、外源凝集素、几丁质酶等。这些物质是寄主与害虫长期互相作用的结果。

蛋白抑制酶（Proteinse inhibiter，PI）是一类广泛分布、含量较丰富的天然抗虫蛋白质。它的分子量较小，仅有5～25kD。一般在多数植物种子或块茎中含量高达1%～10%。蛋白酶是害虫生理代谢过程中的必备成分，起裂解和消化食物中的蛋白质。蛋白酶抑制剂能与害虫消化道的蛋白酶相互作用，形成酶—抑制剂复合物（EI），从而阻断或削弱了蛋白酶对外源蛋白质的水解作用，导致蛋白质不能被正常消化。

与此同时，酶—抑制剂复合物能刺激昆虫过量分泌消化酶，通过神经系统的反馈使害虫产生厌食反应，最终导致害虫发育不良或死亡。外源凝集素也是一种植物中广泛分布的一种非免疫性球蛋白，在豆科作物中的分布最为丰富，约占可溶性蛋白的10%。它在害虫的消化道里与肠道周围细胞膜上的糖蛋白结合，从而影响营养的吸收。

很显然，上述的多种抗性性状在水稻里是普遍存在的，但其抗性程度在不同品种间存在差异。当某一种性状发展到足以抑制害虫时，就专化为一种抗性性状。因此，在这种意义上说，抗虫性是相对的。

二、水稻抗虫性状遗传

（一）抗虫性遗传类型

水稻抗虫性是一种可遗传特性。抗虫性遗传分析通常采用抗虫品种与感虫品种杂交和测交，利用杂种一代（F_1）确定其显、隐性关系，根据杂种二、三代（F_2、F_3）的抗性表现分析是质量性状还是数量性状，然后对控制抗性的主基因进行基因等位性测定和基因定位。Maxwell（1980）把作物抗虫性遗传划分为3种类型。

1. 单基因抗性

具有这种类型的抗性品种与已知感虫品种杂交，F_1表现抗虫，F_2和以后世代表现明显的不连续分离，其效应为质量性状，抗性水平较高。单基因控制的抗性在水稻抗虫性遗传中广泛存在。Pathak（1969）、Khush（1977）、Chelliah等（1981）、Chaudhary等（1981，1984）研究报道了若干水稻品种对褐飞虱、黑尾叶蝉和稻瘿蚊的抗性是由单基因或双基因控制的。但是，也发现二化螟和褐飞虱的抗性是由多基因控制的遗传情况。

2. 多基因抗性

具有这种类型的抗虫品种，与已知感虫品种杂交后代的分离群体，抗虫表现从感虫到抗虫的连续变异，其效应是数量性状，抗虫性是多基因效应的累加，抗性水平一般为中等或较低。多基因控制的抗虫性更加普遍。

3. 主基因与多基因共同控制的抗性

在这种类型的抗性中，多基因能增强主基因的效应，称为“修饰基因”。Mochida（1982）研究指出，IR36对褐飞虱的抗性就是由主基因（*bph2*）与若干微效基因综合控制的结果。在水稻生产上，由于IR36对褐飞虱的抗虫性较持久，因而使IR36成为世界上种植面积最大的水稻品种。

（二）水稻抗主要害虫遗传分析

随着生物技术的日臻完善和水稻基因组测序的完成，以及功能基因组学的发展，研究者已能用现代分子生物学的方法研究水稻对害虫的抗性，以及由多基因控制的抗虫性等数量性状进行遗传分析。

1. 抗褐飞虱遗传

从20世纪70年代初开始，就对抗褐飞虱遗传进行研究，结果发现抗褐飞虱基因主要存在于籼稻和野生稻中，而且大多数抗虫品种来自斯里兰卡和印度。Mudgo、CO22等14个品种抗褐飞虱是由显性基因 *Bph*1 控制的，ASD7、Ptb18 等23个品种的抗性是由隐性基因 *bph*2 控制的，Ptb19 等8个品种的抗性是由显性基因 *Bph*3 控制的，Babawee 等11个品种的抗性是由隐性基因 *bph*4 控制的。*Bph*1 与 *bph*2，*Bph*3 与 *bph*4 分别连锁，并各自定位在水稻第4和第10染色体上。ARC10550、Swarnalata、ARC15831、Col. 5、Thailand 和 Balamawee 等品种则分别由显、隐性基因 *bph*5、*Bph*6、*bph*7、*bph*8 和 *Bph*9 控制。此外，Ptb21、Ptb33 等4个品种的抗虫性似乎同时受1个显性基因和1个隐性基因的控制。

上述9个抗褐飞虱基因是研究者采用经典遗传学方法研究确定的。之后又用分子遗传学方法对其中的 *Bph*1、*bph*2、*Bph*3、*bph*4 和 *Bph*9 进行了分析。20世纪90年代以来，研究者采用分子遗传学方法对抗褐飞虱的遗传进行了遗传分析，又发现了 *Bph*10、*bph*11、*bph*12（*t*）（2个）、*Bph*13（*t*）（2个）、*bph*14、*Bph*15、*Bph*18、*Bph*19 等10个抗性基因（表12－2）。这些抗褐飞虱基因的发现和遗传研究为抗虫品种的选育提供了物质基础，其中，*Bph*1、*bph*2 和 *Bph*3 已被应用到抗褐飞虱育种中。

表12－2 水稻抗褐飞虱主基因及其分子定位情况

基因	来源	染色体	连锁标记	参考文献
*Bph*1	Mudgo	Chr. 12	XNpb248，W326 ~ G148，RG463 ~ Sdh－1，RG634 ~ RG457	Athwal *et al.*，1971；Hirabayashi and Ogawa，1995
*bph*2	ASD7	Chr. 12	G2140（3. 5cM）	Athwal *et al.*，1971；Murata *et al.*，1998；Murai *et al.*，2001
*Bph*3	Rathu Heenati	Chr. 4		Lakshminarayana and Khush，1977；Huang，2003
*bph*4	Babawee	Chr. 6		Lakshminarayana and Khush，1977；Kawaguchi *et al.*，2001
*bph*5	ARC10550	待定		Khush *et al.*，1985；Kabir and Khush，1988
*Bph*6	Swarnalata	待定		Khush *et al.*，1985；Kabir and Khush，1988
*bph*7	T12	待定		Khush *et al.*，1985；Kabir and Khush，1988

（续表）

基因	来源	染色体	连锁标记	参考文献
bph8	Col. 5 Thailand, Col. 11 Thailand, Chin Saba	待定		Nemoto *et al.*，1989
Bph9	Kaharamana, Balamawee, Pokkali	Chr. 12	S2545（11.6cM），G2140（13.0cM）	Nemoto *et al.*，1989；Murata *et al.*，2001
Bph10（*t*）	*O. australiensis*	Chr. 12	RG457（3.68cM）	Ishii *et al.*，1994
bph11（*t*）	*O. officinalis*	Chr. 3	G1318（12.3cM）	Hirabayashi *et al.*，1998
bph12（*t*）	*O. latifolia*	Chr. 4	G271（2.4cM），R93（4.0cM）	Yang *et al.*，2002
bph12（*t*）	*O. officinalis*	Chr. 4		Hirabayashi *et al.*，1998
Bph13（*t*）	*O. officinalis*	Chr. 3	$AJ09_{230}b$	Renganayaki *et al.*，2002
Bph13（*t*）	*O. eichingeri*	Chr. 2	RM240（6.1cM），RM250（5.5cM）	Liu *et al.*，2001
Bph14	*O. officinalis*	Chr. 3	G1318，R1925	Huang *et al.*，2001
Bph15	*O. officinalis*	Chr. 4	C820，S11182，RG1，RG2	Huang *et al.*，2001；Yang *et al.*，2000
Bph18（*t*）	*O. australiensis*	Chr. 12	R10289S，RM6869，7312. T4A	Jena *et al.*，2005
Bph19t	AS20 - 1	Chr. 3	RM6308，RM3134，RM1022	Chen *et al.*，2006

（引自《中国水稻遗传育种与品种系谱》，2010）

由多基因控制的水平抗虫性，其抗性比较持久，不易产生新的生物型，但由于其遗传的复杂性，因此，这种性状在抗虫育种上的应用有一定的进展。目前，在抗虫数量性状位点（QTL）定位上已经取得了较大进展，使得用分子标记辅助选择改良数量性状有了可能。王布哪等（2001）采用抗虫源来自药用野生稻（*O. officinalis* Wall）的抗褐飞虱品系 B5 为父本，与感虫品种台中本地 1 号（TN1）杂交，用集团分离分析法（BSA）对 F_2 群体进行定位分析，鉴定出 B5 携有 2 个抗褐飞虱基因位点，分别位于水稻第 3 染色体的长臂末端和第 4 染色体的短臂上。

Soundararajan 等（2004）采用 IR64/Azucena 杂交的 DH 群体，定位了 6 个抗褐飞虱的 QTL，分别位于第 1、第 2、第 6、第 7 染色体上。其中，1 个基因与苗期抗虫性有关，1 个与抗生性有关，4 个与耐害性有关。吴昌军等（2005）利用籼、粳杂交珍汕 97/武育粳 2 号的 F_1 花粉培养，获得了 190 个双单倍体群体（DH），及其构建的 179 个 SSR 分子标记遗传图谱，共检测到 6 个苗期抗虫 QTL，分别位于第 2、第 3、第 4、第 8 和第 10 染色体上。

苏昌潮等（2002）利用杂交 Nipponbare/Kasalath//Nipponbare 回交重组自交系 BILs 作图群体（BC_1F_2），分析中等抗虫品种 Kasalath 的抗虫性，结果检测到 3 个苗期抗褐飞虱 QTL。Xu 等（2002）利用来源于 Lemont/Teqing 的 160F 重组近交系群体（BILs），检测到 7 个抗褐飞虱位点，其中，QBphr56 与控制水稻叶片和茎秆茸毛形成的主基因 *gl*1 邻近，其他 6 个位点则定位于与抗病有关的染色体区段。

Zhang 等（2004）利用 Northern 杂交及 cDNA 微陈列分析了抗褐飞虱品种 B5 和感虫品种明恢 63 被褐飞虱取食后基因的表达情况，发现抗虫品种中 19 个基因和感虫品种中 44 个基因的表达量发生明显变化。多数上升表达的基因与信号转导、氧化胁迫、细胞程序性死亡、损伤应答、干旱诱导及病原菌相关蛋白有关。Yuan 等（2005）利用抑制差减杂交（SSH）分离了 27 个对褐飞虱取食表现特异性的基因，其中，25 个是褐飞虱取食诱导上升表达，主要是与大分子降解、植株防御应答相关的基因；2 个是抑制表达，主要是与光合作用、细胞生长有关的基因。

值得指出的是，国际水稻研究所选育的品种 IR64，除了携有主基因 *Bph*1 外，还带有 7 个抗褐飞虱的数量性状基因（QTL），分别位于第 1、第 2、第 3、第 4、第 6、第 8 染色体上，因而表现出更持久的抗虫性，而且对已完全适应 *Bph*1 基因的褐飞虱种群仍表现出中抗水平。其中有 2 个 QTL，1 个表现出显著的抗虫性，1 个显示出明显的耐害性。上述研究结果加深了对水稻抗虫复杂生理和遗传机制的理解。

2. 抗白背飞虱遗传

1976 年，国际水稻研究所开始对水稻抗白背飞虱的遗传进行分析、研究，我国于 20 世纪 80 年代开始研究的。迄今，已发现和命名的抗白背飞虱的基因有 6 个（表 12－3）。Sidhu 等（1979）研究报道，水稻品种 N22、P580、Jhinuwa 等对白背飞虱的抗性由显性基因 *Wph*1 控制。Angeles 等（1981）指出，品种 ARC10239 的抗虫性由显性基因 *Wph*2 控制，ADR52 携带与 *Wph*1、*Wph*2 不等位的另一个显性基因 *Wph*3。Hernandez 等（1981）研究发现 PodiwiA8 的抗性由隐性基因 *wph*4 控制。IR2035－117－3 同时带有 *Wph*1 和 *Wph*2 这 2 个显性抗虫基因。吴春法等（1985）定名了第 5 个抗白背飞虱基因，即 N' Diang Maire 所携带的显性抗虫基因 *Wph*5。李西明等（1990）报道，云南地方水稻品种鬼衣谷、便谷、大齐谷和大花谷第 6 个抗白飞虱基因 *Wph*6（*t*）。

表 12－3 水稻抗白背飞虱主基因及其分子定位情况

基因	来源	染色体	连锁标记	参考文献
*Wbph*1	N22	Chr. 7	RG146（0－5.2）RG445	McCouch *et al.*, 1991；Sidhu *et al.*, 1979
*Wbph*2	ARC10239	Chr. 6	RZ667（25.6）	Angeles *et al.*, 1981；Liu *et al.*, 2001
*Wbph*3	ADR52	待定		Hernandez and Khush, 1981
*wbph*4	Podiwi－A8	待定		Hernandez and Khush, 1981
*Wbph*5	N'Diang Marie	待定		Wu and Khush, 1985
*Wbph*6（*t*）	鬼衣谷、大花谷	Chr. 11	RM167（21.2）	马良勇等，2002
Ovc	Asominori	Chr. 6	R1954	Yamasaki *et al.*, 1999, 2000, 2003

（引自《中国水稻遗传育种与品种系谱》，2010）

Yamasaki 等（1999，2001）在第 6 染色体上定位了一个具杀卵作用的主基因，命名为 *Ovc*。此外，还定位了 4 个具杀卵作用的 QTL，即 qOVA1 - 3、qOVA4、qOVA5 - 1 和 qOVA5 - 2，分别位于第 1、第 4、第 5 染色体上。*Ovc* 是作物中发现和鉴定的第一个具杀卵作用的基因，它负责产生 Benzyl benzoate，并形成水渍状坏死斑，能显著提高白背飞虱卵的死亡率。在有 *Ovc* 基因存在的情况下，Asominori 品种中的 qOVA1 - 3、qOVA5 - 1 和 qOVA5 - 2 可明显提高卵的死亡率，而 qOVA4 能抑制卵的死亡率。

寒川一成等（2003）利用籼、粳杂交的双单倍体（DH）群体检测影响白背飞虱抗虫性和感虫性的 QTL，在第 3 染色体的粳型片段上检测到 1 个影响蜜露分泌的微效 QTL；在 DH 株系分蘖早期和中期，将 4 个具杀卵作用的 QTL 定位在第 1、第 2、第 6 和第 8 染色体的粳型片段上，另一个 QTL 定位在第 9 染色体上。在第 1、第 3 和第 5 染色体上检测到 3 个影响第 2 代白背飞虱若虫密度的 QTL；3 个与白背飞虱为害相关的 QTL 位于第 8、第 10 及第 3 染色体上。

Sogawa 等以高抗白背飞虱的粳稻品种春江 6 号与感虫籼稻品种 TN1 做了正、反交，结果表明在 F_1 和 F_2 植株群体中，拒取食性和杀卵作用的遗传方式，F_1 均表现为抗性，F_2 分离群体均表现为 3：1 的抗：感的分离比例。说明在拒取食性和杀卵作用抗性方面受 1 对显性基因控制。利用这 2 个品种的 DH 群体，将水稻抗白背飞虱的拒取食性和杀卵作用抗性基因定位在水稻第 4 和第 6 染色体上。

迄今，已经发现和命名了 6 个抗白背飞虱基因。现有的研究结果表明，除 *wph4* 的抗性基因表现为隐性遗传外，其他 5 个抗性基因都表现为显性或部分显性遗传。其中，*Wph2* 定位在第 6 染色体上，*Wph6* 定位在第 11 染色体上。

3. 抗螟虫遗传

水稻螟虫主要有二化螟和三化螟，属于钻蛀性害虫，是水稻生产上的一个严重害虫。螟虫的幼虫先钻入叶鞘内部为害，随后钻进茎部，导致水稻白穗、死穗症状，造成 10% ~30% 的产量损失。由于螟虫为迁飞性害虫，其抗性遗传研究的难度较大，见到的研究报道也不多。

已有的研究结果认为，水稻对二化螟田间抗性的遗传是较复杂的，可能受几个遗传基因所控制，但当发生枯心苗作为田间抗性的鉴定标准时，则表现为简单遗传，而且抗性是显性的。Dutt（1980）报道，控制 TKM6/IR8 杂种对三化螟的抗性是一个单显性基因，它与控制矮生性状的基因是独立遗传的。而 Khush（1989）指出，水稻对三化螟的抗性是由主基因控制的。程泽强（2005）认为抗螟虫基因是由 1 对显性细胞核基因控制，这有利于转基因水稻作为抗虫种质材料在常规育种中的应用。国际水稻研究所选育的几个水稻品系具有抗螟虫性，这些抗性品系是通过采用具中等抗性的传统品种与具有较强抗性的育种品系杂交后代获得的。

4. 抗稻瘿蚊遗传

Shastry（1972）报道抗稻瘿蚊品种 W1263 携带 3 个抗虫基因 *gm1*、*Gm2* 和 *Gm3*，以及 1 个显性抑制基因 *I - Gm1*。Chaudhary 等（1986）则报道 W1263 携带单一显性抗稻瘿蚊基因 *Gm1*，Surekha 携带另一个显性抗虫基因 *Gm2*。

迄今，已研究发现和命名了 9 个抗稻瘿蚊基因，并对其中的 7 个进行了定位（表

12－4）。

表 12－4　水稻抗稻瘿蚊主基因及其分子定位情况

基因	来源	染色体	连锁标记	参考文献
*Gm*1	Eswarakora，W1263	Chr. 9	RM316（8.0cM），RM444（4.9cM），RM219（5.9cM）	Sastry *et al.*，1975；Chaudhary *et al.*，1985；Biradar *et al.*，2004
*Gm*2	Phalguna，Siam29	Chr. 4	RG329（1.3cM），RG467（3.4cM）	Mohan *et al.*，1994；Nair *et al.*，1995
*gm*3	Velluthacheera，RP2068－15－3－5	Chr. 9	OPU－01	Katiyar *et al.*，1999；Kumar *et al.*，1999
*Gm*4*t*	Abhaya	Chr. 8	$E20_{570}$，R1813，S1633B	Mohan *et al.*，1997；Nair *et al.*，1996
*Gm*5	ARC5984	待定		Kumar *et al.*，1998
*Gm*6（*t*）	大秋其，Dokang1	Chr. 4	RG214（1.0cM），RG163（2.3cM）	Katiyar *et al.*，2001
*Gm*7	RP2333	Chr. 4	SA598	Kumar *et al.*，1999；Sardesai *et al.*，2002
*Gm*8	Jhitpiti	Chr. 8	AR257，AS168，AP19587	Jain *et al.*，2004
*Gm*9	Line 9	待定		Shrivastava *et al.*，2003

（引自《中国水稻遗传育种与品种系谱》，2010）

5. 抗黑尾叶蝉

Karim 和 Pathak（1982）报道，水稻品种 Pankhari203、ASD7、Betong、ASD8、TAPL796、Maddai Karuppan 和 Ptb8 对黑尾叶蝉的抗性，分别是由非等位的 7 个抗黑尾叶蝉（*Nephotettix cincticeps* Uhler）基因，即 *Grh*1、*Grh*2、*Grh*3（*t*）、*Grh*4、*Grh*5、*Grh*6（*t*）、*Grh*6－*nivara*（*t*）（表 12－5）。但是，只有其中的 1 个基因没有进行定位，其他分别定位在第 3、第 4、第 5、第 6、第 8 和第 11 染色体上。

表 12－5　水稻抗黑尾叶蝉主基因及其分子定位情况

基因	来源	染色体	连锁标记	参考文献
Grh. 1	Pe－bihun	Chr. 5		Tamura *et al.*，1999
Grh. 2	Lepedumai，DV85	Chr. 11	C189，G1465	Fukuta *et al.*，1998
Grh. 3（*t*）	Rantj－emas 2	Chr. 6		Saka *et al.*，1997
Grh. 4	Lepedumai，DV85	Chr. 3	R44，Y3870R	Yazawa *et al.*，1998
Grh. 5	*Oryza rufipogon*	Chr. 8	RM3754，RM3761	Fujita *et al.*，2003，2006
Grh. 6（*t*）	Surinam variety	Chr. 4		Tamura *et al.*，2004
Grh. 6－*nivara*（*t*）	*Oryza nivara*			Fujita *et al.*，2004

（引自《中国水稻遗传育种与品种系谱》，2010）

三、水稻抗虫性机制

（一）抗虫性机制

根据目前研究的结果，把水稻抗虫性机制分为三种：一是拒虫性（antixenosis），也称排趋性或非选择性，二是抗生性（antibiosis），三是耐害性（tolerance）。

1. 拒虫性

拒虫性是指寄主植物的某些性状使害虫不以它为取食对象或进行产卵、栖息的场所。拒虫性可由物理因素或化学因素引起，例如，寄主不具备某些形态学或生物化学特征，不被害虫所选择；或者有些性状具有相当的机械阻挡或化学驱避作用，如芒性、茸毛、蜡质等，能阻止害虫为害。拒虫性的结果是使抗虫品种上的害虫虫口密度明显低于感虫品种。如褐飞虱通过用触觉感应水稻挥发出来的气味来感知寄主是否适于其取食、产卵和栖息，感虫品种的气味对褐飞虱具引诱作用，相反，抗虫品种的气味具趋避作用。

2. 抗生性

抗虫性是指寄主对害虫的侵害反应出不利于害虫生长、发育，比如，对害虫的活动造成困难、食量减少、生殖力下降、生长发育迟缓、躯体变小、体重减轻等，最终导致害虫不能顺利生长、发育和繁殖，死亡率增加。这种抗性的结果可直接降低害虫的成活率和繁殖率，抑制种群数量的发展。多数抗生性是由化学因素引起的，即寄主体内存在对害虫有毒的化学成分或缺乏害虫生长、发育所必需的某些营养成分，前者称为抗生机制的毒素学说，后者称之为营养学说。

3. 耐害性

耐害性是指寄主可以忍受能使感虫品种严重成灾的害虫的为害而仍获得相当的经济产量，这种抗虫性称耐害性。与前两种抗虫性不同，耐害性并不是减少或降低害虫的为害，而是表现出对害虫为害的耐受力。耐害性在很大程度上取决于寄主内部复杂的抗逆生理过程，反表现在寄主生长发育的动态过程中。它虽不能减少害虫种群虫口数量，但在生产上却具有实用价值。

水稻抗虫品种的抗性机制可以以一种抗虫机制为主，也可以同时兼有 2 种或 3 种抗虫机制。一个品种可以对一种害虫表现抗性，也可以对 2 种或 2 种以上害虫表现抗性，抗虫机制可以相同或不相同。应当指出的是，由于对这种抗虫机制的区分是主观的，所以，并不是所有的抗虫现象都能准确地划归到三种抗性机制之一。例如，一些水稻品种可能因为物候的原因，而避免受害，某些早熟品种由于早熟性的原因，使易受虫害的生育阶段与害虫盛发期错开，而避免受害，称之为避害（host evasion）。

（二）水稻的抗虫性机制作用

1. 褐飞虱

（1）拒虫性　水稻植株表面蜡质中的羟基化合物对褐飞虱有避忌作用；褐飞虱用触角感应水稻挥发出来的气味来鉴别寄主是否适合取食、产卵和栖居，感虫品种的气味对褐飞虱具引诱作用，抗虫品种的气味对褐飞虱具避忌作用。引诱褐飞虱进行寄主定位的化合物有20余种，主要是酯类、醇类、羟基化合物。

（2）抗生性　水稻对褐飞虱抗生性的机制表现是植株缺乏足够的刺激吸食的物质，如天冬酰胺、天冬氨酸、谷氨酸、丙氨酸、缬氨酸，抗虫品种中的这5种氨基酸含量明显低于感虫品种；抗虫品种含有较高浓度的抑制吸食的化学成分或有毒的致死物质，如草酸及固醇类中的β－谷甾醇、菜油甾醇对褐飞虱有强烈的抑制作用。

（3）耐害性　抗虫品种的植株受害后有较强的补偿能力，比如，仍能吸收较多的CO_2，具有较强的光合作用，使最终积累较多的干物质，植株损失的比例较小。而感虫品种受害后CO_2的吸收量下降很多。

2. 白背飞虱

水稻对白背飞虱抗生性机制表现是，抗虫品种含有抑制取食的化学物质。植株体内对害虫生长、发育缺乏足够的营养，一般抗虫品种与稻株内的总氮量和游离氨基酸主要是亮氨酸和丙氨酸的含量呈显著负相关。

3. 螟虫

（1）拒虫性　通常植株叶片表面有茸毛的品种受虫害较轻；植株高大、剑叶宽而长的品种会吸引更多的螟虫蛾产卵；植株中的稻酮对螟蛾和幼虫具有较强的引诱作用。

（2）抗生性　抗虫品种的茎秆具有多层厚壁细胞，对初孵幼虫的入侵造成障碍；其茎节间包裹着紧密的叶鞘，初孵幼虫起初在叶鞘与茎之间活动，叶鞘的紧密程度影响幼虫的取食行为和侵入率，而感虫品种的叶鞘疏松，易受害虫的幼虫侵害。植株含硅高的品种对螟虫生存不利，使取食幼虫的上颚损坏，而且硅质对稻螟的消化酶有抑制作用，不利于食物消化；稻株含草酸、苯甲酸、水杨酸、苯酚多的品种具抗螟性；二化螟的幼虫需要大量的碳水化合物和蛋白质作为营养，抗虫品种的含氮量和淀粉含量明显低于感虫品种，且碳氮比较高，不利幼虫营养；此外，茎腔小的品种受害轻，髓腔大的品种茎秆更适合幼虫取食和活动，生存率较高。

（3）耐害性　水稻分蘖力强的品种受害率较低。

4. 稻瘿蚊

（1）拒虫性　抗虫品种生有长而浓密的毛，不适于稻瘿蚊产卵，并阻碍幼虫侵入生长点；有些抗虫品种的表皮下具有木质化的厚壁组织，不利于幼虫的入侵。

（2）抗生性　抗虫品种可能含有抑制幼虫蜕皮的物质，或缺少蜕皮需要的某种物质，造成幼虫不能正常发育；抗虫品种生长点的游离氨基酸和酚类含量较高，糖的含量较低，也不利于幼虫的生长。

5. 黑尾叶蝉

（1）拒虫性　抗虫品种上栖居的黑尾叶蝉明显低于感虫品种；抗虫品种的叶片上长有较密的毛，不利于黑尾叶蝉取食和栖息；抗虫品种的气味对黑尾叶蝉有驱避作用。

（2）抗生性　对抗虫品种来说，黑尾叶蝉主要在木质部处取食，而感虫品种在韧皮部处取食，这样的结果是黑尾叶蝉从木质部导管上获得的营养较差，以致其发育迟缓、体重减轻、羽化率低、成虫寿命缩短、繁殖力低、死亡率高；也可能抗虫品种的韧皮部汁液含有忌食物质，或缺少刺激取食的物质。相反，黑尾叶蝉在感虫品种韧皮部的筛管里能够获得较为丰富的营养，因而生存率和繁殖率均较高。

四、水稻抗虫性评价

（一）抗虫性评价内容

抗虫性评价通常采取将评价材料（品种或品系）直接接虫的方法，以材料受害的程度作为评价的依据。抗虫性评价离不开寄主（材料）和害虫及其互作和环境的影响这几方面内容。

1. 寄主表现

寄主受害后的状态，例如，生长、发育变缓慢，易倒伏，茎秆或叶片受害后失绿、萎蔫或枯死等；不同生育阶段受害寄主的恢复情况等；以及水稻干物质总量或稻谷产量损失的情况等；在自由选择条件下，寄主上的着卵量、招引成虫的数量、幼虫的虫量等。

2. 害虫表现

害虫发育状况，如卵孵化率、幼虫成活率、成虫羽化率、各虫态发育历期、虫体大小和重量、成虫寿命、产卵量、后代数量和后代发育情况等。

3. 寄主与害虫互作

寄主形态特征与害虫侵害的相互关系；寄主化学成分与害虫趋性、生长发育及其繁殖能力的相互关系；害虫取食量及其被利用食料数量的相互关系等。

4. 环境条件对上述各项的影响

（二）抗虫性评价方法

抗虫性评价通常在害虫对寄主易侵期进行，如稻飞虱、黑尾叶蝉能在稻的全生育期为害，稻螟虫在分蘖盛期和孕穗期为害。但是，抗虫性评价一般在苗期进行，因为绝大多数水稻品种对稻飞虱、黑尾叶蝉的抗性与苗龄呈正相关。在正确掌握试验方法和控制试验条件的情况下，苗期鉴定结果与成株期的是一致的。

抗虫性评价的依据是寄主的受害状况，国际稻试验计划（IRTP）于1975年将无虫害到全株枯死或严重受害的不同程度划分为0～9级，分别与免疫至高感6个抗性水平相对应，并于1980年和1988年2次修订，这种标准广泛应用于所有水稻害虫的抗性评价（图12－1）。

受害等级	植株受害状	抗性水平
0	无受害	抗虫
1	受害极轻微	
3	大部分植株第1、2片叶部分黄化	
5	明显黄化近半数植株萎蔫或死亡	中抗
7	半数以上植株枯死	感虫
9	全部植株枯死	

图12－1　抗虫性鉴定等级

下面以抗褐飞虱为例说明评价方法的应用。采用标准苗期筛选法（SSST法），将拟鉴定的品种（系）随机播种在育苗盆（60cm×40cm×10cm）里，盆内平铺3～4cm深细土，每份材料播1短行，每一行播15～20粒种子，行长10cm，行距4cm，排列3排，每排14行，每盆可播42份材料，包括抗、感病对照材料。播种后种子上用细干土浅覆盖，浇透水，以后视土壤墒情及时浇水保持湿润。

出苗后随浇水轻施复合肥1次。当75%的幼苗达到二叶一心（2.3～2.8叶）时，清除杂草、剔除弱苗，每份材料留10～15株苗，然后置于3～4cm浅水中，水可通过盆底的小孔浸入盆土里。这时可按每株幼苗8～10头虫的虫口密度均匀接上2～3龄褐飞虱幼苗。鉴定试验通常在温室内进行，自然光照，室温保持25～30℃。试验以台中在来1号（TN1）为感虫对照，以Mudgo、ASD7为抗虫对照。当台中在来1号感虫发展到9级时，调查拟鉴定材料的感虫受害情况，并按图12－1的标准评价其抗、感水平。

受虫害的状况一般用文字描述。如果有很难用文字准确描述的情况时，可以将重要受害指标数量化。例如，在对稻纵卷叶螟的抗性分级中，根据受害情况将叶片分为4个等级，计算受害指数，并用感虫对照进行校正，确定受害程度。在对黑尾叶蝉的抗性分级时，则采用0～8评分制，逐株评分，以总分评价受害的指数和等级。

根据鉴定环境可分为田间鉴定和室内（温室、网室）鉴定。田间鉴定在自然条件下进行，方法简便、易操作。但因害虫的虫口密度不均匀，在空间和时间上需安排较多重复，有时因害虫的虫口密度太低，或其他病、虫、鸟等因素的干扰而无结果。室内的鉴定条件可以人工设定和控制，采取人工接虫，方法规范，结果可比性强。一般有条件的育种单位，水稻种质资源的系统鉴定、筛选和育种高代材料的抗虫鉴定，一般都采取室内鉴定和筛选。

通过抗虫性评价，可以从大量水稻种质资源中筛选出所需要的抗虫材料。筛选分初筛和复筛。初筛目的是从大量材料中，初步鉴定和筛选出抗性材料来，一般不设重复。在初筛中表现0～5级的抗性材料，再进行复筛。复筛是定性鉴定，常设4～6次重复，最终根据多次重复的鉴定结果，确定材料的抗性等级。

（三）品种抗虫性与害虫生物型

水稻在进化中形成了对害虫的抗性，但这种抗性也不是一成不变的，因为害虫会不断地适应水稻对它的抗性，于是就产生了新的生物型（biotype）的分化。生物型是指同种害虫的不同种群，它们在特定的寄主上表现出不同的致害能力。这与植物病原菌生理小种的分化有着相似的含义。例如，褐飞虱在东亚地区有3个生物型：生物型1不能为害具有任何抗虫基因的水稻品种；生物型2可以为害带有*Bph*1抗虫基因的水稻品种，但不能为害携有*bph*2抗虫基因的水稻品种；生物型3能够为害具*bph*2抗虫基因的水稻品种。

害虫生物型多产生于同翅目的飞虱科、叶蝉科和双翅目的瘿蚊科，如水稻害虫褐飞虱、黑尾叶蝉、稻瘿蚊均产生了不同的生物型。这类害虫生命周期短、繁殖能力强，每年发生的世代数也多，因而有利于生物型的分化。害虫种群分化为不同的生物型，是害虫与寄主相互作用、共同进化的结果。随着抗虫水稻品种的广泛应用，有可能会产生新的更多的生物型。从水稻抗虫性类别来说，抗生性的品种更容易促使害虫产生新的生物型，而拒虫性、耐害性的抗虫品种不易促使害虫产生新生物型。但害虫生物型的出现也不全都是由种植抗虫品种引起的，如地理上的隔离也会造成不同生物型的产生。

（四）抗虫性与环境

水稻的抗虫性不仅取决于品种自身的遗传基础，而且环境条件对抗虫性的表达及效果表现也有深刻的影响。例如，在低硅含量土壤上种植的具茎秆表皮硅化特性的抗虫品种，其对二化螟的抗性显著降低；相反，在这种土壤里适当施用含硅的肥料则能提高其抗虫性。Maywell（1980）研究指出，稻酮（对甲基乙酰苯）含量低的水稻品种与含量高的品种混栽时，螟蛾对稻酮含量低的品种表现为非选择性，而单一种植含量低的品种时，这种拒虫性效果便不复存在。张良佑等（1990）报道，稻谷的成熟状况能显著影响其对仓库害虫的抗性；抗虫品种 ASD7 在短日照和低温条件下抗虫性下降。很显然，抗虫品种的抗性在一定程度上受环境条件（包括人工条件）的调控。

Maxwell（1980）指出，实际上还存在另一类所谓拟抗虫性（pseudoresistance），这类抗虫性只在特定的环境条件下存在，而寄主可能是潜在的感虫品种。抗虫性品种选育需要的是可以遗传的抗性，即品种的抗虫性，而不是拟抗虫性。水稻对害虫的抗性有一定限度，承受时间与品种抗性水平呈正相关，与为害虫口数量呈负相关。水稻品种的抗虫效果与害虫发生的时间、强度有密切关系。从这种意义上说，品种的抗虫性也是相对的。

第三节　抗虫性育种技术

一、抗虫种质资源鉴定

在水稻害虫综合防治中，利用抗虫品种是有效控制害虫种群、保护天敌、减少杀虫剂施用量、保护环境和降低生产成本的根本性技术措施。抗虫种质资源（抗源）是水稻抗虫育种的材料基础。抗性种质资源可来自水稻品种，也可来自水稻野生近缘种。我国对水稻抗虫种质资源的鉴定和筛选非常重视，国际水稻研究所、国际热带农业研究所均在 20 世纪 60 ~ 70 年代开展了水稻种质资源的研究工作。例如，我国在抗白背飞虱种质鉴定方面，已筛选出 0 ~ 1 级抗性水平的籼稻品种有鬼衣谷、大齐谷、小花谷、老街谷、地红谷、法泡谷、早红谷等；粳稻品种有考改良、早日谷、盐酸谷、台东 24、Takaoku5、LK515 等；糯稻品种有牛皮糯、鱼仔糯、响铃糯、矮脚糯等。

抗虫种质数量的多少因害虫种类而异，对褐飞虱发现的抗源品种最多，其次是抗白背飞虱和螟虫的抗源，再次是抗稻纵卷叶螟和稻瘿蚊的抗源。Heinrichs（1986）指出，水稻抗虫性种质的分布与害虫种类有关，而且多为中抗材料，抗性低且不稳定；对某些种类的害虫，如粘虫、麦蛾等，至今还未发现抗性材料。张志涛（1986a）指出，水稻对害虫的抗源似与地理分布有关，国际水稻研究所鉴定出的褐飞虱抗源材料中，来自斯里兰卡的水稻品种占 56.1%，印度品种占 29.5%。

我国水稻抗虫资源主要来源于云南，其次是江西和台湾的部分地方品种。自 20 世纪 60 年代末至今，亚洲各国已对 6 万多份水稻种质资源进行了抗稻瘿蚊的鉴定，筛选出抗不同生物型的抗性种质；我国也鉴定了 2 万多份水稻种质资源，其中，获得抗级水平的种质157份，中抗级种质83份。这些抗虫资源的发现为抗稻瘿蚊品种的选育提供了较丰富的抗源材料。

研究表明，野生稻资源是抗虫种质的重要来源，有一些对三化螟、稻纵卷叶螟高抗的野生稻种，其抗性强度在水稻栽培品种中尚未发现（表12－6）。

表12－6　从野生稻中鉴定出来的抗虫资源

害虫	野生稻种
褐飞虱	根茎野生稻（*O. rhizomatis*），野穗野生稻（*O. eichingeri*），普通野生稻（*O. rufipogon*），尼瓦拉野生稻（*O. nivara*），药用野生稻（*O. officinalis*），小粒野生稻（*O. minuta*），澳洲野生稻（*O. australiensis*），宽叶野生稻（*O. latifolia*），马来野生稻（*O. ridleyi*），高秆野生稻（*O. alta*），短药野生稻（*O. brachyantha*）
白背飞虱	药用野生稻（*O. officinalis*），宽叶野生稻（*O. latifolia*），斑点野生稻（*O. punctata*），紧穗野生稻（*O. eichingeri*），小粒野生稻（*O. minuta*）
黑尾叶蝉	短舌野生稻（*O. breviligulata*），药用野生稻（*O. officinalis*），紧穗野生稻（*O. eichingeri*），小粒野生稻（*O. minuta*）
螟虫（二化螟、三化螟）	普通野生稻（东乡）（*O. rufipogon*），高秆野生稻（*O. alta*），短药野生稻（*O. brachyantha*），马来野生稻（*O. ridleyi*）
稻纵卷叶螟	普通野生稻（*O. rufipogon*）、普通野生稻（东乡）（*O. rufipogon*），药用野生稻（*O. officinalis*），尼瓦拉野生稻（*O. nivara*），斑点野生稻（*O. punctata*），短药野生稻（*O. brachyantha*）
稻瘿蚊	普通野生稻（*O. rufipogon*），药用野生稻（*O. officinalis*），短药野生稻（*O. brachyantha*），马来野生稻（*O. ridleyi*）
稻蓟马	药用野生稻（*O. officinalis*）

（引自《中国水稻遗传育种与品种系谱》，2010）

水稻抗虫资源的多少及其抗性强度决定了抗虫育种进展的快慢。多数水稻害虫抗源贫乏，因而其抗虫品种遗传改良进展迟缓，甚至无法进行。少数害虫的抗源丰富，抗虫育种进展较快，抗虫品种选育也取得较好成果，但也存在害虫适应抗源而产生新的生物型分化的问题。对水稻抗虫育种来说，抗源不足是现状，因此，要求水稻育种家和昆虫学家能科学地、充分地、有效地利用现已鉴定出来的抗源材料，并多方开辟寻找新抗源，同时，深入研究远缘杂交和分子标记辅助育种技术，探索导入外源抗性基因的新途径。

二、抗虫性品种选育技术

选育抗虫水稻品种是防治害虫为害最经济、有效的措施之一，但是选育抗虫品种，尤其是要选育能同时抗几种害虫的水稻品种，其难度是很大的，需要通过水稻育种家、昆虫学家及其专家的共同努力（图12－2）。但是，抗虫品种一旦育种成功，就会很快得到推广应用。

（一）系统选育技术

系统选育技术是利用水稻基因型的自然变异，通常在农家品种或育成推广品种

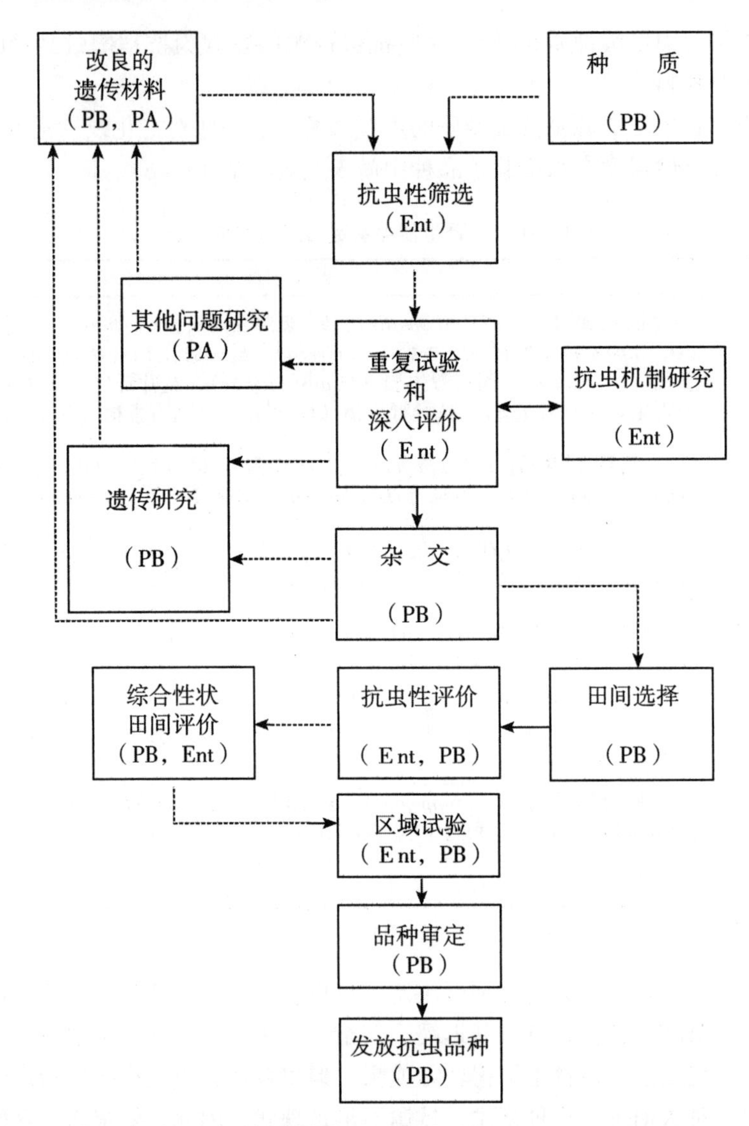

图 12-2　抗虫育种的一般程序。其中累积了昆虫学家（Ent）、植物育种学家（PB）和其他科学家（PA）的研究成果

（参照 Heinrichs1986 图整理）（引自《水稻育种学》，1996）

（系）中，选择对某一害虫具有中抗以上的抗性材料（单株）。在以后的世代中，这种抗虫性能够稳定遗传，并进行其他综合性状的选择，最终育成既抗虫，其他综合性状又优良的新品种。例如，抗稻飞虱、叶蝉的品种 Ptb/8、Ptb21、Ptb33 均分别由印度地方水稻品种 Eravapandi、Thekkan 和 Arikirai 经系统选育而成的。魏子生（1981）报道，抗多种病、虫的晚籼品种湘抗 32 选 5 则是从多抗品系 IR1561－228－3－3 中经系统选育来的。

（二）杂交育种技术

通过杂交育种，可将抗源亲本的抗虫性转育到农艺性状和经济性状优良的品种中去，从而育成抗虫的新品种。在抗褐飞虱水稻品种选育上，国际水稻研究所1973年育成了带有抗褐飞虱基因*Bph*1的抗虫品种IR26，1976年又育成了携有*Bph*2抗性基因的抗虫品种IR36，1982年育成了具*Bph*3抗性基因的IR56。近年的调查表明，褐飞虱生物型已经适应了上述抗虫品种的抗性基因。

近些年来，我国育成了一批抗褐飞虱的品种（系），如粳稻有JAR80047、JAR80079、沪粳抗339、秀水620、秀水644、南粳36和台南68等；籼稻有湘抗32选5、浙丽1号、嘉农籼11、HA361、HA79317－7、248－2、台中籼试338、南京14、新穗占、83－12和汕优89等。水稻新育成品种粳籼89兼抗褐飞虱生物型1和生物型2。育成的抗褐飞虱杂交稻有汕优6号、汕优30选、汕优54选、汕优56、汕优64、汕优桂32、汕优竹恢早、南优6号、威优35、威优64和六优30等。

在抗白背飞虱品种选育上，在已育成的抗褐飞虱新品种中，已知兼抗白背飞虱的品种有湘抗32选5、HA79317－4、浙丽1号和浙733等，M112在田间也表现出较强的抗虫性。抗白背飞虱的杂交稻有汕优33、汕优36、汕优56、汕优64、汕优6161－8、汕优桂33、威优6号、威优35、威优64、威优98、红化中61、汕优广1号、钢化青兰和六优30等。其中，一些杂交组合兼抗褐飞虱。

对稻瘿蚊品种的抗性选育，印度早在20世纪60年代就把选育抗虫品种作为防治稻瘿蚊的主要措施，已育成并推广了多个抗性品种，如Co43、Co44、Karna、Kakatiya、Mahaveera、Phalguna、Rajedra、Dhan－202、Tm2011、Mdu3、Divya、Erra、Mallelu、Sakti、Asha等。我国抗稻瘿蚊品种选育起步较晚，潘英等（1993）报道，从广东省水稻地方品种资源中鉴定、筛选出高抗稻瘿蚊品种大秋其、羊山占等抗源材料。1984年开始与国际水稻研究所合作，进行抗稻瘿蚊品种的杂交育种，1988年育成了抗蚊1号、抗蚊2号。高抗稻瘿蚊品种抗蚊2号的来源是，以优质、抗白叶枯病的晚籼品种青丰占31与高抗稻瘿蚊的高秆晚籼农家品种大秋其杂交，对F_2代进行大群体接虫鉴定、筛选，选择抗虫株系，以后每世代同步进行抗虫鉴定和选择，经4年7代选育而成。

广东省农业科学院选育的抗稻瘿蚊品种抗蚊青占在广西稻区多点试种，表现抗性强、丰产性好、适应性广，在稻瘿蚊严重发生的稻区推广种植，能明显控制稻瘿蚊的为害，增产效果非常显著。

对水稻抗黑尾叶蝉品种的选育，日本于1978年选育出抗黑尾叶蝉新品种爱知42，以后又陆续选育出关东PL3、关东PL6、西海PL2、奥羽PL1、爱知44、爱知49、爱知66、爱知74等抗叶蝉品种。

Heinrichs（1986）采用抗褐飞虱、白背飞虱、二化螟、三化螟、稻纵卷叶螟、黑尾叶蝉等抗虫种质，以选育IR62为例，强调说明了选育多抗性品种的复杂过程，即当需要将多种抗虫性综合到一起选育多抗性品种时，可以采用逐步回交和聚合回交的复合杂交方式（图12－3）。抗虫育种的水平是逐步提高的，育成若干单抗性品种是选育多抗性品种的基础条件，而对抗源进行转育形成适合杂交育种的中间材料（桥梁材料）也十分重要。

（三）远缘杂交技术

正如上面所述，野生稻与栽培稻比较，野生稻中含有的抗虫基因更多，因而是重要

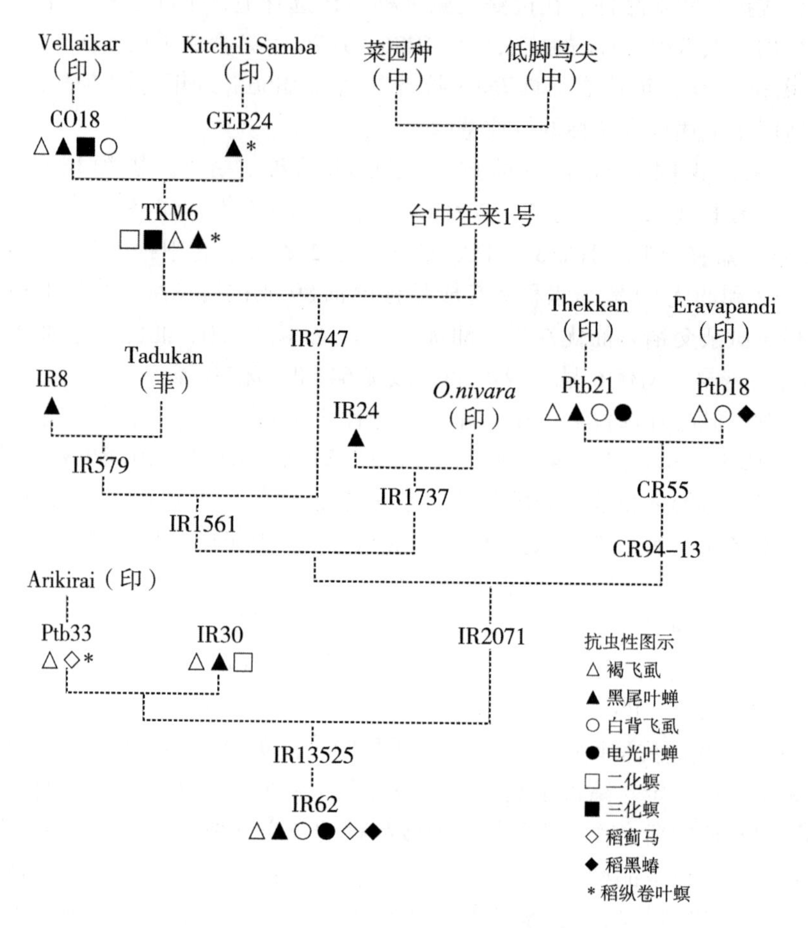

图 12－3　IR62 系谱和多种抗虫性的组合

（Heinrichs，1986）（引自《水稻育种学》，1996）

的抗虫种质资源的来源。从栽培稻中的籼稻与粳稻比较，籼稻含有的抗虫种质更多一些。因此，采取籼与粳杂交或野生稻与栽培稻杂交，可以将籼稻或野生稻中的抗虫基因转入粳稻或栽培稻，因而，远缘杂交技术是有效的方法，即远缘杂交是导入外源抗虫基因的一项切实可行的技术。

粳稻缺少抗褐飞虱的抗性基因，通过籼、粳亚种间杂交将抗褐飞虱基因导入粳稻，现已育成了 JAR80047、沪粳抗 399、南粳 36 和台南 68 等抗褐飞虱粳稻品种。野生稻与栽培稻杂交，将其抗虫基因导入栽培稻中，有利于扩大品种的抗性遗传基础，还可获得抗多种生物型的杂种后代，能有效防止新生物型的产生，对水稻遗传改良十分重要。但是，野生稻与栽培稻是不同种，其抗虫性难于直接利用，先要通过遗传学的方法将野生稻的抗虫基因转育到栽培稻里，培育出抗虫的栽培稻材料，再在抗虫育种中应用。

Jena 等（1990）采用药用野生稻与栽培稻杂交，经胚培养（胚拯救）和回交获得了具有药用野生稻抗褐飞虱和抗白背飞虱基因的异源单体附加系。钟代彬等（1997）用高产、优质的栽培稻中 86－44 作母本，高抗褐飞虱的广西药用野生稻作父本，远缘杂交结合胚培养，获得农艺性状优良、高抗褐飞虱的株系。武汉大学生命科学院以普通野生稻、药用野生稻、小粒野生稻、宽叶野生稻为抗性基因供体，对野生稻抗虫基因的转育开展了研究，获得了大量野生稻与栽培稻的杂种后代。张良佑等（1998）用感虫栽培稻雄性不育系为母本，与高抗褐飞虱的野生稻进行杂交，成功地获得了抗褐飞虱的杂种后代，为选育出抗虫性稳定的水稻新品种打下了基础。

野生稻与栽培稻种间杂交，将野生稻对褐飞虱的抗性基因转入粳稻，已获得抗虫品系。例如，来源于台农 61 的一个粳糯半矮秆突变种 TNG61$M_5$10－1 与 *O. rufipogon*（IRRI Acc. No. 100923）杂交，从 BC_2F_4（TNG61$M_5$10－1^3/*O. rufipogon*）中获得 2 个粳型抗虫品系 2744 和 2764，其抗性由显性单基因控制（黄真生等，1982）。Velusamg（1991）报道，该变种与药用野生稻（*O. officinalis*）杂交，获得了抗褐飞虱品种有 IR54742、IR54745、IR54752 等。

（四）人工诱变技术

人工诱变技术是采用物理因素或化学诱变剂处理水稻种子、植株等外植体，促使植株等的遗传因子发生变异，从中选择抗虫性变异。江西省农业科学院采用杂交组合 5450/印尼水田谷的 F_1，经 30kR 的 γ－射线处理育成了抗白背飞虱、耐寒、高产新品种 M112。在国外，同样用 γ－射线处理感虫的水稻品种，通过鉴定、筛选获得了抗褐飞虱生物型 1 的株系，及中抗生物型 2 或生物型 3 的 Atomital、Atomita2627/4－E/PsJ、A227/2/PsJ、A227/3/PsJ、A227/5/PsJ 等多抗性品系。

（五）分子标记辅助选育技术

目前，常规育种技术仍然是抗虫品种选育惯用的方法，也是有效的。但也存在许多缺点，如育种周期长、工作量大，对某些害虫来说，育成的品种达不到足够的抗性等级，而且要使一个品种获得多种抗虫性就更困难了。分子标记辅助选择技术可以加快选育具多基因抗虫性的品种，还可以将野生种里的有利抗虫基因转育到改良品种中，增加品种抗虫的持久性和遗传多样性。

此外，仅依据田间的表型筛选，一般要在虫害流行的环境下进行鉴定和选择，如果天气条件不适宜害虫的发生和流行，则抗虫品种的选择就要停止。如果一定要进行抗虫性鉴定和选择，就要投入更多的人力、物力，在温室条件下采取人工接虫的方法进行鉴定和选择。另外，对具不同生物型抗性品种的选择也很困难，因为很难从形态上区分不同的生物型，需借助专门的鉴别寄主进行区分。

分子标记辅助选择技术的发展为改变这种费工、费时的常规技术提供了可能。分子标记技术可以不用繁杂的表型抗虫性鉴定，直接从基因型入手，既能准确、快速地确定抗性基因所在的株系，并加以选择，又避免了外界条件的影响。巴太香占是一个具香味的优良水稻品种，但不抗稻瘿蚊的为害。为了选出既有香味又抗稻瘿蚊的优良品种，肖汉祥等（2005）利用与 *Gm6* 基因紧密连锁的 PSM 标记 PSM101，从 197 株巴太香占/KG18 杂交的 F_2 家系中鉴定出 48 个抗稻瘿蚊株系，通过用稻瘿蚊生物型 1 和生物型 4 种群接虫进行抗虫性鉴定，结果 48 个株系均表现为抗级，与分子标记辅助选择的结果一致。

王春明等（2003）用综合性状优良但对黑尾叶蝉感虫品种台中 65 作轮回亲本，与抗虫品种 DV85 杂交，并连续回交得到回交高代 BC_6F_2 群体，在进行表型抗性选择的同时，得用 CAPS 标记对 BC_6F_2 进行分子标记辅助选择，将抗黑尾叶蝉基因 *Grh2* 快速导入台中 65 品种中。

（六）转基因选育技术

采用常规育种技术选育抗虫的水稻品种取得一定成效，但需要较长的时间，而且还有一定的局限性，因为对某些害虫来说，水稻种质资源还没有抗性基因，因此，采用转基因工程技术把外源抗虫基因转入到水稻中去，并使其正常表达和遗传，是水稻抗虫品种选育最有前景的一项技术。外源抗虫基因的获取可以打破生物界的限制和种、属的界限。目前，人们已从不同生物上发现并克隆到许多有用的抗虫基因，有些抗虫基因已转入水稻获得了转基因抗虫植株，有的已进入田间试验，展现了很好的应用前景。

1. 植物源抗虫基因

植物源抗虫基因包括蛋白酶抑制剂、淀粉酶抑制剂、几丁质酶和植物凝集素等。采用农杆菌介导法或基因枪轰击法，现已成功导入水稻的蛋白酶抑制剂基因有：马铃薯蛋白酶抑制剂基因 *pin*Ⅱ、豇豆胰蛋白酶抑制剂基因 *cpti*、大豆胰蛋白酶抑制剂基因的 cDNA、玉米巯基蛋白酶抑制剂基因、水稻巯基蛋白酶抑制剂基因、大麦胰蛋白酶抑制剂基因 *BTI*－（*WGA*）等。这些转基因的水稻对褐飞虱、二化螟、稻纵卷叶螟有一定的抗性。

水稻转凝集素的研究报道也有许多，如豌豆凝集素（P－lec）、麦胚凝集素（WGA）、半夏凝集素（PTA）、雪花莲凝集素（GNA）等，其中，雪花莲凝集素应用的多一些。该凝集素有较强的抗虫性，尤其对刺吸式口器的害虫，如褐飞虱、黑尾叶蝉、蚜虫等同翅目害虫的抗虫效果更好。

由于转导单基因抗虫品种容易导致害虫产生新的生物型，所以，考虑将不同类型的抗虫基因转到同一个品种里，以增加转基因水稻抗虫的有效性和持久性，目前，已取得了一些进展。卫剑文等（2000）将 *Bt* 和 *SBTi* 基因同时导入籼稻品种中，转入双基因的水稻比转单基因的对稻纵卷叶螟的抗性更强。Maqbool 等（2001）将 *Cry1Ab*、*Cry2A* 和 *gna* 分别构建在不同载体上，通过基因枪技术同时转入水稻中，转基因水稻植株能够抗褐飞虱、三化螟、稻纵卷叶螟。李永春等（2002）用农杆菌介导法将 *cry1Ac* 和豇豆胰蛋白酶抑制剂基因 *CpTi* 同时转入粳稻品系浙大 19，双重抗虫基因植株对二化螟有较高的毒性。李桂英等（2003）报道，已获得了转 *GNA*＋*SBTi* 的双重基因，而且对褐飞虱和稻纵卷叶螟增强抗性的水稻株系。

2. 微生物源抗虫基因

微生物源抗虫基因最有名的是来自苏云金芽孢杆菌（*Bacillus thuringiensis*）的 *Bt* 基因。该菌是一种革兰氏阳性菌，在芽胞形成期，可形成大量伴胞晶体，由称作 δ－内毒素的原毒素亚基组成，这是一种具特异性杀虫活性的蛋白质，又称 Bt 毒蛋白或杀虫晶体蛋白（Cry）。它的杀虫原理：在苏云金芽孢杆菌中，δ－内毒素以无毒态的原病毒素形式存在，在害虫取食过程中，杀虫结晶包涵体随之进入害虫的消化道内，并释放出 δ－内毒素，在害虫肠道的碱性环境和蛋白酶的作用下被水解成有活性的小分子多肽，从而具有杀虫活性。

对 Bt 菌及其产生的杀虫晶体蛋白已开展了多方面的研究，目前，已从不同的 Bt 菌亚种中分离出对不同昆虫，如鳞翅目、鞘翅目、双翅目等有特异毒素作用的杀虫晶体蛋白。现已克隆的 Bt 杀虫晶体蛋白基因达 100 余种。但是，自然野生型 Bt 杀虫晶体蛋白基因在转基因植物中表达水平较低，一般不到叶片可溶性蛋白的 0.001%。为了获得高效抗虫的转基因水稻，就须对野生型 *Bt* 蛋白基因进行改造和修饰，或部分合成或全合成 *cry* 基因。目前，在相关的植物中，这类改造的 *cry* 基因蛋白可占叶片可溶性蛋白的 0.02% ~1.0%，从而大幅提高了转基因植株的抗虫能力。

迄今，Bt 毒蛋白基因是全球应用最为广泛、最为有效的抗虫基因，已被转入包括水稻在内的许多作物中并得到表达。棉花是应用 *Bt* 基因最为成功的作物，抗虫棉种植面积最大；之后，玉米、马铃薯等也转入 *Bt* 基因，并已商业化了。目前，转入水稻的抗虫 *Bt* 基因包括 *cry1Ab*、*cry1Ac*、*cry1B*、*cry2A*、*cry1Ab/cry1Ac* 杂合基因、*cry1Ab* - *1B* 融合基因等。转 *Bt* 基因的水稻多数都表现对二化螟、三化螟、稻纵卷叶螟具有不同程度的抗性，最高的可达到 100% 的抗虫活性。

3. 动物源抗虫基因

动物源抗虫基因应用较多的是来自哺乳动物和烟草天蛾的丝氨酸蛋白酶抑制剂基因，蝎子和蜘蛛产生毒素的基因，昆虫几丁质酶基因等。Huang 等（2001）将蜘蛛杀虫基因（*SpI*）转入水稻品种 Xiushui11 和 Chunjiang11，获得的转基因植株对二化螟、稻纵卷叶螟具有抗性。

第十三章　水稻耐冷性遗传改良

第一节　水稻低温冷害概述

一、水稻低温冷害的概念和危害

（一）低温冷害的概念

水稻低温冷害是指水稻在生长发育过程中，遭遇到低于其生长发育的正常温度，使其正常的生长、发育受到影响，这种现象称为低温冷害。低温冷害是紧密联系的，低温是作用的条件，冷害是作用的结果，即水稻在连续低温作用下，使水稻生育发生变化，或延缓生长，或延迟开花，或防碍授粉、受精等。低温冷害与霜、冻害不同。霜、冻害是指水稻在生长季节里，土壤表面或植株的茎、叶部分的温度短时间地下降到摄氏零度（0℃）以下，使植株遭受伤害或死掉，称为霜害或冻害。冷害是指水稻在生长、发育期间遭受低温直接或间接受害，其低温是在0℃以上。

水稻属喜温作物，在其生育期间对温度敏感。但是，水稻正常生长、发育所需要的温度因水稻的类型、品种、生长发育时期和栽培生理状况与其能够承受的低温有密切关系。一般来说，水稻在苗期和成熟期对低温的耐受力较强；而当幼穗分化、抽穗、开花、授粉、受精以及灌浆初期，要求的生育适温和能忍受的临界温度都相当高。所以，当出现气象意义上的较高温度，但却是不适于水稻生理要求的相对低温时，低温强度越大，低温持续时间越长，就会越能延缓植株的一系列生理活动速度，甚至破坏其生理机制，产生畸形，花器官发育异常，特别是雄性器官更易受伤害，花粉发育异常或不能正常散粉，或花粉无生活力、影响受精，造成部分不实或完全不实，导致严重减产。或者由于低温的影响，减弱植株的生理活动，生长迟滞，幼苗生长缓慢，抽穗、开花延迟，以致灌浆速度下降，不能及时成熟，后期遭受霜害而大幅减产。上述现象均称之为冷害。

（二）低温冷害的危害

水稻低温冷害是一种全球性的自然灾害。低温冷害不仅在北方比较寒冷的国家，如加拿大、前苏联、日本等国发生，即使在温热带国家，如印度、巴基斯坦、孟加拉国、澳大利亚等国家也有发生。日本北部稻区水稻低温冷害发生频繁，损失很大。历史上发生过多次灾荒往往与低温冷害有关。根据多年气象资料，平均3~5年发生一次，有时还连续发生，如1964—1966年、1969—1973年均曾连续发生低温冷害。1971年，日本北海道因低温冷害，水稻的收成指数仅是平年的66%。1953—1971年，日本北海道稻区 7～8 月平均气温比常年月平均值低 0.7～0.8℃，水稻即减产 14%～19%；月平均低 1.1～1.3℃，减产 27%～34%；低 2.2～2.3℃时，减产 40%～50%。1975 年，日本政府决定开展"关于应对异常低温综合技术措施的研究"。1976 年，日本北部再次发生了严重低温冷害，对水稻生产造成了重大损失，由此可见，防御低温冷害是一项长期任务。

低温冷害也是我国全国性的灾害之一。在我国的北方稻区，尤其是东北地区的冷夏以及立秋的西北冷风，南方秋季的低温，又称寒露风，对水稻来说都属于低温冷害。由于低温冷害的影响，造成水稻减产是十分严重的。1949—1980 年，我国东北地区就发生了 8 次低温冷害，其中，4 次造成粮食减产 50 亿 kg 左右，最严重的 1972 年，东北区粮食减产 63 亿 kg。低温冷害发生频率高，约 4 年发生一次。北方宁夏灌区水稻同样遭受低温冷害的危害，如 1976 年发生了空前严重的低温冷害，造成水稻大幅减产，凡是栽培品种和技术选择不当的稻田，稻谷空秕率达 30%～40%或更多，甚至没有收成。

吉林省农业科学院主编的《东北水稻栽培》（1964）叙述了低温冷害与水稻的关系，指出东北是寒温带稻作区，历年来在孕穗至结实期都不同程度地受到低温的影响，特别是东部山地稻区和北部高寒稻区受低温冷害的影响更大。吉林省农业科学院和延边农学院分析研究了吉林省东部山区水稻生育期的低温冷害问题，将该稻区水稻低温冷害分为前期冷害型、中期冷害型、后期冷害型、前中期并行型和连续并行型 5 种类型。

除了我国北方时常发生低温冷害外，我国南方也有低温冷害发生。丁颖主编的《中国水稻栽培学》（1961）指出，华南稻区在 4 月下旬，长江流域稻区在 5 月下旬都可能遭受冷空气的侵袭，使正在孕穗的早稻产生低温冷害。另外，江浙稻区秋分前后的低温，两广稻区寒露前后的低温（寒露风）对后季晚稻的危害很大。1976 年，长江中、下游稻区，由于遭受低温冷害的影响，大约减产水稻 40 亿 kg。1980 年低温阴雨，后季水稻结实率下降，在江苏、浙江两省估计损失稻谷 20 多亿 kg。

低温冷害不仅造成水稻减产，而且还降低其品质。遭受低温冷害后，水稻谷粒灌浆差，成熟度低，籽粒不饱满，千粒重下降，其营养价值差。从作稻谷种子的角度看，由于灌浆不好，成熟度差，其发芽率低，甚至丧失了发芽力，因此，低温冷害不但造成当年水稻减产，还要影响下一年的水稻生产。

二、水稻低温冷害研究进展

1976 年，我国发生严重低温灾害后，农业部随即召开了东北地区"抗御低温冷害经验交流会"。会后，由中国农业科学院组织我国北方和南方两片的抗御低温冷害科研协作，取得了许多成果，主要是：①基本搞清了我国北方水稻的低温冷害类型，冷害发生的气候型；明确了东北稻区低温冷害对水稻的危害程度。②南方地区初步明确了秋季低温冷害出现日期的地理分布，即江淮流域在 9 月上中旬出现，长江中、下游在 9 月中下旬出现，广东、广西、福建地区在 9 月下旬至 10 月上旬出现。③东北三省在分别进行水稻品种热量区划的基础上，协作进行了东北地区水稻品种区划，对克服盲目引种、减轻低温冷害发挥了重要作用；对水稻、玉米等作物品种进行了耐寒性鉴定，据全国不完全统计，水稻鉴定了 3 380个品种，筛选出在苗期和孕穗期、抽穗期等不同生育阶段的耐冷性强的品种163个；还进行了早熟、耐冷高产品种的选育，初步选育出一些优良的耐冷品种或品系。④此外，还研究明确了水稻低温冷害的生态反应、生理机制，以及诊断和预报等。

黄晓华等（2006）对湖南稻区8月低温时空分布和对水稻生产的影响开展了研究。通过对湖南省1961—2005年共45年8月气温资料分析、系统地阐明了8月低温冷害发生的时空分布特征。湖南省较严重的8月低温冷害大都出现在1980年及以后的年份，即1980年、1982年、1988年、2002年、2005年。8月低温冷害发生的范围和危害程度有越来越重的趋势，且发生频率有上升趋势。8月低温冷害在湘西和湘南山区发生年次最多，湖区和湘中次之，湘东和湘南平原丘陵地区较少。

8月低温一般还伴随着阴雨天气，会对水稻造成危害，使正处于抽穗、开花期的水稻花器受到伤害，导致颖花不开，花药不能正常散粉，传粉受精发生障碍，造成空粒、秕粒增多，导致空壳率增加，千粒重下降，稻谷减产。8月低温冷害对一季稻作生产的危害已从低频率气象灾害上升为湖南省新的主要气象灾害。

杨修等（2006）对黑龙江省水稻低温冷害及其种植面积的时空变化进行了分析研究。结果表明，黑龙江省自1950年以来共发生17次低温冷害，平均每3~4年1次。其中，12次发生在1954—1984年，1985—2004年的20年间发生5次。从水稻低温冷害发生的空间分布看，其发生的频率和强度随纬度的增加而增大，山区发生的频率要比同纬度的平原稻区大。黑龙江省北部稻区低温冷害较重，中部和东部稍差，西南部平原稻区较轻。

低温冷害给黑龙江省水稻生产造成较大危害，20世纪50~70年代黑龙江省低温冷害发生水稻平均减产32.8%，其中，较严重的是1972年造成的水稻减产64.8%。近40年间黑龙江省几次较典型水稻低温冷害造成的产量损失情况列于表13-1。从表中可以看出，从1984年黑龙江省全省大面积推广旱育秧技术以来，低温冷害造成的水稻产量损失大幅下降。2002年，黑龙江省一些地区发生了近30年来最严重的低温冷害，水稻生育期间积温偏低，局部稻区甚至6月中旬和8月上旬的气温为历史有记录以来的最低值，低温直接危害水稻孕穗期结实器官的形成，使水稻减产幅度达9.3%，是这些年来最严重的一次低温冷害。

表13-1　黑龙江省低温冷害年水稻损失情况

冷害时间（年）	种植面积（万 hm^2）	减产量（kg/hm^2）	减产幅度（%）	总减产量（万t）	减产顺位
1969	16.50	1 605.0	45.3	26.48	7
1972	16.30	2 295.0	64.8	37.41	4
1976	23.01	1 800.0	46.3	41.42	3
1981	22.4	1 386.0	35.7	31.05	6
1987	58.10	583.2	13.1	34.06	5
1991	74.70	324.3	6.6	24.23	8
1999	161.49	315.3	5.1	50.92	2
2002	157.01	602.6	9.3	94.62	1

（引自《农业低温灾害研究新进展》，2006）

国外对水稻低温冷害的研究已取得了明显的进展和成效。日本于1935年开展水稻低温冷害的研究，通过分析研究逐渐明确了水稻低温冷害的发生规律，水稻不育和不实的生理机制，培育出耐冷性较强的水稻品种，研究出早育壮秧技术，并进行以抗御水稻低温冷害为目标的计划栽培研究。1976年，日本发生了较重的低温冷害，造成了水稻大幅度减产，而青森、秋田县由于掌握了低温冷害的危害规律，选择适宜的栽培品种以及防御低温冷害的栽培技术措施，仅减产10%左右，取得良好效果。

日本北海道是日本水稻栽培的最北界，属寒温带稻区，低温冷害发生频率较高。北海道研究7、8月气温与水稻产量之间的关系，发现水稻在生殖生长阶段的早期很容易遭受低温冷害，特别是在营养生长阶段过渡到生殖生长阶段这段时间。7月中旬至8月上旬这段时间的气温对北海道水稻产量的影响极大（图13－1），7、8月平均气温的高低与水稻产量呈显著的正相关。要深入了解7、8月气温对水稻产量的效应，则必须与这个时期水稻的生长状况联系起来加以研究。7、8月，是水稻通过幼穗分化期—抽穗开花期—黄熟期，这段时间是水稻生殖生长期，也是对低温最敏感的时期。这个时期若发生低温冷害，会使水稻产量造成很大损失。

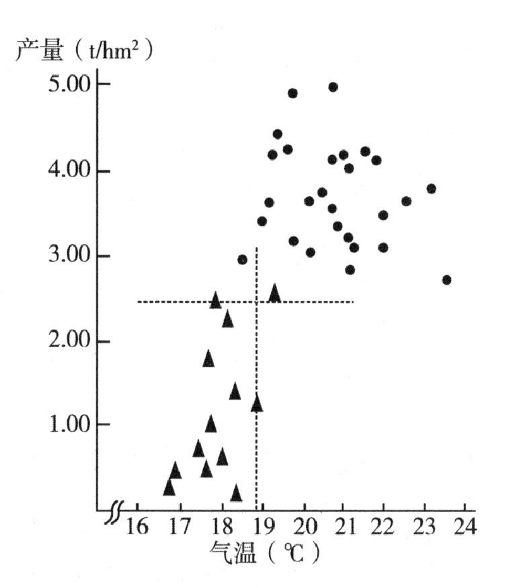

图13－1　北海道7、8月平均气温与水稻产量的关系

（引自《冷害与水稻》，1979）

三、低温冷害的类型

低温是一种气象条件，冷害是由于低温对作物造成的伤害。因此，低温和冷害是因果关系。鉴于此，低温冷害的类型应包括两方面的内涵，即低温的气象学指标和作物的受害类型。

（一）作物低温冷害的类型

1. 延迟型冷害

延迟型冷害是指作物在营养生长阶段遭受低温影响，造成生长、发育延迟，称为延迟型冷害。有时也包括生殖生长期的冷害。延迟型冷害的特点是在较长时间内遭受比较低的低温的危害，使植株生长、发育、抽穗、开花延迟，虽能正常授粉、受精，但不能充分灌浆、成熟，出现水稻青米多，粒重下降而减产。还有的情况是，水稻生育前期生育温度正常，抽穗并未延迟，而是由于抽穗后的异常低温延迟开花、授粉、受精、灌浆和成熟。延迟型低温冷害的实质是作物体内生理活性减慢，甚至停滞，其结果是延迟抽穗和成熟。作物遭受延迟型冷害后不但产量大减，而且籽粒品质也大降。东北稻区的水稻、长江流域的后季稻均常遭受延迟型冷害。

2. 障碍型冷害

障碍型冷害是指作物在生殖生长期，主要是生殖器官分化期到抽穗开花期，遭受短时间的异常低温，使生殖器官的生理机能受到破坏，造成不育或部分不育而减产，称障碍型冷害。障碍型冷害的特点是低温时间短、强度大。障碍型冷害可分为孕穗期冷害和抽穗开花期冷害两种。一般来说，大陆性气候以后者为主，海洋性气候则前、后两者兼有。

水稻孕穗期，特别是花粉母细胞减数分裂期或小孢子形成初期，是水稻生育过程中对低温最敏感的时期。颖花分化期遭遇低温是不育颖花和畸型颖花产生的原因，但比减数分裂期耐低温能力稍强一些。水稻抽穗、开花期对低温的敏感度仅次于孕穗期。我国东北稻区大部分属于大陆性气候，水稻孕穗期的 7 月气温较高，而抽穗、开花的 8 月有的年份气温急剧下降，即 8 月立秋前后的小北风（寒潮），这时遭受强冷空气侵袭，会发生颖壳不开、花药不裂、散不出花粉，或花粉发芽率大幅度下降，因而不育，造成减产。

3. 混合型冷害

混合型冷害是指延迟型冷害和障碍型冷害在同一年度都发生，在生育前期遭受低温，延迟了生长、发育和抽穗；抽穗、开花期又遭遇强烈低温危害，造成不育或部分不育，产生大量的空秕粒，使产量大减。

在有的年份，水稻会同时遭受两种冷害的为害。在这种情况下，水稻长势很差，产量很低。图 13－2 是造成这种冷害的典型气温变化形式。

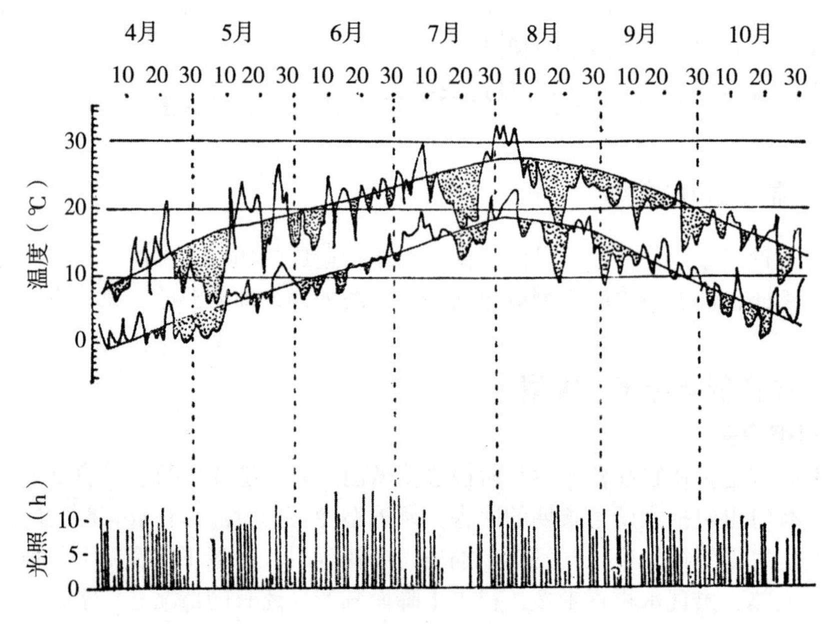

图 13－2　日本北海道（扎幌）的气温（1971 年）两种冷害类型同年发生

（引自《冷害与水稻》，1979）

（二）低温冷害的气候类型

综合目前的研究结果，低温冷害的气象指标有两种：第一种是按作物生育期积温，通常是指 5～9 月的积温，或是大于 10℃的积温与历年平均值的差数来确定。一般把作物生育期的总积温量比历年平均值少100℃，定为一般低温冷害年；低于200℃，定为严重低温冷害年。这种划分和界定低温冷害年的气象指标能反映总的冷害情况，与作物产量的关系比较密切。第二种方法是按作物生育的关键期温度指标来确定的。东北地区6月和8月是作物生育的关键期，如果这2个月的平均气温低于历年平均值1.5～2.0℃，即为低温冷害年。由于不同作物低温冷害的关键时段不一样，各个地区也有差异，因此，可根据本地的气象资料和作物受害情况来确定。

在农业或水稻生产上，有时低温冷害常常与其他气象灾害伴随发生，因而就产生了不同的低温冷害气候类型。它对不同地区、不同作物的危害程度也不一样。

1. 低温多雨型（湿冷型）

低温与多雨相结合，如东北地区1957年的低温冷害。这种低温冷害对涝洼地及其种植的水稻危害最大。低温与多雨致使地温低、湿度大，严重延迟生长、发育和成熟，造成贪青减产。

2. 低温干旱型（干冷型）

低温与干旱相结合，如东北地区1972年的冷害。这种低温冷害对干旱、半干旱地区的危害最大，对其他作物也有一定危害。

3. 低温寡照型（阴冷型）

低温与阴雨寡照相结合，如东北地区1954年的冷害。这种冷害对日照偏少的地区和水稻生产危害最大。

4. 低温早霜型（霜冷型）

低温与早霜相结合，如东北地区1969年的低温冷害。这种冷害能使贪青晚熟的水稻遭受大幅度减产。

第二节　水稻对低温冷害的生理反应

一、低温对水稻一般生理过程的影响

（一）削弱光合作用

低温对水稻光合效率的影响，不同品种间虽有差异，但基本都是减弱的趋势。如在24.4℃温度条件下，光合作用强度为100%；在14.2℃温度条件下，其光合强度为74%～79%，光合强度减少了20%以上。光合作用降低的多少与光照强度有一定的关系，在相同温度条件下，光照强度小，其光合作用率降低的幅度就大；反之，在相同光照强度条件下，低温条件的光合作用率降低的幅度就更大（图13－3）。

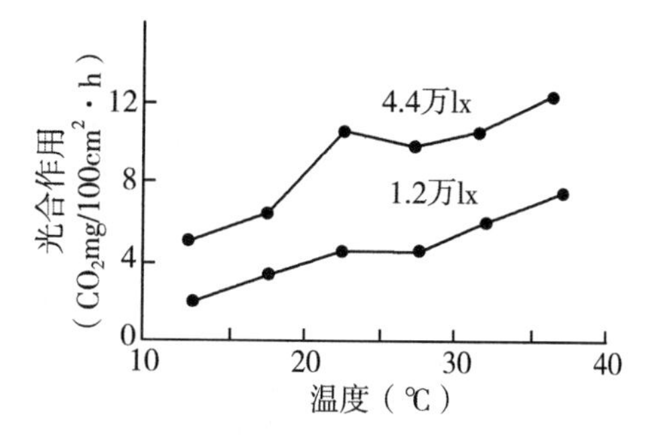

图13－3　温度对稻叶光合作用的影响

（石冢喜明等，品种农林29，抽穗期测定）

（二）降低呼吸强度

水稻在生长、发育过程中，温度从生育适温每下降10℃时，其呼吸强度降低1.6～2.0倍。呼吸作用是维持根系吸收能力和加快植株生长速度不可缺少的生理过程。土井（1961）报道，水稻根的呼吸率在气温10～30℃范围内为2.5～2.8，受控于呼吸作用，其数值为呼吸作用率的函数的原生质流动，在10～25℃范围内为2.0；在10℃以下时，几乎没有流动。

（三）减少对矿质元素的吸收

研究表明，根系吸收矿质营养所需的能量源自呼吸作用，有些元素的吸收与呼吸作用的关系则更为密切。由于低温使水稻根系的呼吸作用减弱，因而使根系对矿质元素的吸收也就减少。水稻在16℃条件下处理48h，以30℃温度条件作对照（其吸收的元素为100），其试验结果如下：

高桥等（1955）研究了水培于16℃和30℃两种温度下的结果：

$$P < H_2O < NH_4 < SO_4 < K < Mg < Cl < Ca$$

（56）　（67）　（68）　（71）　（79）　（88）　（112）　（116）

石冢等（1961）做了类似试验，测定在14℃和30℃两种温度下水培了16h的吸收率，结果是：

$$P < NH_4 < H_2O < Ca = Mg$$

（50）　（70）　（76）　（100）　（100）

藤原等（1963）比较了盆栽水稻植株保持在17℃和正常温度两种温度下14d吸收矿质元素的结果：

$$Fe < P < K = Si < N < Mg < Ca < Mn$$

（30）　（36）　（37）　（37）　（39）　（44）　（46）　（109）

从前两个试验结果可看出，低温对水稻吸收N、P、K的影响最严重，而对Ca、Cl和Mg吸收的影响则小或者没有影响；后一个试验的结果也相似。低温对吸收矿质营养的影响因生育期而异，插秧初期影响最大，以后随生长、发育的进展而逐渐减轻。

低温过去气温回升后，根系吸收矿质元素的能力可以恢复。这时由于呼吸率提高吸收的N、P、K等元素急剧增加。其中，吸收最旺盛的是N，使水稻以N代谢为主。其结果表明，水稻植株养分平衡被打破，含N量过高，茎叶徒长软弱，抗病力和抗逆力降低。

（四）降低营养元素和光合产物的运转速度

低温不仅降低光合强度，减少对矿质元素的吸收，而且还会阻碍光合产物和营养元素向生长器官运输，降低运转速度。石冢等（1962）做了低温与常温与物质运转关系的试验，在水稻分蘖、幼穗分化始期和乳熟期3个时间段，用同位素$^{14}CO_2$供应主要功能叶片，然后将植株放置在13℃低温和常温（平均23℃）条件下48h，测定植株各部位的^{14}C含量，比较在两种温度条件下^{14}C的含量。结果表明，在低温条件下，3个生育时期生长的器官中，其^{14}C的含量都比常温下的低（表13－2）。

表 13-2 低温对水稻 3 个生育时期主要功能叶片内所含的^{14}C向不同器官转运的影响
(每毫克干物质每分钟计数)(石冢, 1962 年)

温度	分蘖期 (6.15~17)			
	新叶	老叶	根	供^{14}C的叶
正常温	288	69	304	923
低　温	72	61	171	1 366
低 / 正	0.25	0.87	0.56	1.46
温度	幼穗分化期 (7.12~14)			
	幼穗原基	旗叶	秆	供^{14}C的叶
正常温	243	26	188	265
低　温	91	6.6	120	392
低 / 正	0.37	0.25	0.64	1.48
温度	乳熟期 (8.1~3)			
	穗	秆	供^{14}C的叶	
正常温	53	93	111	
低　温	8.1	27	259	
低 / 正	0.15	0.29	2.33	

(引自《农作物低温冷害及其防御》, 1983)

另一个试验是将 2 株水稻水培，供给^{32}P和^{45}Ca 1h，然后移到完全没有放射性物质的营养液里，温度保持低温 13℃ 和常温平均 23℃ 两种温度条件下，30h 后测定不同器官的^{32}P和^{45}Ca。结果表明，低温使这两种元素到幼穗原基中的运转受阻，尤其是 P 元素受阻的影响更大（表 13-3）。

表 13-3 幼穗分化始期低温对磷和钙从根部向地上部运转的影响
(以每毫克干物质每分钟计数)

温　度	^{32}P			^{45}Ca		
	幼穗原基	叶和秆	根	幼穗原基	叶和秆	根
低　温	0.49	1.76	61.5	0.64	2.10	4.63
正常温度	3.28	3.24	41.4	1.87	2.75	3.41
低 / 正	0.15	0.54	1.48	0.34	0.76	1.36

(引自《农作物低温冷害及其防御》, 1983)

以上试验结果表明，水稻在任何生育时期，叶片光合作用的产物向生长部位的运转比向茎组织运转更加活跃。光合产物从叶片向外运转与根吸收的营养元素运向生长器官一样，都会受低温的影响。生长中的器官因营养不足和呼吸减弱而变得瘦小、退化或死亡。如果在分蘖期发生低温冷害，由于低温减少了根的营养元素的吸收以及叶片光合产物的运转，使分蘖数减少，或使刚开始的分蘖停滞、退化。

如果在幼穗分化期遭遇低温，水稻茎叶向穗部输送养分受阻，花器组织向花粉粒输送碳水化合物不正常，会使花粉粒不饱满，或使花药不能正常开裂、散粉。灌浆成熟阶段，低温不仅使光合生产率降低，特别是在含 N 量过高时，使碳水化合物的合成减少，而且使光合产物向穗部的输导受阻。

二、低温引起水稻的生理失调

（一）根吸收的营养分配失调

低温发生时，根部吸收矿质元素减少，但根部养分含量除了磷元素外，其他在增加。由于养分运输受阻，叶片矿质元素减少（表 13－4）。由于矿质元素从根部向叶片的运转减少，因此，根部在低温条件下对矿质元素的吸收减少，而且根重的增长率也下降，使某些元素在根中的含量也增加，而地上部分的含量减少。

表 13－4　分蘖期低温（13℃）处理 6d 对不同器官养分含量的影响

（干物重的%）

器官	N		P_2O_5		K_2O		CaO	
	常温	低温	常温	低温	常温	低温	常温	低温
叶片	4.71	4.00	0.73	0.53	3.19	1.89	0.38	0.35
叶鞘	2.26	2.31	0.60	0.51	3.90	2.84	0.11	0.13
根	1.50	1.80	0.83	0.63	1.43	1.76	0.21	0.27

（引自《农作物低温冷害及其防御》，1983）

（二）叶片光合作用的产物分配失调

水稻植株在 13℃低温条件下处理 6d，其生产率下降，而叶片、叶鞘的碳水化合物含量增加；根和秆，尤其是幼穗原基的碳水化合物含量则减少。这是因为低温使光合作用率降低，而呼吸作用率下降更低；另外，低温使碳水化合物从叶片向生长中的器官和根部运转降低，使这些部位的碳水化合物含量下降。

下面的试验可以证明这一点。在水稻成熟过程中，对旗叶的下一叶供给同位素 $^{14}CO_2$，然后，把此叶片于高温（33～35℃）和低温（16～24℃）两种温度条件下，植株其他部位处于正常温度下（21～33℃）。试验表明，几乎没有 ^{14}C 从第二叶向除稻穗以外的任何其他器官转运。从供给 ^{14}C 后 4d 期间以 CO_2 形式放出的 ^{14}C 和留在第二叶及稻穗中 ^{14}C 的量，可以看出，^{14}C 从叶片片向穗部转运的量在高温下比低温下的多。以 CO_2 形式放出及留在叶片中的 ^{14}C 的量，低温下的数量多（表 13－5）。这一试验结果说明，正值进行光合作用的叶片，在遭遇低温时，光合作用的产物留在叶片的时间较长，并被呼吸作用消耗，从而使这些物质向植株的其他部位转运量减少，造成光合产物的分配失调。

表 13-5　低温（16~24℃）对碳的运转的影响

（以释放和留在穗部及第二叶中 ^{14}C 总量为 100）

对第二叶处理	器官	占 ^{14}C 总供给量的%		
		释放	存留	合计
低温	穗　部	2.6	16.5	19.1
	第二叶	23.6	57.3	80.9
	合　计	26.2	73.8	100.0
高温	穗　部	12.9	60.9	73.8
	第二叶	14.2	12.0	26.2
	合　计	27.1	72.9	100.0

（引自《农作物低温冷害及其防御》，1983）

三、低温对水稻营养生长的影响

（一）低温对根系生长的影响

水稻在营养生长期遭遇低温时，主要影响根系、茎秆、叶片和分蘖的生长、发育，是造成延迟型冷害的主要原因。水稻根系的生长受水温的影响比气温要大些，水温降到16℃，根系生长缓慢，根数和根长都明显降低（表 13-6）。

表 13-6　水温与气温对水稻根数和根长的影响

（星野，1969 年）

发根期温度（℃）		新发根数	最长根的长度（cm）	发芽期温度（℃）		新发根数	最长根的长度（cm）
气温	水温			气温	水温		
16	16	4	7	31	16	6	11
	21	17	4		21	15	12
	31	29	12		31	21	16
	36	35	14		36	29	13
21	16	5	13	36	16	5	9
	21	13	12		21	13	13
	31	20	17		31	12	13
	36	17	11		36	26	14

（引自《农作物低温冷害及其防御》，1983）

（二）低温对水稻出叶速度的影响

温度的高低决定出叶速度的快慢，温度低，出叶速度慢，间隔时间（从一片叶伸出到下一片叶伸出的时间）长。星野等（1969）将水稻秧苗从 2.5 叶龄至 7.5 叶龄期间置于不同气温和水温的条件下，观察出叶速度。试验表明，出叶间隔时间的长短受水温的影响大于受气温的影响，水温越低，间隔期越长（图13－4）。这一结果表明，低温使水稻出叶速度慢，间隔时间长，因而使叶片小且数目少，从而使总叶面积减少，进而使单位叶面积的光合作用活性减少。这些变化，再加上植株体内因低温直接引起的一些生理变化，造成干物质的生产减少。

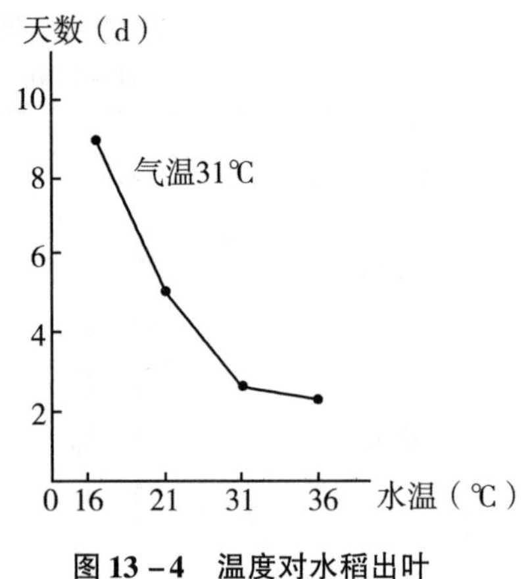

图13－4　温度对水稻出叶进程的影响

（引自《农作物低温冷害及其防御》，1983）

（三）低温对水稻分蘖的影响

水稻通常在气温和水温20℃左右时才开始分蘖，18℃以下时分蘖速度很慢，在临界温度16℃以下时则不发生分蘖。1974年低温冷害年份，6月平均气温比常年低1.2℃，田间水稻实际分蘖数比常年少4～5个，株高矮7～9cm，生育期比常年长7～10d。辽宁省农业科学院稻作研究所（1977）以井水灌溉水稻，在分蘖期连续灌井水22d，使日平均地温比对照的低1.6℃，分蘖期积温比对照少38℃，结果使分蘖延迟，抽穗期延迟4d。吉林省农业科学院水稻研究所于1978年在稻田设立冷水灌溉试验区，日平均水温为17.8℃，结果插秧后30d还没有产生分蘖。而常温试验区日平均水温为22.1℃，同期的分蘖数已达基本苗数的2～3倍。调查低温冷害年份分蘖始期要比常年延迟5～10d。

四、低温对水稻生殖生长的影响

水稻生殖生长期主要指从幼穗分化，到抽穗、开花、授粉、受精这一时期。此期是对低温最敏感的时段，也是障碍型冷害发生的关键期。此期低温不仅使生殖生长延迟，严重时可使生殖器官发生异常，造成不育、败育、不孕，影响结实率，使水稻产量大减。一般认为减数分裂期（即开花前10～11d）对低温的敏感性最大，颖花分化期（开花前24d）和开花期次之，而幼穗原基发育的其他时期低温的影响不是很大。

（一）低温对减数分裂和小孢子形成的影响

水稻减数分裂和小孢子形成初期受低温伤害造成不育的主要原因是雄蕊受害，花粉不能正常成熟，开花期花药不能正常开裂。这是由于小孢子形成初期受低温的影响，造成花药里毡绒层细胞畸形所引起的。毡绒层细胞具有输送、供给花粉营养的机能，在遇到低温时，毡绒层和细胞层异常肥大，造成功能减弱甚至紊乱，致使花药不能供给花粉足够的营养，因此，花粉的发育延迟、受阻，甚至退化，以致到开花期花粉不能正常成熟，不能完成授粉、受精过程，造成不育。当低温影响较轻时，花粉的成熟度差，虽能完成授粉、受精过程，但易产生秕粒。这种情况在减数分裂期遭受低温冷害时较常见。

总之，在孕穗期由于低温影响产生空秕粒的原因是多元的，年度间、品种间都会产生差异，一般耐冷性强的品种产生空秕粒的临界温度是15～17℃，耐冷性弱的品种为17～19℃。由于低温的强度及其持续的时间不同，水稻产生空秕粒率的程度也有差异，即温度越低，持续时间越长，空秕粒率越高。实际上，气温昼夜间有变化，因此，有必要把低温的影响分为白天和夜间温度来研究空秕粒率的产生（表 13－7）。从表中可以看出，虽然夜间温度很低（21℃、16℃），而白天温度适宜，受精几乎正常。说明昼间温度的高低对产生水稻空秕粒率的影响是至关重要的。

表 13－7　不同的昼、夜温与受精率的关系*

（松岛）

处理区昼温—夜温（℃）	不受精率（%）	处理区昼温—夜温（℃）	不受精率（%）
31～21	4.0	21～16	50.5
21～21	20.5	16～16	65.0
31～16	8.0	ck（自然）	4.5

*注：处理时间，昼 9.5h，夜 14.5h；处理日数 10～15d，品种：农林 25 号。

（引自《农作物低温冷害及其防御》，1983）

（二）低温对抽穗开花的影响

水稻抽穗、开花期是最终完成花粉等生殖器官发育成熟的时期，同时要完成颖壳开裂、撒粉、授粉、花粉发芽、受精和子房体膨大等生育过程。因此，如果在抽穗、开花期遭遇低温危害，会影响以上的生育过程的正常进行而产生空秕粒。抽穗、开花期发生低温主要为害的是花粉粒不能正常成熟，花粉无效不能参与受精。一般低温对雌蕊的影响较小或几乎没有影响。低温还使颖壳的开裂角度小，甚至不能开裂，致使不能正常散粉，增多空秕粒，低温条件下也会出现花粉发芽率明显下降，影响受精，使子房体伸长受阻，因而造成不孕，空秕粒率显著增加。如果在花粉完成受精后遭受低温，因子房体不能伸长，仍可变成空粒。而子房体已经伸长的，低温的影响就大大减弱了。

抽穗、开花期低温冷害是我国南、北方水稻障碍型冷害主要发生时段，尤其是东北、华北稻区的 8 月上旬西北风，长江流域的秋季低温，福建、两广的寒露风均发生在这个时期。据统计，辽宁省中、北部稻区 8 月西北风的发生频率为 84%，8 月西北风伴随降温对水稻的后期生育影响极大。①减少开花数，试验表明水稻雄性不育系黎明 A 在 22.2℃时，每天开花 200，当气温降到 20.4℃时（最低 17.1℃），每天只开 49，减少 73.9%。②空秕粒率增加，水稻杂交种黎优 57（黎明 A/C57），8 月 2 日齐穗，空秕粒率为 11.9%；8 月 12 日齐穗，盛花期遇西北风，空秕粒率增加到 19.6%。

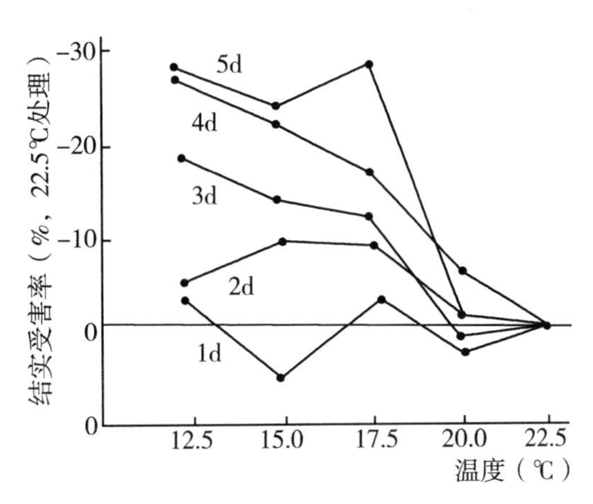

图 13－5　水稻开花期不同温度不同天数对结实的影响（1975 年）

（引自《农作物低温冷害及其防御》，1983）

研究表明，水稻开花期对低温的敏感

期是开花前到盛花期，以盛花期最为敏感。开花期冷害的临界温度为20℃，低于20℃以下的温度越低受危害越重，而且水稻冷害严重程度与低温的强度及其持续时间呈正相关。一般来说，有2d气温低于临界温度则发生轻微冷害，如果在3d以上，冷害就严重发生（图13－5）。

五、低温对水稻产量的影响

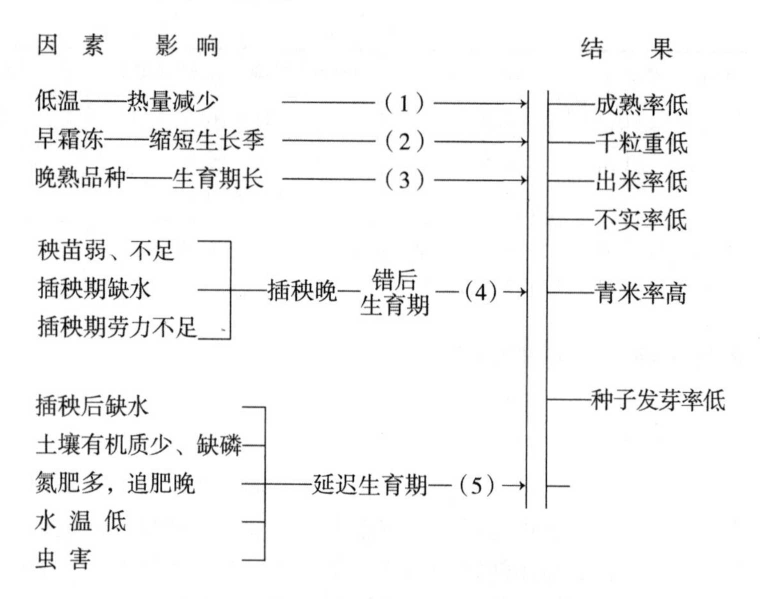

图13－6　低温冷害水稻减产因素及其栽培条件

（辽宁省农业科学院稻作研究所，1979）

（引自《农作物低温冷害及其防御》，1983）

水稻因低温减产与延迟型冷害、障碍型冷害还是混合型冷害的发生有关，也与栽培措施有关。一般来说，低温冷害造成生育延迟，不实率低、成熟率低、青米率高、千粒重低、出米率低，使稻谷产量大减（图13－6）。延迟型冷害主要影响幼苗、幼穗分化、灌浆和成熟。苗期遭遇低温冷害，使幼苗生长延迟，或严重者造成水稻死苗，并使分蘖数减少。幼穗分化期是决定水稻穗子大小、籽粒多少的关键时期。此期遭受冷害，不仅延迟了水稻抽穗，而且使幼穗分化不良，穗小粒少，穗粒数减少。抽穗期遭遇低温冷害可造成掐脖，即下部穗抽不出剑叶而使小穗小花烂掉，使穗粒数大减。籽粒灌浆期遭受低温冷害，使籽粒灌浆减弱，不能正常成熟、造成水稻空、秕粒多。

障碍型冷害主要影响生殖生长阶段，在颖花分化期遭受低温冷害使抽穗不完全，或几天不开花，生殖器官受到障碍，严重影响授粉和受精，增加不结实率。北方稻区的8月西北风，南方稻区的寒露风均是低温造成水稻空秕率增加的主要原因。单位面积总粒数的减少十分严重（表13－8）。

表 13－8　不同冷害类型造成的减产因素

（坪井八十二）

冷害型	低温影响时期	低温影响的部位、因素	减产因素
延迟型冷害	营养生长期	—幼苗弱、生育不良、分蘖弱、少—穗数、粒数不足—减少总穗数、粒数；延迟抽穗期—空粒增加、秕粒增加、粒重降低；秋季低温→成熟期低温	总穗数 总粒数 结实率 粒　重
障碍型冷害	孕穗期 抽　穗 开花期	—花粉发育不良、抽穗不良、开花障碍—授粉、受精障碍	结实率

（引自《农作物低温冷害及其防御》，1983）

六、水稻低温冷害的生物膜机制

当低温冷害发生时，低温直接作用到植物的生物膜上，使生物膜发生物相变化。在正常生育温度条件下，植物的生物膜呈液晶相，这是植物生活力最旺盛的物相；当温度下降到生育的临界温度以下时，植物的生物膜就从液晶相变成凝胶相，其细胞内各种质体膜都发生相同的物相变化，使质体膜透丝增大。质体内的离子大量外渗，使细胞内的离了失去平衡。同时，膜复含酶活力降低，膜复含酶和游离酶活力失调，从而表现为呼吸减弱，能量供应减少，造成细胞的坏死和组织的解体。

水稻开花期发生低温冷害时，穗子里的钾离子（K^+）没有外渗，但穗子释放的乙烯量有明显变化。17.5℃低温处理6h，释放的乙烯量明显降低，随着处理的时间延长，释放的乙烯量继续降低。低温处理2d，回温后释放的乙烯量缓慢恢复；低温处理3～4d，回温后释放的乙烯量不能恢复。这表明低温冷害对颖花的细胞膜功能已造成了不可恢复的伤害。

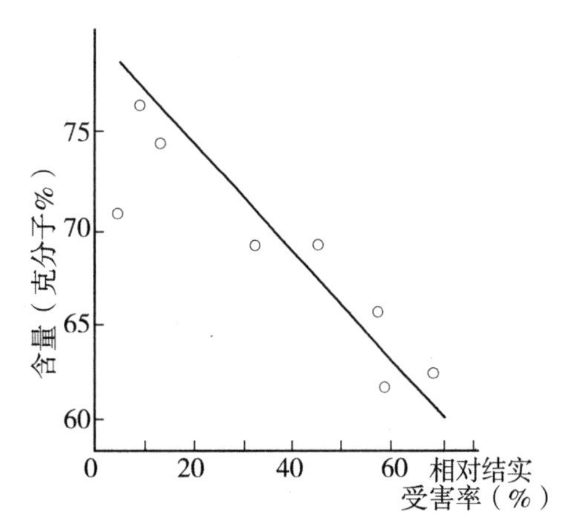

图 13－7　水稻旗叶单、双乳糖、甘油二酸脂含量与耐冷性的关系（1978 年）

（引自《农作物低温冷害及其防御》，1983）

水稻品种间耐冷性的差别表现在生物膜的结构和功能上。研究表明生物膜的结构是以糖脂和磷脂为主，它们是由长度不等的碳链与不同饱和度的脂肪酸所组成，碳链短的脂肪酸凝固点低，不饱和度高的脂肪酸凝固点更低。因此，糖脂和磷脂的含量以及不饱和脂肪酸的含量与耐冷性有关。试验表明，水稻剑叶单半乳糖甘油二酸脂和双半乳糖甘油二酸脂含量高的品种耐冷性强（图 13－7）。花粉含磷脂胆碱和磷脂乙醇胺量高的品种耐冷性强；种子干胚膜脂脂肪酸不饱和指数和亚油酸/油酸比值高的品种，耐冷性强。

第三节　水稻耐冷性鉴定方法和指标

一、自然条件的耐冷性鉴定方法和指标

水稻品种对低温冷害所具有的耐受性或抵御性称为耐冷性，其英文术语为 Cool tolerance，或 Cold tolerance，或 Tolerance to chilling injury。

（一）不同海拔高度鉴定法

这种鉴定方法是利用自然条件，不同海拔高度温度的变化进行鉴定。因为温度随海拔高度的上升而降低，一般是温度的垂直递减率每升高 100m，温度平均降低 0.5 ~ 1.0℃，利用这种自然温度可进行水稻耐冷性鉴定。例如，云南省具有得天独厚的条件，位于昆明市北郊的云南省农业科学院，海拔 1 916m；而昆明市官渡区双哨乡海拔 2 140 m，而且经常发生低温冷害。

这两个地点在水稻孕穗开花期的 7 ~ 8 月因多雨寡照气温偏低，成为水稻耐冷性鉴定的试验场地。云南省农业科学院农场 7 ~ 8 月上、中、下旬平均气温分别是 20.1℃、19.9℃、19.3℃和 19.5℃、19.7℃、19.7℃；双哨乡试验点的同期旬平均温度分别是 18.6℃、18.4℃、17.7℃和 18.2℃、18.4℃、17.5℃。在上述两个试验点栽植的水稻鉴定材料，通常在 7 ~ 8 月孕穗、开花，9 月中下旬成熟，以自然结实率作为水稻耐冷性的评价指标。这种方法特别适合对大量水稻种质资源和育种材料进行耐冷性鉴定和筛选。

（二）冷水灌溉鉴定法

利用冷水灌溉是国内外很早就应用的一种水稻耐冷性鉴定方法。具体做法是在田间设冷水灌溉区——冷灌区；自然水灌溉区——对照区。先育苗，当秧苗长到 5 叶时插秧，供试品种在冷灌区和对照区要求对称插秧，按早、晚熟顺序排列。插秧缓苗后 5 ~ 7d 开始灌冷水处理。这种冷水灌溉鉴定法简便，可进行大量材料筛选。水稻耐冷性用下述指标评价。

$$\text{地上部生长量} = \text{苗高} \times \text{分蘖}$$

$$\text{前期低温生长率（耐冷性）\%} = \frac{\text{（冷灌区苗高} \times \text{分蘖）/（对照区苗高} \times \text{分蘖）}}{\text{标准品种（冷灌区苗高} \times \text{分蘖）/（对照区苗高} \times \text{分蘖）}} \times 100$$

$$\text{成熟速度（后期耐冷性）} = \frac{\text{供试品种结实率}}{\text{标准品种结实率}} \times 100\%$$

吉林省农业科学院、通化地区农业科学研究所和延边农学院于 1977—1980 年，对水稻 180 份材料进行了冷水灌溉鉴定试验，并结合室内鉴定，取得了较好的效果。其做法是：

（1）试验材料选择　选取综合性状优良的地方品种、选育品种、国外品种，包括粳稻和糯（籼）稻早、中、晚熟品种。

（2）试验方法　在田间设冷水灌溉区和自然水灌溉区（对照区），对称插秧，按早、晚熟顺序排列，插秧缓苗后7d开始冷水灌溉处理，连续处理15～20d，水温15～17℃，水温差数±1℃，每日灌水时间从早上8：00至下午17：00。

（3）鉴定结果　冷灌区抽穗期年度间变异比较稳定、延迟日数较少的品种有普选10号、早雪、B_2、城西3号、东农3134、通72－9、京引30选系、京引127、73－1、染分、69－7等。

采用冷水灌溉法，可鉴定品种的耐冷性，但要保持试验田肥力的一致性；水温均匀一致，一般以15～16℃为宜。耐冷性的评价标准是：低温下发芽的快慢，出苗的速度，生长势强弱，生长量大小，受低温影响生育抑制的程度，抽穗延迟日数，空、秕率多少，结实率高低等，均可作为耐冷性的鉴定尺度，同时要与对照品种进行比较。

二、人工条件的耐冷性鉴定方法和指标

（一）芽期耐冷性鉴定方法和评价标准

芽期耐冷性鉴定一种方法是水稻种子发芽后（芽长的5mm），在低温5℃条件下处理10d，然后在常温下恢复10d，按下列标准评级（表13－9）。芽期耐冷性强的品种对提高直播稻区的成活率十分重要。

表13－9　水稻芽期耐冷性评级标准

耐冷性级别	1	3	5	7	9
存活率（%）	100	80～99	50～79	1～49	0

（引自《中国水稻遗传育种与品种系谱》，2010）

芽期耐冷性的另一种方法是，采取在15℃条件下鉴定品种的发芽率，根据发芽率高低评价耐冷性等级。

（二）苗期耐冷性鉴定方法和评价标准

（1）正常条件育苗至2～3叶期　在5℃低温下，相对湿度70%～80%，光照强度2万～3万lx，每日光照12h，处理7d，然后置于常温下恢复生长，至第6天调查其幼苗枯死率。评价标准为，1级：幼苗枯死率0%～20%；2级：死苗率21%～30%；3级：死苗率31%～40%；4级：死苗率41%～50%；5级：死苗率51%～60%；6级：死苗率61%～70%；7级：死苗率71%～80%；8级：死苗率81%～90%；9级：死苗率91%～100%。

（2）正常条件育苗至三叶期　在5℃低温、相对湿度70%～80%、光强2万～3万lx、日光照时间12h下处理4d，然后置于常温下恢复生长，至第6天，观察叶片的凋萎程度作为耐冷性评价标准。1级：仅叶尖凋萎；2级：第2、3叶的叶片凋萎面积达1/3；3级：叶片凋萎面积达1/2；4级：叶片凋萎面积达2/3；5级：第2、3叶的叶片全部凋萎，但叶尖仍呈绿色；6级：叶片和叶尖全部凋萎。

吴竞伦等（1989）则采用芽长5mm左右的芽谷，在4～5℃低温下处理10d，再在常温下恢复生育10d，调查秧苗成活百分率进行评级。一般秧苗生长快、早熟、千粒重

高、穗较长、穗数偏少的品种，多数表现为发芽期耐冷性较强的。金润洲（1990）认为，在5℃低温下处理3d，对苗期耐冷性鉴定较为合适，并根据秧苗凋萎率进行评级。熊振民等（1984）认为，在水稻三叶期经6℃低温处理48h，再经48h恢复后，调查品种的死苗率可以较好地鉴定品种的耐冷性。鉴定指标主要根据卷叶、黄叶和死苗产生的情况，叶片卷曲、黄化和死亡是不耐冷品种在低温处理后恢复生长过程中不同阶段的特征。叶片卷曲是低温处理时的表现，黄化则发生在冷害后的恢复初期，而且在较高温度下恢复时间延长，不耐冷品种逐渐凋萎死亡。因此，叶片卷曲、黄化直至死亡，是受相同遗传基因控制的同一生理过程的不同程度的表现，作为耐冷性指标，均能反映出品种的耐冷性。因此，徐云碧等（1990）曾建议在三叶一心或六叶一心时，在10℃（昼）和6℃（夜）和3 000～10 000lx光照条件下处理7d（或六叶时5d），之后移到室温里第2天进行评价。

（三）孕穗期耐冷性鉴定方法和评价标准

常用的孕穗期耐冷性鉴定方法和评价标准有2种。①常温下育苗，当植株进入幼穗分化期时，在人工气候室里进行低温处理。人工气候室的光照强度为0.3万～1.0万lx，温度15℃下处理5d，或者12℃下处理3d，然后移至常温下恢复生育，直至成熟。最终以平均结实率作为耐冷性评价标准。②在高30cm、直径15cm的圆形塑料盆钵里将20粒已发芽的水稻种子呈环形播种，在常温下育苗，除去所有的分蘖，只留主茎。当植株进入幼穗分化期时，在恒温15℃低温、光照1.3万lx、相对湿度80%的人工气候室里处理7d，然后在常温下恢复生育直至成熟。按低温处理开始时的不同剑叶叶枕距来整理结实率，并以最低结实率对应的叶枕距为中点，将低温处理时叶枕距处于该中点±5cm范围内的全部穗子平均结实率作为指标评价供试品种的耐冷性。

日本和韩国主要采取中、短期冷水流灌法对孕穗期水稻耐冷性进行鉴定。日本从水稻幼穗形成期至齐穗期进行40d左右的19℃冷水灌溉处理；韩国利用人工气候箱或冷水槽，当水稻进入减数分裂期，这时的剑叶与下一叶的叶枕距为－5～－2cm，用12～15℃冷水灌溉处理5d，调查处理后产生的不育率。水层应保持15～20cm的深度，以避免高秆品种因基部节间长而使幼穗超过冷水层。

（四）开花期耐冷性鉴定方法和评价标准

常用的开花期耐冷性方法有3种。①在高30cm、直径15cm的圆形塑料盆钵里，将已发芽的20粒水稻种子呈环形播种，在常温下育苗，除掉所有分蘖只留主茎。将抽穗后第2天的植株置于12℃低温下处理5d，然后放回常温下，直至成熟。以特定颖花的结实率或相对结实率（低温处理结实率/对照结实率×100%）作为标准，评价供试材料的耐冷性。②正常条件下生长的稻株，抽穗当天置入恒低温15℃、相对湿度80%、光强1.0万～1.3万lx的人工气候室内，处理7d后放回常温下直至成熟。以结实率作为耐冷性评价指标。③用长、宽各15cm、高10cm的方形容器直播8粒水稻种子，去掉分蘖仅留主茎，当多数穗抽出的当天下午17：00开始进行处理。在人工气候室内，处理温度为17.5℃，时间15d。水稻成熟后，以处理开始时已经抽穗的整穗结实率作为开花期耐冷性的评价标准。

(五) 恒温冷水循环灌溉鉴定方法和评价标准

利用人工冷水制造机和温度控制装置使循环灌溉水的水温处于设定的范围内，通常设定的水温为 (19.0±0.2)℃，把开始进入生殖生长至完成受精期间的稻株处于可人为调控的冷水里处理，其他阶段的生长条件正常，最终以结实率来评价其耐冷性。这一方法的优点在于保证了鉴定的高精度，能够鉴别出耐冷性差异较小的供试材料。

三、生物化学的耐冷性鉴定法

上述的耐冷性鉴定法均是植株在低温直接处理下进行的，需要经过一个生长季或某一生育阶段。而通过生物化学方法鉴定，是指植株在受到低温冷害之后测定某一化学物质发生的变化以确定耐冷性的强弱。这种方法速度快，可与直接鉴定结合使用。

(一) 钾离子 (K^+) 外渗鉴定法

生物膜是生物体内细胞、细胞器与环境的界面结构，它对保持生物体正常的生理、生化过程的稳定性上起着重要的作用。当外界温度下降到一定程度时，即生长、发育的临界温度以下时，生物膜先发生生物膜脂的物相变化，即膜类脂从液相变为液晶相，再由液晶相变为凝胶相 (固相)，这种变化称为物相变化。当生物膜从液晶相变为凝胶相时，膜脂中脂肪酸的 CH 链由无序排列变成有序排列，使生物膜因减缩而出现孔道或龟裂，于是生物膜遭破坏，透性加大，细胞里的离子外渗，酶失去活性，代谢失调，最终表现遭到低温的伤害。K^+离子外渗是水稻遭遇低温的第一个反应，当其他冷害症状尚未出现时，K^+外渗就已经表现出来，因此，在低温冷害作用下，K^+外渗可以作为水稻苗期耐冷性鉴定的一种方法和评价指标。

(二) 不饱和脂肪酸含量鉴定法

通过分析生物膜相变与膜结构组分时，发现不饱和脂肪酸含量高，膜相变温度低，因此，可以利用脂肪酸的饱和度研究水稻耐低温的能力和灌浆速度。具体做法是用 Folck 方法 (1959) 提取不饱和脂肪酸，用气相色谱仪测定不饱和脂肪酸的主要脂肪酸 (99%)、棕榈酸 (16：0)、硬脂酸 (18：0)、油酸 (18：1)、亚油酸 (18：2)、亚麻酸 (18：3)。

测定结果表明，在相同低温条件下，不饱和脂肪酸指数高的品种耐冷性强，灌浆速度快，而且籽粒灌浆速度与不饱和脂肪酸存在显著的正相关关系。如果生物化学鉴定耐冷性方法与其他鉴定法结合进行，则鉴定结果更为准确。

第四节　水稻耐冷性育种

一、水稻耐冷性遗传

(一) 常规技术耐冷性遗传研究

1. 芽期、苗期耐冷性遗传

佐佐木多喜雄 (1974) 研究认为，芽期耐冷性是由 5 对左右累加效应的显性基因控制的。张德慈（1980）研究表明，水稻苗期耐冷性是由2对或2对次上显性基因控制，并与*wx*、d_2、D_6以及*IBf*基因连锁。田嶋公一等（1983）认为，苗期耐冷性由1对显性基因所控制。徐云碧等（1989）在籼、粳稻杂交组合苗期耐冷性分析中，认为苗期耐冷性是由2对基因控制的，耐冷性强的为完全显性，而且籼、粳稻之间可以互相转移。Li和Rutger（1980）研究指出，在低温下的水稻F_2和F_3代幼苗长势呈显性或超显性，可能受4~5对基因控制，而且在低温下幼苗生长势的遗传力为中等，57%和70%，受基因累加效应和基因累加互作效应的控制。

Chung（1979）利用耐冷性强的Shionai 20与耐冷性弱的品种间杂交，获得4个组合进行研究，结果表明F_2群体的幼苗耐冷性表现为以双亲中间值为中心的接近正态分布的连续变异。熊振民等（1990）通过一组早籼稻苗期耐冷性分析，认为幼苗耐冷性是由1对基因控制的性状。Tsukasa（1991）研究表明，水稻苗期耐冷性是由1对显性基因控制的，还认为控制对冷害的忍耐性基因与低温叶片失绿的基因是不同的，是分别位于两个不同的基因位点。

李平等（1990）研究发现，杂交水稻（F_1杂种）的幼苗耐冷性与母本相似，与父本关系不大，保持系的耐冷性相似于不育系。金润洲等（1992）研究认为水稻幼苗的耐冷性，是由5~7对显性基因控制的数量遗传，基因之间是独立的，没有连锁关系，遗传力较高，可在低世代进行选择，其效果较好。戴陆园等（2002）用昆明小白谷与十和田杂交的F_2和BC_1F_1为材料，分析了与水稻耐冷性有关的7个农艺性状的遗传特征。结果表明，在低温伤害下，与耐冷性有关的株高、穗长、穗颈长、抽穗期受多基因控制的数量性状；穗粒数受主效基因—多基因共同控制。曾亚文等（2001）研究表明，昆明小白谷的耐冷性受主效基因控制。

2. 减数分裂期耐冷性遗传

张德慈（1980）研究认为，水稻减数分裂期耐冷性是由1对或1对以上基因控制。而一些日本学者研究认为，孕穗期的耐冷性是受2~7对基因控制的数量性状。

总之，关于水稻耐冷性的遗传，不同学者采用不同的材料做了大量研究，也得出了不尽一样的结果。有的研究认为，F_1具有较高的特殊配合力效应，表明在耐冷性表达中，非加性效应起主导作用；还有的研究表明，在低温下F_1和F_2水稻幼苗呈显性或超显性，可能受4~5对基因控制；还有的研究表明，幼苗早期生育的耐冷性受细胞质的影响较大，耐冷性为完全显性。这些不一致的耐冷性遗传研究结果，或者是由于研究所采用的材料不同，或者是因为所利用的低温处理条件不同，或者是所用的耐冷性评价标准不同所致。

（二）分子技术耐冷性遗传研究

随着分子遗传学的发展和进步，水稻耐冷性数量性状基因（QTL）定位取得较大进展。陈玮等（2005）以Lemont/特青的重组自交系为材料，进行了芽期耐冷性的QTL分析研究，检测到控制水稻芽期耐冷性的4个QTL，分别位于水稻第1、第3、第7和第11染色体上。其中，位于第11染色体上的QTL *Qsct*11的效应最大，在10℃低温下处理13h时，对耐冷性的贡献率为26%~30%，增效等位基因存在于亲本Lemont里，SSR标记RM202与*Qsct*11紧密连锁。胡莹等（2005）同样以Lemont/特青的重组自交系为材料，进行了苗期耐冷性的 QTL 分析，结果表明在重组自交系群体中，苗期耐冷性表现是连续变异，在高、低 2 个方向上均出现大量超亲分离，共检测到 5 个水稻苗期耐冷性 QTL，分别位于水稻第 1、第 3、第 8 和第 11 染色体上，单个 QTL 的对耐冷性贡献率为 7% ~21%。其中，4 个 QTL 的增效基因来自亲本 Lemont，另一个 QTL 的增效基因来自亲本特青。2 个主效 QTL（*Qsct3* 和 *Qsct8*）分别位于第 3 染色体标记区间 RM282—RM156 和第 8 染色体标记区间 RM230—RM264，对耐冷性的贡献率达到或接近 20%，增效基因均来自耐冷性亲本 Lemont。

严长杰等（1999）利用籼稻品种南京 11 与粳稻品种巴利拉杂种 F_2 的花药培养产生的双单倍体（DH）群体，定位了 1 个水稻芽期耐冷性的 QTL（*Sts7*），为主效 QTL，位于第 7 染色体的 G379b 与 RG4 区间。并认为水稻芽期耐冷性是由主效基因控制的数量性状，但同时存在着微效基因的修饰作用。屈婷婷等（2003）用籼稻圭 30 作母本、粳稻 02428 为父本杂交，以双单倍体（DH）群体为材料检测到控制水稻苗期耐冷性的 3 个 QTL，分别位于第 3、第 11 和第 12 染色体上，其对耐冷性的贡献率分别为 7.9%、18.3% 和 24.4%，其增效等位基因均来自亲本 02428。同时，还检测到控制水稻苗期耐冷性的上位性互作位点 8 个，分别位于第 2、第 7、第 8、第 9 和第 11 染色体上，其中，有 2 对互作的贡献率在 15% 左右。这 2 对互作的增效基因型均是来自双亲的重组基因型。苗期耐冷性的 2 个亲本间差异很大，在 DH 群体里呈现出连续变异，有明显的超亲分离。这些结果表明，水稻苗期耐冷性是受多基因控制的数量性状，基因的上位性是其重要的遗传基础之一。

Qiao 等（2004）以密阳 23/吉冷 1 号的 F_3 为材料，分析研究水稻芽期耐冷性的 QTL，在第 2、第 4 和第 7 染色体上检测到 3 个与耐冷性有关的 QTL，分别位于 SSR 标记 RM6—RM240、RM273—RM303 和 RM214—RM11，能够说明 11.5% ~20.5% 的表型变异方差。詹庆才等（2004）以北海道 289/Dular 的 F_2 为试验材料，研究分析水稻苗期耐冷性的 QTL，在第 5 和第 9 染色体上各检测到 1 个 QTL，在第 12 染色体上检测到 2 个 QTL，能够解释 3.82% ~34.66% 的表现型变异，其中，第 9 染色体上与 RM160 标记连锁的 QTL 的效应最大。

韩龙植等（2005）以籼、粳杂交密阳 23/吉冷 1 号的 $F_{2:3}$ 代 200 个家系为作图群体，在韩国进行冷水胁迫下水稻耐冷性鉴定，并利用 SSR 标记构建的分子连锁图谱作为基础，对水稻孕穗期耐冷性及其相对耐冷性进行数量性状位点（QTL）分析研究。结果表明，在第 1、第 2、第 4、第 11 和第 12 染色体上，检测到与孕穗期耐冷性有关的 QTL 各 1 个，对表现型变异的解释率为 5.6% ~8.2%。在第 1、第 3、第 4、第 11 染色体上，检测到与孕穗期相对耐冷性相关的 QTL 各 1 个，对表现型变异的解释率为 5.9% ~10.3%。所检测到的耐冷性 QTL 的增效等位基因多数来自吉冷 1 号，基因作用的方式主要是部分显性、显性和超显性。

二、水稻耐冷性种质资源鉴定筛选

王思睿（1979）采用冷水灌溉区（冷灌区）和自然水灌溉区（对照区）的鉴定方法，于 1977—1979 年在吉林省农业科学院水稻研究所对 484 份水稻品种进行了耐冷性鉴定。对照品种为松前、吉粳44和京引127，对照品种与供试品种对称插秧，每隔20区设一对照区，按早、晚熟品种顺序排列，插秧缓苗后5~7d开始冷水灌溉，水温15~17℃，处理15~20d，每日灌水时间从上午8：00到下午17：00。

试验结果显示，早期播种出苗快、生长旺盛的、对低温适应性强的品种，早熟品种有普选10号、合交752、长白6号、新雪、塞萨里奥特、7307-32-1、7389-4-3等；中熟品种有吉粳44、松辽4号、玉米稻、422（糯）、74-35-2（261-2）等；晚熟品种有73-1、新宾1号等。上述品种的耐冷性比对照品种松前、吉粳44和京引127表现更优或相似。

在冷灌区供试品种中，抽穗期年度间变化比较稳定、延迟抽穗日数较少的品种有：普选10号、长白6号、7329-11-1、7233-15-4-3、422（糯）、73-1、69-7、京引127（辐）等。吉林省公主岭地区水稻安全抽穗期为8月5日，在此期延后5~10d（8月10~15日）抽穗灌浆速度较快、成粒率较高、空粒率较低的品种有合交752、通72-9、双丰7号、长白6号、吉粳44等。

我国在“六五”和“七五”计划期间，先后开展了2次全国性的水稻种质资源耐冷性鉴定，累计鉴定了约3万份水稻种质资源，筛选出一批具有不同耐冷性的稻种资源。1990年以来，我国对水稻种质资源的耐冷性又进行了广泛深入地研究。云南省农业科学院与日本合作对云南稻种资源的耐冷性进行了更深入地研究，确定了用于耐冷性鉴定的标准品种（表13-10）。通过对芽期、苗期、孕穗期、开花期，以及在自然低温下生育后期的耐冷性鉴定和评价，筛选出一批不同生育时期耐冷性极强的水稻种质资源（表13-11）。

表13-10　耐冷性鉴定标准品种

耐冷性	早熟群	中熟群	晚熟群
极强	丽江新团黑谷	滇靖8号	昆明小白谷，半节芒，粳掉3号
强	攀农1号，昭通麻线谷	昆粳4号	云粳20，昆明830，云粳9号
中	染分	昆明217	云粳79-219
弱	藤念米代	轰早生，晋宁78-102，云粳79-635	
极弱	十和田		日本晴
超极弱		秀子糯	

（引自《中国水稻遗传育种与品种系谱》，2010）

廖新华等（1999）在3个自然低温场地和恒温冷水循环灌溉条件下，对227份高世代水稻育种材料进行了耐冷性鉴定，筛选出46份耐冷性极强的中间亲本材料。陈惠查等（1999）对286份贵州省水稻地方品种资源进行了耐冷性鉴定，筛选出46份耐冷性极强的品种。韩龙植等（2004）对879份来自国内外的水稻种质资源进行了芽期耐冷性鉴定，从中筛选出耐冷性强的种质资源39份，主要是来自贵州的粳稻品种。

表 13－11 不同生育时期耐冷性极强的稻种资源

生育时期	品种名称
芽期	细沧口，小白糯谷，麻线谷，李子白，云冷 26，红谷，叶里藏，本地大白谷，瓦灰谷，咱格梅，云冷 10，普洱，早早谷，大黑冷水谷，小白谷，老来红，云冷 16，糟谷，大黄谷，绿叶白谷，莫王谷，粑粑谷，云冷 19，纳西，选 6 号，中国 71，红早谷，老来红，云冷 17，云冷 3－2，澜沧谷 1，大红谷，云冷 25
苗期	小白谷，奥羽 191，青空，细黄糯，北海 221，Koshihihiki，贵州糯，北海 244，星光，矮脚糯，关东 117，Yamasenishiki，明乃星，北海 PL1，银优，大黄糯，北海 223，Yamaseshirazu，背子糯，北海 PL2，喜峰，筑波锦，西南 72，Tomoyutaka，昆明小白谷，中国 71，04－2865110
孕穗期	昆明小白谷，半节芒，丽江新团黑谷，Silewah
开花期	昆明小白谷，丽江新团黑谷，半节芳，滇靖 8 号，李子黄
自然低温生育后期	昆明小白谷，半节芒，粳掉 3 号，早谷，小白谷，老来红，丽江新团黑谷，冬寒谷，里选 5 号，灰谷，老来红，老鸦谷，小齿白谷，小霉谷，丽粳 2 号，黑谷，黄牛尾，考干龙，滇靖 8 号，丽江 942，梅谷，糯谷，310 选

（引自《中国水稻遗传育种与品种系谱》，2010）

三、水稻耐冷性品种选育

我国根据水稻生产的生态环境和种植季节的不同，将水稻耐冷性划分为 7 个类型区：Ⅰ型为高纬度低温冷害类型区，主要包括东北的黑龙江、吉林、辽宁 3 省的早熟粳稻区；Ⅱ型为华北、西北单季粳稻低温冷害区；Ⅲ型主要包括云南、贵州高海拔低温冷害区，粳稻是在 1 500m 以上，籼稻在 1 000～1 500m；Ⅳ型是南方山区低温冷害区；Ⅴ型为南方双季早稻低温冷害类型区；Ⅵ型为南方双季晚稻低温冷害类型区；Ⅶ型为海南岛冬季水稻低温冷害类型区。不同低温冷害稻区的划分为耐冷性水稻品种选育提供冷害气候条件的参考，以便有针对性地选育出水稻耐冷性品种。

（一）耐冷性品种选育的依据

耐冷性水稻品种选育成功的重要条件之一是选择耐冷性强的种质资源作杂交亲本，以使杂种后代能分离出耐冷性更强的单株或个体来。在耐冷性亲本杂交后代中，如何对其进行有效的选择，研究认为可以根据幼苗生长的快慢，生长势旺、弱，千粒重高、低，早熟、穗数偏少，以及颖尖或颖壳带有色泽等性状确定其是否具有良好的耐冷性。水稻种子发芽耐氯化钾的耐受能力也与耐冷性有相关性。

李太贵（1986）研究认为，水稻的耐冷性与品种的来源地的海拔高度紧密有关，耐冷性强的粳稻其内、外颖和颖尖的颜色较深，剑叶较短。Koike 等（1990）利用 11 对花粉粒大小不同的等基因对（isogenic pairs）进行耐冷性比较，发现花药大的品种，花粉粒大，花粉粒多，其耐冷性强。吴竞伦等（1989）研究认为，花药长度可作为品种开花期耐冷性选育的依据，耐冷单株气孔孔径减小的幅度比不耐冷的大，长柱头的比短柱头的更耐冷，这些都可以作为选择耐冷品种的依据指标。

（二）水稻耐冷性品种选育概述

水稻耐冷性虽然是我国各稻区水稻生产上普遍存在的问题，但是由于受到各种条件的限制，因此，专门从事水稻耐冷性育种的科研单位并不多。20 世纪 80 年代，云南省农业科学院与日本合作开展水稻耐冷性品种选育，对中、日双方提供的 1 400余份水稻种质资源进行了较系统深入的性状鉴定和研究，引进、采用、并改进了日本的水稻耐冷性育种技术，创建了云南高原稻区的高产、优质、耐冷、抗病 4 个主要性状的同步鉴定育种技术方法。育成的耐冷品种定名为“合系”。截至 20 世纪末，已选育出合系品种（系）42 个，其中，通过省级审定的品种 15 个。合系系列水稻品种不仅适应云南省海拔 1 400 ~ 2 300m 的绝大部分粳稻区，而且还适宜在四川盆地周围的高海拔稻区、贵州西北部、湖南西部山区种植。合系品种自 1990 年示范推广以来，到 1999 年已累计种植 135 万 hm^2，已成为云南省栽培面积最大的耐冷性粳稻品种。

日本是世界上最早开展水稻耐冷性品种选育的国家。日本北海道由于气候冷凉，在 1870 年之前不能种植水稻，因为本洲的水稻几乎全部不能适应北海道的寒冷气候。1873 年，北海道一农民从该地南部函馆地区的地方品种中系选出一个早熟品种“赤毛”，并在北海道中部的扎幌地区种植成功。这个耐冷凉的水稻品种引起了很大振动。几年之间，该品种不断推广扩大种植。1893 年，国立农业试验场在扎幌做了品种产量比较试验，以明确哪些水稻品种最适宜北海道的冷凉气候条件。1900 年开始进行水稻地方品种的纯系选育，1913 年开始作杂交育种。

1927 年，在本州和北海道开展品种间杂交育种，直至 1948 年进行水稻三杂交、复合杂交、回交，以及集团选择法被采用。1954 年，开始用温室进行育种进代，从而加快了育种速度。到 20 世纪 70 年代末，已选育出 90 余个耐冷性水稻品种适宜北海道冷凉气候条件种植（表 13 - 12）。北海道栽培的水稻品种都要具体较强的耐冷凉气候条件的能力。在该稻区水稻种植的早期，选育的品种只要求其能在冷凉气候下安全地得到产量。育种者在分析冷凉气候条件对水稻形态和生理的影响之外，还认识到必须关注对抽穗、开花、成熟的推迟和造成空、秕粒的危害。

表 13 - 12　北海道选育的水稻推广品种数目

	1890 年以前	1891—1910 年	1911—1930 年	1931—1950 年	1951—1970 年	1970 年以后	总数
农民选的地方种、当地种	4	5	4				13
北海道农试场的系统选种			10				10
北海道农试场的杂交育种			3	28	37	2	70
总　　计	4	5	17	28	37	2	93

（引自《冷害与水稻》，1979）

从前，水稻育秧是在非保护地的水秧田里进行或水田直播，所以，那时的品种在低温条件下发芽的能力是极其重要的，因为这需要保证种子在低温下发芽和生长。对水稻品种在低温（15℃）条件下发芽能力的最新遗传研究结果表明，该性状与自然条件下移栽后 30d 这段最初生长时期的生长势密切相关。但是，进一步研究又显示，品种在低温下发芽能力的强弱与孕穗期对低温的耐受力又没有相关性。这些研究计算出 F_2 与 F_3 的亲子相关系数为 0. 8，在杂种群体里的遗传力为 0. 75。因此，在杂种群体里，于早代对低温下进行强发芽能力的选育是较易获得的。

我国北方稻区，尤其是东北稻区，由于纬度高，适于水稻生长、发育的时间短，芽期、苗期、幼穗分化期、抽穗开花期和灌浆成熟期经常遭遇低温冷害，因此，水稻耐冷性品种选育是这一稻区水稻育种的主要目标之一。黑龙江省农业科学院水稻研究所以（京引59/合江12）F_1 为母本、京引58为父本杂交，从杂种后代中选育出耐冷性较强的水稻品种合江19。该品种早熟，直播生育期110d，插秧栽培生育期130d，需活动积温2 250℃。该研究所以合江20为母本，以耐冷性强的品种松前为父本杂交，育成了耐冷性强的水稻品种合江23。

吉林省农业科学院水稻研究所于1977年在水稻耐冷性鉴定的早熟混合品种中，采用"一穗传"选育技术，育成了耐冷性强的水稻品种"寒2"和"寒9"。其中，寒2属中早熟品种，生育期128d，需活动积温2 600~2 700℃；寒9生育期125d，需活动积温2 600℃左右，单位面积产量可达6 000~6 750kg/hm²。此外，该所选育的吉粳系列水稻品种也具较强的耐冷性，其中，以耐冷性强的松辽4号为母本、农垦20为父本杂交选育的吉粳53，具有很强的苗期耐冷性。

辽宁盘锦北方农业技术开发有限公司以育种主持人许雷研究员创立的"性状相关选择法"、"性状跟踪鉴定法"和"耐盐选择法"三法集成育种技术为育种手段，在水稻耐冷性育种方面成果显著。多年来，无论是系统育种还是杂交育种，在品系或后代材料选择上，均在10月上中旬低温（2~10℃）环境条件下选择耐寒活秆成熟不早衰全绿株系，最终选出耐冷性水稻品种。例如：系统育种通过省级或国家审定的高产、优质、多抗耐寒品种辽盐2号、辽盐糯、辽盐糯10号、辽盐241、辽盐16、辽盐9号、辽盐12、雨田1号、雨田7号、锦丰1号、田丰202、辽旱109、锦稻104等；杂交育种通过省级或国家审定的高产、优质、多抗耐寒品种辽盐282、辽盐283、锦稻201、锦稻105、锦稻106等。这些品种一般单产9 000~12 750kg/hm²，最高13 500kg/hm²以上；米质全部指标均达到或超过国家部颁优质粳米标准；抗性强，抗稻瘟病，对水稻其他病害均为中抗以上，并具有耐盐碱、耐肥、抗倒、耐旱及活秆成熟不早衰等特性。

国际水稻研究所（IRRI）在水稻耐冷性研究中，开始鉴定了17 000份水稻种质资源，发现印度尼西亚的Silewah（一种爪哇稻）耐冷性最强，其耐冷性比日本的染分、早雪还强。在此基础上，安部信行等（1988）以Silewah为亲本，育成了耐冷性很强的中间母本农8号。该所曾于1978年在韩国水原召开了水稻耐冷性专题研讨会，提出选用耐冷性强的材料与推广品种杂交，F_2 在世界各地寒冷稻区自然条件下选择耐冷性强的单株，随后将入选材料在国际水稻研究所加快世代进程，将 F_5 的混合群体再分发各地进一步选育出适合当地栽培的耐冷水稻品种（系）。

第十四章　水稻耐盐碱性遗传改良

第一节　水稻耐盐碱性概述

一、盐碱土的概念及其稻田分布

（一）盐碱土的概念

盐碱土是指土壤中含有不同盐类而得名。如果土壤中以含有氯化钠（NaCl）、硫酸钠（Na_2SO_4）等盐为主时，称为盐土，而如果土壤中以含有碳酸钠（Na_2CO_3）、碳酸氢钠（$NaHCO_3$）等为主要成分时，则称为碱土。一般来说，盐土和碱土常常是混合在一起的，所以习惯上统称为盐碱土。

盐碱土可分为滨海盐碱土和内陆盐碱土，滨海盐碱土以氯化钠为主要成分，在土壤剖面中分布较为一致；内陆盐碱土除含有氯化钠外，还含有大量的硫酸盐、碳酸盐等，且多集中累积于地表或剖面的中、上部。水稻是一种耐盐碱能力较强的作物，而且通过种植水稻还能改良盐碱土。但是，水稻的耐盐力也是有一定限度的，其耐盐极限，因各地土壤类型和盐类组成不同而有所差异（表 14－1）。实际上，许多盐碱土的含盐量都超过水稻幼苗的耐盐极限的，例如，滨海盐碱土含盐量一般都在 1.0‰以上，内陆盐碱土的含盐量则更高。由于盐分太高，盐碱土上种稻经常发生死苗现象。

表 14－1　水稻苗期的耐盐极限

地　区	滨海盐渍区	黄淮海盐渍区	宁蒙盐渍区	甘新盐渍区
含盐类型	氯化物	硫酸盐—氯化物	硫酸盐—氯化物	氯化物—硫酸盐
含盐量（%）	0.20～0.30	0.20～0.30	0.60～0.80	0.8～1.0

（引自《中国稻作学》，1986）

（二）水稻遭受盐害的机理

当盐碱土盐分含量高到一定程度时，水稻就要受到伤害，其原因：一是这种盐碱土的土壤溶液的浓度很高，它的渗透势能低于－60～－40 巴，有的甚至可低至－100 巴。在这种土壤上种植水稻，其种子不能发芽，长成的植株吸水困难，植株长期处于一种生理干旱状态。二是盐碱土往往以某一种盐类占有较大比例，容易对植物造成单盐毒害。三是由于盐分过量，对于水稻的正常代谢活动会产生严重干扰。因为细胞内离子浓度过大会干扰代谢的控制中心，使 DNA—RNA—蛋白质的分解大于合成，体内会积累游离的氨基酸，并使原来呈结合状态的二胺析离为腐胺和尸胺：

$$H_2N—(CH_2)_3CHNH_2COOH \xrightarrow{-CO_2} H_2N—(CH_2)_3CH_2NH_2$$

鸟氨酸　　　　　　　　　　腐胺

$$H_2N—(CH_2)_4CHNH_2COOH \xrightarrow{-CO_2} H_2N—(CH_2)_4CH_2NH_2$$

精氨酸　　　　　　　　　　尸胺

上式产生的腐胺能与脱羧酶、二胺氧化酶的辅酶相结合，从而抑制了蛋白质的合成。腐胺还能氧化脱氨，放出 H_2O 和 NH_3：

$$H_2N—(CH_2)_3CH_2NH_2 + 7O_2 \rightarrow 3H_2O + 4CO_2 + 2NH_3$$

尸胺本身就是很毒的物质，能引起植株中毒。由于植株体内游离氨的含量不断增加，它的积累引起氮代谢的破坏，则可能是产生植株盐害的主要原因。由于蛋白质的合成减少，叶绿体的机能结构解体，叶绿素受到破坏；气孔失去膨压，经常关闭，光合作用大幅降低。最终结果致使植株生长缓慢，甚至停止生长。

（三）盐碱土稻田的分布

据联合国粮农组织（FAO）的不完全统计，全世界的盐碱地面积在 10 亿 hm^2 以上，占土地总面积的6%左右。而且，由于不当的灌溉和施肥等原因，全球约有 20%的耕地面临产生次生盐渍化的危险。这种次生盐渍化有日益扩大的趋势。在我国，盐碱土地约有 1 亿 hm^2，还有 670 多万 hm^2 的灌溉耕地存在不同程度的次生盐渍化问题。

在我国水稻生产总面积中，约有 20%是盐碱地稻田，主要分布在辽东湾滨海盐碱稻区，黄淮海盐碱稻区、宁夏内蒙古盐碱稻区、甘肃新疆盐碱稻区，绝大部分位于我国北方稻区里。例如，辽宁盘锦稻区就是在辽东湾辽河三角洲上开发起来的，开发前是一片盐碱荒滩，被人们称之辽宁的“南大荒”；辽宁盖州的西海稻区、锦县大有稻区是在辽东湾滩涂上开垦的；辽宁兴城的望海稻区是通过围海造田建成的。这些均属于滨海盐碱土稻区。

不同地区的盐碱土稻田，其土壤含盐的种类和数量是有差异的。表 14－2 列出了东北地区主要盐渍土稻田的盐分组成情况。下面以辽宁盘锦盐碱地稻田为例，说明盐碱土壤中盐分含量的分布情况。全部盐碱地稻田面积有 13.32 万 hm^2，其中，含盐量在 0.1%以下的非盐碱土壤有 4.7 万 hm^2，占总面积的 35.3%；含盐量在 0.1%～0.15%的轻度盐碱土壤有 1.97 万 hm^2，占 14.8%；含盐量在 0.16%～1.0%的重度盐碱土壤有 5.95 万 hm^2，占 44.7%；含盐量超过 1.0%的极重度盐碱土稻田有 0.7 万 hm^2，占 5.2%。

在我国，由于人口的不断增加和耕地面积减少等压力，如何减轻盐碱对水稻生产的影响，提供更多的稻谷，使大面积盐碱地成为国家重要的商品粮基地，已成为水稻生产可持续发展的重大课题。因此，深入开展水稻耐盐碱性遗传改良研究，鉴定、筛选水稻耐盐碱的种质资源，选育耐盐碱的水稻新品种，已成为有效开发利用盐碱地、扩大可耕地面积和水稻种植面积、增加稻谷产量和保证我国粮食安全的一条重要途径。

表 14-2 东北盐渍土典型剖面分析资料

土壤类型	深度（cm）	全盐量（%）	pH 值	离子含量（mg 当量/100g 土）						
				CO_3^{2-}	HCO_3^-	Cl^-	SO_4^{2+}	Ca^{2+}	Mg^{2+}	N^+a+K^+
三江平原苏打盐化草甸土	0~15	0.15	9.6	0.20	1.43	0.10	0.30	0.18	0.18	1.67
	15~30	0.17	9.7	0.20	1.67	0.13	0.22	0.15	0.22	1.84
	30~45	0.27	10.0	1.28	2.59	0.09	0.30	0.21	0.24	2.56
	45~60	0.26	10.2	2.07	2.19	0.13	0.22	0.19	0.21	2.14
	60~100	0.19	10.1	1.38	1.11	0.09	0.30	0.12	0.19	2.57
松嫩平原苏打盐土	0~5	1.06	10.4	8.10	2.88	6.50	0.24	0.22	0.11	17.41
	5~18	1.35	9.5	0.35	0.55	6.89	4.26	0.52	0.61	20.93
	18~50	1.31	10.4	10.56	2.53	9.19	0.08	0.26	0.15	21.96
	50~81	0.49	10.4	2.75	1.69	3.48	0.06	0.08	0.08	7.82
	81~110	0.28	10.4	1.97	1.50	0.93	0.03	0.06	0.08	4.50
西辽河平原苏打草甸盐土	0~3	0.75	9.2	8.38	2.60	1.36	0.20	0.15	0.07	12.32
	3~13	0.50	10.4	2.23	3.26	1.01	0.70	0.21	0.12	6.87
	13~33	0.25	10.4	1.34	1.91	0.33	0.12	0.12	0.33	3.25
	33~63	0.28	10.4	1.67	1.77	0.53	0.24	0.24	0.34	3.63
	63~90	0.04	9.6	0.11	0.23	0.18	0.09	0.10	0.04	0.47
呼伦贝尔平原深位柱状草原碱土	0~15	0.18	8.1		0.70	0.32	0.11	0.35	0.75	0.03
	15~40	0.42	9.4	0.47	1.63	0.42	0.48	0.12	0.18	2.70
	40~62	0.85	9.2	0.23	0.70	3.16	0.87	2.61	3.33	5.03
	62~80	0.60	9.2	0.23	0.93	3.30	4.78	0.33	1.58	7.34
	80~110	0.59	9.3	0.37	1.50	4.01	3.14	0.14	0.40	8.46

（引自《北方农垦稻作》，1992）

二、水稻对盐碱的生理反应

当稻田土壤中盐分含量达到一定程度时，就会对水稻造成一定的伤害，水稻植株就会作出一些生理反应，主要表现在水分胁迫、离子毒害、正常的生理代谢功能紊乱以及养分供应失去平衡等。土壤盐分过高使水稻根际土壤溶液的渗透势降低，给水稻造成一种水分胁迫，这时水稻如要吸收水分，就必须形成一种比土壤溶液更低的水势；否则，水稻将受到与水分胁迫类似的伤害，处在生理干旱状态。

毒素积累造成的伤害是盐碱危害的一个重要方面。盐分胁迫使植株体内积累有毒的代谢产物，如蛋白质分解产物胺和氨等。这些物质对水稻植株的毒害表现为其叶片生长不良，根系生长受到抑制，组织变黑、坏死等。

高浓度的盐分还会影响原生质膜的透性，由于盐胁迫影响了生物膜的正常透性，改变了一些膜结合酶类的活性，会引起一系列的新陈代谢的失调，如对光合作用的影响等。盐分过多使磷酸烯醇式丙酮酸（PEP）羧化酶和核酮糖-1,5-二磷酸羧化酶（rubisco）活性降低，叶绿体近于分解或破坏，叶绿素和类胡萝卜素的生物合成受阻，气孔关闭，造成光合速率降低，影响干物质的合成和积累，最终使水稻产量大减。

此外，由于水稻生物膜透性的变化，使其组织吸收某种盐类过多而排斥对另一些营养元素的吸收，从而使细胞内部的离子种类和浓度发生改变。这种不平衡吸收，不仅造成营养失调，抑制了水稻植株的生长，而且还产生单盐的毒害作用，即当溶液里只有一种金属离子时，对盐碱土而言主要是钠离子（Na^{+}），会对水稻植株产生较强的毒害作用。钠离子含量过高时，植株会受到钠离子的毒害，减少对钾离子（K^{+}）的吸收，同时还易发生磷元素（PO_4^{-3}）和钙元素（Ca^{+2}）的缺乏症等。总之，水稻对盐碱的生理反应相当复杂，目前还尚未研究清楚。

第二节　水稻耐盐碱性种质资源

一、水稻耐盐碱性鉴定与评价

（一）水稻耐盐碱性鉴定方法

1. 田间水稻产量鉴定法

该方法是将拟鉴定的种质资源材料栽植在盐碱地里，对整个生育期间的农艺性状表现进行调查和记载，收获后测定稻谷产量。最终根据田间的性状表现和产量高低评价其耐盐碱性。

2. 营养液盆栽水稻鉴定法

该方法是将供试的水稻种质资源材料在盆钵里进行沙培或水培，设定培养液的盐分和营养成分，根据材料的生育表现评价其耐盐碱性。采用这种方法既可以对水稻苗期耐盐碱性进行鉴定，又可结合多项生理指标对全生育期的耐盐碱性进行鉴定。它是目前广泛采用的一种鉴定方法。

3. 温室水稻芽、苗鉴定法

该方法是将供试材料的水稻种子播种在含有一定盐分浓度的溶液、土壤或细沙里，调查种子发芽和幼苗生育的情况，据此评定其耐盐碱性。目前，多数水稻种质资源耐盐碱性鉴定是在苗期进行的，鉴定的方法主要采取温室盐分营养液、沙培胁迫法，或在盐胁迫下种子发芽鉴定法等。

如果要对大量的水稻种质材料进行鉴定，可以采用下述方法进行初鉴。该法是把定量中性粘土装在浅盘里，然后加进定量的0.5%普通食盐溶液，保持1cm深的水层，将土壤饱和浸出液的导电率调至8～10dS/m条件下，将供鉴定的材料秧苗栽植盘里，4周后评价耐盐性。但是，最后还需要将初鉴入选的耐盐性强的材料栽植在具代表性的盐碱土稻田里，并设计有重复的田间试验，以不耐盐碱品种IR28和耐盐品种Pokkali作对照。按国际水稻研究所1980年制定的评价标准，对耐盐碱性程度分成5个级别：

1级　生育和分蘖接近正常。

3级　生育接近正常，但分蘖数略有减少。

5级　生育和分蘖停滞，大部分叶片呈卷缩状，仅稍有伸长。

7级　生育完全停止，大部分叶片干枯，有些植株趋于死亡。

9级　几乎全部植株死亡或趋于死亡。

（二）水稻耐盐碱性评价标准

水稻耐盐碱性评价标准主要有2个方面，一是表现型指标，二是生理生化指标。表现型指标主要包括在盐碱的处理下，水稻种子的发芽率、幼苗形态和生长指标及其盐害等级等。生理生化指标主要包括盐离子浓度、与盐碱胁迫相关的酶活性变化，以及生物质膜透性的改变等。植株形态和生育指标检测技术简便、直观，而且可靠性较好，是水稻耐盐碱性鉴定最常用的标准。

（1）*种子发芽率标准*　在氯化钠、碳酸钠等盐碱胁迫处理下，根据水稻种子发芽率的高低来评价供试材料间芽期耐盐碱的能力。

（2）*幼苗存活率标准*　水稻幼苗对盐碱胁迫反应较敏感，在一定浓度的盐碱处理下，不耐盐碱的敏感品种幼苗会死掉。因此，可以把在一定盐碱浓度溶液处理下幼苗的存活率作为水稻苗期耐盐碱性评价的标准。同时，还可以用苗高、根长、根数、根鲜重和干重、苗鲜重和干重、叶龄等指标作为水稻苗期耐盐碱性的评价标准。

（3）*稻谷产量标准*　在盐碱处理下的稻谷产量是水稻耐盐碱性的综合反应结果。由于高产和稳产是选育耐盐碱水稻品种的主要指标，因此，稻谷产量是最有直接生产价值的水稻耐盐碱性鉴定指标和评价标准。但测定稻谷产量需要一个生育周期，费时费工，所以，在鉴定大量供试材料时，通常先根据在盐碱胁迫下的幼苗存活率、苗高、苗重、根长、根重以及其他生理生化指标进行耐盐碱性鉴定，然后再对苗期鉴定表现较好的材料进行田间耐盐碱性复筛鉴定。

（4）*盐碱伤害等级*　一般来说，水稻从幼苗期至分蘖期是对盐碱危害最敏感的时期，苗期的伤害作用主要表现在叶片变褐色、生长迟缓、分蘖减少或无分蘖，有时还伴随着发生多种病害，如立枯病等，严重时造成死苗。盐碱伤害等级有生长评分法和死亡评分法。生长评分法通过目测叶片的颜色变化和卷曲的程度进行评价，有一定的主观成分。死亡评分法以死亡率评价盐碱伤害程度。国际水稻研究所根据水稻幼苗在盐碱处理下，叶片的颜色、卷曲的程度、死叶以及分蘖的有、无，多、少，按相对受害率，共分成9级判断标准进行耐盐碱性分级，以区别品种间耐盐碱性差异，是目前水稻耐盐碱性的通用评价标准（前已叙述）。

水稻种质资源耐盐性鉴定、筛选的研究结果表明，水稻耐盐碱性的强、弱可能存在较大的差异，有的品种芽期对盐碱伤害有较强的耐受性，有的品种幼苗的耐受性较强，有的在盐碱地稻田里表现出相当的耐受性等。因此，针对在不同生育阶段存在的耐盐碱性差异，水稻耐盐性鉴定需要采取芽期、苗期、全生育鉴定或综合鉴定方法进行评价，则结果可能更准确、可靠。

二、水稻耐盐碱性种质筛选

在国际上，筛选和选育耐盐碱的水稻品种起始20世纪30年代末。1939年，斯里兰卡筛选出耐盐碱的地方水稻品种Pokkali，并在繁育种子后于1945年推广应用。20世纪70年代以来，国际水稻研究所实施了“国际水稻耐盐观察圃计划”。经过多年的鉴定、筛选，评价了近6万份水稻种质资源的耐盐碱性，并筛选出一批耐盐碱性材料。其中，耐盐土品种有IR46、IR52、IR54、Bhurarata4－10、Getu、IR19743－40、IR9884－54－3、IR9764－45、Nona Bokra、Pokkali和Damodar等；耐碱土的品种资源有IR36、IR38、IR52、IR9764－45和Pokkali等。而且，Pokkali和IR9884－54－3等品种至推广应用以来，一直作为国际水稻种质资源耐盐碱性鉴定筛选的耐盐品种对照，而且还是水稻耐盐碱育种的亲本和耐盐遗传研究的典型代表材料。

我国于20世纪50年代开始对水稻种质资源耐盐碱性鉴定和筛选进行研究。1976年，中国农业科学院作物品种资源研究所组织全国多家科研单位对国内外水稻种质资源开展了耐盐碱性鉴定和筛选，先后筛选出诸如韭菜青、红芒香粳、筑紫晴、红芒香粳糯、芒尖、黑香粳糯、一品稻、蟾津稻、开拓稻、竹广29、届火稻、东津稻等一批耐盐碱性较强的地方粳稻品种，以及许多耐盐性较强的品种，如窄叶青8号、特三矮2号、80－85（M114）等。

吴荣生等（1989）对太湖流域水稻品种资源的耐盐碱性进行鉴定和筛选。当水稻长出一叶一心时，将幼苗培养于50%浓度的Asplo营养液中，到二叶一心时将幼苗换成0.8% NaCl溶液进行鉴定、分级筛选，从中筛选出10个耐盐碱性强的地方水稻品种洋稻、韭菜青、天落黄、黑嘴稻、晚野稻（常熟）、老黄稻（江阴）、香粳稻（宜兴）、野鸡稻（金坛）、桂花糯和红芒香糯（武进）等。严小龙等（1991）研究认为，汕优2号、汕优63、IR50为中等耐盐碱杂交稻和品种，IR36和IR54为不耐盐碱品种。

张家泉等（1999）研究报道，杂交水稻协优46在浙江台州市的一些盐碱稻田里具有较强的耐盐碱能力。陈志德等（2004）用0.5%的NaCl灌溉水对2000—2002年江苏省水稻区域试验参试品种（系）和引进的部分水稻新种质资源进行苗期耐盐碱性鉴定和筛选，筛选出籼156和64608两份苗期耐盐碱性较强的材料。

在中国农业科学院作物品种资源研究所的组织下，我国已对13 000余份水稻种质资源进行了耐盐碱性鉴定和筛选，获得了相关数据，并建立了数据库。从鉴定的种质资源数目和结果看，筛选获得的耐盐碱性强或较强的品种并不多，约占总数的1.3%，而绝大多数水稻种质资源对盐碱的反应是敏感或中度敏感。从种质资源的种类看，籼稻资源的苗期耐盐碱性好于粳稻，非糯稻品种中的耐盐碱种质明显多于糯稻，水稻耐盐碱种质显著多于陆稻。耐盐碱的品种多来自地方品种和国外引进品种。

追根求源，我国水稻种质资源中的耐盐碱强的种质与原产地环境条件有关，耐盐碱种质主要分布在种稻历史悠久、地形复杂且易遭受盐碱危害的稻区，如黑龙江、吉林、辽宁、安徽、福建、台湾等省。此外，一些原产我国广东沿海稻区的特异耐盐碱地方品种，如咸占，它对盐碱胁迫的适应特点比较特殊，在盐处理前期反应最敏感，盐害的症状很重，但是随着盐处理时间的延长，会产生缓慢恢复态势，是一种特别的耐盐材料。

第三节 水稻耐盐碱性品种改良

一、水稻耐盐碱性遗传

水稻耐盐碱性是一种复杂的生理性状，不同水稻种质材料耐盐碱性存在着明显的差异。在耐盐碱性遗传研究中，由于学者所用的品种材料不同，或者鉴定的方法不同，或者评价分析的方法不同，因此，对水稻耐盐碱性遗传研究的结果不尽一致，缺乏一定的可比性。总体上来说，一般认为水稻耐盐碱性受少数主效基因或多个数量性状基因所控制。

（一）常规技术耐盐性遗传研究

Jones 等（1985）研究认为，水稻苗期耐盐性由少数几个基因控制，遗传变异来源于加性和显性效应，以加性遗传效应为主，无上位性互作效应。Akbar 等（1985）以水稻幼苗的根长、茎叶干重、根干重作为耐盐性的鉴定指标，提出水稻耐盐性分别由 2 对基因控制。

祁祖白等（1991）选用威占等 5 个耐盐品种与不耐盐品种玻璃占杂交，并将双亲 P_1、P_2 及其杂种 F_1、F_2 栽植于 30cm 深，装以细沙的水泥池里，在幼穗分化期加入 0.5% 食盐溶液。池中培养液在 25℃时的电导率为 8dS/m，每周补充一次食盐以保持池内恒定的浓度。鉴定盐害的标准是单株死叶数与总叶数的比值。

1 级　比值 0% ~21%。

2 级　比值 21% ~35%。

3 级　比值 36% ~50%。

5 级　比值 51% ~70%。

7 级　比值 71% ~90%。

9 级　比值 91% ~100%。

其中，1 ~3 级为耐盐，5 级为中等耐盐，7 ~9 级为敏感。现列出 1 个杂交组合的鉴定结果（表 14 -3）。F_1 的耐盐性为 3.86 级，介于双亲之间，F_2 平均为 3.36 级，如果以实际受害叶数的比值统计，则呈连续的近似常态分布，属于数量性状。8 个杂交组合的广义遗传力较低，为 2.65% ~32.25%。根据水稻根、茎中钠和钙在盐化条件下（Ece 12dS/m）的提取量遗传分析，结果是低摄取特性为显性，至少有 3 对基因与水稻苗期钠和钙摄取量的遗传有关。

表 14 -3　水稻咸占/玻璃占杂交组合的耐盐性

组合	耐盐性级别及其植株数							平均级别
	1	2	3	5	7	9	合计	
P_1		29	14				43	2.326
P_2				15	20	8	43	6.674
F_1		5	20	15	3		43	3.860
F_2		59	83	53	3	2	200	3.355

（引自《水稻育种学》，1996）

顾兴友等（1999）对水稻耐盐性遗传进行了较为系统的研究，结果表明在死叶率等级、相对生长量等级和地上部钠离子（Na^+）含量 3 项指标的遗传变异中，均以基因加性效应为主，死叶率等级和地上部 Na^+ 含量还存在一定份量的非加性效应；环境效应均显著且份量较大；死叶率等级指标的遗传力相对较高，耐盐性的遗传效应由基因加性、显性或加性 × 加性分量构成。研究认为基因加性效应是水稻苗期最重要最稳定的遗传基础。盐胁迫强度的变化主要影响杂合位点的非加性效应。

杨庆利等（2004）研究认为，水稻苗期耐盐性至少由 2 对主效基因控制，还发现盐胁迫处理下，水稻苗期根系 Na^+/K^+ 离子是由 2 个主效位点和微效位点基因控制的，而盐害等级是由 3 个主效和微效基因控制的，并认为所采用的亲本品种韭菜青和 80－85 聚合了 2～3 对耐盐碱基因，属于强耐盐碱亲本。韭菜青是太湖流域的晚熟粳稻地方品种，80－85 是从国际水稻研究所的耐盐圃中筛选获得的一个中籼品系，二者的系谱、地理来源和遗传背景均有较大的差异，因此，表现出如上述的遗传特点。

（二）生物技术耐盐性遗传研究

随着分子生物技术的发展和日臻完善，利用分子标记分析定位耐盐性数量性状位点（QTL）的方法已成为研究复杂的耐盐性状遗传的重要途径。龚继明等（1998）利用来源于籼稻窄叶青 8 号和粳稻京系 17 的双单倍体（DH）群体及高密度分子连锁图谱，在幼苗期用 NaCl 溶液处理该群体，以各株系存活率作评价指标，定位了 7 个耐盐性的 QTL，其耐盐性等位基因多数来自京系 17。随后，将 1 个来自窄叶青 8 号的耐盐主效基因 *Std* 定位于水稻第 1 染色体上的 RG612 和 C131 之间。而且，还对控制水稻重要的农艺性状 QTL 在盐处理和非盐处理条件下进行了对比研究，在盐胁迫与非盐胁迫环境下分别调查了水稻 5 个重要的农艺性状：千粒重、株高、抽穗期、单穗粒数和有效分蘖数，在盐胁迫环境下检测出 9 个 QTL；在非盐胁迫环境中检测出 17 个 QTL。通过对水稻在盐胁迫环境和非盐胁迫环境下的 QTL 比较，发现水稻第 8 染色体上几个控制重要农艺性状的 QTL 明显受盐胁迫的影响。

林鸿宣等（1998）利用特三矮 2 号/CB 组合构建了重组自交系群体（RIL），在 NaCl 胁迫强度 12dS/m 的培养液下鉴定其耐盐性，发现 RIL 群体有超亲分离现象出现，并检测到一个位于第 5 染色体上的标记位点，RG13 与耐盐性显著相关，该位点解释的表型贡献率为 11.6%，来源于特三矮 2 号的等位基因增强耐盐性。该项研究还对 RG13 与其他 59 个标记位点间的互作进行了检测，发现有 3 对基因互作显著，即 RG13 分别与在第 3 染色体上的 RG104、第 4 染色体上的 RG143，以及与第 6 染色体上的 RG716 之间存在上位性效应，来源于特二矮 2 号的基因位点 RG13 与来自 CB 的 RG104 或 RG143 之间的基因相互作用显著的增强了耐盐性。

丁海媛等（1998）采用 RAPD 分子标记研究水稻耐盐突变系的耐盐主效基因，认为水稻耐盐突变系的性状变异表现数量性状遗传特征，但不排除有主效基因的控制。顾兴友等（2000）利用耐盐品种 Pokkali 和感盐品种 Peta 组配的回交群体，分别检测水稻苗期和成熟期的耐盐性数量性状位点。苗期以盐害等级、地上部鲜重/干重比值和 Na^+ 含量作评价指标，共检测出 4 个效应显著的苗期耐盐性 QTL，它们分别位于第 5、第 6、第 7 和第 9 染色体上，其增效基因均来自耐盐品种 Pokkali；成熟期以抽穗期、分蘖数等 10 个农艺性状为评价指标，检测出 12 个耐盐性 QTL，分布在水稻第 7 染色体上，其耐盐性基因来自双亲本。

同年，顾兴友等（2000）用 RFLP 分子标记技术从水稻 12 条染色体上筛选出 43 个多态性标记，对上述指标分别作点分析，共检出 15 个连锁标记。连锁标记分布的特点表明，在研究所涉及的基因组范围内存在 4 个影响苗期耐盐性的 QTL，其增效等位基因均来自耐盐品种 Pokkali；影响成熟期耐盐性的 QTL 分布在 7 条染色体的 1 或 2 个连锁区间内，其有效性基因来自双亲。

Lin 等（2004）将高度耐盐的籼稻品种 Nona Bckra 与不耐盐的粳稻品种越光杂交，并获得分离群体，用 F_2 群体构建分子标记连锁图谱。利用 14mol/L 的 NaCl 处理对应的 F_2 株系幼苗，定位了 11 个与耐盐胁迫有关的 QTL，其中，3 个 QTL 与幼苗生存天数有关，8 个与 K^+、Na^+ 离子浓度相关。值得注意的是，在 8 个与 K^+、Na^+ 离子浓度的相关 QTL 中，有 1 个位于第 1 染色体上控制地上部 K^+ 离子浓度的 QTL（命名为 *SKC*1），对表型变异的贡献率达到 40.1%。因此，认为它是一个主效 QTL。与此同时，采用图位克隆方法已成功克隆到 *SKC*1。功能分析表明，该基因与维持植株体内的 K^+、Na^+ 离子平衡能力有关。*SKC*1 在盐胁迫下调节水稻地上部的 K^+、Na^+ 平衡，即维持高 K^+、低 Na^+ 状态，从而提高了水稻的耐盐性。这是至今第一个在水稻上被克隆的耐盐相关 QTL。*SKC*1 的分离鉴定将会对水稻耐盐的分子育种有利的目标基因，对进一步提高认识水稻的耐盐机制，以及耐盐性育种具有重要的理论与实践意义。

在利用分子标记技术进行耐盐性 QTL 定位研究上，除了利用耐盐品种与敏感品种杂交构建遗传分离群体作 QTL 定位外，也利用突变材料进行水稻耐盐性遗传研究。陈受宜等（1991）利用 EMS 诱变材料，通过盐胁迫处理和反复选择鉴定，得到稳定的粳稻耐盐突变体 M20，并对其进行了分子生物学鉴定，定位了 1 个位于第 7 染色体上标记位点 RG711 与 RG4 之间的主效基因。张耕耘等（1994）对 9 个经 EMS 诱变和盐胁迫处理筛选得到的水稻耐盐突变体进行分子标记分析表明，RG4、RG711 及 Rab16 3 个位点基因的突变有可能与耐盐性相关。

Zhang 等（1995）将粳稻 77－170 的耐盐突变的耐盐主效基因定位在第 7 染色体的 RG4 附近。李子银等（1999）利用差异显示 PCR 技术（DD－PCR）从水稻中克隆了 2 个受盐胁迫诱导和 1 个受盐胁迫抑制的 cDNA 片段，分别代表了水稻的一些功能基因，其基因的转录明显受盐胁迫诱导。进一步利用来源于 ZYQ8/JX17 的双单倍体（DH）群体和 RFLP 图谱，将其中一组与盐胁迫诱导有关的水稻翻译延伸因子 1A 蛋白基因家族的新成员（*REF*1*A*）基因分别定位在水稻第 3、第 4 和第 6 染色体上。迄今，已有一些关于水稻的耐盐性 QTL 定位的研究报道。部分主效耐盐性 QTL 或基因、所在染色体及其耐盐等位基因的来源列于表 14－4。

表 14－4　水稻部分主效耐盐性 QTL（或基因）

主效基因（QTL）	染色体	连锁标记	抗性种质
*SKC*1	1	S2139	Nona Bokra
*AQGR*001（*qST*1）	1	RZ569A	Gihobyeo
Std	1	RG612	窄叶青 8 号（ZYQ8）
*OslM*1	3	—	突变体 M20
*REF*1*A*	3	CT125	ZYQ8
*AQGR*002（*qST*3）	3	RZ598	Milyang23
*SAMDC*1	4	CT500	ZYQ8
*AQCL*003	5	RG13	特三矮 2 号
*SRG*1	6	RG445	ZYQ8
*AQEM*004（*qSNC*7）	7	R2401	Nona Bokra

（引自《中国水稻遗传育种与品种系谱》，2010）

二、水稻耐盐碱性品种选育

选育耐盐碱水稻品种是充分利用盐碱地种植水稻和增加稻谷产量的一条经济有效的途径。目前，水稻耐盐碱品种选育和生产应用主要有三种方式：一是利用水稻种质资源鉴定、筛选出来的耐盐碱品种直接在生产上推广、应用；二是利用高产、优质、多抗品种的变异株通过耐盐碱系统选育新品种；三是利用耐盐碱性种质资源作为育种的亲本材料，通过杂交、回交等常规育种方法选育耐盐新品种；四是利用细胞工程、基因工程等生物技术方法，培育耐盐碱的新品种（系）或新的种质。

（一）常规育种技术

国内外学者通过对水稻种质资源的耐盐碱性鉴定、评价，从中筛选出一批耐盐碱性的品种（系），并直接进行生产试验、示范、推广。辽宁省盐碱地利用研究所许雷研究员从水稻品种丰锦变异株中，经系统选育的耐盐碱水稻品种辽盐 2 号，1988 年经辽宁省农作物品种审定委员会审定，1990 年通过国家农作物品种审定委员会审定。辽盐 2 号的耐盐碱力强于国内外同类生产应用品种，居国际领先水平。经测定，辽盐 2 号在主要生育阶段对氯离子（Cl^-）和全盐的耐性比其他品种提高 64.5% ~122.0%。1988 年，山东省胜利油田在新开垦的重盐碱地上，种植的其他水稻品种插秧 2 次不能成活，而辽盐 2 号插秧 1 次成功。辽宁省武警总队二支队水田农场，1988 年在水稻返青期因灌溉水的含盐量较高，栽植的其他水稻品种大部分死亡或全田死亡，而辽盐 2 号生育正常。1989 年，辽宁省遭受严重旱灾，辽河三角洲的重盐碱地的缺水稻区，种植的普通水稻品种严重减产，而辽盐 2 号仍获得较好的收成。

辽宁省盐碱地利用研究所利用盘锦稻区的盐碱地自然条件，大力开展耐盐碱水稻品种的选育，取得了较好的成效。例如，1979 年采用农林糯 10 号为母本、矢租为父本杂交，通过后代系谱法选育出耐盐碱水稻品种盐粳 1 号，1987 年经辽宁省农作物品种审定委员会审定。该所于 1986 年以 N84 －5 为母本、丰锦为父本杂交，在杂交后代中以系谱法人工选育，育成了耐盐碱水稻品种抗盐 100，其耐盐碱性居国内领先水平，1994 年通过辽宁省农作物品种审定委员会审定，命名推广。

盘锦北方农业技术开发有限公司育种主持人许雷研究员和他的助手，利用他创立的“性状相关选择法”、“性状跟踪鉴定法”和“耐盐选择法”三法集成育种技术为育种手段，选育出辽盐 2 号等多个耐盐、高产、优质、多抗水稻新品种。其耐盐选择法是：在重盐碱地、干旱缺水或灌盐碱水的水稻田（或耐盐亲本杂交后代材料）中，选出的优良株系，抗旱、耐盐碱。运用三法集成育种技术，在优良品种或品系中及杂交后代材料中优中选优，寻找并选择符合育种目标的耐盐碱变异株，经过定向培育创造新品种，不仅可以得到所需的某一变异性状，而且还能获得原亲本品种的优良特性，既适用于系统育种，又适用于杂交及其他育种的选择。运用这个方法先后选育出多个耐盐碱、高产、优质、多抗水稻新品种。系统育种通过省级或国家审定的耐盐碱、高产、优质、多抗、耐寒品种辽盐 2 号、辽盐糯、辽盐糯 10 号、辽盐 241、辽盐 16、辽盐 9 号、辽盐 12 号、雨田 1 号、雨田 7 号、锦丰 1 号、田丰 202、辽旱 109、锦稻 104 等；杂交育种通过省级或国家审定的耐盐碱、高产、优质、多抗、耐寒品种辽盐 282、辽盐 283、锦稻 201、锦稻 105、锦稻 106 等。这些品种一般亩产 9 000～12 750kg/hm²，最高 13 500 kg/hm²；米质全部指标均达到或超过国家部颁优质粳米标准；抗性强，抗稻瘟病，对水稻其他病害均为中抗以上，并具有耐肥、抗倒、耐旱、耐寒及活秆成熟不早衰等特性，见 281 页粳稻优质品种简介。

20 世纪 80 年代末，中国水稻研究所从我国栽培水稻种质资源中，鉴定筛选出多份适于东南沿海滩涂盐碱地稻区种植的耐盐碱水稻品种，在进行生产试验、试种中发现，这些水稻品种在普通水稻品种不能生长的重盐碱上，其稻谷单产仍可达 7 500kg/hm²。但是，这其中的大多数耐盐碱品种是地方品种或引进品种，其农艺性状和适应性等方面还存在一些缺点。因此，利用已筛选出的耐盐碱性强的种质材料作亲本，采用杂交、回交等方法，将其中的耐盐性基因转导到综合农艺性状优良的品种中去，选育新的优良耐盐碱品种，已成为目前耐盐碱品种选育的主要技术手段。

虽然常规育种方法存在周期长的缺点，但水稻育种工作者已选育出一批综合性状好、耐盐碱性强的水稻品种，许多耐盐碱品种已在我国北方稻区水稻生产上推广应用，其主要特点是耐盐碱、高产。如上述辽宁省盐碱地利用研究所李继开研究员等选育的抗盐 100 号等；盘锦北方农业技术开发有限公司许雷研究员等选育的辽盐 2 号等。长白 9 号是吉林省农业科学院水稻研究所于 1984 年以吉粳 60 为母本、东北 125 为父本杂交育成的耐盐碱水稻品种，1994 年通过吉林省农作物品种审定委员会审定；绥粳 5 号是黑龙江省绥化市农业科学研究所于 1990 年利用丰产、优质的藤系 137 为母本，与丰矮秆、稳产、耐盐碱的绥粳 1 号为父本杂交，通过多代盐碱胁迫选育而成的耐盐碱水稻品种，2000 年经黑龙江省农作物品种审定委员会审定，命名推广。

（二）生物育种技术

20 世纪 80 年代以来，国内外一些学者采用水稻组织诱导培养等细胞工程技术，在高盐浓度培养基上获得耐盐的愈伤组织，然后把愈伤组织依次转移到递增的 NaCl 培养基上，继代分化成苗，最终获得耐盐的水稻试管苗，并培育成耐盐的突变系。陈少麟（1988）是直接在盐胁迫处理条件下进行水稻离体培养和筛选，选择应达到足以抑制绝大多数细胞分裂与生长的程度，以便筛选到耐盐的突变系（细胞）。从粳稻品系 77－170 经 EMS 诱变处理的花药，在含盐量分别为 0.5%、0.8% 和 1.0% 的培养基上筛选出耐盐愈伤组织及其再生植株，其第 6 代再生植株在含盐量 0.5% 的条件下重复选择，获得了耐盐性强的株系。这一株系在含盐 0.5% 的土壤中，全部能生育、抽穗、结实。而原始亲本在 0.5% 含盐土壤上基本上不能抽穗、结实。增强的耐盐性品系现已保持到第 9 代。

陈受宜等（1991）采用分布在水稻 12 条染色体体上的 130 个分子探针对通过离体培养筛选所获得的耐盐突变系与不耐盐的原始亲本进行了 RFLP 分析，发现耐盐突变系第 7 染色体上 2 个连锁基因位点 RG711 和 RG4 发生了突变，从而把突变系的耐盐性与染色体上特定的位点联系起来。此外，对突变系的根和叶片中可溶性蛋白质双向凝胶电泳分析表明，盐胁迫处理下突变基因组中有盐诱导的基因表达，产生了蛋白质。冯桂苓等（1996）利用逐步提高培养基中盐浓度的方法，多次继代，获得了可在 0.3% 含盐土壤上种植正常生长、发育的 4 个水稻耐盐株系。

郭岩等（1997）应用细胞工程获得了受主效基因控制的水稻耐盐突变系。成静等（1998）对水稻在“种子植株—愈伤组织—突变系再生植株”系统中的耐盐性研究发现，通过组织培养技术进行盐胁迫的组织锻炼，可以提高某些水稻品种的耐盐性。有关这些研究有可能避开令人困扰的水稻耐盐机理问题，而直接深入到与耐盐有关的分子机制中去，从而为耐盐基因的分子克隆和转移打下基础。不过，迄今利用细胞工程获得的耐盐品系还没能直接应用到水稻生产上去的报道。

由于分子生物学及其技术的发展，许多生物种的耐盐碱基因先后被发现和挖掘出来，其遗传表达方式和耐盐功能也逐渐被认识和了解、掌握。这一切的科技进步无疑为利用转基因工程，培育耐盐水稻新品种提供了新的耐盐基因来源。目前，有关利用转基因技术转导外源耐盐基因、分析耐盐基因在水稻体内的表达、获得耐盐的转基因水稻株系的研究已有一些报道。研究表明，当植株受到盐胁迫时，细胞内主动积累了一些渗透调节物质，如脯氨酸、海藻糖、甜菜碱、糖醇等，会起到维持体内水分和渗透平衡的作用。在转基因植物中，超量合成和积累低分子量的渗透调节物质可以增强植株耐盐碱的能力。

王慧中等（2000）利用农杆菌介导法把1－磷酸甘露醇脱氢酶（*mtl D*）基因和6－磷酸山梨醇脱氢酶（*gut D*）基因导入籼稻，并获得转基因植株及其后代，结果表明转基因植株能合成并积累了甘露醇和山梨醇，耐盐能力得到明显提高。转基因的 T_1 植株能在0.75% NaCl 胁迫下正常生长，开花和结实。李荣田等（2002）将编码一种对阳离子敏感的核酸酶类基因（RHL）转基到粳稻品种，R_1 植株中的阳性株系在苗期的耐盐性有所增强。Majee 等从一种耐盐性的野生稻种质中克隆了一个新的耐盐基因1－磷酸－L－肌醇合成酶基因（*PINO*），该酶可催化产生肌醇，从而可使转基因的水稻耐盐力提高。

Mohanty 等（2002）将维生素 B 复合体之一的氧化酶（*CodA*）基因利用农杆菌介导法将其转入水稻，这种酶可将维生素 B 转化成甘氨酸甜菜碱。研究表明该基因在水稻中得到表达，而且转基因植株可在0.15mol/L NaCl 盐中生长。Garg（2002）将大肠杆菌中分别编码海藻糖－6－磷酸合成酶和海藻糖－6－磷酸酯酶的基因组成融合基因（*TPSP*），转入水稻品种印度香米中，提高了该品种的耐盐能力。

研究表明，植物细胞内脯氨酸的积累可以提高其耐盐性。在盐的胁迫下，脯氨酸可以作为渗透剂来维持渗透平衡和保护细胞结构。吴亮其等（2003）将拟南芥（*Arabidopsis thaliana*）的脯氨酸合成酶基因（*OAT*）导入粳稻品种中，获得了该基因超量表达的转基因水稻，转基因水稻的耐盐能力明显高于对照水稻品种。

卢德赵等（2003）利用农杆菌介导法和基因枪法将来自山菠菜的甜菜碱醛脱氢酶基因（*BADH*）转入水稻，获得了具有一定耐盐力的转基因植株，在0.5% NaCl 盐浓度下生长良好。Kong 等（2003）从耐盐水稻突变体 M－20 中分离了 *OslM*1 基因。序列分析显示 *OslM*1 的氨基酸序列与番茄和拟南芥中编码叶绿体末端氧化酶的基因同源性分别为66%和62%，而且该基因在水稻基因组中只有1个拷贝。RFLP 分析表明，该基因位于水稻第3染色体上，而且受 NaCl 和 ABA 调控。

综上所述，水稻组织培养、诱变获得耐盐性突变体的细胞工程的发展，以及耐盐有关基因的发掘和转基因技术的应用，为提高水稻耐盐性和培养耐盐新品种提供了一定的技术支撑，但是耐盐性突变系和转基因耐盐品系能否真正进入水稻生产中去，还需要做大量的试验和研究工作。

三、水稻主要耐盐碱品种简介

（一）辽盐2号

1. 品种来源

辽宁盘锦北方农业技术开发有限公司育种主持人许雷研究员等选育。1988年经辽宁省农作物品种审定委员会审定。1990年通过国家农作物品种审定委员会审定。该品种耐盐、高产居国际领先水平，1990年获国家重大科技发明三等奖，1999年作为辽盐系列水稻品种之一，获国际最高金奖。

2. 特征特性

株高90cm左右，茎秆坚韧、株型紧凑；叶片直立，剑叶较长（30～35cm）并上举，成熟时叶里藏花。分蘖力强，成穗率高，一般栽培1hm^{2}有效穗可达到450万～525万。下垂长散穗型，穗长20～24cm，平均每穗实粒数90～110粒，结实率90%以上，谷草比值1.25左右，千粒重27g左右，谷粒淡黄，并有稀短芒。

具有多抗等特点，其中耐盐碱性强，本田返青期在Cl^-含量1.5‰、全盐3.55‰的情况下生育正常，比一般品种耐盐力（Cl^- 0.88‰，全盐2.12‰）提高72.5%～67.5%；生育中期耐盐力为Cl^-2.6‰、全盐5.2‰，比一般品种耐盐力（Cl^-1.17‰，全盐2.42‰）提高122%～115%；生育后期耐盐力为Cl^-2.5‰、全盐5.1‰，比一般品种耐盐力（Cl^-1.5‰，全盐3.1‰）提高66.7%～64.5%。1988年山东省胜利油田在新开垦的重盐碱地上，种植的其他水稻品种插秧2次不能成活，而辽盐2号插秧1次成功。辽宁省武警总队二支队水田农场，1988年在水稻返青期因灌溉水的含盐量较高，栽植的其他水稻品种大部死亡或全田死亡，而辽盐2号生育正常。1989年辽宁省遭受严重旱灾，辽河三角洲的重盐碱地的缺水稻区种植的普通水稻品种严重减产，而辽盐2号仍获得较好的收成。此外，还具有抗稻瘟病、稻曲病，中抗白叶枯病、纹枯病，耐肥、抗倒、耐旱、耐寒及活秆成熟不早衰等特性。

米质优，稻米白色，糙米率84.5%，精米率75.2%，整精米率70.0%，直链淀粉含量18.0%，蛋白质8.24%，垩白粒率20%，碱消值（级）7.0，胶稠度85mm，透明度一级，全部米质指标除垩白米率、垩白度略高外，其余指标均达到国家部颁优质粳米一级标准，并具有适口性佳等特点。

3. 产量表现

试验产量（省区试）比同熟期的对照品种“丰锦”等增产10%以上，省生产试验比对照品种（丰锦、辽粳5、黎优57）平均增产19.7%，省内外生产应用一般亩产8 250～12 000kg/hm^2，最高亩产在新疆16 642.5kg/hm^2。

生育期在辽宁为158d左右，属中晚熟品种。

4. 适宜地区

可在辽宁、华北、西北中晚熟及晚熟适宜稻区种植。

该品种自试种推广以来，在辽宁、华北及西北等稻区，累计种植面积已达240 万 hm^2，增产稻谷 19.8 多亿 kg。

（二）盐粳 1 号

1. 品种来源

盐粳 1 号原编号 A30，是辽宁省盐碱地利用研究所于 1979 年以农林糯 10 号为母本，矢租为父本杂交，经系谱法选育而成。1987 年经辽宁省农作物品种审定委员会审定。1991 年获辽宁省农垦局科技进步一等奖。

2. 特征特性

株高 95～100cm，主茎 15 片叶，弯曲穗型，穗长 17cm，每穗实粒数 90～100 粒，结实率 85%，千粒重 25g，无芒，生育期 150d，需≥10℃积温 3 100℃；分蘖力强，耐盐碱，抗稻瘟病 3.0 级，抗白叶枯病 0 级，抗纹枯病 3.2 级，抗稻曲病 1.0 级；稻谷糙米率 82.0%，精米率 73.0%，整精米率 67.2%，长宽比 1.75，垩白度 7%，透明度 1 级，碱消值 7.0 级，胶稠度 72mm，直链淀粉含量 17.6%，蛋白质含量 7.3%，米质优良，米饭适口性好。

3. 产量表现

1983—1984 年两年省区域试验，平均 7 434.0kg/hm^2，比对照增产 7.4%；1984—1985 年两年省生产试验，平均 8 680.5kg/hm^2，比对照增产 12.7%。

4. 适宜地区

辽宁省北部、东部、锦州、沈阳等种植秋光的稻区。

（三）盐丰 47

1. 品种来源

辽宁省盐碱地利用研究所于 1991 年以光敏核不育系 AB005S 为母本转育的各类型不育系为母系亲本，以多品种（丰锦、辽粳 5 号等）混合种为父本利用光敏核不育系的生态不育特性，构建杂交群体，按照水稻群体育种方案，对其后代进行不育和可育的双向选择，从不育株中选育光敏核不育系，从可育株中选育常规水稻品种。盐丰 47 是利用群体育种技术选育的第一个粳型常规水稻育种成果。2006 年经全国农作物品种审定委员会审定，并获辽宁省政府科技进步二等奖。

2. 特征特性

株高 90cm 左右，株型紧凑，茎秆坚韧，叶片直立并宽、厚，叶色较深，光能利用率高；分蘖力强，成穗率高，一般亩有效穗 26 万以上；半直立紧穗型，穗长 18cm 左右，穗部无芒，平均每穗实粒数 140 粒左右，最多 200 粒，结实率 90% 左右，千粒重 26g 左右。谷粒黄色长椭圆形；米质优，整精米率 66.2%，垩白米率 15.5%，垩白度 2.8%，胶稠度 81mm，直链淀粉含量 15.3%，米质主要指标达到国家优质粳米 2 级标准，并具有适口性佳等特点。抗性较强，耐盐碱，对水稻各种病害均为中抗以上，并具有耐肥、抗倒、耐旱等特性；国家区试全生育期为 157.2d。

3. 产量表现

2004—2005 年两年区域试验平均单产 9 751.5kg/hm^2，比对照金珠 1 号增产 9.9%。

2005年生产试验，平均单产9 576kg/hm²，比对照金珠1号增产7.5%。省内外生产应用一般9 750～12 000kg/hm²。

4. 适宜地区

适宜在辽宁、华北、西北中晚熟及晚熟稻区种植。

（四）抗盐100

1. 品种来源

抗盐100原编号P89－100，是辽宁省盐碱地利用研究所于1986年以N84－5为母本，丰锦为父本杂交，采用系谱法选育而成。1994年经辽宁省农作物品种审定委员会审定。耐盐碱性居国内领先水平。1995年获全国第九届发明展览会银奖，盘锦市政府科技进步一等奖，辽宁省发明成果一等奖。

2. 特征特性

株高110cm，主茎15片叶，弯曲穗型，穗长27.3cm，单穗颖花数173个，每穗成粒数135粒，成粒率80%，千粒重31g，中芒，在辽宁省盘锦市生育期153d，需≥10℃积温3 100℃；分蘖力较弱，抗性较强；糙米率81.3%，精米率73.6%，整精米率70.2%，籽粒长宽比1.83，垩白率13%，透明度2级，米白色，米质良好。

3. 产量表现

1989—1990年两年产量比较试验，平均5 572.5kg/hm²，比对照丰锦增产22.4%；1990—1991年两年省区域试验，平均8 428.5kg/hm²，比对照丰锦增产17.1%；1992—1993年两年生产试验，平均产量8 266.5kg/hm²，比对照辽粳5号增产15.9%。

4. 适宜地区

环渤海中度以上盐碱稻区。

（五）辽旱109

1. 品种来源

辽宁盘锦北方农业技术开发有限公司以育种主持人许雷研究员创立的“性状相关选择法”、“性状跟踪鉴定法”和“耐盐选择法”三法集成育种技术为育种手段，于1995年秋从旱稻育种材料HJ29品系变异株中选出育成的中晚熟优质、高产、多抗水、旱两用粳稻品种，2003年经全国农作物品种审定委员会审定。

2. 特征特性

该品种主要特征：株高95cm左右，主茎16片叶，株型紧凑，茎秆粗壮坚韧，分蘖期叶片直立并短、宽、厚，叶色深绿，成熟后为叶上穗。分蘖力强，成穗率高，有效分蘖率71%左右，一般栽培，收获穗数360万/hm2左右。半直立长半紧穗型，穗长18cm左右，着粒疏密适中，平均每穗实粒数159粒左右，最多250粒以上。结实率92%左右，千粒重26g左右，谷粒黄色长椭圆形无芒，颖尖黄色；在辽宁稻区为157天左右，属中晚熟品种。随着种植区域南移生育期相应缩短；米质优，糙米率83.7%，精米率75.0%，整精米率69.6%，直链淀粉含量15.6%，蛋白质含量9.9%，粒长5.1m，长宽比2.0，垩白米率34%，垩白度8.0%，碱消值7.0级，胶稠度77.0mm，透明度二级。米质全部检测指标除垩白米率、垩白度两项指标四级外，其余十项指标均达到国家部颁食用优质粳米二级以上标准，并具有适口性佳、营养价值高等特点；抗性强，抗稻瘟病，对水稻其他病害均为中抗以上，并具有耐盐碱、耐肥、抗倒、耐旱、耐寒及活秆成熟不早衰等特性。

3. 产量表现

高产、稳产，水田种植一般单产 9 000 ~ 12 750kg/hm^2，最高 16 200kg/hm^2；旱种一般单产 8 250 ~ 9 750kg/hm^2，最高 10 500kg/hm^2。

4. 适宜地区

可在辽宁、华北、西北中晚熟及晚熟水、旱稻地区示范、推广。

（六）冀粳 2 号

1. 品种来源

河北省廊坊地区农业科学研究所于 1966 年从京引 33 中经系统选择育成，原代号 67 - 01，经河北省农作物品种审定委员会审定命名推广。

2. 特征特性

株高 85cm，株型紧凑；叶片挺直，叶色浓绿，剑叶短，角度小；穗长 16.5cm，平均穗粒数 75 粒，千粒重 24g，颖尖无色，无芒，米白色；中粳中熟品种，生育期 170d，旱直播 150d；分蘖力强，茎秆坚硬，抗倒性强；耐盐碱性极强，中抗稻瘟病和白叶枯病，不抗节瘟。

3. 产量表现

一般产量可达 7 500kg/hm^2，最高达 9 600kg/hm^2。

4. 适宜地区

河北省东部，以及天津、北京可作一季稻栽培；河北省南部、河南省可作麦茬稻种植。

（七）冀粳 8 号

1. 品种来源

河北省农垦科学研究所以（白金/Y2568）F_1 为母本，（山彦/北京 5 号）F_1 为父本杂交选育而成。1985 年，经河北省农作物品种审定委员会审定命名推广。1986 年获河北省政府科技进步二等奖。

2. 特征特性

株高 100cm，主茎叶片 16 ~ 17 个，叶片宽短，厚实上举，叶色淡绿，株型紧凑，茎秆坚韧；穗大小适中，单穗 90 ~ 95 粒，谷粒椭圆形，无芒，颖壳黄色，颖尖紫色，千粒重 24g，米白色；中粳中熟品种，全生育期 165d，冀中南作麦茬稻全生育期 140d；分蘖力强，耐肥水，抗倒伏；人工接种抗稻瘟病河北 G_1 和 E_3 两个优势小种，抗白叶枯病，对稻曲病和纹枯病也表现较强的抗性；耐盐碱、耐干旱、活秆成熟；糙米率 83%，精米率 71%，整精米率 67%，无垩白，爆腰率低，蛋白质含量 7%，赖氨酸含量 0.13%，米质优。

3. 产量表现

一般产量可达 9 570kg/hm^2，最高达 10 500kg/hm^2。

4. 适宜地区

河北省中部、东部以及天津、北京、山西、陕西等地可作一季稻栽培，河北省南部及河南省北部、山东省等地可作麦茬稻种植。

(八) 冀粳 11 号

1. 品种来源

河北省农垦科学研究所于 1980 年以地 1 号/杰雅以母本、垦 77 -9 为父本杂交，采用系谱法于 1983 年育成。1993 年河北省农作物品种审定委员会审定命名推广。

2. 特征特性

株高 105cm，株型紧凑，茎秆粗壮，叶片坚挺直立，叶色浓绿；穗长 17cm，单穗粒数 100 粒，颖尖黄色，无芒，千粒重 26g，米白色；生育期 170d，生长旺盛，分蘖力强，耐盐碱，抗干旱；高抗稻颈瘟，中抗白叶枯病、纹枯病和稻曲病，活秆成熟；糙米率 85.7%，精米率 77.4%，整精米率 75.2%，蛋白质含量 7.3%，赖氨酸含量 0.31%，国际优质米。

3. 产量表现

一般产量可达 9 000kg/hm^2，最高达 12 000kg/hm^2。

4. 适宜地区

在河北省东部及保定、北京、天津等地区可作一季稻栽培；河北省南部、河南、山东等地可作麦茬稻种植。

(九) 京越 1 号

1. 品种来源

中国农业科学院作物育种栽培研究所于 1960 年以水原 300 粒为母本，越路早生为父本有性杂交，1965 年育成。1990 年全国农作物品种审定委员会认定，命名为 GS 京越 1 号，1986 年辽宁省农作物品种审定委员会认定；1987 年天津市农作物品种审定委员会认定。

2. 特征特性

株高 105cm，株型稍紧凑，主茎叶片 17 ~ 18 片，叶形长宽适中，叶色淡绿，剑叶稍短，茎秆坚韧；穗长 20 ~ 25cm，单穗粒数 100 粒左右，粒形短圆，无芒，颖壳及颖尖黄色，千粒重 25g，米白色；全生育期 160d，分蘖力强，成穗率高；耐盐碱，耐寒，抗倒伏；抗白叶枯病和稻曲病，对稻瘟病具有较好的田间抗性；辽宁省丹东、河北省抚宁等滨海稻区稻瘟病常发生，由于引种了京越 1 号至 1992 年，因其具有持久抗性种植时间长，现已累计推广面积 200 万 hm^2。糙米率 83%，垩白少，透明度高，直链淀粉含量中低，米饭有光泽，食味好。

3. 产量表现

一般产量可达 6 750 ~ 8 255kg/hm^2，最高可达 9 750kg/hm^2。

4. 适宜地区

适于河北、北京、天津、辽宁省南部等地一季稻地区种植。

(十) 中百 4 号 (中系 8004)

1. 品种来源

中国农业科学院作物育种栽培研究所以喜峰/南粳 15 杂交组合为选育对象，1980

年育成。

2. 特征特性

株高110cm，主茎叶片18片，叶片较长，宽窄适中，叶色清秀，剑叶上举，株型紧凑；散穗，穗长19cm，单穗粒数115粒左右；颖壳、颖尖黄色，短顶芒；耐盐碱，后期耐寒，较耐肥，活秆成熟。千粒重26g，米白色；生育期170d，分蘖力较强，高抗白叶枯病，中抗稻瘟病，抗倒性较差；耐盐碱，较耐干旱，后期耐寒；糙米率83.8%，垩白率2.1%，直链淀粉含量20.4%。

3. 产量表现

一般产量可达7 500kg/hm^2，最高达9 575kg/hm^2。

4. 适宜地区

可在北京、天津、河北唐山地区种植，特别是白叶枯病重发稻区作一季稻栽培，也适于河南、山东等地作早熟麦茬稻种植。

（十一）中花12号

1. 品种来源

中国农业科学院作物育种栽培研究所于1984年用（中花9号/中花5号）F_2的花药培养，1986年育成。1992年通过天津市农作物品种审定委员会审定。

2. 特征特性

穗长23cm，单穗粒数100多粒，千粒重26g，米白色；生育期165d，需活动积温4 200℃；抗稻瘟病，抗稻飞虱；分蘖力较强，耐盐碱，耐干旱；糙米率83%，精米率74.3%，无垩白，直链淀粉含量18%，蛋白质含量8.7%~9.4%，达到部颁一级粳米标准。

3. 产量表现

一般产量8 250kg/hm^2。

4. 适宜地区

适于北京、华北、辽宁省南部稻区作一季稻栽培；黄淮地区作麦茬稻栽培；长江以南稻区可作晚稻栽培。北京稻区水源严重不足，沿海滩涂高度盐碱化稻区更能显示出中花12号的耐盐碱性和耐旱性优势。

（十二）红旗23号

1. 品种来源

天津市水稻研究所于1968年以福稔/东方红1号的杂交组合，以系谱法于1979年育成。1985年被农业部评为国家优质米。

2. 特征特性

株高110cm左右，株型紧凑；剑叶短，夹角小，叶片、叶鞘、节间均为绿色；穗长18cm，单穗粒数100粒以上，谷粒短阔卵形，护颖、颖尖色秆黄；无芒或顶芒；千粒重24g；生育期170d；耐盐碱性强，抗旱，生育后期耐低温，茎秆较软，抗倒伏力较差；米质优良，米饭食味好。

3. 产量表现

一般产量7 500kg/hm^2。

4. 适宜地区

适于北京、天津、河北唐山作一季春稻栽培；在河北省南部、河南省北部及山东省部分地区可作麦茬稻栽培。

（十三）红旗26号

1. 品种来源

天津市水稻研究所于1970年以露明/红旗12号杂交组合，采用系谱选择于1975年育成。

2. 特征特性

株高100cm，株型紧凑；剑叶宽短上冲，夹角小，叶片、叶鞘、节间绿色；棒状穗，穗长15cm，结实率高，单穗粒数约120粒，谷粒阔卵形，无芒，颖尖、护颖、颖色秆黄；千粒重24g；全生育期175d；分蘖力中等；中抗稻瘟病和纹枯病，茎秆粗壮抗倒伏，耐盐碱性强，抗旱；米质优。

3. 产量表现

一般产量7 500kg/hm^2。

4. 适宜地区

适于北京、天津、河北唐山地区作一季春插秧栽培；河南、山东部分地区作麦茬稻栽培。

（十四）长白9号

1. 品种来源

吉林省农业科学院水稻研究所于1984年以吉粳60/东北125杂交组合，通过系谱法于1989年育成，原编号吉89－45，1994年经吉林省农作物品种审定委员会审定命名。

2. 特征特性

株高95cm，株型紧凑；叶片直立，叶鞘、叶缘、叶枕均为绿色；平均单穗105粒，谷粒椭圆形，颖及颖尖黄色，千粒重29g，米白色；生育期130d，中早熟品种，需活动积温2 600℃，对光温反应迟钝；分蘖力中等；耐碱盐，耐低温，早生快发；抗稻瘟病和抗纹枯病能力较强，茎秆粗壮，耐肥，不倒伏；米质优。

3. 产量表现

一般产量8 000kg/hm^2，栽培水平较高其产量可达9 000kg/hm^2。

4. 适宜地区

适宜吉林省中西部的白城、松原、长春、四平等地，以及东部半山区栽培；在盐碱地和小井稻区尤为适宜。

（十五）其他耐盐碱品种

辽盐糯、辽盐糯10号、辽盐241、辽盐282、辽盐283、辽盐16、辽盐9号、辽盐12、雨田1号、雨田7号、锦丰1号、田丰202、锦稻104、锦稻201、锦稻105、锦稻106等品种，见粳稻优质米品种简介280～288页。

第十五章　水稻遗传改良展望

第一节　水稻品种选育目标的调整

一、北方粳稻育种存在的主要问题

北方粳稻区是我国粳米主要产区，粳稻品种的选育和推广应用取得了较好的成果，但是随着市场经济的发展和人民生活水平的提高，水稻生产正向优质、高产、高效、稳产方面发展，这既是挑战，也是机遇，因此，要抓住机遇，迎难而上。针对北方粳稻品种选育中存在的主要问题，努力开创北方粳稻区品种遗传改良的新局面。

（一）常规粳稻品种选育的主要问题

1. 粳稻品种遗传背景狭窄

截至 1993 年，对北方粳稻区通过杂交育成的 292 个品种的亲本来源进行了分析，结果发现，86.7% 的品种具有日本品种的亲缘关系，其中，双亲均是日本品种亲缘的有 20%。而且，更值得注意的是，这种单一的亲缘状况竟延续了半个世纪。

在分析杂交育成的粳稻品种亲本类型时发现，粳型水稻占 95% 以上，籼稻亲缘寥寥无几，野生稻资源更没涉及，而且地方品种、农家品种资源的利用也日趋减少。从杂交组合方式看，粳粳品种间杂交组合占 80% ~90%；虽然近 10 年来，籼粳亚种间杂交有所增加，但也只占 13.8%；而栽培粳稻与野生稻之间的杂交则微乎其微。这表明北方粳稻品种的遗传基础较为狭窄，其遗传的脆弱性日益显现，品种遗传改良的难度越来越大。

2. 粳稻品种选育技术基本上限于杂交育种和系统育种。

目前，北方粳稻区生产上推广应用的粳稻品种有 95% 以上是通过杂交育种和系统育种选育而成的。毋庸置疑，杂交育种仍是目前粳稻品种选育的有效方法。但是，其他育种技术的方法却很少应用，例如，细胞工程技术，包括花药（粉）培养、其他组织培养技术应用的很少，转基因技术、分子标记辅助育种技术等也极少应用；在常规育种方法方面，籼粳杂交育种、单倍体育种、诱变育种等育种技术和方法也应用的不多，其结果就影响了粳稻品种选育的效率和水平的提高。

3. 粳稻抗性育种基础薄弱

我国北方粳稻生产分布地域范围大，气候条件、生态环境差异较大。例如，在我国普遍发生和为害水稻的稻瘟病、白叶枯病、纹枯病和稻曲病等在北方稻区均有发生和流行为害，有的年份地区发生和为害还相当严重。如松花江、嫩江和牡丹江流域，吉林、通化、丹东、大连、唐山、银川、天津等稻区常年发生的稻瘟病；河北、天津、北京、辽宁南部、陕西南部等地常年发生的白叶枯病；吉林、辽宁、河北、宁夏、北京、天津等稻区近年来发生日趋严重的稻曲病等，对北方稻区粳稻生产均产生威胁。尤其是稻瘟病，由于病原菌的生理分化新小种的产生，往往使具有垂直抗性的水稻品种很容易、很快丧失抗性而造成水稻感病减产，严重者绝收。此外，东北和西北稻区发生的低温冷害，滨海稻区和黄、淮、海稻区，以及内陆次生盐渍土稻区的盐碱危害等都是北方粳稻品种选育需要解决的育种问题。然而，由于各稻区水稻育种科研单位投入到粳稻抗性育种基础性研究的人员，物力和财力均不足，因而影响了粳稻抗性品种选育的进展，尽管中国农业科学院作物育种栽培研究所等科研单位在这方面开展了一些研究工作，但总体上看，北方粳稻品种抗性育种基础性研究仍较薄弱。

（二）杂交粳稻品种选育的主要问题

20世纪70年代，辽宁省农业科学院稻作研究所杨振玉先生利用“籼粳架桥”制恢技术，育成了我国第一个粳型恢复系（C57），并与黎明A雄性不育系组配了第一个在粳稻生产上大面积应用的粳型杂交稻黎优57，使我国杂交粳稻研究处于国际领先地位。但是，杂交粳稻的品种选育不是一帆风顺的，存在一些需要解决的问题。

1. 籼粳杂种优势利用的不亲和性障碍问题

亚洲栽培稻中的籼、粳亚种间杂交，其杂交种具有强大的杂种优势，但是亚种间的不亲和性一直是制约籼、粳杂种优势利用的主要问题。具体表现在籼粳杂交后代结实率偏低、籽粒充实度差、对温度敏感、早衰等遗传生理障碍。针对这一问题，以间接部分利用籼、粳杂交种优势的“籼粳架桥”技术，为此提供了一条利用途径。但是，在籼、粳杂种优势利用研究中，偏籼、偏粳特异亲和性恢复系的选育就显得特别重要。

2. 杂交粳稻品种存在的主要问题

优质、高产、多抗是杂交粳稻品种选育的主要目标，但目前，将优质、高产、抗逆等主要性状有机结合到一起，选育出精品杂交粳稻新组合少。与常规粳稻品种相比较，目前，水稻生产上推广应用的大多数杂交粳稻品种的竞争优势不强，表现为米质较常规粳稻品种差，产量优势不明显，杂交粳稻种子价位高，因而影响了水稻种植者的积极性。

3. 杂交粳稻制种的主要问题

杂交稻制种是杂交稻生产应用的重要环节，杂交粳稻制种产量和其纯度不高是存在的主要问题。由于目前生产上应用的杂交粳稻品种不育系母本多采用BT型配子体雄性不育，一旦防杂保纯措施不力，极易发生生物学混杂种和机械混杂，严重影响杂交种的纯度，加上粳稻雄性不育系的异交性能不如籼稻不育系，制种产量低、成本高，使杂交粳稻的推广应用受到一定制约。韩赞平（2004）研究报道了籼稻异交结实机制的问题，对籼稻雄性不育系柱头生活力进行过深入研究，为南方杂交籼稻制种提供理论和技术支撑。相反，北方杂交粳稻制种技术相对落后，没有研究过异交结实机制问题，制种结实率低，制种产量也就低。由于雄性不育系与恢复系的生育期差异较大，父母本的生育特性也有较大不同，加上秧苗的强弱、苗龄大小、栽培密度不一样，肥水管理差别以及气候因素等变数的存在，都会影响到父母本花期相遇的问题，因此，如何调节和保证杂交粳稻制种父母本花期、花时相遇，是杂交稻制种成败的关键技术之一。

二、北方粳稻品种选育的主攻目标

在已过去的半个世纪里，我国水稻遗传改良实现了两次重大突破跨越，第一次是20世纪60年代水稻矮化育种的成功，使水稻单产提升了20%～30%；第二次是70年代中期杂交稻的“三系”配套及其杂交种的大面积生产应用，使水稻单产在矮秆良种的基础上又提高了20%左右。为大幅提升水稻品种的生产潜力，我国于90年代中期提出了以利用水稻亚种间杂种优势为主的超级稻计划。通过10多年的努力，该计划已取得较大进展。选育的水稻新品种的产量潜力有较大的突破。由于我国“南籼北粳”水稻栽培的基本格局和各稻区生态环境的多样性，因此，各稻区水稻品种选育的主攻目标是不尽一致的。

（一）北方粳稻区常规稻育种主攻目标

国际上122个产稻国家和地区均将提高稻谷产量作为主要目标之一，而对于改良米质或发展优质米生产的重视程度则各不相同。我国是一个人口众多、稻田资源有限的水稻生产大国，历来把高产作为主要育种目标，对北方粳稻产区来说，也是一样的。近些年来，国内外粳米市场前景看好，因而促进了东北粳稻区生产的发展，其他稻区因受水资源的制约，造成年度间水稻种植面积的波动。因此，发展粳稻生产主要靠提升单产水平实现总产量的增加。在提高水稻产量的诸多技术措施中，选育种植高产品种对产量的贡献率占30%左右。

在提高产量的同时，还要十分重视粳米品质的改良，特别要注意提高加工品质、外观品质、营养品质和食味品质，降低垩白粒率，提高整精米率和米粒透明度等商品品质，以提高品种的商品价值和经济效益。此外，还要关注以下的育种目标。

（1）*选育肥料高效利用的品种在赢得高产的同时，要减少肥料用量* 我国许多稻田的施肥量已经超过了土壤的承受力，大量施肥造成土壤退化和环境污染，江河湖泊的富营养化正成为农业生态环境恶化的重要原因。

（2）*提高品种的抗病虫性，减少农药的使用量* 水稻高产栽培中的病虫为害逐年加重，喷洒大量农药防治既提高了生产成本，使农民增产不增收，又污染和破坏生态环境，还造成稻米中的农药残留，危害人类的生命健康。

（3）*选育耐冷凉、耐盐碱水稻品种，提高其稳产性* 我国北方粳稻区，尤其是东北和西北稻区，由于纬度高，无霜期短，可以供水稻有效生育的日数少，加上气温的年度间变化，因此，常遭受低温冷害的伤害，使水稻产量大减，因此，要选育耐冷性强的水稻品种，以使水稻在低温冷害年份少减产或不减产。此外，北方粳稻区还有较大面积的滨海盐碱地稻田，因此，选育耐盐碱的水稻品种既可以提高盐碱地稻田的产量和稳产性，又可以开发利用还未开垦的盐碱滩涂湿地，改造成能够种植水稻的稻田，增加稻谷产量。此外，耐盐碱品种在非盐碱地区种植，耐旱性强，省水提高产量。

根据北方粳稻区地域分布广泛的特点，还应选育出适于不同生态环境的，适于机械操作的和专业化管理的，有利于高产、稳产、有利于降低成本、提高效益，有利于稻谷产品的加工和综合利用，有利于保护生态环境，改善人类营养和保健稻米食品和粳稻品种。

（二）北方粳稻区杂交粳稻育种主攻目标

杨振玉等（1999）在多年杂交粳稻研究的基础上，提出了北方杂交粳稻育种的主攻目标。北方杂交粳稻品种选育的根本方向是充分利用籼粳亚种间的杂种优势，以最适度的籼粳成分搭配，达到其生物产量优势与经济产量优势的统一。首先，株型、穗型的改良是杂交粳稻高产的主要目标。半矮秆株型因耐肥密植获得水稻单产的提高，但同时也带来病虫害加重、限制生物产量和净同化率的进一步提高。研究表明，偏高秆、偏长穗，如屉优418，适于稀植栽培，与适于密植的半矮秆多穗型杂交组合比较有如下优点：①增加了功能叶面积容量和株丛 CO_2 浓度，提高光合速率和净同化率，从而提高了单位面积的生物产量。②由于稀植减少了无效分蘖，提高了成穗率，可减少植株的生长竞争和光合产物的浪费。③植株之间通风透光好，湿度小，不利病虫的繁殖和流行。④根系发达可省水省肥，有利于节约资源和保护环境。

其次，穗型的改良对提高杂交粳稻的产量也至关重要。散穗弯垂型植株较高，叶长，穗长，省水省肥，适于稀植，发挥大穗优势获高产，适于多雨潮湿多病稻区种植。弯垂长穗型，以茎秆具韧性的弯垂型为母本，如屉锦 A、秀岭 A，与半矮秆抗倒，库源协调的恢复系 C418 杂交，组配成茎秆偏高 120cm，穗偏长 25～30cm，每穗 110～140 粒，每公顷达到 270～330 万穗。该穗型植株重心随穗重增加，穗子向两旁下垂形成动态抗倒伏株型，其自然株高变成 90～100cm。

半直立穗型以本地主栽的耐肥抗倒直立穗型 326A、454 等为亲本，与半矮秆长穗型亲本，C418、C418S 组配成中秆穗粒并重株型，株高 100～115cm，穗粒数 120～150 粒，每公顷穗数达 270 万～330 万。这种株型耐肥抗倒伏，生育后期光能利用好，以穗和粒数并重而增产。

上述两种株型穗型根系发达，分蘖力较强，基部节间粗短，叶鞘包茎严密，穗茎节细长且有良好韧性，功能叶上冲，转色好，不早衰。弯垂长穗型灌浆后穗下垂成叶下禾长相，在暴风雨发生时因重心下降随风摆动但不倒。偏高秆新株型高产且抗倒，是杂交粳稻的优良株型。

第三，杂交粳稻品种选育除高产目标外，还要与优质、抗逆性、适应性结合起来，构成完整的育种目标。水稻的高产，稳产性和抗逆、适应性是遗传基因在某种栽培条件下的综合表达。就产量性状而言，涉及多方面，多层次的微效多基因控制，决不是单个基因所能凑效。对稻米品质来说，还涉及贮藏器官营养成分的转化，生物合成途径等复杂因素。要保证杂交粳稻有较好的品质，杂交双亲均必须是优质的。

杂交粳稻的抗病性可通过双亲遗传显性效应进行改良，但也与植株老健和根系活力密切相关。因此，要实现杂交粳稻高产与优质、抗逆性和适应性相结合的育种目标，其方法是在籼粳杂种优势利用组配理论的基础上，加强双亲一般配合力，组合特殊配合力的选择，以提高北方杂交粳稻的整体目标，北方稻区在水稻生育期间常有低温冷害或高温热害的危害，以前曾因引入的外缘系抗寒性差而导致杂交粳稻减产。还有的年份因盛夏高温使常规水稻品种大幅减产，而杂交粳稻因具有耐高温性而没有减产。因此，选择优质耐寒性较强的当地系与耐热性较好的外缘系组配，可对高、低温均有良好的耐性。

第二节 水稻遗传改良技术展望

一、各学科协同攻关

水稻遗传改良是一个大的系统工程，涉及与生命程序相关的遗传信息及其表达、生物技术、生理过程等多个复杂的环节，随着遗传操作技术的不断进步和日臻完善，遗传改良的方法和技术也在不断取得成效，从而使学者的遗传改良观念也在不断地处于完善之中，目前的发展时期正处于高新技术快速发展，常规的遗传改良方法，不断得到更新的时期。

水稻遗传改良技术的发展带来了水稻遗传改良速度的加快，它大大地缩短了水稻品种选育的过程，提高了其改良的质量和效果。目前，单一依靠同一种技术进行品种改良的做法已不能满足对水稻遗传改良的需要，一个新品种的育成常常是几种方法技术综合运用的结果。能够综合采用几种育种技术的前提是对水稻性状改良的遗传原理已经了解和掌握。由于绝大多数需要改良的性状均是由数量基因控制的，因此，对这些数量性状的改良必须依靠相应的技术体系进行鉴定、选择，排除人为判断的失误，提高选择的可靠性、有效性和准确性。

水稻品种选育的前期选择通常建立在目测基础上，由于环境条件对性状形成的影响，即基因型与环境互作（G×E）的关系，真正选择上优良基因型的概率很低。研究统计表明，在配制的杂交组合中，一般只有1%的杂交组合有可能选出符合育种目标的品种来，鉴于上述分离群体的规模，最终育种的效率一般不到百万分之一。因此，常规育种技术存在很大的盲目性和不可预见性，育种的成败很大程度上依赖于经验和机遇。水稻单株（个体）的表现型是其基因型与环境互作的结果，因此，品种选育的主要技术就是寻找控制目标性状的基因，研究这些基因在不同环境条件下的表达方式，聚合存在于不同材料中的目标基因，进而为水稻生产提供优良品种。

由于水稻育种所要改良的性状都是基因控制的性状，所以，从基因水平认识水稻育种的本质是十分必要的。目前，我国作物科学家已经提出了分子设计育种的战略构想。作物分子设计育种是一个创新概念，它以生物信息学为平台，以基因组学和蛋白组学等若干数据库为基础，综合作物育种学流程中的作物遗传、生理、生化、栽培、生物统计等所有学科的有用信息，根据具体作物，如水稻的育种目标和生长、发育环境，在电子计算机上设计最佳育种方案，然后开展育种试验的分子育种方法。

与常规育种方法相比较，分子设计育种首先在计算机上模拟实施，考虑的因素更多，更全面，因而所选用的亲本组合、选择途径等更有效，更符合育种实际，更能满足育种的需要，可以大幅提高育种效率。这里要指出的是，分子设计育种在未来实施过程中将是一个结合分子生物学、生物信息学、计算机学、作物遗传学、育种学、栽培学、植物保护学、生物统计学、土壤学、生态学等多学科的系统工程，多学科相结合，联合攻关。

生物数据可以来自生物的不同水平，如群体水平、个体水平、细胞水平和基因水平等，各种各样的生物数据为育种提供了大量的信息。尤其随着分子生物学和基因组学的快速发展和进步，生物信息数据库所积累的信息量极其庞大，但由于缺乏必要的数据整合技术，可提供水稻育种家利用的信息却非常有限，水稻重要的农艺性状基因定位结果也难于用来指导其育种实践。

分子设计育种是一项综合性的新兴研究领域，将会对未来水稻育种理论和技术的发展和完善产生深远、重大的影响。分子设计育种将在庞大的生物信息和育种家的需求之间搭起一座桥梁，在育种家的田间试验操作之前，对育种程序中的各种因素进行模拟筛选和优化，提出最佳的亲本选配和其后代选择方案，从而大大提高育种效率。因此，我们应把握机遇，充分利用基因组学和生物信息学的重要成果、及时开展分子设计育种的基础理论研究和技术平台构建，以加速分子设计育种目标的实现，将会大大促进水稻育种理论和技术水平的提高，带动常规育种技术向高效、定向化发展。

二、常规技术与生物技术的有效结合

迄今，水稻遗传改良、品种选育无非两大技术体系，一是以孟德尔、摩尔根遗传学为基础的传统的常规育种技术，如系统育种、杂交育种、单倍体育种、多倍体育种、诱变育种等；二是以分子生物学、基因组学等为基础的生物技术育种体系，如细胞、组织培养、原生质体融合、转基因育种技术，分子标记辅助育种技术等。越来越多的研究报道表明，这两种技术体系各有千秋，各有优、缺点，必须紧密、有效相结合，才能更好地发挥各自的优势，在水稻品种遗传改良中取得更好的效果。

20 世纪 80 年代以来，分子生物学研究取得了许多重大进展和突破，日益完善的生物技术为水稻遗传改良展示了诱人的前景。但是，实践证明生物技术并不是万能的，至少在现阶段，传统的常规技术仍然是水稻品种遗传改良的主要技术方法。鲍文奎（1990）指出“不认识到这一点，误认为基因工程能直接产生出人们寄予厚望的超级品种，处理不好，将带来战略性和方向性的错误和严重后果”。

分子生物学是在分子水平上研究生物，以分子、基因等为主要研究对象。而水稻品种的遗传改良的着眼点不但重视个体（单株）水平，更重视群体水平，重点以群体为主要研究对象。从分子水平到群体水平，中间还有染色体、细胞、组织、器官、个体等系列层次。单纯强调和重视某一层次，而轻视其他层次，显然是不符合实际的。从学科的角度分析，需要通过作物遗传学、生理学，进而通过作物育种学和栽培学将分子生物学与常规育种技术联系起来。正如钱学森（1992）指出的那样，这些“中间层次”是薄弱环节，是需要加大研究的力度，以促进常规技术与生物技术的有效结合。

中岛（1987）指出，生物技术要发挥作用，必须以传统的常规技术为基础。不论什么样的生物技术，都不可能育成直接应用于生产的新品种。鲍文奎（1990）指出，在高等植物育种领域，“生物技术通常用来创造新的种质资源或新的原始材料，以补充自然资源的不足。即使利用生物技术创造出新的种质资源，也离不开传统的鉴定、筛选技术；新的种质资源的改良、利用更离不开常规的育种栽培技术。水稻的经济性状大多属于数量性状，由微效多基因控制，需要采用数理统计的方法来研究。产量、抗逆性等重要经济性状本身又是由若干数量性状构成的复合性状。利用转基因技术进行水稻品种改良，虽然已经和正在取得一定的进展，但是转基因技术对数量性状效果不大，对产量等更为复杂的性状目前还缺少有效的办法。

万建民（2006）指出，目前转基因技术还仅限于利用主基因改良单一目标性状。对于由多基因控制的多数重要的农艺性状，转基因技术尚无法发挥其优势。理论上分析，RFLP、SSR 等分子标记技术可以用于数量性状的研究，QTL 定位技术也日臻成熟，国内外对分子标记辅助选择育种也做了许多有益的研究。就是对主基因控制的性状，采用分子标记辅助选择技术也并不比传统的常规选择方法有明显优势。对多基因控制的重要农艺性状，由于 QTL 在遗传上的复杂性，对背景的依赖性以及与环境的复杂互作关系，现有的 QTL 定位成果还很难直接应用于指导分子标记辅助选择育种。

生物技术和常规技术的交融和结合性是今后水稻遗传改良总的发展趋势。传统育种技术的杂交、回交、诱变等与生物育种技术的组培、转基因、分子标记等紧密结合，发挥各自的长处和优势，才能有所进展和突破。不论采取什么样的遗传改良技术，都离不开种质资源的收集、鉴定、创新和利用，即所谓“一粒种子可以改变世界，一个基因可以关系到一个国家的兴衰”。现代水稻遗传改良的实践表明，具突破性的成果依赖于特异种质的发现及其在研究和生产上的有效利用，例如，矮秆基因的发现及其矮化育种，野败型雄性不育基因的发现及其杂交种育种等。

近年来，水稻基因组研究的快速发展，传统育种技术与现代生物技术的交融，正在从广度和深度上推动水稻育种科学的发展和进步，以分子育种技术为代表的生物育种技术正在成为国际水稻遗传改良的发展趋势和方向。水稻育种家期望生物技术，特别是基因组学研究的成果能更有效地应用于有利基因的发掘和遗传改良实践。分子技术育种被认为是有效的手段之一。水稻分子育种主要是利用其固有的基因，通过基因的分子标记，有效地识别和利用基因，提高育种选择的可预见性和可操作性。利用功能基因组学的研究方法，系统地分离并得到与水稻高产、优质、多抗、耐逆境等重要的农艺性状相关的基因，研究其结构与功能的相互关系，了解水稻生长发育和代谢调控的分子机制，开展分子育种技术研究，大幅提高品种改良的技术水平，利用基因型选择提高育种效率和速度，缩短育种年限，创造具有重大利用价值的新种质，培育优质、高产、多抗的水稻新品种（系），整体提高我国水稻遗传改良的技术水平，最终实现以明确遗传背景和基因功能为基础的精准水稻育种。现代水稻遗传改良需要相关学科科技人员的共同努力和通力合作，也需要常规技术与现代生物技术的紧密、有效结合，不论遗传改良的上游、中游，还是下游，只有紧紧联系起来，才能构建起强大的、有效的研究体系，才能取得有突破性的重大成果。

第三节　水稻超高产育种

一、水稻超高产育种的进步和制约因素

（一）水稻超高产育种的进步

在水稻超高产育种理论的指导下，各地水稻育种单位和育种专家根据各自的条件，

因地制宜地制定了各具特色的育种方案，取得了较大的进展，首先在水稻新种质资源的发掘、创新和利用上；其次是在进一步提高生物产量并适当提高经济系数上；第三是使产量组成因素在穗重进一步增加的前提下优化重组上。

生物技术的研究成果进入水稻超高产育种中，组织培养技术以缩短育种年限为主要特点，在水稻育种中已广泛应用；转基因技术可以打破物种界限，实现功能基因的转导，在创造水稻新种质资源上开辟了一条新路。目前，国际水稻研究所正进行一次广泛的国际合作研究计划。该计划以生物技术为基础，首先获得大量的水稻多样性材料，通过基因—定位，绘制遗传连锁图，并将获得的基因用质粒保存，组建基因库，构建基因物理图谱，测定基因的功能。将大量的有用基因分发给各国的水稻合作研究单位，各国合作科研单位将这些基因回交转育到当地主栽水稻品种中，获得大量等基因系。这样一来，各国合作科研单位就能够不断地培育出新的水稻品种（系）来，供给广大稻农，以满足不断变化的生产需要。

在北方粳稻新品种遗传改良中，辽宁省农业科学院稻作研究所采取籼粳复合杂交的杂交方式，坚持理想株型与杂种优势利用相结合，扩大遗传背景，丰富后代变异，提高结实率，在适当保持半矮秆丛生早长的基础上，提高穗重，并重视抗性性状和稻米品质性状的选择。高产粳稻品种辽粳 326 一般产量可达 9 000 ~ 9 750 kg/hm^2，最高达 12 700kg/hm^2。辽粳 326 是由 8 个亲本经 7 次有性杂交育成的；另一个高产品种辽粳 454 是由 16 个亲本经 14 次杂交育成的，产量优势来源于多亲本的复合杂交。

20 世纪 70 年代以来，北方粳稻品种改良取得了较好发展，常规稻和杂交稻育种齐头并进，先后育成了辽粳 5 号、辽盐 2 号、辽盐糯、辽粳 326、黎优 57、秀优 57、辽粳 294、沈农 1033、辽盐 16、辽盐 282、辽盐 283、辽盐 241 等常规稻品种，以辽粳 5 号、辽盐 2 号、辽盐 241、黎优 57、秀优 57 等粳稻品种，结束了长期以来以种植日本粳稻品种为主的历史。

沈阳农业大学利用籼粳稻亚种间杂交后代疯狂分离和地理远缘杂交后代变异幅度大等特点，创造、筛选出具有特异性的新株型优良种质材料，并在超高产水稻育种实践中利用这些新种质材料，培育出理想株型与杂种优势相结合的超级粳稻新品种（系）。到 20 世纪末，已创制出矮壮秆、长叶大穗型的沈农 89366；直立穗型、紧凑株型、个体竞争力极小的沈农 95008；分蘖力和分蘖势极强、主穗与分蘖穗差异极小的沈农 9660；以及直立穗型、茎秆粗壮、株型理想的沈农 92326 等。这些新株型优良的种质材料，有的已被应用到超高产水稻新品种选育中，并取得了明显效果；有的正在作为选育籼粳亚种间杂交稻的桥梁亲本应用于超级杂交稻育种。例如，20 世纪 90 年代中期育成的半直立大穗型超级稻沈农 265、浓农 606。沈农 606 不但产量潜力大，最高单产可达 13 200kg/hm^2。其中沈农 265 百亩连片种植产量可达 12 500kg/hm^2；之后，又先后育成了沈农 016、沈农 9741 等超高产品种。以及吉林省农业科学院水稻研究所育成的吉粳 88，黑龙江省农业科学院水稻研究所育成的龙粳 14、龙粳 18 等。盘锦北方农业技术开发有限公司许雷研究员主持育成的锦丰 1 号、田丰 202、锦稻 104、辽旱 109、锦稻 106 等品种，株高 85 ~ 100cm，株型紧凑，茎秆坚韧粗壮，叶片直立短、宽、厚，叶色深绿，分蘖力强，成穗率高。大穗半直立紧穗型。其中锦丰 1 号，株高 90cm 左右。高产、稳产，一般单产 9 750～1 275kg/hm^2，最高 15 525kg/hm^2。米质优，8 项指标达到国家部颁优质粳米一级标准，4 项指标达到二级优质粳米标准。抗性强，抗稻瘟病，对水稻其他病害均为中抗以上，并具有耐盐碱、耐肥、抗倒、耐旱、耐寒及活秆成熟不早衰等特性；田丰 202，株高 95cm 左右，半直立大紧穗型，高产、稳产，一般单产 9 750～12 750kg/hm^2，最高 16 200kg/hm^2，米质优，米质全部检测指标除垩白米率、垩白度两项指标二级外，其余十项指标均达到国家部颁食用优质粳米一级标准，并具有外观品质好、适口性佳、商品价值高等特点。抗性强，抗稻瘟病、纹枯病，对水稻其他病害均为中抗以上，并具有耐盐碱、耐肥、抗倒、耐旱、耐寒及活秆成熟不早衰等特性；锦稻 104，株高 85cm 左右，大穗半直立紧穗型。高产、稳产，一般单产 9 750～12 750kg/hm^2。米优质，米质全部检测指标均达到国家部颁食用优质粳米标准，并具有外观品质好、适口性佳、商品价值高等特点。抗性强、抗稻瘟病，对水稻其他病害均为中抗以上，并具有耐盐碱、耐肥、抗倒、耐旱、耐寒及活秆成熟不早衰等特性；辽旱 109，株高 95cm 左右，大穗半直立紧穗型。高产、稳产，水田种植一般单产 9 750～12 000 kg/hm^2，最高 15 750 kg/hm^2；旱种一般单产 8 250～9 750 kg/hm^2，最高 10 500kg/hm^2。米质优，米质全部检测指标除垩白米率、垩白度两项指标四级外，其余十项指标均达到国家部颁食用优质粳米二级以上标准，并具有适口性佳、营养价值高等特点。抗性强，抗稻瘟病，对水稻其他病害均为中抗以上，并具有耐盐碱、耐肥、抗倒、耐旱、耐寒及活秆成熟不早衰等特性；锦稻 106，株高 100cm 左右，大穗半直立半紧穗型。高产、稳产、一般单产 9 000～12 750kg/hm^2，最高 13 875kg/hm^2。米质优，米质全部检测指标均达到国家部颁食用优质粳米二级以上标准，并具有外观品质好、适口性佳、商品价值高等特点。抗性强，抗稻瘟病，对水稻其他病害均为中抗以上，并具有耐盐碱、耐肥、抗倒、耐旱、耐寒及活秆成熟不早衰等特性。

在辽宁稻区水稻生产中，较长时期应用的下垂或弯曲穗型品种逐渐被半直立或直立紧穗型（或半紧穗型）高产品种所取代。主要原因是，在水稻抽穗后由于群体数量太大，加之弯穗的遮阴，恶化了群体的光合质量，影响产量的进一步提高。但是也有例外，如弯穗品种辽盐 282 等在“远高漏”稻田里，由于具有“丛生早长”的特点，而且生物产量大，因此，最终也形成了较高的经济产量。为进一步改良弯穗品种后期光合能力差及群体郁蔽造成的病虫害流行，盘锦北方农业技术开发有限公司在选育品种中证明，水稻抽穗后，弯穗品种间光合能力有较大差异；因此，在后代选择中，更注重活秆成熟不早衰（活秆活叶）的单株选择，以延长光合作用时间，增加后期的光合产物。这一指标与根系活力和植株抗病性及综合抗逆力紧密相关。如辽盐 12 在抽穗后表现综合抗逆力强，对稻瘟病的 ZA9、B17、C1 等 3 个生理小种均表现高抗，而且很少感染纹枯病，因此，总体上评价是一个优良的超高产弯穗品种。

（二）水稻超高产育种主要制约因素

水稻超高产育种是牵涉面很广的较为复杂的系统工程，既涉及超高产育种的理论问题，也涉及超高产育种的实践问题。水稻产量潜力是单位面积上水稻在其生育过程中所生产的稻谷产量的潜在能力。在某一特定的生产条件下，某个水稻品种所能形成的最高产量，称为超高产。超高产的产量水平不是固定的，它会随着科学水平的提高和生产条件的改善以及栽培技术的进步而不断提升的。

目前，影响超高产育种的主要问题有以下几方面。

1. 种质资源问题

在水稻超高产育种中可以利用的水稻种质资源包括栽培稻种、野生稻种。在栽培稻种中，有亚洲栽培稻和粳稻2个亚种。当然，随着转基因等生物技术的发展和完善，可以打破种属等的生物界限，利用其他生物的种质（基因）。但目前在水稻超高产品种选育和改良中，主要还是利用水稻的种质资源。种质资源数量很多，但对其研究、创新和利用的还很有限，尤其是水稻科研单位只对自身收集到的种质资源进行有限的研究，很难在利用上获得较大的突破。因此，应组织各方力量对水稻种质资源进行全面的、系统的、有针对性的研究和创新、建立种质资源研究数据库，共享研究成果。

2. 品种抗性问题

超高产水稻品种的高产性与抗逆性应同时兼备，以其稳产性保证超高产指标的实现。在抗逆性中，抗病性尤其重要。在北方粳稻品种中常常出现品种的高产性与抗病性不同步的现象。辽粳287是一个高产水稻品种，但是在1991年大面种感染稻瘟病，同样高产品种营8433也因穗颈瘟的大发生，给水稻生产造成较大损失而失去了推广应用价值。在国际上也同样存在这个问题，据国际水稻研究所Khash博士介绍，该所所选育的超高产水稻品种（超级稻），由于不抗病而未能大面积推广应用。

3. 品种米质问题

稻米是人类的主要口粮，尤其在亚洲，大多数人以稻米为主食，因此，稻米的品质就显得特别重要。随着社会的发展和人们生活水平的提高，对稻米品质要求越来越高。我国加入世界贸易组织（WTO）后，在粮食作物中，惟有粳米在国际市场上还具有一定的比较优势，因此，超高产育种与米质改良的结合是十分重要的。在日本，北陆农事试验场选育的超高产水稻品种，由于米质太差，不适合日本国内市场消费，就没能在水稻生产中应用。

在我国，长期形成了南籼、北粳的生产构架和消费习惯，即南方稻区以种植籼稻为主，人们以籼米为主食，而北方稻区则种植粳稻，居民消费粳米。随着市场经济的发展和消费结构的变化，越来越多的人也青睐粳米，因此，在国内稻米市场上，粳米的销量日益增加，对粳米品质的要求越来越高。所以，在粳稻品种遗传改良中，必须解决超高产与优质米兼顾的问题。

二、水稻超高产育种展望

为进一步促进我国水稻超高产（超级稻）育种和生产的发展，农业部制定了“超级稻研究与推广规划（2005—2010）。”“规划”提出中国超级稻研究与推广要按照科学发展观的要求，大幅提高水稻单产，确保中国超级稻的研究水平继续国际领先。提出“加快一期推广，深化二期研究，探索三期目标”的发展思路，加快超级稻新品种选育，加强栽培技术集成，扩大示范推广，聚合外源有利基因，创新育种方法，不断提高单产，为持续提高粮食综合生产能力提供科技支撑。

从2005年开始实施超级稻发展的“6236”工程，即力争到2010年底，用6年时间选育出20个超级稻主栽品种，种植面积占全国水稻总面积的30%，单位面积产量增加900kg/hm^2。为此，在超高产育种战略上，应制定更高的战备规划和完善的技术路线，开展综合“四性”的超级稻育种目标研究，即培育“丰产性、抗逆性、优质性和适应性”综合在更高水平上的超级稻新品种。这样的超级稻品种在生产上实用，而且更具有生命力。

“超级稻研究与推广规划”为我国水稻超高产育种指出了方向和发展策略。从我国水稻高产育种的发展历程分析，矮化育种和杂交稻选育是实现我国水稻高产的历史性跨越。由此可以认为，水稻株型改良和杂种优势利用仍然是今后水稻超高产育种的主要方向和途径。目前，国内外一些科研单位已设计出水稻超高产新株型模式，例如，国际水稻研究所的新株型超级稻模式，其突出特点是少蘖大穗和高收获指数；袁隆平的超级杂交稻株型模式，其主要特点是重穗型叶下禾；沈阳农业大学的直立大穗型超级稻株型模式；盘锦北方农业技术开发有限公司许雷研究员提出的直立、半直立紧穗或半紧穗大穗型，叶片直立短、宽、厚超级稻模式。

国际水稻研究所的新株型少蘖大穗超级稻模式与沈阳农业大学的直立大穗型超级稻株型模式比较，二者的根、茎、叶部性状基本相同，而且其产量水平越高，单穗粒越多的趋势也是一致的；其差异主要是前者的穗型仍然与从前一样为弯曲穗型，而后者则是直立穗型。袁隆平的超级杂交稻株型模式与国际水稻研究所的新株型超级稻模式均是弯曲穗型，单穗粒数较多；不同之处在于前者的穗和叶片，尤其是上部叶片较后者更长，穗子更弯曲。

总之，水稻超高产育种随着科学技术的发展和进步会培育出更多超级稻品种，而且永无止境。在超高产育种理论和技术路线确定之后，必须通过种质创新、组合选配、杂交后代及变异株材料的选择，技术和方法的创新，才能把水稻超高产育种的理念付诸实践，并由此选育出超高产的新品种。

主要参考文献

丁颖. 中国栽培稻种的起源及其演变 [J]. 农业学报，1957，8（3）：243－260.
丁颖. 丁颖稻作论文集 [M]. 北京：中国农业出版社，1983.
丁颖. 广东野生稻及由野稻育成之新种 [J]. 中华农学会报，1933（114）.
丁颖. 水稻纯系育种之研讨 [J]. 中山大学农学院，1944.
万建民. 中国水稻遗传育种与品种系谱 [M]. 北京：中国农业出版社，2010.
万建民. 作物分子设计育种 [J]. 作物学报，2006，32（3）：455－462.
万建民. 中国水稻分子育种现状与展望 [J]. 中国农业科技导报，2007，9（2）：1－9.
辽宁省农业科学院作物育种所，辽宁省种子公司. 辽宁省农作物品种资源目录. 沈阳：新农业杂志社，1985.
中华人民共和国农业部. NY122－86，优质食用稻米标准，1986.
中国农业科学院. 中国稻作学 [M]. 北京：农业出版社，1986.
中国水稻研究所. 中国水稻种植区划 [M]. 杭州：浙江科学技术出版社，1988：1－48.
方中达. 中国水稻白叶枯病残病型研究 [J]. 植物病理学报，1990，20（2）：81－88.
王琳清. 我国辐射育成的农作物品种 [J]. 原子能农业应用，1985（1）：1－9.
王琳清. 我国农作物突变品种（续）. 中国原子能学会第四次代表大会学术交流论文摘要集，1992：1－24.
王熹，陶龙兴，俞美玉，等. 超级杂交稻协优 9308 生理模型的研究 [J]. 中国水稻科学，2002，16（1）：38－44.
王樟士，吴吉人. 北方农垦稻作 [M]. 沈阳：辽宁科学技术出版社，1992.
申岳正，闵绍楷，熊振民，等. 稻米直链淀粉含量的遗传和测定方法的改进 [J]. 中国农业科学，1990，23（1）：60－80.
申宗坦，吕子同，李壬生. 选育早熟矮秆水稻类型中一些性状的遗传分析 [J]. 作物学报，1965，4（4）：391－402.
石明松. 晚粳自然两用系的选育及应用初报 [J]. 湖北农业科学，1981（7）：1－3.
石明松. 对光照长度敏感的隐性雄性不育水稻的发现与初步研究 [J]. 中国农业科学，1985（2）：44－48.
卢庆善，赵廷昌. 作物遗传改良 [M]. 北京：中国农业科学技术出版社，2011.
卢守耕. 稻作学 [M]. 台北：台北正中书局，1979：5－55.
卢其尧. 我国水稻生产光温潜力的探讨 [J]. 农业气象，1980（1）：1－12.
全国稻瘟病生理小种联合试验组. 我国稻瘟病生理小种研究 [J]. 植物病理学报，1980，10（2）：71－82.

朱立宏，沙学延，张红生，等. 水稻纹枯病的遗传研究. 主要农作物抗病性遗传研究进展（朱立宏主编）［M］. 南京：江苏科学技术出版社，1990：139－152.
吕长文. 黑龙江稻作发展史［M］. 哈尔滨：黑龙江朝鲜民族出版社，1990.
农业部种子管理局，中国农业科学院作物育种栽培研究所. 水稻优良品种［M］. 北京：农业出版社，1959.
许雷. 水稻快速育种的理论基础与选择方法［J］. 中国稻米，1996（6）：41－42.
许雷，杨道林. 水稻新品种辽盐2号的选育背景及其高产栽培配套技术［J］. 作物杂志，1993，增刊：36－38.
许雷，杨道林，孙宏伟，等. 优质米水稻新品种——辽盐241的选育及推广［J］. 垦殖与稻作，1997（2）：1－3.
许雷，许华勇，李克仁，等. 粳型优质米水稻新品种雨田1号的选育［J］. 作物杂志，2004（4）：50－51.
许雷，刘国刚，许华勇，等. 锦丰1号选育技术报告［J］. 北方水稻，2007（3）：148－149.
许雷，许华勇，许华胜，等. 水稻新品种田丰202选育与推广［J］. 北方水稻，2010，40（3）：58－59.
李欣，顾铭洪，潘学彪. 稻米直链淀粉含量的遗传及选择效应的研究. 谷类作物品质性状遗传研究进展［M］. 南京：江苏科学技术出版社，1990：68－74.
李茂松，王道龙，吉田久（日本）. 农业低温灾害研究新进展［M］. 北京：中国农业科学技术出版社，2006.
汤圣祥，G. S. Khush. 籼稻胶稠度的遗传［J］. 作物学报，1993，19（2）：119－124.
应存山. 稻种资源. 中国水稻品种及其系谱［M］. 上海：上海科学技术出版社，1991：253－280.
应存山. 中国稻种资源［M］. 北京：中国农业科学技术出版社，1993.
张德慈. 水稻的遗传［J］. 国外农学——水稻，1981（1）：1－12.
张铭铣，骆荣挺，徐宝才，等. 抗稻瘟病突变体的诱变和筛选研究［J］. 核农学报，1990（2）：75－79.
张龙步，陈温福，杨守仁. 水稻理想株型育种的理论和方法再论［J］. 中国水稻科学，1987，1（3）：144－154.
张文忠，徐正进，张龙步. 水稻直立穗型遗传及生理生态特性研究［D］. 沈阳：沈阳农业大学博士学位论文，2001：3－45.
沈福成. 水稻株型改良的理论与实践［M］. 贵州：贵州科技出版社，1990.
沈锦骅. 水稻数量性状选择效果的研究［J］. 作物学报，1963，2（3）.
沈锦骅，凌忠专，倪丕冲，等. 中日两套鉴别品种的鉴别研究［J］. 作物学报，1986，12（3）：163－170.
沈锦骅，倪丕冲. 王久林. 水稻品种抗瘟性遗传的研究［J］. 中国农业科学，1981（3）.
杨守仁，赵纪书. 籼粳稻杂交问题之研究［J］. 农业学报，1959，10（4）：256－268.
杨守仁，沈锡英，顾慰连，等. 籼粳稻杂交育种研究［J］. 作物学报，1962，1（2）：

97－102.
杨守仁. 水稻株型研究的进展［J］. 作物学报，1982，8（2）：205－209.
杨守仁，张龙步，王进民. 水稻理想株型育种的理论和方法初论［J］. 中国农业科学，1986，17（1）：6－13.
杨守仁. 水稻超高产育种新动向［J］. 沈阳农业大学学报，1987，18（1）：1－5.
杨守仁，张龙步，陈温福. 水稻超高产育种的理论和方法［J］. 作物学报，1996，22（3）：296－304.
杨守仁，杨守仁. 水稻文选［M］. 沈阳：辽宁科学技术出版社，1998：195－461.
杨振玉. 粳型杂交水稻黎优57的选育［J］. 中国农业科学，1982，15（1）38－42.
杨振玉，刘万友，华泽田，等，籼粳亚种间杂种 F_1 的分类与杂种优势关系的研究. 两系法杂交水稻研究论文集［M］. 北京：中国农业出版社，1992.
杨振玉. 北方杂交粳稻育种研究［M］. 北京：中国农业科技出版社，1999.
杨国兴. 杂交水稻育种理论与技术［M］. 长沙：湖南科学技术出版社，1982.
吴吉人，陈光华. 北方农垦稻作新技术［M］. 沈阳：东北大学出版社，2000.
闵绍楷，熊振民. 水稻遗传和品种改良［M］. 杭州：浙江科学技术出版社，1983.
闵绍楷，申宗坦，熊振民，等. 水稻育科学［M］. 北京：中国农业出版社，1996.
闵绍楷. 中国水稻育种概述. 中国水稻［M］. 北京：中国农业科学技术出版社，1992：56－68.
纳耶 N. M. 著，顾铭洪泽，朱立宏校. 水稻的起源和细胞遗传［M］. 北京：农业出版社，1981.
杜永，王艳，王学红，等. 黄淮地区不同粳稻品种株型、产量与品质的比较研究［J］. 作物学报，2007，33（7）：1079－1085.
邵国军，李玉福，洪光南，等. 水稻不同品种对环境的适应性分析［J］. 沈阳农业大学学报，1993，24（3）：224－227.
陈立云，等. 两系法杂交水稻的理论与技术［M］. 上海：上海科学技术出版社，2001.
陈温福，徐正进. 水稻超高产育种理论与方法［M］. 北京：科学出版社，2007.
陈温福，徐正进，张龙步，等. 水稻穗重与叶片茎秆性状的关系［J］. 沈阳农业大学学报，1987，18（2）：1－6.
陈温福，徐正进，张龙步，等. 水稻理想株型的研究［J］. 沈阳农业大学学报，1989，20（4）：417－420.
陈温福，徐正进，张龙步，等. 粳稻光合效率的品种间差异及其与叶片性状的关系［J］. 辽宁农业科学，1989（1）：9－13.
陈温福，徐正进，张龙步，等. 水稻超高产育种生理基础［M］. 沈阳：辽宁科学技术出版社，1995：1－2.
陈温福，徐正进，张龙步，等. 水稻超高产育种研究进展与前景［J］. 中国工程科学，2002，4（1）：31－35.
陈温福，徐正进，张龙步. 北方粳型超级稻育种的理论与方法［J］. 沈阳农业大学学报，2005，36（1）：3－8.

陈友订，黄秋妹，张旭. 水稻株型育种［M］. 上海：上海科学技术出版社，2005：36－113.
陈志宜，王玉环，殷尚志. 水稻纹枯病抗性机制的研究［J］. 中国农业科学，1992，25（4）：41－46.
金汉龙. 水稻白叶枯病抗性基因表现的研究. Ⅰ. 水稻对白叶枯病的抗性和 *Xanthomonas campestris* pv. *oryzae* 的增殖和扩散之间的相互关系［J］. 韩国作物学会志，1990，35（2）：132－136.（水稻文摘）
金人一，陈启官，竺万里，等译. 冷害与水稻［M］. 北京：农业出版社，1979.
周毓珩，马一凡. 水稻栽培［M］. 沈阳：辽宁科学技术出版社，1991.
周泰初，董敏玉，王根来. 粳稻品种对白叶枯病的抗性研究［J］. 江苏农业科学，1982（4）.
周开达，黎汉云，李仁端，等. 杂交水稻主要性状配合力、遗传力的初步研究［J］. 作物学报，1982，8（3）.
林世成，闵绍楷. 中国水稻品种及其系谱［M］. 上海：上海科学技术出版社，1991.
国际水稻研究所（中国农业科学院农业气象室　译）. 气候与水稻［M］. 北京：农业出版社，1982：194－198.
柳子明. 中国栽培稻的起源与发展［J］. 遗传学报，1975，2（1）：23－30.
郭二男. 粳型水稻主要经济性状的遗传力、相关系数和遗传进度的研究［J］. 江苏农业科学，1980（3）：5－12.
郭二男，潘增，王才林，等. 粳稻腹白米研究［J］. 作物学报，1983，19（1）：35－38.
顾铭洪，朱立宏. 杂交稻矮秆基因遗传分析［J］. 遗传，1985，3（3）：20－23.
袁隆平，弗马尼. 杂交水稻研究的现状与展望. 杂交水稻国际学术讨论会文集. 北京：学术期刊出版社，1988：1－2.
袁隆平. 浅谈杂交水稻的育种战略［J］. 作物杂志，1990（1）：1－21.
袁隆平. 杂交水稻学［M］. 北京：中国农业出版社，2002.
袁隆平. 选育水稻光、温敏核不育系的技术策略［J］. 杂交水稻，1992（1）：1－4.
袁隆平，唐传道. 杂交水稻选育的回顾、现状和展望［J］. 中国稻米，1999（4）：3－6.
袁隆平. 杂交水稻超高产育种［J］. 杂交水稻，1997，12（6）：1－3.
徐正进，陈温福，张龙步，等. 水稻直立穗型的初步观察［J］. 沈阳农业大学学报，1989，20（2）：150－153.
徐正进. 日本水稻超高产育种新进展［J］. 中国农学通报，1991（2）：43－46.
徐正进，陈温福，张龙步，等. 水稻理想株型育种的研究现状与展望［M］. 北京：中国农业出版社，1993：122－126.
徐正进，陈温福，张龙步，等. 水稻直立穗型的遗传及其与其他性状的关系［J］. 沈阳农业大学学报，1999，30（1）：1－5.
徐正进，李金泉. 籼粳稻杂交育成品种亚种特性及其与经济性状的关系［J］. 作物学报，2003，29（5）：735－739.
耿文良，冯瑞英. 中国北方粳稻品种志［M］. 石家庄：河北科学技术出版社，1995.

浙江省农业科学院科技情报室. 水稻育种和高产生理 [M]. 上海：上海科学技术出版社，1979.
盖钧益. 作物育种学各论 [M]. 北京：中国农业出版社，2006.
夏英武，范忠信，唐天明. 水稻突变品种浙辐 802 的选育与应用 [J]. 原子能农业应用，1986 (3)：21 -24.
凌忠专，潘庆华，黄书针，等. 水稻抗稻瘟病育种 [M]. 福州：福建科学技术出版社，1990.
黄耀祥，陈顺佳，陈金灿，等. 水稻丛化育种 [J]. 广东农业科学，1993 (1)：1 -6.
章善庆，程式华，曹立勇. 籼粳稻杂种一代的亲和性 [J]. 中国水稻科学，1988 (2)：94 -96.
董玉琛，郑殿升. 中国作物及其野生近缘植物 · 粮食作物卷 [M]. 北京：中国农业出版社，2006.
程式华，廖西元，闵绍楷. 中国超级稻研究：背景、目标和有关问题的思考 [J]. 中国稻米，1998 (1)：3 -5.
程式华，翟虎渠. 杂交水稻超高产育种策略 [J]. 农业现代化研究，2000，21 (3)：147 -150.
程式华，庄杰云，曹立勇，等. 超级杂交稻分子育种研究 [J]. 中国水稻科学，2004，18 (5)：377 -383.
程侃声. 王象坤，周继维，等. 云南稻种资源的综合研究与利用 [J]. 作物学报，1984，10 (4)：271 -280.
程侃声. 程侃声稻作研究论文集 [M]. 昆明：云南科学技术出版社，2003：87 -138.
湖南农学院农作组. 水稻生育期遗传规律的研究 [J]. 遗传与育种，1976 (6).
鲍文奎. 机会与风险 [J]. 作物杂志，1990 (4)：4 -5.
蒋彭炎. 水稻高产理论与实践 [J]. 北京：中国农业出版社，1995：5 -29.
韩龙植，黄清港，盛锦山，等. 中国稻种资源农艺性状鉴定、编目和繁种入库概况 [J]. 植物遗传资源科学，2002，3 (2)：40 -45.
裴淑华，卢庆善，王伯伦. 辽宁省农作物品种志（1974—1998） [M]. 沈阳：辽宁科学技术出版社，1999.
蔡简熙，周燕玲，王少毅，等. 辐射诱发水稻抗白叶枯病突变体的遗传研究 [J]. 核农学通讯，1990 (3)：143.
熊振民，孔繁林. 水稻大穗大粒型育种的研究 [J]. 江苏农业科学，1981 (4)：25 -31.
熊振民，朱旭东，孔繁林，等. 水稻着粒密度的遗传分析 [J]. 中国水稻科学，1987，1 (2)：101 -106.
潘铁夫，方展森，赵洪凯，等. 农作物低温冷害及其防御 [M]. 北京：农业出版社，1983.
大曾根兼一，キソラと突然变异，见：突然变异育种，渡边好郎、山口彦之主编，1983.
谷坂隆俊，富田因则，山县弘忠. 水稻品种コシヒカリの半矮性突然变异の利用，育种

学的研究［J］. 日育杂，1990（40）：103－117.
松尾孝岭，中岛哲夫，平田明隆. イネの出穗期の遗传た関する研究［J］. 日育杂，1960（15）：43－46.
松尾孝岭，小野三尺芳郎 . イネの出穗期の遗传に関する的研究［J］. 日育杂，1965（15）：43－46.
渡边好郎 . 放射线育种の历史的展望とがンマフイールド放射线と产业，1982（17）：4－7.
渡边好郎，山口彦之 . 突然变异育种［J］. 养贤堂，1983.
蓬原雄三，岛山国土，角田公正 . 放射线による水稻新品种レイソイの育成［J］. 日育杂，1967，17（2）：85－89.
齐藤邦行，柏木仲哉，木下孝宏，等. 水稻多收性品种の干物生产特性の解析［J］. 日作纪，1993，61（1）：61－73.
松尾孝嶺. 稻学大成，第一卷，形態編. 東京：農山漁村文化協會，1997.
松尾孝嶺. 稻学大成，第二卷，生理編. 東京：農山漁村文化協會，1997.
松尾孝嶺. 稻学大成，第三卷，遺傳編. 東京：農山漁村文化協會，2004.
石原邦. 水稻叶における气孔の开闭と环境との关系［J］. 日作纪，1978，47（4）：664－673.
石原邦. 水稻叶身の窒素浓度と光合成速度との关系［J］. 日作纪，1979，48（4）：491－495.
笹原健夫，兒玉憲一，上林美保子. 水稻穗の構造と機能に関する研究［J］. 日作紀，1982，61（3）：419－425.
潼田正. 长粒型日本稻品种の多收原因［J］. 育种学杂志，1991，41（3）：467－473.
翁仁宪，武田友四郎. 水稻の子实生产に关する物质生产の研究［J］. 日作纪，1982，51（4）：500－509.
武田友四郎. 稻的形态与机能（松尾孝岭编著），农业技术协会，1960.
武田友四郎. 暖地における水稻品种の物质生产に关する研究［J］. 日作纪，1984，53（1）：22－27.
折谷隆志. 作物の窒素代谢に关する研究［J］. 日作纪，1979，48（1）：10－16.
中岛哲夫. 新しい植物育种技术［M］. 东京：养贤堂，1987：1－2，75－78.
中根晃. 多收性［J］. 农业技术，1989，44（11）：519－523.
佐藤尚雄. 超多收作物の开发と栽培技术の确立［J］. 农林水产技术会议事务局，1991：1－25.
川田信一郎. 水稻の根［M］. 东京：农业渔村文化协会，1982：599－609.
村田吉男. 太阳ユネルギー利用率と光合成. 育中学最近の进步，第 15 集，日本育种学汇编，1975：3－12.
大川泰一郎，石原邦. 水稻の耐倒伏性に关する秆の物理的性质の品种间差异［J］. 日作纪，1992，61（3）：419－425.
東正昭. 水稻超多收品種育種の現狀と今後の課題［J］. 農業および園藝，1987，63

(7)：793 - 799.
黑田荣喜，大川泰一郎.草高の异なる水稻品种の干物生产の相违とその要因の解析 [J].日作纪，1989，58 (3)：374 - 382.
黑田荣喜，久村敦彦.水稻个叶の光合速度における新旧品种间差异 [J].日作纪，1990，59 (2)：283 - 292，293 - 297.
吉田智彦.オオムぎ气孔数について (I) [J].育种学杂志，1976，26 (2)：130 - 136.
吉田智彦.オオムぎ气孔数について (Ⅱ) [J].育种学杂志，1977，27 (2)：91 - 97.
吉田智彦.オオムぎ气孔数について (Ⅲ) [J].育种学杂志，1977，27 (4)：321 - 325.
吉野乔.水稻の二段施肥栽培技术 [J].农业技术，1991，46 (10)：45 - 461.
蒋才忠，平泽正，石原邦.水稻多收性品种の生理生态特征について [J].日作纪，1988，57 (1)：139 - 145.
角田重三郎.光合成からみたイネの进化 [J].农业および园艺，1987，62 (3)：17 - 22.
津野幸人.光合成产物运输、累积の机制と控制 [J].农业および园艺，1979，54 (1)：96 - 102.
楠谷彰人，浅沼兴一郎，木暮秩.水稻における多收性品种生态に关する研究 [J].日作纪，1993，62 (3)：385 - 394.
齐藤邦行，下田博之，石原邦.水稻多收性品种の干物生产特性の解析 [J].日作纪，1992，61 (1)：62 - 73.
Akita S, Murata Y, Miyasaka A. On light photosynthesis curves of rice leaves. Proc. Crop Sci Soc Japan, 1968, 37: 680 - 684.
Akita S. Improving yield potential in tropical rice. In. Proceedings in irrigated Rice Research. 1987. Intl. Rice Res. Conf., 1989: 21 - 27.
Asana R D. Indeal and reality in crop plants [J]. Wheat J Indian Agri Res Inst., 1965, 3: 6 - 8.
Balls W L. Analyses of agricultural yield [J]. Pill Trans Roy Soc Set B, 1917, 208, 157 - 223.
Baenziger, P. S. Biotechnology and mutation breeding *in*: Semi - dwarf Cereal Mutants and Their Use in Cross Breeding Ⅲ. IAEA, Vienna, 1988: 9 - 13.
Blackman V H. The compound interest law and plant growth [J]. Ann Bot, 1919, 33: 353 - 360.
Blackman G E. The limit of plant productivity [J]. Ann Rep East Malling Res Sta, 1962, 39 - 50.
Boysen - Jenson P. Die Stoffproduktion der Pflanzen [J]. Fisher, Jena, 1932: 108.
Chandler R F Jr. Plant morphology and stand geometry in relation to nitrogen. Physiological aspects of crop yield. American Society of Agronomy, Crop Science Society of America, Madison, Wisconsin, 1969: 265 - 285.
Chandler R F Jr. The impact of the improved plant type on rice yield in South and Southeast A-

sia. In: Rice Breeding. IRRI, Los Banos, Philippines. 1972: 77 -85.

Chang T. T. The origin, evolution, cultivation, dissemination, and diversification of Asian and African races [J]. Euphytica, 1976, 25: 435 -441.

Chang, T. T. The rice culture in the early history of agriculture. ed. Hutchison, J. B. *et al.*, Oxford. 1977.

Chang T. T. Crop history and genetic conservation: Rice - A case study. Iowa state J. Res, 1985, 59: 425 -455.

Chen W F, Xu Z H, Zhang L B *et al.* Theories and practices of rice breeding for super high yield. In: Proceedings of International Conference on Engineering and Technological Sciences, 2000: 378 -382.

Chen W F, Xu Z H, Zhang L B *et al.* Creation of new plant type and breeding rice for super high yield [J]. Acta Agron Sinica, 2001, 27: 665 -667.

Chen W F, Xu Z H, Zhang L B *et al.* Development of super - yielding rice with erect heavy panicle type in north - easter China [J]. Korean J Breed, 2001, 33: 223 -227.

Donald C M. The biological yield and harvest index of cereals as agronomic and plant breeding criteria [J]. Adv in Agronomy, 1976, 28: 361 -405.

Duncan W. Leaf angle, leaf area, and canopy photosynthesis [J]. Crop Sci, 1971, 11: 482 -485.

Engledow F L, Wadham S M. Investigations on yield in the cereals. Part 1 [J]. J Agric Sci, 1923, 13: 390 -439.

Evans L T. Storage capacity as a limitation on grain yield. In: Rice Breeding. IRRI. Los Banos, Philippines, 1972: 499 -511.

Evans L T. Raising the ceiling to yield: The key role of synergisms between agronom and plant breeding. In: Muralidharan K, Siddiq E A *et al.* New Frontiers in Rice Research. Directorate of Rice Research, Hyderabad, India. [J], 1990: 103 -107.

Freeman W H, Saxena N P, Siddiq E A. Physiological approaches for genetic improvement of yield potential in irrigated rice. In: K. Muralidharan and E A Siddiq *et al.* New Frontiers in Rice Research. Directorate of Rice Research, Hyderabad, India. 1990: 116 -124.

Futsuhara, Y., F. kikuchi and J. N. Rutger, Gene symbols for dwarfness [J]. Rice Genetics Newsletter, 1986 (3): 8 -10.

Gao, M. W., Q. H. Cai, and Z. Q. Liang, In vitro culture of hybrid rice combined with mutagenesis [J]. Plant Breeding, 1992 (108): 104 -110.

Heu, M. H. and J. Rchoi, The genetics of alkali digestibility in grains of indica X japonica hybrids [J]. Plant Breed, Abstr, 1973, 45 (9) : 7808.

Hsien, S. C. and Y. C. Kuo, Evaluation and genetical studies on grain quality charecters in rice. Symp [J]. Plant Breed, 1982: 99 -112.

IBPGR - IRRI Rice Advisory Committee. Descriptors for rice *Oryza sativa* L.. 1980, 1 -21.

IRRI. International rice research: 25 years of partnership. 1985: 49 -61.

IRRI. The mineral nutrition of the rice plant. Procccdings of a symposium at the International Rice Research Institute. The John Hopkins Press, Baltimore. 1965: 494.

Ishihara K. Relationships between nitrogen content, leaf blades and photosynthetic rate of rice plant with reference to stomatal aperture and conductance [J]. Japan J Crop Sci, 1979, 48: 543 -550.

Jennings, P. R., W. R. Coffman and H. E. Kauffman, Rice Improvement, IRRI, 1979: 101 -120.

Juliano, B. O. Rice Chemistry and Technology. The American Asso. of Cereal Chem., USA, 1985: 774.

Kawai, T. Relative effectiveness of physical and chemical mutagens. Induced Mutations in Plants. IAEA Vienna, 1969: 137 -152.

Khush G H, Coffman W R. Genetic evaluation and utilization, the rice improvement program at the IRRI. Theor Appl Genet, 1977, 51: 97 -110.

Khush G H. Varietal needsfor different environments and breeding stratages. In: K. Muralidharan, E A Siddiq. New Frontiers in Rice Research. Directorate of Rice Research, Hyderabad, India, 1990, 68 -75.

Khush, G. S. Disease and inseet resistance in rice, Brady N. C. 1977. Advance in Agronomy, Aca. demic Press, Inc., 1977 (29): 265 -341.

Khush, G. S., C. M. Paule and N. M. Delacruz. Rice grain quality evaluation and improvement at IRRI, Chemical Aspects of Rice Grain Quality, IRRI, 1979: 21 -32.

Kumar, I. and G. S. Khush. Genetic analysis of different amylose level in rice [J]. Crop Sci., 1987 (27): 1167 -1172.

Loomis R S, Williams W A. Maximum crop productivity. An Estimate [J]. Crop Science, 1963, 3: 1 -5.

Lupton F G H. Physiological aspects of crop productivity. Switzerland: Proceeding of the 15th Colloquium of the International Potash Institute. Printed by Der Bund AG, Bern, 1980: 27 -36.

Maclean J L, Dawe D C, Hardy B *et al*. Rice Almanac (3rd Edition). IRRI, 2002: 1 -210.

Mckenzie, K. S. and J. N. Rutger. Genetic analysis of amylose content, alkali spreading score and grain dimensions, rice [J]. Crop Sci., 1983, 23 (2): 306 -313.

Mese, M., L. E. Azzini, and J. N. Rutger. Male sterile mutants in a semidwarf rice cultivar [J]. Crop, Sci., 1984, 24 (3): 523 -525.

Mieke, A. Mutation breeding review. Induced mutations for crop improvement, 1990 (7): 10 -13.

Moomaw J C, Vergara B S. The mineral nutrition of the rice plant. Baltimore: Johns Hopkins Press, 1965: 3 -13.

Morishima H, Shimamoto Y, Sano Y *et al*. Observation on wild and cultivated rices in Thailand for ecological -genetic study. Natl Inet Genet Japan, Moss D N, Mosgzave R B. 1971. Photosynthesis and crop production. Advances in Agronomy, 1984, 23: 317 -336.

Murata Y. Studies on the photosynthesis of rice plant and culture significances. Bull Natll Inst Agric Sci, Japan Ser. 1961: 1 -169.

Murata Y. Crop productivity and solar energy utilization in various dimates in Japan. JIBP Synthesis, 1975: 11.

Nagaraju, N. D. A simple technique to identify scent in rice and inheritance pattern of scent [J]. Curr. Bot., 1975 (44): 599.

Nanda, J. S. and W. R. Coffman. IRRI's effects to improve the protein content of rice, In: Chemical Aspects of Rice Grain Quality, IRRI, 1979: 33 -48.

Nakai, H. Genetic analysis of the induced mutants of rice resistant to bacterial leaf blight [J]. Mutation Breeding Newsletter, 1990 (35): 21.

Omura, T. and H. Satoh. Mutation of grain properties in rice. biology of rice [J]. Tsunodaed, 1984: 293 -303.

Osone, K. Studies on the developmental mechanism of mutated cells induced in irradiated rice seeds [J]. Japan J. Breed, 1963, 13 (1): 1 -13.

Peng S, Hardy S. Rice research for food security and poverty alleviation. Philippines: Intl. Rice Res. Inst. Los Banos, 2001: 3 -50.

Peng S, Khush G S, Cassman K G. Evolution of the new plant ideotype for increased yield potential. IRRI, 1994: 5 -20.

Reddy, P. R. ancl K. Sathyanarayaniah. Inheritance of aroma in rice. Indian J. Genet. and Plant Breed, 1980 (40): 327 -329.

Rugter, J. N. Identification and utilization of breeding tool mutants of rice, In: Use of induced mutations in connection with hyploids and heterosis in Cereal. IAEA, Vienna, 1990: 83 -89.

Sato, S, I. Sakamoto and S. Nakasone. Location of Ef -1 for earliness in Nishimuras 7th Chromosome [J]. Rice Genetics Newsletler, 1985 (2): 59 -60.

Sampath, S. and Seshu, D. V. Genetics of photoperiod response in rice [J]. Indian Jour. Genet. 1961: 21.

Sethi, B. Cytological studies in paddy varieties [J]. Indian Jour. Agric. Sci, 1937: 7.

Sakai, K. Chromosome studies in *O. sativa*, I. The secondary association of meiotic chromosomes [J]. Japanese Jour. Genet., 1935 (11).

Sastry, M. V. S. *et al.* Inheritance of gall midge resistance in rice and linkage relation [J]. Indian Jour. Genet. Pl. Breed, 1975, 35 (1).

Shastry, S. V. S. *et al.* Pachytene analysis in *Oryza* I. Chromosome morphology in *Oryza sativa* [J]. Indian Jour. Genet. Pl. Breed., 1960, 20 (1).

Schwanitz F. The origin of cultivated plants. Combridge, Harvard University Press. 1966, 175.

Shin, Y. B. *et al.* Cytogenetical Studies on the genus Oryza, XI Alien addition line of *O. sativa* with single chromosome of *O. officinalis*, Japanese Jour. Genet., 1979, 54 (1).

Su, H. S. *et al.* Gene analysis of plant type in the high - yielding rice variety Tong - il, Bull. Coll. Agric. Seoul Nat. Univ. 1977, 2 (1).

Takahashi, M. Linkage groups and gene schemes of some striking morphological characters in Japanese rice, Rice Genetics and Cytogenetics, Elsevier publishing Company, 1964.

Takahashi, M. and T. Kinoshita. Genetical studies on rice plant. XXXI. Present status of rice linkage map, Res. Bull. Univ. Farm Fac. Agric., Hokkaido Univ., 1968: 16.

Tang, S. X, G. S. Khush and B. O. Juliano. Variation and correlation of four cooking and eating quality indica rices. Philipp. J. Crop Sci., 1989, 14 (1): 45 - 49.

Takano Y, Tsunod S. Curvilinear regression of the leaf photosynthetic rate on leaf nitrogen content among strains of *Oryza species* [J]. Japan J Breed, 1971, 21: 69 - 74.

Takeda T, Kumura A. Analysis of rice yield formation. Proc Crop Sci Japan, 1959, 28 (2): 175 - 178.

Takeda T. Studies on the photosynthesis and production of dry matter in the community of rice plant. Jpn. J. Bot., 1961, 17: 44 - 48.

Takede T, Maruta H. Studies on CO_2 exchange in crop plants [J]. Proc. Crop Sci. Soc., Japan, 1965, 24: 181 - 184.

Tanaka A. Photosynthesis, respiration, and plant type of the tropical rice plants. Int Rice Res Inst Teech Bull., 1966: 7.

Tanaka A, Yamaguchi J, Shimazaki. Historical changes in plant type of rice varieties. Hokkaido. J Sci Soil Manure Jpn, 1968, 39: 526 - 534.

Tanaka T. Regulation of plant type and carbon assimilation of rice. JARQ, 1976, 10 (4): 161 - 167.

Tanaka T. Phsiological and ecological characteristics of high yielding varieties of lowland rice. In: Proc Intl. Crop Science Symposium, Fukuoka, Japan, 1984: 17 - 22.

Tsunoda S. A developmental analysis of yielding ability in varieties of field crops. Ⅰ. Leaf area per plant and leaf area ratio. Japan, J. Breed., 1959a, 9: 161 - 168.

Tsunoda S. A developmental analysis of yielding ability in varieties of field crops. Ⅱ. The depth of green color and the nitrogen content of leaves [J]. Japan, J. Breed., 1959b, 10: 107 - 111.

Tsunoda S. A developmental analysis of yielding ability in varieties of field crops. Ⅲ. The assimilation - system of plants as affected by the form, direction and arrangement of single leaves [J]. Japan, J. Breed., 1960, 9: 237 - 244.

Tsunoda S. A developmental analysis of yielding ability in varieties of field crops. Ⅳ. Quantitative and spatial development of the stem - system [J]. Japan, J. Breed., 1962, 12: 49 - 56.

Tsunoda S. Leaf characters and nitrogen restxmse. The mineral nutrition of the rice plant. Baltimore, Mary land: The John Hopkins Press, 1965, 401 - 408.

Tsunoda S, Takahashi N. Biology of Rice. Tokyo: Jpn Sci Sac Press, 1984: 89 - 115.

Tripathi, R. S. and M. J. Rao. Inheritance and likage relationship of scent in rice [J]. Euphytica, 1979 (28): 319 -323.

USDA. Rice gene sembolization and correlation studies in grain protein content in rice, Mysore j. Agr. Sci. USA, 1977 (11): 140 -143.

Venkateswarlu B, Vergara B S, Parao F T. Enhanced grain yield potentials in rice by the mumber of high density grain [J]. Philipp J Crop Sci, 1986b, 11: 145 -152.

Vergara B S. Raising the yield potential of rice [J]. Philipp Tech J, 1988, 13: 3 -9.

Watson D J. Comparative physiological studies on the growth of field crops [J]. Ann Bot N C, 1947, 11: 41 -76.

Watanabe, Y. *et al*. Genetic. and cytogenetic studies on the trisomic plants of rice, *Oryza sativa* L. I. On the autotnploid plant and its progenies, Japanese Jour. Breed, 1969 (19).

Watanabe, Y. *et al*. Cytogenetic studies on the artificial polyploid in genus *Oryza*, V. Sterile amphidiploids *sativa - officinalis* (AACC) [J]. Japanese Jour. Breed,1973, 23 (2).

Xu Z H, Chen W F, Zhang L B *et al*. Physiological and ecological characteristics of rice with erect panicale and prospects of their utilization. Chinese Sci Bulletin, 1996, 41: 1121 -1126.

Yamada N, Murada Y, Osada A *et al*. Photosynthesis of rice plant [J]. Proc Crop Sci Japan., 1955, 23: 214 -222.

Yamada N, Murada Y, Osada A *et al*. Photosynthesis of rice plant (Ⅱ). Proc. Crop Sci Japan, 1956, 24: 112 -118.

Yang S R, Chen W F, Zhang L B. Trends in breeding rice for ideotype [J]. Chinese J. Rice Sci, 1988, 2: 129 -135.

Yang S R, Chen W F. Trends in breeding rice for super high yield. In: Progress in irrigated Rice Research. 1987. Intl. Rice Res. Conf., 1987: 21 -27.

Yang S R, Chen W F, Zhang L B *et al*. Trendsin breeding rice for ideotype [J]. Chinese J. Rice Sci, 1988, 2: 129 -135.

Yang S R, Zhang L B, Chen W F *et al*. Basic research on rice breeding for ideal plant morphology and a comparison of achievements with those of parallel studies at home and abroad [J]. Chinese J. Rice Sci., 1993, 7: 187 -192.

Yang S R, Zhang L B, Chen W F *et al*. Theories and methods of rice breeding for maximum yield [J]. Acta. Algron. Sinica, 1996, 22: 295 -304.

Yasui, K. Diploid - bud formation in a haploid *Oryza* with some remarks on the behavior of nucleolus in mitosis [J]. Cytologia, 1941 (11).

Yokoo, M. *et al*. Tight linkage of blast resistance with late maturity observed in different, indica varieties of rice, Japanese Jour. Breed, 1971, 21 (1).

Yoshida S. Physiological aspects of grain yield [J]. Ann. Rev. Plant Physiol., 1972, 23: 437 -464.

Yoshida S, Oka I N. Factors influencing rice yield production potential and stability. In: Rice

Research Strategies for the future. IRRI. Los. Banos, Philippines, 1982: 51 –70.
Yoshida S. Rice. In: Potential Productivity of Field Crops under Different Environments. : Intl. Rice Res. Inst. Los Banos, Philippines, 1983: 103 –127.
Yoshida T, Suzuk M. Rep. Kyushu Branch. Crop Soc. Japan. , 1977, 44: 11 –12.
Yoshida T, Ono T. Environmental differences in leaf stomatal frequency of rice [J]. Japan J. Crop Sci. , 1978, 47: 506 –514.
Yuan L P. Super hybrid rice [J]. Chinese Rice Research Newsletter, 2000, 8: 13 –15.